Die Steuerungen
der
Verbrennungskraftmaschinen

Von

Dr.-Ing. Julius Magg

Privatdozenten an der k. k. techn. Hochschule in Graz

Mit 448 Textabbildungen

Berlin

Verlag von Julius Springer

1914

ISBN-13: 978-3-642-47233-6 e-ISBN-13: 978-3-642-47608-2
DOI: 10.1007/978-3-642-47608-2

Vorwort.

Aus kleinen Anfängen heraus hat sich der Verbrennungskraftmaschinenbau im letzten Jahrzehnt in ungeahntem Maße in die Breite und Tiefe entwickelt und neben Dampfmaschinen- und Dampfturbinenbau eine — wenigstens in Mitteleuropa — diesen ebenbürtige volkswirtschaftliche Bedeutung erlangt. Eine heute schon nicht mehr leicht zu übersehende Abfolge von Bauarten, von der vieltausendpferdigen Großgasmaschine und dem Großschiffsdieselmotor bis herab zum kleinen Fahrradmotor kennzeichnet die Breite, ein Vergleich der Steuerung an einem kleingewerblichen Leuchtgasmotor mit der eines Großdieselmotors mit Teerölverbrennung, Nadelhubregelung usw. läßt die Tiefe der Entwicklung erkennen. Diese selbst aber vollzieht sich in einem Tempo, dessen Zeitmaß angenähert durch das Gesetz auszudrücken ist, daß die Geschwindigkeit des Fortschritts dem Maße des Erreichten proportional sei.

Diese Verhältnisse lassen es als rätlich erscheinen, auch in der literarischen Behandlung der Verbrennungskraftmaschinen Trennung eintreten zu lassen und Sondergebiete gesondert zu behandeln. Was der Verbrennungskraftmaschinenbau an neuen Bauformen von Zylindern, Rahmen, Kolben und Triebwerk geschaffen hat, findet allmählich Aufnahme und Bürgerrecht in den Werken über Maschinenelemente. Eine besondere Behandlung verlangt das Gebiet der Verbrennungskraftmaschinensteuerungen.

Das vorliegende Werk beabsichtigt eine Konstruktionslehre der Steuerungen der Verbrennungskraftmaschinen zu geben, und wendet sich damit in gleicher Weise an Praxis und Schule, in welcher der Behandlung der Verbrennungskraftmaschinen stets erhöhte Beachtung geschenkt wird. Natürlich konnte es sich nicht darum handeln, reine Beschreibung dessen zu geben, was gemeiniglich unter „Steuerung" im engen Wortsinn verstanden wird, oder gar nur eine Kinematik der Antriebsvorrichtungen zu entwickeln, sondern es mußten auch die für die Wirtschaftlichkeit des Arbeitens der Maschine grundlegenden Verhältnisse, sowie deren Betriebsbedingungen, soweit beides auf die Ausgestaltung der Steuerung von Einfluß ist, in einer für den vorliegenden Zweck passenden Weise gefaßt werden. Dies ist, abgesehen von der kurzen Einleitung des Abschnittes über Umsteuerungen, in den ersten zwei Teilen des Werkes geschehen. Ist hierin erörtert, welchen Anforderungen die Steuerung einer Verbrennungskraftmaschine gerecht werden muß, so ist im weiteren bei Besprechung der Einzelteile und der Bauarten gezeigt, auf welchen Wegen eine Erfüllung dieser Anforderungen versucht und erreicht wurde. Vollständigkeit in dem Sinne, daß alle bisher erschienenen (und teilweise auch wieder verschwundenen) Bauarten Aufnahme gefunden hätten, konnte hierbei bei dem gegebenen Umfange des Buches nicht Zweck der Darstellung sein. Immerhin hoffe ich, wenigstens die meisten der Wege, die zur Lösung der einen oder andern Aufgabe mit Erfolg beschritten wurden, gezeigt zu haben.

Der Stoff des vorliegenden Werkes bot eine Fülle von neuen, bisher noch ganz oder teilweise ungelösten Aufgaben. Einiges hiervon mußte für später zurückgestellt werden, da die Zeit, die mir meine akademische Lehrtätigkeit übrig ließ, nur beschränkt war; in andern Fragen wurden neue und, wie ich hoffe, brauchbare Lösungen gegeben. Von diesen Untersuchungen, die teilweise bereits auch anderorts veröffentlicht wurden, möchte ich die zeichnerische Untersuchung der Gemischbildungsverhältnisse in Verpuffungsmaschinen, die Theorie der unrunden Scheiben, die Untersuchung des Einflusses der Herstellungsgenauigkeit auf die Arbeitsverhältnisse der unrunden Scheiben, die Berechnung der Ventilfedern auf Grund von Schwingungserscheinungen, sowie das Diagramm für Viertaktsteuerungen[1]) erwähnen, das in ausgedehntestem Maße verwendet wurde.

Bei der Abfassung des Werkes hatte ich mich des weitestgehenden Entgegenkommens zahlreicher Firmen zu erfreuen, die mir nahezu ausnahmslos Werkstattzeichnungen zur Bearbeitung übermittelten. Hierdurch war es nicht nur möglich, schematisierte Abbildungen zu vermeiden und überall den tatsächlichen Verhältnissen genau entsprechende Darstellungen zu bringen, sondern es konnten die mancherorts selbst gesammelten Erfahrungen auch an den Ausführungen zahlreicher Firmen überprüft und so für die Bemessung mancher Einzelheiten (Wälzhebel, Nocken, Ventile, Düsen, Brennstoffpumpen u. a.) im Betrieb bewährte Rechnungsgrundlagen gewonnen werden.

Kann es auch selbstverständlich nicht Aufgabe eines Buches sein, allüberall das Neueste, die am meisten vorgeschobenen Entwicklungsspitzen des behandelten Gebietes zu bringen — wird ja doch bei der Tätigkeit von tausend schaffenden Köpfen oft noch während der Drucklegung das Heute zum Gestern — und ist ja die Chronik des Werdens auch das eigentliche Betätigungsfeld der technischen Zeitschriften: so ist es mir dank freundlichem Entgegenkommen doch immerhin möglich geworden, verschiedentlich Erprobtes, aber bisher noch nicht Veröffentlichtes zum ersten Male zu bringen. Patentschriften konnten, da es sich um die Darstellung von Erreichtem und nicht von Gewolltem handelt, als Unterlage für die Bearbeitung nicht in Betracht kommen.

Bei der Einteilung des Stoffes ergab sich eine Schwierigkeit aus den einander durchkreuzenden Einteilungsprinzipien von Vier- und Zweitakt einerseits und Verpuffungs- und Gleichdruckverfahren andererseits. Der zunächst liegende Ausweg, beiden Arbeitsverfahren gemeinsame Einzelheiten, wie Ventile und deren äußeren Betrieb, gemeinschaftlich zu behandeln und die Besonderheiten der Steuerungen jedes Arbeitsverfahrens in gesonderte Abschnitte zu fassen, wurde deshalb nicht begangen, weil das Gemeinschaftliche meistens doch immerhin recht wenig ist (man vergleiche z. B. die Einlaßsteuerung einer Großgasmaschine mit der eines normalen Dieselmotors!), so daß die Abschnitte über „Besonderheiten" allzu umfangreich ausgefallen wären, und weil zudem eine derartige Anordnung des Stoffes den heute in der Praxis herrschenden Verhältnissen zuwiderlaufend und die Benutzung des Buches erschwerend gewesen wäre. Der in der ausführenden Praxis heute noch (leider!) herrschenden „Spezialisierung", wo in der Regel der Dieselmaschinenbau vom Gasmaschinenbau nicht viel weiß und umgekehrt, eine Erscheinung, die zwar im Abnehmen begriffen ist, aber doch z. B. im Großdieselmaschinenbau manche recht kostspielige Erfahrung mehrfach bezahlen ließ, glaubte ich durch die vorgenommene Einteilung des Stoffes vorderhand noch Rechnung tragen zu sollen. Um hierbei Wiederholungen zu vermeiden, wurde im baulichen Teil die Besprechung der Verpuffungsmaschinensteuerungen, als des heute am weitesten und breitesten entwickelten Gebietes, vorangestellt, da sich hierbei Ge-

[1]) Anläßlich der Veröffentlichung meines Viertaktdiagramms in der Z. d. Ver. deutsch. Ing. teilt mir Herr Dipl.-Ing. Friedr. Reuter in Berlin mit, daß der Grundgedanke des Diagramms von ihm 1905 in einer Diplomprüfungsarbeit ebenfalls verwendet wurde. Zu einer weitergehenden Ausnutzung ist indessen das dort geübte, übrigens auch nicht veröffentlichte, Verfahren nicht geeignet.

legenheit bot, nahezu alle Einzelheiten besprechen zu können, so daß im folgenden nur kurze Rückverweisungen nötig wurden; so wurde auch der Vorteil erreicht, daß die Gesamtheit der Bauarten einer Maschinengruppe als geschlossenes Ganzes behandelt werden konnte. Zur weiteren Unterteilung des Stoffes sind an den Anfängen der einzelnen Abschnitte jeweils kurze Bemerkungen vorausgeschickt.

Ich habe noch die angenehme Pflicht, allen jenen Firmen, die mein Werk durch Überlassung von Material oder Auskünften gefördert haben, meinen verbindlichsten Dank zu sagen. Im persönlichen habe ich besonders Herrn Direktor K. Reinhardt in Dortmund, Herrn Generaldirektor Dr.-Ing. A. v. Rieppel in Nürnberg, Herrn Ingenieur Th. Reuter-Sulzer in Winterthur und Herrn Ingenieur Bachrich in Wien für ihr freundliches Interesse an dem Zustandekommen meines Werkes, sowie den Herren Ingenieur W. Kaemmerer, Professor F. Romberg und Direktor Saiuberlich für die Überlassung einiger Bildstöcke zu danken; mein Hörer, Herr Ing.-Cand. K. Höhn hatte einige Umzeichnungen freundlichst übernommen. Nicht vergessen möchte ich auch, zu erwähnen, daß mir Professor Leists ausgezeichnetes Werk „Die Steuerungen der Dampfmaschinen" ein oft befragter und stets auskunftsbereiter Helfer bei meiner Arbeit war. Zum Schlusse habe ich auch der Verlagsbuchhandlung, die in entgegenkommendster Weise allen meinen Wünschen betreffs der Ausstattung des Werkes gerecht wurde, verbindlichst zu danken.

Ich bin mir bewußt, daß die Schwierigkeiten, die sich einem Unternehmen wie dem vorliegenden entgegenstellen, zu groß sind, um im ersten Anlauf ganz überwunden werden zu können. Auch für eine künftige Auflage fühle ich mich auf Hilfe und Rat der Fachgenossen angewiesen, deren freundlicher Beurteilung ich dies Werk hiermit übergebe.

Graz, im Juli 1914.

J. Magg.

Inhaltsverzeichnis.

Einleitung.

Allgemeines. Begrenzung des Gegenstandes.

Die Aufgabe einer Wärmekraftmaschine ist es in der Regel, die Umwandlung von Wärme in mechanische Arbeit in wirtschaftlicher Weise zu vollziehen. Das Unterscheidende, das die Verbrennungskraftmaschinen von den übrigen Wärmekraftmaschinen als besondere Gruppe zu trennen erlaubt, ist das ihnen eigentümliche Arbeitsverfahren, das darin besteht, daß durch Verbrennung eines Brennstoff-Luft-Gemisches in einem geschlossenen Arbeitszylinder eine Drucksteigerung entsteht, die einen Kolben arbeitverrichtend vor sich herschiebt; dieser überträgt dann seine Bewegung in der Regel mittels eines normalen Schubkurbelgetriebes auf eine Welle.

Abgesehen von der Fortleitung der erzeugten Arbeit, lassen sich also die in einer Verbrennungskraftmaschine auftretenden Vorgänge in zwei Gruppen einteilen:

1. Reinigung des Zylinders von den Abgasen des vorhergehenden Arbeitsspieles, Herstellung des Gemisches und dessen Vorbereitung für wirtschaftliche Ausnutzung;

2. Verbrennung (mit nachfolgender Expansion) unter Arbeitsabgabe.

Hierzu tritt noch als weiterer, zwar nicht für das einzelne Arbeitsspiel, wohl aber für den dauernden Betrieb wesentlicher Vorgang

3. die Anpassung der erzeugten Arbeitsmenge an den jeweiligen Belastungszustand der Maschine.

Die Aufgabe der Steuerung einer Verbrennungskraftmaschine ist es, die Durchführung der unter 1. und 3. genannten Prozeßgruppen zu ermöglichen derart, daß die Energieumsetzung in wirtschaftlichster Weise stattfindet.

Die hierzu aufzuwendenden baulichen Mittel, deren Gesamtheit als „Steuerung" bezeichnet wird, werden verschieden sein je nach der besonderen Art und Weise, nach der sich der Umsetzungsvorgang vollziehen soll (Viertakt, Zweitakt; Verpuffungs-, Gleichdruckverfahren). Sie werden aber auch verschieden sein je nach der Größe der in einer gewissen Zeit umzusetzenden Energiemenge, d. h. nach der Leistung der Maschine.

Versteht man unter Wirtschaftlichkeit einer Maschine nicht nur das Verhältnis der aufgewendeten zur gewonnenen Arbeit, den „wirtschaftlichen Wirkungsgrad", sondern die Beurteilung des gesamten Aufwandes, der zur Erzeugung einer gewissen Arbeitsmenge (1 PS-st z. B.) erforderlich ist, derart also, daß auch der Aufwand für Verzinsung und Abschreibung der Maschine in die Beurteilung ihrer Wirtschaftlichkeit eingeht, so ist einleuchtend, daß dieser eine um so größere Rolle im Rechnungsabschluß spielen wird, je größer der auf die Leistungseinheit entfallende Anschaffungspreis der Maschine, d. h. je kleiner die Maschine ist. Daraus ergibt sich, daß bei Maschinen mit kleiner Leistung auch die Steuerung mit einfacheren, billigeren baulichen Mitteln zu bewerkstelligen sein wird, als bei großen

Maschinen, bei denen die möglichst wirtschaftliche Umsetzung der Energie in erster Linie in Betracht kommt. (Inwieweit dies auch durch die geänderten Konstruktionsverhältnisse der Kleinmaschinen möglich ist, darüber siehe weiter unten.)

Im Verbrennungskraftmaschinenbau besteht jedoch noch eine andere Gruppe von Maschinen, bei deren Konstruktion die Forderung nach Wirtschaftlichkeit erst in zweiter Linie steht, bei denen vielmehr die Forderung geringsten Gewichtes die wesentliche für ihre bauliche Ausgestaltung ist. Dies ist das Gebiet der Automobil- und Flugfahrzeugmotoren.

Die Änderungen, die diese „Leichtgewichtmotoren" in ihrer baulichen Ausgestaltung von den anderen Verbrennungskraftmaschinen trennen, machen sich auch in der baulichen Ausgestaltung ihrer Steuerung geltend. Die Rücksicht darauf, daß bei den Leichtgewichtsmotoren die bauliche Ausführung der Steuerung viel inniger mit der gesammten Konstruktion der Maschine zusammenhängt, als dies bei ortsfesten Verbrennungskraftmaschinen stattfindet, läßt es angezeigt erscheinen, die Steuerung der Leichtgewichtsmotoren nur als besonderen Teil von deren gesamter Konstruktionslehre zu bringen, so daß in dem vorliegenden Werk nicht besonders darauf eingegangen ist.

Was nun die Begrenzung des Gegenstandes anlangt, so ist das Gebiet der baulichen Mittel, die in dem vorliegenden Werke behandelt werden sollen, durch die obigen allgemeinen Erörterungen genügend gekennzeichnet.

Hierbei ist nur noch zu bemerken, daß von einer Behandlung der Vergaser sowie der Zündsteuerung Abstand genommen wurde. Vergaser sind Vorbereitungsorgane für den Brennstoff, der durch sie aus dem flüssigen in den dampfförmigen Zustand überführt werden soll, und stehen daher grundsätzlich mit der Steuerung in keinem anderen Zusammenhang wie etwa ein Generator einer Sauggasanlage, der auch der Voraufbereitung des Brennstoffes — seiner Überführung aus dem festen in den gasförmigen Zustand — dient. Die Zündsteuerungen stellen ein recht kleines Sondergebiet dar, das zu den anderen Steuerungen in keinem organischen Zusammenhang steht; da deren Bauart im wesentlichen auch für die Wirtschaftlichkeit der Maschine ohne Bedeutung ist, richtiges Arbeiten natürlich vorausgesetzt, und sie sich außerdem in der Literatur schon vielfach behandelt finden, kann ihre Behandlung unterbleiben.

Bezüglich der zu behandelnden Gattungen von Verbrennungskraftmaschinen wurde die Auswahl, wie schon erwähnt, derart getroffen, daß nur jene Maschinen einer Erörterung unterzogen wurden, bei denen die Wirtschaftlichkeit der für ihre bauliche Gestaltung wesentliche Gesichtspunkt ist. Maschinen, bei denen diese erst in zweiter Linie in Betracht kommt, sind demnach von der Behandlung ausgeschlossen. Wenn auch eine scharfe Scheidung bei den vielen Übergangsformen nicht möglich ist, was sich schon daraus ergibt, daß natürlich auch für Großmaschinen unnötige Gewichte zu vermeiden sein werden und auch für Leichtgewichtmotoren die Wirtschaftlichkeit durchaus nicht ohne Bedeutung ist, so ist doch durch die Verschiedenheit der Konstruktionsabsicht (einerseits Wirtschaftlichkeit als wichtigste Forderung, andererseits geringes Gewicht als erste Bedingung) eine, wenn auch nicht scharfe, Grenze gezogen.

Erster Teil.

Die Grundlagen der Energieumsetzung.

A. Die Mischungsverhältnisse.

Diese sind für die Wirtschaftlichkeit und Betriebssicherheit des Arbeitens der Maschine von grundlegender Bedeutung. Die Mischungsverhältnisse bedingen nicht nur die bei der Verbrennung auftretenden Erscheinungen und damit die Art und Weise der Wärmezuführung, wodurch der thermodynamische Wirkungsgrad der Maschine festgelegt wird, sondern es ist auch nur bei richtigem Mischungsverhältnis möglich, einen geordneten Betrieb der Maschine sowie den ihr zukommenden Höchstwert an Leistung zu erzielen.

Aus diesem Grunde wird zuerst die Frage zu behandeln sein, durch welche Umstände ein gewisses Mischungsverhältnis überhaupt zustande kommt und wie es sich mit einer Änderung der bedingenden Umstände ändert.

Hier ist zuvörderst eine grundsätzliche Unterscheiduug zu treffen, je nachdem der Verbrennungsluft ein gasförmiger (der auch entstanden sein kann durch vorhergehende Verdampfung aus flüssigem) oder ein flüssiger Brennstoff beigemischt werden soll. In der Ausführung äußert sich diese Unterscheidung dadurch, daß der Mischung der Luft mit gasförmigem Brennstoff das Verpuffungsverfahren, der Mischung mit flüssigem Brennstoff das Gleichdruckverfahren[1]) entspricht. Es muß allerdings darauf hingewiesen werden, daß die Verschiedenheit der Verbrennungsverfahren mit der Verschiedenheit der Mischungsverfahren nicht in ursächlichem Zusammenhang steht, daß es vielmehr grundsätzlich auch möglich ist, eine Mischung von Gas und Luft im Gleichdruckverfahren zu verbrennen (Gleichdruckmotor von Brayton). Immerhin entsprechen nach dem Stande des heutigen Verbrennungskraftmaschinenbaues die Verfahren einander so, daß beim Verpuffungsverfahren eine Mischung gasförmigen (dampfförmigen), beim Gleichdruckverfahren eine Mischung flüssigen Brennstoffes mit der Luft stattfindet.

---

[1]) Über die Namengebung der einzelnen Arten von Verbrennungskraftmaschinen wurde schon viel geschrieben (19)*). Im nachfolgenden sind meistens die Bezeichnungen „Verpuffungs-“ und „Gleichdruck“maschinen verwendet, die in der technischen Literatur heute hinreichend eingebürgert sind, um die betreffenden Maschinengattungen eindeutig zu bezeichnen. Bauarten von Maschinen, die in keine der beiden Gruppen fallen, sind durch die Bezeichnungen „Niederdruckölmaschinen“ und „Bronsmotoren“ hinreichend gekennzeichnet, um zu Verwechslungen keinen Anlaß zu geben. Die Bezeichnungen Dieselmotoren bleibt, ebenfalls entsprechend dem Sprachgebrauch, für Gleichdruckölmaschinen mit geschlossener Düse vorbehalten, was zwar streng genommen nicht genau dem Schutzumfang der nunmehr abgelaufenen Patente, wohl aber dem gegenwärtigen Sprachgebrauch entspricht, und dieser dürfte ja für die Verwendung eines Namens in einem Buch, wo es sich um ein Sichverständlichmachen handelt, das Ausschlaggebende sein.

*) Die in ( ) gesetzten Zahlen beziehen sich hier wie im folgenden auf die entsprechenden Nummern des am Schluß des Buches beigegebenen Literaturnachweises.

Eine Zwischenstellung zwischen Verpuffungs- und Gleichdruckmaschinen nehmen in gewissem Sinne die meistens als „Niederdruckölmaschinen“ oder als „Glühkopfmotoren“ bezeichneten Maschinen ein, deren Arbeitsverfahren und Indikatordiagramm dem einer Verpuffungsmaschine entspricht, die aber nicht Gas sondern, sowie die Gleichdruckmaschinen, flüssigen Brennstoff (Rohöl, Teeröl) zugeführt erhalten und mit „innerer Verdampfung“ arbeiten. Das Wesentliche des Arbeitsverfahrens dieser Maschinen, das sich im Viertakt oder im Zweitakt vollziehen kann, besteht darin, daß das Öl in einen auf Rotglut erhaltenen, mit dem Zylinderinnern in freier Verbindung stehenden Hohlkörper eingespritzt, dort zur Verdampfung und in der Nähe des Endes des Verdichtungshubes durch die in den „Glühkopf“ durch die Verdichtuug hineingepreßte Luft zur Entzündung gebracht wird, wobei dann in der Regel durch die einsetzende Verpuffung der Öldampfrest aus dem Glühkopf herausgetrieben und mit der übrigen Verbrennungsluft gemischt wird. Derartige Maschinen werden als Marktware vielfach gebaut, ohne indessen, wenigstens heute noch, auf besondere Wirtschaftlichkeit des Betriebs Anspruch machen zu können, Immerhin dürften auch bei diesen Maschinen, die sich infolge ihrer Billigkeit und Zuverlässigkeit schon ein größeres Anwendungsgebiet insbesondere im gewerblichen Betrieb erworben haben, noch namhafte Verbesserungen zu gewärtigen sein.

Bekanntlich tritt eine **Mischung von verschiedenen Gasen** auch dann ein, wenn sie, ohne mechanische Vereinigung nur miteinander in Verbindung gebracht werden, was z. B. durch Öffnen eines Verbindungshahnes zweier Behälter geschehen kann, in denen sich die Gase getrennt, aber unter gleichem Druck stehend befinden. Die Geschwindigkeit dieses Vorganges, der als Diffusion bezeichnet wird, wird gemessen durch die Strecke, um die ein Gas in das andere in der Zeiteinheit vordringt. Diese Geschwindigkeit ist verschieden für verschiedene Gase. Für alle Fälle ist sie jedoch so klein, daß bei den Zeiten, die im Gasmaschinenbetrieb für Gemischbildung zur Verfügung stehen, eine Vermischung durch Diffusion allein nur im allergeringsten Maße stattfindet. Zur Erzeugung geeigneter Mischungsverhältnisse ist es daher nötig, die Gase mechanisch zu vereinigen, durch geeignete Mischvorrichtungen durcheinander zu wirbeln. Erst die letzte innigste Durchdringung der Bestandteile kann Aufgabe des Diffusionsvermögens sein, und für die hierbei auftretenden kleinen Wege reicht auch die Diffussionsgeschwindigkeit hin.

Als besondere Eigentümlichkeit der mechanischen Mischung ist zu erwähnen, daß in ruhende oder nur schwach bewegte Luft eingeblasene oder eingesaugte Gasstrahlen von größerem Durchmesser sich nur langsam mit der umgebenden Luft mischen. Zweckmäßiger ist es daher, den strömenden Gas- und Luftmengen die Formen von Kegel- oder Zylindermänteln von geringer Dicke aufzuzwingen und diese Strömungen ineinander zu führen, wodurch eine gründliche Durchmischung stattfindet.

Unter Voraussetzung einer entsprechenden mechanischen Mischung ist das Mischungsverhältnis dann nur abhängig von dem Verhältnis der in jedem Augenblick zutretenden Gas- und Luftmengen. Diese sind bedingt einerseits durch die ihnen verfüglichen kleinsten Strömungsquerschnitte und die darin herrschende Strömungsgeschwindigkeit, die ihrerseits wieder von dem Druckunterschied abhängt, der zwischen Mischraum und Rohrleitung besteht. Das Mischungsverhältnis ist demnach durch die jeweils herrschenden Mischquerschnitte und Mischdrücke vollkommen bestimmt.

Die Untersuchung, wie sich das Mischungsverhältnis mit der Änderung der Mischquerschnitte und Mischdrücke ändert, wurde sehr übersichtlich von Hellenschmidt gegeben (22), welcher Darstellung sich die folgende teilweise anschließt.

Bezeichnet p_1 den Druck vor und p_2 den Druck hinter dem Mischquerschnitt, derart also, daß $p = p_1 - p_2$ das Druckgefälle darstellt, das zur Erzeugung der Strömungsgeschwindigkeit dient, bezeichnen ferner v_1 und v_2 die zugehörigen Volumina der Gewichtseinheit, so ist für nichtelastische Flüssigkeiten allgemein

$$p_1 v_1 - p_2 v_2 = (p_1 - p_2) v_1,$$

weil $v_1 = v_2$, die Arbeitsmenge, die zur Beschleunigung von 1 kg Flüssigkeit dient, die sich also in Bewegungsenergie umwandelt.

Für gasförmige Flüssigkeiten kommt noch die absolute Ausdehnungsarbeit hinzu, die in Abb. 1 durch die Fläche $BCC'B'$ dargestellt ist. Die Ausdehnung, die durch die Linie BC dargestellt wird, wird im allgemeinen polytropisch verlaufen, bei raschen Strömungsvorgängen wird sich die Polytrope in eine Adiabate verwandeln, da während der kurzen Zeit der Ausdehnung eine Änderung des Wärmeinhalts nicht stattfindet. Da nun $p_1 v_1$ durch die Fläche $ABB'O$ und $p_2 v_2$ durch die Fläche $DCC'O$ dargestellt wird, so ist die Ausdehnungsarbeit für elastische Flüssigkeiten durch die schraffierte Fläche $ABCD$ gegeben.

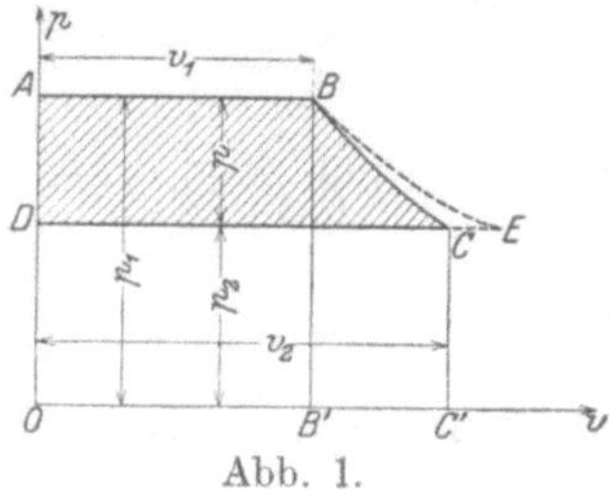

Abb. 1.

Diese Arbeitsmenge verwandelt sich in Bewegungsenergie; es ist daher

$$L = \frac{w^2}{2g},$$

wenn w die Geschwindigkeit im Mischquerschnitt darstellt.

Das Arbeitsgefälle L ist bekanntlich gegeben durch (50)

$$L = \frac{m}{m-1} p_1 v_1 \left[1 - \left(\frac{p_2}{p_1}\right)^{\frac{m-1}{m}}\right],$$

wobei m der Polytropenexponent, wofür sich auch

$$L = \frac{m}{m-1} \frac{p_1}{\gamma_1} \left[1 - \left(\frac{p_2}{p_1}\right)^{\frac{m-1}{m}}\right]$$

schreiben läßt, da das spezifische Gewicht γ den reziproken Wert des spezifischen Volumens v darstellt.

Mißt man, wie zweckmäßig, γ in kg/cbm, so ist p in kg/qm, oder, was dasselbe ist, in mm WS. einzusetzen, da 1 atm = 10000 kg/qm = 10000 mm WS. ist. Unter Benützung der Gleichung für L wird

$$w = \sqrt{2gL} = \sqrt{2g \frac{m}{m-1} \cdot \frac{p_1}{\gamma_1} \left[1 - \left(\frac{p_2}{p_1}\right)^{\frac{m-1}{m}}\right]} \quad \ldots\ldots \text{(I)}$$

Dieser Ausdruck läßt sich aber noch wesentlich vereinfachen: Vor allem ist einleuchtend, daß bei den geringen Druckunterschieden, um die es sich handelt, an Stelle der polytropischen Ausdehnung BC ohne großen Fehler isothermische Expansion (nach BE) angenommen werden kann, so daß als Arbeitsfläche $ABED$ auftritt. Für isothermische Ausdehnung wird $m = 1$, und obige Gleichung, die für $m = 1$ den unbestimmten Wert $\infty \cdot 0$ annimmt, übergeht durch Grenzwertbestimmung in

$$w = \sqrt{2g \frac{p_1}{\gamma_1} \lg \frac{p_1}{p_2}},$$

wofür auch geschrieben werden kann

$$w = \sqrt{2g\frac{p_1}{\gamma_1}\lg\frac{p_2+p}{p_2}} = \sqrt{\frac{2g}{\gamma_1}(p_2+p)\lg\left(1+\frac{p}{p_2}\right)}.$$

Entwickelt man nun den lg in die Reihe

$$\lg\left(1+\frac{p}{p_2}\right) = \frac{p}{p_2} - \frac{1}{2}\left(\frac{p}{p_2}\right)^2 + \frac{1}{3}\left(\frac{p}{p_2}\right)^3 - \ldots.$$

und vernachlässigt bei kleinem p die Werte der auf das erste folgenden Glieder, so wird

$$w = \sqrt{\frac{2g}{\gamma_1}(p_2+p)\frac{p}{p_2}},$$

wofür endlich noch angenähert geschrieben werden kann

$$w = \sqrt{\frac{2gp}{\gamma_1}} \quad \ldots\ldots\ldots\ldots\ldots \text{(II)}$$

Die Abweichung von der genauen Gleichung (I) beträgt selbst bei einem Mischdruck von 4000 mm WS. = 0,4 atm erst 5 v. H. Gleichung (II) gilt für widerstandslose Strömung. Die Reibungswiderstände in den Mischquerschnitten lassen sich berücksichtigen durch die Einführung eines Reibungskoeffizienten μ, der ungefähr für Gas und Luft bei normalen Verhältnissen denselben Wert haben wird.

Bezeichnen nun f_l und f_g die Mischquerschnitte für Luft und Gas und entsprechend w_l und w_g die Geschwindigkeiten, p_l und p_g die Mischdrücke und γ_l und γ_g die spezifischen Gewichte (vor dem Mischquerschnitt) von Luft und Gas, so ist das Mischungsverhältnis m gegeben durch

$$m = \frac{f_l w_l}{f_g w_g}$$

oder mit Benutzung von Gleichung (II):

$$m = \frac{f_l}{f_g}\sqrt{\frac{p_l \gamma_g}{p_g \gamma_l}} \quad \ldots\ldots\ldots\ldots \text{(III)}$$

Gleichung (III) gibt den Zusammenhang aller für das Mischungsverhältnis bestimmenden Größen an; um ihre Ergebnisse jedoch übersichtlich zeichnerisch darzustellen, sind noch einige Umformungen notwendig. Für den Betrieb mit einem gewissen Gas ist die Größe $\sqrt{\frac{\gamma_g}{\gamma_l}} = \varkappa$ eine Konstante. Setzen wir ferner das Querschnittsverhältnis $\frac{f_l}{f_g} = q$, so wird

$$\frac{m}{q} = \varkappa\sqrt{\frac{p_l}{p_g}}.$$

Nunmehr ist eine Unterscheidung nötig, je nachdem Gas und Luft durch besondere Ladepumpen der Maschine zugedrückt oder durch den Arbeitskolben selbst angesaugt werden. Der erste Fall ist ohne weiteres Interesse, da die Teildrücke p_l und p_g, abgesehen von den in der Regel sehr geringen Widerständen in den Leitungen zwischen Pumpen und Einlaßventil nur durch die jeweiligen Fördermengen der Pumpen bestimmt sind. In dem Fall jedoch, daß Luft und Gas von der Maschine selbst angesaugt werden, gibt Gl. (III) weitgehende Aufklärung über die auftretenden Verhältnisse und soll daher auch nur für diesen Fall weiter umgeformt werden.

Bezeichnet P_l den Luftdruck vor dem Mischventil, P_0 die Saugspannung im Zylinder, beides absolut genommen, und H den Überdruck des Gases über die Luft vor dem Mischventil, derart also, daß $H \gtrless 0$, je nachdem es sich um Druck- oder Sauggasbetrieb handelt (alle Größen in mm WS. gemessen), so ist $p_l = P_l - P_0$ und $p_g = P_l + H - P_0$ und obige Gleichung geht über in $\frac{m}{q} = \varkappa \sqrt{\frac{P_l - P_0}{P_l + H - P_0}}$. Diese Gleichung gestattet nun, das Verhältnis $\frac{\text{Mischungsverhältnis}}{\text{Querschnittsverhältnis}}$ als Abhängige des im Zylinder herrschenden, im allgemeinen veränderlichen Saugdruckes P_0 darzustellen.

In Abb. 2 ist dieser Zusammenhang dargestellt, und zwar unter Annahme verschiedener H sowohl für Druck- als auch für Sauggasbetrieb. Hierbei ist als Luftdruck vor dem Mischventil $P_l = 10000$ mm WS. als meistens auftretender Mittelwert angenommen. Die Darstellung bleibt dieselbe für andere Werte von P_l, nur ist dann die Bezifferung der Abszissenachse entsprechend zu verändern. Ferner ist $\varkappa = 1$ gesetzt (Gichtgas), so daß die Darstellung in Abb. 2 die Auswertung der Gleichung

$$\frac{m}{q} = \sqrt{\frac{10000 - P_0}{10000 + H - P_0}}$$

darstellt.

Die in Abb. 2 gegebenen Werte sind dann noch mit den entsprechenden Werten von $\varkappa$ zu multiplizieren, die sich für einige der wichtigsten Gase ergeben zu:

$\varkappa = 0{,}610$ für Koksofengas,
$\varkappa = 0{,}632$ für Leuchtgas,
$\varkappa = 0{,}848$ für Fettgas,
$\varkappa = 0{,}938$ für Kraftgas (Generatorgas),
$\varkappa = 1{,}000$ für Gichtgas (Hochofengas).

Die zugrunde gelegten spezifischen Gewichte entsprechen Mittelwerten aus verschiedenen Analysen.

Abb. 2 läßt nun folgendes erkennen:

Das Mischungsverhältnis ist nur dann unveränderlich und gleich dem Querschnittsverhältnis, wenn wir etwa eine Mischung von Luft mit Gichtgas ($\varkappa = 1$) betrachten, und unabhängig von dem im Zylinder herrschenden Saugdruck, wenn Luft und Gas vor dem Mischventil genau dieselbe Spannung haben ($H = 0$). Haben Luft und Gas vor dem Mischventil verschiedene Drücke — und das wird wegen der unvermeidlichen Widerstände in der Gaserzeugung bei Sauggasanlagen und des Gasometerüberdrucks bei Druckgasanlagen immer der Fall sein — so ändert sich das Mischungsverhältnis mit dem Saugdruck im Zylinder, und zwar um so mehr, je geringer dieser ist. Ist z. B. $H = \pm 100$ mm, so muß der Unterdruck im Zylinder mindestens 1000 mm WS. betragen ($P_0 < 9000$), um bei gegebenem Querschnittsverhältnis q ein annähernd unveränderliches Mischungsverhältnis zu ergeben. Ist $P_0 > 9000$, so ändert sich das Mischungsverhältnis bei gegebenem q schon stark mit der Änderung von P_0, andererseits ändert es sich aber bei konstantem P_0 auch stark mit H.

Solche Änderungen des Saugdruckes P_0 sind aber unvermeidlich mit der wechselnden Kolbengeschwindigkeit verbunden; andererseits sind aber auch Änderungen des Druckunterschiedes H zwischen Gas und Luft vor dem Mischventil auch während eines Hubes infolge der in den Rohrleitungen auftretenden Schwingungserscheinungen unvermeidlich.

Da nun, wie später nachgewiesen werden wird, angenähert unveränderliches Gemisch zur Erzielung wirtschaftlichen und sicheren Betriebes notwendig ist, so ergibt sich aus dem Gesagten die Folgerung, daß der Betrieb der Maschine um so empfindlicher werden wird, je größer einerseits der Druckunterschied zwischen Gas und Luft vor dem Mischventil ist, und daß bei gegebenen Druckunterschieden zur Erzielung unveränderlichen Gemisches das eintretende Gemisch um so stärker gedrosselt werden muß, je größer die Druckunterschiede sind.

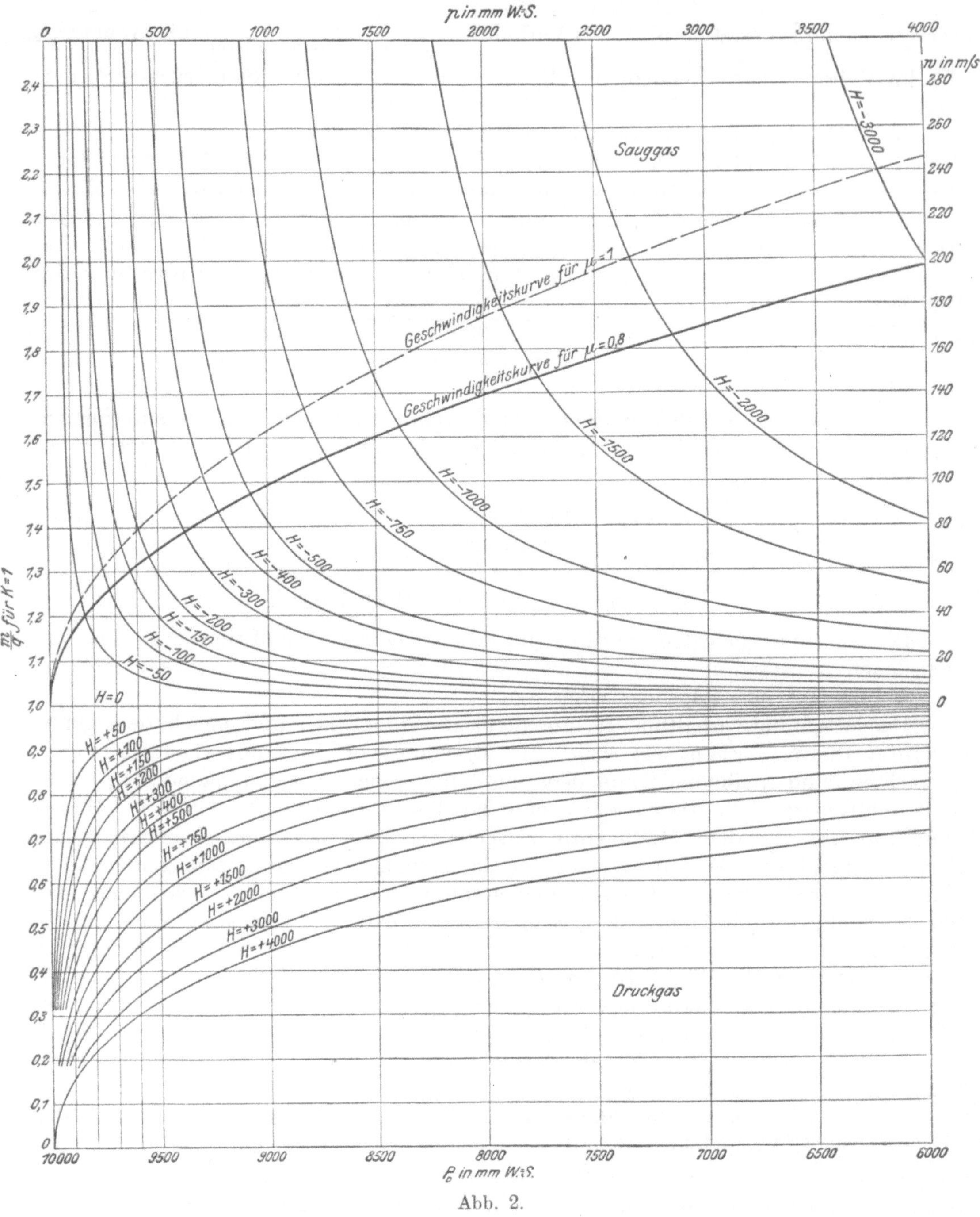

Abb. 2.

Abb. 2 läßt aber auch noch folgendes erkennen: wie man sieht, ist die Neigung der Kurven im Sauggasgebiet stärker als im Druckgasgebiet. Sauggasmaschinen werden also bei gleichem Druckunterschied zwischen Gas und Luft wesentlich empfindlicher sein gegen Schwankungen des Unterdrucks im Zylinder als Druckgasmaschinen. Dies ist nebenbei bemerkt mit ein Grund, warum der Sauggasbetrieb besonders bei Großmaschinen sich nicht so sehr eingebürgert hat, als man anfangs hoffte. Wird der Unterdruck in der Sauggasleitung groß, z. B. durch Verlegung des Generators, so erfordert es ganz beträchtliche Unterdrücke im Zylinder, um zu halbwegs unveränderlichem Mischungsverhältnis zu gelangen. Dadurch wird aber wieder der volumetrische Wirkungsgrad der Maschine und damit ihre Leistung vermindert.

Wie man sieht, gewährt Abb. 2 einen klaren Einblick in die Verhältnisse, und es wird sich später bei der Besprechung und Kritik der einzelnen Regelungsverfahren noch öfters Gelegenheit geben, darauf zurückzukommen.

Die Verhältnisse, die bei der **Mischung flüssigen Brennstoffes mit Luft** auftreten, lassen sich wesentlich einfacher beurteilen. Hierbei ist das allein Wesentliche, daß die Verteilung des flüssigen Brennstoffes möglichst fein stattfinde, damit die Verbrennung möglichst rasch, bei höchster Temperatur vor sich gehe. Dies erfordert eine feine Zerstäubung des flüssigen Brennstoffes, die in der Regel dadurch bewirkt wird, daß ein Strahl hochgespannter Luft den Brennstoff mit sich fort in den Zylinder reißt. Hierbei ist dafür Sorge zu tragen, daß durch geeignete Vorrichtungen eine wirksame Zerstäubung des Brennstoffes eintritt und daß durch entsprechende Gestaltung der Einblasedüse der entstehende Brennstoffstaub die zu seiner Verbrennung nötige Luft sogleich vorfindet. Die richtige Erfüllung dieser beiden Forderungen bietet die Hauptschwierigkeit in der Durchführung des Gleichdruckverfahrens. Es wird später, bei der Besprechung der konstruktiven Ausgestaltung der Gleichdrucksteuerungen, gezeigt werden, durch welche bauliche Mittel man ihrer in den verschiedenen Fällen Herr zu werden trachtete. Allgemein ist nur zu bemerken, daß die Mischungsverhältnisse bei der Mischung flüssiger Brennstoffe mit Luft durchaus schlecht sind im Vergleich zu jenen, die sich bei der Mischung gasförmiger Bestandteile ergeben. Daß der Wärmeverbrauch des Gleichdruckverfahrens nach dem jetzigen Stand trotzdem geringer ist, als der des Verpuffungsverfahrens liegt, abgesehen von dem grundsätzlichen Fortschritt, der in der höheren Verdichtungsendspannung liegt, mit der das Gleichdruckverfahren arbeitet, hauptsächlich darin begründet, daß die Verbrennungsbedingungen hierbei ideal gut sind, so daß dadurch die schlechten Mischungsverhältnisse wieder unwirksam gemacht werden. Die Wirtschaftlichkeit des Arbeitens der Maschine wird eben durch die Mischungs- und Verbrennungsverhältnisse bedingt, die beide wieder voneinander nicht unabhängig sind. Es ist daher auch notwendig, die letzteren einer kurzen Betrachtung zu unterwerfen.

B. Die Verbrennungsverhältnisse.

Diese sind ebenfalls grundlegend voneinander verschieden, je nachdem es sich um Verpuffungs- oder Gleichdruckverfahren handelt.

Die **Verbrennungsverhältnisse im Verpuffungsverfahren** sind dadurch gekennzeichnet, daß das Brennstoffluftgemisch an einer oder mehreren Stellen entzündet wird, von denen aus dann die Entflammung durch das ganze Gemisch fortschreitet. Die Vorgänge hierbei spielen sich folgendermaßen ab (39) (41):

Durch die örtliche Entzündung entsteht an dieser Stelle eine Druck- und Temperatursteigerung, die sich den benachbarten Schichten noch unverbrannten Gemenges mitteilt. Durch die durch Leitung übertragene Wärme treten nunmehr auch die nächsten Schichten in den Verbrennungsvorgang ein, und zwar erfolgt deren Verbrennung rascher als die der vorhergehenden Teile, da die chemische Reaktionsgeschwindigkeit mit steigender Temperatur und steigendem Druck zunimmt.

Die Verbrennung durcheilt demnach das Gemenge mit zunehmender Geschwindigkeit, da durch die jeweilige Verbrennung eines Gemischteiles für den nachfolgenden bereits günstigere Verhältnisse zu seiner Verbrennung geschaffen werden. Diese Geschwindigkeit steigt jedoch nicht stetig an, es tritt vielmehr ein Augenblick auf, wo die durch die (nahezu adiabatisch verlaufende) Drucksteigerung hervorgerufene Temperaturerhöhung allein schon genügt, das Gemisch zur Entflammung zu bringen. Da die Druckwelle im Gemisch mit großer Geschwindigkeit fortschreitet, während die Wärmeleitung verhältnismäßig nur langsam erfolgt, so ist auch die Zündgeschwindigkeit, wenn die Zündung nur durch die Temperatursteigerung infolge der Verdichtungswelle erfolgt, sehr groß, ein Mehrfaches der Schallgeschwindigkeit. Die sich nur durch Wärmeleitung (und Strahlung) fortpflanzende Zündung besitzt eine nur mäßige Geschwindigkeit von einigen m/sec.

Es sind demnach zwei voneinander wesentlich verschiedene Arten von Zündfortpflanzung zu unterscheiden. Die erste, bei der die Fortpflanzung allein durch Wärmeleitung und -strahlung erfolgt, bezeichnet man als Verpuffung. Sie bedingt eine ziemlich ruhig verlaufende Drucksteigerung und darf allein im Gasmaschinenbetrieb auftreten. Die anderen, wobei die Entflammung des Gemisches durch die Temperatursteigerung infolge der Verdichtungswelle erfolgt, bezeichnet man als Explosionen. Diese sind von sehr heftigen mechanischen Wirkungen begleitet, deren öftere Einwirkung auf eine Maschine durchaus unzulässig ist.

Explosionen im eigentlichen Sinne sind im Verbrennungskraftmaschinenbetrieb streng zu vermeiden.

Unsere Kenntnis von den bei Explosionen auftretenden Erscheinungen verdanken wir in erster Linie den schönen Versuchen, die H. B. Dixon angestellt hat (7). Die Versuchsanordnung war hierbei allerdings von anderen Gesichtspunkten aus vorgenommen worden (Mischung der Gase mit reinem Sauerstoff anstatt mit Luft und Verbrennung ohne vorhergehende Verdichtung), immerhin läßt sich aus ihren Ergebnissen auch für den Verbrennungskraftmaschinenbau wertvolle Erkenntnis gewinnen. Dixons Versuche finden ihre Ergänzung in der bereits zitierten Arbeit A. Nägels (39), deren Ergebnisse weiter unten ausführlicher besprochen sind.

Zusammenfassend läßt sich, unter Einschluß von Betriebserfahrungen an ausgeführten Maschinen, über die Verhältnisse, unter denen Explosionen auftreten, folgendes aussagen:

1. Damit überhaupt eine Explosionswelle zustande kommen kann, muß die vorhergehende Verbrennung (Verpuffung) in dem Gemisch bereits einen gewissen Weg zurückgelegt haben, während dessen die Verdichtungswelle so stark werden konnte, daß durch sie allein Selbstzündung eintritt. Wie groß dieser Weg ist, hängt in erster Linie von der Zusammensetzung des Gemisches ab. Es scheint, daß Gas-Luftgemische viel längere Zündwege brauchen als solche, bei denen das Gas mit reinem Sauerstoff gemengt ist. Diese Tatsache ist auch ohne weiteres einleuchtend, da in dem zweiten Fall der tote Stickstoff mit erwärmt werden muß, weshalb bei gleicher zur Verbrennung gelangender Gasmenge die Temperatursteigerung nicht so groß ist.

Erhöhung des Druckes, unter dem das zu verbrennende Gemisch steht, scheint die Entstehung von Explosionswellen zu begünstigen, wenigstens bei reichen Gemischen; das gleiche dürfte wohl auch von einer Steigerung der Anfangstemperatur gelten, obwohl eine direkte Bestätigung durch Versuche bisher noch nicht erbracht ist. Allerdings ist das derzeit hierüber verfügliche Material noch sehr klein. Von wesentlicher Bedeutung ist jedenfalls der Einfluß der gekühlten Wandungen des Verbrennungsraumes, und zwar derart, daß durch starke Kühlung das Entstehen von Explosionswellen überhaupt verhindert werden kann dadurch, daß von der in jedem Augenblick entwickelten Wärme so viel an die Wand übergeht, daß sich eine so hohe Temperatursteigerung, wie sie zur Selbstentzündung notwendig ist, nicht ausbilden kann.

2. Explosionswellen entstehen auch dann, wenn eine bereits mit genügender Geschwindigkeit fortschreitende Verbrennung gegen ein Hindernis stößt. Bei der dann folgenden elastischen Reflexion steigt der Druck in der Reflexionsstelle auf das Doppelte, so daß dadurch die Möglichkeit einer für die Selbstzündung ausreichenden Verdichtung gegeben ist. Dasselbe gilt natürlich auch für den Fall, daß — etwa in einem ringförmigen Verbrennungsraum — zwei bereits genügend schnell fortschreitende Verbrennungen einander begegnen.

Aus dem Gesagten ergeben sich wichtige Grundsätze für die Ausgestaltung des Verdichtungsraumes. Im allgemeinen ist langer Zündweg zu vermeiden, geschlossene, der Kugelform sich nähernde Gestaltung des Verdichtungsraumes anzustreben. Wo sich ein solcher infolge der baulichen Ausgestaltung nicht erreichen läßt, wie bei doppeltwirkenden liegenden Viertaktmaschinen, ist durch Anordnung von zwei oder besser von drei unter 120^0 zueinander versetzten Zündstellen der Entwicklung längerer Zündwege vorzubeugen. Weiters wird darauf Rücksicht zu nehmen sein, daß die entstehenden Verbrennungswellen in ihrem Fortschreiten kein Hindernis finden, das durch die dann daran auftretende Reflexion Anlaß zum Entstehen einer Explosionswelle werden könnte.

Von dem als „Verpuffung“ gekennzeichneten Verbrennungsvorgang ist vor allem die Geschwindigkeit, mit der er sich vollzieht, von Interesse. Diese Geschwindigkeit ist, wie bereits erwähnt, veränderlich, und zwar mit fortschreitender Verbrennung zunehmend. Zu einer Beurteilung der Verhältnisse kann daher nur ein Mittelwert herangezogen werden. Über diesen haben die Versuche von A. Nägel folgendes ergeben:

Bei Wasserstoff-Luftgemischen ergibt sich eine starke Zunahme der mittleren Zündgeschwindigkeit mit zunehmendem Wasserstoffgehalt. Bei den reicheren Gemischen (Wasserstoffgehalt $>$20 v. H.) steigt die mittlere Zündgeschwindigkeit auch mit dem Druck, unter dem das Gemisch zu Anfang steht. Bei armen Gemischen (Wasserstoffgehalt $<$15 v. H.) war eine Zunahme der Zündgeschwindigkeit mit dem Anfangsdruck nicht zu bemerken.

Die Versuche mit Leuchtgas- und Generatorgas-Luftgemischen lassen ebenfalls eine Zunahme der mittleren Zündgeschwindigkeit mit Anreicherung des Gemisches erkennen. Diese Tatsache lassen auch gewöhnliche Indikatordiagramme erkennen, welche bei unveränderlichem Zündzeitpunkt eine um so stärkere Spitze zeigen, je reicher das Gemisch ist. Eine Zunahme der Zündgeschwindigkeit mit steigendem Anfangsdruck ist nicht ersichtlich, im Gegenteil ergab sich sogar bei ganz armen Gemischen eine Abnahme der Zündgeschwindigkeit mit steigendem Anfangsdruck. Eine gewisse, wenn auch nicht bedeutende, Zunahme der Zündgeschwindigkeit mit steigender Anfangstemperatur war ebenfalls zu bemerken, indessen waren die im Versuch verwendeten Temperaturen zu niedrig, als daß eine sichere Schlußfolgerung auf das Verhalten des viel höher erhitzten Gemisches in der Maschine gezogen werden könnte.

Sehr bemerkenswert ist der Umstand, daß Verpuffung eine vollständige Verbrennung auch des gleichmäßigsten Gemisches nicht erzeugen kann. Diese Tatsache, auf die schon vielfach hingewiesen wurde (36), verdient insofern volle Beachtung, als demnach aus dem Vorhandensein von brennbarem Gemisch in den Abgasen allein noch nicht der Schluß auf schlechtes Arbeiten der Maschine gezogen werden darf. Ein gewisser Bruchteil wird als unvermeidlicher Verlust zu gelten haben, und erst dann, wenn dieser Bruchteil wesentlich überschritten wird, wird auf Abhilfe zu sinnen sein. Zahlenwerte, wie groß dieser unvermeidliche Verlust ist, sind vorläufig allerdings nicht bekannt. In Zusammenhang mit der unvollständigen Verbrennung steht eine andere Erscheinung, die als „Nachbrennen“ bezeichnet wird und die ebenfalls bei der Verpuffung eines Gemisches immer auftritt (2). Hierfür gilt ebenfalls das soeben für unvollständige Verbrennung Gesagte. Ein gewisses Nachbrennen wird immer zuzulassen sein, schon mit Rücksicht darauf, daß die Indikatordiagramme nicht zu spitz und die Beanspruchungen des Gestänges nicht zu stoßartig werden, übermäßiges Nachbrennen, das sich durch flach verlaufende Expansionslinie im Diagramm kennzeichnet, hat seine Ursache in stark ungleichmäßiger Zusammensetzung des Gemisches und muß vermieden werden, da dadurch der thermische Wirkungsgrad der Verbrennung zu sehr leidet.

Zum Schluß muß noch bemerkt werden, daß eine Bewegung des verbrennenden Gemisches auf die Zündfortpflanzung insofern von Einfluß ist, als sich ihre Geschwindigkeit einfach mit der Zündgeschwindigkeit zusammensetzt. Sind z. B. die beiden Geschwindigkeiten einander entgegengesetzt gerichtet und die Bewegungsgeschwindigkeit größer als die Zündgeschwindigkeit, so kann die Entzündung entgegen der Richtung der Bewegung nicht fortschreiten. Bei normalen Verbrennungskraftmaschinen, wo die Zündung nahe dem Totpunkt erfolgt, wo die Kolbengeschwindigkeit sehr gering ist, sind diese Verhältnisse ohne wesentlichen Einfluß, bedeutungsvoll können sie nur bei sehr schnell laufenden Maschinen werden, die infolge ihrer hohen Umdrehungszahl mit bedeutender Vorzündung arbeiten.

Über die **Verbrennungsverhältnisse im Gleichdruckverfahren** ist nur sehr wenig bekannt, da sie sich der Natur des Verfahrens nach, das im Verbrennen des Brennstoffes in sehr hoch erhitzter und stark verdichteter Luft ohne Anwendung anderer Zündvorrichtungen besteht, einer objektiven Beobachtung fast vollständig entziehen. Es liegen bisher auch keine Versuche vor, die sich die direkte Beobachtung des Verbrennungsprozesses im Gleichdruckverfahren zum Ziel setzen.

Im Gegensatz zum Verpuffungsverfahren, wo die von einer oder mehreren Zündstellen ausgehende Verbrennung im Gemisch fortschreitet, findet sie beim Gleichdruckverfahren wohl derart statt, daß die Verbrennung nahezu gleichzeitig alle in den Verbrennungsraum eingeblasenen Brennstoffteilchen ergreift. Das verbrennende Gemisch dürfte sich dem Beobachter demnach in Gestalt eines feurigen Dunstes darstellen, ähnlich wie er im Feuerungsraum von Kesseln beobachtet wird, bei denen mit durch Dampf fein zerstäubtem Masut geheizt wird. Die Annahme einer „Stichflamme“, in deren Form man den Verbrennungsvorgang beim Gleichdruckverfahren manchmal geschildert findet, ist jedenfalls unzutreffend. Die längere Dauer des Verbrennungsvorganges beim Gleichdruckverfahren ist wohl dadurch bedingt, daß kein Gas, sondern, wenn auch sehr kleine, Flüssigkeitsteilchen zur Verbrennung gelangen, die zu ihrem Abbrennen einige Zeit brauchen.

Grundsätzlich besteht wohl kein Hindernis, im Gleichdruckverfahren auch Gas zu verbrennen, indessen hat die bereits bei den Mischungsverhältnissen erwähnte Eigentümlichkeit des Mischvorganges, daß sich in Luft unter höherem Druck eingeblasenes Gas mit dieser nur sehr langsam mischt, alle dahin zielenden Versuche bisher noch scheitern lassen. Die in die Luft eingeblasenen Gaswolken finden den zu ihrer Verbrennung nötigen Sauerstoff nur an ihrer Oberfläche und verbrennen daher für eine wirtschaftliche Wärmeausnützung viel zu langsam.

Wesentlich zur Erzeugung einer ordentlichen Verbrennung ist auch notwendig, daß im Brennstoff Elemente vorhanden sind, welche die Zündung einleiten. Diese Elemente sind, wie P. Rieppel (46) nachgewiesen hat, die Ölgas bildenden Teile des verwendeten Brennstoffs, die sich im ersten Moment der Berührung mit der hocherhitzten Luft abspalten und die Verbrennung des Restes einleiten. Wo diese Ölgasbilder nur in geringer Menge vorhanden sind, wie bei den Steinkohlenteerölen, muß vergrößerte Wärmezufuhr (höhere Verdichtung) oder besser durch Zusatz eines besonderen „Zündöles" die Zündung eingeleitet werden[1]).

Den gesamten Verbrennungsvorgang wird man sich demnach so vorstellen müssen, daß das Flüssigkeitsteilchen, sowie es mit der glühenden Luft in Berührung kommt, durch Zersetzung teilweise in Gas übergeführt wird, das sich an der umgebenden Luft entzündet und damit die Verbrennung des restlichen Flüssigkeitsteilchens einleitet.

C. Die Bedingungen wirtschaftlicher Energieumsetzung.

Aus dem vorhergehenden Abschnitt ergibt sich, daß der Verlauf des Verbrennungsvorganges, abgesehen von den Unterschieden der Arbeitsverfahren, lediglich bedingt ist durch die Mischungsverhältnisse. An und für sich verläuft der einmal eingeleitete Verbrennungsprozeß vollständig zwanglos[2]). Daraus folgt, daß die Beherrschung der Energieumsetzung nur durch Beeinflussung der Mischungsverhältnisse erfolgen kann.

Die Forderungen des Betriebes bringen es mit sich, daß sich diese Beeinflussung nach zwei Richtungen hin zu erstrecken hat. Die eine betrifft die Art und Weise, in der sich die Energieumsetzung vollzieht, beherrscht demnach ihre Wirtschaftlichkeit. Die andere bedingt die Menge der jeweils umzusetzenden Energie, die Regelung der Maschine, und soll erst in den folgenden Abschnitten erörtert werden.

In diesem Abschnitt ist nur der erste Teil zu behandeln, die Frage, welche Anforderungen sind an die Gemischbildung zur Erreichung wirtschaftlicher Energieumsetzung zu stellen?

Beim Verpuffungsverfahren ist im allgemeinen zur Erzielung wirtschaftlich vorteilhafter Verbrennung die **Forderung unveränderlichen Mischungsverhältnisses** aufzustellen. Diese Forderung gilt auch dann, wenn, wie bei gewissen Regelungsverfahren, bei Teilbelastung der Maschine ein Teil des Zylinders mit reiner Luft und nur der Rest mit Gemisch angefüllt wird. Die früher vielfach verbreitete Anschauung, wonach eine Verschiedenheit des Gemisches an verschiedenen Stellen zweckmäßig sei (geschichtete Ladung), hat sich als nicht zutreffend erwiesen. Es erübrigt sich, hier auf den ausgedehnten wissenschaftlichen Streit einzugehen, der sich gelegentlich des bekannten Kampfes um das Ottosche Viertaktmonopol über die Frage entsponnen hat, ob gleichartige oder ungleichartige Mischung zweckmäßiger sei, um so mehr, als sich darüber in der Literatur (18c) ausführliche Angaben finden.

Zusammenfassend ist auszusagen, daß nur bei unveränderlichem Mischungsverhältnis der Zeitpunkt der Zündung, dessen Wahl außer von der Umdrehungszahl nur von der Entflammungszeit des Gemisches abhängt, derart gewählt werden kann, daß die Entflammung im richtigen Zeitpunkt vollendet ist, so daß die Wärmezuführung bei höchster Temperatur stattfindet, wie es die Wärmemechanik zur Erzielung wirtschaftlicher Energieumsetzung fordert. Andererseits ändert sich, wie

[1]) Zur Frage der Verwendungsmöglichkeit von Teerölen im Motorenbetrieb s. insbesondere (10) nnd (38).

[2]) Die Frage, ob sich eine Verbrennungskraftmaschine mit zwangläufig geregelter Verbrennung, wie sie z. B. von C. Weidmann vorgeschlagen wurde (58), schaffen ließe, soll hier nicht näher erörtert werden. Der Verfasser ist der Ansicht, daß dem keine grundlegenden Bedenken entgegenständen. Es ist indessen die wichtigste Eigentümlichkeit technischer Probleme, daß ihre Durchführung wesentlich von dem Bedürfnis nach baulicher Gestaltung abhängt, und ein solches Bedürfnis hat sich derzeit noch nicht mit einem die hohen Kosten rechtfertigenden Zwang ergeben.

die Versuche von A. Nägel ergeben haben (40), auch der spezifische Wärmeverbrauch mit dem Mischungsverhältnis und wird zu einem Mindestwert bei einem ganz bestimmten Mischungsverhältnis, das, obschon je nach dem verwendeten Gas und der Bauart der Maschine verschieden, doch für jeden einzelnen Fall einen ganz bestimmten Wert hat, von dem wesentliche Abweichungen nicht stattfinden sollen. Mit steigender Verdichtungsendspannung werden die Verhältnisse allerdings insofern günstiger, als sich der spezifische Wärmeverbrauch bei höherer Verdichtung nicht mehr so stark mit dem Mischungsverhältnis ändert, als bei geringer; immerhin ist jedoch auch hier ein gewisses Mischungsverhältnis als das wirtschaftlichste deutlich ausgeprägt, so daß auch hier die Forderung unveränderlichen Mischungsverhältnisses wohl im Auge zu behalten ist.

Die Bedingung unveränderlichen Mischungsverhältnisses ist im Betrieb nur angenähert zu erfüllen, da sich ihrer Erfüllung eine Menge **störender Einflüsse** widersetzen, die im folgenden noch kurz behandelt werden sollen. Diese Ungleichmäßigkeit, auch bei vollkommen gleichbleibender Belastung, macht sich in veränderlicher Leistungsabgabe der Maschine geltend und findet ihren sichtbaren Ausdruck in der bekannten Streuung der Indikatordiagramme. Ihre Nachteile sind folgende: einerseits leidet der thermische Wirkungsgrad der Verbrennung und damit die Wirtschaftlichkeit des Betriebes, wenn das Gemisch einen von seinem günstigsten abweichenden Wert hat, andererseits wird durch die veränderliche Leistungsabgabe die Ungleichmäßigkeit des Maschinenganges vergrößert und die Regelung kommt nicht zur Ruhe[1]).

Wie erwähnt, ist die Gemischbildung abhängig von einer ganzen Reihe von Größen, deren Änderungen als störende Einflüsse empfunden werden, und sich in Veränderungen des Mischungsverhältnisses ausdrücken. Diese Größen, soweit sie den rein mechanischen Vorgang der Gemischbildung betreffen, sind in Abschnitt A bereits bezüglich ihrer Einflüsse untersucht und sollen hier mit ihren möglichen Veränderungen nochmals kurz zusammengestellt werden.

1. Die spezifischen Gewichte von Luft und Gas. Vorkommende Änderungen erfolgen sehr langsam. Eine Berichtigung des Mischungsverhältnisses wird daher im allgemeinen nicht vorzunehmen und höchstens durch Verstellung der Drosselorgane von Hand aus zu bewirken sein.

2. Die Mischdrücke. Diese sind in dreierlei Weise veränderlich: Infolge der wechselnden Kolbengeschwindigkeit ist die Saugwirkung im Zylinder veränderlich, und zwar nach einem bestimmten Gesetz, so daß dieser Einfluß u. U. durch gesetzmäßige Veränderung des Verhältnisses der Mischquerschnitte aufgehoben werden könnte; infolge der veränderlichen Strömung treten in den Zuleitungen Schwingungen auf, die jedoch so sehr von der besonderen baulichen Gestaltung abhängen, daß eine Verbesserung durch die Steuerung nicht möglich ist. Ein Mittel dagegen bietet die Verwendung großer Räume in den Saugleitungen, was durch die Einschaltung von Saugkesseln in die Gasleitung und Ansaugen der Luft aus gemauerten Kanälen mit großem Querschnitt erreicht werden kann (52) (57); schließlich treten noch Änderungen des Gasdruckes infolge der wechselnden Widerstände in der Gaserzeugung und Gaszubringung auf. Diese werden — als nicht gesetzmäßig verlaufend — ebenfalls durch Einstellung der Drosselorgane von Hand aus aufgehoben werden müssen.

3. Das Verhältnis der Mischquerschnitte. Bei Unveränderlichkeit aller

---

[1]) Der oft erwähnten „mangelhaften Gestängeausnutzung“ wird nach Ansicht des Verfassers übertriebene Bedeutung beigelegt. Die ganze Maschine (und nicht nur das Gestänge) wird in der Regel mit Rücksicht auf Frühzündungen mit so hoher Sicherheit bemessen, daß eine vollkommene Ausnutzung auch bei Höchstbelastung nicht erreicht ist. Zudem ergeben verminderte Beanspruchungen auch verminderte Abnutzung und erhöhen damit die Lebensdauer der Maschine.

übrigen Größen ist diesem das Mischungsverhältnis direkt proportional, es führte demnach die Forderung unveränderlichen Mischungsverhältnisses auf unveränderliches Querschnittsverhältnis. Da, wie unter 2. erwähnt, die Mischdrücke infolge der veränderlichen Kolbengeschwindigkeit einer gesetzmäßigen Schwankung unterliegen, ist zur Erzielung unveränderlichen Mischungsverhältnisses auch das Querschnittsverhältnis veränderlich zu machen. Bemerkenswert ist, daß bei Steuerungen mit veränderlichen Mischquerschnitten unveränderliches oder nach gegebenem Gesetz veränderliches Querschnittsverhältnis natürlich nur durch gleichzeitige Änderung von Gas und Luftquerschnitt erreicht werden kann, was bei der Beurteilung der Regelungsverfahren im Auge zu behalten ist. Selbstverständlich ist auch, daß bei selbsttätigen Mischvorrichtungen eine gesetzmäßige Veränderlichkeit des Querschnittsverhältnisses gar nicht oder nur in geringem Maße zu erreichen sein wird und daß weitgehenden Ansprüchen in dieser Richtung nur gesteuerte Mischorgane gerecht werden können. Von den störenden Einflüssen, die das Verhältnis der Mischquerschnitte verändern können, kommt nur die Möglichkeit einer Verschmutzung, und zwar besonders des Gasquerschnittes in Betracht, worauf bei der Ausgestaltung des Mischorganes Rücksicht zu nehmen ist.

Zu diesen Einflüssen, die sich bei der Gemischbildung vor und beim Einlaß in den Zylinder bemerkbar machen, tritt noch ein weiterer:

4. Im Zylinder sind beim Eintreten der neuen Ladung entweder Abgasreste vom vorhergehenden Arbeitsspiel oder Spülluftreste vorhanden, die sich dem neu eintretenden Gemisch — und zwar nur unvollkommen — beimischen und dadurch die Gleichartigkeit des Gemisches wesentlich verschlechtern. Eine Beherrschung dieser Verhältnisse läßt sich beim Zweitaktverfahren durch Verwendung geeigneter Schichtung der Ladung bis zu einem gewissen Grade erzielen, im Viertaktverfahren verläuft der Vorgang vollständig zwanglos und gibt neben den bereits erwähnten Schwingungen in den Zuleitungen den hauptsächlichsten Anlaß zu von Hub zu Hub wechselndem Mischungsverhältnis und zur Streuung der Diagramme. Die Wahrscheinlichkeit, daß sich bei gleichbleibender Belastung zyklische Prozesse ergeben, deren Dauer mehrere Arbeitshübe umfaßt, ist nicht von der Hand zu weisen, eine Beherrschung der Verhältnisse ist jedoch mangels einer zwangläufigen Verbrennung nicht möglich.

Allgemein ist schließlich noch zu erwähnen, daß die Mischungsverhältnisse auch noch vom Hubvolumen abhängen insofern, als sich kleine Hubräume leichter mit angenähert unveränderlichem Gemisch füllen lassen als große. Hierdurch ist auch die praktische Durchführbarkeit der eingangs erwähnten Forderung gegeben, kleine Maschinen aus wirtschaftlichen Gründen mit einfacheren, billigeren Steuerungen auszustatten als große.

Die **Wahl des Mischungsverhältnisses** ist durch die Luftmenge bedingt, die eine bestimmte Gasmenge zu ihrer Verbrennung theoretisch erfordert (theoretische Luftmenge), wozu noch ein gewisser Zuschlag gemacht werden muß, um trotz der Unvollkommenheiten der Mischung möglichst vollständige Verbrennung zu erzielen.

Bequemer ergibt sich die Wahl des Mischungsverhältnisses aus der von Hellenschmidt (22) angegebenen Bedingung, wonach der Heizwert des Gemisches für Normalzustand (0^0 C und 760 mm QS.)

für heizwertarme Brennstoffe (unter 2500 WE/cbm) 450 WE/cbm,
für heizwertreiche Brennstoffe (über 2500 WE/cbm) 550 WE/cbm

betragen soll.

Bezeichnet nun Hw den Heizwert des Brennstoffes in WE/cbm, so ergibt obige Bedingung für das Mischungsverhältnis $\frac{\text{Luft}}{\text{Gas}} = m$ die Gleichung

$$m = \frac{Hw}{450} - 1 \quad \text{für heizwertarme,}$$

$$m = \frac{Hw}{550} - 1 \quad \text{für heizwertreiche Brennstoffe.}$$

Es ist demnach für

Leuchtgas	$Hw = 5000$:	$m = 8{,}1$
Koksofengas	$Hw = 4500$:	$m = 7{,}2$
Kraftgas (Generatorgas)	$Hw = 1250$:	$m = 1{,}8$
Gichtgas (Hochofengas)	$Hw = 900$:	$m = 1{,}0$.

Die Wirtschaftlichkeit der Energieumsetzung im Gleichdruckverfahren ist im wesentlichen schon durch die Schaffung der Verhältnisse gegeben, die zur Durchführung der Energieumsetzung überhaupt unerläßlich sind. Da diese in den vorhergehenden Abschnitten ausführlich erörtert sind, erübrigt es sich, hier nochmals darauf einzugehen.

Bemerkung. Im Anschluß an das über die störend auf das Mischungsverhältnis einwirkenden Verhältnisse Gesagte ist hier noch jener Verfahren zu gedenken, die, in weitergehendem Maße erst in neuerer Zeit angewendet, geeignet sind, den Verbrennungskraftmaschinen die gegenüber den Dampfmaschinen noch fehlende Überlastungsfähigkeit zu geben und auch eine ziemlich weitgehende Steigerung der spezifischen Maschinenleistung ermöglichen.

Hier sind zuerst jene Verfahren zu erwähnen, die eine vollkommene Reinigung der Zylinder von Abgasresten auch bei Viertaktwirkung bezwecken, um durch Vergrößerung des pro Hub angesaugten Ladungsgewichtes eine Mehrleistung zu erzeugen und andererseits auch infolge des nicht durch Abgasreste verunreinigten Gemisches den Gütegrad der Verbrennung hinaufzusetzen. Ein derartiges Verfahren ist der Firma Gebr. Körting A.-G. durch D. R. P. Nr. 179652 geschützt, über ein ähnliches wird von W. Heilmann (21) ausführlich berichtet. Die durch dieses Verfahren zu erzielende Leistungssteigerung beträgt je nach der Größe des Verdichtungsraumes 25 bis 30 v. H., muß aber durch Anwendung einer besonderen Spülpumpe und gesonderter Druckluftsteuerung erkauft werden.

Ein zweites Verfahren besteht darin, daß die im Zylinder befindliche Ladung bereits bei Beginn der Verdichtung unter höheren als atmosphärischen Druck gesetzt wird, um durch Vergrößerung des Ladegewichtes eine Mehrleistung der Maschine zu erzielen. Für bereits mit Ladepumpe ausgestattete Zweitaktmaschinen läßt sich eine solche Leistungssteigerung in einfacher Weise dadurch erreichen, daß der Auspuff gedrosselt wird. wodurch die Ladepumpe gegen höher als atmosphärischen Druck fördern muß. Dieses Verfahren ist Prof. Junkers durch D. R. P. Nr. 166620 geschützt. Für Viertaktverpuffungsmaschinen sind zwei Wege gangbar, deren erster, Ansaugung eines überreichen Gemisches mit nachherigem Einpressen von Druckluft bei Beginn der Kompression durch D. R. P. Nr. 179451 der Maschinenfabrik Augsburg—Nürnberg A.-G. geschützt ist. Ein zweiter Weg besteht darin, sowohl Luft als auch Gas unter höherem Druck eintreten zu lassen, was sich bei Gebläseantrieb infolge der durch das Gebläse schon erzeugten Druckluft leicht ausführen läßt. Dieses Verfahren ist von derselben Firma unter D. R. P. Nr. 146326 gestellt.

Selbstverständlich sind derartige „Nachlade"verfahren für Gleichdruckmaschinen verwendbar und bei Schiffsmaschinen öfters angewendet, wozu z. B. die Schiffsdieselmaschinenbauart der Deutschen Automobil-Konstruktionsgesellschaft in Charlottenburg genannt sei (35b), die ein besonderes Zusatzventil vorsieht, durch das bei Beginn der Verdichtung hochgespannte Luft in den Zylinder eingeblasen wird, um dadurch das für die Ölverbrennung verfügliche Luftgewicht zu steigern.

Mittels dieser Verfahren ist eine theoretisch beliebig große Leistungssteigerung zu erreichen. Praktisch findet sie allerdings sehr bald ihre Grenze dadurch, daß bei unveränderter Maschine, d. h. bei unveränderlichem Verdichtungsraum durch die gesteigerten Verbrennungsdrücke bald Überbeanspruchungen auftreten, denen die Maschine nicht mehr gewachsen ist. 15 v. H. Mehrleistung dürfte wohl die Grenze des bei normal gebauten Maschinen Erreichbaren darstellen.

Es liegt nun nahe, beide Verfahren zu vereinigen, was nach dem neuen durch D. R. P. Nr. 229771 geschützten Verfahren der Firma Ehrhardt & Sehmer dadurch geschieht, daß Gas und Luft gleichmäßig unter Druck gesetzt werden. Um diesen Druck von etwa 200 mm WS. mit Rücksicht auf die Regulierung möglichst unveränderlich zu halten, werden hierzu zweckmäßig Turbogebläse verwendet. Der Arbeitsvorgang nach diesem Verfahren gestaltet sich nun folgendermaßen: Vor Beendigung des Ausschubhubes öffnet das Einlaßventil, während das Auslaßventil noch offen ist. Die Druckluft fegt den Verdichtungsraum von Abgasresten rein. Kurz nach Totpunkt schließt das Auslaßventil und das Einlaßventil öffnet weiter, so daß nunmehr Druckluft und Druckgas von der Maschine angesaugt werden. Nach Ende des Ansaughubes wird wie beim normalen Arbeitsverfahren verdichtet und gezündet. Um die früher erwähnten Überbeanspruchungen zu vermeiden, ist jedoch der Verdichtungsraum vergrößert, so daß die Verdichtungsendspannung geringer ist als beim normalen Arbeitsverfahren. Die Verdichtungsendspannung ist dadurch bestimmt, daß der bei der Verpuffung auftretende größte Druck trotz des größeren Ladegewichtes und der rascheren Verbrennung nicht höher wird als der normale (etwa 25 atm), und beträgt nur 6 bis 8 atm gegenüber 10 bis 12 atm beim normalen Arbeitsverfahren. Hierdurch ist zwar ein geringerer thermodynamischer Wirkungsgrad bedingt, was aber durch den gesteigerten „Gütegrad der Verbrennung“ wieder aufgehoben wird, so daß infolge der für dieselbe Leistung geringeren Anlagekosten die Gesamtwirtschaftlichkeit dennoch gesteigert wird. Wie die Firma Ehrhardt & Sehmer dem Verfasser mitteilt, wird mit dem geschilderten Verfahren eine Mehrleistung von 50 v. H. erzielt, wofür Garantie übernommen wird, und es wurden in einer mit diesem Verfahren ausgestatteten Anlage der Röchlingschen Eisen- und Stahlwerke in Völklingen Diagramme mit einem mittleren Indikatordruck von 7,5 atm erzielt. Die Maschinen liefern hierbei Strom für die elektrisch betriebenen Walzwerke und zeigen große Elastizität gegenüber den in diesem Betrieb unvermeidlichen großen Belastungsstößen.

Zweiter Teil.

Die Anforderungen an die Steuerungen der Verbrennungskraftmaschinen.

Wie bereits in der Einleitung erwähnt, ist die Aufgabe der Steuerung der Verbrennungskraftmaschine durch die Erfüllung folgender Leistungen gekennzeichnet:

Reinigung des Zylinders von den Abgasen des vorhergehenden Arbeitsspieles, Herstellung des Gemisches und dessen Vorbereitung für wirtschaftliche Verbrennung; Anpassung der erzeugten Arbeitsmenge an den jeweiligen Belastungszustand der Maschine.

Hierbei sind zwei Verfahren möglich:

1. Zur Durchführung des gesamten Arbeitsvorganges dient nur ein Zylinder, dessen Kolben das Ansaugen der Ladung sowie das Ausstoßen der Abgase (höchstens unter Zuziehung einer Hilfsspülung durch eine Pumpe) besorgt. Am Zylinder angebrachte Organe besorgen die richtige Gemischbildung sowie die Zumessung der dem Arbeitsprozeß zugeführten Energiemenge entsprechend dem jeweiligen Belastungszustand der Maschine. Zur Durchführung eines ganzen Arbeitsspieles sind demnach vier Hübe erforderlich: Saughub, Verdichtungshub, Arbeitshub und Ausstoßhub (Viertaktverfahren).

Der Unterschied zwischen Verpuffungs- und Gleichdruckverfahren ist hierbei dadurch gegeben, daß beim Verpuffungsverfahren Gemisch angesaugt und verdichtet wird, während beim Gleichdruckverfahren nur Luft angesaugt und verdichtet und der Brennstoff erst vom Ende des Verdichtungshubes an zugeführt wird.

2. Zur Durchführung des gesamten Arbeitsvorganges stehen außer dem Arbeitszylinder noch Pumpen zur Verfügung, die die Reinigung des Zylinders von den Abgasen des vorhergehenden Arbeitsspieles sowie die Abmessung der Energiezufuhr übernehmen und die Gemischbildung einleiten[1]). Hier sind demnach nur zwei Hübe zur Durchführung eines ganzen Arbeitsspieles nötig, Verdichtungs- und Arbeitshub, während die Reinigung des Zylinders und die Neuladung am Ende des Arbeitshubes und zu Beginn des Verdichtungshubes stattfinden (Zweitaktverfahren).

Der Unterschied zwischen Verpuffungs- und Gleichdruckverfahren ist hier wieder dadurch gegeben, daß die Ladung des Zylinders bei letzterem nur mit Luft erfolgt, die Gaspumpe demnach wegfällt und der Brennstoff wie im Viertaktverfahren erst nach Ende des Verdichtungshubes zugeführt wird.

Je nachdem nun eine Verbrennungskraftmaschine nach dem einen oder anderen Verbrennungsverfahren (Verpuffung oder Gleichdruck) oder nach dem einen oder anderen Arbeitsverfahren (Viertakt oder Zweitakt) arbeitet, wird die Steuerung der Maschine verschiedene Anforderungen zu erfüllen haben, die in den folgenden Abschnitten getrennt zu behandeln sind. Allen Steuerungen sind jedoch einige Anforderungen gemeinsam, die zuerst besprochen werden sollen.

---

[1]) Daß an Stelle der einen Pumpe auch ein Injektor treten kann, bedingt nur einen baulichen, keinen grundsätzlichen Unterschied.

A. Die allgemeinen Anforderungen an die Steuerungen der Verbrennungskraftmaschinen.

Die **Gestaltung des Verdichtungsraumes** ist nur zum geringen Teil durch die bauliche Gestaltung der Steuerung bedingt, im wesentlichen vielmehr durch den übrigen Aufbau der Maschine festgelegt. Die Grundsätze, die bei der Formgebung im Auge zu behalten sind, sind durch das in den Abschnitten des I. Teils Gesagte gegeben. Im allgemeinen wird eine geschlossene, der Kugelform sich nähernde Gestalt als die für die Verbrennungsverhältnisse vorteilhafteste anzustreben sein, was bei der Gestaltung der Ventile im Auge zu behalten ist. Durchaus geschlossene Form ist allerdings nur bei liegenden einfach wirkenden Maschinen erreichbar. Bei stehenden Maschinen ergibt sich von selbst ein scheibenförmiger, bei liegenden doppeltwirkenden Maschinen ein ringförmiger Verbrennungsraum.

Wichtig ist ferner, daß der Verdichtungsraum keine toten Ecken enthält, in denen sich Abgasreste ansammeln können und wohin die Verbrennung nur langsam und spät gelangen kann, da hierdurch schleichende Verbrennung mit ungünstigem thermischen Wirkungsgrad begünstigt wird.

Die Forderung **dichten Abschlusses**, der die Steuerorgane gerecht zu werden haben, ergibt sich aus der Aufgabe der Steuerung, die in abwechselndem Verbinden und Trennen von Räumen besteht. Der Erfüllung dieser Forderung kommt der Umstand entgegen, daß die Steuerorgane der Verbrennungskraftmaschinen zum größeren Teil der Wirkung höherer Temperaturen nicht ausgesetzt sind, deren Einfluß sich in Verziehen und dadurch in Undichtwerden besonders bei Organen mit verwickelter Formgebung äußert. Zudem sind die durch diese Organe abzudichtenden Drücke in der Regel auch nicht hoch, so daß durch die üblichen Bearbeitungs- und Einpassungsverfahren alle Anforderungen zu erfüllen sind. Als dichtende Organe kommen hierbei Ventile und Schieber, diese fast ausschließlich als Kolbenschieber ausgeführt, in gleicher Weise in Betracht.

Das Gesagte gilt natürlich nicht für die Ein- und Auslaßorgane, die den Zylinder während des Verdichtungs- und Arbeitshubes nach außen hin abschließen. Diese Organe sind den hohen im Zylinder auftretenden Temperaturen und Drücken in gleicher Weise ausgesetzt und müssen außerdem hohen Anforderungen bezüglich des Dichthaltens entsprechen, um ein Nach-außen-schlagen der Verbrennung zu vermeiden. Diesen hohen Anforderungen sind nur Ventile gewachsen, und zwar ausschließlich Einsitzventile, da bei Doppelsitzventilen mit Rücksicht auf die durch die hohen Temperaturen hervorgerufenen Formänderungen weder ein genügend dichter Abschluß, noch auch eine derart kräftige Formgebung zu erreichen ist, daß sie den auftretenden Beanspruchungen gewachsen wären. Ein Dichthalten dieser Organe wird außer durch genaueste Bearbeitung und Einpassung auch dadurch erreicht, daß die auftretenden Verbrennungsdrücke die Dichtungsflächen aufeinander pressen. Als Grundsatz bei der baulichen Gestaltung dieser Organe ist demnach aufzustellen, daß der im Zylinder herrschende Überdruck auf Anpressen und nicht auf Abheben des Ventiles wirkt. Ein Abgehen hiervon darf nur bei Organen mit ganz kleinem Durchmesser stattfinden (Brennstoffnadeln bei Gleichdruckmotoren), deren Abschluß entgegen dem im Zylinder herrschenden Druck durch Federkräfte sicher zu erreichen ist. Zu erwähnen ist noch, daß der im Maschinenbau allgemein geltende Grundsatz der Arbeitsteilung, der die besondere Verwendung je eines Organes für eine bestimmte Aufgabe fordert und die Verquickung mehrerer Leistungen durch ein Organ verbietet, sich bezüglich der Forderung dichten Abschlusses wenigstens bei Großgasmaschinen insofern geltend macht, als dem Einlaßventil in der Regel nur die Abdichtung des Zylinders gegen die empfindlichen Misch- und Regelungsorgane hin übertragen wird, was eine baulich einwandfreie Gestaltung des Ventils und seines Antriebes gestattet.

Die Anforderungen, die durch die **Bedingung guter Regulierung** an die Steuerung gestellt werden, sind verschieden, je nachdem es sich um Geschwindigkeits- oder Leistungsregulierung handelt. Bekanntlich ist die Leistung im allgemeinen dargestellt durch das Produkt aus der Geschwindigkeit in die Kraftkomponente, die in die Geschwindigkeitsrichtung fällt, wofür bei Maschinen, deren Leistung von einer sich drehenden Welle abgenommen wird, zweckmäßig das Produkt mittleres Drehmoment mal Winkelgeschwindigkeit gesetzt werden kann. Es sind nun zwei voneinander wesentlich verschiedene Regelungsarten zu unterscheiden, je nachdem der eine oder andere Faktor unveränderlich gehalten werden soll.

Der am meisten vorkommende Fall ist der, daß die Maschine mit möglichst unveränderlicher Geschwindigkeit arbeiten soll, während sich das mittlere Drehmoment nach dem jeweiligen Belastungszustand der Maschine ändert. Diese Regulierungsart, die beim Antrieb von Elektrogeneratoren und Transmissionen auftritt, wird als Geschwindigkeitsregulierung bezeichnet. Der andere, hiervon wesentlich verschiedene Fall ist der, daß mit der antreibenden Maschine eine Pumpe oder ein Kolbengebläse gekuppelt ist, das zu seinem Antrieb ein unveränderliches mittleres Drehmoment erfordert; in diesem Falle werden die Leistungsänderungen der Maschine durch Änderung ihrer Umdrehungszahl erreicht werden müssen, ein Fall, den man — fälschlich — als Leistungsregulierung bezeichnet. Hierzu tritt noch ein drittes Verfahren, das einen Übergang darstellt, und bei dem sowohl das mittlere Drehmoment als auch die Geschwindigkeit stark veränderlich sind. Dieser Fall ist außer beim Antrieb von Zentrifugalpumpen und -gebläsen besonders beim Antrieb von Schiffsschrauben (s. a. S. 334, Fußnote) gegeben.

Die Besonderheiten der Regulatoren, die die eine oder andere Art der Regulierung ermöglichen, gehören nicht in den Rahmen dieser Darstellung. Verwendet werden bei den Verbrennungskraftmaschinen nahezu ausschließlich Zentrifugalregulatoren, deren Wirkung hin und wieder durch Beharrungsmassen verstärkt wird. Die Anwendung indirekt wirkender Regulatoren steht derzeit im Verbrennungskraftmaschinenbau erst am Anfang (s. z. B. S. 198 u. S. 295, Fußnote), obwohl die ausgezeichneten dynamischen Eigenschaften dieser Regulierungsart eine weite Anwendung, zumal im Großmaschinenbau, wohl rechtfertigten.

Die Anforderungen, die an die Steuerung bei Geschwindigkeitsregulierung gestellt werden, bestehen darin, daß eine stetige Veränderlichkeit der Steuerwirkung auch eine stetige, möglichst gleichmäßige Veränderung der Maschinenleistung, und zwar möglichst rasch, zur Folge haben soll. Von diesem Gesichtspunkt aus ergibt sich der Grundsatz, die bei einem Hub zugeführte Energiemenge möglichst vollständig zu verbrauchen, da zurückbleibende Reste weiterer Einwirkung des Regulators nicht mehr unterliegen und den Reguliervorgang verschlechtern. Die schärfsten Anforderungen an die Geschwindigkeitsregulierung werden beim Parallelschalten von Wechselstromdynamos gestellt, wobei geringste Geschwindigkeitsschwankungen und stetigste Änderung der Tourenzahl mit veränderter Muffenbelastung notwendig sind.

In diesem Punkt ergeben sich bei nicht ganz geeigneter Bauart bei Verbrennungskraftmaschinen besonders leicht Anstände dadurch, daß bei vollkommenem Leerlauf zu den Regelungsschwierigkeiten auch noch Zündungsschwierigkeiten kommen, dadurch verursacht, daß bei Verpuffungsmaschinen das sehr verdünnte Gemisch nur mehr schlecht zündet, und daß bei Ölmaschinen bei sehr geringer Ölzuführung die Einblaseluft Gelegenheit findet, voran in den Zylinder zu gelangen, wobei auch leicht Aussetzer auftreten. In diesen Fällen ist es sehr empfehlenswert, bei Mehrzylindermaschinen die Verbindung des Regulators mit den regelnden Organen der einzelnen Zylinder nicht für alle Zylinder gleichartig, sondern derart auszuführen, daß sich von einer in der Nähe des Leerlaufes gelegenen Belastungsstufe ab die Leistung eines oder zweier Zylinder (bei doppeltwirkenden Maschinen einer oder zweier Zylinderseiten) nur mehr wenig ändert, während bei den übrigen Zylindern (oder Zylinderseiten) die Energiezufuhr gänzlich abgestellt wird. Am einfachsten läßt sich dies meistens durch eine solche Anordnung des Regulierhebelwerkes erreichen, daß bei den im Leerlauf nicht abzuschaltenden Zylindern in der Nähe des Leerlaufes Kniehebelwirkung im Reguliergestänge auftritt und eine weitere Verstellung der regelnden Organe nur mehr in geringem Maße stattfindet, wenn das Reguliergestänge in die Nähe der Strecklage kommt. Durch diese Anordnung ist erreicht, daß nur wenige Zylinder die gesamte Leerlaufsarbeit der Maschine durchziehen müssen, daher größere Diagrammarbeit und weniger Anlaß zu Zündstörungen ergeben, als wenn sich der Eigenwiderstand der Maschine bei kleinster Diagrammarbeit auf alle Maschinenzylinder verteilt (s. auch S. 314). Voraussetzung für die Anwendbarkeit dieses Verfahrens ist allerdings das Vorhandensein eines genügend schweren Schwungrades, daß die Ungleichförmigkeit des Maschinenganges auch bei Betrieb mit nur wenigen Zylindern nicht allzu groß wird. (Es ist hierbei zu beachten, daß die abgeschalteteten Zylinder Prozesse mit reiner Luft und [nahezu] zusammenfallenden Verdichtungs- und Ausdehnungslinien beschreiben, was verbessernd auf die Gleichförmigkeit des Ganges einwirkt.)

Die Erzielung einer befriedigenden Leistungsregulierung ist bei Verbrennungskraftmaschinen lange nicht zu erreichen gewesen, und zwar besonders bei Viertaktmaschinen. Zweitakt- und Gleichdruckmaschinen, bei denen die Energiezufuhr durch Pumpen erfolgt und dadurch besser beherrscht werden kann, haben hier, wie auch den strengen Anforderungen an Geschwindigkeitsregulierung besser Genüge geleistet. Die Ursache der Schwierigkeiten bei den Viertaktmaschinen liegt in der Verschiedenheit der Gemischzusammensetzung bei wechselnden Unterdrücken im Zylinder, die durch verschiedene Umdrehungszahlen verursacht werden. Abb. 2 läßt dies deutlich erkennen, ebenso auch das Mittel dagegen, das in der Erzeugung starker Unterdrücke im Zylinder — starker Drosselung im Leerlauf — besteht.

Die Widerstände, die bei der Verstellung der Steuerung auftreten, äußern sich zusammen mit den im Regulator selbst auftretenden Verstellwiderständen in der Unempfindlichkeit des Regulators, die mit Rücksicht auf gute Regulierung möglichst klein gehalten werden soll. Dadurch ergibt sich für die Steuerung die Forderung kleiner Verstellwiderstände. Diese Forderung bleibt auch bestehen unbeschadet des Umstandes, daß bei gegebenem Arbeitsvermögen des Regulators durch geeignete Wahl des Übersetzungsverhältnisses die von ihm ausgeübten Kräfte beliebig groß gemacht werden können. Allzu klein dürfen nämlich die Verstellwege deswegen nicht gewählt werden, weil die Regulierung dadurch sehr empfindlich wird gegen die unvermeidliche Abnutzung und den toten Gang in den Gelenken, dessen Einfluß sich bei kleinen Verstellwegen viel stärker geltend macht als bei großen und unruhige Regulierung verursacht. Die Verstellkräfte, die die Steuerung braucht, sind außerdem in der Regel für die verschiedenen Stellungen verschieden, so daß streng genommen eigentlich nur von einem Mittelwert der Unempfindlichkeit gesprochen werden kann. Zahlenmäßige Werte für die im einzelnen Fall nötigen Verstellkräfte lassen sich nicht geben, da die Widerstände in den Gelenken stark von der Ausführung und dem jeweiligen Betriebszustand abhängen.

Eine Beeinflussung des Regulators durch die Steuerung ist ferner durch die Kräfte gegeben, die bei der Bewegung des Steuermechanismus durch die Maschine selbst auftreten und auch dann auf den Regulator einwirken, wenn dieser keine Verstellbewegung anstrebt. Diese Kräfte werden als Rückdruck bezeichnet und sind selbstverständlich immer kleiner als die vom Regulator auszuübenden Stellkräfte, da bei diesen die Reibung im Übertragungsmechanismus zwischen Regulator und Steuerung mit zu überwinden ist, während sich diese im anderen Falle vom Rückdruck abzieht. Die Größe des Rückdruckes ist selbstverständlich eine periodische Funktion der Zeit und dann gleich Null, wenn die Steuerung in Ruhe ist. Unter dem veränderlichen Rückdruck vollführt der Regulator Schwingungen um seine Gleichgewichtslage, die als „Tanzen“ bezeichnet werden. Die Meinungen darüber, ob dieses Tanzen einen erstrebenswerten Zustand darstelle oder nicht, sind geteilt; dawider spricht die dadurch bedingte vermehrte Abnutzung in den Gelenken, dafür der Umstand, daß durch das Tanzen die Unempfindlichkeit des Regulators praktisch gleich Null wird (55). Der Verfasser ist der Ansicht, daß innerhalb gewisser Grenzen ein Rückdruck der Steuerung nicht unerwünscht ist, um so mehr, als das hierdurch verursachte Tanzen des Reglers leicht durch Verwendung einer Ölbremse innerhalb jeder gewünschten Grenze gehalten werden kann und keine Geschwindigkeitsschwankungen der Maschine erzeugt, die praktisch irgendwie von Bedeutung wären.

Als Eigentümlichkeit gewisser Steuerungsbauarten ist zu erwähnen, daß sie vollkommen rückdruckfrei sind. Dies ist dann der Fall, wenn die zur Erzeugung der Steuerungsbewegung nötige Kraft keine Komponente in der Richtung hat, in der der Regulator eine Verstellbewegung bewirkt, z. B. bei Gaspumpensteuerung durch Kolbenschieber mit Verdrehung durch den Regulator bei Füllungsänderung; weiters aber auch dann, wenn der Übertragungsmechanismus der Verstellbewegung des Regulators solche Elemente enthält, die „selbstsperrend“ wirken. In letzterem Falle ist allerdings der „Wirkungsgrad“ des Verstellmechanismus höchstens 50 v. H., was daraus hervorgeht, daß bei rückdruckfreier Steuerung der zweiten Anordnung die Reibungswiderstände im Verstellmechanismus, um den Rückdruck aufzuheben, diesem mindestens gleich sein müssen. Da sich bei der Verstellbewegung durch den Regulator die Reibungsarbeit zur „nutzbaren Verstellarbeit“ addiert, so muß das Verhältnis $\frac{\text{nutzbare Verstellarbeit}}{\text{Gesamtverstellarbeit}} \overset{=}{<} \frac{1}{2}$ sein.

Der auf den Regulator ausgeübte Rückdruck ändert sich mit der Kraft, die zur Erzeugung der Steuerungsbewegung nötig ist, und erreicht bei unveränderlichem Übersetzungsverhältnis seinen Höchstwert dann, wenn diese ihren größten Wert besitzt. Dies ist bei Ventilsteuerungen in der Regel im Anhubmoment der Fall, wo, auch wenn entlastete Ventile und nur gegen geringe Drücke angehoben werden, die Beschleunigung in der Regel ihren größten Wert hat. Wenn nun auch die Bauart einer Steuerung vollkommene Rückdruckfreiheit nicht zuläßt, so ist es meistens doch anzustreben, die oft stoßartig wirkenden Höchstwerte des Rückdrucks vom Regulator fernzuhalten. Allgemein gilt hierfür nun die Beziehung, daß eine Steuerung bei der Stellung rückdruckfrei ist, wo eine Verstellungsbewegung des Regulators keine Verstellung des Steuerorgans bewirkt. Der Beweis hierfür läßt sich nach dem Vorgang von Leist (28g) am besten aus dem Prinzip der virtuellen Verschiebungen herleiten und in folgenden Sätzen kurz zusammenfassen: Bei einem im Gleichgewicht befindlichen System ist die Summe der bei einer unendlich kleinen Verschiebung von allen am System angreifenden Kräften geleisteten Arbeiten gleich Null. Sieht man nun zuvörderst von den Reibungswiderständen im Verstellmechanismus ab und betrachtet diesen als das im Gleichgewicht befindliche System, wobei nach obigem vorausgesetzt werden soll, daß die Steuerung in eben dieser Stellung ist, wo eine Verschiebung des Regulators keine Verstellung des Steuermechanismus hervorruft, so ist offenbar bei einer kleinen Verschiebung der Regulatormuffe die Arbeit der die Steuerungsbewegung erzeugenden Kraft gleich Null, da nach der Voraussetzung durch die Muffenbewegung keine Verstellung des Steuerantriebes erfolgt, der Arbeitsweg dieser Kraft gleich Null ist. Da nun die Summe aller Arbeiten am Übertragungsmechanismus gleich Null ist sowie der eine der beiden Summanden, so muß es auch der andere sein. Da eine Verschiebung der Regulatormuffe angenommen wurde, der Weg also nicht gleich Null ist, so muß es die Kraft sein. Also kann kein Rückdruck auf den Regulator ausgeübt werden. Der Einfluß der Reibung fällt aus, da die Bewegung der Regulatormuffe ja nur virtuell, d. h. gedacht ist, und bei einem ruhenden System die Reibungskräfte nicht imstande sind, aktive Kräfte hervorzurufen.

Diese Verhältnisse lassen bei den Dampfmaschinensteuerungen insofern eine zweckmäßige Verwertung zu, als hierbei konstante Voreinströmung meistens angestrebt wird, wodurch die Bedingung für den Entwurf des Steuerungstriebwerkes ohnedies schon so gestellt ist, daß eine Bewegung des Regulators bei der der Voreinströmung entsprechenden Stellung des Steuerungstriebwerkes in diesem keine Verstellung hervorbringen dürfe, wodurch ohne weiteres eine vollkommene Entlastung des Regulators vom Rückdruck im Moment des Ventilanhubes gegeben ist.

Im Verbrennungskraftmaschinenbau — und zwar kommen hier in erster Linie die Steuerungen der Viertaktverpuffungsmaschinen in Betracht — ist die Bedingung rückdruckfreier Steuerung für den Moment des Ventilanhubes nur für den Fall zu erzielen, daß der Zeitpunkt der Ventileröffnung unveränderlich ist (Füllungsregelung und Gemischregelung mit Drosselung der Gaszufuhr über den ganzen Hub), wie aus dem oben Gesagten ohne weiteres erhellt. Steuerungen bei denen der Zeitpunkt des Ventilanhubes veränderlich ist, ergeben im allgemeinen keine Entlastung des Regulators im Moment des Ventilanhubes.

Als weitere Besonderheit gewisser Steuerungen ist zu erwähnen, daß sich ihre Rückwirkung auf den Regulator in periodischem Festhalten äußert. Dieser Einfluß auf den Reguliervorgang ist innerhalb gewisser Grenzen durchaus erwünscht, wie der Verfasser anderorts nachgewiesen hat (30). Bei Schiebersteuerungen, wo sich der Regulatoreingriff in Form einer Verdrehung des Schiebers geltend macht, findet periodisches Festhalten bei jeder Bewegungsumkehr statt, so daß eine Verstellbewegung nur während der Bewegung des Schiebers erfolgt. Die in diesem Falle auftretenden Verhältnisse, die als „Zusammensetzung von Kraft und Geschwindigkeit“ bezeichnet werden, sind durch Abb. 3 verdeutlicht. Bezeichnet V_s die Verschiebungsgeschwindigkeit des Schiebers, die dieser von seinem äußeren Antrieb erhält, und V_d die Geschwindigkeit der durch den Regulator bewirkten Verstellung, so ist die Gesamtgeschwindigkeit des Schiebers durch die Resultierende V gegeben. Dieser entgegengesetzt gerichtet ist der (z. B. an den Schieberumfang reduzierte) Reibungswiderstand R, der von der Reibung des Schiebers und der Stopfbüchsenreibung herrührt. Die in der Richtung von V_d fallende, demnach vom Regulator zu überwindende Komponente des Reibungswiderstandes, R', ist demnach gegeben durch

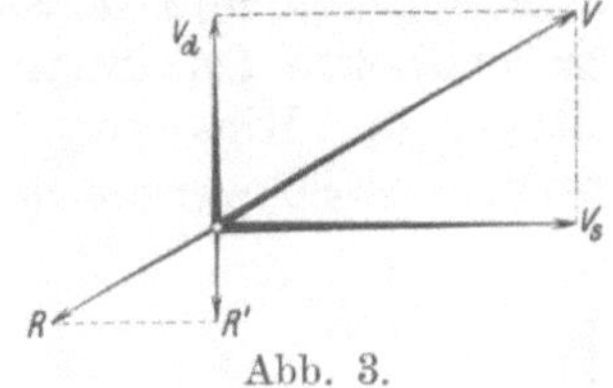

Abb. 3.

$$R' = R\frac{V_d}{V} = R\frac{V_d}{\sqrt{V_d^2 + V_s^2}},$$

demnach mit wechselndem V_s veränderlich und um so kleiner, je größer V_s ist. In den Umkehrpunkten ist $V_s = 0$ und daher $R' = R$. Diese größte Reibung ist der Regulator in der Regel nicht zu überwinden imstande und kann eine Verdrehung nur dann erzeugen, wenn V_s einen größeren Wert hat, wobei dann R' nur ein kleiner Bruchteil der gesamten Reibung R ist.

Auch bei Ventilsteuerungen kann ein periodisches Festhalten des Regulators erfolgen, wenn dessen Eingriff derart erfolgt, daß der die Verstellung des Steuermechanismus besorgende Teil während der Dauer der Ventileröffnung festgeklemmt wird. Beispiele hierfür sind weiter unten bei Besprechung der Bauarten gegeben. Besondere Beachtung verdient dieser Fall, wenn — wie üblich — die Regulierung aller vier Zylinderseiten einer doppelt wirkenden Tandemmaschine durch einen Regulator besorgt wird. Da sich die Zeiten der einzelnen Ventileröffnungen übergreifen, tritt hier der Fall ein, daß der Regulator überhaupt dauernd festgehalten wird. Ein befriedigender Reguliervorgang ist in diesem Falle nur durch Anordnung des Regulatoreingriffs zwischen den beiden Zylindern, Trennung der Regulierwellen für die beiden Zylinder und Anordnung je eines elastischen Zwischengliedes in das Gestänge zwischen Muffe und festgehaltenem Stück zu erreichen, das die Verstellbewegung des Regulators während der Periode des Festgehaltenseins aufnimmt und während der Periode der Beweglichkeit der Regulierwelle an diese weiter gibt. Die durch die Einschaltung dieser elastischen Zwischenglieder hervorgerufenen Kräfte beeinflussen hierbei unvermeidlich die statischen Verhältnisse des Regulators, worauf beim Entwurf Rücksicht zu nehmen ist.

Die Forderung **gleicher Steuerwirkung für beide Zylinderseiten** ist einerseits dadurch gegeben, daß zur Erzielung gleichförmigen Ganges möglichst gleiche Arbeitsabgabe durch beide Zylinderseiten nötig ist. Dies ist besonders beim Parallelbetrieb von Wechselstromdynamos zu beachten, wo sich Ungleichheit der Diagrammarbeit auf Vorder- und Hinterseiten u. U. in beträchtlicher Vergrößerung der Amplitude der ersten harmonischen Grundschwingung des Tangentialdrucks äußert, was, durch das Reaktionsverhältnis der Maschine weiter verstärkt, einen sehr ungünstigen Einfluß auf die Gleichförmigkeit des Ganges ausübt und die Belastungsstöße ins Netz verstärkt. Andererseits sind größere Verschiedenheiten der Steuerwirkung auf beiden Zylinderseiten auch deswegen zu vermeiden, weil dadurch die Mischungsverhältnisse und damit die Wirtschaftlichkeit des Betriebes in der einen oder anderen Seite ungünstig beeinflußt werden. Gleichheit der Steuerwirkung für beide Zylinderseiten ist dann gegeben, wenn sich die einzelnen Vorgänge in der Steuerung bei denselben Kolbenstellungen, d. h. denselben Entfernungen des Kolbens von seiner Totlage abspielen. Da nun die meisten Steuerungen ihre Bewegung von der Kurbelwelle ableiten und denselben Kurbelwinkeln, von der Totlage aus gemessen, infolge der endlichen Schubstangenlänge verschiedene Entfernungen des Kolbens von der Totlage bei Hin- und Rückgang entsprechen, so ist durch Gleichgestaltung des Steuerungstriebwerkes für Kurbel- und Deckelseite eine gleichartige Steuerwirkung für beide Zylinderseiten nicht zu erzielen.

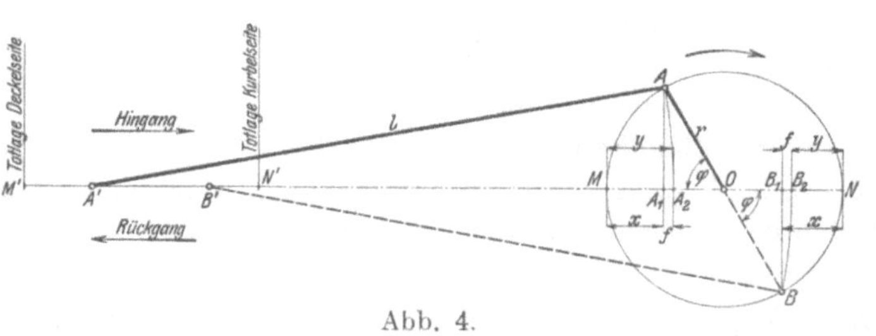

Abb. 4.

Abb. 4 veranschaulicht die Verhältnisse, die sich infolge der endlichen Schubstangenlänge für Hin- und Rückgang ergeben. Für den gleichen Kurbelwinkel, von der Totlage aus gemessen, entsprechend den Kurbelstellungen in A und B, ergeben sich verschiedene Entfernungen des Kolbens von der Totlage, $M'A'$ für Hin- und $N'B'$ für Rückgang. Zur Vereinfachung der Darstellung empfiehlt es sich, die verschiedenen Kolbenstellungen den entsprechenden Kurbelstellungen gleich im Kurbelkreis zuzuordnen, was durch Verschiebung um die Schubstangenlänge l erfolgt. Wie aus der Abbildung ersichtlich, wird demnach die zu einer beliebigen Kurbelstellung gehörige Kolbenstellung durch Bogenprojektion mit der Schubstangenlänge l als Halbmesser gefunden. Bei unendlicher Schubstangenlänge geht der Bogen AA_2 in die Gerade $AA_1 \perp MN$ über.

Dieses Verfahren ist aber unbequem, besonders bei größeren Maßstäben, da dann die Krümmungshalbmesser der Bogenprojektion sehr groß werden. Es wird daher zweckmäßig durch ein anderes ersetzt, das zuerst von Brix (4) angegeben wurde und eine Näherungskonstruktion darstellt, die aber für alle Verwendungszwecke hinreichend genau ist. Es ist in Abb. 5 dargestellt. Hierbei wird die zu einem beliebigen Kurbelwinkel φ gehörige Kolbenstellung A_2 durch senkrechte Projektion auf die Kolbenweglinie gefunden, indem man den Scheitel des Kurbelwinkels φ nicht in O, sondern in einem exzentrisch gelegenen Pol O' wählt, der von O auf der Kolbenweglinie, und zwar in der Richtung des Hinganges (von Deckel- zur Kurbelseite) um die Strecke $\frac{r^2}{2l}$ entfernt ist.

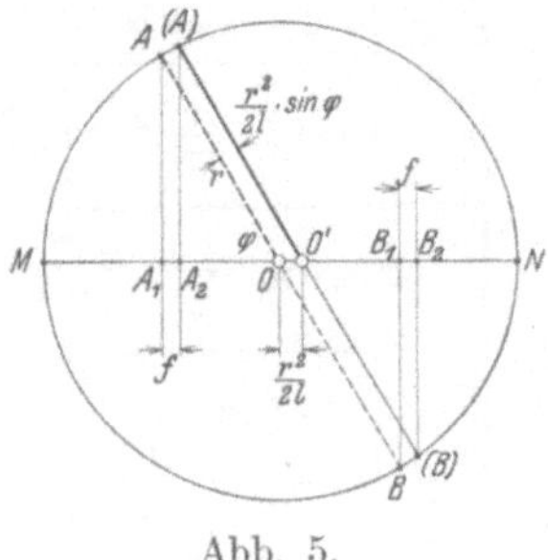

Abb. 5.

Beweis: Unter Bezugnahme auf die in Abb. 4 und 5 verwendeten Bezeichnungen ergibt sich der Kolbenweg x aus der Totlage für unendliche Stangenlängen mit

$$x = MA_1 = NB_1 = r(1 - \cos\varphi).$$

Der Kolbenweg y für endliche Stangenlänge unterscheidet sich von x um eine Strecke f, die mit dem Kurbelwinkel veränderlich, sich beim Hingang zu x addiert, beim Rückgang von x subtrahiert, so daß

$$y = x \pm f.$$

Für die „Fehlerstrecke“ f ergibt sich die Beziehung

$$f(2l - f) = AA_1^2 = r^2 \sin^2\varphi,$$

wobei f gegenüber $2l$ vernachlässigt werden kann, so daß sich ergibt:

$$f = \frac{r^2}{2l} \sin^2\varphi.$$

Der Beweis für die Richtigkeit der in Abb. 5 gegebenen Konstruktion ist erbracht, wenn nachgewiesen wird, daß die Strecke A_1A_2 bzw. B_1B_2 wirklich gleich der Fehlerstrecke f ist.

Mit Rücksicht auf die Kleinheit des Bogens $A(A)$ kann hierfür mit größter Annäherung der Abstand der Linien OA und $O'(A)$ gesetzt werden, der gleich ist

$$\overline{OO'} \sin\varphi = \frac{r^2}{2l} \sin\varphi.$$

Hiermit wird aber die Strecke

$$A_1A_2 = B_1B_2 = (\overline{OO'} \sin\varphi) \cdot \sin\varphi = \frac{r^2}{2l} \sin^2\varphi = f, \quad \text{w. z. b. w.}$$

Die bei dieser Näherungskonstruktion gemachten Vernachlässigungen sind unbedeutend, und die durch sie verursachte Ungenauigkeit des Verfahrens kommt für praktische Zwecke nicht in Betracht. Sie ist, wie die genauen Untersuchungen von Brix ergeben haben, für das übliche Verhältnis $\frac{r}{l} = \frac{1}{5}$ höchstens gleich 0,19 v. H. des Halbmessers r.

Zusammenhang zwischen Kolbenweg und Kurbelwinkel.

Kolbenwege v. H.	Kurbelwinkel in Graden				
	$l=4,5\,r$		$l=5\,r$		$l=\infty$
	Hin-gang	Rück-gang	Hin-gang	Rück-gang	
0	0,0	0,0	0,0	0,0	0,0
0,25	5,2	6,5	5,2	6,4	5,8
0,5	7,3	9,2	7,3	9,0	8,1
1,0	10,4	13,0	10,5	12,7	11,5
1,5	12,7	16,0	12,8	15,7	14,1
2	14,7	18,4	14,8	18,1	16,3
3	18,1	22,5	18,2	22,2	19,9
4	20,9	26,0	21,0	25,7	23,1
5	23,4	29,1	23,6	28,7	25,8
6	25,7	31,9	26,0	31,5	28,3
7	27,8	34,5	28,0	34,0	30,7
8	29,8	36,9	30,2	36,3	32,8
9	31,7	39,1	32,0	38,7	34,8
10	33,5	41,3	33,7	40,8	36,8
11	35,2	43,3	35,5	42,8	38,7
12	36,8	45,3	37,3	44,7	40,6
13	38,4	47,2	38,8	46,6	42,3
14	40,0	49,0	40,3	48,4	43,9
15	41,5	50,7	41,8	50,1	45,6
16	43,0	52,4	43,2	51,8	47,2
17	44,4	54,1	44,7	53,5	48,7
18	45,8	55,7	46,2	55,1	50,2
19	47,1	57,3	47,6	56,6	51,7
20	48,5	58,8	48,9	58,2	53,1
21	49,8	60,3	50,2	59,7	54,6
22	51,1	61,8	51,5	61,1	55,9
23	52,4	63,2	52,8	62,5	57,3

Kolbenwege v. H.	Kurbelwinkel in Graden				
	$l=4,5\,r$		$l=5\,r$		$l=\infty$
	Hin-gang	Rück-gang	Hin-gang	Rück-gang	
24	53,6	64,6	54,1	64,0	58,7
25	54,9	66,0	55,4	65,4	60,0
26	56,1	67,4	56,6	66,7	61,3
27	57,3	68,7	57,8	68,1	62,6
28	58,6	70,1	59,1	69,4	63,9
29	59,7	71,4	60,2	70,7	65,2
30	60,9	72,7	61,4	72,0	66,4
31	62,1	74,0	62,6	73,3	67,7
32	63,3	75,2	63,8	74,5	68,9
33	64,4	76,5	65,0	75,8	70,1
34	65,6	77,7	66,2	77,0	71,3
35	66,7	78,9	67,3	78,3	72,6
36	67,9	80,2	68,4	79,5	73,8
37	69,0	81,4	69,5	80,7	74,9
38	70,2	82,6	70,7	81,9	76,1
39	71,3	83,7	71,9	83,1	77,3
40	72,4	84,9	73,0	84,3	78,5
41	73,5	86,1	74,1	85,4	79,6
42	74,7	87,3	75,3	86,6	80,8
43	75,8	88,4	76,4	87,8	81,9
44	76,9	89,6	77,5	88,9	83,1
45	78,0	90,7	78,6	90,0	84,2
46	79,1	91,8	79,7	91,2	85,4
47	80,3	93,0	80,9	92,3	86,6
48	81,4	94,1	82,0	93,5	87,7
49	82,5	95,2	83,1	94,6	88,9
50	83,6	96,4	84,2	95,8	90,0

Kolbenwege v. H.	Kurbelwinkel in Graden				
	$l=4,5\,r$		$l=5\,r$		$l=\infty$
	Hin-gang	Rück-gang	Hin-gang	Rück-gang	
50	83,6	96,4	84,2	95,8	90,0
51	84,8	97,5	85,4	96,9	91,1
52	85,9	98,6	86,5	98,0	92,3
53	87,0	99,7	87,7	99,1	93,4
54	88,2	100,9	88,8	100,3	94,6
55	89,3	102,0	90,0	101,4	95,8
56	90,4	103,1	91,1	102,5	96,9
57	91,6	104,2	92,2	103,6	98,1
58	92,7	105,3	93,4	104,7	99,2
59	93,9	106,5	94,6	105,9	100,4
60	95,1	107,6	95,7	107,0	101,5
61	96,3	108,7	96,9	108,1	102,7
62	97,4	109,8	98,1	109,3	103,9
63	98,6	111,0	99,3	110,5	105,1
64	99,8	112,1	100,5	111,6	106,2
65	101,1	113,3	101,7	112,7	107,4
66	102,3	114,4	103,0	113,8	108,7
67	103,5	115,6	104,2	115,0	109,9
68	104,8	116,7	105,5	116,2	111,1
69	106,0	117,9	106,7	117,4	112,3
70	107,3	119,1	108,0	118,6	113,6
71	108,6	120,3	109,3	119,8	114,8
72	109,9	121,4	110,6	120,9	116,1
73	111,3	122,7	111,9	122,2	117,4
74	112,6	123,9	113,2	123,4	118,7
75	114,0	125,1	114,6	124,6	120,0
76	115,4	126,4	116,0	125,9	121,3

Kolbenwege v. H.	Kurbelwinkel in Graden				
	$l=4,5\,r$		$l=5\,r$		$l=\infty$
	Hin-gang	Rück-gang	Hin-gang	Rück-gang	
77	116,8	127,6	117,5	127,2	122,7
78	118,2	128,9	118,9	128,5	124,1
79	119,7	130,2	120,3	129,8	125,4
80	121,2	131,5	121,9	131,1	126,9
81	122,7	132,9	123,4	132,4	128,3
82	124,3	134,2	124,9	133,8	129,8
83	125,9	135,6	126,5	135,3	131,3
84	127,6	137,0	128,2	136,8	132,8
85	129,3	138,5	129,9	138,2	134,4
86	131,0	140,0	131,6	139,7	136,1
87	132,8	141,6	133,4	141,2	137,7
88	134,7	143,2	135,3	142,7	139,4
89	136,7	144,8	137,2	144,5	141,3
90	138,7	146,5	139,2	146,3	143,2
91	140,9	148,3	141,3	148,0	145,2
92	143,1	150,2	143,7	149,8	147,2
93	145,5	152,2	146,0	152,0	149,3
94	148,1	154,3	148,5	154,0	151,7
95	150,9	156,6	151,3	156,4	154,2
96	154,0	159,1	154,3	159,0	156,9
97	157,5	161,9	157,8	161,8	160,1
98	161,6	165,3	161,9	165,2	163,7
98,5	164,0	167,3	164,3	167,2	165,9
99	167,0	169,6	167,3	169,5	168,5
99,5	170,8	172,7	171,0	172,7	171,9
99,75	173,5	174,8	173,6	174,8	174,2
100	180,0	180,0	180,0	180,0	180,0

Die Berücksichtigung des Einflusses endlicher Exzenterstangenlänge, die sich ähnlich wie der Einfluß der endlichen Schubstangenlänge geltend macht, nur in weit geringerem Maß, kann mit Rücksicht auf die anderweitige Genauigkeit von Zeichnung und Ausführung unterbleiben.

Die beigegebene Tafel gibt auch direkt die zu einem Kolbenweg gehörigen Kurbelwinkel für Hin- und Rückgang, und zwar sowohl für unendliche Schubstangenlänge als auch für ein Längenverhältnis von 4,5, das dem im Schiffsmaschinenbau zumeist verwendeten entspricht, und 5,0, das bei ortsfesten Maschinen fast ausnahmslos ausgeführt wird (1).

Im Verbrennungskraftmaschinenbau wird vielfach darauf verzichtet, den Einfluß der endlichen Schubstangenlänge schon beim Entwurf zu berücksichtigen und eine Einstellung der Steuerung dann an Hand des Indikatordiagramms vorgenommen. Dies setzt voraus, daß die Steuerungstriebwerke mit Verstellvorrichtungen ausgestattet sind, eine Maßregel, die sich schon deshalb als notwendig erweist, um den Einfluß der im Betrieb mit der Zeit auftretenden Abnützungen der steuernden Teile durch Nachstellung ausgleichen zu können. Nachdem durch die Steuerungskonstruktion in der Regel eine ziemlich weitgehende Unabhängigkeit des Antriebs der Ein- und Auslaßorgane gegeben ist, ist dies wohl zulässig. Immerhin wird aus den früher angegebenen Gründen die Forderung gleicher Steuerwirkung wohl im Auge zu behalten sein, besonders dann, wenn die Steuerbewegungen in Nähe der Hubmitte stattfinden (Regelung durch verspätetes Öffnen des Gasventils), wo sich der Einfluß der endlichen Schubstangenlänge am stärksten geltend macht.

Die Forderung **hinreichender Steuerquerschnitte** kann hier nur insoweit einer Erörterung unterzogen werden, als sie sich nicht auf die Organe bezieht, deren Querschnitte und Querschnittsverhältnisse für die Gemischbildung maßgebend sind. Für die gemischbildenden Organe unterliegt die Forderung nach den „erforderlichen“ Steuerquerschnitten einer wesentlich anderen Deutung, auf die ausführlich zu sprechen zu kommen sich wiederholt Gelegenheit ergeben wird in den folgenden Abschnitten, die sich mit Beschreibung und Kritik der einzelnen Regulierungsverfahren beschäftigen.

Sofern also auf die gemischbildenden Organe keine Rücksicht genommen wird, ist die Forderung so zu stellen, daß die durch die Steuerungsquerschnitte verursachten Drosselungen möglichst gering sein sollen. Dies ist besonders für die Auslaßquerschnitte der Viertaktmaschinen von Wichtigkeit, da sich der erhöhte Gegendruck nicht nur in Verlust an Diagrammarbeit, sondern infolge des größeren im Zylinder verbleibenden Abgasgewichtes auch in Erhöhung der mittleren Zylindertemperatur, Verschlechterung des neueintretenden Gemisches und dadurch in geringerem volumetrischen Wirkungsgrad des Zylinders bemerkbar macht.

Bei Zweitaktmaschinen äußert sich die Drosselung in den Einlaßorganen besonders in vermehrter Ladepumpenarbeit und muß deshalb vermieden werden.

Besondere Beachtung verdient endlich die Forderung hinreichender Steuerquerschnitte bei den Einlaßorganen der Viertakt-Verpuffungsmaschinen, die nicht zur Regelung dienen. Da diese Maschinen eine Beeinflussung ihrer Leistung — sei es nun durch Gemisch- oder Füllungsregelung — nur durch Drosselung in den Querschnitten der regelnden Organe erfahren, so ist es für das richtige Arbeiten der Maschine von grundlegender Bedeutung, daß die hierfür gebauten und unter der Herrschaft des Regulators stehenden Organe dieser Aufgabe auch wirklich gerecht werden, mit anderen Worten, daß die für die Strömungsverhältnisse maßgebenden engsten Querschnitte auch wirklich in den Regelungsorganen auftreten. — Diese Forderung ist auch beim Entwurf der Drosselklappen zu beachten, welche die Gas- und Luftzufuhr durch Verstellung von Hand aus zu verändern gestatten. Hier kann bei unrichtiger baulicher Gestaltung der Fall auftreten, daß bei Einstellung für reiches Gas bei Vollast nicht mehr der vom Mischventil freigegebene Querschnitt sondern der (unveränderlich eingestellte) Querschnitt in der Drosselklappe der engste wird, wodurch z. B. an Stelle einer beabsichtigten Füllungsregelung eine unbeabsichtigte Gemischregelung tritt und die Höchstleistung der Maschine herabgezogen wird.

Zu erwähnen ist noch, daß die Steuerquerschnitte stets senkrecht zur Strömungsrichtung zu messen sind.

Bei der Bemessung der Steuerquerschnitte ist darauf Rücksicht zu nehmen, daß die Kolbengeschwindigkeit und damit auch die Geschwindigkeit in den Steuerquerschnitten veränderlich ist. Bezeichnet F die wirksame Kolbenfläche und v die augenblickliche Kolbengeschwindigkeit, ferner f den augenblicklichen Steuerquerschnitt, so ist die darin herrschende Strömungsgeschwindigkeit gegeben durch $w = v\frac{F}{f}$, also ebenfalls von Moment zu Moment veränderlich. (Vgl. übrigens hierzu das auf folgender Seite Gesagte.)

Die Kolbengeschwindigkeit v ergibt sich aus dem Kolbenweg x durch Differentation nach der Zeit und ist demnach, wenn, wie hierbei stets zulässig, der Einfluß der endlichen Stangenlänge vernachlässigt wird, gegeben durch

$$v = \frac{dx}{dt} = r \sin\varphi \frac{d\varphi}{dt} = r\omega \sin\varphi\,.$$

Das Diagramm der Kolbengeschwindigkeiten, als Ordinaten auf die Kolbenwege als Abszissen bezogen, ist demnach eine Halbellipse bzw., wenn man im Maßstab die Geschwindigkeit $r\omega$ gleich dem Radius r wählt, ein Halbkreis (Abb. 6). Für unveränderliche Strömungsgeschwindigkeit w im Steuerquerschnitt f muß sich demnach dieser nach einem gleichen Gesetz verändern, das Diagramm der Steuerquerschnitte, bezogen auf die Kolbenwege, muß demnach ebenfalls durch eine Halbellipse dargestellt sein. Sind die Eröffnungsverhältnisse des Steuerungsquerschnittes andere (z. B. durch die strichlierte Linie in Abb. 6 gegeben), so ist die Geschwindigkeit w im Steuerungsquerschnitte veränderlich. Die Gesetzmäßigkeit dieser Veränderlichkeit ist in einfacher Weise durch das in Abb. 6 ebenfalls angedeutete Verfahren zu überprüfen. Man dividiere die Geschwindigkeitsordinaten v durch die zugehörigen Steuerquerschnittsordinaten f und trage den Quotienten als Ordinate zur Abszisse der zugehörigen Kolbenstellung auf, so ergibt die so entstehende Kurve (strichpunktiert) das Gesetz der Veränderlichkeit der Strömungsgeschwindigkeit w im Steuerquerschnitt. Der Maßstab der w-Kurve ist dann aus einem beliebigen zusammenhängenden Wertepaar auszurechnen. Für den Moment des Abschlusses bei einer von Null verschiedenen Kolbengeschwindigkeit ergibt sich die Strömungsgeschwindigkeit theoretisch mit $w = \infty$. In Wirklichkeit tritt ein endlicher Wert auf, da die durch die Drosselung verursachten Reibungswiderstände stark mit der Geschwindigkeit wachsen. Eine Berücksichtigung dieses Einflusses ist indessen für die vorliegenden Zwecke nicht erforderlich.

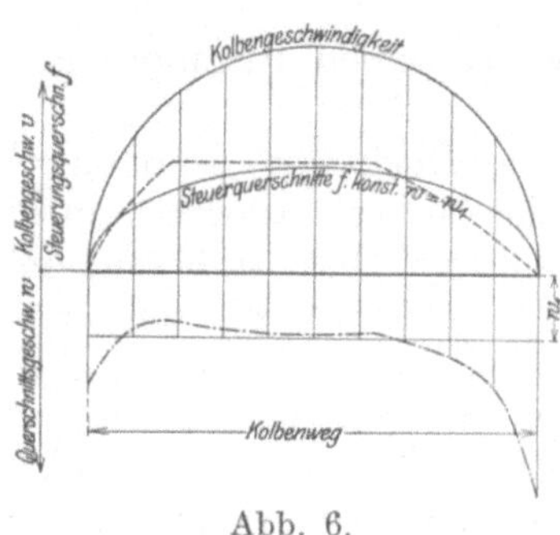

Abb. 6.

Da nun im allgemeinen das Gesetz der Querschnittseröffnung ein anderes ist, als das sich nach obigem für die Forderung unveränderlicher Geschwindigkeit im Querschnitt ergebende, so ist auch die Geschwindigkeit veränderlich und einer Ausmittelung kann daher nur ein Geschwindigkeitsmittelwert zugrunde gelegt werden. Dieser wird in der Regel bezogen auf die mittlere Kolbengeschwindigkeit $v_m = \frac{sn}{30}$ (s = Hub in m, n = Umdrehungszahl pro min). Zahlenwerte sind später bei Besprechung der Einzelheiten gegeben (s. S. 73f., 77, 84 und 231).

Eine wesentliche Abweichung von den durch das soeben Gesagte gekennzeichneten Verhältnissen tritt indessen dann auf, wenn die Strömungsgeschwindigkeit in den Steuerquerschnitten nicht durch den aus der Kolbenbewegung herrührenden Unter- oder Überdruck bedingt ist, sondern durch einen unabhängig von der Kolbenbewegung im Zylinder herrschenden Überdruck erzeugt wird. Dieser Fall tritt besonders bei Eröffnung des Auslaßorganes ein, in welchem Augenblick im Zylinder in der Regel noch beträchtlicher Überdruck besteht, der in den Steuerquerschnitten große Geschwindigkeit erzeugt. Dies hat dann einen raschen Spannungsausgleich zur Folge der sich in der steil abfallenden Entladungskurve im Diagramm äußert.

Die im Steuerquerschnitt auftretende Geschwindigkeit ist hierbei allgemein durch die auf S. 5 angegebene Gleichung

$$w = \sqrt{2g \frac{k}{k-1} \frac{p_1}{\gamma_1} \left[1 - \left(\frac{p_2}{p_1}\right)^{\frac{k-1}{k}}\right]}\ [1])$$

bestimmt, deren Gültigkeitsbereich allerdings dadurch beschränkt ist, daß sie die auftretenden Erscheinungen nur bis zum Eintritt des sogenannten „kritischen Druckverhältnisses“ richtig beschreibt (50), das gegeben ist durch

$$\left(\frac{p_2}{p_1}\right)_{kr} = \left(\frac{2}{k+1}\right)^{\frac{k}{k-1}}.$$

Für den (mit der Temperatur etwas veränderlichen) Adiabaten-Exponenten kann hierbei gesetzt werden

$$k = 1{,}39 - \frac{0{,}66\,T}{10\,000},$$

wobei T den Mittelwert der absoluten Temperatur des Vorganges bedeutet. Wird als Mittelwert $T = 900^0$ gesetzt, so wird $k = 1{,}33$, das kritische Druckverhältnis demnach $\left(\frac{p_2}{p_1}\right)_{kr} = 0{,}543$, woraus endlich mit Annahme eines Gegendruckes von $p_2 = 1{,}1$ atm folgt, daß die gegebene Gleichung für die Geschwindigkeit w nur dann gilt, wenn der innere Druck kleiner ist als $\frac{1{,}1}{0{,}543} \sim 2$ atm. Ist der Innendruck größer, so tritt an die Stelle der oben für w gegebenen Gleichung die, welche durch Einsetzen des Wertes für das kritische Druckgefälle in die Gleichung für w erhalten wird und sich nach einigen Umformungen in der einfachen Form

$w_{max} = \sqrt{\frac{2gk}{k-1} \cdot \frac{p_1}{\gamma_1}}$ darstellt, wofür sich mit $\frac{p_1}{\gamma_1} = p_1 v_1 = R T_1$ auch

$w_{max} = \sqrt{\frac{2gk}{k-1} \cdot R T_1}$ oder mit $k = 1{,}33$ und $R \sim 30$

$w_{max} = 18{,}3 \sqrt{T_1}$ schreiben läßt.

Die im Steuerquerschnitt entstehende Geschwindigkeit ist demnach, da den Strömungswegen der Abgase keineswegs die Wirkung einer „Düse“ im Sinne des

[1]) An Stelle des in der erwähnten Gleichung verwendeten Polytropen-Exponenten m tritt hier der Adiabaten-Exponent k, da es sich hier um so rasch verlaufende Vorgänge handelt, daß inzwischen eine wesentliche Zu- oder Abfuhr von Wärme nicht stattfindet.

Dampfturbinenbaus zuzuschreiben ist, jenseits des kritischen Druckgefälles nunmehr von der im Zylinder herrschenden Temperatur abhängig und beträgt nach der gegebenen Gleichung für

$$T = 1200 \quad 1100 \quad 1000 \quad 900 \quad 800^0 \text{ abs.}$$
$$w = 643 \quad 607 \quad 578 \quad 548 \quad 517^0 \text{ m/sec.}$$

Als Mittelwert der während des eigentlichen Auspuff-(Entladungs-)vorganges auftretenden Geschwindigkeit wird demnach ca. 300 bis 400 m/sec einzusetzen sein[1]).

Es wäre indessen verfehlt, den Spannungsabfall im Zylinder auf Grund dieser Geschwindigkeitswerte in Verbindung mit den theoretisch freigegebenen Steuerquerschnitten beurteilen zu wollen, da infolge der großen Geschwindigkeit und der scharfen Ecken in den Strömungswegen jedenfalls eine starke Strahlkontraktion auftritt, die das tatsächliche Ausströmgewicht gegenüber dem theoretischen noch beträchtlich verringert. Nach den von W. Schüle (51) angegebenen Werten für Dampfmaschinensteuerungen wird man den Kontraktionskoeffizienten mit etwa 0,40 bis 0,60 einzusetzen haben; genauere Werte des je nach der Bauart voraussichtlich von Fall zu Fall stark veränderlichen Wertes sind nur auf dem Wege von — bisher noch ausständigen — Versuchen zu ermitteln. Aus diesem Grunde verzichtet der Verfasser vorderhand auch darauf, eine ausführliche Theorie der Dynamik der Gasströmung zu entwickeln, die mangels der erwähnten Erfahrungswerte doch nur von problematischer Bedeutung wäre[2]).

Der Erfüllung der Forderung nach **Betriebssicherheit** ist beim Entwurf der Steuerungen der in der Regel mit einem unreinen Kraftmittel arbeitenden Verbrennungskraftmaschinen besondere Aufmerksamkeit zu schenkeu. Die Betriebsschwierigkeiten, die sich aus der Unreinheit des Kraftmittels ergeben, sind selbstverständlich in erster Linie durch entsprechende Reinigung des Kraftmittels selbst zu bekämpfen. Indessen ist diesen Bestrebungen schon durch die dabei auflaufenden Kosten eine Grenze gesetzt, so daß mit dem Eintreten einer gewissen Menge von Fremdstoffen in die Arbeitszylinder, zumal bei den mit gasförmigen Brennstoffen arbeitenden Maschinen, immer gerechnet werden muß. Diese Fremdkörper äußern sich zusammen mit den bei der Verbrennung meistens, wenn auch in geringer Menge, entstehenden festen Verbrennungs- und Verkohlungsprodukten in einer Verschmutzung des Arbeitszylinders, der durch entsprechende Ausgestaltung der Auslaßsteuerung insofern entgegengearbeitet werden kann, als dadurch die Möglichkeit des Austritts der Fremdkörper während des Auspuffes gegeben sein soll. Der Verschmutzung der Steuerorgane selbst, die sich in Verstopfung der Durchgangsöffnungen uud Hängenbleiben der Ventile äußert, ist durch entsprechende bauliche Ausgestaltung entgegenzutreten. Im allgemeinen ist einfache Gestaltung der Strömungswege, Vermeidung von scharfen Knicken der Strömungsrichtung, wodurch das Ausscheiden der vom Gas mitgerissenen Fremdkörper (beson-

[1]) In dem bereits erwähnten Werk von Güldner (18) finden sich auf S. 175f. Werte der Auspuffgeschwindigkeit von 800 bis 900 m/sec angegeben, berechnet auf Grund eines Rechnungsverfahrens, auf dessen Kritik der Verfasser indessen billig verzichten zu können glaubt. (Das Rechnungsverfahren ist übrigens auch in der soeben erschienenen 3. Aufl. des Güldnerschen Werkes noch immer zu finden.)

[2]) Die Frage der Zylinderentladung (und, damit zusammenhängend, der Bemessung der Auspuff- und Spülschlitze behandeln zwei in letzter Zeit erschienene wertvolle Arbeiten von Kreglewski (61) und O. Föppl (62), die auch eine „Dynamik der Entladevorgänge“ rechnerisch entwickeln. Die Ergebnisse beziehen sich indessen nur auf die Verhältnisse bei Zweitaktmaschinen mit Entladung des Zylinders durch Schlitze. Für Viertaktmaschinen, bei welchen die Gase durch Ventile auspuffen, bleiben die erwähnten Fragen bis auf weiteres noch unbeantwortet.

ders von Teer) begünstigt wird, sowie die Vermeidung von toten Winkeln, in denen sich Rückstände sammeln können, anzustreben. In Büchsen geführte Ventilspindeln und ähnliche Konstruktionseinzelheiten, deren Verschmutzung zu einem Hängenbleiben Anlaß geben kann, sind nicht allzu stramm passend auszuführen und durch entsprechende Vorrichtungen vor Verunreinigungen zu schützen. Kolbenschieber, die zur Steuerung von Gas und Gemisch dienen, erhalten zweckmäßig einiges Spiel in ihrem Führungen und werden vielfach so ausgeführt, daß durch die Ausbildung von scheuernd wirkenden scharfen Kanten dem Ansetzen von Krusten entgegengewirkt wird. Im allgemeinen ist darauf hinzuweisen, daß Ventile gegen Verschmutzungen weniger empfindlich sind als Kolbenschieber, weshalb die Gas- und Gemischsteuerung in der Regel Ventilen, die Luftsteuerung Schiebern übertragen wird.

Die Forderung nach Betriebssicherheit bedingt es ferner, daß die bauliche Gestaltung des Steuerungstriebwerkes derart stattfindet, daß die während des Getriebes infolge von Temperaturänderungen und Kraftwirkungen auftretenden Formänderungen keinen Einfluß auf das richtige Arbeiten des Steuerungstriebwerkes ausüben. Dies ist von besonderer Wichtigkeit bei liegenden Maschinen, die ihren Steuerungsantrieb von einer der Maschinenlängsachse parallel laufenden Steuerwelle aus erhalten. Die während des Betriebes auftretenden Längenänderungen sind hierbei beträchtlich und erfordern die Verwendung von Ausdehnungskupplungen in der Steuerwelle, um ein Ecken des Steuerungstriebwerkes zu vermeiden.

Hierher gehört weiter die Regel, zur Lagerung von verschiedenen Elementen, auf deren richtiges kinematisches Zusammenarbeiten Wert zu legen ist, nicht verschiedene Konstruktionsteile heranzuziehen, deren Formänderungen voneinander unabhängig und in ihren Folgen nicht zu übersehen sind. (Aufsetzen der Steuerwellenlager direkt auf das Fundament; Anordnung von Hebeldrehpunkten an Auspuffrohren u. dgl.)

Selbstverständlich ist noch die Forderung, daß die Ausgestaltung der Steuerungsteile derart zu erfolgen hat, daß diese den auf sie einwirkenden Kräften gewachsen sind. Dies ist besonders zu berücksichtigen bei allen Gelenkbolzen, bei denen mit Rücksicht auf Abnutzung und ordentliche Schmierung die spezifische Flächenpressung unter einem gewissen Wert bleiben muß. 40 bis 50 kg/qcm ist die nicht zu überschreitende Grenze, die bereits vorzügliche Herstellung und Wartung und nur geringe Verdrehungsgeschwindigkeiten und -wege vorausgesetzt. In der Regel wird man zweckmäßig weit unter den angegebenen Werten bleiben. Besondere Aufmerksamkeit verdienen die Kraftwirkungen in langen gedrückten Stangen, die, wenn auch gesichert gegen Ausknicken, besonders unter stoßartigen Kraftwirkungen leicht ins Erzittern kommen, wogegen durch entsprechend kräftige Formgebung vorzubeugen ist.

Genügende Schmierung ist eine weitere Voraussetzung ordentlichen Betriebes. Hierbei ist dafür Sorge zu tragen, daß das Fett wirklich an die Stellen gelangt, wo eine Schmierung beabsichtigt ist. Stärker beanspruchte Gelenke erhalten zweckmäßig eine Schmierung mit konsistentem Fett durch Staufferbüchsen, hoch beanspruchte Triebwerksteile, wie Wälzhebelbahnen u. dgl., erhalten ebenso wie die Ventilspindeln das Öl zwangsläufig durch Schmierpumpen zugedrückt. Schmierung durch Schmierlöcher von Hand aus ist nur bei ganz wenig beanspruchten Bolzen zulässig und soll mit Rücksicht auf einfache Bedienung möglichst wenig Anwendung finden.

In Zusammenhang mit der soeben besprochenen Forderung nach Betriebssicherheit steht auch die Forderung nach **guter Zugänglichkeit**, die für die Steuerungsteile der Verbrennungskraftmaschinen mit Rücksicht auf die erwähnten Verschmutzungen von besonderer Wichtigkeit ist. Ein Ausbau der Steuerungsteile muß rasch, leicht und mit geringen Hilfsmitteln zu bewerkstelligen sein. Der Umfang der hier zu stellenden Forderungen wechselt natürlich stark mit der Größe der Maschine: Was bei kleinen Maschinen noch wohl zulässig ist, wird bei der Großmaschine unter Umständen zum schwerwiegenden Fehler und muß mit längeren Betriebsstörungen bezahlt werden. Im allgemeinen ist die Anordnung wichtiger Steuerungsteile (Ladepumpen) in Kellerräumen zu vermeiden, da durch die verminderte Zugänglichkeit die Wartung leidet und ein Abbau mangels geeigneter Hebezeuge mit großen Umständen verknüpft ist. Ferner ist zu fordern, daß ein Ausbau der inneren Steuerungsteile ohne Entfernung anderer wichtiger Teile möglich ist, besonders solcher, die für die ursprüngliche Ausrichtung der Maschine von Wichtigkeit sind. Besondere Rücksicht verdienen hierbei die Auslaßventile, deren öfteres Ausbauen und Reinigen sich notwendig mit einfachen Mitteln und rasch bewerkstelligen lassen muß.

B. Die besonderen Anforderungen an die Steuerungen der Verbrennungskraftmaschinen.

1. Das Viertaktverfahren.

Wie bereits erwähnt, ist das Arbeitsverfahren, bei dem die zur Ladung des Arbeitszylinders erforderlichen Vorgänge durch dessen Kolben selbst geleistet werden, dadurch gekennzeichnet, daß zur Durchführung des gesamten Arbeitsspieles vier Hübe erforderlich sind (Ansaughub, Verdichtungshub, Arbeitshub und Ausstoßhub).

Die Aufgabe, die die Steuerung im Viertaktverfahren zu erfüllen hat, ist folgende (vgl. Abb. 7)[1]): Gegen Ende des Arbeitshubes wird der Auslaß eröffnet, um einen Druckausgleich herzustellen, der im Moment des Totpunktes schon vollendet sein soll, um Verluste an Arbeitsfläche zu vermeiden. Punkt *A. a.*[2]) Der Auslaß bleibt über den ganzen nun folgenden Ausstoßhub offen und wird erst in der Nähe des Totpunktes (in der Regel etwas nach Erreichung des Totpunktes) geschlossen, Punkt *A. z.* Ebenfalls in der Nähe dieses Totpunktes (und zwar in der Regel schon

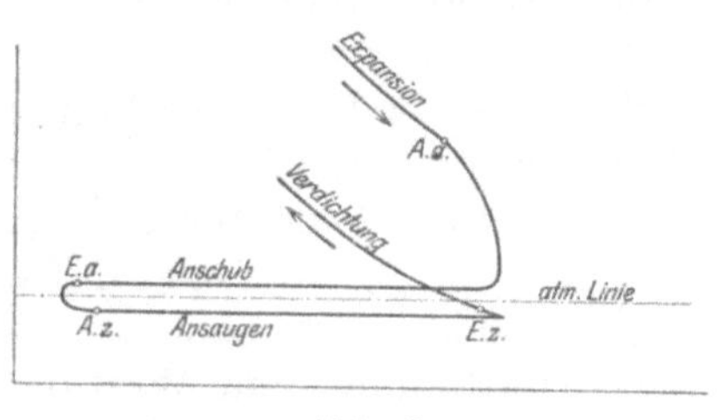

Abb. 7.

[1]) In dem etwas schematisiert gezeichneten Diagramm ist die Gestaltung der Diagrammlinie zwischen den Punkten *E. a.* und *A. z.* wesentlich durch die Strömungsverhältnisse im Zylinder bedingt und erst in zweiter Linie durch die Lage dieser Punkte selbst, da in der Nähe von Anhub und Abschluß infolge der starken Drosselungen nur geringe Mengen durch die Steuerorgane ein- und austreten können.

[2]) Mit Rücksicht auf die oftmalige Verwendung erschien es zweckmäßig, für die wichtigsten Punkte der Steuerwirkung feststehende Bezeichnungen zu schaffen, so wie dies im Dampfmaschinenbau durch die Bezeichnungen *VE.*, *Ex.*, *VA.* und *Co.* schon lange üblich ist. Da eine solche Bezeichnungsweise für den Verbrennungskraftmaschinenbau noch nicht besteht, so schlägt der Verfasser folgende, sich leicht dem Gedächtnis einprägende Bezeichnungen vor, von denen im folgenden stets, ohne weitere Erläuterung, Gebrauch gemacht werden wird:

Öffnen des Auslasses: *A. a.* (Auslaß auf),
Schließen des Auslasses: *A. z.* (Auslaß zu),
Öffnen des Einlasses: *E. a.*,
Schließen des Einlasses: *E. z.*,
Öffnen des Mischorgans: *M. a.* (im Verpuffungsverfahren),
Schließen des Mischorgans: *M. z.* („ „),
Beginn der Brennstoffeinführung: *B. a.* (im Gleichdruckverfahren),
Schluß der Brennstoffeinführung: *B. z.* („ „).

Einige andere Bezeichnungen nach demselben Grundgedanken sind später mit Erklärung eingeführt.

etwas vor Erreichung des Totpunktes) wird der Einlaß eröffnet, Punkt *E. a.*, der über den ganzen nun folgenden Ansaughub offen bleibt und erst etwas nach dessen Ende wieder abgeschlossen wird, Punkt *E. z.*

Zu diesen Steuervorgängen treten nun noch in der Regel Eröffnung und Abschluß des Mischorgans beim Verpuffungs-, und die Steuerung der Brennstoffeinführung im Gleichdruckverfahren.

Als wesentlichste Eigentümlichkeit der Steuerungen von Viertaktmaschinen ist folgende anzusprechen: Abgesehen von der Verstellung, die das Steuerungstriebwerk durch die Einwirkung des Regulators bei Leistungsänderung erfährt, findet ein Steuervorgang, z. B. die Eröffnung des Auslasses im Punkte *A. a.*, immer bei gleicher Stellung des Steuerungstriebwerkes statt. Da nun ein Arbeitsspiel vier Hüben oder zwei Umdrehungen der Kurbelwelle entspricht und nach dem Gesagten die Bewegung des Steuerungstriebwerkes während dieser Zeit nur einen Zyklus umfassen darf, so ist man gezwungen, sofern man, wie gebräuchlich, die Bewegung der Steuerung von der Kurbelwelle ableitet, in den Übertragungsmechanismus Elemente einzuschalten, die die Bewegung der Kurbelwelle ins Langsame, und zwar im Verhältnis 1:2, übersetzen. Das Organ, von dem die Steuerbewegung direkt abgeleitet wird, ist allgemein gebräuchlich eine Steuerwelle. Diese darf sich nach dem Gesagten nur mit halber Umdrehungszahl der Kurbelwelle bewegen, was durch Einschaltung einer geeigneten Räderübersetzung erreicht wird.

Es handelt sich nun darum, ein einfaches Mittel zu finden, das erlaubt, die einzelnen Stellungen des Steuerungstriebwerkes, bzw. eines ausgezeichneten Punktes hiervon, den zugehörigen Kolbenstellungen in einfacher Weise zeichnerisch zuzuordnen.

Zu diesem Zwecke bedient sich der Verfasser seit einiger Zeit des folgenden **Diagramms**[1]), das die Möglichkeit bietet, den Zusammenhang zwischen Kolben- und Steuerungsstellung für jeden Moment mit Hilfe weniger Linien zu finden und daher geeignet ist, diese Zusammenhänge für die Viertaktmaschinen in ähnlicher Weise darzustellen, wie es durch das Müller-Reuleauxsche und Zeunersche Schieberdiagramm im Dampfmaschinenbau seit langem gebräuchlich ist.

Dieses Diagramm soll in diesem Abschnitt nur kurz entwickelt und seine Richtigkeit bewiesen werden, die Anwendung im einzelnen wird in den folgenden Abschnitten vorgenommen, in denen es zur Darstellung der Steuerungsbewegung weiterhin ausgedehnt benützt werden soll.

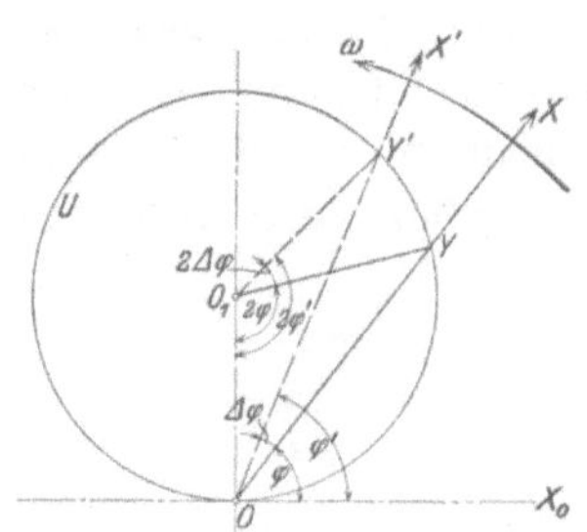

Abb. 8.

Ein Fahrstrahl OX (Abb. 8) drehe sich mit unveränderlicher Winkelgeschwindigkeit ω um den Punkt O. Dieser Fahrstrahl schneide einen beliebigen, durch den Punkt O gelegten Kreis U in dem Punkt Y. Verbindet man dann den Mittelpunkt des Kreises, O_1 mit Y, so dreht sich der Radius O_1Y mit der doppelten Winkelgeschwindigkeit 2ω wie der Fahrstrahl OX.

Beweis: OX habe sich aus der Anfangslage OX_0 um den Winkel φ gedreht. In dem entstehenden gleichschenkligen Dreieck OO_1Y sind zwei Winkel $90-\varphi$ und der dritte mit dem Scheitel in $O_1: \sphericalangle OO_1Y = 180 - 2(90-\varphi) = 2\varphi$. Eine entsprechende Beziehung gilt für eine andere Stellung des Fahrstrahls OX', wofür der Winkel mit dem Scheitel in O_1 gleich $2\varphi'$ ist, wenn φ' den Winkelweg zwischen OX' und OX_0 bedeutet. Daher ist der Winkelweg zwischen den Stellungen OX und OX', d. h. der $\sphericalangle YOY' = 2\varphi' - 2\varphi = 2(\varphi'-\varphi) = 2\Delta\varphi$. Dreht sich demnach

[1]) S. a. (29).

der Fahrstrahl OX um einen beliebigen Winkel $\Delta\varphi$, so legt der Halbmesser OY den doppelten Winkelweg $2\Delta\varphi$ zurück.

Dieser geometrische Zusammenhang kann dazu verwendet werden, die Bewegung eines ausgezeichneten (sich in kreisförmiger Bahn bewegenden) Punktes des Steuerungstriebwerkes den entsprechenden Kolbenstellungen zuzuordnen. Um hierbei der Bedingung zu genügen, daß sich die Kurbelwelle mit der doppelten Geschwindigkeit der Steuerwelle umdreht, werden die Halbmesser OY zur Darstellung des Kurbelhalbmessers, die Fahrstrahlen OX, bzw. ein darauf liegender Punkt zur Darstellung des betreffenden Steuerungspunktes (in der Regel des Exzentermittelpunktes) Verwendung finden müssen. Da jedoch einer vollen Umdrehung des Fahrstrahles OX ein zweimaliges Durchlaufen des Kreises U entspricht, so wird man den Kreis U zweckmäßig noch einmal zeichnen, und zwar mit einer Lage des Mittelpunktes in O_2, wobei dann O_2 und O_1 symmetrisch zur Anfangslage OX_0 liegen.

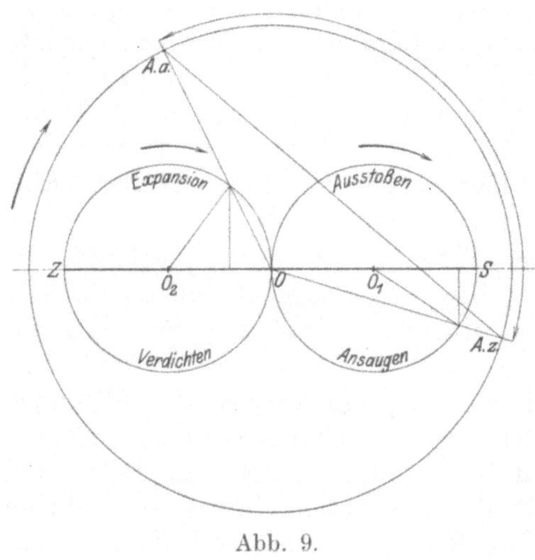

Abb. 9.

Dies ist in Abb. 9 durchgeführt. Die beiden durch O gehenden Kreise stellen die Kurbelkreise für die beiden Umdrehungen eines Arbeitsspieles, der große Kreis mit O als Mittelpunkt, der durch die Bewegung eines beliebigen Punktes des Fahrstrahles OX entsteht, stellt die kreisförmige Bahn des entsprechend gewählten Punktes des Steuerungsantriebs dar. Meistens wird dieser ausgezeichnete Punkt des Steuerungstriebwerks der Exzentermittelpunkt der untersuchten Steuerung sein. Der Kreis mit O als Mittelpunkt wird daher in folgendem stets als Exzenterkreis bezeichnet werden, eine Bezeichnung, die eine sinngemäße Übertragung auch für den Fall erlaubt, daß die Steuerung etwa durch unrunde Scheiben angetrieben wird, deren Bewegungsverhältnisse durch das Diagramm untersucht werden sollen. Bei der Aufzeichnung ist es zweckmäßig, den Durchmesser der Kurbelkreise mit 10 cm zu wählen, da die einzelnen Steuerungsabschnitte in der Regel in v. H. des Kolbenweges gegeben sind und sich dann ohne Umrechnung direkt in mm auftragen lassen[1]).

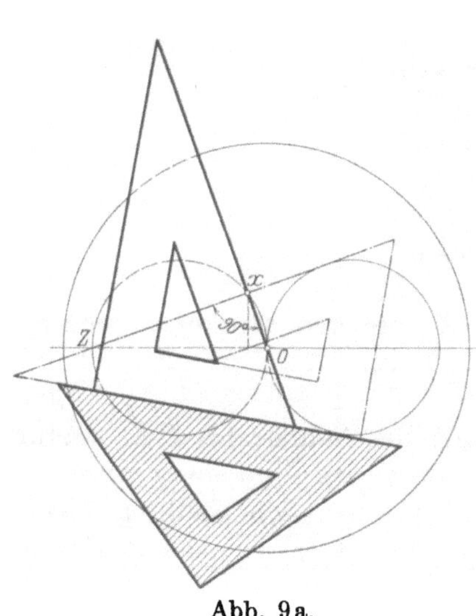

Abb. 9a.

Wie aus Abb. 8 ersichtlich, werden Kurbel- und Exzenterkreise stets in gleichem Sinne durchlaufen; die in Abb. 9 eingetragenen Pfeile geben dies an, und zwar ist hierbei zu beachten, daß die beiden Kurbelkreise sich demnach nicht in dem Sinn aneinanderschließen, wie es etwa beim Schriftzug der Ziffer 8 der Fall ist. In welchem Sinn der Steuerwellenkreis durchlaufen wird, ist natürlich gleichgültig. Mit Rücksicht auf die Ein-

[1]) Kommt der Punkt einer Steuerwirkung im Kurbelkreis nahe an den Exzenterkreismittelpunkt O zu liegen, so wird die Richtung des durch die beiden Punkte gezogenen Strahles leicht ungenau. In diesem Fall erweist es sich als zweckmäßig, unter Benutzung des Satzes vom Winkel im Halbkreis den betreffenden Punkt mit dem O gegenüberliegenden Totpunkt seines Kurbelkreises zu verbinden und auf diese Verbindungslinie durch O die Senkrechte zu ziehen, wie Abb. 9a andeutet.

heitlichkeit der Darstellung soll hier wie in folgendem angenommen werden, daß die Drehung im Sinne des Uhrzeigers erfolge.

Ebenso ist es — natürlich bei Beachtung der richtigen Reihenfolge der einzelnen Hübe — vollkommen gleichgültig, welche Kolbenweglinie einem beliebigen Hub zugeordnet wird. Um auch hier die Einheitlichkeit der Darstellung zu wahren, soll festgesetzt werden, daß, sofern die Betrachtung für die Deckelseite des Zylinders gilt (bei einfach wirkenden Maschinen ist dies selbstverständlich immer der Fall), der äußere Totpunkt des linken Kurbelkreises, Z, dem Moment des Verbrennungsbeginnes entsprechen soll. Dies ist durch die Wahl der Bezeichnung Z (Zündung) auch angedeutet. Hierdurch ist demnach die Zuordnung der einzelnen Arbeitstakte an die verschiedenen Halbkreise festgelegt, und zwar entspricht mit Berücksichtigung des Drehungssinnes:

OS dem Ausstoßhub,
SO dem Ansaughub,
OZ dem Verdichtungshub,
ZO dem Expansionshub.

Der Zusammenhang zwischen Kurbel- bzw. Kolbenstellung und Exzenterstellung wurde in Abb. 9 für zwei Punkte dargestellt, die der Eröffnung und dem Abschluß des Auslasses $A. a.$ und $A. z.$ entsprechen. Hierbei wurde $A. a.$ 20 v. H. vor und $A. z.$ 8 v. H. nach Totpunkt angenommen. Der bezeichnete Bogen gibt den in dieser Zeit vom Exzenter zurückgelegten Weg an.

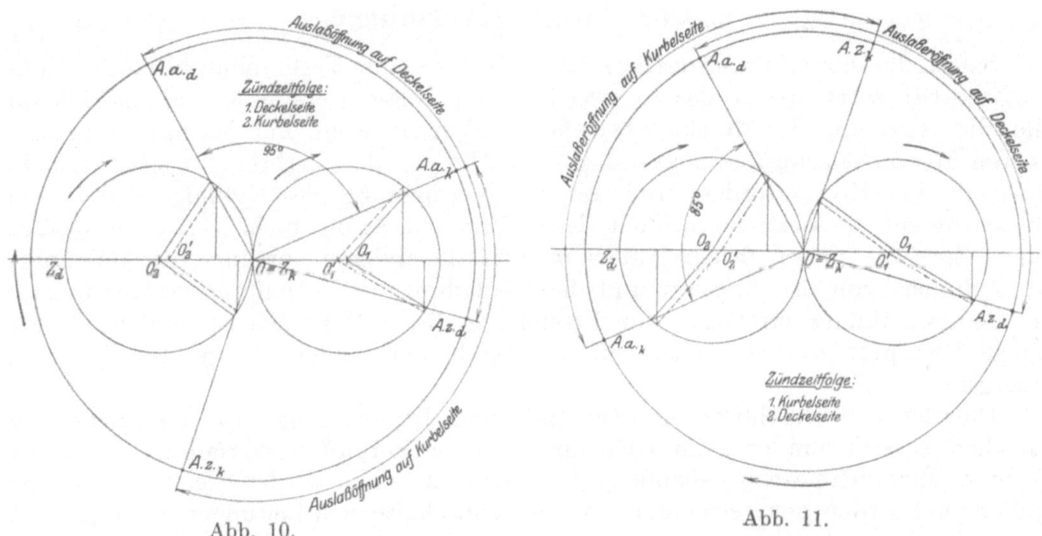

Abb. 10. Abb. 11.

Hierbei wurde vom Einfluß der endlichen Schubstangenlänge abgesehen, die bezüglichen Kolbenstellungen sind demnach durch rechtwinkelige Projektion auf die Kolbenweglinie ermittelt.

Dieselben Verhältnisse mit Berücksichtigung der endlichen Schubstangenlänge wurden in Abb. 10 und 11 dargestellt, und zwar für beide Zylinderseiten. Hierbei gilt Abb. 10 für die meist gebräuchliche Zündzeitfolge 1. Deckelseite, 2. Kurbelseite, während in Abb. 11 der entgegengesetzte Fall, Zündzeitfolge 1. Kurbelseite, 2. Deckelseite angenommen ist. Die entsprechenden Punkte der Steuerwirkung sind mit den Zeigern d und k versehen, um sie als für Deckel- und Kurbelseite gültig zu kennzeichnen. Diese Bezeichnung wird auch in folgendem überall dort, wo zur Vermeidung eines Mißverständnisses gesonderte Bezeichnung nötig ist, Verwendung finden.

Die Berücksichtigung der endlichen Schubstangenlänge erfolgte mit Hilfe des früher entwickelten Brixschen Verfahrens. Die dort ausgesprochene Bedingung, wonach der Brixsche Pol in der Richtung des Hinganges vom Kurbelkreismittelpunkte aus verschoben gezeichnet werden müsse, führt, wie nähere Überlegung lehrt, darauf, die beiden Brixschen Pole O_1' und O_2' von den Kurbelkreismittelpunkten O_1 und O_2 nach einwärts, in der Richtung gegen O hin aufzutragen. Die einer gewissen Kolbenstellung entsprechende Stellung des Kurbelendpunktes ergibt sich dann, wie ebenfalls schon früher dargelegt, durch das Ziehen der Parallelen durch den Kurbelkreismittelpunkt zur Verbindungslinie des Brixschen Pols mit der zu $l = \infty$ gehörigen Stellung des Kurbelzapfenmittelpunkts. Die so erhaltenen Punkte bestimmen dann die Lage des Fahrstrahles von O aus, der die entsprechende Exzenterstellung angibt.

Selbstverständlich ergibt sich bei Berücksichtigung der endlichen Stangenlänge eine Verschiedenheit in der Steuerwirkung von den Verhältnissen bei unendlicher Stangenlänge, die sich u. a. auch dadurch äußert, daß der Drehungswinkel, den die Steuerwelle zwischen zwei gleichen Steuerwirkungen auf der Vorder- und Hinterseite des Zylinders zurückzulegen hat, nicht mehr (wie bei unendlicher Stangenlänge der Phasenverschiebung von 180° im Kurbelkreis gemessen, entsprechend) 90°, sondern ein anderer Wert ist. Für die gewählten Verhältnisse des Beispiels der Auslaßsteuerung (*A. a.* = 20 v. H., *A. z.* = 8 v. H.) ist der Winkel, den die Steuerwelle zwischen den beiden Punkten $A.\,a._d$ und $A.\,a._k$ zurückzulegen hat, bei der ersten Zündzeitfolge 95°, bei der zweiten 85°.

2. Das Zweitaktverfahren.

Sofern die Durchführung des Arbeitsprozesses in einer Verbrennungskraftmaschine im Zweitaktverfahren, also in zwei Hüben geleistet werden soll, ergibt sich für alle, die Steuerung der Maschine betreffenden Vorgänge ein nur geringer Zeitraum, da die zur Arbeitsabgabe notwendige Ausdehnung der Verbrennungsgase nahezu einen ganzen Hub erfordert und auf die Verdichtung des Zylinderinhaltes mit Rücksicht auf die Wirtschaftlichkeit der Energieumsetzung nicht verzichtet werden kann. Zwischen diesen beiden Hüben müssen alle anderen Vorgänge, die Reinigung des Zylinders von den Abgasen und die Neuladung, im Verpuffungsverfahren auch die Gemischbildung, erfolgen. Zur Erreichung dieser Vorgänge ist es daher nötig, eigene Pumpen zu verwenden, die die Spül- und Ladevorgänge des Zylinders besorgen.

Die Art der Durchführung der Spül- und Ladevorgänge ist verschieden, je nachdem es sich um eine im Gleichdruck- oder Verpuffungsverfahren arbeitende Verbrennungskraftmaschine handelt, bei letzterer auch wieder, je nachdem das Spülen und Laden aus getrennten oder gemeinschaftlichen Leitungen besorgt wird. Diese einzelnen Verfahren sollen in folgendem getrennt besprochen werden.

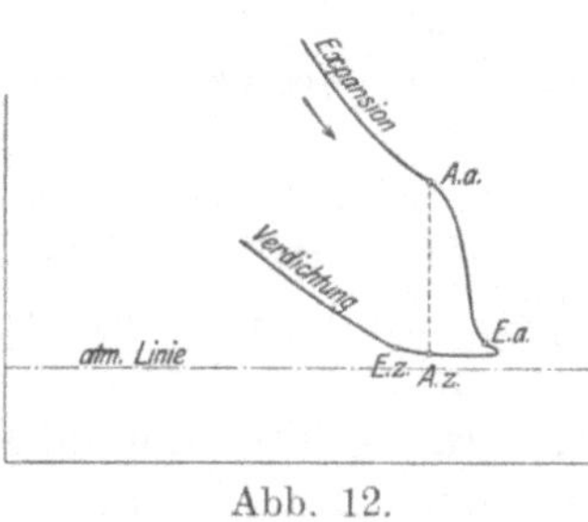

Abb. 12.

Als einfachster Fall ist zunächst das Spül- und Ladeverfahren im **Gleichdruckverfahren** zu besprechen. Die dabei auftretenden Verhältnisse sind durch Abb. 12 dargestellt. Gegen Ende des Hubes, im Punkt *A. a.* öffnet der Auslaß, worauf rascher Druckausgleich stattfinden muß, um noch vor Totpunkt Eröffnung des Einlaßventils in *E. a.* und Eintritt der Spülluft zu ermöglichen. Die Spülluft treibt die noch im Zylinder befindlichen Verbrennungsgase vor sich her und schiebt sie durch den Auslaß aus. Nachdem der Zylinder ausgespült ist, wird der Auslaß geschlossen, Punkt *A. z.*, und kurze Zeit darauf auch der Einlaß, Punkt *E. z.*, worauf die Verdichtung beginnt. Der Schluß des Einlasses kann mit Rücksicht darauf, daß die Spannung im Aufnehmer notwendig etwas größer sein muß als die durch die Ausschubwiderstände verursachte Spannung im Zylinder, etwas später erfolgen als der Schluß des Auslasses, weil dadurch die Füllung des Zylinders vergrößert wird.

Die Verhältnisse bei diesem Spül- und Ladeverfahren sind deshalb besonders einfach, weil die Ladung des Zylinders nur mit reiner Luft erfolgt, da der Brennstoff erst vom Ende des Verdichtungshubes an zugeführt wird.

Für die Durchführungsmöglichkeit des Vorganges von grundlegender Bedeutung ist die Erfüllung der Forderung, daß keine wesentliche Mischung der eintretenden Spülluft mit den Abgasen stattfinde. Die Schichtung im Zylinder muß über den ganzen Spülvorgang erhalten bleiben. Bei der grundlegenden Bedeutung einer ordentlichen Schichtung für die Durchführung des Zweitaktverfahrens werden über die Verhältnisse der Schichtung in kurzem noch ausführliche Bemerkungen folgen, auf ihre erhebliche Bedeutung soll indessen schon hier hingewiesen werden. Da eine vollkommene Schichtung natürlich nur angenähert erreicht werden kann, so wird man es vorziehen, der Sicherheit halber eine gewisse Menge von Spülluft auch durch den Auslaß austreten zu lassen, diesen also erst nach vollendeter Ausspülung zu schließen, da die dadurch bedingte Mehrleistung der Luftpumpe das kleinere Übel ist gegenüber dem geringeren volumetrischen Wirkungsgrad und den schlechteren Verbrennungsverhältnissen des Zylinders, die durch Abgasrückstände verursacht werden.

Nicht ebenso einfach stellen sich die Verhältnisse beim **Verpuffungsverfahren,** da hierbei in der kurzen für die Steuerungsvorgänge verfüglichen Zeit außer der Ausspülung des Zylinders auch dessen Neuladung mit Gemisch zu bewerkstelligen ist.

Die anfänglich versuchte Ausspülung mit Gemisch hat sich als nicht zweckmäßig erwiesen, da durch die direkte Berührung des Gemisches mit den heißen Abgasen die Gefahr einer Frühzündung auftritt und außerdem, sofern man nicht ganz schlechten volumetrischen Wirkungsgrad des Zylinders in Kauf nehmen will, beträchtliche Verluste an Gemisch durch den Auspuff unvermeidlich sind.

Die Ausspülung des Zylinders wird daher nahezu ausschließlich mit reiner Luft vorgenommen, worauf erst die Neuladung erfolgt. Zeitlich übergreifen sich die Vorgänge hierbei allerdings, so daß sich während einer gewissen Zeit im Zylinder sowohl Abgase als auch Spülluft und schließlich Gemisch befinden, und zwar hintereinander in der Richtung vom Auslaß zum Einlaß. Die bereits erwähnte Schichtung der Ladung tritt hier also zweimal auf und ist selbstverständlch für die richtige Durchführung des Arbeitsvorganges auch hier von größter Bedeutung. Die Reihenfolge der Vorgänge ist dann folgende:

Nach dem Öffnen des Auslaßventils entsteht Druckausgleich, worauf sich der Einlaß öffnet und zuerst Spülluft eintreten läßt. Durch diese von den Abgasen getrennt, tritt nunmehr das Gemisch ein und schiebt, immer unter Einhaltung der erforderlichen Schichtung, Abgase und Spülluft vor sich her. Der Prozeß dauert so lange, bis alle Abgase und ein großer Teil der Spülluft durch den Auslaß ausgetreten sind, worauf dieser und der Einlaß abschließt. Eine gewisse Menge von Spülluft wird der Sicherheit halber im Zylinder zurückbleiben müssen, um Verlust durch direkten Übertritt von Gemenge in den Auspuff zu vermeiden.

Bei der Durchführung der so sich vollziehenden Vorgänge sind zwei verschiedene Verfahren möglich (56), je nachdem die Spül- und Ladevorgänge sich aus getrennten, nacheinander eröffneten Leitungen vollziehen und die Gemischbildung erst im Zylinder stattfindet, oder nur ein gesteuertes Einlaßorgan vorhanden ist, vor dem bereits die Gemischbildung stattfindet, so daß die richtige Reihenfolge des Spülens und Ladens durch geeignete Ausgestaltung der Pumpen bewirkt wird.

Das erste Verfahren, **Spülen und Laden aus getrennten, besonders gesteuerten Leitungen** ist in dem Arbeitsprozeß der Maschine von Oechelhäuser verwirklicht und in seinem Wesen durch Abb. 13 dargestellt. Der Auslaß öffnet im Punkt *A.a.*, worauf der Druck rasch sinkt. Im Punkt *E.a.* wird darauf der Spülluftkanal eröffnet, die Spülluft tritt ein und schiebt die Abgasreste vor sich her gegen den Auspuff. Im Punkt *E'.a.* wird dann auch der Gaskanal eröffnet, worauf das eintretende Gas zusammen mit der weiter eintretenden Luft Gemisch bildet. Inzwischen sind bereits alle Abgase durch den Auspuff ausgeschoben, und dieser und die Einflüsse schließen sich, worauf die Verdichtung beginnt. Die Besonderheit der baulichen Durchbildung der Steuerung derart, daß alle Eröffnungs- und Schlußbewegungen durch die Kolben selbst gesteuert werden, bringt es mit sich, daß die Öffnungs- und Schlußpunkte jeder Steuerwirkung bei derselben Entfernung des Kolbens von der Totlage stattfinden, im Indikatordiagramm demnach senkrecht untereinander zu liegen kommen. Hierdurch ist weiter die Eigentümlichkeit gegeben, daß nach Abschluß des Gaskanals und damit der Gemischbildung weiter noch Spülluft über die Strecke *E'.z.* bis *E·z* eintritt und dann erst, im Punkt *A.z.*, der Auslaß abschließt. Dieser Umstand ist jedoch für das oben gekennzeichnete Spül- und Ladeverfahren aus getrennten Kanälen nicht von grundsätzlicher Bedeutung, sondern nur durch die den Oechelhäuser-Maschinen speziell eigentümliche bauliche Gestaltung verursacht.

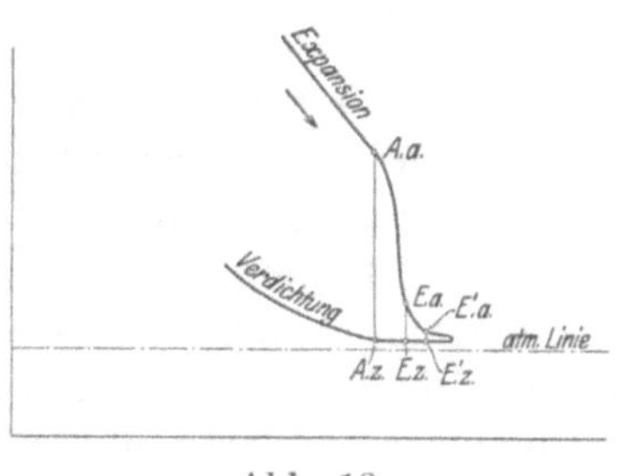

Abb. 13.

Zur Durchführung des Verfahrens stehen zwei Wege offen, je nachdem man die zur Spülung und Gemengebildung erforderliche Luft von einer oder von verschiedenen Pumpen fördern läßt, d. h. je nachdem durch den zuletzt eröffneten Kanal nur Gas oder Gemisch eintritt. Dieser zweite Weg, der zwangläufige Gemischbildung gestatten und Unveränderlichkeit des Gemisches gewährleisten würde, hat den Nachteil, die Verwendung von drei Pumpen zu fordern und wird aus diesem Grunde nicht begangen. Der anfangs gemachte Versuch, die dritte Pumpe dadurch zu vermeiden, daß von der einen Ladepumpe Luft und Gas angesaugt und die Gemischbildung bereits in der Ladepumpe vollzogen wird, mußte daran scheitern, daß dadurch die Gefahr von Entzündungen in den dafür nicht gebauten und den dadurch verursachten Beanspruchungen durchaus nicht gewachsenen Ladepumpen gegeben war. Ausgeführt wird ausschließlich die erste Anordnung, wobei die Ladepumpe nur Gas fördert, das zusammen mit der bereits im Zylinder befindlichen Spülluft Gemisch bildet. Die Anpassung der Maschinenleistung an den Belastungszustand geschieht durch Veränderung der zuströmenden Gasmenge. Die Luftpumpe arbeitet wie ein Kompressor mit selbsttätigen Saug- und Druckventilen und schiebt in einen Aufnehmer aus, aus dem dann die Spülluft entnommen wird. Wenn dadurch auch ein größerer Luftvorrat gegeben ist, so wird es doch zweckmäßig sein, die Förderzeit der Luftpumpe mit den Verbrauchsperioden zusammenfallen zu lassen, um ein allzu starkes Sinken der Spannung im Aufnehmer zu vermeiden. Die Förderung der ebenfalls mit selbsttätigen Ventilen ausgestatteten Gaspumpe wird durch einen gesteuerten Rücklauf verändert derart, daß das vom Regulator beeinflußte Rücklaufventil die Druckseite der Gaspumpe längere oder kürzere Zeit mit der Saugleitung in Verbindung setzt, wodurch je nach der Belastung weniger oder mehr Gas in die Maschine gelangt[1]).

[1]) Drosselung durch über die Einlaßschlitze gelegte Ringschieber hat sich, wie die Firma A. Borsig dem Verfasser mitteilt, nicht bewährt, hauptsächlich wohl aus konstruktiven Gründen wegen der großen Regulierwiderstände. Vgl. hierzu das darüber weiter unten bei Besprechung der „Steuerungen mit Benützung des Arbeitskolbens" Gesagte.

Es kann nicht verkannt werden, daß diesem Regelungsverfahren schwerwiegende Bedenken gegenüberstehen, die noch kurz besprochen werden sollen. Abgesehen von dem Rücklaufverfahren, das eine, wenn auch nur geringe Vergeudung von Ladepumpenarbeit infolge der beim Rücklauf auftretenden Drosselungen bedingt, ist auch ein nur angenähert unveränderliches Gemisch durchaus nicht zu erzielen. Während die Luft bei gleichbleibender Eröffnung der Luftschlitze mit angenähert unveränderlicher Geschwindigkeit eintritt, verändert sich der Gasquerschnitt von Moment zu Moment (s. a. S. 224f.). Zudem muß sich im Augenblick der Eröffnung die Gasmasse in den Leitungen erst beschleunigen, so daß auch dadurch eine Ungleichförmigkeit des Gemisches bedingt ist. Ferner wird durch die nach Abschluß der Gasschlitze noch eintretende Spülluft der volumetrische Wirkungsgrad des Zylinders verschlechtert. Es ist wohl zuzugeben, daß wenigstens die beiden ersten Umstände durch entsprechendes Ausprobieren der Einstellung für einen gewissen Belastungszustand ziemlich weitgehend verbessert werden können, für einen anderen Belastungszustand ist jedoch andere Einstellung erforderlich, die aber, zumal bei rasch wechselnden Belastungen, nicht von Hand aus vorgenommen werden kann. Jedenfalls ist ein solcher Vorgang nicht als exakte Regulierung anzusprechen[1]) (36).

Im zweiten Fall, **Spülen und Laden aus derselben Leitung** mit nur einem gesteuerten Einlaßorgan zum Zylinder, ist an die Ladepumpen nicht nur die Anforderung gestellt, Luft und Gas unter die für den Eintritt in den Zylinder nötige Spannung zu setzen, sondern sie müssen auch die Spülluft dem Gemenge entsprechend vorlagern, dieses selbst in entsprechender Zusammensetzung bilden und in der dem jeweiligen Belastungszustand der Maschine entsprechenden Menge zuführen. Der Hauptvertreter dieses Verfahrens ist die Zweitaktmaschine von Körting. Abb. 14 gibt ein Bild der Verhältnisse, soweit sie die Steuerwirkung betreffen. Da der Auslaß durch den Kolben selbst gesteuert wird, ist dadurch die Lage der Punkte $A.a.$ und $A.z.$ im Diagramme senkrecht untereinander bedingt.

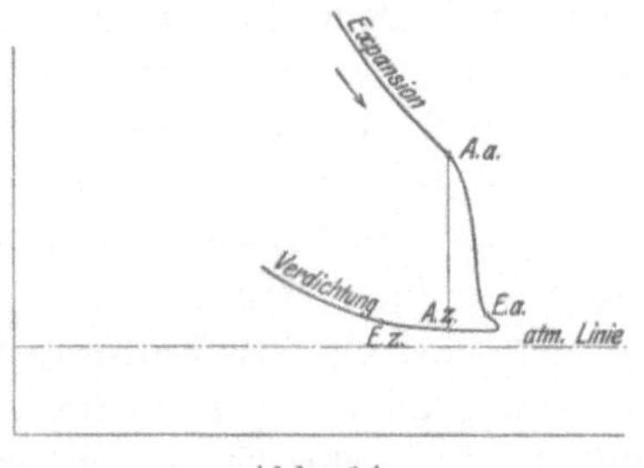

Abb. 14.

Der Einlaß, hier durch ein gesondert angetriebenes Ventil gebildet, schließt erst nach Schluß des Auslasses, um den Zylinderinhalt unter den in den Leitungen herrschenden Druck zu setzen und dadurch die Zylinderfüllung zu vergrößern.

Der im einzelnen verwickelte und auch je nach der baulichen Ausgestaltung der Pumpensteuerung etwas verschiedene Spül- und Ladevorgang soll an dieser Stelle, wo es sich nur um die Klarstellung der im allgemeinen an die Zweitaktsteuerungen zu stellenden Anforderungen handelt, nur zusammenfassend beschrieben werden. Eine ausführliche, in das einzelne gehende Darstellung ist später bei Besprechung der Theorie der Ladepumpen gegeben. Im allgemeinen ist der Arbeitsvorgang zu kennzeichnen wie folgt:

Die Luftpumpe hat bereits einige Zeit vor Eröffnung des Einlasses in die Luftleitung zu fördern begonnen und diese unter Druck gesetzt. Die Gaspumpe fördert jedoch noch nicht, was durch geeignete Steuerung erreicht wird. Da nun Luft- und Gasleitung vor dem Einlaßorgan in freier Verbindung miteinander stehen, so wird auch das in der Gasleitung befindliche Gas verdichtet und durch die ge-

[1]) Dem Gesagten muß andererseits entgegengehalten werden, daß die Oechelhäuser-Maschinen wenn auch nicht zu den wirtschaftlichst arbeitenden, so doch zu den betriebssichersten Maschinen gehören, und daß der Grund, warum sich seit einiger Zeit Neuausführungen nicht mehr finden, wohl weniger in der schlechteren Wirtschaftlichkeit der Energieumsetzung als vielmehr in den hohen Anschaffungskosten gelegen ist, die durch die verwickelte Gestängeanordnung infolge der beiden gegenläufigen Kolben bedingt ist.

förderte Luft zurückgedrängt. Diese Gasrückdrängung ist mit Rücksicht auf die richtige Durchführung des Spülvorganges von grundlegender Bedeutung. Die Schichtung zwischen Gas und Luft bleibt dabei wesentlich erhalten, da eine mechanische Beunruhigung nicht stattfindet und die Diffusion allein im kleinen Berührungsquerschnitt nicht imstande ist, in der kurzen Zeit wesentliche Mischung hervorzurufen. Im Moment der Eröffnung des Einlasses tritt demnach Luft zuerst aus beiden Leitungen ein und spült den Zylinder. Ungefähr zu derselben Zeit hat auch die Gaspumpe ihre Förderung begonnen, so daß nunmehr, durch ein Spülluftkissen von den Abgasen getrennt, Gemisch in den Zylinder eintritt, was bis zur Schließung des Einlaßventils andauert. Die Zusammensetzung des Gemisches ist hierbei, abgesehen von den in der Regel kleinen und für beide Leitungen nahezu gleichen Strömungswiderständen nur von der jeweiligen Förderung der beiden Pumpen, mit anderen Worten von dem Verhältnis ihrer „Volums-Geschwindigkeiten" abhängig und kann demnach nahezu zwangläufig beherrscht werden. Die Regelung der Maschine wird durch Veränderung der von der Gaspumpe in die Leitung geförderten Gasmenge bewirkt.

Nachdem nunmehr die Spül- und Ladeverfahren in den einzelnen Fällen beschrieben sind, sollen noch jene **Anforderungen** erörtert werden, die **an die Zweitaktsteuerungen im allgemeinen** zu stellen sind. Diese sind im wesentlichen folgende:

Die Aufrechterhaltung einer geeigneten Schichtung ist für die Durchführung des Spülvorganges, bei Verpuffungsmaschinen auch des Ladevorgangs, von grundlegender Bedeutung. Daß eine gewisse Mischung der Gase an den Berührungsstellen infolge der Diffusion stattfindet, ist unvermeidlich, fällt jedoch bei der kurzen Zeit, während welcher eine solche möglich ist, nur wenig ins Gewicht. Weit wichtiger ist die Vermischung, die infolge der mechanischen Beunruhigung während des Spül- und Ladevorgangs eintritt. Diese muß demnach möglichst klein gehalten werden. Daraus ergibt sich als erste Forderung eine Gestaltung des Zylinderraumes und eine Anordnung von Ein- und Auslaß derart, daß die durchströmenden Gase möglichst einfache Strömungslinien, besonders ohne scharfe Umbiegungen, finden, um dem Entstehen von Wirbelungen vorzubeugen. Weiter darf auch der Spül- und Ladedruck schon aus Gründen der zu erhaltenden Schichtung nicht über ein gewisses Maß steigen. 0,3 bis 0,4 atm Überdruck sind die Grenze. Je geringer die Spül- und Ladespannung ist, desto besser ist es für die Erhaltung der Schichtung, desto langsamer vollzieht sich aber auch der Vorgang, für den eine in der Regel nur karg bemessene Zeit zur Verfügung steht. Diese beiden einander widerstreitenden Forderungen, Erhaltung der Schichtung und möglichst kurze Dauer des Vorganges, zwingen demnach zu einem Übereinkommen, dessen Ergebnis sich in den angegebenen Zahlenwerten ausdrückt. Hierbei ist allerdings zu bemerken, daß man zu wirklich befriedigenden Ergebnissen nur bei geringeren Umdrehungszahlen gelangt, während höhere Umdrehungszahlen wegen der dann noch mehr verkürzten Zeit für den Spül- und Ladevorgang zur Erhöhung der Spannungen zwingen, was dann notwendig auf Kosten der Wirtschaftlichkeit des Maschinenbetriebs geht. Am ungünstigsten verhalten sich hierbei natürlich jene Maschinen, wo schon infolge der baulichen Gestaltung ein einfacher Strömungsweg der Spül- und Ladegase nicht zu erzielen ist und infolge von Wirbelungen eine Mischung der Abgabe mit Spülluft und Gemenge auftritt. Bei solchen Maschinen ist unter Umständen ein volumetrischer Wirkungsgrad von kaum mehr als 50 v. H. zu erreichen. Zu erwähnen ist schließlich noch, daß der besonders bei den ersten Zweitaktmaschinen ausgeführte Vorgang, das Spülen des Zylinders unter höherem Druck vorzunehmen, den Zylinder „auszufegen", nicht zum Ziel führt, da hierbei vielmehr immer eine starke Durchmischung von Abgas und Spülluft eintritt und das

Gemenge verschlechtert wird. Wider diesen Vorgang spricht auch die vermehrte Ladepumpenarbeit infolge des höheren Endverdichtungsdruckes in den Pumpen.

Ein zweiter wesentlicher Punkt betrifft das Verhalten des Zylinderinhaltes bei Eröffnung des Einlasses. Die Expansionsendspannung ist bei verschiedener Belastung der Maschine verschieden, wodurch auch verschiedene Auspuffverhältnisse bedingt sind. Infolge des Auspuffes entstehen in der Auspuffleitung Schwingungen, deren Wirkung in den Zylinder zurück gelangt und sich dort in wechselndem Druck äußert, so daß sich für das Eintreten der Spülluft und Ladung von Moment zu Moment wechselnde Zustände ergeben, deren Veränderung aber nach dem Belastungsgrad der Maschine selbst wieder von Fall zu Fall veränderlich ist. Diese Verhältnisse sind die Ursache von Streuung der Diagramme und können natürlich nur in geringem Maße beherrscht werden. Eine teilweise Linderung der geschilderten Übelstände ist durch die Wahl der Form der Auspuffleitung (mit häufigen Richtungsänderungen, wodurch die Schwingungsenergie der auspuffenden Gassäule infolge der Widerstände verringert wird) zu erreichen, ferner durch Wassereinspritzung in den Auslaß, wodurch ein Teil der in den Auspuffgasen enthaltenen Wärme zur Verdampfung verwendet wird und sich nicht in Bewegungsenergie umwandeln kann, schließlich auch durch entsprechend spätes Öffnen des Einlasses, so daß die entstehenden Schwingungen schon größtenteils abgeklungen sind. Diesem letzten Mittel steht allerdings die Forderung, die gesamten Spül- und Ladevorgänge in möglichst kurzer Zeit zu vollziehen, gegenüber, so daß hiervon nur beschränkter Gebrauch möglich ist. Wesentlich ist allerdings für die Wahl des Punktes der Einlaßeröffnung die Forderung, daß der Druck im Zylinder bereits unter den Spüldruck gesunken ist. Ein Zurückschlagen des Zylinderinhaltes in die Luftleitungen ist unter allen Umständen zu vermeiden.

Die so gekennzeichneten Forderungen führen weiter auf die hinreichender Steuerquerschnitte, worüber das Wichtigste bereits bei der Besprechung der im allgemeinen an die Steuerungen zu stellenden Anforderungen gesagt wurde. Der Umstand, daß diese Forderung bei den Zweitaktmaschinen infolge der kurzen für Spülung und Ladung verfüglichen Zeit mit besonderer Schärfe auftritt, bringt es mit sich, daß bei Zweitaktmaschinen auch die Steuerungen durch den Arbeitskolben selbst vielfach, für den Auslaß derzeit ausschließlich, Verwendung finden, was sich, wie bereits erwähnt, in der Lage der Steuerungspunkte im Indikatordiagramm senkrecht untereinander äußert, wie in Abb. 12, 13 und 14 angedeutet.

Als letzte Forderung ist endlich noch die nach geringer Ladepumpenarbeit zu erwähnen, die durch die Forderung nach Wirtschaftlichkeit des Maschinenbetriebs bedingt wird. Die Mindestarbeit, die die Ladepumpen verbrauchen, ist gegeben durch das Produkt aus den in einer gewissen Zeit, einer Stunde z. B., zu fördernden Luft- und Gasmengen, die durch die Maschinenleistung bedingt sind, in den Druck, gegen welchen diese in den Arbeitszylinder zu schieben sind. Über die Grenzen, innerhalb welcher die Wahl des letzteren dem Konstrukteur freisteht, ist das Erforderliche bereits weiter oben gesagt. Hierzu tritt noch als weiterer, ebenfalls unvermeidlicher Arbeitsverbrauch der, der durch den Druckverlust infolge der Reibungswiderstände in Überströmleitungen und Steuerorganen verursacht ist, sowie die Beschleunigungsarbeit für die zu fördernden Gas- und Luftmengen, die infolge der baulichen Gestaltung des Einströmorganes wohl nur mehr zum kleinsten Teil zurückgewonnen werden kann. Diese beiden Arbeiten wachsen mit der Geschwindigkeit, woraus sich ebenfalls die Forderung genügend weiter Steuerungs- und Überströmquerschnitte ergibt. Für letztere gilt diese Forderung im Fall gemeinschaftlichen Eintritts von Gas und Luft (Körting-Maschinen) allerdings nur mit der Einschränkung, daß, wie bereits erwähnt, infolge der notwendigen

Rückdrängung der Gassäule vor Eröffnung des Einlaßorgans, in den Berührungsquerschnitten zwischen Luft und Gas infolge größerer Leitungsquerschnitte auch größere Gasmengen zur Diffusion gelangen, wodurch die Unveränderlichkeit des Gemisches ungünstig beeinflußt wird. Diesenfalls ist demnach ebenfalls ein Ausgleich zu schließen zwischen den einander widerstreitenden Anforderungen, wobei die Vermeidung von Drosselwiderständen auf große, die Erhaltung der Schichtung auf geringe Leitungsquerschnitte führt. Als letzter, mehr oder minder zu vermeidender Arbeitsverbrauch endlich ist der anzuführen, der entsteht, wenn der Ladepumpeninhalt über den für Spülung und Ladung nötigen Druck hinaus verdichtet wird, da die hierfür aufzuwendende Arbeit sich nach Eröffnung der Steuerorgane in Wirbelung und damit in Wärme umsetzt und nicht mehr zurückgewonnen werden kann. Der Fortschritt, der sich in Verminderung der Ladepumpenarbeit ausdrückt, ist hauptsächlich dadurch zu erzielen, daß durch geeignete Arbeitsverfahren solche Überverdichtungen vermieden werden. Das Nähere hierüber wird weiter unten, bei Besprechung der Theorie der Ladepumpen, zu sagen sein.

3. Das Verpuffungsverfahren.

Außer den in den vorigen Abschnitten bereits besprochenen, an die Steuerungen der Verbrennungskraftmaschinen zu stellenden Anforderungen, sind nunmehr noch jene einer Erörterung zu unterziehen, die sich auf die Anpassung der Maschinenleistung an den jeweiligen Belastungszustand beziehen, mit anderen Worten die, welche bei der Regelung der Maschine an deren Steuerung gestellt werden. Mit dem Regelungsverfahren in engstem Zusammenhang stehen auch die Verhältnisse der Gemischbildung, und zwar sowohl die der Veränderlichkeit des Mischungsverhältnisses, entsprechend verschiedenen Belastungszuständen, als auch die der Zusammensetzung des Gemisches bei den verschiedenen Kolbenstellungen während eines Hubes.

Die verschiedenen Regelungsverfahren sollen daher in folgendem getrennt besprochen und die ihnen eigentümlichen Gemischbildungsverhältnisse untersucht werden. Nach dem früher Gesagten ist es selbstverständlich, daß hierbei besonders auf die bei den Viertaktmaschinen sich ergebenden Verhältnisse Rücksicht zu nehmen sein wird, da bei den Zweitaktmaschinen sich aus der Natur des Zweitaktverfahrens heraus nur eine Regelungsart, Veränderung des Gemisches bei gleichbleibender Menge, zweckmäßig durchführen läßt.

a) Regelung durch Aussetzer.

Deren Wesen besteht darin, die mittlere Maschinenleistung dadurch zu verändern, daß je nach dem Belastungszustand der Maschine in die Arbeitsspiele mehr oder weniger Leergangspiele eingeschaltet werden, bei denen keine Verbrennung unter Arbeitsabgabe erfolgt. Ein stetiger Übergang der Diagrammarbeit von einem Belastungszustand zum anderen besteht hierbei nicht, der Reguliervorgang findet vielmehr so statt, daß, wenn die Umdrehungszahl der Maschine über eine gewisse Grenze gestiegen ist, der Regulator einen oder mehrere Aussetzer einschaltet, bis die Umdrehungszahl wieder unter das normale Maß gesunken ist, worauf dann wieder so lange Arbeitsspiele mit Vollastdiagrammen folgen, bis der Regulator neuerlich Aussetzer einschaltet usf. Daraus ergibt sich, daß nur bei Vollast, wo keine Aussetzer auftreten, die Umdrehungszahl der Maschine (abgesehen von der Ungleichförmigkeit des Tangentialdruckes) unveränderlich ist, bei allen anderen Umdrehungszahlen schwankt die Maschinengeschwindigkeit beständig, auch bei unveränderlicher Belastung.

Für die bauliche Verwirklichung dieses Regelungsverfahrens sind verschiedene Möglichkeiten offen:

1. Absperrung des Brennstoffzuflusses. Dieses Verfahren ist nur möglich bei Anordnung eines gesteuerten Ventils, das den Brennstoffzufluß regelt. Dieser Fall ist indessen selten gegeben, da man bei kleinen Motoren, für die die Aussetzerregelung allein in Betracht kommt, in der Regel nur selbsttätige Brennstoffventile benutzt und die Umständlichkeit, diese durch ein eigenes Gestänge zu bedienen, in der Regel vermeidet. Der Arbeitsvorgang ist der, daß der Kolben nur Luft verdichtet, die sich nach nahezu derselben Linie wieder ausdehnt (ein kleiner Unterschied ist durch die inzwischen erfolgte Abkühlung des Zylinders gegeben). Bei Zweitaktmaschinen kann dieses Verfahren durch Ausschalten der Gaspumpe durch den Regulator verwirklicht werden.

2. Zuhalten des Einlaßventils. Dieses Verfahren wird vielfach verwendet bei Maschinen mit selbsttätigen Brennstoffventilen und gesteuerten Einlaßventilen. Der im Zylinder vom vorhergehenden Auspuff zurückgebliebene Abgasrest dehnt sich hierbei während des Saug- und Expansionshubes aus, wodurch ein starker Unterdruck im Zylinder entsteht, was einen Nachteil dieses Verfahrens bildet. Sofern nämlich, wie gebräuchlich, kein zwangläufiger, sondern nur ein kraftschlüssiger Antrieb der Steuerorgane vorliegt, müssen starke Federn, zumal beim Einlaßventil, verwendet werden, um ein Aufsaugen infolge des im Zylinder herrschenden Unterdruckes zu vermeiden.

3. Offenhalten des Auslaßventils während des Saughubes. Dieses Verfahren kann nur bei selbsttätigen Einlaßventilen Verwendung finden. Hierbei wird während des Saughubes aus dem Auslaß angesaugt, im übrigen aber vollzieht sich der Prozeß wie in dem unter 1. geschilderten Verfahren. Als Nachteil dieses Verfahrens ist zu erwähnen, daß die Auspuffleitung hierbei in wechselnder Richtung durchströmt wird, wodurch während der Arbeitsspiele in der Auspuffleitung abgelagerte Verunreinigungen leicht wieder in den Zylinder zurückgesaugt werden können.

4. Zuhalten des Auslaßventils während des Ausstoßhubes. Dieses Verfahren kann ebenfalls nur bei selbsttätigen Einlaßventilen Verwendung finden und äußert seine Wirkung so, daß infolge der während des Ausstoßhubes bewirkten Verdichtung der Verbrennungsgase (nahezu nach der Expansionslinie zurück) beim nachfolgenden Saughub keine Eröffnung des Einlaßventils und damit kein Ansaugen stattfindet. Dieses Verfahren ist neben dem unter 1. geschilderten als das zweckmäßigste zu betrachten und, da das Auslaßorgan ausnahmslos gesteuert wird, auch stets durchzuführen.

5. Ausschaltung der Zündung. Dieses Verfahren wird, obschon sich seine bauliche Verwirklichung sehr einfach gestaltet, gar nicht mehr angewendet, da hierbei das angesaugte Gemisch unbenutzt in den Auspuff geschoben wird, der Brennstoffverbrauch der Maschine demnach für alle Belastungszustände gleichgroß ist, wodurch die Wirtschaftlichkeit der Maschine bei allen von Vollast verschiedenen Belastungszuständen ganz schlecht wird.

Als Vorteil des Regelungsverfahrens durch Aussetzer ist anzuführen, daß jede Verbrennung unter den ein für allemal einzustellenden unveränderlichen Mischungs- und Verdichtungsverhältnissen erfolgt, wodurch sich für jede Belastungsstufe derselbe thermische Wirkungsgrad ergibt. Bei den Maschinen, bei denen der Brennstoffteil des Gemisches in Form von Dampf zugeführt wird (Petroleum-, Spiritus- und Naphthalinmaschinen), ist allerdings zu beachten, daß die infolge der Aussetzer kälter gewordenen Zylinderwandungen zu Niederschlag Anlaß geben, wodurch Brennstoffverlust und Verschmutzung des Zylinders verursacht wird. Beim Verfahren nach 4. wird dieser Übelstand vermieden.

Als Nachteile sind die bereits erwähnte Unstetigkeit in der Leistungsabgabe und die dadurch verursachten dauernden Schwankungen der Maschinengeschwindigkeit zu erwähnen. Diese Übelstände sind nur bei kleinen Motoren erträglich und hierbei auch nur dann, wenn die vom Motor angetriebenen Arbeitsmaschinen größere Ungleichförmigkeiten des Ganges erlauben. Aus diesem Grunde ist auch die Anwendung dieses Regelungsverfahrens für größere Maschinen nicht durchführbar.

b) Gemischregelung mit unveränderlicher Füllung.

Dieses **Regelungsverfahren** ist dadurch gekennzeichnet, daß der Arbeitszylinder stets volle Füllung erhält, der Wärmeinhalt der Ladung und damit die Leistung der Maschine jedoch dadurch verändert wird, daß je nach der Belastung der Maschine reichere oder ärmere Gemische zur Verbrennung gelangen. Abb. 15 stellt die Wirkung dieses Regelungsverfahrens für Vollast, Halblast und Leerlauf dar. Die Verdichtungsspannung ist unveränderlich. (Daß bei Leerlauf infolge der geringen Eröffnung für Gas im Luftquerschnitt größere Geschwindigkeit herrscht und die Verdichtung daher von einem etwas niedrigeren Anfangsdruck im Zylinder ihren Ausgang nimmt, ist zu unwesentlich, um im Diagramm zum Ausdruck zu gelangen.)

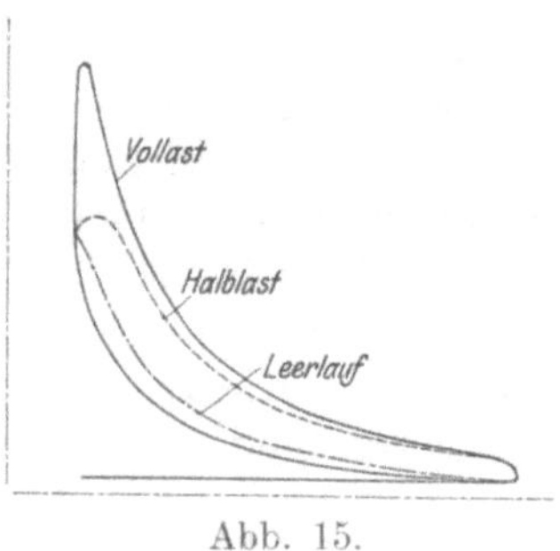

Abb. 15.

Die bauliche Verwirklichung der Gemischregelung mit unveränderlicher Füllung wird im Viertaktverfahren dadurch erzielt, daß die Luft beim geöffneten Einlaßventil ungesteuert zum Zylinder Zutritt findet, der Gaszutritt jedoch gesteuert und je nach der Belastung mehr oder weniger Gas zutreten gelassen wird. Hierbei sind zwei Wege offen, je nachdem man dem Gas bei allen Belastungsstufen über die ganze Dauer des Ansaughubes zum Zylinder Zutritt gewährt und die Gasmenge dadurch verändert, daß der Zutrittsquerschnitt mehr oder weniger eröffnet wird, oder, indem man dem Gas bei allen Belastungsstufen (wenigstens angenähert) denselben Zutrittsquerschnitt gibt, hingegen die Zeitdauer der Gasventileröffnung veränderlich macht. Dieser Fall ist bis zu einem gewissen Grade auch bei der ersten Steuerungsart verwirklicht, wenn es sich um Regulierung in der Nähe des Leerlaufes handelt, da in diesem Falle durch die Besonderheit des Steuerungsantriebes bei kleinen Gasventilhüben nicht nur deren Größe, sondern auch deren Dauer verändert wird derart, daß im Leerlauf die Dauer der Ventileröffnung in der Regel kleiner ist, als bei größeren Belastungen. Im Falle der Regulierung der zweiten Art, Veränderlichkeit der Ventilerhebungsdauer, ist selbstverständlich auf Unveränderlichkeit des Gemisches verzichtet insofern, als bei geschlossenem Gasventil reine Luft angesaugt wird, so daß sich im Zylinder eine gewisse Schichtung herstellt. Zweckmäßig wird hierbei die Anordnung so getroffen, daß der Schlußpunkt des Gasventils in der Nähe des Ansaugehubendes unveränderlich ist und die Veränderlichkeit der Eröffnungsdauer durch Veränderlichkeit des Anhubzeitpunktes erreicht wird. Infolge der im Zylinder auftretenden Schichtung lagert sich dann das Gemisch bei der nachfolgenden Verdichtung in die Nähe der Zündstellen, so daß dadurch bessere Zündverhältnisse auch im Leerlauf bedingt sind. Es ist indessen auch die gegenteilige Anordnung mit unveränderlichen Eröffnungspunkten zu Anfang des Saughubes und veränderlichem Schlußpunkt mit gutem Erfolg ausgeführt worden. (Ältere Steuerung der Firma Ehrhardt & Sehmer). Der erste Regulierungsvorgang mit Drosselung des Gases über die Dauer des Ansaughubes kann sowohl durch Beeinflussung der Gasventilsteuerung als auch durch Verstellung einer Drosselklappe im Gaskanal bewirkt werden.

Bei Zweitaktmaschinen, wo eine Vollfüllung des Zylinders mit Rücksicht auf die Ausspülung der Abgase nötig ist, ist die Verwirklichung der Gemischregelung durch Veränderung der Gaspumpenförderung ohne weiteres gegeben, wobei auch wieder beide Möglichkeiten, Anfüllung des Zylinders mit über das ganze Zylindervolumen hin unveränderlichem Gemisch (entsprechend der Drosselregulierung) oder Veränderlichkeit des Gemisches durch Veränderung des Zeitpunktes des Beginnes der Gaspumpenförderung offen stehen.

Was die Beurteilung der Gemischregelung anbetrifft, so sind zunächst folgende **Vorteile** anzuführen:

Infolge der bei allen Belastungsstufen im wesentlichen unveränderlichen Verdichtung bleibt der thermische Wirkungsgrad des Prozesses für alle Belastungsstufen gleich gut, da dieser nur von der Höhe der Verdichtungsspannung abhängt. Ferner werden die langsam verlaufenden Veränderungen in Druck und Beschaffenheit des Gases, die hauptsächlich durch den jeweiligen Betriebszustand der Gaserzeugung bedingt sind, in ihren Folgen vom Regulator sicher beherrscht, wenigstens soweit es sich um Belastungen unter Vollast handelt, da in diesem Falle stets mit beträchtlichem Luftüberschuß gearbeitet wird, der auch bei steigendem Heizwert des Gases stets vollständige Verbrennung gewährleistet. Weitgehende Veränderung der Umdrehungszahl ist dadurch erreichbar, daß, wenigstens bei Drosselregelung, das Querschnittsverhältnis in weiten Grenzen verändert wird. Diese Verhältnisse lassen sich an Hand von Abb. 2 deutlich verfolgen wie folgt: Im allgemeinen äußert sich eine Verminderung der Umdrehungszahl in Verminderung des Saugdruckes im Zylinder, wodurch, wie aus Abb. 2 ersichtlich, eine Änderung des Quotienten $\frac{\text{Mischungsverhältnis}}{\text{Querschnittsverhältnis}}$ bedingt ist, die sich um so stärker fühlbar macht, je geringer der Unterdruck im Zylinder ist. Um demnach das Mischungsverhältnis unveränderlich zu erhalten, wie es bei „Leistungsregelung“ zur Erzeugung unveränderlicher Diagrammarbeit gefordert werden muß, ist eine starke Veränderung des Querschnittsverhältnisses nötig, was durch die behandelte Regelungsart erreicht werden kann. Als weiterer Vorteil wird schließlich noch erwähnt (9), daß durch diese Regelungsart besonders sichere Anlaßverhältnisse gegeben sind, was aber wohl nur auf den Betrieb mit Druckgas zutrifft, wo, wie auch aus Abb. 2 ersichtlich, bei ganz langsamer Umdrehungszahl der Maschine (und voller Eröffnung des Gasventils) eben infolge des Gasüberdruckes reiches Gemisch angesaugt wird, was sichere Zündung ergibt.

Als **Nachteile** der geschilderten Regelungsart sind folgende zu erwähnen:

Zuvörderst ist auf das bereits im Absatz: Die Bedingung wirtschaftlicher Energieumsetzung Gesagte und die daselbst erwähnten Ergebnisse der Nägelschen Versuche (40) zu verweisen. Bei veränderlichem Gemisch ändert sich — trotz des unveränderlichen thermischen Wirkungsgrades — der spezifische Brennstoffverbrauch, was auf veränderliche Gütegrade der Verbrennung hinweist, was auch in den Indikatordiagrammen deutlich zum Ausdruck kommt. Abb. 15 läßt dies erkennen. Die Verminderung der Diagrammfläche erfolgt nicht dadurch, daß, wie bei Vollast, die Verbrennung in der günstigsten Weise (bei angenähert unveränderlichem Volumen) erfolgt und die Expansionslinie nur von einem niedrigeren Punkt aus einsetzt, sondern dadurch, daß sich bei ärmeren Gemischen, entsprechend kleinerer Leistung, eine mehr oder minder schleichende Verbrennung mit starkem Nachbrennen ergibt. Es ist selbstverständlich, daß durch dieses Sinken des „Gütegrades der Verbrennung“ bei abnehmender Belastung der Vorteil der unveränderlichen Verdichtung zum größten Teil wieder aufgehoben wird, und es wurde dieser Umstand hier auch aus dem Grunde ausdrücklich erwähnt, um der weitverbreiteten, einseitig günstigen Beurteilung der Gemischbildung von rein thermodynamischen Gesichtspunkten aus zu begegnen.

Als weiterer Nachteil der Gemischregelung ist die hierbei auftretende starke Neigung zu Diagrammstreuung zu erwähnen, die wohl hauptsächlich durch den Mangel von dämpfender Drosselung in der Luftzuführung bedingt ist, wodurch alle in den Luftleitungen auftretenden Schwingungs- und Störungserscheinungen nur unwesentlich gemildert zur Maschine gelangen.

Schließlich ist noch zu erwähnen, daß bei reiner Gemischregelung die Zündungen in der Nähe des Leerlaufes in der Regel Schwierigkeiten bereiten, was nach dem in dem Abschnitt über Verbrennungsverhältnisse Gesagten ohne weiteres verständlich ist, da für die Zündungsverhältnisse nicht die Verdichtung sondern vielmehr die Zusammensetzung des Gemisches maßgebend ist, für ärmere Gemische sich sogar um so schlechtere Zündungsverhältnisse zu ergeben scheinen, je höher die Verdichtung ist, unter der sie stehen.

Um nun noch zu einer abschließenden Beurteilung des geschilderten Regelungsverfahrens zu kommen, ist es nötig, die hierdurch bedingten **Mischungsverhältnisse während eines Hubes** einer Untersuchung zu unterziehen. Das in folgendem beschriebene Verfahren[1]) ist geeignet, diese Untersuchung zu bewirken.

Die im Gas- und Luftquerschnitt auftretende Geschwindigkeit w ist bedingt durch das sie erzeugende Druckgefälle p und nach Gleichung (II) (S. 6) für unsere Zwecke genau genug dargestellt durch $w=\sqrt{\frac{2gp}{\gamma}}$, woraus für Luft (und Gichtgas) mit $\gamma=1{,}293$ und $g=9{,}81$

$$w=\sqrt{\frac{2\cdot 9{,}81}{1{,}293}\cdot p}=3{,}9\sqrt{p}\,^{2})$$

wird.

Dieser Zusammenhang von w und p ergibt im Diagramm eine Parabel und ist in Abb. 2 (strichliert) eingetragen. Tatsächlich wird die Geschwindigkeit w infolge der Reibungswiderstände kleiner sein, was, wie ebenfalls bereits erwähnt, durch Einführung eines Reibungskoeffizienten μ berücksichtigt werden kann, dessen Größe mit 0,8 im Mittel einzuschätzen ist, so daß

$$w=0{,}8\cdot 3{,}9\sqrt{p}=3{,}1\,p$$

angeschrieben werden kann[3]). Dieser Zusammenhang ist durch die in Abb. 2 voll ausgezogene Kurve dargestellt.

In Abb. 16 ist über den Kolbenwegen als Abszissen das Diagramm der Querschnitte für Luft und Gas aufgetragen, Kurven a und b, wobei die Linie der als unveränderlich angenommenen Luftquerschnitte als eine zur Abszissenachse parallele Gerade erscheint. Das Diagramm der Gasquerschnitte ist nur in seinem voll ausgezogenen Teil maßgebend, die strichpunktierten Kurventeile stellen die Ventilerhebungen vor Anfang und nach Ende des Saughubes dar und kommen hier nicht in Betracht. Kurve b' stellt das Ventilerhebungsdiagramm für Halblast dar. Durch Addition der Ordinaten von a und b, bzw. a und b' ergeben sich die Kurven der

[1]) s. a. (31).

[2]) Da es sich im wesentlichen um eine qualitative Untersuchung handelt, deren Ergebnisse auf die Verhältnisse bei Verwendung eines anderen als Hochofengases ohne weiteres zu übertragen sind, soll in folgendem die Untersuchung immer für den einfachen Fall dieses Gases angestellt werden. Die Untersuchung kann nach dem auf S. 7 Gesagten mit Berücksichtigung eines von 1 verschiedenen Wertes von $\varkappa$ ebenfalls leicht durchgeführt werden.

[3]) Durch die Unsicherheit in der Bewertung von μ kommt eine Unsicherheit in den Gang der Untersuchung, wodurch deren quantitative Gültigkeit beeinträchtigt wird; ihre qualitative Geltung bleibt trotzdem vollkommen aufrecht.

gesamten Querschnitte c für Voll- und c' für Halblast. Außerdem ist noch das Querschnittsverhältnis $\frac{\text{Luft}}{\text{Gas}}$ für die einzelnen Punkte berechnet und durch die Kurven d und d' zur Darstellung gebracht. Linie e ist das Diagramm der Kolbengeschwindigkeit v, deren Maßstab zweckmäßig so gewählt wird, daß die größte Kolbengeschwindigkeit $v_{max} = \frac{s}{2}\omega$ im Maßstab gleich $\frac{s}{2}$ ist, wodurch die Linie e, wie bereits früher erörtert, zu einem Halbkreis wird. Aus den Kurven c bzw. c' und e

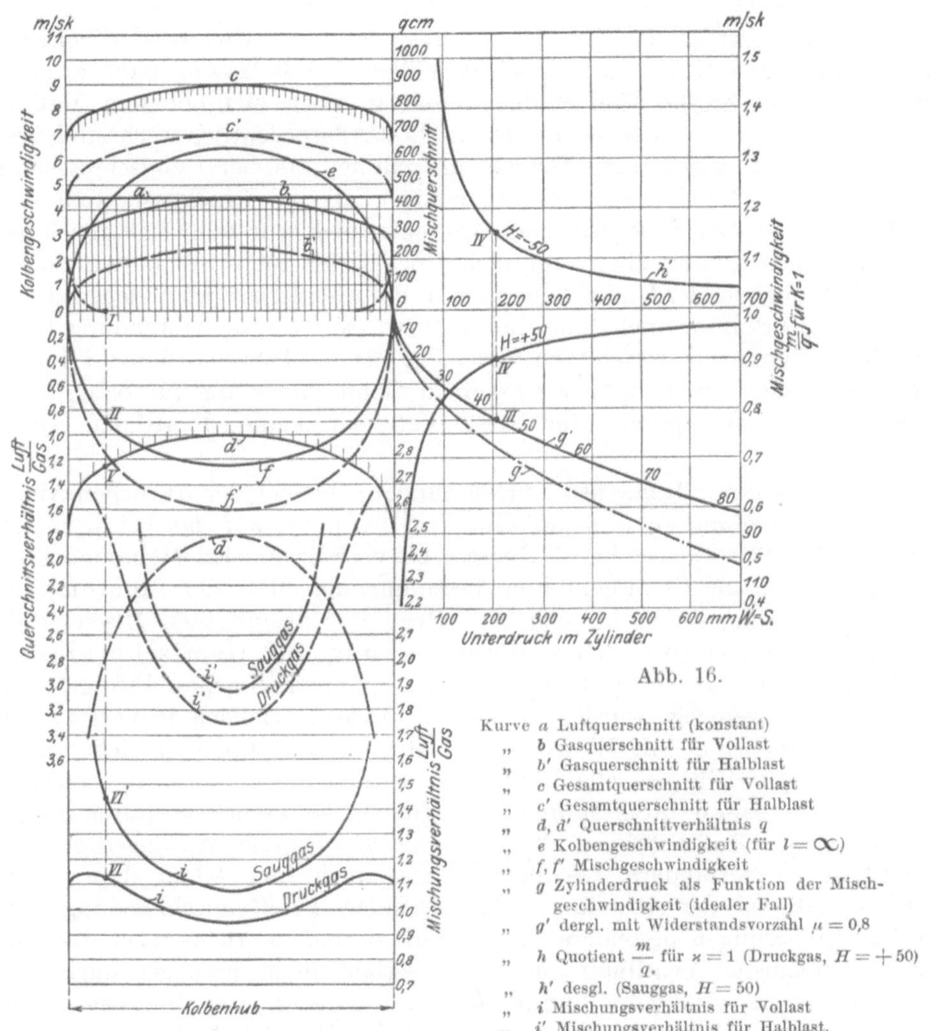

Abb. 16.

wurde nach der bereits früher (S. 28) angegebenen Methode das Diagramm der Mischgeschwindigkeiten, f für Voll- und f' für Halblast entwickelt. In demselben Maßstab, der für die Mischgeschwindigkeiten gilt, wurden dann nebenan (im Quadranten rechts unten) die Geschwindigkeitsparabeln aus Abb. 2 übernommen und die Kurven des Quotienten $\frac{m}{q}$ ebenfalls aus Abb. 2 eingetragen. (Es wurde hierbei angenommen, daß einmal ein Gasüberdruck und ein andermal ein Gasunterdruck von je 50 mm WS. bestehe.) Um nun für eine beliebige Kolbenstellung, z. B. in I, das Mischungsverhältnis zu finden, ist es nötig, durch Lotung den zugehörigen Wert der Mischgeschwindigkeit auf Kurve f zu ermitteln (Punkt II). Durch das Ziehen der Horizontalen bis zum Schnitt mit der Kurve g' ergibt sich der zugehörige Zylinderunterdruck (Punkt III) und daraus wieder durch Lotung der zugehörige Wert des Quotienten $\frac{m}{q}$ (Punkt IV bzw. IV'). Durch die ursprüngliche Lotung ist auch das momentan herrschende Querschnittsverhältnis q ermittelt (Punkt V), das mit dem gefundenen zugehörigen Wert von $\frac{m}{q}$ multipliziert das Mischungsverhältnis m ergibt (Punkt VI bzw. VI' in Kurven i). Auf diesem Wege wurden die Kurven i für Voll- und i' für Halblast ermittelt[1]).

Die Betrachtung der Kurven i zeigt, daß sich Unveränderlichkeit des Gemisches über den Hub nur in gewissen Fällen, bei Belastung nahe an Vollast und Druckgasbetrieb ergibt. Bei Halblast (und in noch viel höherem Maß bei Leerlauf) ist die Zusammensetzung des Gemisches außerordentlich wechselnd, worin auch ein Grund liegt zur starken Diagrammstreuung, die bei Gemischregelung in der Regel auftritt. Noch wesentlich ungünstiger als bei Druckgasbetrieb stellen sich die Verhältnisse bei Sauggasbetrieb, wo eine auch nur halbwegs gleichmäßige Gemischzusammensetzung überhaupt nicht zu erzielen ist[2]). Wenn nun die Gemischregelung bezüglich der Unveränderlichkeit des Gemisches nach dem Gesagten einer günstigen Beurteilung nicht unterliegen kann, so ist ihre Anwendung für Sauggasbetrieb jedenfalls als verfehlt zu erachten. Diese Tatsache findet ihren Ausdruck auch darin, daß bei modernen Maschinen Gemischregelung für Sauggas nicht verwendet wird. Wenigstens sind dem Verfasser keine derartigen Ausführungen bekannt.

Bezüglich der **allgemeinen Anforderungen,** die bei der baulichen Ausgestaltung der Gemischregelung zu beachten sind, ist besonders auf das bei Besprechung der erforderlichen Steuerquerschnitte Gesagte zu verweisen. Es ist besonders darauf zu achten, daß die die Gemischbildung bestimmenden, d. h. die engsten Querschnitte für alle Belastungsstufen in dem vom Regulator beeinflußten Mischventil gegeben sind und nicht anderswo. Gemischbemessung und Gemischbildung müssen in demselben Querschnitt stattfinden. Unbefriedigende Erfolge, die mit Gemischregelung gemacht wurden, finden ihre Ursache vielfach in Verstoß gegen diese Regel. Weiter sind mit Rücksicht auf die an und für sich nicht günstigen Gemischbildungsverhältnisse alle Einflüsse, die diese noch weiter verschlechtern, sorgsam ferne zu halten; Rohrleitungsschwingungen sind demnach durch geeignete Ausgestaltung der Rohrleitungen (Verwendung von großen Ansaugetöpfen) in ihrem Entstehen zu verhindern. Schließlich soll auch hier schon darauf hingewiesen werden, daß bei der Ausbildung der besonders bei Gemischregelung verwendeten Ausklinksteuerungen besonderes Augenmerk darauf zu richten ist, daß unter einen gewissen kleinsten Ventilhub auch bei Leerlauf nicht herabgegangen werden soll, um ein sicheres Aufsetzen der Klinke und günstige Regulierungsverhältnisse im Leerlauf zu gewährleisten, die besonders beim Parallelschalten von Wechselstromdynamos erforderlich sind. Das Nähere hierüber ist weiter unten, bei Besprechung der Ausklinksteuerungen zu sagen.

---

[1]) An speziellen Annahmen wurden der Abbildung zugrunde gelegt: Hub $s = 1300$ mm, $n = 94$, wirksame Kolbenfläche $F = 8600$ qcm.

[2]) Gleichmäßige Gemischzusammensetzung bei Sauggasbetrieb ließe sich erzielen durch Veränderlichkeit des Luftventilhubes bei unveränderlich freiem Gaszutritt. Diese Regelungsart ist selbstverständlich mit Rücksicht auf die beim Leerlauf auftretenden Verhältnisse (Füllung des Zylinders fast nur mit Gas) ganz unzulässig.

c) Füllungsregelung (mit unveränderlichem Gemische).

Die Durchführung dieses **Regelungsverfahrens** erfolgt derart, daß die Veränderlichkeit des Wärmeinhaltes der Ladung und damit der Diagrammarbeit dadurch erzielt wird, daß bei sinkender Maschinenleistung sowohl Luft als auch Gasmenge vermindert wird. Das Mischungsverhältnis bleibt demnach (wenigstens im idealen Fall) unveränderlich. Bei diesem Regelungsverfahren müssen also sowohl Luft als auch Gas gesteuert, oder das bereits gebildete Gemisch zugemessen werden.

Aus dem Gesagten ergibt sich ohne weiteres, daß dieses Regelungsverfahren nur für Viertaktmaschinen in Betracht kommen kann, da, wie bereits erwähnt, Zweitaktmaschinen mit Rücksicht auf den Spülvorgang stets volle Ladung des Zylinders erfordern.

Die sich ergebenden Verhältnisse sind in Abb. 17 veranschaulicht. Bei geringer Belastung ergibt sich zu Ende des Saughubes ein starker Unterdruck im Zylinder entsprechend der Verminderung des pro Hub angesaugten Gemischgewichtes. Dementsprechend sinkt mit abnehmender Belastung auch die Verdichtungsendspannung und das Diagramm wird kleiner.

Zur Durchführung des Verfahrens stehen ähnlich wie bei Gemischregelung wieder zwei Wege offen, je nachdem der Gemischzutritt über den ganzen Hub offen ist und die Strömung nur gedrosselt wird (Ansaugelinie *ac* über *b*) oder volle Eröffnung des Strömungsweges mit vorzeitigem Abschluß (Ansaugelinie *ac* über *d*), wobei dann nach Abschluß (im Punkt *d*) der Zylinderinhalt unter die Ansaugespannung expandiert nach einer Linie, die sich mit der nachfolgenden Verdichtungslinie deckt. Dieses zweite Verfahren hat den Vorteil, den größeren Aufwand von Ansaugearbeit, der sich bei dem ersten Verfahren ergibt und durch Entstehung einer Schleife im Diagramm ausdrückt, zu vermeiden. Das erste Verfahren dagegen bietet außer der Möglichkeit, die Regulierung mit einfacheren baulichen Mitteln zu erzielen (was besonders bei kleinen Motoren in Betracht kommt), noch den Vorteil gleichmäßigerer Gemischzusammensetzung infolge der durch die Drosselung verursachten höheren Mischdrücke. Im übrigen gilt auch hier das bereits bei Gemischregelung durch Drosselung Gesagte, wonach als Eigentümlichkeit der Steuerungen mit veränderlichem Ventilhub in der Regel beim Leerlauf außer der Verminderung der Hubhöhe auch eine Verringerung der Eröffnungsdauer auftritt.

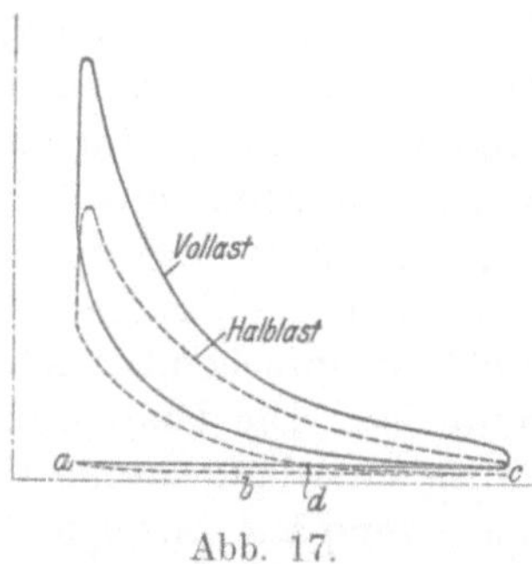

Abb. 17.

Für die Beurteilung des Regelungsverfahrens durch Veränderung der Füllung sind zuvörderst folgende **Vorteile** zu erwähnen.

Die Verbrennungsverhältnisse sind bei allen Belastungen der Maschine infolge der (nahezu) unveränderlichen Gemischzusammensetzung gleich günstig. Dies drückt sich im Diagramm durch steil ansteigende Verbrennungslinie (Wärmezuführung bei angenähert konstantem Volumen) aus (vgl. hierzu den Unterschied der Halblastdiagramme in Abb. 15 und 17). Infolge der gleichmäßigen Gemischzusammensetzung neigen die Diagramme auch weniger zu Streuung, wodurch die Gleichmäßigkeit des Maschinenganges verbessert wird. Die Ursache hiervon ist wohl in erster Linie darin zu suchen, daß infolge der, besonders bei kleineren Belastungen, starken Drosselung des eintretenden Gemisches Rohrleitungsschwingungen und -strömungen ihren Einfluß auf die Ladung in nur geringem Maße geltend machen können. Als wichtigster Vorteil ist die gute Leerlaufregulierung zu erwähnen, da im Leerlauf infolge der starken auftretenden Drosselung ganz gleichmäßiges Gemisch in den Zylinder gesaugt wird und infolge der gleichbleibend günstigen Zusammensetzung für alle Belastungsstufen gleich günstige Zündungsverhältnisse bestehen.

Diesen Vorteilen stehen indessen auch folgende **Nachteile** gegenüber:

Infolge des veränderlichen Mischungsgewichtes ist die Endverdichtungsspannung bei verschiedenen Belastungen verschieden hoch, wodurch der thermische Wirkungsgrad mit abnehmender Maschinenleistung sinkt. Hierbei ist jedoch ebenso wie bei der Gemischregelung vor einseitiger Beurteilung von rein thermodynamischen Gesichtspunkten aus zu warnen, da der Nachteil der geringeren Verdichtung durch die im Vergleich zu jener Regulierungsart weit besseren Verbrennungsverhältnisse teilweise wieder aufgehoben wird, sich stärker außerdem auch nur bei kleineren Belastungen geltend macht, wo die Rücksicht auf Wirtschaftlichkeit ohnedies nicht mehr dieselbe Bedeutung hat wie bei Vollast. Als wesentlicher Nachteil ist zu bemerken, daß sich infolge des ein für allemal gegebenen Querschnitts- (und Mischungs-) verhältnisses die langsam verlaufenden Änderungen in Gasdruck und -zusammensetzung der Einwirkung des Regulators entziehen und nur durch Einstellung von Hand aus berichtigt werden können. Bei Sinken des Gasdruckes und Heizwertabnahme ist dem Regulator zwar, wenn auch auf Kosten des günstigsten Mischungsverhältnisses, die Möglichkeit eines Eingriffes gewahrt, dagegen entfällt dies bei Steigen des Gasdruckes und Heizwertzunahme. Werden nun die nötigen Einstellungen von Hand aus nicht rechtzeitig vorgenommen, so arbeitet die Maschine mit Luftmangel und allen sich daraus ergebenden üblen Folgen, Nachbrennen im Auslaß, übermäßige Erhitzung der Auslaßorgane und Vorzündungen. Hierbei ist zu erwähnen, daß die gegenwärtigen Mittel der praktisch ausführbaren Betriebskontrolle mit ihren Anzeichen für eine Verstellung fast vollständig versagen, der Maschinist sich im wesentlichen nur nach den bei der Verpuffung u. U. auftretenden Geräuschen richten kann, wenn ihm nicht eine dem Belastungszustand nicht entsprechende, tiefe Stellung des Regulators verrät, daß etwas nicht in Ordnung ist. Die Diagramme können trotzdem von vorzüglicher Beschaffenheit sein, einzig eine langwierige und wenn auch durch selbsttätige Apparate vollzogene, so doch verspätet anzeigende Analyse der Auspuffgase kann über den schlechten Betriebszustand Aufschluß geben. Bei Gaserzeugungen, bei denen Druck und Zusammensetzung des Gases dauernd wechseln, ist der Maschinist ständig mit der Einstellung beschäftigt. Weiter ist zu erwähnen, daß Füllungsregelung in der Regel dann Schwierigkeiten bereitet, wenn es sich um Leistungsregulierung, weitgehende Herabminderung der Umdrehungszahl handelt. Diese drückt sich durch starke Verminderung des Saugdruckes im Zylinder aus und führt, wie auch aus Abb. 2 ersichtlich, bei gegebenem Querschnittsverhältnis zu um so schlechterem Mischungsverhältnis, je geringer die Umdrehungszahl und der Saugdruck wird. Ist z. B. der Gasüberdruck 150 mm WS. und bleibt infolge herabgeminderter Umdrehungszahl der Saugdruck im Zylinder unter 150 mm WS., ko kann überhaupt keine Luft in den Zylinder eintreten, es wird bei geöffnetem Mischventil sogar ein Übertreten des Gases in die Luftleitung stattfinden. Die Maschine ersäuft im Gas und kommt zum Stillstand. Das Umgekehrte findet bei Sauggasbetrieb statt, wo die Maschine bei kleinen Umdrehungszahlen nur reine Luft ansaugt. Hier sind die Verhältnisse sogar noch schlechter, wie sich aus dem steilen Ansteigen der Kurven im Sauggasbetrieb ergibt (Abb. 2). Zu bemerken ist hierbei, daß der Regulatoreingriff das Übel nur noch verschlimmert, wenn er infolge des Sinkens der Umdrehungszahl das Mischventil noch weiter öffnet und dadurch den Mischdruck infolge der noch mehr verminderten Drosselung noch weiter herabsetzt. Diese Verhältnisse werden weiter unten bei Erörterung der Mischungsverhältnisse noch weiter zu besprechen sein und zahlenmäßig zum Ausdruck kommen. Das Mittel gegen diese Übelstände ist nach dem Gesagten selbstverständlich und besteht in einer Verwendung geeigneter, von Hand aus einzustellender Drosselorgane, wodurch auch bei den geringsten Umdrehungszahlen hinreichende Mischgeschwindigkeiten und -drücke erzielbar sind. Hierbei ist allerdings auf das zum Schluß dieses Abschnittes über die allgemeinen Anforderungen Gesagte als besonders wichtig zu verweisen. Schließlich ist als Nachteil der Füllungsregulierung der Umstand anzusprechen, daß hierbei im Zylinder wesentliche Unterdrücke auftreten können. Dadurch wird, sofern nicht selbstsperrende Mechanismen Verwendung finden (s. S. 131 und S. 151), die Verwendung starker Ventilfedern bedingt, da diese auch beim Leerlauf und größtem Unterdruck im Zylinder ein Aufsaugen der Ventile sicher verhindern müssen. (Ist z. B. der Auslaßventildurchm. = 380 mm und entsteht bei Leerlauf ein Druck von 0,5 atm abs. im Zylinder, so muß die Ventilfeder gegen eine Kraft von 568 kg abzüglich des Ventilgewichts zuhalten. So schwere Federn bilden mit Rücksicht auf die notwendigen großen Zusammendrückungen beim Hub recht heikle und leicht zu Brüchen neigende, schwierige Einzelheiten.)

Zu einer abschließenden Beurteilung der bei Füllungsregulierung sich ergebenden **Mischungsverhältnisse über einen Hub** soll auch hier deren Untersuchung unter Anwendung des bereits bei Besprechung der Gemischregulierung geschilderten Verfahrens[1]) erfolgen. Diese Verhältnisse sind durch Abb. 18 zur Anschauung gebracht, wobei zwecks leichteren Vergleichens die sonstigen Annahmen gleich den bei Untersuchung der Gemischregulierung verwendeten gehalten wurden. Die in Abb. 16 eingezeichnete Hilfsdarstellung aus Abb. 2 ist in Abb. 18 weggelassen. Die Untersuchung wurde ebenfalls unter Annahme eines Gasdruckes von + 50 mm WS. durchgeführt.

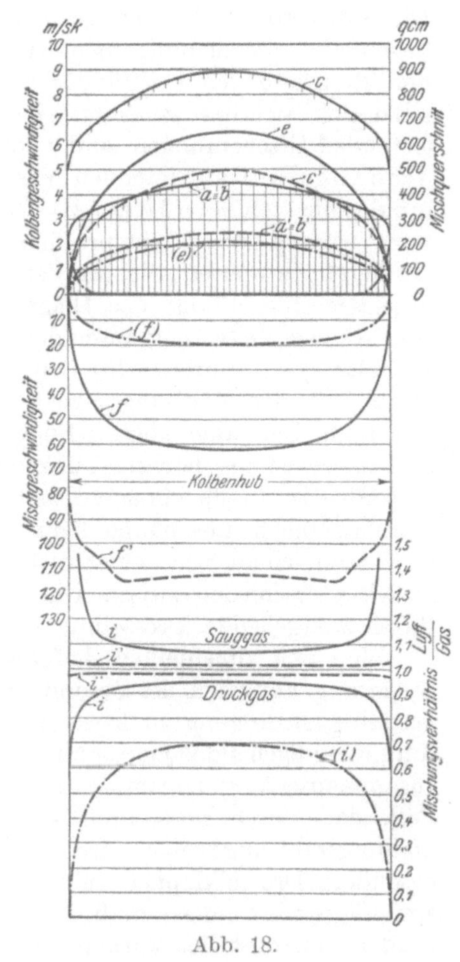

Abb. 18.

Kurve $a \equiv b$ Luft- und Gasquerschnitt für Vollast
„ $a' \equiv b'$ desgl. für Halblast
„ c Gesamtquerschnitt für Vollast
„ c' desgl. für Halblast
„ e Kolbengeschwindigkeit für $n = 94$
„ (e) desgl. für $n = 30$
„ f Mischgeschwindigkeit für Vollast, $n = 94$
„ f' desgl. für Halblast, $n = 94$
„ (f) „ „ Vollast, $n = 30$
„ i Mischungsverhältnis für Vollast, $n = 94$
„ i' desgl. für Halblast, $n = 94$
„ (i) „ „ Vollast, $n = 30$.

Für ein Querschnittsverhältnis 1 : 1, entsprechend einem Betrieb mit Gichtgas ist Kurve $a \equiv b$ das Diagramm der Gas- und Luftquerschnitte für Voll-, Kurve $a' \equiv b'$ für Halblast. Kurven c und c' stellen die gesamten Querschnitte für Voll- und Halblast dar, Halbkreis e ist das Diagramm der Kolbengeschwindigkeit, Kurven f und f' stellen die nach dem früher angegebenen Verfahren (s. S. 28) berechneten Mischgeschwindigkeiten dar, denen dann, gleich wie in Abb. 16, aus der Hilfsdarstellung die entsprechenden Saugdrücke und Werte des Quotienten $\frac{m}{q}$ zuzuordnen sind. Diese Werte ergeben, da nunmehr dauernd das Querschnittsverhältnis $q = 1$, direkt die Mischungsverhältnisse, die durch die Kurven i für Voll- und i' für Halb-

[1]) s. a. (31).

last zur Darstellung gebracht sind. Wie man sieht, ändert sich das Mischungsverhältnis während des größten Teiles der Hubdauer nur ganz unbedeutend. Nur ganz kurze Zeit, zu Anfang und Ende des Hubes, zeigen sich infolge der geringen Kolbengeschwindigkeit und der dadurch bedingten geringen Mischungsgeschwindigkeit größere Abweichungen vom normalen Wert. Besonders günstig mit Rücksicht auf gleichmäßige Gemischzusammensetzung erweisen sich die Verhältnisse bei kleineren Belastungen, wie die nahezu ganz gerade verlaufenden Kurven i' zeigen. Die außerordentlich günstige Wirkung hoher Drosselung, die auch den in der vorliegenden Untersuchung nicht zu berücksichtigenden Einfluß von Schwingungen in den Rohrleitungen vollständig von dem Zylinder fernhält, wird dadurch augenscheinlich sichtbar gemacht. Zur Erläuterung der bei Leistungsregulierung auftretenden Erscheinungen sind noch die bei weitgehender Verminderung der Umdrehungszahl auftretenden Verhältnisse untersucht, und zwar wurde eine Verminderung von $n = 94$ auf $n = 30$ angenommen. Hierbei wurde volle Ventilerhebung nach Kurve a, entsprechend Vollastdiagramm vorausgesetzt. Die Halbellipse (e), deren Ordinaten die im Verhältnis 30 : 94 verkleinerten Ordinaten des Halbkreises e sind, bildet das Diagramm der Kolbengeschwindigkeiten, (f) das aus c und (e) ermittelte Diagramm der Mischgeschwindigkeiten. Die Kurve des Mischungsverhältnisses ist durch (i) für Druckgas gegeben. Für Sauggas mit $H = -50$ mm WS. ergibt sich das Mischungsverhältnis für alle Kolbenstellungen mit ∞, d. h. es wird nur reine Luft angesaugt. (Entsprechend der größten Kolbengeschwindigkeit von 2,04 m/sec ist die höchste auftretende Mischgeschwindigkeit 19,5 m/sec, was einem Unterdruck von 39,5 mm WS. entspricht; bei einem Gasunterdruck von 50 mm WS. kann demnach überhaupt kein Gas angesaugt werden.) Die Verhältnisse stellen sich demnach auch bei einer nicht übermäßig geringen Umdrehungszahl und kleinen Druckunterschieden zwischen Gas und Luft schon sehr ungünstig und können nur durch weitgehende Drosselung von Hand aus verbessert werden.

Von den **allgemeinen Anforderungen**, die bei der baulichen Ausgestaltung der Steuerung auftreten, ist besonders Wert auf die Erfüllung der bereits früher (S. 27) gestellten Bedingung zu legen, daß der vom Regulator beeinflußte, für die Zylinderfüllung maßgebende Querschnitt auch tatsächlich der engste und für die Gemischzusammensetzung bestimmende ist. Besondere Beachtung verdient dies für den Fall, daß durch Drosselung von Hand aus weitgehende Verminderung der Umdrehungszahl angestrebt wird. Es ist demnach verkehrt, diese Drosselung durch besondere Drosselklappen zu bewirken, wenn das Mischventil vom Regulator beeinflußt wird, sondern muß durch Verstellung des Mischventils selbst vorgenommen werden, da sonst bei stärkerer Drosselung nicht mehr der Mischventil- sondern der Drosselklappenquerschnitt der engste und dadurch der Maschine die Fähigkeit, sich der jeweiligen Belastung anzupassen, genommen wird. Die bereits früher gestellte Forderung: Gemischbildung und -bemessung muß in demselben Querschnitt erfolgen, tritt hier mit besonderer Schärfe auf. Diese Forderung ist schließlich auch bei Entwurf der äußeren Steuerung zu beachten, wenn getrennter Antrieb für Misch- und Einlaßventile vorliegt und für diesen Fall so auszusprechen, daß in jedem Moment der von dem nicht unter der Herrschaft des Regulators stehenden Einlaßventil freigegebene Querschnitt größer sein muß als die gleichzeitigen Mischventilquerschnitte.

d) Gemischte Regelungsverfahren (Kombinationsregelung).

Die geschilderten, sowohl der Gemisch- als auch der Füllungsregelung anhaftenden Nachteile bringen es mit sich, daß die alleinige Verwendung des einen oder anderen Regelungsverfahrens über den ganzen Regulierbereich hin nur selten vorgenommen wird. Meistens wird eine Vereinigung der beiden Regelungsverfahren zur Ausführung gebracht, wobei dann wieder die Möglichkeiten offen stehen, ein Regelungsverfahren für einen Teil des Regulierungsbereiches zur Anwendung zu bringen und für einen anderen Teil das andere, oder für den gesamten Regulierungsbereich beide gleichzeitig zu verwenden. Von den so entstehenden zahlzeichen Möglichkeiten sollen die wichtigsten Fälle im folgenden besprochen werden.

1. Das Regelungsverfahren von **Reinhardt.** Dieses Verfahren, das durch D. R. P. Nr. 156 165 geschützt, von der Firma Schüchtermann & Kremer in Dortmund ausgeführt wird, arbeitet stets mit voller Füllung des Zylinders und Veränderung der Gemischansaugungsdauer je nach dem Belastungsgrad der Maschine, ist demnach im wesentlichen als Gemischregelung mit unveränderlicher Füllung gekennzeichnet. Die Besonderheit des Verfahrens ist die, daß zwei Luftleitungen und -zuführungskanäle vorgesehen sind, deren einer vor Eröffnung des Gemischzutritts der Luft den Eintritt in den Zylinder gestattet. Im Moment der Gemischeröffnung, der durch das Fallen eines von einer Ausklinksteuerung betätigten Schiebers gegeben ist, wird der erste Luftkanal abgeschlossen, so daß die Gemischbildung durch Ansaugen aus dem Gas- und dem zweiten Luftkanal vor sich geht. Dadurch soll gleichmäßigere Zusammensetzung des angesaugten Gemisches erreicht werden, da beide Bestandteile, Gas und Luft, erst vom Ruhezustand aus beschleunigt werden müssen, der Einfluß der Rohrleitungsschwingungen demnach unschädlich gemacht wird. Vollständig gleichmäßige Gemischzusammensetzung ist allerdings auch hierbei nicht zu erreichen, da, wie ein Blick auf Abb. 2 lehrt, das Mischungsverhältnis bei unveränderlichem Querschnittsverhältnis mit dem im Zylinder herrschenden Saugdruck, entsprechend verschiedenen Kolbengeschwindigkeiten stark wechselt, sofern nicht Luft und Gas genau gleiche Mischdrücke besitzen, was aber praktisch nicht zu erreichen ist.

2. Das Regelungsverfahren der Firma **Friedr. Krupp A.-G.** Die Regelung der Maschinenleistung wird bei unveränderlich gesteuerten Misch- und Einlaßventilen dadurch erreicht, daß in der Luft- und Gasleitung je eine Drosselklappe vorgesehen ist, die, vom Regulator verstellt, den Durchflußquerschnitt mehr oder weniger drosselt. Der Antrieb der Drosselklappen ist indessen so ausgeführt, daß das Gesetz, nachdem sich die Querschnitte mit steigender Reglermuffe verkleinern, für Luft und Gas nicht dasselbe ist (11a). Das Verfahren kennzeichnet sich demnach als Füllungsregelung mit veränderlichem Querschnittsverhältnis und wird derart ausgeführt, daß bei kleineren Leistungsgraden eine geringe Anreicherung des Gemisches auftritt. Eine Beurteilung dieses Verfahrens erübrigt sich mit Rücksicht auf das bei Besprechung der reinen Füllungsregelung Gesagte. Hinzuweisen ist allerdings noch darauf, daß die Verwendung von Drosselklappen einen Verstoß gegen die als grundlegend früher ausgesprochene Bedingung bildet, wonach Gemischbildung und -bemessung in demselben Querschnitt zu erfolgen haben und daher grundsätzlich verfehlt ist. Die Begründung hierfür liegt im gegebenen Fall darin, daß in allen Zeitpunkten, wo die vom Mischventil freigegebenen Strömungswege kleiner sind als die von den Drosselklappen eingestellten (bei Anfang und gegen Ende der Ventileröffnung) das Mischungsverhältnis nicht durch diese und damit nicht durch den Regulator beherrscht wird, sondern unveränderlich durch das Querschnittsverhältnis des Mischventils bedingt ist. Vermindert wird dieser Übelstand allerdings dadurch, daß die kleinen Mischventileröffnungen in die Nähe der Totpunkte fallen, wo der Unterdruck im Zylinder nur gering ist und kleine Sauggeschwindigkeiten erzeugt werden.

3. Das Regelungsverfahren von **Reichenbach.** Bei diesem Regelungsverfahren wird Luft und Gas bei steigender Regulatormuffe gleichzeitig gedrosselt, letzteres jedoch stärker, wodurch auch eine gleichzeitige Abschwächung des Gemisches be-

dingt ist. Das Verfahren stellt somit eine Vereinigung von Füllungs- und Gemischregelung über den ganzen Regulierbereich hin dar und unterliegt insofern keiner ungünstigen Beurteilung, da im Leerlauf die starke Abschwächung, die sich bei reiner Gemischregulierung ergibt und zu Schwierigkeiten bei der Zündung führt, vermieden ist, andererseits auch durch die höhere Drosselung gleichmäßigere Gemischzusammensetzung gewahrt wird. (Die weitere Besonderheit des Reichenbachschen Regelungsverfahrens, die darin besteht, daß der Regulator bei kleinerer Belastung den Zündzeitpunkt nach vorn verstellt, erachtet der Verfasser für verfehlt, da eine weitgehende Verschiebung des Zündzeitpunktes mit Rücksicht auf die thermischen und mechanischen Eigenheiten des Verbrennungsvorganges bei gegebener Umdrehungszahl nicht zulässig ist, eine geringe Verschiebung jedoch nur den thermischen Wirkungsgrad verschlechtert, ohne dadurch den infolge der schleichenden Verbrennung sehr armer Gemische schlechten Gütegrad der Verbrennung nennenswert verbessern zu können.)

4. Das Regelungsverfahren der Firma **Ehrhardt & Sehmer,** G. m. b. H. (bauliche Ausgestaltung s. S. 178f.). Bei dem neuen Regelungsverfahren dieser Firma wird Gas- und Einlaßventil unveränderlich gesteuert und die Regelung der Maschinenleistung durch Drosselklappen bewirkt, die in Luft- und Gaskanal eingebaut sind und durch den Regulator verstellt werden. Der Zusammenhang zwischen Gestänge und Drosselklappen ist dabei derart ausgebildet, daß bei steigender Regulatormuffe zuerst der Gasquerschnitt stark gedrosselt wird, während sich der Luftquerschnitt nur wenig verändert, so daß die Maschinenleistung wesentlich durch Abschwächung des Gemisches vermindert wird. Von etwa Halblast an wird auch die Luft stärker gedrosselt, so daß sich für den zweiten Teil des Regulierbereiches bis zum Leerlauf hinunter Füllungsregelung ergibt, Was die Beurteilung dieses Regelungsverfahrens betrifft, so stellt es nach Ansicht des Verfassers eine mit einfachen Mitteln erzielte glückliche Lösung des Regulierproblems dar, indem bei größeren Belastungen Gemischregelung ausgeführt ist, wobei deren Vorteile (Beherrschung der langsam verlaufenden Änderungen des Gases durch den Regulator und günstigerer thermischer Wirkungsgrad bei nicht allzu schlechtem Gütegrad der Verbrennung) ausgenützt werden und die Gemischbildung auch nicht allzu ungleichmäßig wird, während ihre Nachteile (besonders die schlechten Zündverhältnisse und die ganz ungleichmäßige Gemischzusammensetzung im Leerlauf) durch die für kleine Belastungen ausgeführte Füllungsregelung vermieden sind. Da die Vorzüge letzterer Regulierungsart, wie bereits nachgewiesen, besonders bei kleinen Belastungen zur Geltung kommen, ist auch ein sicheres Arbeiten der Maschine im Leerlauf gewährleistet. Durch Verwendung der Gemischregelung im Bereich der höheren Belastungsstufen ist auch die Möglichkeit gegeben, eine weitgehende Änderung der Umdrehungszahl bei voller Diagrammarbeit zu erreichen. Allerdings besteht auch hier der bereits bei Besprechung des Regelungsverfahrens der Firma Krupp erwähnte prinzipielle Fehler, daß Gemischbildung und -bemessung in verschiedene Querschnitte verlegt sind, wodurch in allen Momenten, wo die durch das Gasventil freigegebenen Öffnungen kleiner sind als die von der Drosselklappe eingestellten, das Mischungsverhältnis nicht durch diese, sondern durch die vom Gasventil freigegebenen Querschnitte bestimmt ist.

5. Das Regelungsverfahren von **Mees.** Dieses durch D. R. P. Nr. 180 962 geschützte Verfahren (15) (34) arbeitet ähnlich wie das vorige mit vereinigter Gemisch- und Füllungsregelung, wobei das Gemisch bis auf 0,6 des ursprünglichen Gasgehaltes abgeschwächt und dann bei weiterem Sinken der Belastung bei abnehmender Zylinderfüllung unveränderlich gehalten wird; in der Nähe des Leerlaufes erfolgt dann bei weiter abnehmender Füllung wieder eine kleine Anreicherung auf 0,67 des ursprünglichen Gasgehaltes, um sicheres Zünden auch im Leer-

lauf zu gewährleisten. Die dadurch gekennzeichnete Regelung wird durch Verdrehung des mit unveränderlichem Hub gesteuerten Mischschiebers vom Regulator aus bewirkt, wobei dann, je nach der Reglerstellung, die in Mischschieber und Schieberbüchse angebrachten Öffnungen sich mehr oder weniger überdecken und dadurch größere oder kleinere Strömungswege freigeben. Dieses Regelungsverfahren unterliegt derselben günstigen Beurteilung wie das vorhergehende, wobei hier auch der Fehler, Gemischbildung und -bemessung in verschiedene Querschnitte zu verlegen, vermieden ist. Allerdings kann, wie später bei Besprechung der Mischorgane ausführlich erörtert, die Wahl eines Schiebers als Abschlußorgan mit Rücksicht auf Betriebssicherheit, besonders bei Betrieb mit unreinem Gas, nicht als glücklich bezeichnet werden.

6. Das Regelungsverfahren der Maschinenfabrik **Augsburg-Nürnberg.** (Neues Verfahren.) (Bauliche Ausgestaltung s. S. 71. u. S. 200). Dieses Regelungsverfahren ist durch Verwendung eines als Schieberventil ausgebildeten Mischorganes gekennzeichnet, das auf der Spindel des Einlaßventiles sitzt und mit diesem einen je nach der Maschinenbelastung veränderlichen Hub macht. Das Regelungsverfahren ist demnach grundsätzlich als Füllungsregelung gekennzeichnet, von dem infolge der besonderen Ausgestaltung des Schiebers jedoch einige Abweichungen stattfinden. Von einem gewissen Ventilhub ab wird nämlich nur mehr der Gasquerschnitt weiter eröffnet, während der Luftquerschnitt durch Überschleifen des Schiebers wieder verringert wird, so daß das Querschnittsverhältnis $\frac{\text{Luft}}{\text{Gas}}$ abnimmt und das Gemisch angereichert wird. Das gesamte Regelungsverfahren stellt sich also so dar, daß bei Vollast das günstigste Gemisch angesaugt wird, das sich bei abnehmender Belastung zuerst bis zu einem gewissen Grade abschwächt, worauf dann die weitere Leistungsabnahme mittels normaler Füllungsregelung erfolgt. Das Regelungsverfahren ist, wenn auch mit ganz anderen baulichen Mitteln erreicht, im Wesen dem unter 4. beschriebenen Regelungsverfahren der Firma Ehrhardt & Sehmer ähnlich, wenn auch hier der mittels Gemischregelung durchlaufene Regulierbereich kleiner ist als dort. Das Verfahren unterliegt derselben günstigen Beurteilung wie dort ausgesprochen, um so mehr als hier auch die grundlegende Forderung, Gemischbildung und -bemessung in demselben Querschnitt zu erzielen, erfüllt ist.

7. Das Regelungsverfahren von **Letombe.** Dieses Verfahren (49b) reguliert die Maschinenleistung dadurch, daß mit abnehmender Belastung das Gasventil kürzer, das Luftventil jedoch länger eröffnet wird, kennzeichnet sich demnach als Gemischregelung mit zunehmender Füllung bei abnehmender Belastung. Die Verdichtung wird somit im Leerlauf am größten, bei Vollast am kleinsten. Dadurch soll der gesamte Wirkungsgrad für alle Belastungsstufen ziemlich gleich gehalten werden, indem der Einfluß des infolge der Gemischabschwächung sinkenden Gütegrades der Verbrennung durch den gesteigerten thermischen Wirkungsgrad infolge der steigenden Verdichtung wieder aufgehoben werden soll. Dieses Verfahren ist nach Ansicht des Verfassers vollkommen verfehlt, da es nicht wirtschaftlich ist, für alle Belastungsstufen denselben (niedrigen!) Wert des Wirkungsgrades zu erzwingen, sondern es ist der Höchstwert des Wirkungsgrades für die Belastungsstufen nahe an Vollast anzustreben, wo geringe Wirtschaftlichkeit sich am meisten fühlbar macht. Da infolge der vermehrten Füllung, um kleine Leistungen zu erzielen, das Gemisch im Leerlauf noch viel mehr wird abgeschwächt werden müssen, als bei reiner Gemischregelung, so dürfte es, nach den Erfahrungen mit reiner Gemischregelung, bei der behandelten Regelungsart mit den Zündungsverhältnissen im Leerlauf wohl recht schlecht bestellt sein.

8. **Kombinationsregelung mit Zuhilfenahme von Aussetzern.** Hierbei sind verschiedene Möglichkeiten offen, je nachdem Füllung- oder Gemisch- oder auch kombinierte Regelung mit einer Aussetzerregelung derart verbunden wird, daß bei höheren Belastungsstufen die betreffende Regelung die Maschinenleistung verändert, während beim Leerlauf auch Aussetzer eintreten. Durch dieses Verfahren wird der der Aussetzerregelung anhaftende Übelstand stark ungleichmäßigen Ganges zwar teilweise vermieden, dagegen auch auf deren Hauptvorteil, der in unveränderlichem Wirkungsgrad besteht, Verzicht geleistet. Besonders die Vereinigung von Gemisch- und Aussetzerregelung war früher vielfach beliebt und bei Zwillingsmaschinen derart angewendet, daß ein Zylinder rascher auf Leerlauf einstellte als der andere, wodurch dann bei kleinen Belastungen der eine Zylinder ständig aussetzte, während der andere, noch mit normaler Gemischregulierung arbeitend, den leerlaufenden mit durchzog. Mit Rücksicht auf die der Aussetzerregelung anhaftenden Nachteile (s. S. 44) werden auch diese mit Aussetzern kombinierten Regelungsarten nur wenig und für ganz kleine Maschinen verwendet, an deren gleichförmigen Gang keine höheren Ansprüche gestellt werden.

4. Das Gleichdruckverfahren.

Nachdem in den früheren Abschnitten das über die Mischungs- und Verbrennungsverhältnisse beim Gleichdruckverfahren zu Sagende erledigt ist, erübrigt es sich nunmehr nur noch, jene Besonderheiten der Maschinensteuerung einer Betrachtung zu unterziehen, die sich auf Anpassung der Maschinenleistung an den jeweiligen Belastungszustand, auf die Regelung der Maschine beziehen.

Aus der Besonderheit des Gleichdruckverfahrens, darin bestehend, daß ohne Verwendung einer besonderen Zündvorrichtung die Verbrennung des Brennstoffes allein durch die hohe Temperatur der verdichteten Luft eingeleitet wird, ergibt sich ohne weiteres, daß Füllungsregulierung, entsprechend verschiedenen Verdichtungsendspannungen und -temperaturen undurchführbar ist, da letztere, und damit auch die Verdichtungsgrade durch die Notwendigkeit die zur Verbrennung nötige Temperatur zu erzeugen, ein für alle Male festgelegt sind.

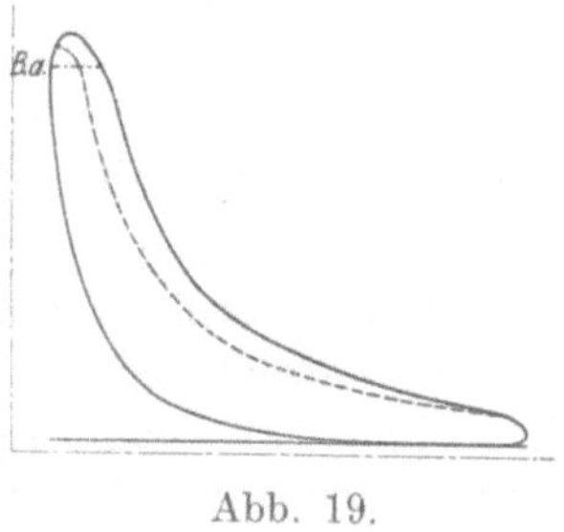

Abb. 19.

Als Regelungsverfahren kann demnach nur Gemischregelung in Betracht kommen, deren Durchführung durch Veränderung der einzuspritzenden Brennstoffmenge je nach dem Belastungszustand der Maschine erfolgt. Die sich an den Punkt *B.a.*, Abb. 19, anschließende Verbrennungslinie erstreckt sich dann über einen größeren oder kleineren Teil des Hubes, wodurch die Diagrammarbeit der Maschine verändert wird.

Was nun die bauliche Verwirklichung dieses Regelungsverfahrens anlangt, so ist zu bemerken, daß der zunächst liegende Weg, die Veränderung der Brennstoffzuführung durch eine Veränderung der Einblasedauer zu erreichen, wenigstens bei kleineren Maschinen, nicht gangbar ist. Die Ursache hierfür liegt darin, daß die bereits früher erörterte Forderung nach feiner Zerstäubung des Brennstoffes zweckmäßig nur durch ein Einblaseverfahren mittels hochgespannter Luft zu erreichen ist, ein Vorgang, der sich aber viel zu rasch abspielt und viel zu wenig Zeit erfordert, als daß sich eine Veränderung von dessen Dauer wenigstens bei Kleinmaschinen durch einfache Mittel mit genügender Sicherheit erreichen und beherrschen ließe. Die Veränderlichkeit der Länge der Verbrennungslinie ist in der Regel auch nicht durch Veränderung der Eröffnungsdauer der Einblasung bedingt, sondern nur durch die längere oder kürzere Zeit, die das Mehr oder Weniger an zugeführtem Brennstoff zur Verbrennung benötigt. Aus diesem Grunde ist auch die ursprünglich beabsichtigte Zwangläufigkeit der Brennstoffzuführung derart, daß entsprechend dem vom zurückgehenden Kolben freigelegten Raum soviel Brennstoff zugeführt wird, daß durch dessen Verbrennung gerade ein unveränderlicher Druck im Zylinder erhalten bliebe, nicht durchzuführen und die theoretische Gleichdrucklinie (in Abb. 19 strichpunktiert eingetragen) geht in eine andere Linie über, die fast regelmäßig eine gewisse Druckzunahme während der Verbrennung erkennen läßt.

Bei langsamer laufenden Maschinen mit großen Leistungen ist es ja immerhin möglich, innerhalb gewisser Grenzen die Brennstoffzuführungsdauer (u. U. gleichzeitig mit Veränderung des Einblasedruckes) zu verändern, wodurch eine gewisse Annäherung an den jeweiligen Fall der zwangläufigen Brennstoffzuführung gegeben ist. Neuere Ausführungen von Gebr. Sulzer u. a. bedienen sich auch schon dieses bemerkenswerten Regelungsverfahrens. Immerhin ist auch dadurch eine exakte Regulierung nicht zu erreichen, diese muß vielmehr anderswohin verlegt werden.

Als zweckmäßig erweist sich hierzu eine Beeinflussung der Förderung der Brennstoffpumpe, was vom Regulator aus leicht zu erreichen ist. Die hierzu offenstehenden Wege, Veränderung der Pumpenförderung durch Veränderung des Hubes oder durch Veränderung der Dauer der Rückströmung in der Druckperiode werden beide begangen und sollen später bei Besprechung der Gleichdruckmaschinen ausführlich erörtert werden. Hier ist nun noch auf eine besondere Eigentümlichkeit des so durchgeführten Regelungsverfahrens hinzuweisen, die durch die Kleinheit der jeweils zu leistenden Fördermengen bedingt ist (bei einem 40pferdigen Viertaktmotor mit $n = 215$ beträgt z. B. die pro Arbeitsspiel zuzuführende Brennstoffmenge nur 1,7 ccm) und einen ungünstigen Einfluß auf die Regulierung ausübt. Durch die unvermeidliche Lässigkeit der Pumpe und der Leitungen sowie durch deren Elastizität wird eine gewisse Unregelmäßigkeit in der Pumpenlieferung erzeugt insofern, als die jeweils von der Pumpe geförderte Brennstoffmenge von der einzublasenden verschieden sein wird. Diese Einflüsse, deren Beherrschung durch den Regulator ausgeschlossen ist, machen sich um so mehr geltend, je geringer die pro Hub zu fördernde Brennstoffmenge ist, d. h. je kleiner die Maschine ist und je rascher sie läuft. Diese Schwierigkeit kommt, nebenbei bemerkt, auch noch zu allen andern, die der Erzeugung ganz kleiner Leistungen 1 bis 3 PS) im Gleichdruckverfahren entgegenstehen. Daraus ergibt sich für die Ausgestaltung der Brennstoffpumpe und -leitung die Anforderung, die erwähnten Lässigkeits- und Elastizitätsverluste möglichst klein zu halten, eine Forderung, auf deren Erfüllung nach dem Gesagten besonders bei kleineren Maschinen wesentlicher Wert zu legen ist.

Dritter Teil.

Die Steuerungen der Verpuffungsmaschinen.

Von den beiden einander gegenüberstehenden Arbeitsverfahren der Verbrennungskraftmaschinen (Verpuffung und Gleichdruck) sollen im folgenden die Steuerungen der im Verpuffungsverfahren arbeitenden Maschinen zuerst besprochen werden, was sich teils schon aus historischen Gründen rechtfertigt, hauptsächlich aber darin begründet ist, daß die Verpuffungsmaschinen weitaus die größte Mannigfaltigkeit der baulichen Ausgestaltung, sowohl des gesamten Aufbaues als insbesondere der Steuerungsmechanismen, aufweisen. Daraus ergibt sich die Möglichkeit, nahezu alle wichtigen Einzelheiten schon hier einer Besprechung unterziehen zu können, so daß dann später, bei Besprechung der Gleichdruckmaschinen, die sich vielfach gleicher oder ähnlicher Steuerungsmechanismen bedienen, nur eine kurze Rückweisung nötig sein, und sich nur die Besprechung der dem Gleichdruckverfahren besonders eigentümlichen und dadurch bedingten Steuerungsmechanismen als erforderlich erweisen wird[1]).

Die Notwendigkeit, in folgendem Viertakt- und Zweitaktmaschinen getrennt zu behandeln, ist dadurch gegeben, da sich die bereits früher gekennzeichnete Verschiedenheit der Gemischeinbringung in den Zylinder bei der baulichen Ausgestaltung der Steuerung in grundsätzlichen Verschiedenheiten äußert. Diese sind einerseits durch die Verwendung von Ladepumpen beim Zweitaktverfahren gegeben andererseits aber besonders durch die Verschiedenheit der „Periode des Steuerzyklus", die beim Zweitaktverfahren zwei, beim Viertaktverfahren vier Hübe umfaßt. Bei der Besprechung der Gleichdruckmaschinen wird eine durchaus getrennte Besprechung der Zweitakt- und Viertaktmaschinen entfallen können, da durch die Besprechung der Verpuffungsmaschinen schon nahezu alle jene Steuerungselemente vorweg behandelt sind, in deren Ausgestaltung sich die *wesentliche* Verschiedenheit zwischen Vier- und Zweitakt äußert und die dem Gleichdruckverfahren wesentlich eigentümlichen Steuerungselemente in Aufbau und Wirkungsweise keine so großen Unterschiede zwischen Vier- und Zweitakt aufweisen, daß dadurch der Anlaß zu vollkommen getrennter Behandlung gegeben wäre.

Gewisse Steuerungselemente (Wälzhebel, unrunde Scheiben u. a.) finden sich allerdings bei Viertakt- und Zweitaktsteuerungen gleichmäßig verwendet. Um Wiederholungen zu vermeiden, wird deren Elementartheorie nur einmal zu erörtern sein, und zwar soll dies bei Besprechung der Viertaktmaschinen geschehen, deren bauliche Ausgestaltung weitaus mannigfaltiger ist als die der Zweitaktmaschinen,

---

[1]) Die Gründe, warum die „Niederdruckölmaschinen", die theoretisch zu den Verpuffungsmaschinen gehören, nicht bei diesen, sondern bei den Gleichdruckmaschinen behandelt sind, sind zu Beginn des vierten Teiles (s. S. 255) erörtert.

so daß hier schon zahlreiche Steuerungselemente besprochen werden können, die dann auch bei den Zweitaktmaschinen Verwendung finden. Aus diesem Grunde wird auch die Besprechung der Viertaktmaschinen voranzustellen sein.

A. Die Viertaktsteuerungen.

Bei jedem Steuerungsmechanismus lassen sich zwei Elementengruppen unterscheiden, deren erste durch jene Steuerungsteile gebildet wird, die die Strömungswege des zutretenden Kraftmittels, im vorliegenden Fall also von Luft und Gas, direkt bestimmen. In diese Gruppe, die als „innere Steuerung" bezeichnet wird, gehören alle Organe, die die Gemischbildung bestimmen, dem Gemisch den Eintritt und den Verbrennungsgasen den Austritt aus dem Zylinder ermöglichen, sowie deren Einsätze und Gehäuse. Hiervon getrennt, und in ihrer baulichen Ausgestaltung von den früheren nur wenig abhängig, ist die zweite Gruppe von Steuerungselementen, die den Antrieb der Abschlußorgane besorgen und als „äußere Steuerung" bezeichnet werden.

Aus dieser Trennung ergibt sich die Einteilung des vorliegenden Abschnittes derart, daß zuvörderst die Elemente der inneren Steuerung, demnach die eigentlichen Abschlußorgane samt ihrem Zubehör zu behandeln sein werden. Daran schließt sich die Erörterung der Elemente des äußeren Antriebes, worauf dann in einem weiteren Abschnitt unter dem Titel „Bauarten" die Gesamtanordnung der einzelnen Steuerungen einer Erörterung zu unterziehen und deren Wirkungsweise zu untersuchen sein wird.

1. Innere Steuerung.

Bei den Dampfmaschinensteuerungen sind die Betriebsbedingungen für Ein- und Auslaßsteuerung derart, daß, wenn auch ein Temperaturunterschied zwischen ein- und austretendem Dampf besteht, dieser selbst bei den höchsten praktisch noch verwendeten Überhitzungstemperaturen nicht so groß ist, als daß nicht bei entsprechender baulicher Ausgestaltung mit einem Steuerorgan für beide Steuerwirkungen das Auslangen gefunden werden könnte.

Bei den Verbrennungskraftmaschinen liegen die Verhältnisse wesentlich anders. Abgesehen davon, daß sich „gemeinschaftliche Steuerwege für Ein- und Auslaß" mit geringem Aufwand baulicher Mittel nur bei Anwendung von Schiebersteuerungen erzielen lassen, deren Verwendung im Verbrennungskraftmaschinenbau, wie später erörtert, Bedenken entgegenstehen, ist auch die Temperatur der aus dem Zylinder austretenden Verbrennungsgase eine so hohe, daß die Erfüllung der Aufgabe, Steuerorgane zu schaffen, die den durch die verschiedenen Temperaturen bedingten verschiedenen Betriebsbedingungen für Ein- und Auslaß gleichmäßig gewachsen sind, kaum zu leisten wäre[1]). Aus diesem Grunde bedient man sich im Verbrennungskraftmaschinenbau getrennter Organe für Ein- und Auslaß, deren Durchbildung dann auch entsprechend den an sie zu stellenden Betriebsbedingungen erfolgen kann.

Bezüglich der Einlaßorgane ist noch zu bemerken, daß hierzu im allgemeinen zwei Organe nötig sind, von denen das eine die Gemischbildung, das andere die Steuerung des Einlasses zu besorgen hat. Wenn es nun auch — wenigstens bei

[1]) Eine Ausnahme hiervon bietet der Knight-Motor, der jedoch als schnell laufender Automobilmotor unter ganz anderen Betriebsbedingungen arbeitet, als die viel langsamer laufenden ortsfesten Maschinen. Für diese ist schon mit Rücksicht auf die pro Arbeitsspiel entwickelte Wärmemenge die Verwendung eines der Knightsteuerung ähnlichen Mechanismus wohl gänzlich ausgeschlossen.

Füllungsregelung — möglich wäre, Gemischbildung und Einlaßsteuerung sich durch ein Organ vollziehen zu lassen, so wird dieser Weg doch meistens aus folgenden Gründen nicht begangen: Wie in folgendem Abschnitt gezeigt werden wird, erfordert der Betriebszweck der Mischorgane in der Regel die Ausbildung von leichtgebauten Gußkörpern, die der hohen Beanspruchung durch die im Zylinder auftretenden Verbrennungsdrücke nicht gewachsen sind. Um diese demnach von den Mischorganen fernzuhalten, wird ein eigenes Organ, das Einlaßventil, zugeschaltet, das dann ohne weiteres entsprechend den hohen Beanspruchungen durch die Verbrennungsdrücke ausgestaltet werden kann und somit im wesentlichen die Abdichtung des Zylinders gegen außen während der Verdichtungs- und Verbrennungsperiode übernimmt. Einlaßventile sind demnach Schutzvorrichtungen und sollen auch zu anderen Aufgaben, besonders zur Regelung der Maschinenleistung, nicht herangezogen werden. Weiter ist mit Rücksicht auf die Betriebssicherheit nach Beendigung der Gemischbildung und -zusammensetzung eine Trennung von Luft- und Gasraum nötig, um ein Übertreten zu vermeiden, da dieses einerseits auf die Ladevorgänge des folgenden Arbeitsspieles störend einwirkt, andererseits auch mit Rücksicht auf die Möglichkeit einer Entzündung zu schweren Unfällen Anlaß geben kann. Eine zwingende Notwendigkeit des Abschlusses besteht allerdings nur bei Druckgasbetrieb, indessen wird auch bei Sauggasbetrieb mit Rücksicht auf unvorherzusehende Zwischenfälle ein solcher in der Regel ausgeführt. Dieses Abschließen wird nun ebenfalls zweckmäßig durch das Mischorgan erzielt, wobei dann je nach der Regelungsart nur das Gas oder beide Leitungen abgeschlossen werden.

In folgendem sollen nun Ein- und Auslaßorgane getrennt, bei den Einlaßorganen jedoch Misch- und Einlaßventile gemeinschaftlich behandelt werden, was sich mit Rücksicht auf die vereinigte Wirkungsweise und die gemeinschaftliche Anordnung als zweckmäßig erweist.

a) Misch- und Einlaßorgane.

In der baulichen Ausgestaltung der **Mischorgane** herrscht große Mannigfaltigkeit, da die Durchbildung der einzelnen Bauarten sowohl von der Größe der Maschine und der Besonderheit des im einzelnen Falle verwirklichten Regelungsverfahrens abhängt, andererseits auch gerade bei Mischorganen die Möglichkeit, denselben Zweck durch die verschiedensten baulichen Mittel zu erreichen, in weitem Maße besteht.

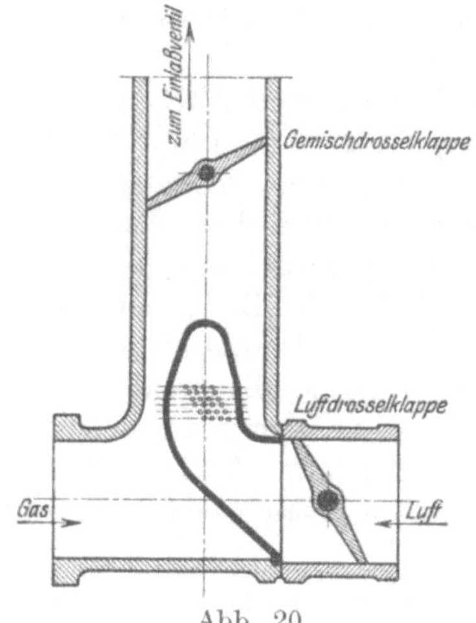

Abb. 20.

Die allereinfachste Mischvorrichtung ist in Abb. 20[1]) dargestellt. An der Vereinigungsstelle von Luft- und Gasleitung ist, an letztere dicht anschließend, eine brausenartige, aus dünnem Blech bestehende Kappe eingebaut, durch deren zahlreiche Löcher die Luft während des Saughubes in feinen Strahlen in das Gas eintritt, wodurch eine innige Mischung beider erzielt wird. Diese Vorrichtung hat den Vorteil großer Billigkeit, ist aber nur bei Sauggasbetrieb verwendbar, da andernfalls ein Austreten von Gas durch die Luftleitung stattfindet. Eine Verän-

[1]) Maßstab 1 : 12,5. Zu einer *E* 70 Generatormaschine der Maschinenfabrik und Mühlenbauanstalt G. Luther, A.-G. in Braunschweig. (Hier wie in folgendem ist zur Bezeichnung der Viertaktmaschinengattungen folgende, auch sonst vielfach gebräuchliche Abkürzung verwendet: E bedeutet eine einfachwirkende, D eine doppeltwirkende Maschine. Z bedeutet Zwillungs-, T Tandem-(Reihen-)anordnung. Bei E Maschinen ist die Zahl der effektiven PS, bei D Maschinen der Hub in Dezimetern beigegeben. E70 bedeutet demnach eine 70 pferdige einfachwirkende Maschine, DT13 eine doppeltwirkende Tandemmaschine mit 1300 mm Hub usf.)

derung der Gemischzusammensetzung, herrührend aus der Veränderung des Gases und des Saugwiderstandes im Generator kann durch Einstellung des in der Gasleitung angeordneten Regulierhahnes von Hand aus bewirkt werden. Die Leistung der, selbstverständlich mit reiner Füllungsregelung arbeitenden Maschine wird durch Verstellung der vom Regulator beeinflußten Gemischdrosselklappe geregelt. Da nach Beendigung des Saughubes in der Gasleitung Unterdruck herrscht, so findet nach Abschluß des Einlaßventils notwendig ein gewisses Übertreten von Luft in die Gasleitung statt, welches Gemisch erst beim nächsten Saughub weggesaugt wird. Dadurch ist die Gefahr einer Entzündung in den Leitungen gegeben, die unzweifelhaft einen schwachen Punkt dieser sonst wegen ihrer Billigkeit für kleine Maschinen wohl geeigneten Vorrichtung bildet. Bei Stillstand der Maschine wird auch die Luftdrosselklappe selbsttätig vom Regulator geschlossen, so daß ein Austreten von Gas, wie es etwa während der Anblasezeit des Generators erfolgen könnte, nicht möglich ist.

Abgesehen von dieser abweichenden Anordnung wird die Gemischbildung stets durch eigene Organe bewirkt, die regelmäßig als Ventile oder Kolbenschieber oder als Kombinationen beider (Schieberventile) ausgeführt werden.

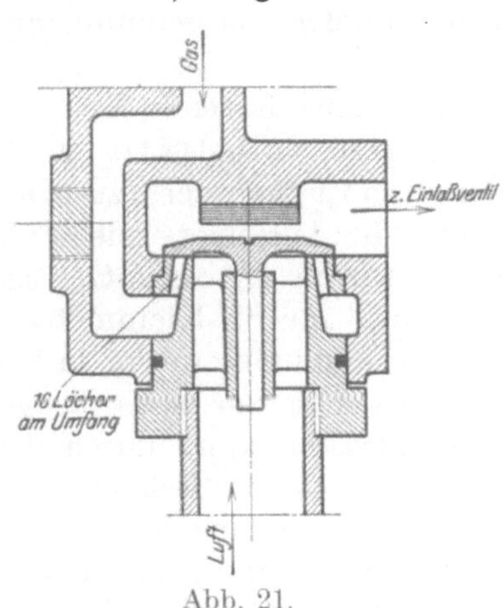

Abb. 21.

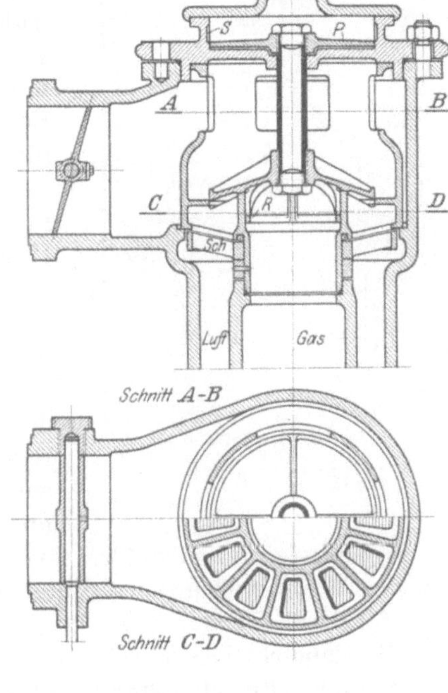

Abb. 22 und 23.

Zu den selbsttätigen Mischorganen gehören auch jene, die nicht gesteuert, sondern durch den Saugdruck der Maschine selbst angehoben werden. Abb. 21[1]) stellt das selbsttätige Mischventil eines Kleinmotors dar, für den Betrieb mit Benzin, Spiritus oder Leuchtgas. In den breiten Sitz münden eine Reihe von Löchern, die bei angehobenem Ventil dem Gas den Durchtritt gestatten und dieses mit der vorbeistreichenden Luft in innigere Berührung bringen. Der größte Ventilhub ist durch eine aus Lederscheiben gebildete Hubbegrenzung bedingt. Die Maschine arbeitet mit Aussetzerregelung.

Abb. 22/23[2]) stellt das selbsttätige Mischventil einer mittelgroßen Maschine dar, bei dem ein aus Rotguß hergestelltes Ventil in der Ruhelage die Gasleitung dicht abschließt, während der Luftzutritt durch die Kante des verlängerten Ventiltellers

[1]) Maßstab 1 : 3. Zu einem stehenden Kleinmotor der Gasmotorenfabrik Deutz in Köln-Deutz. Ausführung für Österreich durch die Firma Langen & Wolf in Wien.

[2]) Maßstab 1 : 8 zu einer E 50 Generatorgasmaschine der Maschinenfabrik Andritz, A.-G. in Andritz bei Graz. (Nach Patent Reichenbach.)

abgedrosselt wird. Das Ventil wird durch einen dem Ventilsitz sauber eingepaßten Ring *R* geführt; durch die in ihrem Gehäuse dicht schließende Platte *P* wird eine Art Luftpufferwirkung erzielt, indem die Luft nur durch einzelne Spalten *S* unter die Platte treten kann, wodurch sanfte Öffnungs- und Abschlußbewegung erzielt und ein Flattern des Ventils vermieden wird. Veränderungen des Gaszustandes können durch Verstellung des in den Kugellagern laufenden Schiebers *Sch* berücksichtigt werden. (Der Verstellmechanismus ist in der Zeichnung weggelassen.) Als Nachteil der Bauart muß die Anordnung der Ventilführung im Gasraum bezeichnet werden, die bei verunreinigtem Gas leicht zu Störungen Anlaß geben kann.

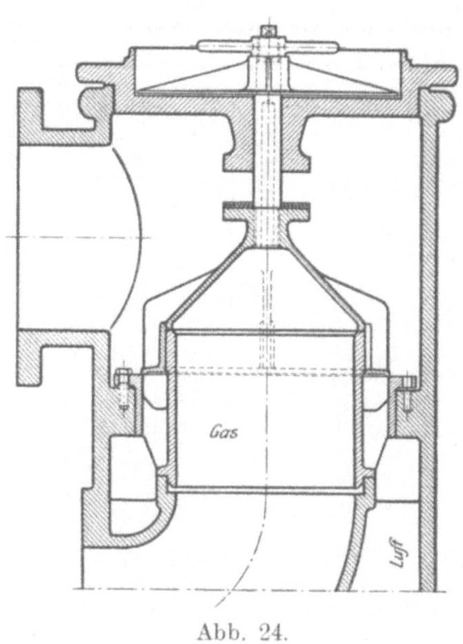

Abb. 24.

Abb. 24[1]) stellt das ähnlich gebaute Ventil einer Großgasmaschine dar, das, aus Rotguß hergestellt, Luft und Gasleitung durch ebene Sitze abschließt. Eine in ihrem Gehäuse nicht ganz dicht schließende Platte sorgt ähnlich wie früher für sanfte Öffnungs- und Schlußbewegung; der größte Ventilhub ist durch eine mit Leder armierte Hubbegrenzung bestimmt. Bei diesem Ventil, das in ähnlicher Weise auch für die *E* Maschinen der Firma Körting ausgeführt wird, ist die Führung in den Luftraum verlegt, so daß dadurch die Gefahr des Hängenbleibens infolge Verschmutzung vermieden ist.

Was eine zusammenfassende Beurteilung der ungesteuerten, selbsttätigen Mischventile anlangt, so ist zuvörderst zu bemerken, daß sie sich nur für Aussetzer- oder Füllungsregelung eignen, wovon die Aussetzerregelung, wie bereits erwähnt, nur für Kleinmotoren und untergeordnete Verwendungszwecke in Betracht kommt. Füllungsregelung ist, wie auch in den gegebenen Beispielen ausgeführt, in einfachster Weise durch Verstellung einer Gemischdrosselklappe durch den Regulator ausführbar. Ferner setzt die Anwendung selbsttätiger Mischventile, wenn sich nicht Betriebsschwierigkeiten ergeben sollen, wohlgereinigtes Gas und staubfreie Luft voraus. Für diesen Fall sind sie aber vortrefflich geeignet und erlauben auch eine weitgehende Regelung der Umlaufzahl der Maschine, da die für Gemischbildung bestimmenden Mischdrücke nunmehr durch das aufzusaugende Ventilgewicht ein für allemal festgelegt sind, die Gemischzusammensetzung demnach, entgegengesetzt wie bei gesteuerten Mischquerschnitten, unabhängig wird von der Umlaufzahl der Maschine. Der Verfasser ist der Ansicht, daß den selbstätigen Mischventilen gerade mit Rücksicht darauf besonders dort, wo es sich um weitgehende Regelung der Umlaufzahl handelt, ein weites, noch wenig beachtetes Anwendungsgebiet offen steht. Über die Größe des Mischdruckes bei geöffnetem Ventil läßt sich wenig aussagen, da das Offenhalten des Ventils durch die dynamischen Wirkungen des abgelenkten Gasstromes bewirkt wird, eine Erscheinung, die sich zahlenmäßig nur mit Hilfe der Luftwiderstandswerte fassen ließe, über die im vorliegenden Falle indessen nichts bekannt ist. Der Saugdruck, der zum Anheben des Ventiles eben erforderlich ist, läßt sich aus dem Ventilgewicht und der Druckfläche in einfachster Weise berechnen, wobei allerdings eine gewisse Ungenauigkeit dadurch bedingt ist, daß über die Druckverteilung im Sitz bei geschlossenem Ventil nichts

[1]) Maßstab 1 : 10. Zu einer DT 9 Maschine von Gebr. Körting A.-G. in Körtingsdorf bei Hannover.

auszusagen ist. Für die in Abb. 22/23 und 24 dargestellten Ventile ergab die Nachrechnung des Verfassers bei Annahme vollkommenen Dichthaltens im Ventilsitz über die ganze Sitzbreite Saugdrücke von 154 und 158 mm WS., entsprechend 38,5 und 39 m/sec Mischgeschwindigkeit im Moment des Anhubes. Selbstverständlich kann ein Anhub des Mischventils erst nach dem Hubwechsel erfolgen, nachdem durch das Zurückgehen des Kolbens der erforderliche Saugdruck hergestellt ist. Diese Verzögerung ist jedoch nur ganz unbedeutend und beträgt für normale Verhältnisse 1 bis 2 v. H. des Hubes, ist also ebenso wie der durch das Mischventil bedingte Saugdruck zu unbedeutend, um infolge des theoretisch allerdings verminderten volumetrischen Wirkungsgrades die Leistung der Maschine nennenswert herabzusetzen.

Als einfachstes gesteuertes Mischorgan ist das in Abb. 25[1]) dargestellte Mischventil anzusehen, das, mit dem Einlaßventil auf derselben Spindel sitzend und unveränderlich gesteuert, nur den mechanischen Teil der Gemischbildung, sowie den Abschluß der Leitungen voneinander besorgt, nicht aber zur Regelung der Maschinenleistung herangezogen wird. Diese wird nach dem auf S. 54 beschriebenen Regelungsverfahren durch Verstellung der Luft- und Gasdrosselklappen vom Regulator aus bewirkt. Das Mischventil wird durch einen auf der Einlaßspindel sitzenden Anschlag mitgenommen, ist aber durch Zwischenschaltung einer Feder nicht streng an die Bewegung der Einlaßventilspindel gebunden, so daß trotz Verunreinigungen und Abnutzung ein dichter Schluß beider Ventilteller gewährleistet ist. Das Ventil ist mit einer Überdeckung ausgeführt, so daß erst kurze Zeit nach Eröffnung des Einlaßventils auch der Gaszutritt freigegeben und kurze Zeit vor Schluß des Einlaßventils wieder abgeschlossen wird. Der Zweck dieser Vorrichtung, der sich, wie in folgendem gezeigt, auch durch andere bauliche Mittel erreichen läßt, ist ein doppelter: einerseits wird dadurch erreicht, daß die Maschine bei Eröffnung des Einlaßventils zuerst nur reine Luft ansaugt, die noch im Zylinder befindlichen Auspuffgase demnach durch ein kleines Luftkissen von dem neueintretenden Gemisch getrennt sind, was die Sicherheit gegen Fehlzündungen erhöht; andererseits wird auch kurz vor Schluß des Einlaßventils, nachdem das Mischventil infolge seiner Überdeckung bereits geschlossen hat, nur mehr reine Luft angesaugt, wodurch eine Spülung des Mischraumes erreicht und ein Durchschlagen der Zündung bei etwa undichtem Einlaßventil mit Sicherheit vermieden wird. Bei dem schon früher auf S. 17 beschriebenen Ausspülverfahren der Firma Ehrhardt & Sehmer wird das Mischventil mit noch größerer Überdeckung ausgeführt, um trotz des gegenüber dem normalen Verfahren früher gelegten Punktes der Einlaßventileröffnung, wie es durch das Ausspülverfahren bedingt ist, die Eröffnung des Mischventils in demselben Zeitpunkt wie früher zu erreichen.

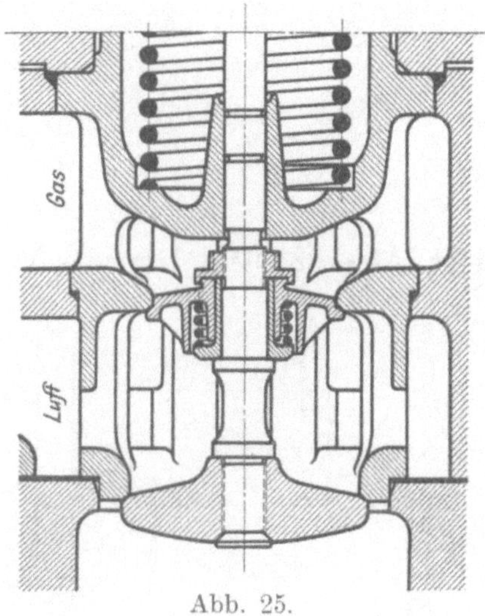

Abb. 25.

Von den Mischorganen, die gleichzeitig zur Regelung der Maschinenleistung dienen, finden ihre einfachste Ausgestaltung die, die zwecks reiner Gemischregelung nur das Gas abzuschließen haben und veränderlich gesteuert werden. Diese

[1]) Maßstab 1 : 10. Zu einer DT 10 Gichtgasmaschine von Ehrhardt & Sehmer, G. m. b. H. in Saarbrücken.

Organe werden fast ausschließlich als Ventile, und zwar meistens als Doppelsitzventile ausgeführt, da sich dadurch derselbe Durchgangsquerschnitt bei halbem Ventilhub gegenüber dem Einsitzventil erzielen läßt und auch eine Entlastung erreicht wird, welcher Gesichtspunkt allerdings bei den geringen Drücken, um die es sich handelt, nur wenig in Betracht kommt. Abb. 26/27[1]) stellt ein solches einfaches Gasventil dar, das in seinem Aufbau gegenüber den im Dampfmaschinenbau üblichen Doppelsitzventilen keine Besonderheit aufweist. Vollkommene Entlastung läßt sich bei Doppelsitzventilen nur durch gleiche Innen- und Außendurchmesser beider Ventilsitze erzielen, was sich aber nur durch Teilung des Ventilkorbes oder Zusammengießen von Ventil und Sitz erreichen läßt, beides Maßnahmen, die zu einer wesentlichen Verteuerung des Stückes führen und für Verbrennungskraftmaschinen nur selten im Gebrauch sind.

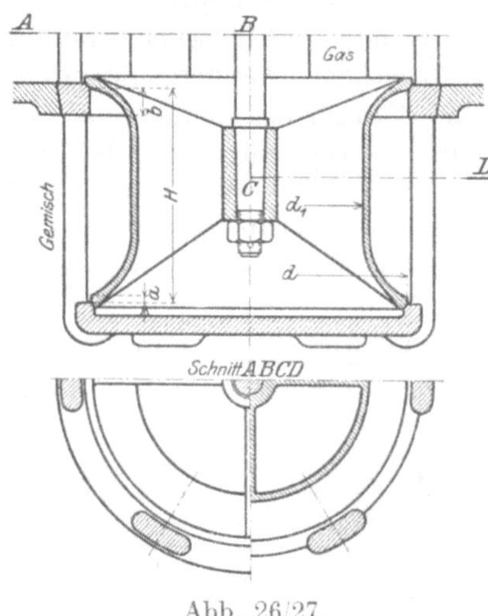

Abb. 26/27.

Eine solche Ausführung mit hängendem Ventil und größerem unteren Sitzdurchmesser zeigt Abb. 28/29[2]). Um das Ventil einbauen zu können, mußte der Sitz drei-

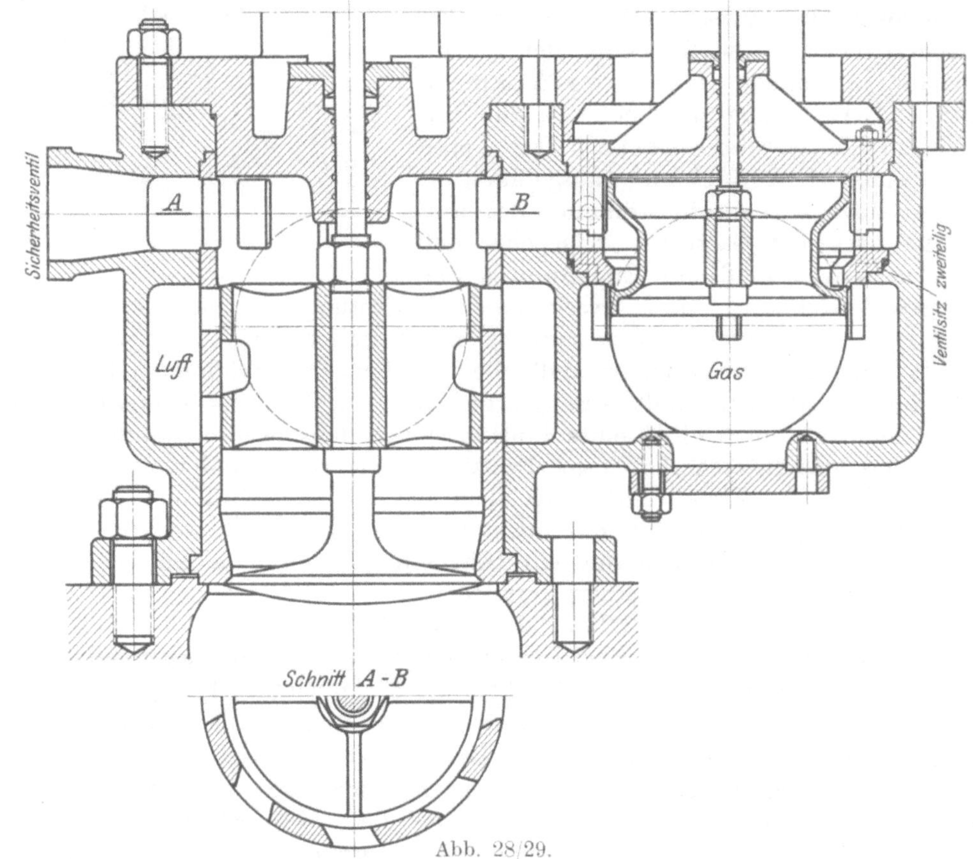

Abb. 28/29.

[1]) Maßstab 1 : 10. Zu einer DT 13 Gichtgasmaschine der Maschinenfabrik Augsburg-Nürnberg A.-G. („Alte Steuerung").

[2]) Maßstab 1 : 8. Zu einem D 12 Gichtgasgebläse der Maschinenbau-Aktiengesellschaft, vormals Breitfeld, Daněk & Co., Prag-Karolinental.

teilig ausgeführt werden. Der Vorteil dieser sonst recht verwickelten Anordnung besteht darin, daß, wenn durch ein Durchschlagen der Zündung in der Gemischkammer Explosionen entstehen, diese das Mischventil auf seinen Sitz drücken und der Gasleitung nicht gefährlich werden können. Die Steuerungsanordnung dieser mit reiner Gemischregelung (Mischventil veränderlich gesteuert) arbeitenden Maschine ist auch noch durch den auf der Einlaßventilspindel sitzenden, unveränderlich gesteuerten Luftschieber mit doppelter Eröffnung bemerkenswert, durch den nach jedem Saughub auch die Luftleitung abgeschlossen und besondere Sicherheit gegen Übertritt von Gas und Leitungsexplosionen erreicht wird. Durch die eigentümliche, aus dem wagrechten Schnitt ersichtliche Anordnung der Eintrittsöffnungen in die Luftschieberbüchse wird eine kreisende Bewegung und innige Durchmischung von Gas und Luft erzielt.

In dieselbe Gruppe der Mischorgane mit getrennten Absperrorganen für Gas und Luft gehört auch die später zu besprechende Großgasmaschinensteuerung der Motorenfabrik Deutz (s. S. 90 und S. 193), wobei die Luft- und Gaszufuhr durch je ein besonders gesteuertes, normales Doppelsitzventil geregelt wird. Die Maschine arbeitet mit Füllungsregelung, wozu der Regulator die äußere Steuerung beider Ventile verstellt.

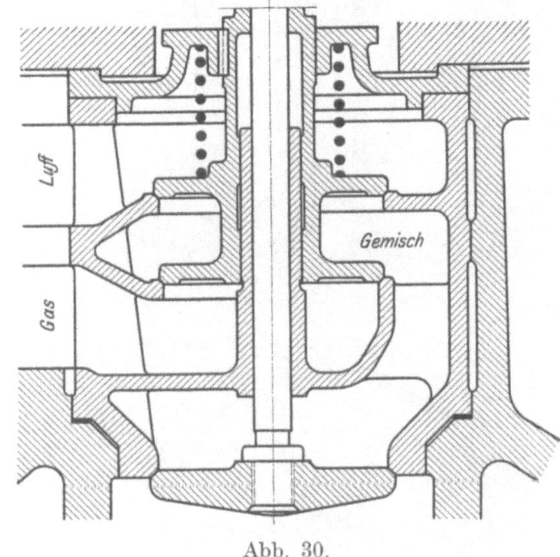

Abb. 30.

Füllungsregelung läßt sich im allgemeinen in einfachster Weise durch die veränderliche Steuerung nur eines Absperrorganes erreichen, das dann aber sowohl Gas als auch Luft absperren muß. Ein Beispiel der Verwendung eines Doppelsitzventils für diesen Zweck bietet das in Abb. 30[1]) wiedergegebene Mischventil, das mit seinem oberen Teller Luft, mit dem unteren Gas steuert und bei kleiner Maschinenleistung beide in gleichmäßig geringem Maß zutreten läßt. Die Steuerung des Einlaßventils erfolgt hierbei unveränderlich und unabhängig von der Steuerung des die Einlaßspindel umgebenden Mischventils.

Abb. 31/32[2]) zeigt die Ausbildung des Mischorganes als Schieberventil, wobei der Schieber die Luft, das Ventil das Gas steuert. Das Mischventil umschließt die Spindel des Einlaßventils und wird zwecks Füllungsregelung veränderlich gesteuert. Bei der baulichen Durchbildung dieses Mischventils fällt besonders die Formgebung des Gußkörpers ins Auge, wodurch eine außerordentlich sorgfältige und zweckentsprechende Ineinanderführung der Luft- und Gasmengen erreicht ist. Um ein Hängenbleiben des Ventils auch bei verschmutzten Wänden des Mischraumes zu verhindern, ist der Schieber im Durchmesser um 1 mm kleiner gedreht als das Gehäuse und außerdem mit scharfen scheuernden Kanten versehen, um die sich an die Wandungen ansetzenden Unreinigkeiten zu entfernen. Die in der Abbildung ersichtlichen Löcher im Ventilkorb dienen dazu, nach dem Abschluß des Einlaßventils einen Spannungsausgleich zwischen Mischraum und Luftleitung herzustellen.

[1]) Maßstab 1:6. Zu einer E 50 Generatorgasmaschine von Langen & Wolf in Wien.

[2]) Maßstab 1:10. Zu einer DT 12 Gichtgasmaschine der Gutehoffnungshütte, Aktienverein für Bergbau und Hüttenbetrieb, Oberhausen (Rheinland).

Werden die in Bewegung befindlichen Gassäulen durch das sich schließende Mischventil abgedrosselt, setzt sich ihre Bewegungsenergie in Druck um, so daß nach Abschluß des Mischventils im Mischraum Überdruck herrscht, der bei der nächsten Eröffnung in die Leitungen zurückschlagen und dadurch den Saugbeginn verzögern und die Gemischbildung stören würde, weshalb zweckmäßig für einen Druckausgleich Sorge zu tragen ist. Bei der eigentlichen Ansaugeperiode kommt der kleine Querschnitt der Löcher im Querschnitts- und Mischungsverhältnis kaum zum Ausdruck.

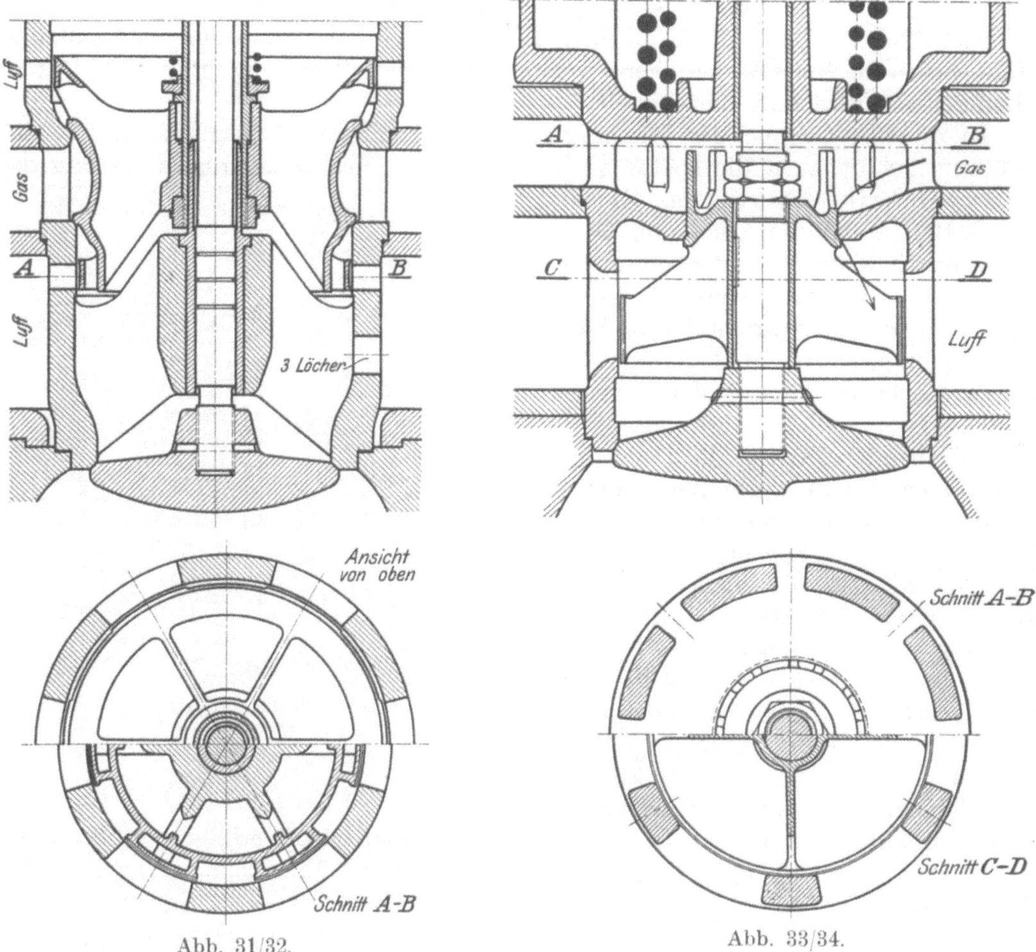

Abb. 31/32. Abb. 33/34.

Nunmehr sind noch eine große Gruppe von Mischorganen zu erwähnen, deren baulicher Durchbildung eine Besonderheit der damit zu erzielenden Steuerwirkung zugrunde liegt.

Das in Abb. 33/34[1]) dargestellte Schieberventil sitzt fest auf der Einlaßventilspindel und wird mit diesem unveränderlich gesteuert. Das Gas wird durch das Ventil, die Luft durch einen Schieber wenigstens teilweise abgeschlossen, der zur Vermeidung eines Hängenbleibens infolge von Unreinigkeiten im Durchmesser um 1 mm kleiner gedreht ist als das Gehäuse. Die Maschine arbeitet mit Füllungsregelung, wozu in Luft- und Gaskanal angebrachte Drosselklappen vom Regulator aus verstellt werden. Die Besonderheit, die durch die behandelte Anordnung in

[1]) Maßstab 1:10. Zu einer DT 13 Koksofengasmaschine der Maschinenfabrik Thyssen & Co., Aktiengesellschaft in Mülheim-Ruhr.

der Steuerwirkung erzielt wird, besteht in einer Vorlagerung von Luft, ähnlich wie bei der bereits behandelten Steuerung der Firma Ehrhardt & Sehmer. Der Unterschied liegt darin, daß hier auch der Luftzutrittsquerschnitt wenigstens teilweise verändert wird, wodurch ein gleichmäßigeres Gemisch erzielt wird, die Überdeckungen andererseits aber viel stärker ausgeführt sind, so daß die Abgasreste im Zylinder durch ein starkes Luftkissen vom eintretenden Gemisch getrennt sind und auch der Gemischraum nach Abschluß des Gasventils noch vollständig rein gespült wird. Auf gleichartiges Gemisch ist demnach Verzicht geleistet, indessen erweist sich die starke Vorlagerung und Ausspülung mit Rücksicht auf das verwendete Koksgas als notwendig, da dieses, schon in kleinen Mengen der Luft zugesetzt, außerordentlich brisante Gemische ergibt und daher weitgehende Vorsichtsmaßregeln rechtfertigt. Die Maschinenfabrik Thyssen A.-G. baut diese Steuerungsart mit besonderer Verwendung für Koksofengas, was auch aus der Bemessung der Mischquerschnitte entsprechend einem sehr reichen Gas ersichtlich ist.

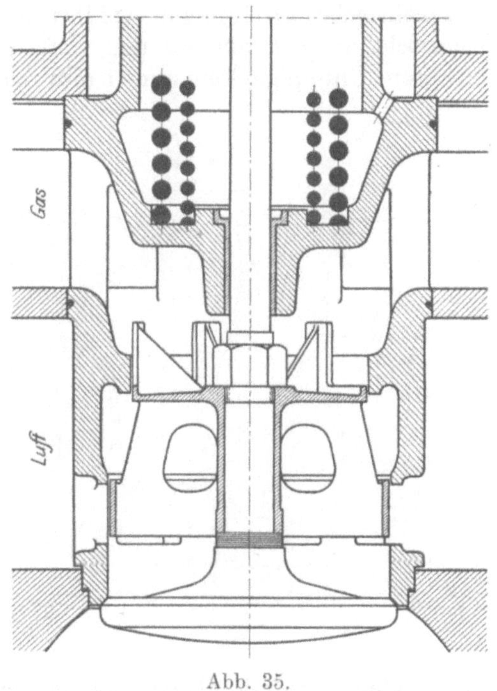

Abb. 35.

Eine aus ähnlichen Gesichtspunkten entworfene Bauart für eine Gichtgasmaschine stellt Abb. 35[1]) dar. Hier werden Gas und Luft durch Schieber gesteuert, die mit einigem Spiel eingepaßt sind, um ein Hängenbleiben trotz Unreinigkeiten zu vermeiden. Bei der Eröffnungsbewegung des fest auf der Spindel des Einlaßventils sitzenden und mit diesem unveränderlich gesteuerten Mischschiebers wird zuerst der noch vorhandene Luftspalt, durch den zuerst angesaugt wird, abgeschlossen und dann Luft- und Gasquerschnitt angenähert gleichmäßig eröffnet. Bei der Abschlußbewegung wird umgekehrt zuerst das Gas abgeschlossen und durch den noch vorhandenen Luftspalt eine gewisse Leerspülung des Gemischraumes und ein Druckausgleich nach Abschluß des Einlaßventiles erreicht. Die Breite des Luftschiebers ist etwas geringer als die der dazugehörigen Aussparungen im Korb, so daß ein vollständiger Abschluß des Luftquerschnittes in keiner Stellung des Schiebers stattfindet. Die Maschine arbeitet mit einer der Füllungsregelung sich nähernden Kombinationsregelung, die durch Verstellung von Drosselklappen für Luft und Gas vom Regulator aus erzielt wird.

In Abb. 36[2]) ist das eigenartig ausgebildete Mischventil einer mit Gemischregelung arbeitenden Maschine abgebildet, das nur das Gas abschließt. Bei gesenktem Ventil tritt das Gas durch zahlreiche am Umfang verteilte Löcher[3]) in den Luftraum über, wodurch eine innige Mischung zustande kommt. Eine Verstärkung der Gemischregelung ist dadurch gegeben, daß bei großen Maschinenleistungen,

---

[1]) Maßstab 1:10. Zu einer DT 13 Maschine der Deutsch-Luxemburgischen Bergwerks- und Hütten-Aktiengesellschaft, Abt. Friedrich-Wilhelms-Hütte in Mülheim-Ruhr.

[2]) Maßstab 1:8. Zu einer DZ 8 Generatorgasmaschine der Maschinenfabrik Andritz A.-G. in Andritz bei Graz.

[3]) Vgl. hierzu das auf S. 74 über Strahlkontraktion Gesagte.

und, dem entsprechend, großen Ventilhüben, durch die sich dem Ring *R* nähernde Kante des Ventils gleichzeitig eine gewisse Drosselung des Luftquerschnittes und dadurch eine noch stärkere Anreicherung des Gemisches stattfindet. Der Ring *R* ist in seiner Höhenlage durch Zugabe einer Reihe von Beilagringen veränderlich gemacht. (Der Ring *R* wurde dann im Betrieb entfernt, weil sich die Möglichkeit, mit reiner, nur durch die Veränderlichkeit des Gasquerschnittes bedingter Gemischregelung zu fahren, herausstellte und durch die gleichzeitige Luftdrosselung der volumetrische Wirkungsgrad der mit hoher Umlaufzahl, $n = 140$, laufenden Maschine bei Vollast zu sehr herabgesetzt wurde.)

Abb. 37/38[1]) stellt das zu dem bereits auf S. 53 beschriebenen Regelungsverfahren von Reinhardt gehörige Mischorgan dar. Das Mischorgan ist hier als reiner Schieber mit mehrfacher Eröffnung ausgeführt und mit Rücksicht auf die von Gas und Luft mitgebrachten Unreinigkeiten um 1 mm Durchmesser kleiner gedreht als das Gehäuse. Durch entsprechende Ausbildung der steuernden Kanten ist gleich wie bei dem in Abb. 31/32 dargestellten Mischorgan der Gutehoffnungshütte für ein Abkratzen etwa sich ansetzender Verunreinigungen gesorgt. Der Schieber ist mit dem Einlaßventil achsengleich angeordnet, wird aber unabhängig von diesem gesteuert. Bei der Eröffnung des Einlaßventiles steht der Schieber in der strichpunktiert eingezeichneten Stellung, schließt demnach die Gas- und obere Luftleitung vollständig ab, während aus der unteren Luftleitung Luft in den Zylinder treten kann. Nach Auslösung der äußeren Steuerung, was, abhängig von der Regulatorstellung früher oder später erfolgt, fällt der Schieber in die vollausgezogen gezeichnete Stellung, wobei nunmehr die Vorluft abgeschlossen und der Zutritt von Luft und Gas aus den Hauptkanälen freigegeben wird. Über die Gemischbildungsverhältnisse dieser Steuerung ist auf das auf S. 53 Gesagte zu verweisen.

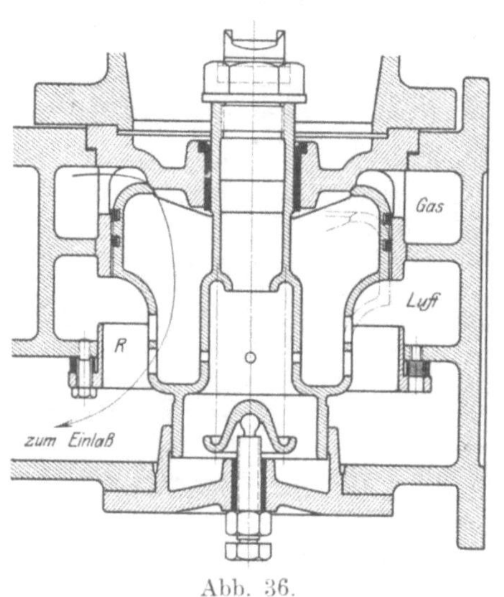

Abb. 36.

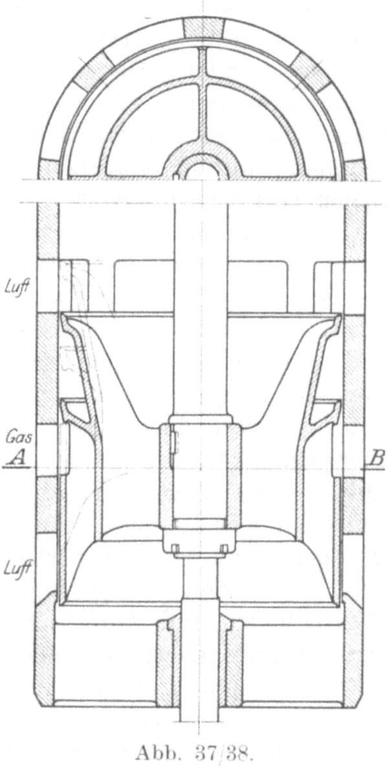

Abb. 37/38.

Als letzte Gruppe von Mischorganen ist die anzuführen, die außer den Aufgaben der Gemischbemessung und -bildung und des Abschlusses der Gas- von der

[1]) Maßstab 1:8. Zu einer DT 11 Gichtgasmaschine von Schüchtermann und Kremer in Dortmund.

Luftleitung noch eine Veränderlichkeit des Gasheizwertes oder -druckes durch entsprechende Einstellung während des Betriebes zu berücksichtigen gestatten.

In Abb. 39/40[1]) ist das Schieberventil einer einfachwirkenden Maschine dargestellt, die mit Füllungsregelung arbeitet. Der Gasabschluß wird durch ein Ventil, der Luftabschluß durch einen doppelte Eröffnung gebenden Schieber bewirkt. Abb. 41[2]) zeigt die übereinander gelegten Abwicklungen des Schieber- und Schiebergehäuseumfangs im Durchmesser D für geschlossenes Ventil. Hierbei ist eine Stellung des Ventils angenommen derart, daß bei angehobenem Ventil die größten Luftquerschnitte freigegeben werden. Durch die allmähliche Verdrehung des Ventils bis in die in Abb. 41 ebenfalls angegebene (strichpunktierte) äußerste Stellung werden die beim Hub freigegebenen Luftquerschnitte immer kleiner, so daß dadurch eine genaue Einstellung entsprechend dem jeweiligen Gaszustand möglich wird. Die Verdrehung erfolgt von Hand aus durch einen feststellbaren Hebel, in dessen Nabe die Ventilspindel gleiten kann, gegen Drehung aber durch einen Keil versichert ist.

Eine ähnliche Bauart für eine Großgasmaschine zeigt Abb. 42/43[3]). Das Mischorgan besteht aus einem normalen Doppelsitzventil für Gas und einem auf derselben Spindel sitzenden Luftschieber mit doppelter Eröffnung, der auch im Durchmesser um 1 mm kleiner gehalten ist als das Schiebergehäuse. Die für Koksofen-

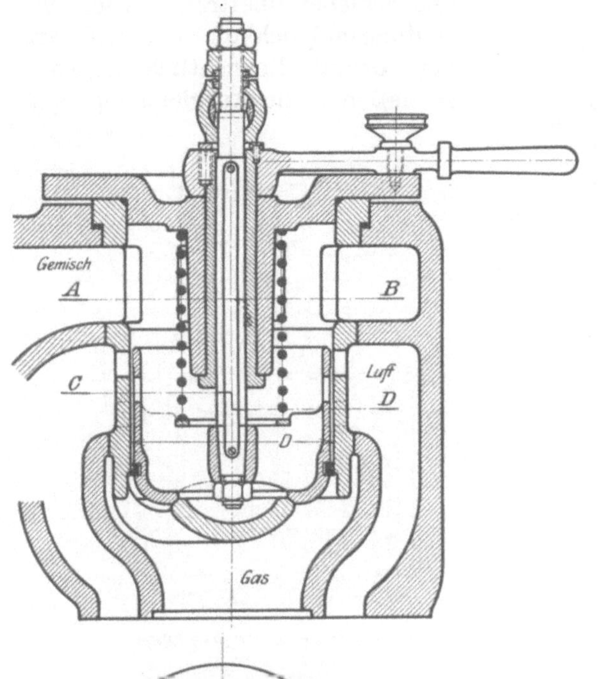

Abb. 39/40.

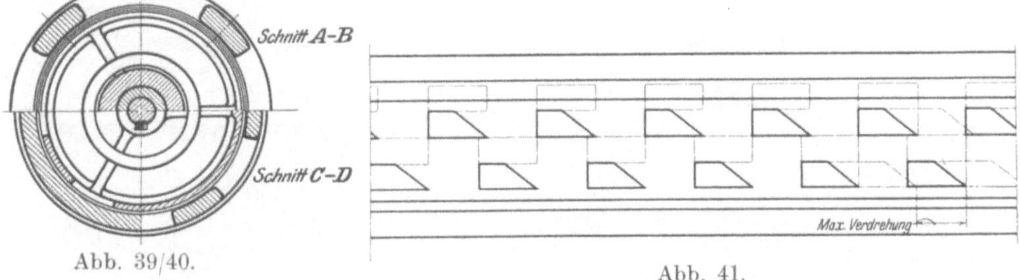

Abb. 41.

gasmaschinen derselben Firma kennzeichnende starke Vorlagerung von Luft ist auch hier, wenn auch nicht in demselben Maße gegeben dadurch, daß der Luftschieber bei geschlossenem Gasventil noch einen Spalt freiläßt, so daß bei eröffnetem Einlaßventil vor Eröffnung und nach Schluß des Mischventils nur reine Luft angesaugt wird. Die dadurch erzielte Regelung stellt eine Vereinigung von Mischungs- und Füllungsregelung dar. Veränderung des Luftquerschnittes und damit eine Anpassung an den Gaszustand wird durch Verdrehung der Mischventil-

[1]) Maßstab 1:6. Zu einer E 50 Generatorgasmaschine der Maschinenfabrik Andritz A.-G. in Andritz bei Graz.

[2]) Maßstab 1:6.

[3]) Maßstab 1:10. Zu einer DT 14 Gichtgasmaschine der Maschinenfabrik Thyssen & Co., Aktiengesellschaft in Mülheim-Ruhr.

spindel erreicht, wodurch, wie aus dem Grundriß ersichtlich, die Aussparungen im Schieber mit denen des Korbes mehr oder weniger zur Deckung kommen. Mit Rücksicht auf die großen Abmessungen wird die Verdrehung hier durch eine Schnecke *S* bewirkt, die in den teilweise mit Zahnkranz versehenen Ring *R* eingreift, der durch den an ihn angeschraubten Keil *K* die Bewegung auf die Führungsbüchse und damit weiter durch den Keil auf die Ventilspindel und den mit ihr verkeilten Schieber überträgt. Die Verstellungsmöglichkeit ist, wie aus dem Grundriß ersichtlich, begrenzt, so daß nur die Ausgleichungen in der Veränderung e i n e s Gases, nicht aber der Betrieb mit verschiedenen Gasen möglich ist.

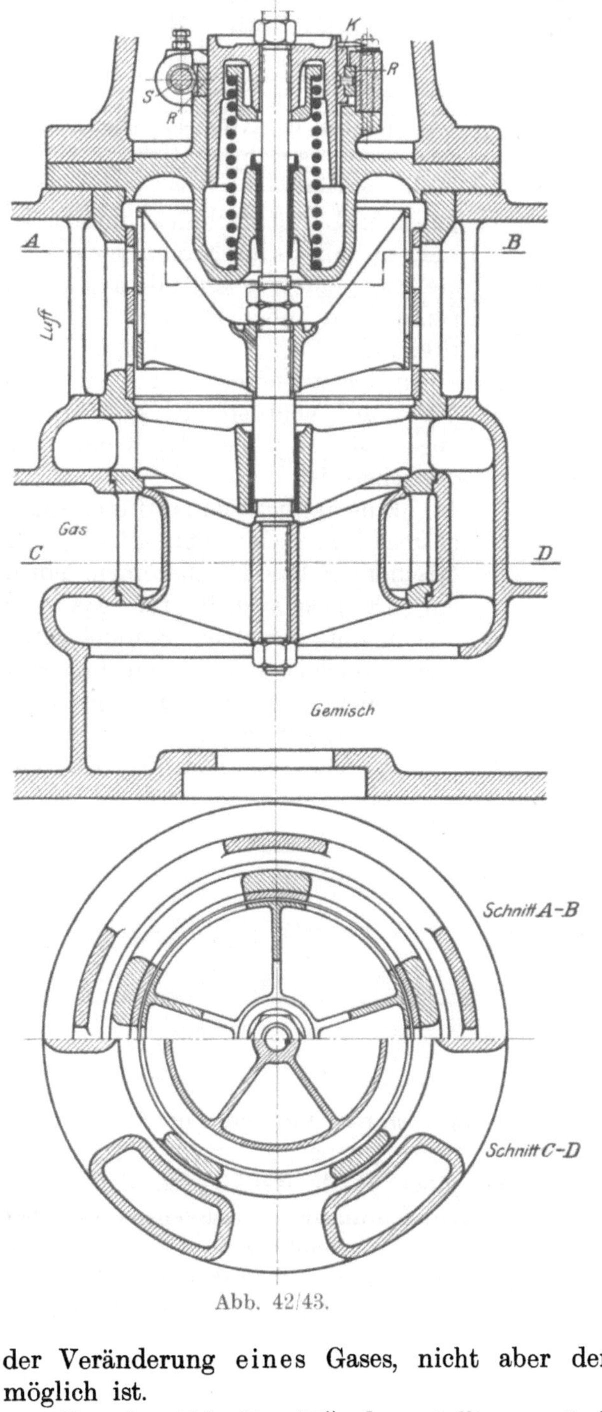

Abb. 42/43.

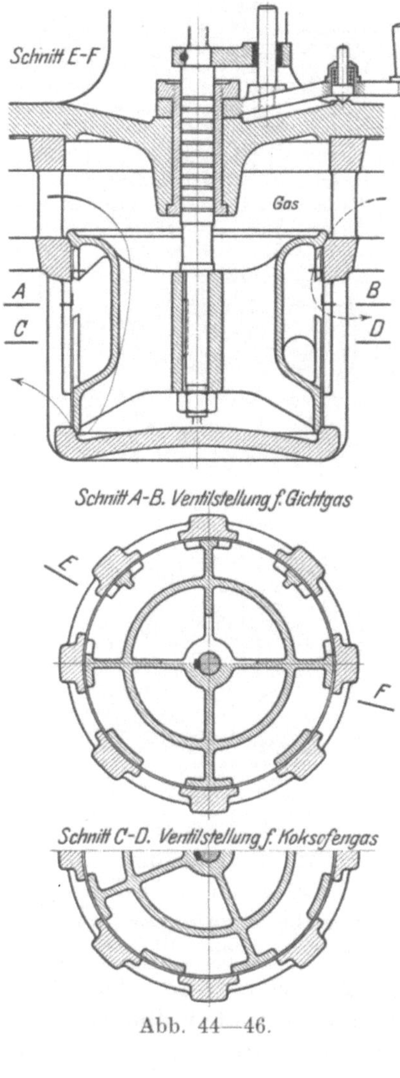

Abb. 44—46.

Das in Abb. 44—46[1]) dargestellte, veränderliche gesteuerte Mischventil für

[1]) Maßstab 1 : 8. Zu einer DT 12 Maschine von Haniel & Lueg in Düsseldorf-Grafenberg.

reine Gemischregelung bietet die Möglichkeit so weitgehender Verstellung, daß die Maschine auch für den Betrieb mit verschiedenen Gasen brauchbar ist. Das Abschlußorgan ist als normales Doppelsitzventil ausgeführt, besitzt aber in Ventil und Korb eine Reihe von Abschlußflächen, durch die die Querschnitte für den Gaszutritt bei angehobenem Ventil mehr oder weniger verändert werden. Die an den oberen Ventilsitz angeschlossenen Rippen sind nur schmal und dienen hauptsächlich zur Führung (Schnitt *AB*). Die vom unteren Ventilsitz aufragenden Rippen (in den Schnitten *CD* ersichtlich) sind jedoch breit und in der Lage, die zwischen den Ventilkorbrippen liegenden Zwischenräume vollständig zu überdecken (s. den unteren Querschnitt *CD*, worin das Ventil in der Stellung für Koksofengasbetrieb gezeichnet), so daß das Gas nur den durch den vollausgezogenen Pfeil angedeuteten Durchtrittsquerschnitt findet. Der Ringraum zwischen Ventil und Korb ist gegen den Gemischraum vollständig abge-

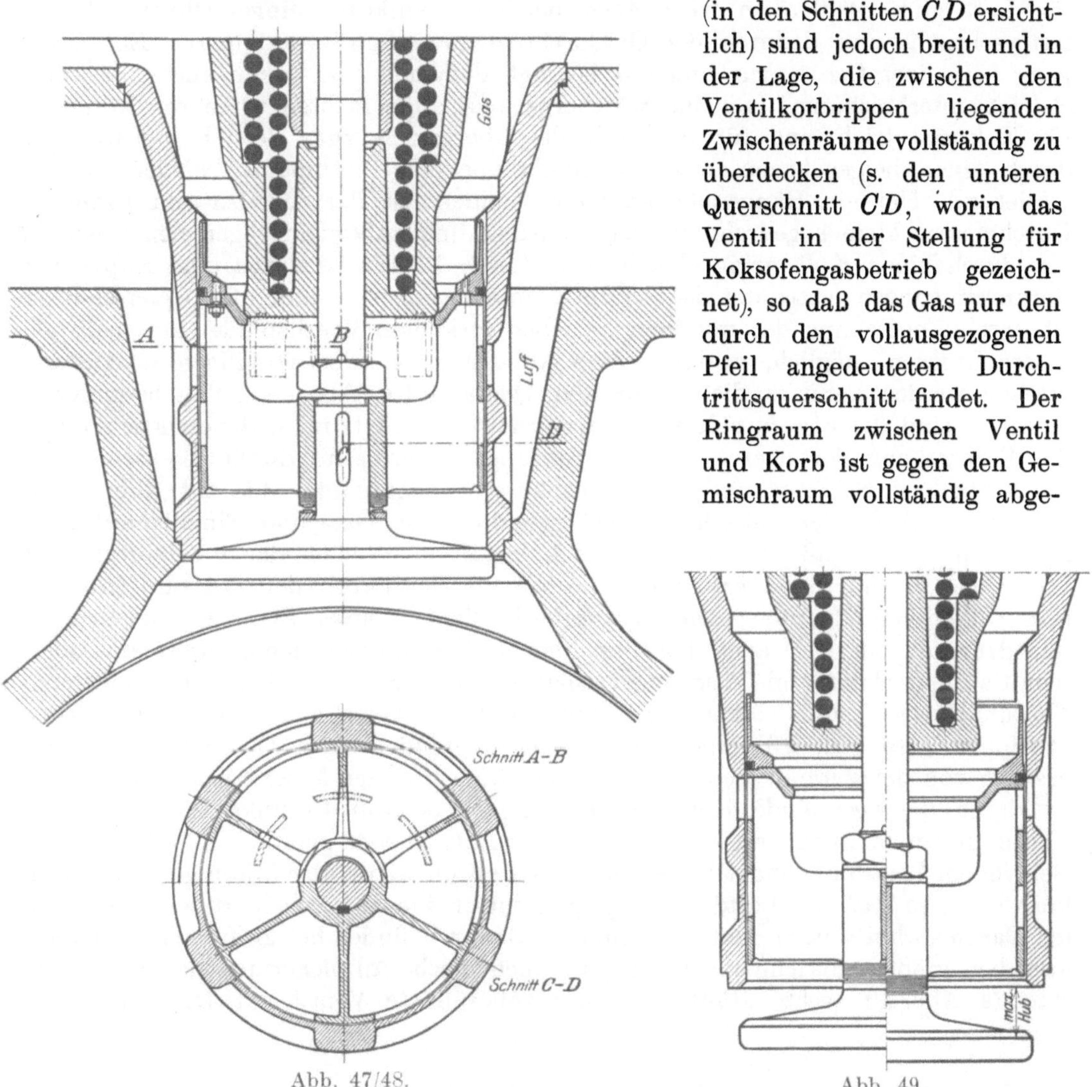

Abb. 47/48. Abb. 49.

schlossen. In der Stellung für Gichtgas (obere Schnittfigur) steht dem Gas auch der durch den strichpunktierten Pfeil angedeutete Durchtrittsweg zur Verfügung. Es ist somit eine weitgehende Regulierung der Gasquerschnitte in einfachster Weise erreicht und ein Betrieb der Maschine mit Gasen von verschiedenstem Heizwert möglich.

Das zu der auf S. 55 beschriebenen Kombinationsregelung der neuen Steuerung der Maschinenfabrik Augsburg-Nürnberg A.-G. gehörige Mischventil ist in Abb. 47/48[1]) und 49[1]) dargestellt. Das auf der Spindel des Einlaßventils sitzende

[1]) Maßstab 1 : 10. Zu einer DT 13 Maschine der Maschinenfabrik Augsburg-Nürnberg A.-G. („Neue Steuerung").

und mit diesem veränderlich gesteuerte Mischorgan besteht aus einem Ventil für Gas und einem Schieber für Luft. Für gleichzeitig dichten Abschluß von Misch- und Einlaßventil ist durch Zugabe einer Reihe von die genaue Einstellung ermöglichenden Beilagen und Verwendung zweier federnder Stahlringe Sorge getragen. Für Betrieb mit Gichtgas werden nur die oberen im Schiebergehäuse befindlichen Öffnungen für Luftdurchtritt ausgefräst, für den Betrieb mit Koksofengas auch die unteren, strichpunktiert angedeuteten, so daß der Schieber dann doppelte Eröffnung für Luft gibt. Außerdem wird auch der strichpunktiert eingezeichnete Einsatz festgeschraubt und dadurch der Gasdurchtrittsquerschnitt verkleinert. Ein Übergang von einer Gasart zur anderen bedingt demnach eine, wenn auch nur kurze Betriebsunterbrechung. (Die im Schiebergehäuse angebrachten unteren Öffnungen für Koksgasbetrieb sind für den Fall des Überganges zum Betrieb mit Gichtgas durch einen beigegebenen, rasch aufzuschraubenden Blechmantel wieder zu verschließen.) Um ein Hängenbleiben zu vermeiden, ist der Schieber um 1 mm im Durchmesser kleiner gedreht als sein Gehäuse und außerdem gegen den Gasraum hin durch einen Kolbenring abgedichtet, dessen Lauffläche durch eine Kappe vor Verunreinigungen geschützt ist. Eine Veränderung des Luftzutrittsquerschnittes ist durch Verdrehung der mit dem Schieber verkeilten Ventilspindel innerhalb gewisser Grenzen möglich, wodurch eine Anpassung an den jeweiligen Gaszustand erreicht werden kann (s. die wagrechten Querschnitte, Abb. 48). Von besonderem Interesse sind die eigenartigen Querschnittsverhältnisse, die einerseits durch die Formgebung der oberen Ventilbegrenzung, andererseits durch die Bemessung der Schlitze in Schieber und Schiebergehäuse bedingt sind. Wie aus Abb. 37 ersichtlich, schließt der Luftschieber bei geschlossenem Gas- und Einlaßventil noch nicht ganz ab, so daß ein ganz schmaler Luftspalt offen bleibt, der in entsprechender Weise wie die auf S. 65 erwähnten Löcher im Ventilkorb der Gutehoffnungshütte (Abb. 31/32) zum Spannungsausgleich dient. Dieser Spalt ist indessen zu unbedeutend, um sich auch bei nur kleinen Ventilhüben nennenswert im Querschnitts- und damit im Mischungsverhältnis fühlbar zu machen. Bei mittleren Ventilhüben hält die Eröffnung von Luft- und Gasquerschnitt angenähert gleichen Schritt, so daß sich Füllungsregelung bei unveränderlichem Gemisch ergibt, abgesehen von der Veränderlichkeit infolge der verschiedenen Mischdrücke, die bedingt ist durch die wechselnde Kolbengeschwindigkeit (s. Abb. 49 linke Hälfte, wo das Ventil in der Stellung gezeichnet ist, da der Luftschieber gerade voll eröffnet hat). Bei vollem Ventilhub findet hingegen ein Überschleifen der Öffnungen im Ventilkorb statt, so daß der Luftdurchgangsquerschnitt wieder verkleinert wird, während der Gasquerschnitt noch weiter zunimmt. Dadurch findet bei größten Ventilhüben, also bei größten Maschinenbelastungen, auch noch Anreicherung des Gemisches statt (s. Abb. 49 rechte Hälfte, wo das volleröffnete Ventil zur Darstellung gebracht ist).

Zum Schluß sind noch einige Punkte einer Erörterung zu unterziehen, die für Beurteilung und Entwurf der Mischventile **allgemein** maßgebend sind.

Wie ersichtlich, finden Kolbenschieber, Ventile und deren Vereinigungen in gleicher Weise Verwendung. Die Verwendung von Ventilen bietet im allgemeinen den Vorteil vollkommen dichten Abschlusses, was auch für Doppelsitzventile gilt insofern, als diese keinen erheblichen Temperaturänderungen ausgesetzt sind, weshalb dauerndes Dichthalten leicht zu erzielen ist. Hingegen hat die Verwendung von Ventilen den Nachteil, daß ohne besondere Vorkehrungen bei gegebenem Hub eine Veränderung des Durchtrittsquerschnittes nicht erreicht werden kann, während diese bei Verwendung von Schiebern leicht zu erzielen ist. Soll daher eine Veränderung des Querschnittsverhältnisses, entsprechend einer Änderung des Gaszustandes, während des Betriebes vorgenommen werden, so verdient die Verwendung von Schiebern bzw. Schieberventilen den Vorzug. Die bauliche Ausgestaltung der Schieber erfordert besondere Vorkehrungen, wenn ihre Wirkungsweise trotz des unreinen Kraftmittels befriedigen soll. Sofern die Schieber nur der Luftsteuerung dienen, genügt es, sie im Durchmesser um ein gewisses Maß, meistens 1 mm, kleiner zu halten, als die sie umgebende Schieberbüchse, um ein Steckenbleiben zu vermeiden. Jedenfalls ist es zweckmäßig, die Gasströmung von der Lauffläche des Luftschiebers fernzuhalten, um dadurch ihre Verunreinigung zu vermeiden (s. die Schutzvorrichtung in Abb. 47/48). Empfehlenswert ist die Ausbildung des Schiebers mit scheuernden Kanten, wodurch Unreinigkeiten entfernt werden. Soll auch das Gas durch Schieber gesteuert werden, ist diese Anordnung die einzig zuverlässige. (Beispiele sind in Abb. 31/32 und 37/38 gegeben.)

Bezüglich des Dichthaltens werden an die Mischorgane hohe Anforderungen im allgemeinen nicht zu stellen sein, da bei den in der Regel nur kleinen Druckunterschieden bei geschlossenem Mischorgan auch durch beträchtliche Undichtigkeiten ein Übertritt von Gas oder Luft nur in so geringem Maße stattfindet, daß ein Nachteil hiervon nicht zu befürchten ist. Bei den mit Spiel im Gehäuse arbeitenden Schiebern ist auf dichten Schluß von vornherein Verzicht geleistet. Auf genaues Dichthalten ist nur dann besonderes Augenmerk zu richten, wenn es sich um bedeutende Druckunterschiede zwischen den Gemengebestandteilen und um sehr heizwertreiches Gas handelt, das, auch schon in geringer Menge der Luft beigemengt, zündfähige Gemische ergibt (Leucht- und Koksofengas).

Als Baustoff der mit Rücksicht auf die äußere Steuerung möglichst leicht zu haltenden Mischventile kommt außer bei denen von Kleinmotoren und den selbsttätigen Mischventilen, die um der Gewichtsersparnis willen besonders geringe Wandstärken verlangen und aus Rotguß ausgeführt werden, fast ausschließlich hartes dichtes Guseisen in Betracht, durch dessen Verwendung auch die aus gießereitechnischen Rücksichten festgelegten kleinsten Wandstärken festgelegt sind.

Die Bemessung der Durchgangsquerschnitte kann nach dem auf S. 28 Gesagten bei Neuentwurf zuvörderst nur unter Zugrundelegung eines gewissen Geschwindigkeitsmittelwertes erfolgen, da sich die Durchtrittsquerschnitte mit bewegtem Ventil im allgemeinen von Moment zu Moment ändern und die tatsächlich auftretende Geschwindigkeit außer von der Gestalt der Ventilerhebungskurve auch von der augenblicklich herrschenden Kolbengeschwindigkeit abhängig ist. Was nun die Wahl dieses Geschwindigkeitsmittelwertes betrifft, so wird diese nur nach einem Ausgleich erfolgen können. Große Mischgeschwindigkeiten führen auf kleine Querschnitte und kleine, leicht unterzubringende Abmessungen, haben nach dem früher Gesagten auch außerdem den sehr beträchtlichen Vorteil, das Mischungsverhältnis unabhängig von den in den Leitungen auftretenden Druckschwankungen zu machen. Eine Grenze ist dadurch gegeben, daß infolge des Druckverlustes im Mischorgan der volumetrische Wirkungsgrad der Maschine abnimmt, weshalb über eine gewisse Grenze nicht hinausgegangen werden kann. Im allgemeinen ist der Verfasser der Ansicht, daß beim Neuentwurf, besonders von Großmaschinen, die Mischgeschwindigkeit lieber etwas höher zu halten ist, da die dadurch bedingte geringe Vergrößerung der Maschinenabmessungen und der dadurch verursachte Mehraufwand in der Regel nicht gegenüber den durch hohe Mischgeschwindigkeiten zu erzielenden Betriebsvorteilen ins Gewicht fallen dürfte.

Folgende aus zahlreichen Ausführungen berechneten Werte der mittleren Geschwindigkeit mögen für Neuentwurf einigen Anhalt bieten: Bezogen auf mittlere Kolbengeschwindigkeit und größten Ventilhub zeigen erprobte Ausführungen Geschwindigkeiten von 27 bis 58 m/sec. Ersterer Wert läßt sich wohl nur bei langsamer laufenden Kleinmotoren erzielen. Für Großgasmaschinen ist 35 bis

40 m/sec der gebräuchlichste Wert, mit dem sich, zumal bei Gemischregelung, zufriedenstellende Abmessungen erzielen lassen. Bei Füllungsregelung, wo zwei Querschnitte abgeschlossen werden müssen, wird in der Regel auf etwas höhere Werte, 40 bis 45 m/sec gegangen. Der zuletzt erwähnte hohe Wert von 58 m/sec findet sich nur bei den neuesten Ausführungen einer Firma und ist ein Beweis dafür, wie sehr sich die Erkenntnis von den Vorteilen großer Mischgeschwindigkeiten Bahn bricht. Bei unter Überdruck gesetzten Leitungen (s. S. 17) besteht selbstverständlich kein Hindernis, durch die Steigerung des Leitungsdruckes beliebig hohe Mischgeschwindigkeiten zu erzielen.

Alle diese Werte sind aus den Bruttoquerschnitten berechnet und können auch zu deren Vorausbestimmung Verwendung finden. Bei der Annahme der mittleren Mischgeschwindigkeit ist indessen auch im Auge zu behalten, daß die tatsächlich zur Wirkung kommenden Mischquerschnitte von den theoretischen dadurch verschieden sind, daß eine gewisse Strahlkontraktion eintritt, deren Wirkungsweise u. U. bedenklich werden kann. Die Strahlkontraktion ist im wesentlichen dadurch bedingt, daß die an einen Strömungsquerschnitt herankommenden Gasteilchen eben durch das Herankommen auch Geschwindigkeitskomponenten senkrecht zur Strömungsrichtung im Querschnitt selbst aufweisen, wodurch eine Einschnürung des Strahles stattfindet. Diese Strahlkontraktion kann vermindert werden, wenn durch entsprechende bauliche Ausgestaltung eine allmähliche Richtungsänderung im Strahl bis zum engsten Querschnitt hin stattfindet. (Als Beispiel zweckmäßiger Strahlführung kann das in Abb. 49 dargestellte Ventil bezüglich der Strömungslinie vor dem Eintritt in den Gasventilspalt dienen.) Besonders übel bezüglich Strahlkontraktion stehen jene Mischungsvorrichtungen da, wo der engste Querschnitt durch eine einfache „Öffnung“ in einer Wand zwischen zwei Räumen gebildet wird. Sind diese einfachen Öffnungen noch dazu nur klein, so daß auch eine starke Reibung im Umfang stattfindet, kann u. U. eine bedeutende Verminderung des praktisch zur Wirksamkeit kommenden Durchtrittsquerschnittes gegenüber dem theoretischen stattfinden. Auch aus diesem Grunde erscheint es daher zweckmäßig, sich die Mischung nicht durch Austritt in vielen feinen Strahlen, sondern durch die Ineinanderführung von zylindrischen oder kegelförmigen Strömungen vollziehen zu lassen.

Außer den vom Mischorgan freigegebenen Durchgangsquerschnitten ist auch noch die Größe des vollen Ventilhubes für den Entwurf von Wichtigkeit, dessen Wahl indessen wesentlich von der Art der das Ventil betätigenden äußeren Steuerung abhängig ist. Im allgemeinen werden selbstverständlich kleine Ventilhübe anzustreben sein mit Rücksicht auf die im Steuerungsgestänge auftretenden Beschleunigungen. Indessen stehen für Ventilöffnungs- und -schlußbewegung im Viertakt so große Zeiten zur Verfügung, daß viel größere Ventilhübe Verwendung finden können, als im Dampfmaschinenbau. Bei E Maschinen und zwangläufigen Steuerungen sind Hübe von 20 bis 25 mm gebräuchlich. Im Großgasmaschinenbau finden sich bei zwangläufigen Steuerungen Werte bis 80 mm, bei Ausklinksteuerungen bis etwa 40 mm ausgeführt und überschritten. Eine Grenze für die Wahl des Hubes ist dadurch gegeben, daß der Durchgangsquerschnitt im Gehäuse unveränderlich festliegt und daher eine Eröffnung des Ventils nur soweit von Nutzen sein kann, bis der freigegebene Spalt diese Größe erreicht hat. Bezeichnet d den inneren Durchmesser des Ventilsitzes und h den größten Ventilhub, so muß bei Einsitzventilen

$$d\pi h \lesseqgtr \varphi \frac{d^2\pi}{4}$$

oder

$$h \lesseqgtr \varphi \frac{d}{4}$$

sein, wobei φ der Versperrung durch die Spindel Rechnung trägt und mit 0,92 bis 0,90 angenommen werden kann. Bei Doppelsitzventilen mit d als mittlerem Durchmesser (s. Abb. 26/27) gilt genügend genau:

$$2\,d\pi h \gtreqless \varphi \frac{d^2\pi}{4}$$

oder

$$h \gtreqless \varphi \frac{d}{8},$$

wobei φ nunmehr der Versperrung durch Nabe, Ventilrohr und Rippen Rechnung trägt und mit 0,85 bis 0,83 anzunehmen ist. Für die Formgebung normaler Doppelsitzventile mit vollausgenutztem Ventilhub sind bezüglich Rohrdurchmesser und gesamter Höhe zwischen den Sitzen mit Rücksicht auf die überall nötigen Durchtrittsquerschnitte noch folgende Bedingungsgleichungen zu erfüllen, die sich mit Verwendung der in Abb. 26 eingeschriebenen Bezeichnungen mit

$$\psi \frac{d_1^2\pi}{4} = \frac{1}{2}\varphi \frac{d^2\pi}{4}$$

oder mit annähernd gleichen verhältnismäßigen Versperrungen von Gesamt- und Rohrdurchmesser, $\varphi = \psi$,

$$d_1 = \sqrt{\frac{1}{2}}\,d \cong 0{,}7\,d$$

und

$$H \geqq 2h + (a + b)$$

anschreiben lassen.

Als letzter Punkt ist endlich noch die Frage des **Querschnittsverhältnisses** einer kurzen Betrachtung zu unterziehen. Dieses ist durch das von dem verwendeten Gas abhängige Mischungsverhältnis bestimmt und steht mit diesem, unter gleichzeitiger Berücksichtigung des Einflusses von Ventilerhebungskurve und Kolbengeschwindigkeit, in dem bereits früher auf S. 47 und 51 geschilderten Zusammenhang. Bei der Mannigfaltigkeit der zwischen den einzelnen Größen bestehenden Zusammenhänge ist es nicht möglich, den auf S. 47 für Gemisch- und auf S. 51 für Füllungsregelung dargestellten Untersuchungsvorgang auf umgekehrte Weise dazu zu verwenden, um für ein vorgeschriebenes Mischungsverhältnis die erforderliche Veränderung des Querschnittsverhältnisses zu erhalten. Es kann daher nur ein Näherungsweg eingeschlagen werden, indem zuvörderst unter Zugrundelegung gleicher Drücke von Luft und Gas vor dem Mischventil das Querschnittsverhältnis dem gewünschten Mischungsverhältnis *gleich* gemacht wird, ein Wert, der dann noch nach dem gegebenen Druckunterschied und der angenommenen mittleren Mischgeschwindigkeit mit einem Koeffizienten zu *verbessern* ist, dessen Wert sich aus Abb. 2 direkt in folgender Weise entnehmen läßt: *Nach Annahme der mittleren Mischgeschwindigkeit suche man diesen Wert auf der Geschwindigkeitskurve* (da es sich um die *tatsächliche* Geschwindigkeit handelt, mit $\mu = 0{,}8$) *und gehe in derselben Ordinate auf die Kurve der* $\frac{m}{q}$, *der der gegebene Druckunterschied zwischen Gas und Luft beigeschrieben ist. Multipliziert man den so erhaltenen Wert mit dem auf S. 7 angegebenen Wert von* $\varkappa$, *so ist das tatsächlich auszuführende Querschnittsverhältnis gleich dem idealen für* $\varkappa = 1$, *dividiert durch das erhaltene Produkt.*

Beispiel 1. Für eine Gichtgasmaschine bestehe ein Gasüberdruck von 100 mm WS.; als mittlere Mischgeschwindigkeit sei 45 m/sec gewählt. Mit Rücksicht auf die auf S. 15 angegebene Regel ergibt sich das ideale Querschnittsverhältnis mit 1. Für Gichtgas ist $\varkappa = 1$ und die Ordinate der Kurve $H = +100$ in dem Punkte, wo $w = 45$, ist 0,82. Tatsächlich auszuführen ist daher ein Querschnittsverhältnis von $\frac{1}{1 \cdot 0{,}82} = 1{,}22$.

Beispiel 2. Für eine Generatorgasmaschine bestehe ein Gasunterdruck von 100 mm WS.; als mittlere Mischgeschwindigkeit wird 40 m/sec gewählt. Nach S. 16 ist das ideale Mischungsverhältnis 1,8. Für Generatorgas ist $\varkappa = 0{,}938$, und die Ordinate der Kurve $H = -100$ in dem Punkt, wo $w = 40$, ist 1,6. Das tatsächlich auszuführende Querschnittsverhältnis ist daher $\frac{1{,}8}{0{,}938 \cdot 1{,}6} = 1{,}2$.

Beispiel 3. Für eine Koksofengasmaschine bestehe ein Gasüberdruck von 50 mm WS. Als mittlere Geschwindigkeit wird 55 m/sec mit Rücksicht auf die besonders bei reichem Gas erforderliche gleichmäßige Mischung gewählt. Nach S. 16 ist das ideale Mischungsverhältnis 7,2. Für Koksofengas ist $\varkappa = 0{,}610$ und die Ordinate der Kurve $H = +50$ in dem Punkt, wo $w = 55$, ist 0,927. Daher ist tatsächlich ein Querschnittsverhältnis von $\frac{7{,}2}{0{,}610 \cdot 0{,}927} = 12{,}8$ auszuführen.

Für einen Neuentwurf wird es sich selbstverständlich empfehlen, die Veränderlichkeit des Mischungsverhältnisses während des Hubes nach den auf S. 47 und 51 angegebenen Verfahren nachzuprüfen.

Die Aufgabe des **Einlaßventils** ist, wie bereits erwähnt, im wesentlichen nur die eines Schutzorgans und besteht darin, den Zylinder während des Verdichtungs-, Arbeits- und Ausdehnungshubes gegen die Zuleitungen und das Mischorgan hin abzuschließen. Daraus folgert, daß die Einlaßventile den im Zylinder herrschenden hohen Arbeitsdrücken und Temperaturen gewachsen sein müssen, eine Forderung, die mit einfachen baulichen Mitteln befriedigenderweise nur durch einfache Tellerventile zu erfüllen ist, die auch für Einlaßventile ausschließlich in Verwendung kommen. Daraus folgert auch eine große Einheitlichkeit in der Formgebung, wobei Unterschiede nur darin auftreten, daß als Baustoff der Ventilteller entweder Stahl zur Verwendung kommt, wobei dann Spindel und Teller aus einem Stück bestehen, oder Gußeisen, wobei dann die stählerne Spindel besonders eingesetzt ist. Für den ersten Fall geben Abb. 28 und 47 Beispiele für die Ausführung von Einlaßventilen bei Großgasmaschinen, in Abb. 50[1]) ist das Einlaßventil eines Kleinmotors dargestellt. Für die Ausführung gußeiserner Ventilteller mit eingesetzten Spindeln geben die Abb. 25, 30, 31/32, 33/34 und 51[2]) Beispiele. Bei Ausführung gußeiserner Ventilteller mit eingesetzter Spindel ist der Befestigung der Spindel im Teller besonderes Augenmerk zu schenken. Diese Verbindung wird durch die fortwährend auftretenden hohen Beschleunigungsdrücke, durch zahlreiche Erschütterungen und auch dauernd durch Kraftwirkungen in hohem Maße beansprucht.

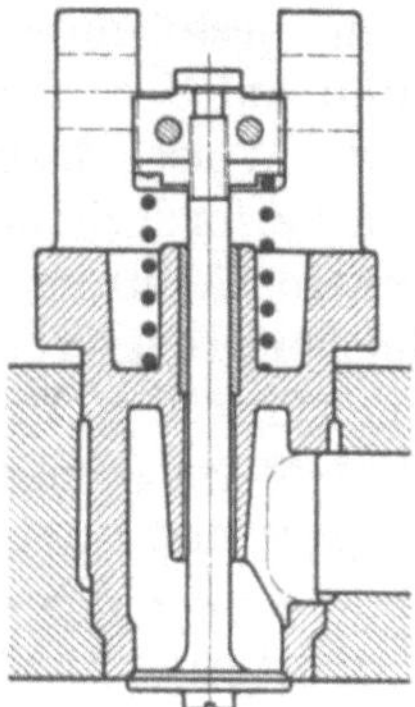

Abb. 50.

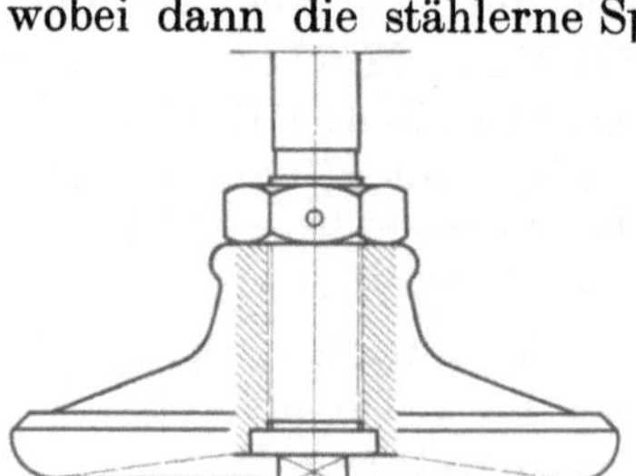

Abb. 51.

[1]) Maßstab 1 : 4. Zu einem E Motor der Gasmotorenfabrik Deutz in Köln-Deutz. Ausführung für Österreich durch die Firma Langen & Wolf in Wien.

[2]) Maßstab 1 : 8. Zu einer DT 12 Maschine von Haniel & Lueg in Düsseldorf-Grafenberg.

Diese Umstände verursachen leicht ein Lockerwerden, was noch besonders durch die Ungleichheit der Wärmeausdehnungskoeffizienten von Stahl und Gußeisen befördert wird und bei nicht sehr sorgfältiger Durchbildung leicht Anlaß zu Störungen und u. U. folgenschweren Betriebsunfällen geben kann. Abb. 31/32 und 33/34 zeigen in den Ventilsitz eingeschraubte Spindeln, die gegen Lösen durch einen vernieteten Stift gesichert sind. Abb. 25 und 30 zeigen eine Versicherung der Spindel gegen Losdrehen durch Vernietung an ihrem Ende. Wenn die Konstruktion ihren Zweck erfüllen soll, muß die Vernietung sehr kräftig ausgeführt werden. Die sicherste Verbindung zeigt Abb. 51, da hier der Ventilteller beiderseitig gefaßt ist und auch ein (bei sehr oft wiederholten starken Kraftwechseln beobachtetes) Fließen des Materials in den Gewindegängen ohne Einfluß auf die Sicherheit der Verbindung bleibt. Allerdings wird bei gegebenen Spindelstärken die Nabe des Ventiltellers stark, so daß sich die Bauart nur für große Ventile gut eignet. Bezüglich des Dichthaltens hat man mit gußeisernen und stählernen Ventiltellern (arbeitend auf gußeisernem Sitz) gleich gute Erfahrungen gemacht, wenn auch mit Rücksicht auf die Herstellungskosten für kleine Ventile Stahl, für große meistens Gußeisen als Material Verwendung findet.

Für die Bemessung der Ventile ist die Wahl der im Spalt zulassenden Geschwindigkeit bestimmend, wofür nach dem früher Gesagten wieder nur ein Mittelwert zu geben ist. Im allgemeinen wird dieser Wert niedrig anzunehmen sein, um, nachdem das Gemisch einmal gebildet ist, weitere Drosselung zu vermeiden. Der Forderung geringer Geschwindigkeit stehen allerdings die mit abnehmender Geschwindigkeit steigenden Abmessungen im Wege, wodurch bald eine Grenze gegeben ist. Ausführungen zeigen Werte

für E Maschinen: 22 bis 39 m/sec,

für D Maschinen: 38 bis 53 m/sec (im Mittel 45 m/sec),

bezogen auf volle Ventileröffnung und mittlere Kolbengeschwindigkeit.

Für die Wahl des Ventilhubes ist nach dem bei Besprechung der Mischventile Gesagten die Bedingung maßgebend, daß eine Vergrößerung des Spaltquerschnittes über die Größe des Ringquerschnittes hinaus zwecklos ist. Daraus ergibt sich gleich wie früher die Bedingung für den größten Ventilhub mit

$$h \leqq \varphi \frac{d}{4},$$

wobei φ der Versperrung des Ringquerschnittes durch die Spindel und Ventilnabe Rechnung trägt und mit 0,94 bis 0,92 anzunehmen ist.

Bei schnellaufenden Maschinen wird es in der Regel mit Rücksicht auf die im Gestänge auftretenden Beschleunigungsdrücke nicht möglich sein, den so beschriebenen Ventilhub voll auszunutzen, desgleichen wird man auch bei Großgasmaschinen etwas unter dem größten ausnutzbaren Hub bleiben, obwohl sich auch Hübe von 80 bis 85 mm öfter ausgeführt finden.

Die Beanspruchung der Ventilteller ist die einer an ihrem Rande freiliegenden Platte unter gleichmäßig verteiltem Druck; die Formgebung wird in der Regel die eines Körpers gleicher Festigkeit — zunehmende Stärke vom Rande nach der Mitte hin — sein. Für die Festigkeitsberechnung der Ventilteller kann die für freiaufliegende, durch gleichmäßigen Druck belastete Platten gebräuchliche Formel

$$k_b = \varphi \frac{r^2}{s^2} \cdot p$$

Verwendung finden (r Halbmesser, s Wandstärke der Platte), woraus mit der üblichen Rechnungsgrundlage eines Verpuffungsdruckes von $p = 25$ atm wird

$$s = r\sqrt{\frac{25}{k_b}}$$

mit $\varphi = 1$ für gußeiserne und

$$s = r\sqrt{\frac{18{,}7}{k_b}}$$

mit $\varphi = 0{,}75$ für stählerne Ventilteller.

Bei einer Reihe von erprobten Ausführungen ergaben die Nachrechnungen nach den angegebenen Gleichungen Werte von

$k = 167$ bis 278 kg/qcm für Gußeisen (210 kg/qcm) und
$k = 130$ bis 260 kg/qcm für Stahl.[1])

Einen weiteren bemerkenswerten Punkt für den Neuentwurf bilden die Wahl von Neigung und Breite des Ventilsitzes. Bezüglich der Ventilsitzneigung sind die Grenzen der Ausführung durch die Winkel von 30^0 und 60^0 zur Wagrechten gegeben. Ebene Ventilsitze bewähren sich nur bei ganz kleinen Ventilen und liegender Anordnung. Ausführung der Sitzneigung unter 45^0 ist weitaus am meisten gebräuchlich. Zur Beurteilung ist zu sagen, daß steiler geneigte Sitzflächen infolge der auftretenden Keilwirkung im allgemeinen bessere Abdichtung ergeben, als flachgeneigte, daß aber bei gegebener Sitzbreite (gemessen in wagerechter Richtung) bei steilen Sitzen eine größere Sitzhöhe erforderlich ist, was bei gegebenem Durchgangsquerschnitt eine Vergrößerung des Hubes erfordert. Bei sehr steil geneigten Sitzen kann u. U. auch unter den starken, bei Frühzündung auftretenden Belastungen ein Sprengen des Sitzes stattfinden, sofern dieser nicht sehr stark ausgeführt wird. Aus diesem Grund soll über eine Neigung von 60^0 nicht gegangen werden. Auf die Strömungsrichtung hat bei den üblichen großen Hüben die Sitzneigung im wesentlichen keinen Einfluß.

Die Breite des Ventilsitzes, worunter immer die Projektion auf eine Ebene normal zur Ventilachse zu verstehen ist, ist aus der Größe des im Sitz auftretenden spezifischen Druckes bestimmt. Dieser darf einerseits nicht zu groß sein, da sonst ein Fließen des Materials auftritt, darf aber andererseits auch nicht zu klein gewählt werden, da sonst kein genügendes Dichthalten stattfindet. Erprobte Ausführungen ergeben Werte von $k = 160$ bis 335 kg/qcm spezifische Pressung im Sitz, im Mittel 240 kg/qcm. Der zuerst angegebene Wert ist nach Ansicht des Verfassers schon reichlich niedrig.

Die Bemessung der Ventilspindel erfolgt auf Grund der aus den Beschleunigungskräften bei Anhub und Schluß auftretenden Zugspannungen, wobei mit Rücksicht auf ungünstige, stoßartige Beanspruchung die zulässige Anstrengung niedrig zu wählen ist. Eine andere höchst ungünstig wirkende Beanspruchung erfährt die Spindel, wenn der Ventilteller infolge einseitiger Abnützung, Erwärmung oder infolge von Unreinigkeiten im Sitz nur einseitig aufsitzt, wobei dann unter dem hohen Verpuffungsdruck starke Biegungsbeanspruchungen in der Spindel auftreten, die leicht zu Brüchen führen. Mit Rücksicht darauf empfiehlt es sich, die Spindel auch nicht übermäßig stark zu machen, da ein gewisser Verbiegungswinkel von einem Stab bei geringerem Querschnitt unter geringer Beanspruchung geleistet wird als bei großem. Erprobte Ausführungen zeigen Werte des Verhältnisses $\frac{\text{Ventildurchmesser}}{\text{Spindeldurchmesser}}$ von 4,5 bis 7,4 ersterer für mittlere, letzterer für Großgasmaschinen gültig.

[1]) Selbstverständlich sind diese Zahlen keine Angaben der wirklich auftretenden Beanspruchungen, sondern haben — wie übrigens die Angaben für Beanspruchungen meistens — nur die Geltung von Vergleichswerten, die nichtsdestoweniger für den Neuentwurf als sicheres Hilfsmittel dienen können.

b) Auslaßorgane.

Die Auslaßorgane arbeiten von allen Teilen der inneren Steuerung unter den schwierigsten Betriebsbedingungen, da sie einerseits ebenso wie die Einlaßventile die im Zylinder auftretenden hohen Drücke und Temperaturen aushalten müssen, andererseits aber der wirksamen Kühlung durch das frisch eintretende Gemisch entbehren, durch das die mittlere Temperatur der Einlaßorgane so weit herabgezogen wird, daß sich deren besondere Kühlung als nicht notwendig erweist. Durch diese Verhältnisse ist die Ausbildung der Auslaßorgane als Einsitzventile bedingt, die auch oft noch besonders gekühlt werden. Die Ausbildung als Doppelsitzventil zum Zweck der Entlastung des Steuergestänges von der Wirkung der hohen Expansionsenddrücke, gegen die das Ventil angehoben werden muß, wurde früher von der Gasmotorenfabrik Deutz versucht (49a), konnte sich jedoch mit Rücksicht auf die auftretenden hohen Temperaturunterschiede, derzufolge ein dauerndes Dichthalten nicht zu erzielen war, nicht bewähren und wurde auch bald wieder verlassen (54).

Was die Kühlung der Auslaßventile betrifft, so ist deren Anwendung um so eher notwendig, je höher die mittlere Temperatur der Auslaßorgane steigt. Diese ist einerseits abhängig von der Größe der Maschine, da die pro Hub entwickelten Wärmemengen mit der dritten Potenz, die wärmeableitenden Oberflächen aber nur mit dem Quadrat der Abmessungen wachsen, Großmaschinen daher im allgemeinen höhere mittlere Temperaturen für den Auslaß ergeben als kleine, andererseits aber besonders vom Gütegrad der Verbrennung, da durch langsame Verbrennung mit Nachbrennen die Temperatur des Zylinderinhaltes besonders gegen Ende des Expansionshubes stark hinaufgesetzt wird.

Aus dem zuerst angegebenen Grunde verzichtet man bei kleineren und mittleren Motorengrößen meistens darauf, für die Auslaßventile eine besondere Kühlung vorzusehen, deren Anwendung für Großgasmaschinen bis vor kurzem ausschließlich Regel war. Seit einiger Zeit sind jedoch einige der namhaftesten Firmen zur Anwendung ungekühlter Auslaßventile auch für Großgasmaschinen übergegangen, und zwar mit günstigen Betriebsergebnissen, während andere Firmen an der Anwendung einer besonderen Kühlung festhalten. Die Frage, ob die Anwendung gekühlter oder ungekühlter Auslaßventile zweckmäßiger sei, ist heute noch viel umstritten und dürfte allgemein wohl nur mit Beachtung der früher erwähnten Umstände, die für die mittlere Auslaßtemperatur bestimmend sind, beantwortet werden können. Für die Verwendung ungekühlter Auslaßventile spricht in erster Linie ihre größere Billigkeit, andererseits auch die Vermeidung aller zur Wasserzu- und -abführung dienenden Vorrichtungen, deren ständige Wartung, meistens bei sehr ungünstiger Lage unter dem Zylinder, eine unerwünschte Zugabe zum Betrieb bedeutet. Gegen die Verwendung von ungekühlten Auslaßventilen spricht die Möglichkeit von Wärmestauungen, wodurch dann die Gefahr von sehr starken örtlichen Erhitzungen und Frühzündungen nähergerückt ist. Der Grund, warum heute günstige Betriebserfahrungen auch mit ungekühlten Auslaßventilen vorliegen, deren Anwendung sich in der ersten Zeit des Großgasmaschinenbaus als nicht tunlich erwies, dürfte wohl darin liegen, daß man inzwischen durch Verbesserung der Gemischbildungs- und Regelungsverhältnisse gelernt hat, den Zylinderinhalt rasch und ohne Nachbrennen zur Entflammung zu bringen; auch die seither gemachten Fortschritte in der Gasreinigung dürften mit Ursache hiervon sein. In diesem Sinn wird die Verwendung ungekühlter Auslaßventile wohl bald allgemein werden, sofern dem nicht die bereits früher erwähnten Mittel zur Erzielung einer Leistungssteigerung, die immer auf Erhöhung des mittleren spezifischen Druckes hinauslaufen, entgegenstehen. „Bei über $4^1/_2$ atm mittleren Indikatordruckes will ich von ungekühlten Auslaßventilen nichts wissen“, äußerte sich dem Verfasser gegenüber einmal der Betriebsleiter einer größeren Gasmaschinenzentrale, in der verschiedene Größen und Bauarten von Großgasmaschinen arbeiteten, die aber allerdings öfters unter unregelmäßigem Gang der Hochofen zu leiden hatten.

Von ungekühlten Auslaßventilen stellt Abb. 52[1]) das aus Stahl gefertigte Auslaßventil einer mittelgroßen, einfach wirkenden Generatorgasmaschine dar, wie es in dieser Ausführungsform für solche Maschinen allgemein gebräuchlich ist. Von Wichtigkeit ist die Ausbildung der Ventilspindel mit einem Wulst, der die Spindelführung vor direkter Berührung mit den heißen Verbrennungsgasen schützt. Von ungekühlten Auslaßventilen zu Großgasmaschinen geben die folgenden Abbildungen Ausführungsformen, und zwar stellt Abb. 53[2]) ein geschmiedetes, mit der Spindel aus einem Stück gefertigtes Auslaßventil dar. Der Schutz der Spindelführung vor den Feuergasen wird durch eine auf die Führungsbüchse aufgeschraubte und mit

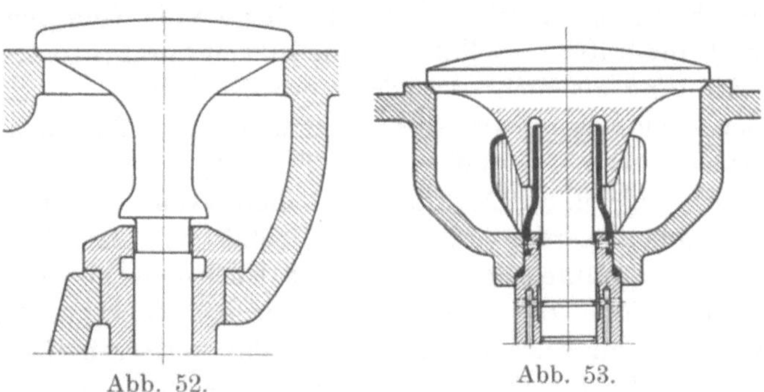

Abb. 52. Abb. 53.

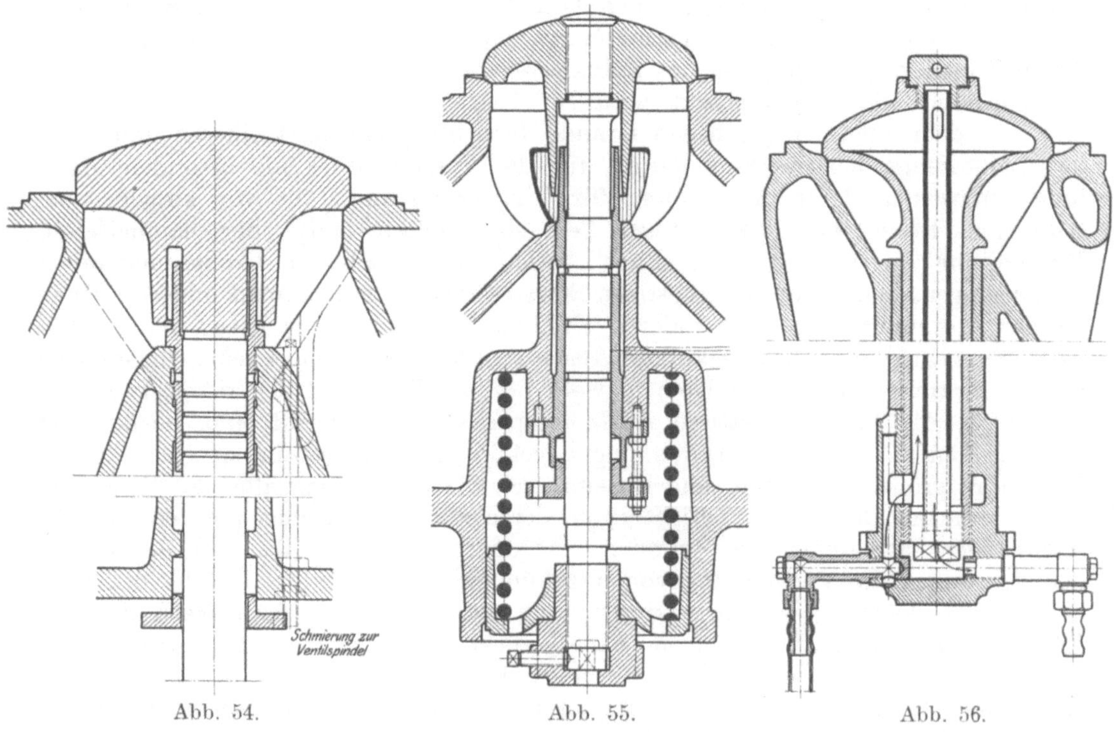

Abb. 54. Abb. 55. Abb. 56.

dieser verstemmten Kupferhülse bewirkt, die in eine Eindrehung des Ventilkörpers hineinragt. Eine ähnliche Ausführung zeigt Abb. 54[3]). Hierbei bleiben die oberste Fläche und der Mantel des zylindrischen Fortsatzes des Ventilkegels roh, so daß

[1]) Maßstab 1:5. Zu einer E 50 Maschine von Pokorny & Wittekind, Maschinenbau-Akt.-Ges. in Frankfurt a. M.

[2]) Maßstab 1:10. Zu einer DT 12 Gichtgasmaschine der Gutehoffnungshütte, Aktienverein für Bergbau und Hüttenbetrieb, Oberhausen (Rheinl.).

[3]) Maßstab 1:10. Zu einer DT 13 Maschine der Maschinenfabrik Augsburg-Nürnberg A. G.

die Bearbeitung auf das geringste Maß beschränkt ist. Abb. 55[1]) stellt ein gußeisernes Auslaßventil mit eingeschraubter und vernieteter Stahlspindel dar. Die Abdichtung der Spindelführung gegen die Auspuffgase wird ähnlich wie früher durch eine Verlängerung der aus Spezialguß gefertigten Führungsbüchse erreicht, die in den zwischen Ventilspindel und dem nach unten verlängerten Ventilkegel verbleibenden freien Raum eintaucht.

Von gekühlten Ventilen zeigt Abb. 56[2]) die vielfach gebräuchliche Ausführung eines Ventiles aus Stahlguß. Die am Kopf befindliche Verschraubung dient einerseits zum Verschluß des Kernloches, soll aber auch eine Reinigung des Innenraumes von sich etwa ansetzendem Kesselstein ermöglichen. Dieser Vorteil wird allerdings dadurch zweifelhaft, daß im Betrieb meistens sehr bald ein Festbrennen eintritt, wonach ein Lösen ohne Zerstörung nicht mehr möglich ist. Es erscheint daher zweckmäßiger durch Verwendung gereinigten (rückgekühlten) Wassers bei reichlichem Zufluß, so daß die Ablauftemperatur niedrig bleibt, dem Ausscheiden von Ablagerungen überhaupt vorzubeugen, und auf eine Reinigungsmöglichkeit zu verzichten, wie dies bei dem in Abb. 57[3]) dargestellten Ventil der Fall ist. Die Ausführung dieses Ventiles wird in Stahlguß und Duranametall vorgenommen; in beiden Fällen bestehen Ventil und Spindel aus einem Stück. Abb. 58[4]) stellt ein

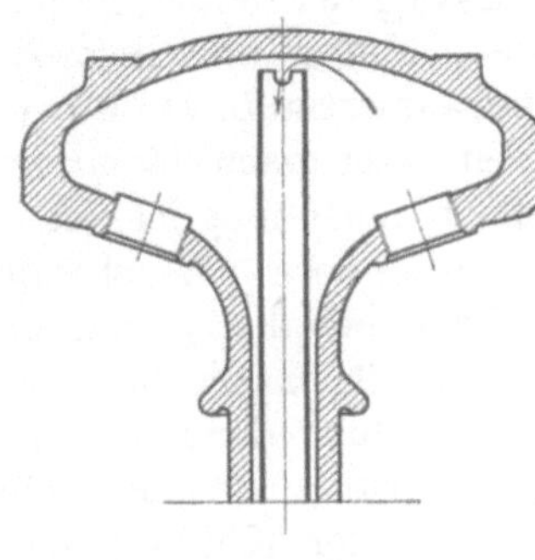

Abb. 57.

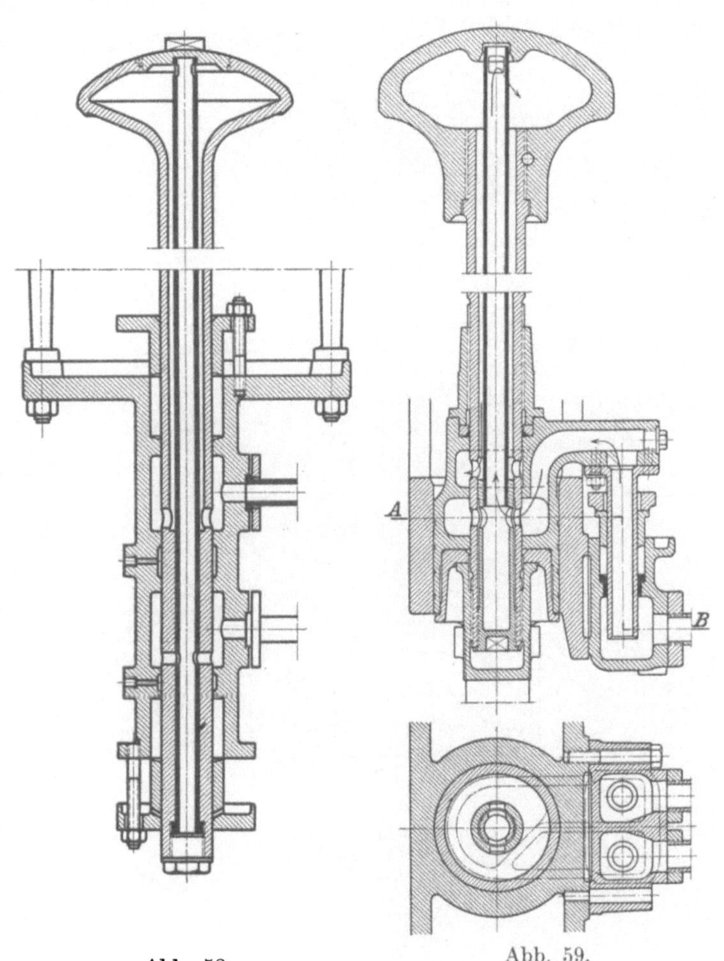

Abb. 58.

Abb. 59.

[1]) Maßstab 1:10. Zu einer DT 10 Gichtgasmaschine von Ehrhardt & Sehmer, G. m. b. H. in Saarbrücken.

[2]) Maßstab 1:7,5. Zu einer DZ 8 Generatorgasmaschine der Maschinenfabrik Andritz A.-G. in Andritz bei Graz.

[3]) Maßstab 1:10 zu einer DT 14 Gichtgasmaschine der Maschinenfabrik Thyssen & Co. Aktiengesellschaft in Mülheim-Ruhr.

[4]) Maßstab 1:10. Zu einem D 12 Gichtgasgebläse der Maschinenbauaktiengesellschaft, vormals Breitfeld, Daněk & Co. in Prag-Karolinental.

aus Stahl in einem Stück mit der Spindel hergestelltes Ventil dar, dessen zur Kühlung dienender Hohlraum durch Ausdrehen aus dem Vollen erhalten wurde und durch einen eingeschraubten mit Schräubchen versicherten Deckel verschlossen ist. Abb. 59[1]) stellt ein aus Spezialgußeisen gefertigtes Auslaßventil dar, in das die stählerne Ventilspindel mit langen Gewinden eingeschraubt und durch einen Stift verbohrt ist. Auf eine Zugänglichkeit des Innenraumes ist hier verzichtet. Abb. 60/61[2]) endlich zeigt eine andere Verbindung des gußeisernen Ventilkopfes mit der aus Nickelstahl gefertigten Ventilspindel. Das Gewinde des aus Stahlguß bestehenden Verschlußpfropfens ist dabei der direkten Einwirkung der heißen Feuergase entzogen und liegt im Kühlwasserraum, so daß ein Lösen auch nach längerem Betrieb noch möglich ist.

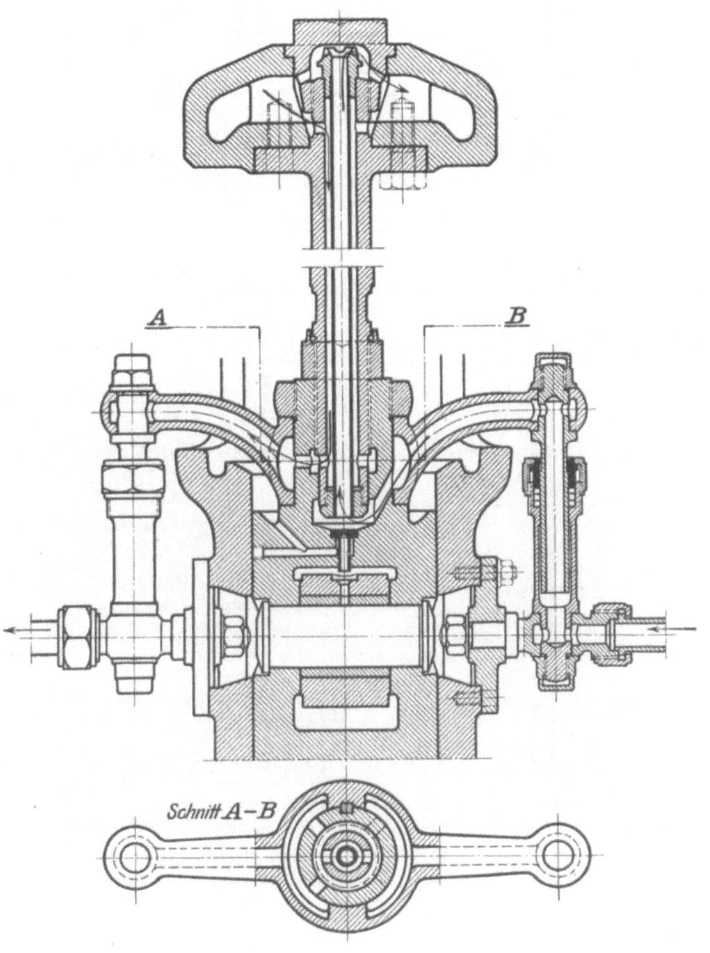

Abb. 60/61.

Besondere Beachtung verdient bei den gekühlten Auslaßventilen die bauliche Durchbildung der **Kühlwasserzuführung,** da sich ein Versagen der Kühlung baldigst durch Betriebsstörung bemerkbar macht und u. U. zu folgenschweren Betriebsunfällen Anlaß geben kann. Mit Rücksicht darauf erfolgt die Kühlungswasserzuführung immer zwangläufig unter Überdruck, wobei das Kühlwasser entweder dem Hochbehälter oder direkt dem mit einstellbarem Überlaufventil ausgestatteten Pumpenkreislauf entnommen wird, der auch Zylinder, Auspuffgehäuse und die Ventileinsätze mit Kühlwasser versorgt. Die Organe der Kühlwasserzuführung müssen nachgiebig ausgestaltet werden, da es sich um die Wasserzuführung zu einem bewegten Teil handelt. Dies wird in der Regel durch Verwendung von Schläuchen oder in Stopfbüchsen beweglichen Rohren erreicht; Kühlwasserzuführung durch Hohlgelenke, ähnlich wie für die Kolbenstangenkühlung verwendet, wird mit Rücksicht auf die hohen Kosten bei den Auslaßventilen vermieden, da sich die erforderlichen, nicht großen Hübe mit den erwähnten Vorrichtungen in billigerer Weise beherrschen lassen.

Die einfachste Form einer Kühlwasserzu- und -abführung durch Schläuche

[1]) Maßstab 1:10. Zu einer DT 10 Maschine der Gasmotorenfabrik Deutz in Köln-Deutz.

[2]) Maßstab 1:6. Zu einer DT 11 Gichtgasmaschine von Schüchtermann & Kremer in Dortmund.

zeigt Abb. 62[1]), wobei der Angriff des Auslaßventilhebels an seitlich von der Spindel gelagerten Zapfen erfolgen muß. Da es indessen bei den im Auslaßventilantrieb auftretenden großen Kräften zweckmäßiger ist, den Auslaßhebel direkt von unten angreifen zu lassen, wird in der Regel eine Bauart, ähnlich der in Abb. 56 dargestellten gewählt. Die Verwendung von Schläuchen bietet die einfachste und billigste Möglichkeit einer beweglichen Verbindung zwischen der feststehenden Kühlwasserzu- und -abführung und dem bewegten Ventil, hat indessen den Nachteil, nicht gerade konstruktiv auszusehen, außerdem ist auch die Lebensdauer der (selbstverständlich Heißwasser-) Schläuche eine beschränkte.

Die Verwendung von Stopfbüchsen vermeidet diesen Nachteil, wird allerdings teurer und ergibt auch größere Widerstände in der Ventilbewegung infolge von Reibung, erfordert demnach unter allen Umständen die Verwendung von so starken Ventilfedern, daß ein Hängenbleiben des Ventils auch bei nicht streng zwangläufigem Antrieb sicher vermieden wird. Die einfachste Form der Kühlwasserzu- und -abführung mit Stoffbüchsenabdichtung, die in Abb. 58 dargestellt ist, hat allerdings den Nachteil, sich sehr lange zu bauen. Abb. 59 stellt eine Bauart dar, bei der der ganze Stopfbüchsenmechanismus seitlich nach außen gelegt ist, so daß ein Nachziehen der Stopfbüchsen auch während des Betriebes ohne weiteres möglich ist. Durch die Verlegung beider Stopfbüchsen nach derselben Seite ergibt sich allerdings eine einfachere bauliche Ausgestaltung, was indessen mit dem Nachteil erkauft ist, daß die Stopfbüchsenreibung exzentrisch mit ziemlich großem Hebelarm angreift, was bei nicht zwangläufigem Antrieb sehr leicht zu einem Klemmen Veranlassung geben kann. Da indessen bei der erwähnten Bauart auch der Ventilschluß zwangläufig erfolgt (siehe S. 150), fällt dieser Übelstand nicht schwer ins Gewicht. Abb. 60/61 zeigt die Anordnung der Stopfbüchsen an verschiedenen Seiten, wodurch ein Klemmen vermieden ist. Diese Bauart, deren Durchbildung angenehm berührt, ergibt keine große Baulänge und erlaubt auch einen zentrischen Angriff des Auslaßhebels mit Vermeidung von seitlich liegenden Zapfen. Der Kühlwasserabfluß braucht nicht notwendig wieder zwangläufig erfolgen, kann vielmehr auch frei in einen untergestellten Trichter stattfinden. Hierdurch begibt man sich allerdings des Vorteils einer dauernden Überwachung der Menge und der Temperatur des aus den Auslaßventilen tretenden Kühlwassers, auf die mit Rücksicht auf die früher gekennzeichnete Wichtigkeit geordneter Kühlung jedoch zweckmäßigerweise nicht verzichtet werden soll.

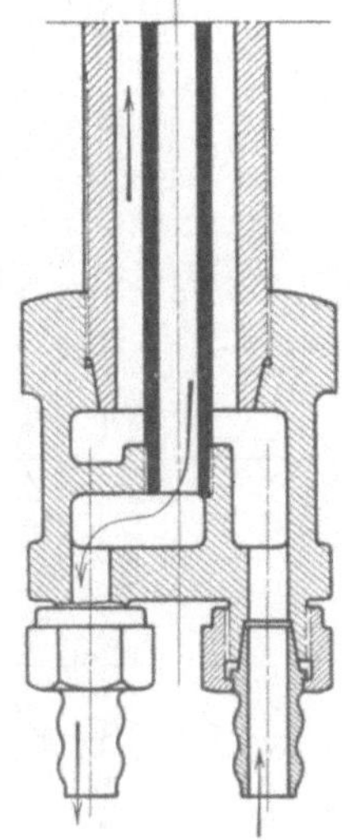

Abb. 62.

Bei der Ausbildung der Ventilkegel ist darauf zu achten, daß ein Leckwerden zuverlässig vermieden bleibt, da sonst ein Übertreten von Wasser in den Zylinder eintreten kann, was nicht nur das Ende des Betriebs bedeutet, sondern u. U. infolge Wasserschlages weitgehende Zerstörungen beim Anlassen verursachen kann. In diesem Sinn ist es zweckmäßig, auf Verschraubungen im Ventilkegel zu verzichten, die der Gefahr des Losdrehens und -schlagens ausgesetzt sind, und die Ventile so wie in Abb. 59 dargestellt auszuführen. Aus demselben Grund vermeidet man es auch, die Ventilkühlung mit der des Ventileinsatzes in einen Kreislauf zu bringen, sondern führt beide voneinander getrennt aus, da man daselbst auf die Wirkungsweise einer innen liegenden, unter schlechten Bedingungen arbeitenden und im Betrieb nicht prüffähigen Abdichtung in der Ventilspindelführung angewiesen ist.

[1]) Maßstab 1 : 3. Zu einer E 50 Generatorgasmaschine der Maschinenfabrik Andritz A.-G. in Andritz bei Graz.

Die Kühlwasserentnahme erfolgt zweckmäßig direkt aus dem Pumpenkreislauf; die öfters durchgeführte Verwendung bereits im Auslaßventilsitz vorgewärmten Wassers ist nach Ansicht des Verfassers nicht zweckmäßig, da das den höchsten Temperaturen ausgesetzte Auslaßventil auch der stärksten Kühlung bedarf, die nur durch Frischwasser zu erreichen ist und durch die Verwendung vorgewärmten Wassers die Möglichkeit einer stärkeren Erwärmung im Ventil gegeben ist, wodurch dann dort leicht Ablagerungen eintreten, die eine weitere wirksame Kühlung verhindern.

Im Anschluß an die Besprechung der Auslaßventile sind noch jene Organe zu erwähnen, die dann Verwendung finden, wenn infolge der Anbringung des Auslaßventils seitlich vom Zylinder die in den Verbrennungsraum gelangenden Verunreinigungen nur zum geringen Teil durch dieses ihren Ausweg nehmen können und sich dort an der tiefsten Stelle ansammeln. In diesem Fall erweist sich die Anwendung von Hilfsventilen, sogenannten **Ausblaseventilen,** an der tiefsten Stelle als notwendig, deren Ausführungsform aus Abb. 63[1]) ersichtlich ist. Diese Ventile stehen nicht dauernd im Betrieb, ihre Steuerung wird in der Regel mit der Anlaßsteuerung in zwangläufige Verbindung gebracht, so daß ein Ausblasen zu Beginn des Betriebes stattfindet. Durch Einrücken der Anlaßsteuerung kann es jedoch auch während des Betriebes, sofern es sich als notwendig erweisen sollte, vorgenommen werden.

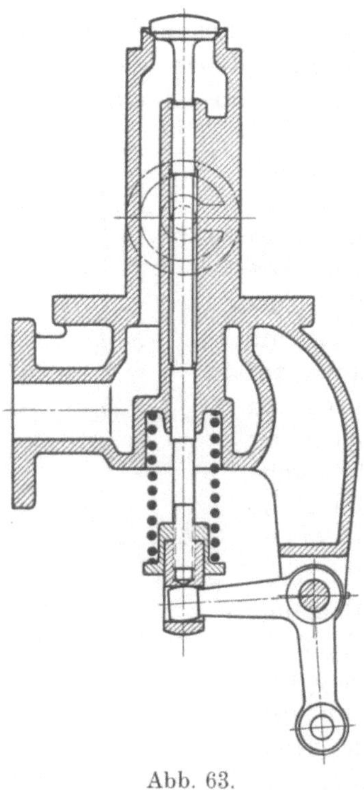

Abb. 63.

Bezüglich der Bemessung der Auslaßorgane ist außer dem auf S. 27ff. Gesagten das bei Besprechung der Bemessung der Einlaßorgane Erwähnte maßgebend. Mit der Wahl der mittleren Geschwindigkeit im Steuerquerschnitt wird jedoch bei den Auslaßorganen in der Regel etwas höher gegangen, besonders mit Rücksicht darauf, daß bei der bereits erwähnten Notwendigkeit, die Ventile unentlastet gegen höheren Druck anzuheben, keine allzu großen Kräfte im Steuergestänge auftreten. Aus diesem Grunde wird in der Regel auch der durch den Austrittsquerschnitt bedingte Ventilhub (vgl. hierzu das auf S. 74f. Gesagte) voll ausgenützt, bei einer mittleren Versperrung durch die Spindel von $\varphi \sim 90$ v. H. der Ventilhub demnach gleich

$$h \sim \varphi \frac{d}{4} = 0{,}225\, d$$

angenommen.

Werte der Strömungsgeschwindigkeit im Spalt finden sich ausgeführt mit

ca 35 m/sec bei E Maschinen und
40 bis 60 m/sec bei D Maschinen (im Mittel 52 m/sec),

alle Zahlenwerte bezogen auf mittlere Kolbengeschwindigkeit und vollen Ventilhub.

Als Sitzneigung findet sich meistens 45° ausgeführt, 30° selten, 60° gegen die Horizontale jedoch nicht, mit Rücksicht auf die infolge der Keilwirkung auftretende hohe Beanspruchung, die den dünneren Wandstärken der gekühlten Ventil-

[1]) Maßstab 1 : 7. Zu einer DT 11 Gichtgasmaschine von Schüchtermann & Kremer in Dortmund.

sitze gefährlich werden kann. Bezüglich der Wahl der spezifischen Pressung im Sitz ist auf das bei Besprechung der Einlaßventile Gesagte zu verweisen; die dort angegebenen Zahlenwerte gelten für Auslaßventile in gleicher Weise.

c) Einsätze und Anschlußstücke. Anordnung am Zylinder.

Schon die Möglichkeit, die sich nach innen zu öffnenden Ventile ein- und ausbauen zu können, fordert eine Trennung des Ventilsitzes vom Zylindergußstück und führt auf die Notwendigkeit, eigene Ventileinsätze zu verwenden, die einen Ausbau der Ventile ohne Mühe gestatten. Außerdem erweist sich, wenigstens bei mittleren und Großmaschinen, schon aus gießereitechnischen Rücksichten eine Trennung der Teile, die die Luft- und Gasführung zu und von den Ventilen besorgen, vom Zylindergußstück als notwendig, die Verwendung besonderer Anschlußstücke als erforderlich. Bei kleineren Maschinen ist es dann zulässig, wenigstens den Auslaßventilsitz unter Vermeidung eines besonderen Einsatzes direkt im Anschlußstück auszubilden, während bei Großgasmaschinen, mit Rücksicht auf Ausbau und Abnützung noch weitergehende Trennung der Teile und Verwendung besonderer Ventilsätze die Regel ist. Bei den Mischventilen ist schon mit Rücksicht auf die Einrichtung, die in der Regel das Ineinanderarbeiten bearbeiteter Teile fordert, meistens die Verwendung eines besonderen Ventileinsatzes oder -korbes nötig.

Für die Ausbildung des Auslaßventilsitzes im Anschlußstück direkt finden sich in Abb. 64/65, 66 und 67/68 (S. 86ff.) Beispiele. Der Ausbau des Auslaßventiles ist in allen Fällen nach Wegnahme des achsengleich darüber liegenden Einlaßventileinsatzes möglich.

Die kennzeichnende Form eines Einlaßventileinsatzes ist aus den Abb. 64/65 für eine kleinere und 69/70 für eine Großmaschine ersichtlich. Ein rohrförmiger Teil, der die Spindelführung bildet, steht durch eine Anzahl Rippen, die zwischen sich das Gemisch zum Ventil treten lassen, in Verbindung mit einem ringförmigen Körper, der den Ventilsitz bildet und mit einer Zentrierung abdichtend in das Zylindergußstück eingebaut ist. Der obere Teil des Ventileinsatzes, der sich mit Rücksicht auf die notwendige Höhenentwicklung des Anschlußstückes ebenfalls höher baut als für den Verwendungszweck direkt erforderlich, dient dann meistens zur Aufnahme der zur Erzeugung der Schlußkraft notwendigen Federn.

Die Formgebung der Mischventileinsätze ist durch den Bau und die Arbeitsweise dieser Organe selbst bestimmt und mit ihr wechselnd. Beispiele hierfür finden sich in den Abb. 25 bis 47/48, die Mischorgane darstellen. Bei Vereinigung oder achsengleicher Anordnung von Misch- und Einlaßventilen erfährt dann der obere Teil des Ventileinsatzes die jeweils durch die Ausgestaltung des Mischorgans erforderliche Form, während der untere, den Einlaßventilsitz bildende Teil die oben näher gekennzeichnete Form beibehält. Beispiele hierfür sind aus den Abb. 25, 28/29, 31/32, 33/34, 44—46 und 74 zu entnehmen.

Die für Auslaßventileinsätze typische Form ist aus Abb. 75 zu entnehmen; der Aufbau entspricht dem eines normalen Einlaßventileinsatzes, nur ist hier wegen der hohen Temperatur der Auspuffgase eine Kühlung des Ventilsitzes erforderlich, wodurch die Ausbildung des ringförmigen Ventilsitzes, der Spindelführung und der verbindenden Stege als Hohlgußkörper notwendig wird. Der in den Zylinder hineinragende Teil des Ventileinsatzes (in Abb. 76 mit a bezeichnet) wird zweckmäßig auf eine Koquille gegossen, um durch die entstehende harte Gußhaut rascher Abnützung durch die im Moment der Auslaßeröffnung sehr rasch strömenden Gase vorzubeugen. Der Kühlwassereintritt erfolgt in der Regel von unten, der Kühlwasseraustritt wird um 180° dazu versetzt angeordnet und das erwärmte Wasser zweckmäßig durch ein eingegossenes Gasrohr von der höchsten Stelle abgezogen.

Auf die Vermeidung von toten Ecken und Luftsäcken ist bei der Formgebung Rücksicht zu nehmen. Die Spindelführung wird zweckmäßig durch ein den Kühlwasserraum durchdringendes Rohr vor direkter Berührung mit dem Kühlwasser geschützt, um nicht gegen das Eintreten von Wasser in den Zylinder nur auf das Dichthalten einer im Betrieb nicht prüffähigen Dichtung angewiesen zu sein. Dieser Gesichtspunkt ist auch bei den mit dem Anschlußstück aus einem Stück bestehenden Ventileinsätzen zu beachten. (Die in Abb. 66 und 76 dargestellten Ausführungen verdienen diesbezüglich den Vorzug vor der Konstruktion nach Abb. 67.)

Von Wichtigkeit ist die Führung der Ventilspindel sowie deren Abdichtung gegen außen hin. Bei Misch- und Einlaßventilspindeln entspricht bei den geringen Drücken ein Einschleifen der Spindeln, eventuell in Verbindung mit einer Labyrinthdichtung allen Ansprüchen. Besonders eingesetzte Führungsbüchsen aus

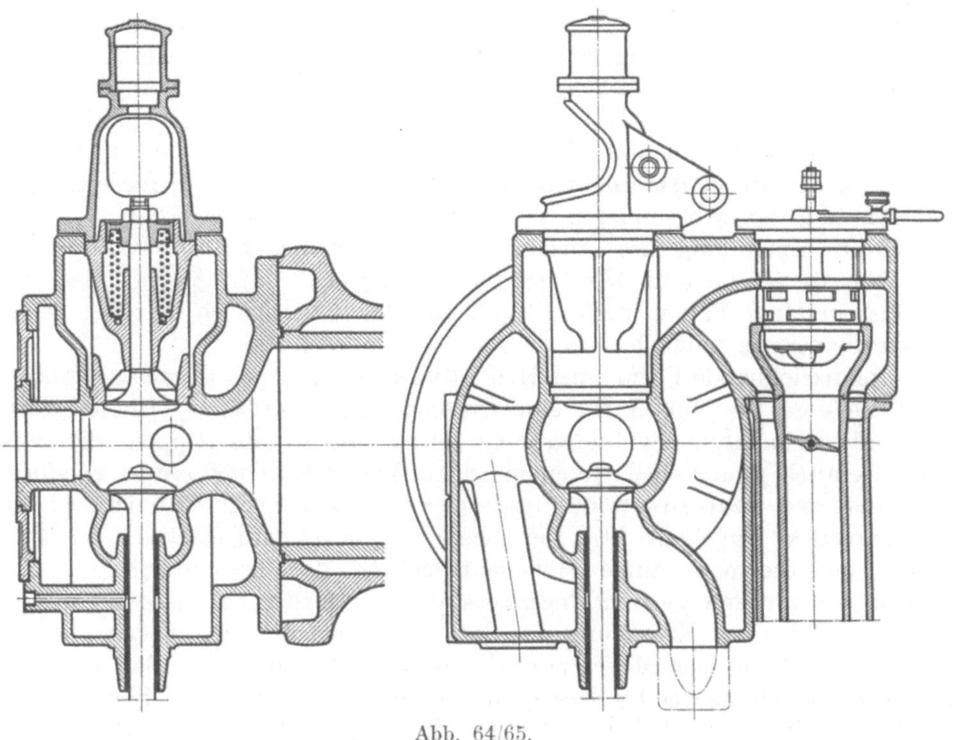

Abb. 64/65.

Rotguß finden Verwendung, werden indessen nur mehr selten angeordnet, da es hinreicht, die Spindel im Gußeisen des Gehäuses direkt laufen zu lassen. Für reichliche Schmierung, die besonders bei Großgasmaschinen zweckmäßig zwangläufig durch Schmierpressen erfolgt, ist Sorge zu tragen. Auslaßventilspindeln werden wegen der höheren Drücke und Temperaturen meistens durch Stopfbüchsen nach außen hin abgedichtet und erhalten vorteilhaft Führung in gußeisernen Büchsen, da Rotguß infolge der verschiedenen Wärmeausdehnungskoeffizienten leicht zu Schwierigkeiten Anlaß gibt. Reichliche Schmierung ist hier besonders wichtig, da bei ungenügender oder versagender Schmierung leicht ein Hängenbleiben und Festfressen auftritt.

Die Formgebung der Anschlußstücke hängt innig mit der Maschinenbauart und der gewählten Anordnung der Ventile zusammen und kann nur im Zusammenhang mit diesen besprochen werden:

Für liegende einfachwirkende Maschinen ist die Ausbildung des Anschlußstückes, die alle Strömungswege von der Gas- und Luftleitung bis zur Auspuffleitung enthält, gleichzeitig als Zylinderdeckel (Zylinderkopf) gebräuchlich und aus Abb. 64/65[1]) in der normalen Bauart ersichtlich. Werden nicht ineinander gebaute Misch- und Einlaßorgane verwendet (zu diesem Punkte siehe das weiter unten Gesagte), so wird das Mischventil seitlich vom Einlaßventil angebracht, was sowohl bequemen Anbau der Leitungen von unten ohne Krümmer, als auch die leichte Möglichkeit, die Bewegung des Mischventils vom Einlaßventilantrieb aus abzuleiten, ergibt. Um eine allzu verwickelte Gußform zu vermeiden, wird das Mischventilgehäuse wohl auch seitlich an den Zylinderkopf angeschraubt (vgl. Abb. 22/23). Ein- und Auslaßventil werden mit Rücksicht auf bequemen Ausbau gleichachsig übereinander angeordnet, wodurch sich in Verbindung mit dem gewölbten Kolbenboden ein geschlossener Verbrennungsraum von angenähert zylindrischer oder kugelförmiger Gestalt ergibt. Ebene Wände sind aus Festigkeitsgründen zu vermeiden. Besondere Auslaßventileinsätze werden bei dieser Bauart, wie bereits erwähnt, meist nicht verwendet.

Eine andere Form des Zylinderkopfes, für größere einfachwirkende Maschinen geeignet, zeigt Abb. 66[2]). Hierbei findet ein besonderer Deckel Verwendung, und die Gehäuse für Ein- und Auslaß sind mit dem Laufzylinder aus einem Stück gegossen. Die Bauart kann entstanden gedacht werden durch Halbierung eines doppeltwirkenden Zylinders, wobei jedoch der innere Zylinder stehen bleibt und zur Ausbildung des Wasserkühlmantels vorn gegen einen passend schließenden Ring im Rahmen abgedichtet ist. Der Verbrennungsraum wird scheibenförmig und nähert sich in seiner Gestalt dem bei doppeltwirkenden Maschinen auftretenden.

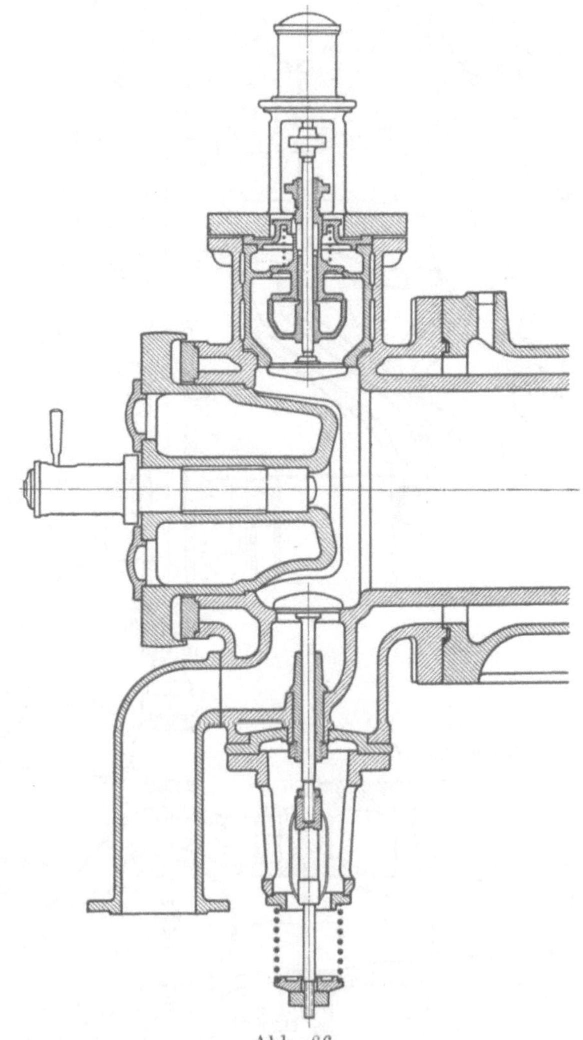
Abb. 66.

Stehende einfachwirkende Maschinen erhalten die Ventile im Deckel angeordnet, eine Bauart, die durchaus der viel weiter verbreiteten der stehenden Dieselmotoren gleicht, weshalb auch auf das weiter unten (s. S. 281 ff.) darüber Gesagte verwiesen werden kann.

Für doppeltwirkende Maschinen ist die weitaus verbreitetste Anordnung die der Misch- und Einlaßventile oben, der Auslaßventile unten. Diese Anordnung hat den großen Vorteil, den sich im Zylinder ansammelnden Unreinigkeiten den natür-

[1]) Maßstab 1 : 15. Zu einer E 50 Generatorgasmaschine der Maschinenfabrik Andritz A.-G. in Andritz bei Graz. (Das zugehörige Mischventil ist in Abb. 39/40 dargestellt.)

[2]) Maßstab 1 : 15. Zu einer E 50 Generatorgasmaschine von Langen & Wolf in Wien. (Das zugehörige Mischventil ist in Abb. 30 in größerem Maßstabe dargestellt.)

lichen Ausweg zu bieten, wogegen allerdings die Zugänglichkeit der Auslaßventile durch ihre Lage unter dem Zylinder leidet. Diesen Übelstand vermeiden Maschinen mit seitlicher Anbringung der Auslaßventile, wie in Abb. 67/68[1]) dargestellt (s. auch Abb. 92/93 auf S. 111), wobei jedoch eine selbsttätige Reinigung des Zylinders von festen Verbrennungsrückständen und Staub in nur viel geringerem Maße möglich ist und mindestens die Anwendung von besonderen Ausblaseventilen (s. S. 84) nötig ist. Aus diesem Grunde wird auch die Anwendung der Auslaßventile seitlich nur selten vorgenommen und erfordert gut gereinigtes Gas, wenn sich im Betrieb nicht Schwierigkeiten ergeben sollen. Die Anordnung der Auslaßventile oben am Zylinder neben den Einlaßventilen wurde wohl nur vereinzelt versucht (11c) und unterliegt bezüglich ihrer Wirkungsweise einer noch ungünstigeren Beurteilung.

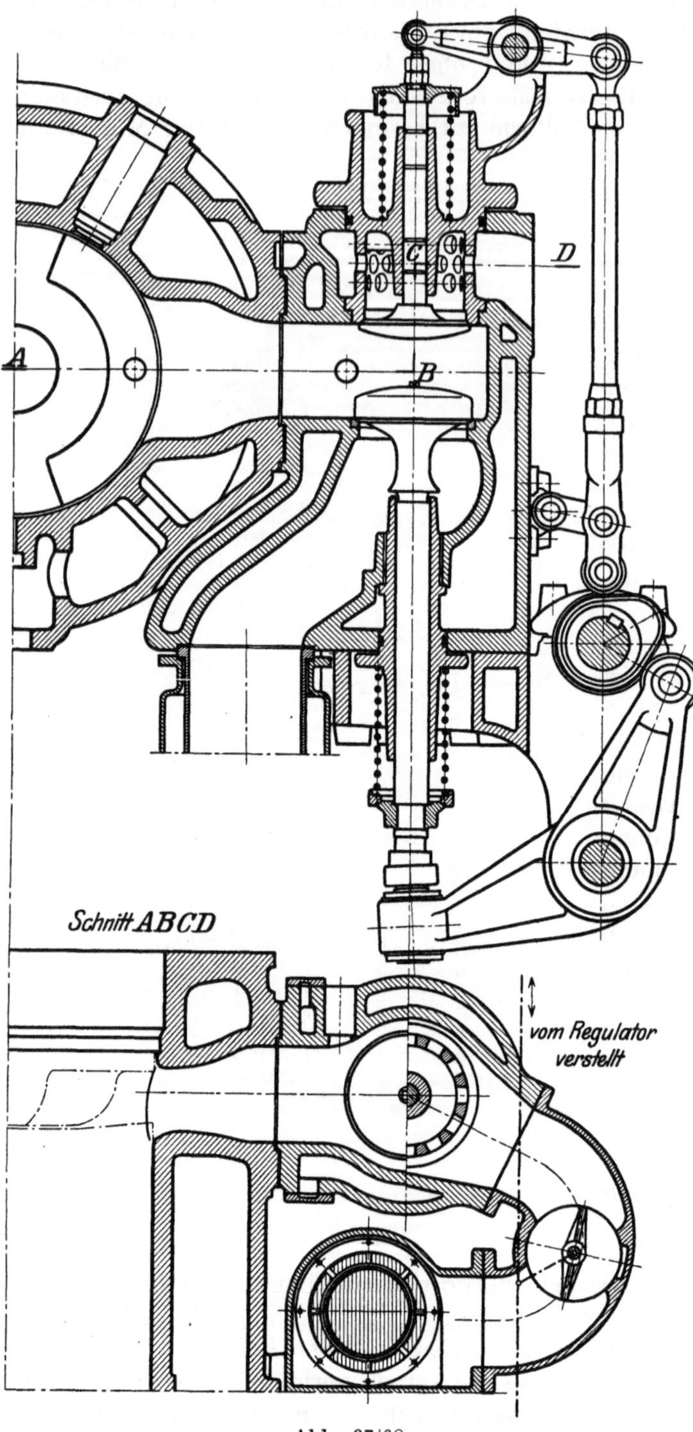

Abb. 67/68.

Die Anordnung der Einlaßventile seitlich am Zylinder wird bei doppeltwirkenden Maschinen noch seltener vorgenommen, da einerseits für die Ausbildung einer Steuerung mit veränderlicher Steuerwirkung nur wenig Raum verbleibt[2]), besonders aber deshalb, weil in diesem Falle der Verbrennungsraum teilweise in das Anschlußstück verlegt wird und dieses, ent-

[1]) Maßstab 1 : 20. Zu einer DT 9 Maschine von Gebr. Körting A.-G. in Körtingsdorf bei Hannover. (Das zugehörige Mischventil ist in Abb. 24 dargestellt.)

[2]) Die in Abb. 67/68 dargestellte Steuerung macht hiervon insofern eine Ausnahme, als das Mischventil selbsttätig ist und die Steuerung des Einlasses durch eine einfache Stoßstange erzielt

sprechend den starken Verpuffungsdrücken, stark gebaut werden muß, was besonders bei großen Maschinen auf schwer zu beherrschende Abmessungen führt. Die Mischventile liegen hierbei in einem für beide Zylinderseiten gemeinschaftlichen Kasten mit von unten eintretenden Rohrleitungen für Gas und Luft in der Mitte des Zylinders und sind durch Krümmer, in denen die vom Regulator verstellten Drosselklappen Platz finden mit den Einlaßventilgehäusen verbunden.

Bei Anbringung der Einlaßorgane oben am Zylinder sind zwei Anordnungen zu unterscheiden, je nachdem es sich um die Verwendung getrennter oder vereinigter, bzw. gleichachsig angeordneter Misch- und Einlaßorgane handelt.

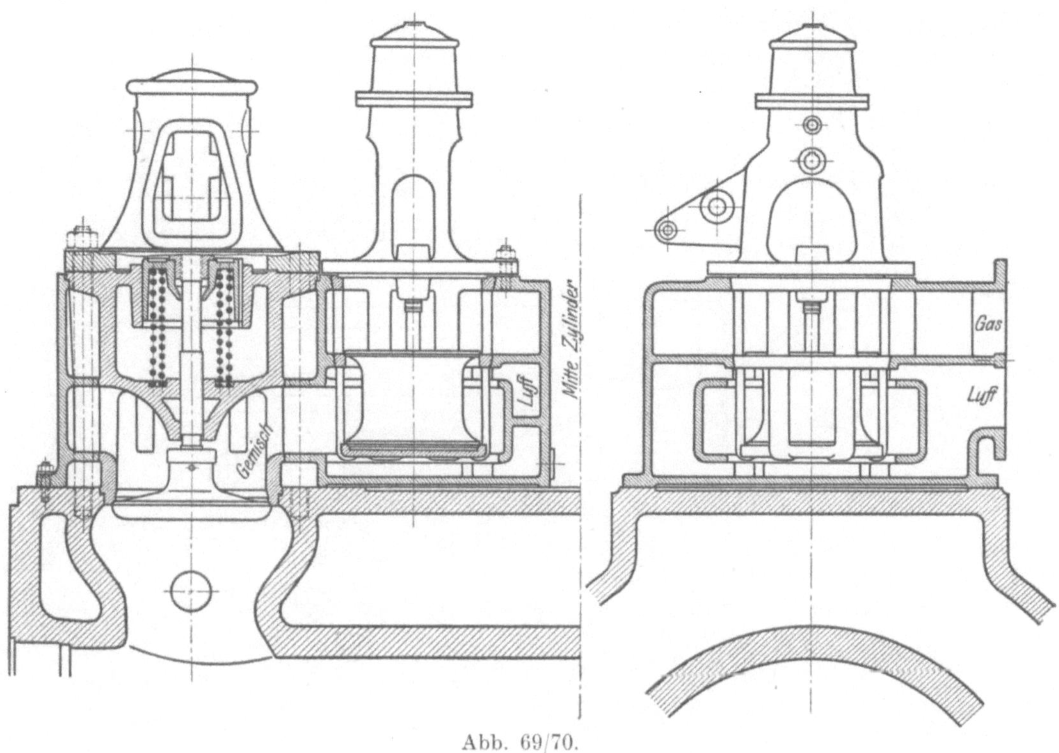

Abb. 69/70.

Die für den ersten Fall typische Anordnung ist aus Abb. 69/70[1]) ersichtlich. Misch- und Einlaßventile liegen in einem gemeinschaftlichen Anschlußstück (Verteilungskasten) nebeneinander und erhalten von der Steuerwelle aus getrennte Antriebe. Die für die Kurbel- und Deckelseite gewöhnlich getrennt ausgeführten Verteilungskästen sind in bezug auf Zylindermittellinie symmetrisch. Eine hiervon abweichende Anordnung ist in Abb. 71—73[2]) dargestellt. Hier ist für beide Zylinderseiten nur ein Verteilungskasten vorhanden, an dessen Enden die mit besonderen Einsätzen versehenen Einlaßventile eingebaut sind. Hingegen ist für beide Zylinderseiten nur ein Mischorgan vorhanden (entsprechend der ausgeführten Füllungsregelung aus einem Luft- und einem Gasventil bestehend, die gemeinschaftlichen Antrieb erhalten). Entsprechend den aufeinander folgenden Saughüben der beiden Zylinderseiten bleibt das Mischventil über die Dauer einer ganzen Kurbelumdre-

---

wird. Man beachte übrigens die großen Wandstärken des Anschlußstückes in Anbetracht der verhältnismäßig kleinen Maschine. Die Nachrechnung der Verhältnisse für DT 14 führt auf nahezu unausführbare Abmessungen.

[1]) Maßstab 1 : 20. Zu einer DT 13 Maschine der Maschinenfabrik Augsburg-Nürnberg A.-G. (Das zugehörige Gasventil ist in Abb. 25 dargestellt.)

[2]) Maßstab 1 : 20. Zu einer D 8 Maschine der Gasmotorenfabrik Deutz in Köln-Deutz.

hung offen. Als Vorteil dieser Anordnung ist der Wegfall eines ganzen Mischorganes samt Antrieb zu nennen. Über die Nachteile siehe das weiter unten Gesagte.

Die für die Verwendung gemeinschaftlicher oder achsengleich angeordneter Misch- und Einlaßorgane übliche Bauart des Anschlußstückes ist aus Abb. 74[1]) ersichtlich. Der obere Teil des Einlaßventileinsatzes findet hierbei nach dem früher Gesagten die entsprechend der vorliegenden Bauart des Mischorganes notwendige Gestaltung.

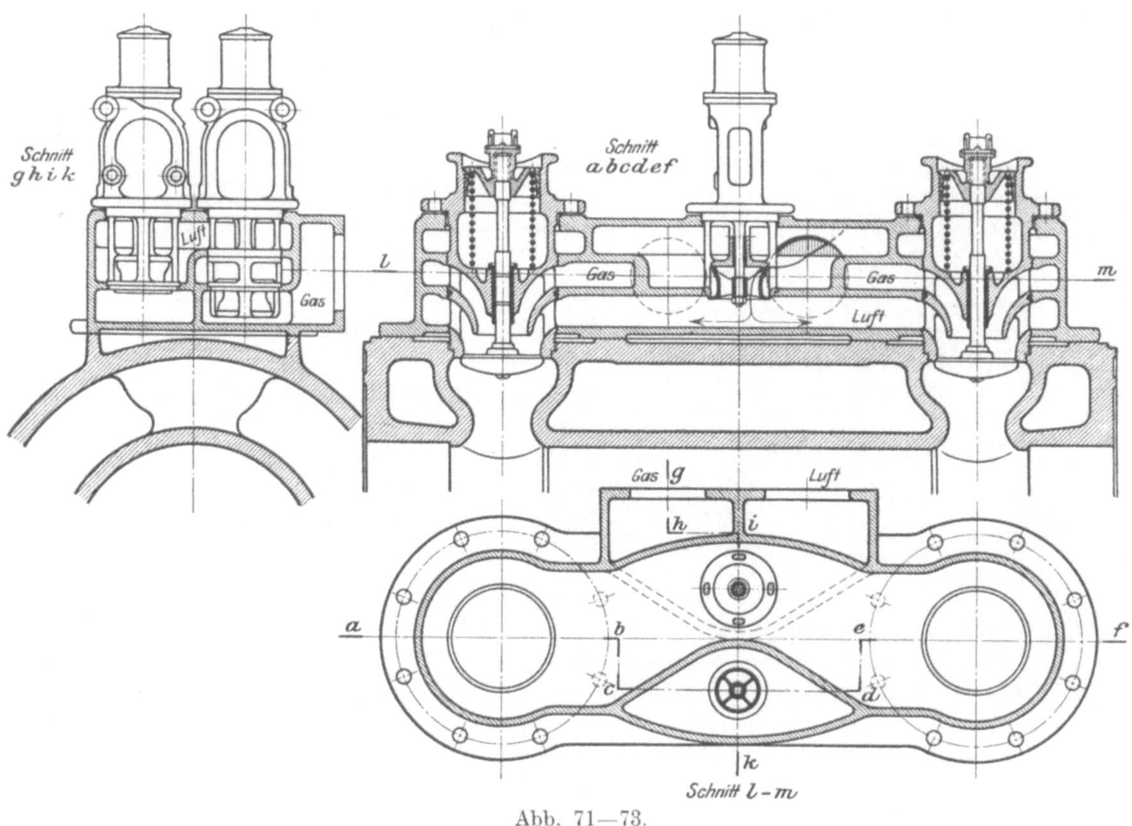

Abb. 71—73.

Bei dieser Bauart wird Gas und Luft für jede Zylinderseite besonders zugeleitet, in der Regel mit Hilfe eines durch eine Scheidewand geteilten Rohres, in das auch meistens die zur Handregulierung dienenden Drosselklappen verlegt werden. Bei Verwendung nebeneiander liegender Misch- und Einlaßorgane findet teilweise dieselbe Anordnung der Rohrleitungen statt (z. B. bei der in Abb. 69/70 dargestellten Bauart), oder es findet ein besonderes Verteilungsstück Verwendung, das dann die zur Handregulierung dienenden Drosselklappen aufnimmt und, die Anschlüsse an beiden Verteilungskästen vermittelnd, Gas und Luft nur durch je ein Zuleitungsrohr erhält.

Als Vorteil der getrennten Anordnung von Misch- und Einlaßorganen ist die leichtere Zugänglichkeit, besonders des Einlaßorgans zu erwähnen, das in diesem Falle ohne Abbau des Mischorgans ausgebaut werden kann. Außerdem ergibt sich, sofern nicht Misch- und Einlaßorgane von derselben Steuerung betätigt werden, keine Schwierigkeit für den Ausbau der äußeren Steuerung, während bei gleichachsig angeordneten Organen und getrenntem Antrieb die Verhältnisse zur Ausbildung

[1]) Maßstab 1 : 20. Zu einer DT 10 Gichtgasmaschine von Ehrhardt & Sehmer, G. m. b. H. in Saarbrücken. (Das dazugehörige Gasventil ist in Abb. 25 dargestellt.)

einer Ventilspindel als Rohr und, um einseitige Kraftwirkungen zu vermeiden, zu einer Gabelung der Steuerungsteile des Ventilantriebes zwingen. Letzterer Nachteil fällt um so mehr ins Gewicht, je vielgliedriger die verwendete äußere Steuerung ist, obwohl sich, wie weiter unten in Beispielen gezeigt wird, auch für den Fall sehr verwickelter Antriebsmechanismen durchaus befriedigende Lösungen finden lassen.

Den dadurch gekennzeichneten Vorteilen getrennter Anordnung steht jedoch ein wesentlicher Nachteil gegenüber, der in der Vergrößerung des Raumes zwischen Misch- und Einlaßorgan bei getrennter Anordnung der vereinigten oder gleichachsigen Bauart gegenüber besteht. Die ganz allgemein gültige Regel, den Raum zwischen Misch- und Einlaßorgan so klein als möglich zu machen, rechtfertigt sich einerseits aus der Forderung nach Betriebssicherheit, da immerhin Gefahr eines Durchschlagens der Zündung durch ein nicht ganz dicht schließendes Einlaßventil be-

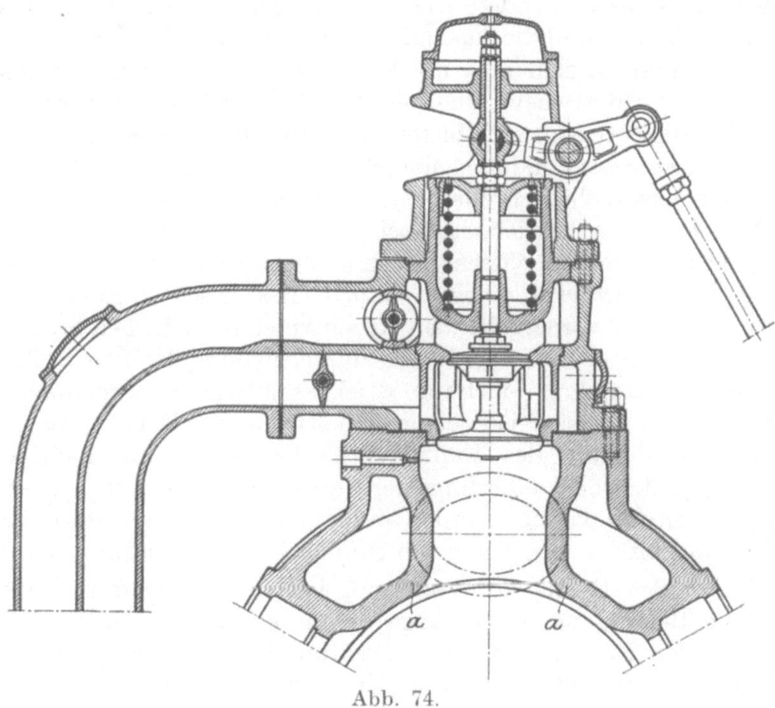

Abb. 74.

steht, wobei dann auch der Gemischrest zwischen Misch- und Einlaßorgan verpufft und den Verteilungskasten und seine Organe natürlich um so mehr beansprucht, je größer die zur Verpuffung kommende Gemischmenge ist. Mittel dagegen bestehen, wie bereits bei Besprechung der einzelnen Mischorgane erwähnt, vor allem in einem Leerspülen des Gemischraumes, indem zwischen den Zeitpunkten des Gas- und Einlaßabschlusses, noch Luft in den Zylinder gesaugt wird (vgl. das zu Abb. 25, 33/34, 42/43 Gesagte), ferner auch darin, daß Luft- und Gasleitung getrennt bis vor das Einlaßventil geführt werden, so daß eine Gemischbildung nur dort stattfinden kann (s. Abb. 71—73), wobei sich allerdings weniger günstige Verhältnisse für die Gemischbildung ergeben. Die Anbringung von Sicherheitsventilen am Verteilungskasten ist unter allen Umständen anzuraten, um bei durchschlagenden Zündungen einen Spannungsausgleich zu ermöglichen und ein Zurückschlagen und Zünden in die Gasleitung beim nächsten Arbeitsspiel zu vermeiden. Der andere, wesentlich wichtigere Grund für die Verkleinerung des Gemischraumes besteht in der bereits auf S. 20 ausgesprochenen Forderung, zwecks guter Regulierung die für jeden Hub durch den Regulator zugeführte Energiemenge auch möglichst zu verbrauchen.

Große Gemischräume enthalten nach Abschluß des Einlasses noch verhältnismäßig große Energiemengen, die der Einwirkung des Regulators bereits entzogen sind, wodurch die Regulierung wesentlich verschlechtert wird, zumal bei Viertaktmaschinen, wo es zwei volle Umdrehungen braucht, bis der Regulator wieder die Leistung derselben Zylinderseite beeinflußt, während der sich der Belastungszustand der Maschine bereits beträchtlich geändert haben kann. Besonders der zuletzt gekennzeichnete Umstand ist wohl der Grund, daß man in neuerer Zeit von der getrennten Anordnung mehr und mehr abkommt und sie nur noch dort verwendet, wo sich infolge sehr unreinen Gases ein öfterer, rasch zu bewerkstelligender Ausbau der Mischorgane nicht vermeiden läßt.

Für die Lage des Einlaßventiltellers zum Zylinder sind zwei Möglichkeiten gegeben, deren Unterschied durch Vergleich der Abb. 47/48 und 74 deutlich wird. Die heute noch meistens verwendete Anordnung nach Abb. 74 zeigt die Lage des Einlaßventiltellers hoch oben und die Ausbildung des Verdichtungsraumes im wesentlichen als „Zwiebel" von kreisrundem oder mit Rücksicht auf die Festigkeitsbeanspruchung des Zylinders besser elliptischem Querschnitt (kleine Achse der Ellipse parallel zur Zylinderachse!). Diese Gestaltung bietet den Vorteil eines geschlossenen Verbrennungsraumes mit sicherster Zündungsmöglichkeit, ergibt aber für die auch auf reine Festigkeit hoch beanspruchten Stellen des Überganges der Zwiebel in den Zylindermantel (in Abb. 74 mit *a* bezeichnet) noch eine weitere ungünstige Beanspruchung, die diesen Punkt zur empfindlichsten und am leichtesten zu Rissen neigenden Stelle des ganzen Zylindergußstückes macht. Infolge des frisch eintretenden Gemisches erfahren diese von dem vorhergehenden Arbeitsspiel noch heißen Stellen eine rasche Abkühlung, die sich in entsprechender Zusammenziehung der Oberflächenschicht des Materials äußert und in ihrer Wirkung direkt mit einem mechanischen Stoß verglichen werden kann, der sich bei jedem Arbeitsspiel wiederholt. Diesen Übelstand vermeidet die Tieferlegung des Einlaßventils bis knapp zur Lauffläche, wie in Abb. 47/48 dargestellt, wobei allerdings der Verdichtungsraum im wesentlichen zwischen Kolben und Deckel verlegt werden muß und eine scheibenförmige Gestalt mit größerer wärmeableitender Oberfläche im Moment der Verpuffung annimmt.

Bezüglich der Befestigung des Verteilungskastens am Zylinder ist noch zu bemerken, daß die Befestigung durch lange Schrauben (s. Abb. 69/70), die vermittels der Ventilhaube den Einsatz auf seine Dichtungsfläche drücken, den Vorteil hat, den Gußkörper des Anschlußstückes von den auftretenden Kräften zu entlasten, hingegen die Verwendung etwas stärkerer und weniger beanspruchter Schrauben fordert, wenn nicht infolge der Dehnung aus der Kraftwirkung beim Verpuffungsdruck ein Undichtwerden in der Abdichtungsstelle des Einlaßventileinsatzes auftreten soll. Die Verwendung einer indirekten Befestigung, wobei die zum Niederhalten des Einlaßventileinsatzes erforderliche Kraft durch Schrauben zuerst auf das Anschlußstück und von dort erst durch Schrauben mittels des Flansches der Einlaßventilhaube auf den Sitz übertragen wird, zeigt Abb. 74.

Die normale Form des Anschlußstückes für Auslaß (Auspuffgehäuse) ist aus Abb. 75[1]) ersichtlich. Der an das wassergekühlte Auspuffgehäuse seitlich angegossene Rohrstutzen wird oft auch nach abwärts gezogen, um das Auspuffrohr ohne Krümmer direkt von unten anschließen zu können. Vereinfachungen des mehrteiligen Aufbaues werden vielfach ausgeführt. In Abb. 76[1]) ist eine Bauart dargestellt, wobei Auspuffgehäuse und Auslaßventileinsatz aus einem Stück bestehen. Diese Ausführung stellt sich gegenüber der in Abb. 75 dargestellten billiger, hat indessen den Nachteil, daß beim Ausbau des Auslaßventils das ganze sehr schwere

[1]) Maßstab 1:20. Beide Ausführungen zu derselben DT 14 Maschine der Maschinenfabrik Thyssen & Co. Aktiengesellschaft in Mülheim-Ruhr.

Stück abgebaut und außerdem die Auspuffleitung besonders abgestützt werden muß, was bei engen Fundamentgängen unter Umständen Schwierigkeiten macht. Auch die Möglichkeit, das Auspuffgehäuse mit dem Zylinder aus einem Stück zu gießen, wird ausgenutzt, wobei sich namhafte Ersparnisse erzielen lassen (Zylinder mit Wassersack). Diese Ausführung besitzt indessen den Nachteil, daß leicht Risse an

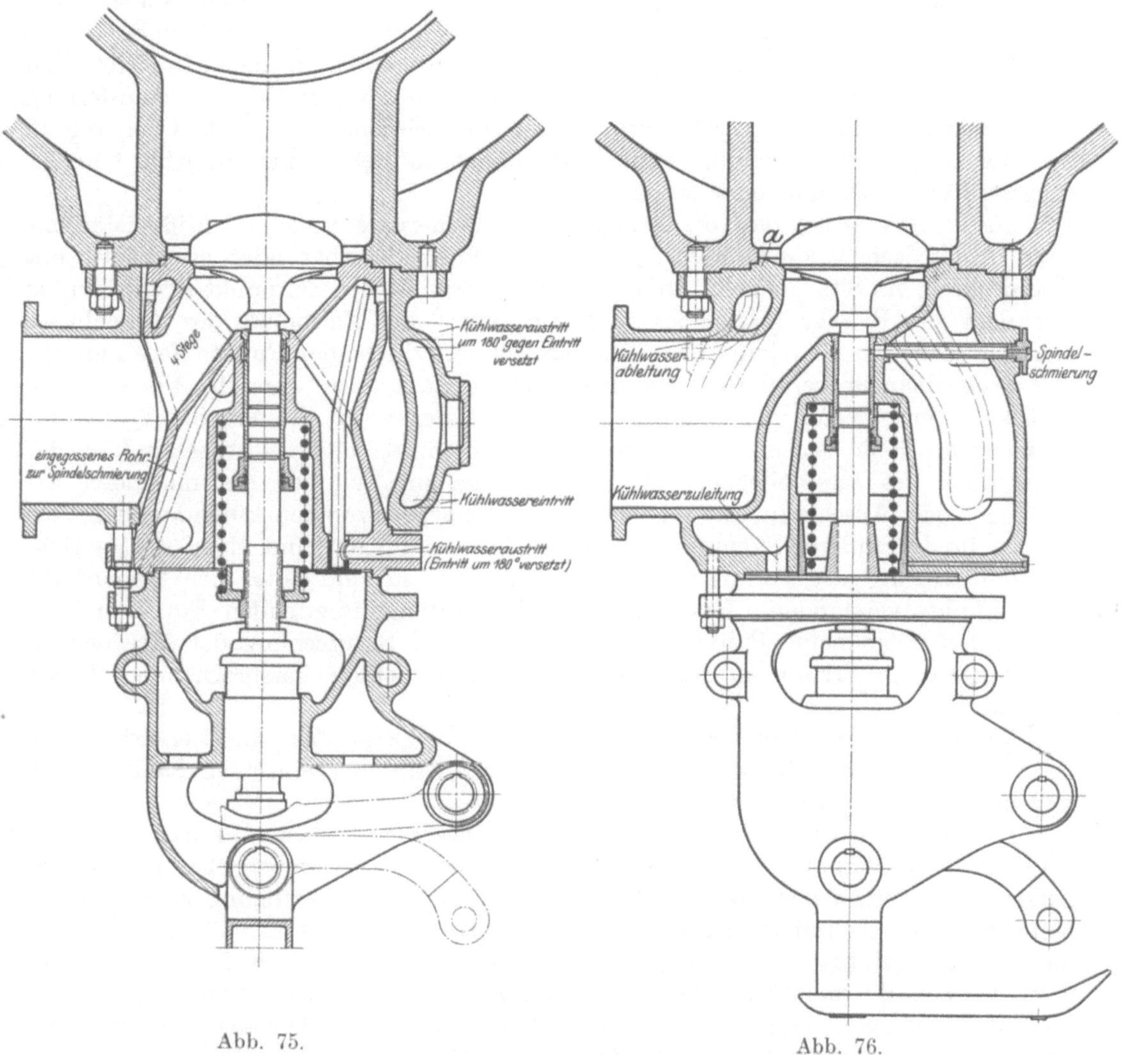

Abb. 75. Abb. 76.

der Übergangsstelle des Außenmantels eintreten, was sich daraus erklärt, daß das innere Gehäuse mit dem Laufzylinder, das äußere mit dem Mantel vergossen ist, wodurch deren gegenseitige Schiebung infolge der ungleichen Erwärmung durch die Formänderung des Wassersackes aufzunehmen ist. Da aus demselben Grund auch leicht ein Schiefziehen auftritt, ist die Konstruktion wohl zweckmäßig nur für kleinere Typen zu verwenden.

2. Äußere Steuerung.

a) Steuerdaten.

Als grundlegend für die Ausführung der äußeren Steuerung sind die Steuerdaten anzusehen, Angaben über Eröffnungs- und Abschlußpunkte der einzelnen Steuerorgane, die durch die äußere Steuerung verwirklicht werden sollen. Die Angabe der Zeitpunkte kann entweder in Graden Kurbelwinkel oder in v. H. des Kolbenweges, gemessen vom Totpunkt, aus erfolgen, wobei in folgendem stets von der zweiten Art Gebrauch gemacht werden soll, da die jeweilige Kolbenstellung das für den Verlauf des Arbeitsprozesses Kennzeichnende ist. Der Übergang in die zugehörige Kurbelstellung ergibt sich dann aus dem früher in Abb. 9 bis 11 dargestellten Diagramm ohne weiteres.

Zu bemerken ist, daß die Angabe einer Steuerdate zu einem Mißverständnis dann Anlaß geben kann, wenn es sich um einen Schieber oder ein Ventil mit Überdeckung im Sitz handelt. In diesem Falle stimmt der Zeitpunkt der Eröffnung mit dem des Bewegungsbeginnes und umgekehrt der Zeitpunkt des Abschlusses mit dem Ende der Bewegung nicht überein, sondern die beiden Punkte liegen um die Zeit gegeneinander verschoben, die das Steuerorgan braucht, um die Überdeckung zurückzulegen. Wenn von einer Steuerdate mit Bezug auf die Arbeitsvorgänge im Zylinder die Rede ist, ist, wie im folgenden Abschnitt stets, selbstverständlich der Augenblick des tatsächlichen, für die Vorgänge im Zylinder bestimmenden Eröffnungs- oder Abschlußpunktes gemeint. Ist hingegen von den kinematischen Vorgängen in der äußeren Steuerung die Rede, für die Beginn und Ende der tatsächlichen Bewegung des Ventils von Bedeutung sind, so sind unter den Steuerdaten diese Punkte verstanden. Bei den ohne Überdeckung arbeitenden Ein- und Auslaßventilen fallen beide Punkte zusammen. Wo bei Besprechung der Mischventilsteuerungen ein Irrtum möglich ist, ist er durch einen entsprechenden Zusatz verhindert.

Mit Bezugnahme auf das bereits früher (s. S. 32f.) über die Verwirklichung des Viertaktverfahrens Gesagte ergibt sich für die Wahl der einzelnen Steuerpunkte folgendes:

Die Eröffnung des Einlasses erfolgt zweckmäßig schon kurze Zeit vor Ende des Ausschubhubes. Der Grund hierfür ist das Bestreben, bei Beginn des Ansaugens bereits einen größeren Einströmquerschnitt zur Verfügung zu haben und Unterdruck im Zylinder, hervorgerufen durch Drosselung im Einlaßorgan, zu vermeiden. Ausgeführt finden sich in der Regel Werte des Voreröffnens von 6 bis 0 v. H. (3 v. H. im Mittel), je nach der Bauart der äußeren Steuerung und der hierdurch bedingten langsameren oder rascheren Eröffnung. Die angegebenen Werte finden sich auch vielfach überschritten bis auf Werte von 20 v. H. Voreröffnung. Auch die Ausbildung der Mischventilsteuerung ist auf die Wahl des Punktes *E. a.* nicht ohne Einfluß insofern, als nach der früher gegebenen Regel der Einlaßquerschnitt stets größer als der vom Regler beherrschte Mischventilquerschnitt sein soll und bei rasche Eröffnung gebender Mischventilsteuerung unter Umständen schon größere Eröffnung des Einlaßquerschnittes im Totpunkt erforderlich ist, um der erwähnten Regel Genüge zu leisten. Bei selbsttätigen Mischventilen, die erst nach Beginn des Ansaugehubes eröffnen (s. S. 61), kann die Einlaßeröffnung auch erst unmittelbar nach dem Totpunkt vorgenommen werden. Im allgemeinen ist, wie aus den angegebenen Zahlenwerten ersichtlich, die Wahl des Punktes *E. a.* dem Konstrukteur in weiteren Grenzen freigestellt und auf die Diagrammbildung ohne bestimmenden Einfluß, sofern nur durch hinreichenden Auslaßquerschnitt für entsprechende Entladung des Zylinders während der Ausströmperiode gesorgt ist, so daß kein Zurückschlagen in den Gemischraum infolge von im Zylinder noch herrschenden Überdruck zu befürchten ist. Bei Leistungssteigerung durch Ausspülen (s. S. 17) ist ein geringes Früherlegen des Punktes *E. a.* gegenüber normalem Betrieb erforderlich.

Die Wahl des Einlaßabschlusses ist dem Konstrukteur ebenfalls innerhalb weiterer Grenzen freigestellt. Bestimmend für die Wahl des Punktes *E. z.* ist einerseits das Bestreben nach möglichst vollkommener Aufladung des Zylinders, andererseits ist ein Rücktreten von Gemisch infolge bereits eintretender Verdichtung zu vermeiden. Der Abschluß des Einlasses wird unter allen Umständen erst nach Erreichung des Totpunktes am Ende des Saughubes vorgenommen, da die lebendige Kraft der in Bewegung befindlichen Luft- und Gassäulen vorteilhaft noch so lange zur Weiteraufladung des Zylinders benützt wird, bis der hierdurch zu erzielende Druck durch die auftretende Verdichtung überholt wird. Ausgeführt und überschritten finden sich Werte von 2 bis 20 v. H. (10 v. H. im Mittel). Für die Wahl ist außer den gegebenen Gesichtspunkten auch das früher über den Zusammenhang mit der Mischventilsteuerung Gesagte sinngemäß zu beachten.

Für die Wahl des Punktes der Auslasseröffnung *A.a.* ist das Bestreben bestimmend, im Totpunkt bereits vollkommenen Spannungsausgleich erzielt zu haben, um Verlust an Diagrammfläche zu vermeiden. Mit Rücksicht darauf wird der Punkt *A.a.* stets schon beträchtlich vor Beendigung des Expansionshubes anzusetzen sein. Allzu frühe Lage ist ebenfalls mit Rücksicht auf Diagrammverlust und auch darum zu vermeiden, weil sonst gegen zu hohen Druck anzuheben ist, was die Steuerungsgestänge ungünstig beansprucht und schwere Bauart erfordert, so daß demnach die Wahl des Punktes *A.a.* innerhalb ziemlich enger Grenzen festgelegt ist. Innerhalb dieser ist bei der Wahl noch zu beachten, daß bei gegebener Auspuffgeschwindigkeit die Zeitdauer der Entladung festliegt, bei schneller laufenden Maschinen deshalb eine größere Vorausströmung erforderlich ist als bei langsamer laufenden, sowie auch langsame Eröffnung des Auslaßventils infolge der Bauart der äußeren Steuerung ein früheres Ansetzen des Punktes *A.a.* erforderlich macht. Ausgeführt finden sich Werte von 14 bis 30 v. H. (im Mittel 22 v. H.).

Der Punkt des Auslaßabschlusses liegt dadurch fest, daß einerseits ein möglichst weitgehendes Ausschieben der Abgase stattfinden, andererseits aber nicht aus dem Auspuff zurückgesaugt werden soll. In entsprechender Weise wie die dynamische Wirkung der einströmenden Gase zu besserer Aufladung des Zylinders Verwendung findet, bedient man sich auch zweckmäßig der Strömungsenergie der Abgassäule in den Auspuffleitungen zu einer Verbesserung der Entladung des Zylinders und läßt das Auslaßventil daher erst nach Beginn des Saughubes schließen. Werte von 0 bis 12 v. H. (4 v. H. im Mittel) finden sich ausgeführt.

Bezüglich der Steuerdaten des Mischorgans sind Zahlenwerte nicht zu geben, sofern die Regulierung durch Veränderlichkeit der Steuerwirkung des Mischorgans erzielt wird. Wenn dies nicht der Fall ist, werden die Eröffnungsverhältnisse des Mischorgans mit denen des Einlaßventils zweckmäßig ungefähr Schritt halten und die Eröffnungs- und Schlußpunkte in der Nähe der für den Einlaß gültigen Punkte liegen. Ein hiervon abweichender Fall tritt dann ein, wenn es sich um die Verwendung besonders heizwertreicher Gase handelt; hier ist es, wie bereits erwähnt (s. S. 67) zweckmäßig, durch entsprechende Luftvorlagerung Entzündungen infolge Zurückschlagens von Abgasresten zu vermeiden und außerdem den Gemischraum besonders sorgfältig leer zu spülen, demnach die Eröffnung des Gasventils erst nach Beginn und den Abschluß vor Ende des Saughubes vorzunehmen. Das gewünschte Mischungsverhältnis wird dann, allerdings unter Aufgabe gleichmäßiger Mischung, dadurch erreicht, daß während der Eröffnung des Gasventils zu reiches Gemisch angesaugt wird, was dann zusammen mit den in den

Zylinder vor- und nachher gelangenden Luftmengen den gewünschten Durchschnitt ergibt. Zahlenmäßige Angaben über die Lage der Punkte *M. a.* und *M. z.* bei Steuerungen mit veränderlicher Steuerwirkung finden sich weiter unten bei deren Besprechung gegeben.

Im allgemeinen ist noch zur Wahl der Steuerdaten zu erwähnen, daß von der Ausgleichung der Steuerwirkung für beide Zylinderseiten in der Regel abgesehen wird mit Rücksicht auf die obenerwähnte Freiheit der Wahl innerhalb gewisser Grenzen. Gleichheit der Steuerwirkung wäre hingegen meistens in einfacher Weise zu erzielen, worüber weiter unten Näheres zu sagen ist.

Eine Beschränkung in der Wahl der Steuerpunkte liegt in dem, übrigens nicht oft auftretenden Fall vor, daß der Antrieb zweier Steuerorgane voneinander nicht unabhängig vorgenommen wird, in welchem Falle dann nur drei Steuerpunkte frei gewählt werden können, wodurch der vierte festliegt. (Dieser Zusammenhang drückt sich geometrisch dadurch aus, daß ein Kreis durch drei Punkte vollständig bestimmt ist.) In diesem Falle ist ein Ausgleich zu schließen, der indessen bei der Freiheit der Wahl der einzelnen Steuerabschnitte in der Regel zu befriedigenden Ergebnissen führen wird. Das Nähere hierüber ist ebenfalls weiter unten bei Besprechung der einzelnen Antriebsarten gesagt.

b) Allgemeine Anordnung des Antriebs.

Der Antrieb der Steuerorgane von Verbrennungskraftmaschinen erfolgt nahezu ausschließlich durch Vermittlung einer besonderen Steuerwelle. Dies geschieht deshalb, weil durch die Ausbildung der Steuerorgane als Ventile oder Ventilschieber deren Antrieb in bequemer Weise nur durch Zwischenschaltung einer Steuerwelle möglich ist, bei Viertaktsteuerungen auch deshalb, weil die Notwendigkeit, den Bewegungszyklus der Kurbelwelle im Verhältnis 1:2 in das Langsame zu übersetzen, die Verwendung eines besonderen Antriebsorgans, das mit der halben Umdrehungszahl der Kurbelwelle umläuft, erforderlich macht.

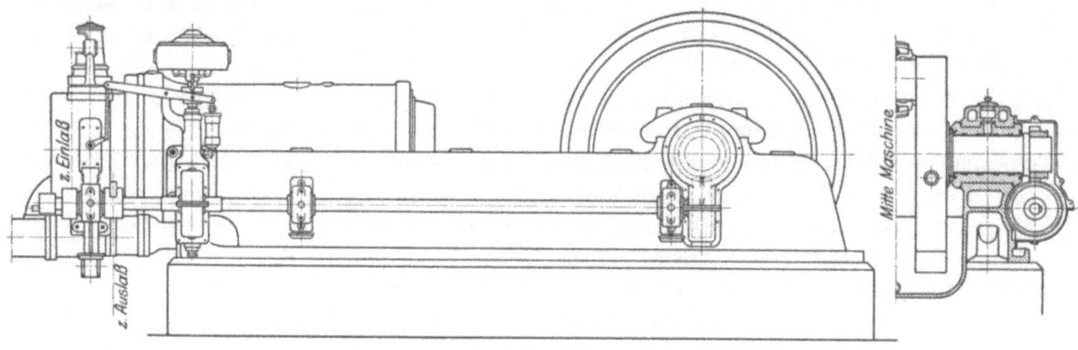

Abb. 77/78.

Bei liegenden Maschinen ergibt sich in der Ausgestaltung des Antriebs der eigentlichen Steuerwelle ein Unterschied, je nachdem es sich um einfachwirkende Maschinen handelt, bei denen die Steuerwelle von der Kurbelwelle aus direkt angetrieben wird, oder um doppeltwirkende, wo in den Steuerwellenantrieb in der Regel noch eine Zwischenwelle eingeschaltet wird. Abb. 77/78[1]) zeigt die gebräuchliche Form des Antriebes für einfachwirkende, Abb. 79[2]) für eine doppeltwirkende Maschine.

[1]) Maßstab 1:35. Zu einer E 70 Generatorgasmaschine der Maschinenfabrik und Mühlenbauanstalt G. Luther in Braunschweig.

[2]) Maßstab 1:60. Zu einer DT 10 Maschine von Ehrhardt & Sehmer, G. m. b. H. in Saarbrücken.

Bei einfach wirkenden Maschinen werden Schwungrad und Steuerwellenantrieb meistens auf verschiedenen Seiten angeordnet, um das Antriebsrad der Steuerwelle auf der auf kleineren Durchmesser abgesetzten Kurbelwelle fliegend anordnen zu können und kleinere Räder zu erhalten. Bei Großmaschinen wird die Anordnung des Antriebs zwischen Hauptlager und Schwungrad in der Regel vorgezogen, da die Mehrkosten der größeren Räder dort keine Rolle spielen und sich so bei der Ausbildung der Maschine als Zwillingsmaschine die Lage der beiden Steuerwellen zwischen den Zylindern ohne Modelländerung ergibt, eine Anordnung, die mit Rücksicht auf die Übersichtlichkeit im Betrieb in der Regel gewünscht wird.

Bei stehenden Maschinen erfordert die Lage der Ventile im Deckel die Verwendung einer hochliegenden Steuerwelle parallel zur Kurbelwelle, die Zwischenwelle, die die Bewegung überträgt, wird hierbei immer senkrecht angeordnet, da sie zweckmäßig auch zum Antrieb des Regulators verwendet wird. Die Bewegungsübertragung zwischen den sich kreuzenden Wellen erfolgt hierbei durch Schraubenräder derart, daß die Summe der vier Halbmesser den wagrechten Abstand der beiden Wellen beträgt. Da die Anordnung vollkommen der bei stehenden Dieselmotoren viel weiter verbreiteten entspricht, ist auf das dort (s. S. 287) Gesagte zu verweisen.

Auch bei liegenden Maschinen erfolgt die Ableitung der Bewegung von der Kurbelwelle fast ausschließlich durch zylindrische Schraubenräder, die vor Kegelrädern mit geraden Zähnen den Vorteil wesentlich geräuschloseren Ganges voraus haben und bei reichlicher Schmierung (die Räder laufen in eigenen Schutzkästen dauernd in Öl) auch keine nennenswerten Abnützungen ergeben. Die Verwendung von Kegelrädern hat auch den Nachteil, daß infolge der Übersetzung in das Langsame das Rad auf der Steuerwelle groß wird und diese vom Zylinder weit abrückt, zumal bei Großgasmaschinen, wo der Durchmesser des kleineren, auf der Kurbelwelle sitzenden Rades durch deren Durchmesser bedingt ist.

Die bei Großgasmaschinen meistens verwendete Zwischenwelle erhält zweckmäßig eine Umdrehungszahl zwischen denen der Kurbel- und Steuerwelle, zumal dann, wenn von ihr aus der Antrieb der Öl- und Kühlwasserpumpen erfolgt, deren Lieferung bei größerer Umdrehungszahl kleinere Abmessungen erfordert. Die Bewegungsübertragung zwischen Zwischen- und eigentlicher Steuerwelle erfolgt meistens durch Stirnräder in einem geschlossenen Kasten. Die früher vielfach verwendete Anordnung kleiner Schwungräder auf der Zwischenwelle, um trotz der stoßartig wirkenden Beanspruchung der Steuerwelle im Moment des Ventilanhubes ruhigen Gang der Zahnräder zu erzielen, erweist sich mangels des zur Unterbringung hinreichender Schwungmassen erforderlichen Raumes meistens als zwecklos und wird daher nur mehr selten vorgenommen.

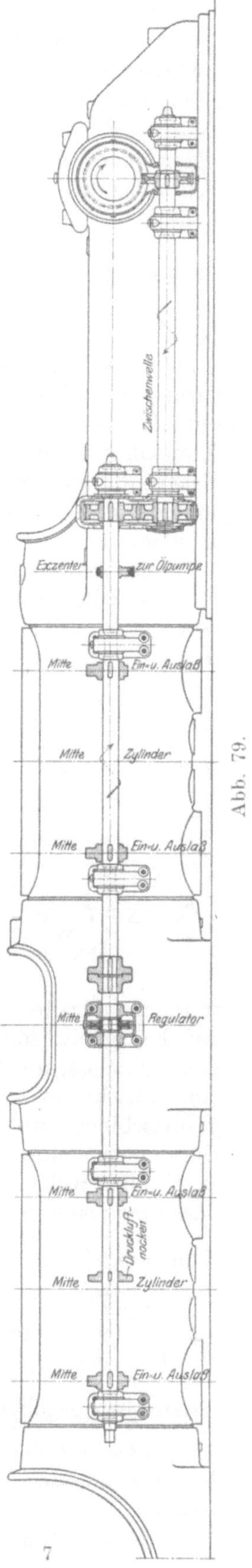

Abb. 79.

Die übliche Form der Lagerung der Steuerwellen bei einfachwirkenden Maschinen ist aus Abb. 77/78 ersichtlich. Bei kleineren Modellen entfällt das mittlere Steuerwellenlager. Das rückwärtige, am Zylinderkopf angeschraubte Steuerwellenlager wird meistens zwischen den Antriebsorganen für Ein- und Auslaß angebracht, deren eines dann fliegend angeordnet wird. Mit Rücksicht auf den durch die Schraubenräder entstehenden Axialschub muß die Welle durch Bunde gegen seitliche Verschiebung gesichert werden.

Die Anordnung der Steuerwellenlager bei Großgasmaschinen ist durch den Gesichtspunkt bestimmt, die Lager möglichst nahe an die Antriebsorgane der Ventile heranzurücken, um die entstehenden Kräfte mit kurzem Hebelarm aufzufangen. Hierdurch ist die Anordnung der Lager an den Enden jedes Zylinders bedingt. Aus demselben Grunde sind auch die Lager möglichst nahe an die Zahnräder heranzurücken und werden zweckmäßig mit ihrem Unterteil mit dem die Räder umschließenden Schutzkasten aus einem Stück gegossen. Die Verwendung von mittels Klauenkuppelungen gekuppelten Steuerwellen ist für alle Fälle anzuraten, um ein Ecken des Steuerungsantriebes trotz der im Betrieb auftretenden, aus Wärmedehnungen und Kraftwirkungen herrührenden Verschiebungen der Zylinder zu vermeiden.

Die Anordnung des Regulators, dessen Antrieb schon um des ruhigen Ganges willen fast ausschließlich durch Schraubenräder von der Steuerwelle aus bewirkt wird, findet bei DT Maschinen zweckmäßig zwischen den Zylindern statt, um kurze Regulierwellen für beide Zylinder zu erhalten. Die Anordnung des Regulators am vorderen Ende des vorderen Zylinders ergibt lange Regulierwellen, was besonders bei Steuerungen, die große Verstellkräfte erfordern, mit Rücksicht auf Verdrehung der Regulierwelle zu beachten ist, bietet hingegen den Vorteil, den Regulatorantrieb mit den Stirnrädern in einem Räderkasten vereinigen zu können und kann ohne Modelländerung auch bei einfachen D Maschinen Verwendung finden.

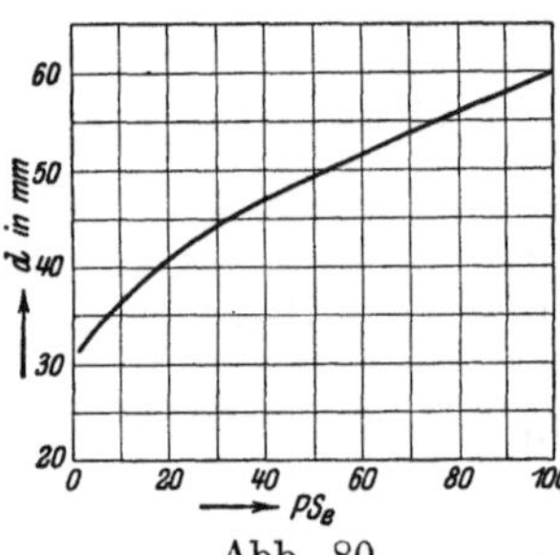

Abb. 80.

Bezüglich der Bemessung der Steuerwellen ist zu bemerken, daß die Berechnung auf Festigkeit auf Grund der (besonders beim Auslaßventilanhub) auftretenden Kräfte auf viel zu geringe Abmessungen führt, da nicht die Rücksichten auf Festigkeit, sondern der mit Rücksicht auf richtiges Arbeiten der Steuerung noch zuzulassende Verdrehungswinkel für die Bemessung bestimmend ist. Für einfachwirkende Maschinen gibt Abb. 80[1]) Werte nach Ausführungen. Für Großgasmaschinen (wo sich bei angenähert unveränderlichem Verhältnis von Hub zu Durchmesser und unveränderlichem Verpuffungsdruck von ~ 25 atm alle Kräfte durch den Hub ausdrücken lassen) besteht bei den allermeisten Ausführungen ein Zusammenhang zwischen Steuerwellendurchmesser d und Hub s, der sich in der Gleichung $d = \frac{s}{10} + 40$ (alle Größen in mm gemessen) ausdrückt. Die Zwischenwelle erhält in der Regel denselben Durchmesser wie die eigentliche Steuerwelle, um mit einem Steuerwellenlagermodell das Auslangen finden zu können.

Bei den zylindrischen Schraubenrädern ist das Übersetzungsverhältnis bekanntlich gegeben durch $\psi = \frac{d_1}{d_2 \operatorname{tg} \alpha_1}$, wobei α_1 den Neigungswinkel der Zähne des Rades mit dem Durchmesser d_1 zu dessen Radachse bedeutet. Das Verhältnis der Durchmesser ist demnach nur dann gleich dem Übersetzungsverhältnis, wenn

[1]) Nach Güldner (18a).

$\alpha_1 = 45^0$ ist. Das Übersetzungsverhältnis 1:2 wird mit gleichgroßen Rädern erreicht, wenn $\operatorname{tg} \alpha_1 = 2$ oder $\alpha_1 = 63^0 26'$ ist. Als Normalteilung findet sich bei einfach wirkenden Maschinen je nach Größe 5π bis $7{,}5\pi$, bei doppeltwirkenden Maschinen 8π bis 13π ausgeführt.

Als Baustoff für die Steuerräder findet in der Regel Stahl oder Stahlguß (für das treibende) und Phosphorbronze oder Spezialgußeisen (für das getriebene Rad) Verwendung. Die Verwendung von Spezialguß für beide Räder ergibt ebenfalls günstige Resultate und findet mehr und mehr Anwendung. Bei Großgasmaschinen finden ausschließlich Räder mit sauber geschnittenen und nahezu ohne Spiel laufenden Zähnen Verwendung. Bei kleineren Maschinen hat man auch mit Gußeisenrädern gute Erfahrung gemacht, die, sauber in Koquillen gegossen, ohne weitere Bearbeitung auf Spezialmaschinen mit Schmirgel und Öl werden einlaufen gelassen, ein Verfahren, daß ob seiner Billigkeit besonders für Massenherstellung Beachtung verdient.

c) Der Exzenterantrieb der Steuerorgane.

Zur Ableitung der Bewegung der Steuerorgane von der Drehbewegung der Steuerwelle stehen zwei Wege zur Verfügung, die Verwendung von Exzentern oder von unrunden Scheiben, wovon diese in einem späteren Abschnitt gesondert besprochen werden sollen.

Das Exzenter, dessen Exzentrizität in folgendem immer mit e bezeichnet wird, kann man sich aus einer Kurbel mit dem Halbmesser e so entstanden denken, daß der Durchmesser des Kurbelzapfens mehr und mehr vergrößert wird, bis dieser endlich die Welle selbst umfaßt und als ein getrenntes Stück auf ihr aufgekeilt werden kann. Da für die Bewegungsverhältnisse eines Kurbeltriebwerkes nur der Kurbelhalbmesser, nicht aber der Durchmesser des Kurbelzapfens bestimmend ist, ist ein Exzentertriebwerk kinematisch einfach als Kurbeltriebwerk mit einem Halbmesser gleich der Exzentrizität e aufzufassen. Die demnach für die Bewegungsverhältnisse des Kurbeltriebes entwickelten Beziehungen (s. S. 24f. und S. 28) gelten in gleicher Weise für den Exzentertrieb, vorausgesetzt, daß, wie dort, die Führungsrichtung des anderen Schubstangen- (hier Exzenterstangen-)endes eine Gerade ist, die durch den Mittelpunkt des Exzenterkreises geht.

Diesen idealen Fall, der sich übrigens im Verbrennungskraftmaschinenbau nur hin und wieder beim Antrieb der Steuerschieber von Luft- und Gaspumpen durchgebildet findet, bezeichnen wir als „normalen Exzenterantrieb".

In diesem Falle vollführt das andere, geführte Ende der Exzenterstange, wofür in folgendem stets die Bezeichnung „Führungspunkt" verwendet werden soll, eine harmonische Schwingung, deren Ausschläge von der Mittellage durch $\xi = e \cos \varepsilon$ gegeben sind, sofern von der endlichen Länge der Exzenterstange abgesehen wird, was bei den praktisch zur Verwendung kommenden kleinen Werten von e und den großen Stangenlängen meistens zulässig ist.

Es ist daher eine direkte Ableitung der Bewegung des Steuerorgans (z. B. durch einen doppelarmigen Hebel, der nur Größe und Richtung, nicht aber das Gesetz der Bewegung verändert) von der Bewegung des Führungspunktes nicht möglich, da die Ausbildung der Steuerorgane als Ventile oder Ventilschieber nur die Bewegung während Eröffnungsdauer des Steuerorganes, dazwischen aber eine ruhende Stellung des Steuerorgans erfordert. Um demnach den Exzenterantrieb trotzdem für den Antrieb der Steuerorgane verwendbar zu machen, ist die Zwischenschaltung besonderer Organe erforderlich, durch die, allgemein gesprochen, ein toter Gang in den Antrieb eingeschaltet wird derart, daß trotz der dauernden Bewegung des Führungspunktes das Steuerorgan während eines gewissen Teiles des Arbeitszyklus in Ruhe verharrt. Gleichzeitig hat jedoch dieses Organ in der Regel auch noch einen anderen Zweck zu erfüllen, nämlich den, Anfangs- und Endgeschwindigkeit der Bewegung des Steuerorgans möglichst zu verringern, um nahezu stoßfreies Anheben und Aufsetzen zu gewährleisten, eine Forderung, die mit Rücksicht auf Betrieb erhoben werden muß, durch direkten Exzenterantrieb im allgemeinen jedoch nicht zu erfüllen wäre. Diese Zwischenorgane, durch die demnach auch eine Veränderung des Bewegungsgesetzes erfolgt, werden als Wälzhebel oder als Schwingdaumen oder auch als Ausklinkungen, in welchem Falle dann die kinematische Kette des Steuerungsantriebes periodisch unterbrochen wird, ausgebildet, und sollen in den folgenden Abschnitten gesonderte Besprechung finden. In diesem Abschnitt sind nur jene Gesetzmäßigkeiten einer Betrachtung zu unterziehen, die sich bei direktem Exzenterantrieb, also bei der Bewegung des Führungs- bzw. Ableitungspunktes (s. darüber weiter unten) ergeben.

Es handelt sich nun zuvörderst darum, für den Fall des **normalen Exzenterantriebes** eine Beziehung zwischen den einzelnen Stellungen des Führungspunktes und den in demselben Augenblick herrschenden Kolbenstellungen zu finden, da diese die einzelnen Abschnitte der Steuerwirkung bedingen, jene sie aber hervorrufen derart, daß durch die jeweilige Stellung des Führungspunktes auch die augenblickliche Stellung des Steuerorganes festgelegt ist.

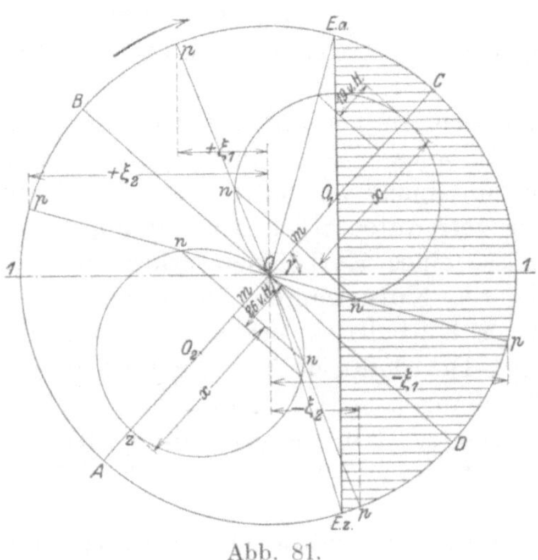

Abb. 81.

In Abb. 81 stelle der Kreis mit O als Mittelpunkt den Exzenterkreis, die strichpunktierte Gerade 1 1 die Führungsrichtung des Führungspunktes, die voll ausgezogene Gerade AC die Kolbenweglinie dar, derart also, daß nach dem früher entwickelten Viertaktdiagramm (s. Abb. 9, S. 34) den Stellungen des Exzenters in A, B, C und D jeweils eine Stellung des Kolbens im Totpunkt entspricht. Bezeichnet nun ε den Winkelweg, den das Exzenter bei einer beliebigen Stellung von seiner Totlage aus zurückgelegt hat, α den in derselben Zeit von der Kurbel aus der Totlage zurückgelegten Winkelweg und γ den Neigungswinkel zwischen Kolbenweglinie AC und Führungsrichtung 1 1, so besteht, da die Kurbel mit der doppelten Winkelgeschwindigkeit des Exzenters umläuft, die Beziehung

$$\varepsilon = \frac{\alpha}{2} - \gamma.$$

Der Exzenterausschlag (Weg des Führungspunktes) ergibt sich durch Einsetzen des Wertes für ε mit

$$\xi = e \cos\left(\frac{\alpha}{2} - \gamma\right),$$

der gleichzeitig zurückgelegte Kolbenweg ist

$$x = r(1 - \cos\alpha).$$

Aus der ersten der beiden Gleichungen ergibt sich

$$\cos\left(\frac{\alpha}{2} - \gamma\right) = \cos\frac{\alpha}{2}\cos\gamma + \sin\frac{\alpha}{2}\sin\gamma = \frac{\xi}{e};$$

ferner ist

$$\cos\frac{\alpha}{2}=\sqrt{\frac{1+\cos\alpha}{2}},$$

$$\sin\frac{\alpha}{2}=\sqrt{\frac{1-\cos\alpha}{2}},$$

worein aus der zweiten Gleichung von oben der Wert $\cos\alpha = 1 - \frac{x}{r}$ zu setzen ist. Die so erhaltenen Werte, in den Ausdruck für $\frac{\xi}{e}$ eingesetzt, ergeben mit einigen kleinen Umformungen

$$\frac{\xi}{e}=\sqrt{1-\frac{x}{2r}}\cos\gamma+\sqrt{\frac{x}{2r}}\sin\gamma,$$

woraus sich der gesuchte Weg des Führungspunktes, ξ, mit Berücksichtigung aller Vorzeichenwerte vor den Quadratwurzeln ergibt mit

$$\xi=\pm e\left[\sqrt{\frac{x}{2r}}\sin\gamma\pm\sqrt{1-\frac{x}{2r}}\cos\gamma\right].$$

Diese Gleichung ist vom vierten Grad zwischen ξ und x und stellt eine 8-förmige Kurve dar, deren Gestalt im wesentlichen vom Werte des Winkels γ abhängt. Die Notwendigkeit, diese aus der Gleichung zu errechnen, entfällt indessen, da das früher entwickelte Steuerungsdiagramm ein bequemes Mittel an die Hand gibt, die zusammengehörigen Werte von x und ξ direkt aus der Figur entnehmen zu können. Zu diesem Behuf ist die Figur durch Einzeichnen der beiden Kurbelkreise mit den Mittelpunkten O_1 und O_2 auf einer Kolbenweglinie zu vervollständigen, woraus sich dann für eine beliebige Stellung des Kolbens, z. B. in m, entsprechend dem Kolbenweg x, durch Ziehen der Linien $mn \perp AC$ und On mit der Verlängerung bis zum Schnittpunkt p mit dem Exzenterkreis der Exzenterweg ξ ergibt. Diese Konstruktion für eine Reihe von Punkten durchgeführt und die jeweiligen Exzenterausschläge als Ordinaten über den zugehörigen Kolbenwegen x aufgetragen, ergibt dann die gesuchte Kurve. Abb. 82 (mit gegenüber Abb. 81 verdoppeltem Maßstab der Kolbenwege x).

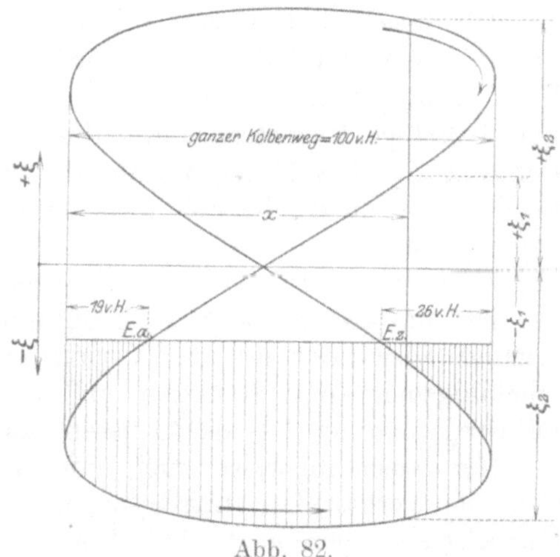

Abb. 82.

Zu beachten ist, daß die Kolbenweglinie im Exzenterdiagramm je **zweimal**, im ξ-Diagramm **viermal**, entsprechend einem Arbeitszyklus, durchlaufen wird, was sich in den Diagrammen auch dadurch ausdrückt, daß jedem Wert des Kolbenweges x vier Wege des Exzenterweges ξ entsprechen, von denen je zwei einander gleich und nur von entgegengesetztem Vorzeichen sind.

Der Teil der Exzenterbewegung, der für die Bewegung des Steuerorgans nutzbringend verwertet werden kann, ist durch die Wahl des Eröffnungs- und Schlußpunktes des betreffenden Steuerorgans, bzw. durch den Winkelweg, den das Exzenter zwischen diesen beiden Punkten zurückzulegen hat, bestimmt. Sofern nun zuvörderst von dem, im Verbrennungskraftmaschinenbau übrigens nur mehr selten verwendeten Fall einer ausklinkenden Steuerung, bei der die Bewegung des Steuerorgans während einer gewissen Zeit rein kraftschlüssig und **unabhängig** von der Bewegung des Steuerungstriebwerkes erfolgt, abgesehen, und nur der Fall einer (im uneigentlichen Sinne des Wortes) zwangläufigen Steuerung im Auge behalten wird, so ist als allgemein gültige Regel festzustellen, daß die Eröffnung und der Schluß des Steuerorgans bei derselben Stellung des Führungspunktes stattfinden, da bei zwangsläufigem Antrieb auch die Stellung der die Bewegung vom Führungspunkt auf das Steuerorgan übertragenden Teile für den Moment des Abschlusses dieselbe sein muß wie für den Moment der Eröffnung, da ja auch die Stellung des Steuerorgans in beiden Fällen dieselbe ist. Verschieden ist in beiden Fällen nur der Bewegungssinn des Führungspunktes. Wird z. B. in einem bestimmten Punkte der Abwärtsbewegung eröffnet, so erfolgt der Schluß bei derselben Stellung des Führungspunktes im Aufwärtsgang. Denkt man sich nun die Führungsbahn des Führungspunktes um die (im allgemeinen als ∞ lang vorauszusetzenden Exzenterstangenlänge verschoben, so daß demnach die Führungsbahn mit dem Durchmesser des Exzenterkreises, der in der Führungsrichtung liegt, zusammenfällt, so folgt aus dem Gesagten, da der Exzenterweg aus der Totlage des Exzenters für Eröffnungs- und Schlußpunkt der gleiche ist, daß die Verbindungslinie von Eröffnungs- und Schlußpunkt im Exzenterkreis senkrecht auf der mittleren Führungsrichtung stehen muß. In Abb. 81 ist vorausgesetzt, der behandelte Exzenterantrieb diene der Steuerbewegung eines Einlaßventils, die Verbindungslinie der Punkte *E. a.* und *E. z.* ist eine Senkrechte auf die mittlere Führungsrichtung 1 1. Ist demnach ein Punkt der Steuerwirkung gegeben und die mittlere Führungsrichtung festgelegt, so ist der andere Punkt der Steuerwirkung bedingt. In Fall von Abb. 81 wurde z. B. der Punkt *E. a.* mit 19 v. H. angenommen, wodurch sich bei angenommenem Winkel ξ der Punkt *E. z.* mit 26 z. H. ergibt.

Die jeweilige Entfernung des Führungspunktes vom Punkte der Eröffnung ist durch den Abstand des Exzentermittels von der Linie *E. a.—E. z.* (bzw. im anderen Falle *A. a.—A. z.*) gegeben. Während der Dauer der Eröffnung kann daher für eine beliebige Exzenterstellung die Größe der Eröffnung direkt aus der zugehörigen Ordinate des Exzentermittelpunktes bezogen auf die Linie *E. a.—E. z.* entnommen werden, wie durch die Schraffur parallel zu 1 1 angedeutet ist. Sofern nun durch die erwähnten Zwischenorgane keine Veränderung des Bewegungsgesetzes, sondern nur eine Veränderung der Bewegungsrichtung und -größe erfolgt, ist das Stück des Exzenterkreises zwischen Eröffnungs- und Schlußpunkt des betreffenden Steuerorganes zusammen mit der Verbindungslinie der beiden Punkte direkt als Ventilerhebungsdiagramm (bezogen auf die Exzenterabweichungen von der mittleren Führungsrichtung 1 1 als Abzissen) anzusehen.

Bei (ausnahmsweise auch vorkommender) kurzer Exzenterstange verändern sich die Verhältnisse nur insofern, als gleich wie früher bei der Erörterung des Kurbeltriebes gezeigt (s. Abb. 4 auf S. 24) an Stelle der normalen auf die mittlere Führungsrichtung 1 1 die Bogenprojektion mit der Exzenterstangenlänge als Halbmesser Verwendung finden muß, um die zugehörigen Ausschläge zu ermitteln, das Diagramm der Ventilerhebungen demnach nicht durch das Stück des Exzenterkreises und die Gerade zwischen Eröffnungs- und Schlußpunkt begrenzt ist, sondern an Stelle dieser ein Bogen mit der Exzenterstangenlänge als Halbmesser und dem Mittelpunkt auf der Führungsrichtung erscheint (s. die Verhältnisse eines Einlaßantriebes in Abb. 92/93 bis 95).

Eine Beurteilung der Eröffnungsverhältnisse im ξ-x-Diagramm ist durch Übertragung der Linie *E. a.—E. z.* ebenfalls möglich, die als eine zur x-Achse parallele Gerade erscheint. Diese Übertragung wurde in Abb. 82 vorgenommen und ergibt ein deutliches Bild der in den einzelnen Kolbenstellungen stattfindenden Ventilerhebungen, wobei natürlich die in Abb. 81 zugrunde gelegten Werte von *E. a.* und *E. z.* ebenfalls auftreten müssen. (Es sei jedoch nochmals darauf hingewiesen, daß Abb. 82 nur dann als normales Ventilerhebungsdiagramm anzusprechen wäre, wenn durch Übertragungsmechanismen zwischen Führungspunkt und Steuerorgane keine Änderung des Bewegungsgesetzes einträte, wie dies aber bei den normal verwendeten Wälzhebeln und Schwingdaumen infolge des veränderlichen Bewegungsgesetzes immer der Fall ist. In diesem Falle besitzt Abb. 82 nur die Geltung eines Diagramms der Ausschläge des Führungspunktes, bezogen auf die jeweilige Kolbenstellung).

Beim Neuentwurf einer Steuerung ist nun die mittlere Führungsrichtung in der Regel durch die baulichen Verhältnisse gegeben, es handelt sich sodann darum, die Eröffnungs- und Schlußpunkte des Steuerorganes zuvörderst derart auf dem Exzenterkreis zu bestimmen, daß dadurch die gewünschte Steuerwirkung erreicht wird. Mit Hilfe der soeben entwickelten Beziehung, wonach die Verbindungslinie der beiden Steuerpunkte im Exzenterkreis normal auf die mittlere Führungsrichtung steht, erfolgt die Ausmittlung der Steuerpunkte in einfachster Weise so, daß man sich den zwischen den beiden Steuerpunkten liegenden Winkelweg des Exzenters ausmittelt, was entweder mit Hilfe der auf S. 26 gegebenen Tabelle oder besser durch Aufzeichnen des normalen Steuerdiagramms erfolgen kann (Winkel φ in Abb. 83) und dessen Hälfte dann nach beiden Seiten von der mittleren Führungsrichtung aufträgt, wodurch die beiden gesuchten Steuerpunkte festgelegt sind (Abb. 84). In beiden Abbildungen wurde eine Auslaßsteuerung mit den Werten *A. a.* = 25 v. H. und *A. z.* = 10 v. H. als Beispiel zugrunde gelegt.

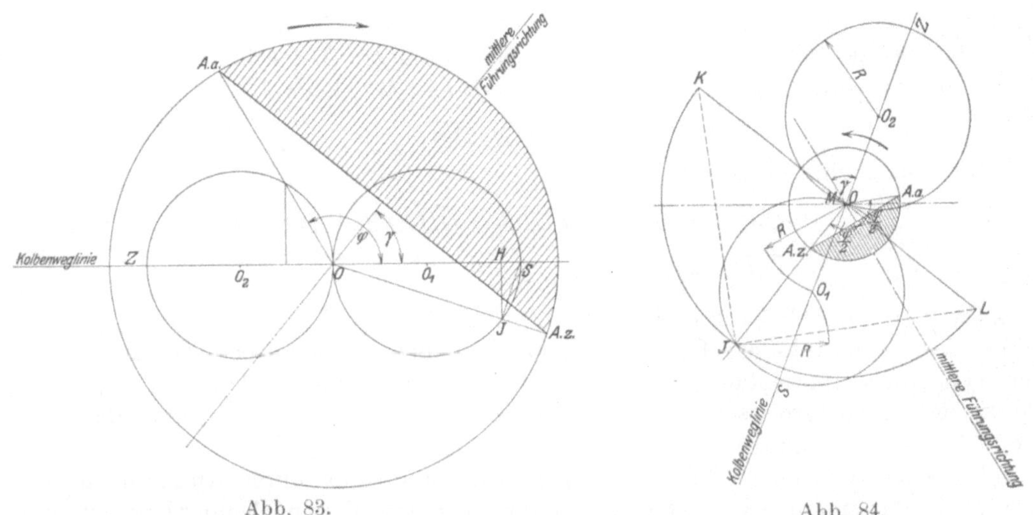

Abb. 83. Abb. 84.

Um die Kolbenweglinie zu finden, ist dann noch die Übertragung des Winkels γ zwischen Führungsrichtung und Kolbenweglinie vorzunehmen, wie dies ebenfalls in Abb. 84 geschehen ist.

Mit Rücksicht auf spätere Anwendung ist es jedoch von Wichtigkeit, die Kolbenweglinie direkt, ohne Aufzeichnung des Steuerungsdiagramms zu ermitteln, wenn ein Punkt der Steuerwirkung im Exzenterkreis angenommen und der zugehörige Wert der Steuerdate in v. H. des Kolbenweges gegeben ist. Diese Aufgabe stellt somit die Umkehrung der Konstruktion dar, welche die Ermittlung der Steuerpunkte aus den Steuerdaten bei gegebener Kolbenweglinie bezweckt.

Es sei z. B. in Abb. 84 der Punkt *A. z.* gegeben und die Kolbenweglinie unter der Annahme zu ermitteln, daß dem Punkt *A. a.* ein Schließen des Auslasses 10 v. H. nach Totpunkt entspreche.

Man verbinde den Mittelpunkt O des Exzenterkreises mit dem gegebenen Punkt *A. z.* und ziehe die Gerade $KL \perp OA.z.$; man mache ferner $OK = 2R$, wobei R die in der Darstellung gewählte Länge des Kurbelkreishalbmessers bedeutet (zweckmäßig = 50 mm) und OL gleich dem Kolbenweg, der vom bekannten Punkt der Steuerwirkung aus noch bis zur Totlage in O zurückzulegen ist. Ist demnach der Punkt der Steuerwirkung durch seinen Abstand in v. H. des Kolbenweges von O gegeben, wie dies bei Punkt $A.a.$ und $E.z.$ der Fall ist, so ist dieser Wert direkt für die Strecke OL zu nehmen, ist dagegen der Abstand von S oder Z gegeben, wie bei den Punkten $A.z.$ und $E.a.$, so ist die Ergänzung des gegebenen Wertes auf den vollen Kolbenweg für OL einzusetzen. (In unserem Falle ist der Abstand des Punktes $A.z.$ mit 10 v. H. des Kolbenweges von S aus gegeben, OL ist daher gleich $1 - 0{,}1 = 0{,}9$ des Kolbenweges, bei $OK = 100$ mm, daher gleich 90 mm zu nehmen.) Der Halbkreis über die Strecke KL mit dem Mittelpunkt in M ($KM = ML$) trifft die Gerade $OA.z.$ in einem Punkte J, der ebenfalls einen Punkt des gesuchten Kurbelkreises darstellt, dessen Mittelpunkt O_1 und damit die Richtung der Kolbenweglinie durch den Schnittpunkt der aus O und J mit den Halbmessern R geschlagenen Bogen gefunden ist. Welcher von den beiden Schnittpunkten der Kreise um O und J als Mittelpunkt des Kurbelkreises anzusehen ist, ist durch den Drehungssinn der Steuerwelle entschieden. Ist somit O_1 gefunden, kann die Kolbenweglinie eingezeichnet und das Diagramm vervollständigt werden.

Beweis: In dem rechtwinkligen Dreieck OJH (Abb. 83) ist Hypotenuse OJ gegeben durch

$$\overline{OJ}^2 = \overline{OH}^2 + \overline{HJ}^2.$$

Die Strecke HJ ist die Höhe des rechtwinkligen Dreieckes OJS und kann durch die Abschnitte der Hypotenuse ausgedrückt werden nach

$$\overline{HJ}^2 = \overline{OH} \cdot \overline{HS}.$$

Dies oben eingesetzt ergibt

$$\overline{OJ}^2 = \overline{OH}^2 + \overline{OH} \cdot \overline{HS} = \overline{OH}(OH + HS)$$

$$\overline{OJ}^2 = \overline{OH} \cdot \overline{OS}.$$

Da nun in Abb. 84 $OK = OS = 2R$ und $OL = OH$ gemacht wurde, ist die Höhe des rechtwinkligen Dreieckes KJS mit den Abschnitten OK und OS auf der Hypotenuse tatsächlich gleich OJ in Abb. 83, der Punkt J demnach ein zweiter Punkt des Kurbelkreises mit O_1 als Mittelpunkt, wodurch dieser und damit die Kolbenweglinie gefunden ist.

Die vorhergehenden Untersuchungen wurden ständig unter Annahme unendlicher Schubstangenlänge durchgeführt und bedürfen insofern noch einer Ergänzung, als, wie bereits auf S. 24f. ausführlich erörtert, durch den Einfluß der endlichen Schubstangenlänge auch bei kongruenten Steuerungsantrieben den bei entsprechenden Kurbelstellungen eintretenden Punkten der Steuerwirkung dennoch verschiedene Kolbenwege für Hin- und Rückgang entsprechen. Wenn auch die früher gegebenen Angaben über Steuerdaten erkennen lassen, daß der genauen Einhaltung der einzelnen Steuerpunkte im allgemeinen nicht dieselbe Wichtigkeit beizumessen ist, wie bei den Steuerungen der Dampfmaschinen, so soll im folgenden doch auf die Berücksichtigung des **Einflusses der endlichen Schubstangenlänge** eingegangen werden, um so mehr, als dieser in den meisten Fällen in allereinfachster Weise zu berücksichtigen ist.

In Abb. 85 sind gemäß dem früher Gesagten (vgl. Abb. 10, S. 35) die Verhältnisse dargestellt, die sich bei endlicher Stangenlänge und kongruentem Steuerungstriebwerk mit einem Versetzungswinkel von 90° der einander entsprechenden Zylinderseiten ergeben. Zugrunde gelegt wurde die meistens verwendete Zündzeitfolge Deckelseite—Kurbelseite und für die Deckelseite ein Wert $E.a.$ = 19 v. H. und $E.z.$ = 26 v. H. angenommen. (Die verhältnismäßig großen Werte des Voreröffnens und Nachschließens wurden zugrunde gelegt, um die Verhältnisse möglichst deutlich zu machen, da sich nach dem früher Gesagten der Einfluß der endlichen Stangenlänge um so mehr geltend macht, je weiter die betreffenden Punkte vom Totpunkt entfernt sind.) Die so auf dem Exzenterkreis ermittelten Punkte *E. a.* und *E. z.* (durch den Zeiger *d* ist die Gültigkeit für die Deckelseite angedeutet) wurden hierauf um die Exzenterversetzung von 90° im Exzenterkreis in der Drehungsrichtung vorwärts verschoben, wodurch die entsprechenden Punkte für die Kurbelseite erhalten wurden. Die nach rückwärts durchgeführte Konstruktion ergibt für Kurbelseite die Werte von *E. a.* = 13,5 v. H. und E. z. = 35 v. H., wovon der letztere Wert nicht mehr ausgeführt werden kann. Um annehmbare Verhältnisse zu schaffen, wurde hierauf eine Veränderung der Exzenterstangenlänge angenommen, die sich in einer Parallelverschiebung der Linie *E. a.*—*E. z.* im Diagramm äußert. Die Veränderung wurde so vorgenommen, daß sich $(E.z._k)$ mit 26 v. H. ergab, wie auf der Deckelseite; damit wird aber $(E.a._k)$ nur 7,5 v. H. und zeigt eine beträchtliche Abweichung vom auf der Deckelseite auftretenden Wert von 19 v. H., wodurch sich u. U. schon eine beträchtliche Verschiedenheit auf beiden Zylinderseiten ergeben kann.

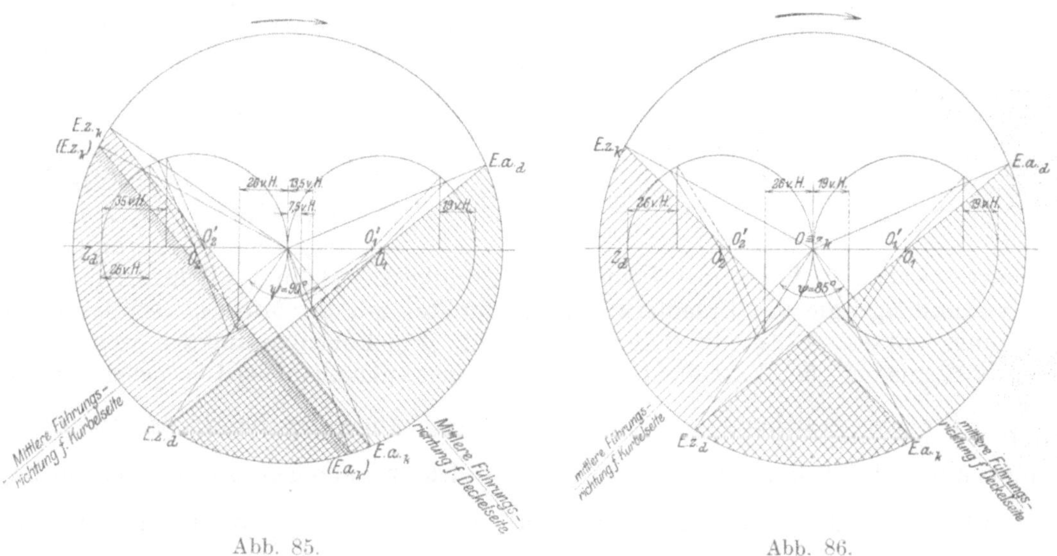

Abb. 85. Abb. 86.

Jedenfalls ist aus der Abbildung ersichtlich, daß bei der normalen Exzenterversetzung von 90° ein Ausgleich durch Veränderung der Exzenterstangenlänge nur in unbefriedigendem Maß erfolgen kann.

Abb. 86 zeigt die Verhältnisse bei Ausgleich durch Veränderung der Exzenterversetzung. Die Werte *E. a.* = 19 v. H. und *E. z.* = 26 v. H. für beide Zylinderseiten durchgeführt ergeben eine Exzenterversetzung von 85°, die sich durch den Winkel zwischen den beiden im Diagramm relativ gegeneinander verschoben erscheinenden mittleren Führungsrichtungen ausdrückt. Kongruenz der Steuerungsantriebe erfordert nun aber auch einen gleichen Exzenterdrehungswinkel zwischen den Punkten *E. a.* und *E. z.* für Kurbel und Deckelseite, eine Bedingung, der zwar bei der gemachten Annahme in Abb. 86, im allgemeinen jedoch nicht genau entsprochen sein wird, wenn die Konstruktion vom Kurbelkreis aus vorgenommen wird. Die auftretenden Abweichungen sind jedoch in allen Fällen nur klein, so daß durch ein ganz geringes Verändern der Exzenterstangenlänge die notwendig genaue Einstellung erreicht werden kann. Der an der Steuerwelle direkt auszuführende Versetzungswinkel der beiden Exzenter bei parallelen mittleren Führungsrichtungen ist aus dem Diagramm direkt zu entnehmen.

Es sind nunmehr noch jene **Abweichungen vom normalen Exzenterantrieb** einer Betrachtung zu unterziehen, die beim Exzenterantrieb der Ventile teils infolge der baulichen Anordnung allgemein auftreten, teils zur Erreichung bestimmter Sonderzwecke in gewissen Fällen vorgenommen werden und gewisse Abänderungen in den Aussagen der im vorhergehenden entwickelten Gesetze für den normalen Exzenterantrieb fordern.

Unter den Begriff des normalen Exzenterantriebes wurde (s. S. 100) der Fall gefaßt, daß

1. die Bahn des Führungspunktes eine Gerade sei,
2. die Bahn des Führungspunktes in ihrer Verlängerung durch den Mittelpunkt des Exzenterkreises gehe,
3. der der Betrachtung unterzogene und bezüglich seines Bewegungsgesetzes untersuchte Punkt, dessen Bewegung für die Bewegung des Steuerorganes maßgebend ist (Ableitungspunkt), mit dem Führungspunkt zusammenfalle).

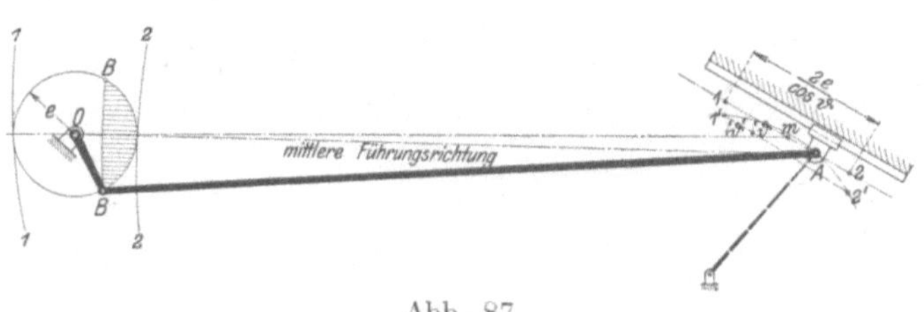

Abb. 87.

Die erste zu betrachtende Abweichung von diesem normalen Fall besteht darin, daß die Verlängerung der geraden Bahn des Führungspunktes nicht durch den Mittelpunkt des Exzenterkreises geht, der Fall geneigter Führungsbahn vorliegt. (Abb. 87). Bezeichnet ϑ den Neigungswinkel der Bahn des Führungspunktes zur Verbindungslinie des Exzenterkreismittelpunktes mit der Mitte m der Bahn des Führungspunktes, so ist die Länge der Bahn des Führungspunktes, wenn, wie meistens zulässig, die Exzenterstange als ∞ lang angesehen wird, gegeben durch $\frac{2e}{\cos\vartheta}$. Dieselbe Beziehung, wie für die gesamte Länge der Bahn des Führungspunkts gilt auch für deren einzelne Teile, so daß sich im Falle geneigter Führungsbahn nur alle Wege des Führungspunktes im Verhältnis $1:\frac{1}{\cos\vartheta}$ vergrößern, in den früher angegebenen Gleichungen demnach überall an Stelle von ξ der Wert $\frac{\xi}{\cos\vartheta}$ zu treten hat.

Die zweite Abweichung vom Falle des normalen Exzenterantriebes ist die, daß die Bahn des Führungspunktes keine Gerade sondern ein Bogen ist. Dieser Fall ist beim normalen Exzenterantrieb der Ventile ausnahmslos gegeben, da der Führungspunkt immer durch einen Lenker geführt wird, der die Bewegung weiter leitet. Besitzt dieser Lenker, der oft auch als Wälzhebel oder Schwingdaumen ausgebildet wird, einen festen Drehpunkt, so beschreibt der Führungspunkt einen Kreisbogen mit dem Drehpunkt des Lenkers als Mittelpunkt. Dieser Fall ist in Abb. 87 ebenfalls angedeutet. Besitzt der Lenker indessen keinen festen Drehpunkt (Ausbildung als Wälzhebel mit zwei beweglichen Drehpunkten, s. Abb. 98), so beschreibt der Führungspunkt eine Kurve, die aus dem kinematischen Zusammenhang des Getriebes gesondert ermittelt werden muß.

Die Abweichung vom normalen Exzenterantrieb im Falle gekrümmter Führungsbahn besteht darin, daß jedes Bahnelement des Führungspunktes im allgemeinen eine andere Neigung zur Verbindungslinie des Bahnmittelpunktes mit dem Exzenterkreismittelpunkte O besitzt, in den früher gegebenen Gesetzen somit an Stelle eines kleinen Stückes Exzenterweg $\Delta\xi$ nunmehr $\frac{\Delta\xi}{\cos\vartheta}$ tritt, wobei ϑ den Neigungswinkel des zu $\Delta\xi$ gehörigen Bahnelementes des Führungspunktes bedeutet, der im allgemeinen aber für jedes $\Delta\xi$ einen anderen Wert besitzt. Ist die Bahn des Führungspunktes ein flacher Bogen, dessen Richtung von der Verbindungslinie mO nur wenig abweicht, so kann an Stelle des von Moment zu Moment veränderlichen Wertes ϑ der Mittelwert ϑ' gesetzt werden, der den Neigungswinkel der Sehne des vom Führungspunkt durchlaufenen Bogens zur Verbindungslinie mO darstellt. Die äußerste Stellung des Führungspunktes wird hierbei (und ebenso beim früheren Falle geneigter aber geradliniger Führungsbahn) dadurch erhalten, daß mit der Länge der Exzenterstange als Halbmesser die berührenden Kreise 1 1 und 2 2 an den Exzenterkreis gelegt werden.

Einer näheren Begriffsbestimmung bedarf im Falle geneigter oder gekrümmter Bahn des Führungspunktes auch der Begriff der „mittleren Führungsrichtung“, wofür beim normalen Exzenterantrieb stillschweigend die in diesem Falle durch den Exzenterkreismittelpunkt gehende Richtung der Bahn des Führungspunktes vorausgesetzt wurde. Unter der Voraussetzung, daß die für die Ausmittlung der Exzenterwege und Erörterung der Eröffnungsverhältnisse wichtigste Beziehung, die darin besteht, daß die Verbindungslinie von Eröffnung- und Schlußpunkt im Exzenterkreis auf der mittleren Führungsrichtung senkrecht steht, bestehen bleibe, ist als mittlere Führungsrichtung beim Fall geneigter oder gekrümmter Bahn des Führungspunktes die Verbindungslinie des Exzenterkreismittelpunktes O mit dem Punkte der Bahn des Führungspunktes anzusehen, in welchem sich dieser im Moment der Eröffnung oder des Abschlusses befindet. Dieser Punkt ist in Abb. 87 mit A bezeichnet, womit durch die Verbindungslinie OA die mittlere Führungsrichtung festgelegt ist, auf welcher der um A als Mittelpunkt mit der Exzenterstangenlänge beschriebene Bogen BB senkrecht steht. Die Punkte B entsprechen demnach den Momenten von Eröffnung und Abschluß.

Die letzte noch zu betrachtende Abweichung vom normalen Exzenterantrieb besteht darin, daß Ableitungs- und Führungspunkt nicht zusammenfallen sondern getrennt verwirklicht werden. Die Notwendigkeit, getrennte Führungs- und Ableitungspunkte zu verwenden, ist ganz allgemein gegeben bei ausklinkenden Steuerungen, die ihren Antrieb von einem Exzenter erhalten, getrennte Ableitungs- und Führungspunkte finden sich jedoch auch meistens bei zwangläufigen Steuerungen verwendet dann, wenn eine Veränderlichkeit der Steuerwirkung durch Verstellung der Bahnrichtung des Führungspunktes durch den Regulator erreicht werden soll, sowie auch dann, wenn der Fall gemeinschaftlichen Antriebes von zwei Steuerorganen mit verschiedener Bewegung vorliegt und nur ein Exzenter hierfür Verwendung finden soll. In diesem Falle wird der Antrieb des einen Steuerorganes in der Regel durch normalen Exzenterantrieb mit zusammenfallendem Führungs- und Ableitungspunkte bedient und der Antrieb des zweiten von einem Punkte des Exzenterbügels aus vorgenommen, indem die Antriebsstange angelenkt wird.

In Abb. 88 sind die in den wichtigsten, für die Anwendung in Betracht kommenden Fällen sich ergebenden Verhältnisse zur Anschauung gebracht. B ist der Exzenter-, A der Führungspunkt, als dessen Bahn, entsprechend den normalen Verhältnissen einer Lenkerführung mit festem Drehpunkt C, ein Kreisbogen angenommen wurde. Von einer Reihe von anderen mit dem Getriebe in fester Verbindung gedachten Punkten I bis V wurden die Bahnen ermittelt. Wie man sieht, beschreiben die einzelnen Punkte Bahnen, deren Gestalt einen Mittelwert zwischen der in sich selbst zurückkehrenden kreisbogenförmigen Bahn des Führungspunktes und dem Exzenterkreise darstellt. Für die Gestalt der Bahn ist die Entfernung des betreffenden Punktes von Exzenter und Führungspunkt maßgebend. Der nahe dem Führungspunkt liegende Punkt I beschreibt eine dem Führungsbogen ähnliche Bahn, die von diesem allerdings wesentlich insofern abweicht, als sie eine geschlossene Kurve darstellt, da sich die Ausschläge des Exzenters senkrecht zur mittleren Führungsrichtung bereits, wenn auch infolge des kleinen Übersetzungsverhältnisses nur in geringem Maße, geltend machen. Hierbei ist zu bemerken, daß eine gebrochene, in sich selbst zurückkehrende Bahn überhaupt nur vom Führungspunkt beschrieben wird, während alle anderen Punkte geschlossene Kurven durchlaufen. Punkt II zeigt deutlich den Mittelwert zwischen den Bahnen der Punkte A und B, während die in der Nähe des Exzenterpunktes liegenden Punkte III, IV und V nahezu kreisförmige Bahnen durchlaufen. Hierbei wurden die Punkte III und IV als in der Exzenterstange und in deren geradlinigen Fortsetzung, Punkt V als außerhalb liegend angenommen. Die bei der Bewegung des Punktes I auftretenden Verhältnisse treten gewöhnlich im Falle einer Ausklinksteuerung in Erscheinung, wo sich aus baulichen Rücksichten in der Regel benachbarte Lagen von Führungs- und Ableitungspunkt ergeben. Die Bewegungsverhältnisse der Punkte III, IV und V treten meistens dann auf, wenn es sich um gemeinschaftlichen Antrieb zweier Steuerorgane handelt, wobei in der Regel die Ableitung der Bewegung des zweiten Steuerorgans von einem Punkte des Exzenterbügels aus vorgenommen wird (s. z. B. Abb. 92/93 und 94 auf S. 111f.).

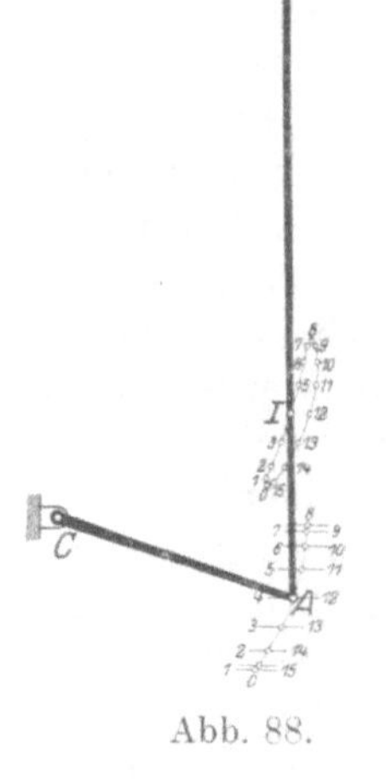

Abb. 88.

Bezüglich des *Bewegungsgesetzes der einzelnen Ableitungspunkte* ist zu bemerken, daß bei langer Exzenterstange die Gesetze des normalen Exzenterantriebes dann wenigstens mit guter Annäherung in Geltung bleiben, wenn der Ableitungspunkt sich *in der Nähe* des Exzentermittelpunktes befindet (Ableitung vom Bügelpunkt, III, IV und V), allgemein jedoch auch dann, wenn bei langer Exzenterstange die Ableitungsrichtung ganz oder nahezu mit der mittleren Richtung der Exzenterstange *zusammenfällt*, da in diesem Falle im wesentlichen nur die in diese Richtung fallenden Exzenterausschläge weiter übertragen werden und die Ausweichungen senkrecht hierzu nur wenig in Betracht kommen (Ausklinksteuerungen, bei denen der passive Mitnehmer in der Regel einen zur Bahn des Führungspunktes parallelen Bogen beschreibt, s. z. B. S. 207f). Sind diese Bedingungen nicht erfüllt, so ergeben sich größere Abweichungen von den Bewegungsgesetzen des normalen Exzenterantriebes, so daß diese genaueren Untersuchungen nicht mehr zugrunde gelegt werden können. Dasselbe ist auch dann der Fall, wenn, wie bei den zwangläufigen Steuerungen mit veränderlicher Führungsrichtung die Regel, die Exzenterstange nur kurz ist, so daß wesentliche Abweichungen in deren Richtung während des Bewegungsvorganges auftreten, die sich dann in den auftretenden Wegen des Führungspunktes geltend machen. In diesem, sowie im Falle nicht mit der Exzenterstangenrichtung zusammenfallenden Ableitungsrichtung erweist sich in der Regel eine genauere Untersuchung als notwendig, die zweckmäßig mit Hilfe des **Punktschemas** vorgenommen wird.

Dieses Untersuchungsmittel, dessen Anwendung übrigens ganz allgemein möglich, für einfache Fälle indessen nur zu mühevoll ist, und auch in der Ermittlung der Punktbahnen in Abb. 88 angewendet wurde, besteht darin, daß das Getriebe in einer Reihe von Stellungen aufgezeichnet und die jeweilige Lage des untersuchten Punktes angemerkt wird. Die so erhaltenen Punkte nach Augenmaß durch eine Kurve verbunden, ergeben die Bahn des zu untersuchenden Punktes und damit auch das Bewegungsgesetz der von diesem Punkt aus angetriebenen Organe. Um dieses leichter überblicken zu können, erweist es sich als zweckmäßig, eine Bezifferung zu verwenden, wobei dann die gleichzeitigen Lagen verschiedener Getriebspunkte mit denselben Ziffern bezeichnet werden. Zu diesem Zwecke wird der

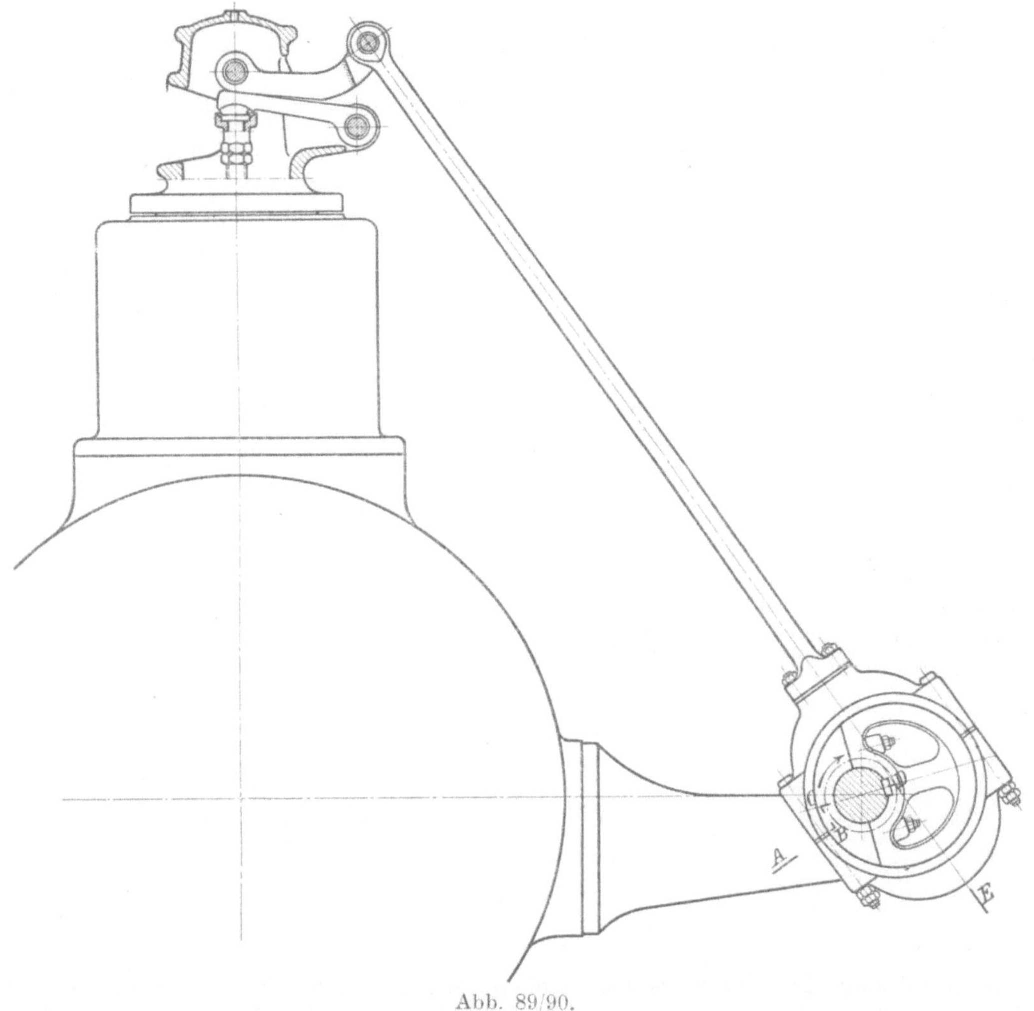

Abb. 89/90.

Exzenterkreis, von dem die Untersuchung ihren Ausgang nimmt, in eine Anzahl gleicher Teile (12, 16 oder 24) eingeteilt, diese werden beziffert und den gleichzeitigen Lagen der Getriebepunkte derselben Ziffern zugeordnet, wie dies in Abb. 88 für die einzelnen untersuchten Punkte vorgenommen ist. Der Abstand zwischen je zwei benachbarten Stellungen eines Getriebepunktes wird dann immer in derselben Zeit durchlaufen, was die zur Untersuchung der Geschwindigkeits- und Beschleunigungsverhältnisse eines Getriebepunktes erforderliche Aufzeichnung des Weg-Zeit-Diagramms wesentlich vereinfacht. Die Übertragung von für die Steuerwirkung wichtigen Punkten vom Exzenterkreis auf die Bahn des Steuerorgans oder umgekehrt erfolgt dann ebenfalls in einfachster Weise ohne Aufzeichnen der ganzen zugehörigen Stellungen des Mechanismus, indem der Zwischenraum zwischen zwei bezifferten Punkten, in den der betreffende Punkt der Steuerwirkung hineinfällt, bei entsprechend naher Lage der benachbarten Punkte nach dem Augenmaß unterteilt werden kann. Näheres über die Verwendung des Punktschemas ist weiter unten im Abschnitt „Bauarten“ gesagt, wo diese Untersuchungsmethode weitgehende Anwendung findet.

Abb. 89/90[1]) gibt ein **Beispiel** der üblichen Form der baulichen Ausgestaltung eines normalen Exzenterantriebes für ein Einlaßventil, woraus auch die gebräuch-

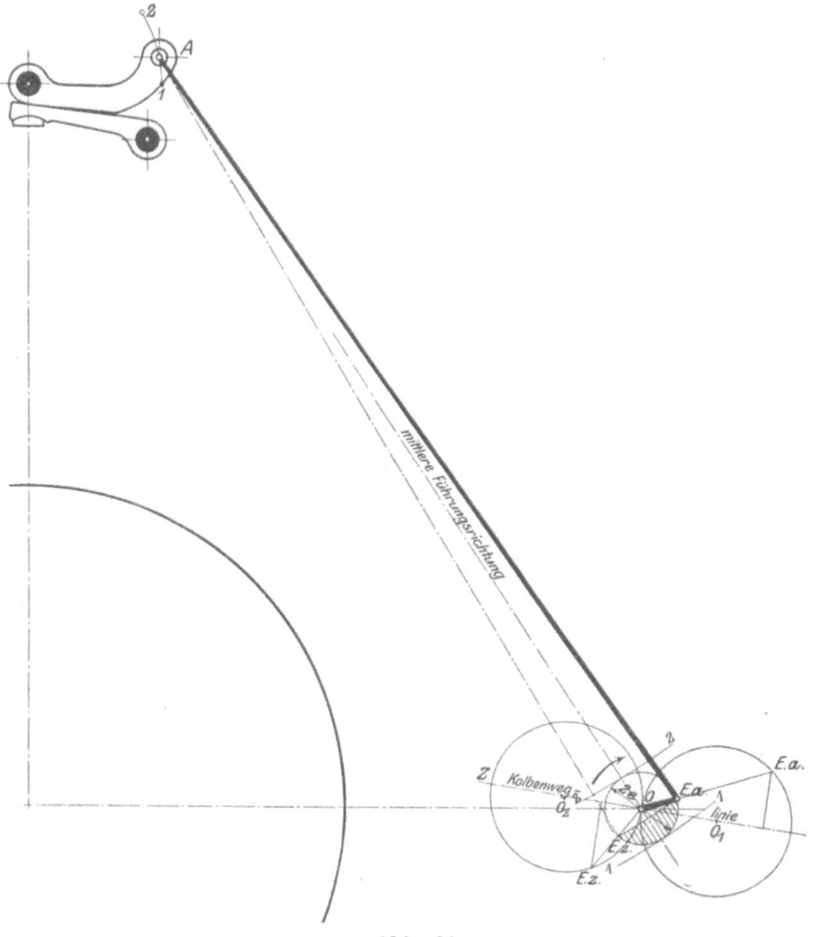

Abb. 91.

liche Ausbildung des Exzenters zu ersehen ist. Das Getriebe ist, ebenso wie in der zugehörigen schematischen Darstellung Abb. 91[1])[2]), im Moment des Punktes ***E.a.*** dargestellt, die Wälzhebel sind gerade zum Aufsetzen gekommen, bei einer Weiterbewegung beginnt die Eröffnung. In Abb. 91 ist die schematische Figur durch Hinzuzeichnen des vollständigen Steuerungsdiagramms ergänzt und es sind die Werte der Kolbenstellungen für ***E.a.*** und ***E.z.*** eingetragen. An Stelle des mit der Exzenterstangenlänge um ***A*** als Mittelpunkt beschriebenen Bogens ***E.a.—E.z.*** kann, wie ersichtlich, ohne nennenswerten Fehler auch die geradlinige Verbindung

[1]) Maßstab 1 : 25. Zu einer DT 14 Gichtgasmaschine der Maschinenfakrik Thyssen & Co. Aktiengesellschaft in Mülheim-Ruhr.

[2]) In dieser, wie auch in allen folgenden schematischen Figuren bedeuten schwarze Kreise feste, leergelassene bewegliche Drehpunkte.

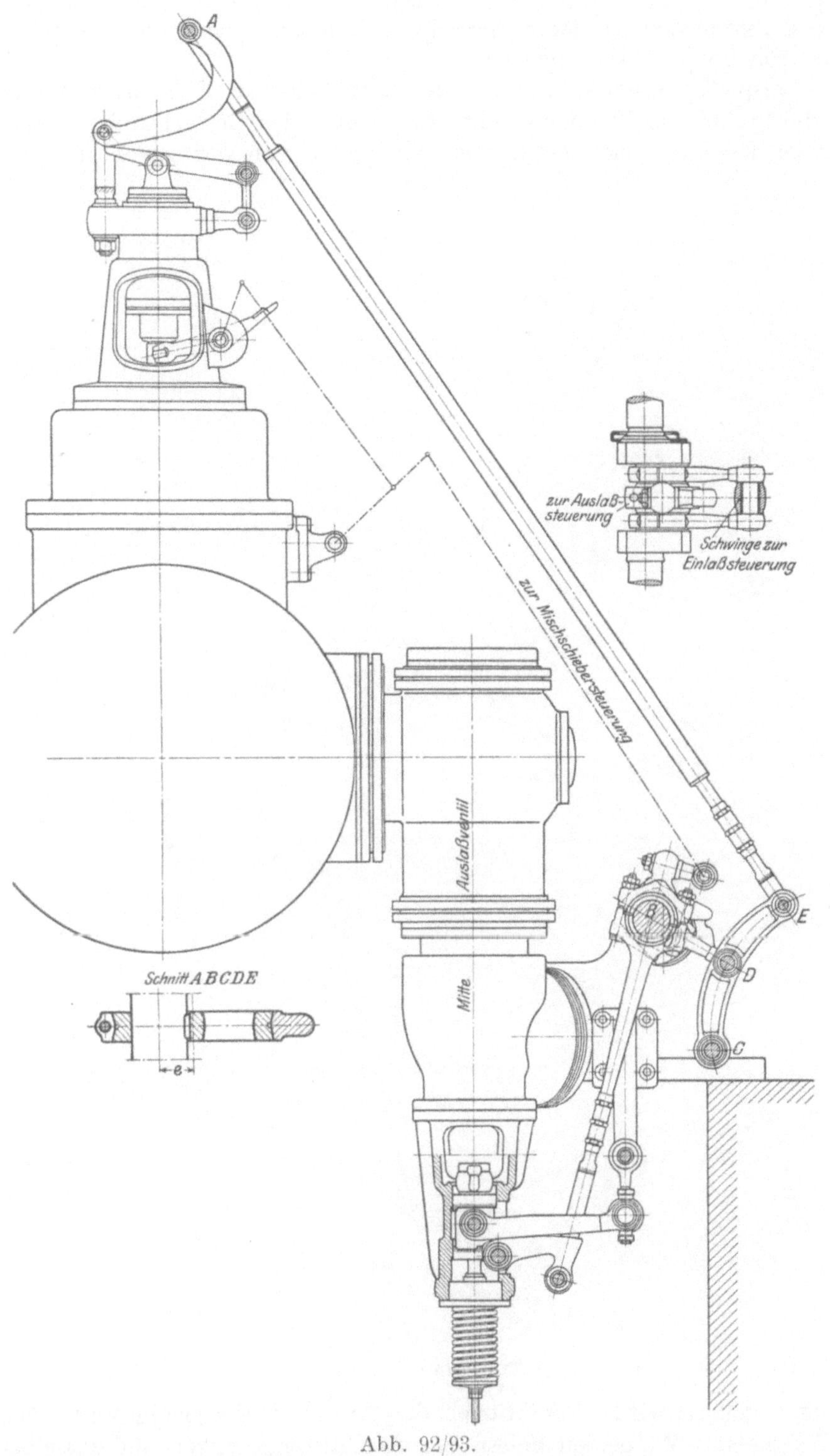

Abb. 92/93.

der beiden Punkte gesetzt werden. Die mittlere Führungsrichtung AO ist nach der früher gegebenen Erklärung in die Abbildung eingetragen, desgleichen die zwei den Exzenterkreis berührenden Bogen 11 und 22, die zur Ermittlung der zugehörigen äußersten Lagen 1 und 2 des Führungspunktes dienen.

Die übliche Form der baulichen Ausgestaltung des normalen Exzenterantriebes einer Auslaßsteuerung ist der dargestellten Einlaßsteuerung im wesentlichen gleich und aus Abb. 96 (S. 114) ersichtlich.

Als Beispiel gemeinschaftlichen Antriebs von Ein- und Auslaß sei zunächst die in Abb. 92/93[1]) dargestellte Steuerung der Betrachtung unterzogen. An Stelle eines Exzenters ist eine Kurbel verwendet, von der sowohl Ein- als Auslaß-

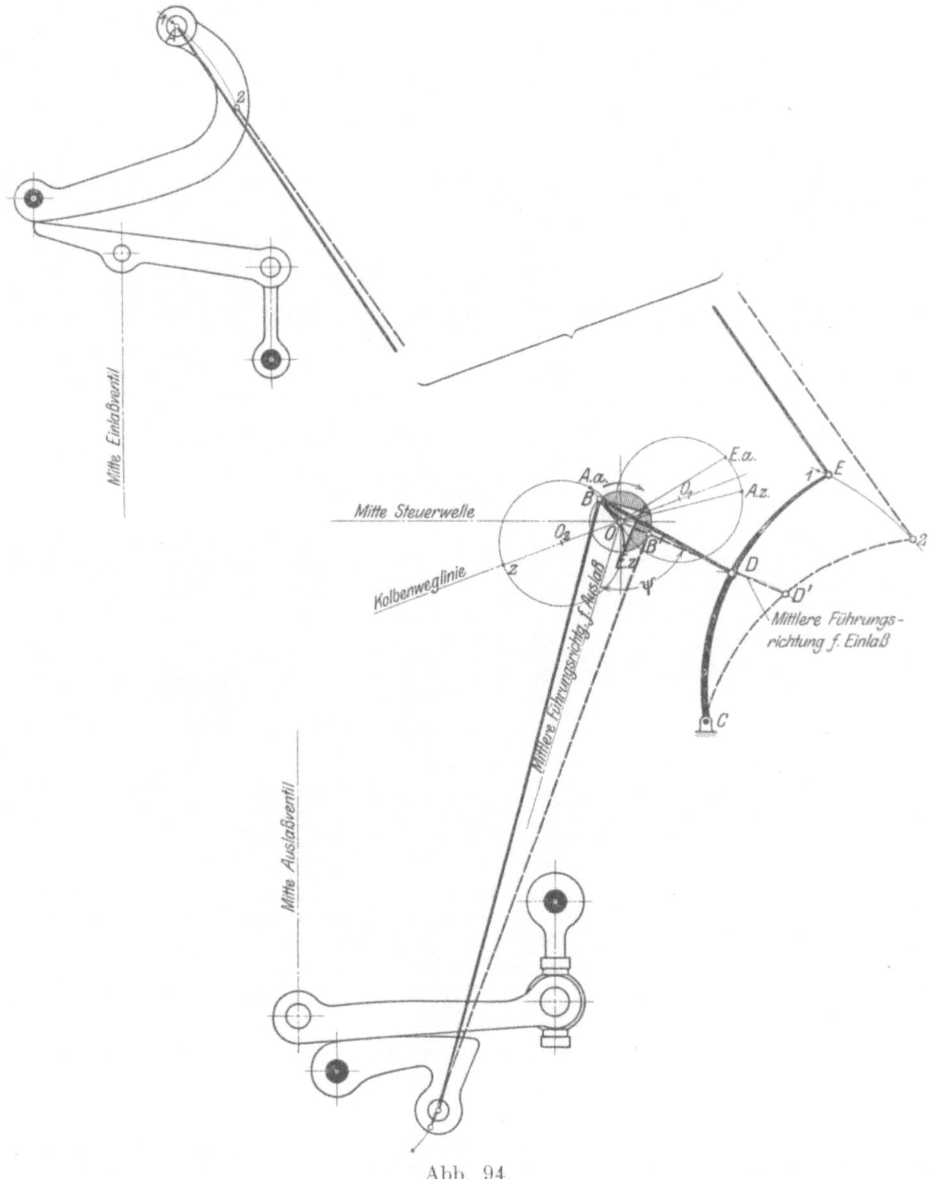

Abb. 94.

bewegung abgeleitet wird. Der Antrieb des Auslaßventils erfolgt in normaler Weise durch Wälzhebel. Zu beiden Seiten der Auslaßstange sitzen auf derselben Kurbel zwei kurze Schubstangen, welche die Kurbelbewegung auf eine Schwinge übertragen, die im Punkt C fest gelagert ist und die Exzenter- (Kurbel-) bewegung ins Größere

[1]) Maßstab 1 : 25. Zu einer DT 11 Gichtgasmaschine von Schüchtermann & Kremer in Dortmund.

übersetzt auf die Einlaßstange überträgt. Der Angriffspunkt D der Schubstange an der Schwinge vollführt, abgesehen von dem Einfluß der Länge der Schubstange BD, eine Bewegung nach dem Exzentergesetz, das daher, zwar ins Größere übersetzt, aber doch in seinem Wesen unverändert, auch für den Schwingenendpunkt E gilt. Bei der ungefähr parallelen Richtung von BD und EA ist das Exzentergesetz demnach wenigstens angenähert auch für den Führungspunkt A der Einlaßstange gültig. Für eine genaue Untersuchung (z. B. der Beschleunigung des Einlaßventils) wäre die überschlägige Erörterung allerdings unzulänglich und die Notwendigkeit einer Untersuchung im Punktschema gegeben. Die Ableitung der Mischschieberbewegung erfolgt von einem „Bügelpunkt" der Auslaßstange aus und ist weiter unten (s. S. 203f.) näher erörtert. Das ganze Getriebe ist in der Stellung entsprechend dem Punkt $A.a.$ gezeichnet.

Abb. 94[1]) gibt in größerem Maßstab das Steuerungsschema, aus dem auch die einzelnen Punkte der Steuerwirkung zu entnehmen sind. Die Bezeichnung der Gelenkpunkte stimmt mit der in Abb. 92/93 verwendeten überein. Die Anordnung des gemeinschaftlichen Antriebs ist kinematisch gleichwertig der Verwendung von zwei Exzentern mit demselben Aufkeilungswinkel.

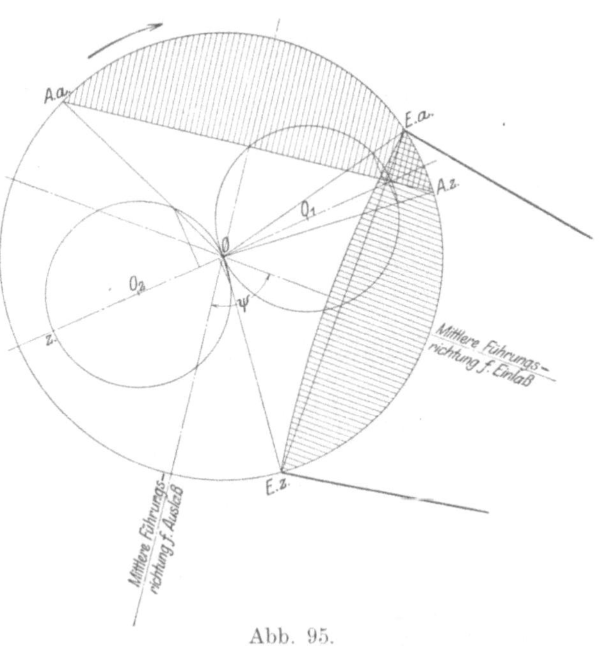

Abb. 95.

Für die Anordnung des gemeinschaftlichen Antriebs ist die Größe des Winkels ψ von grundlegender Bedeutung, der von den mittleren Führungsrichtungen von Ein- und Auslaß eingeschlossen wird. Abb. 95 zeigt die Ermittlung dieses Winkels auf Grund der gegebenen Steuerdaten für Ein- und Auslaß im normalen Exzenterdiagramm, übereinstimmend mit dem in Abb. 94 eingeschriebenen Werte. (Da das Stück des Führungsbogens des Punktes D, das zwischen dessen äußerster Stellung D' und der den Punkten $E.a.$ oder $E.z.$ entsprechenden Stellung liegt, praktisch in die Stangenrichtung hineinfällt, könnte die Gerade $OB'D'$ direkt als mittlere Führungsrichtung verwendet werden, während im allgemeinen Fall nach der früher gegebenen Begriffsbestimmung die Verbindungslinie von O mit der Stellung von D, die dem Punkt $E.a.$ oder $E.z.$ entspricht, als mittlere Führungsrichtung anzusprechen wäre.)

Abb. 96[2]) zeigt die Verwendung eines **Bügelpunktes** zur Erzielung gemeinschaftlichen Antriebs von Ein- und Auslaß. Der in der Verlängerung der Auslaßexzenterstange liegende Anlenkungspunkt D der Einlaßstange beschreibt eine nahezu kreisförmige Bahn, so daß das Bewegungsgesetz der Einlaßstange von dem des normalen Exzenterantriebs nur unbedeutend abweicht. In der schematischen Untersuchung in Abb. 97[3]) ist die Bahn des Punktes D eingetragen und die Lage der einzelnen Steuerpunkte aus dem vollständigen Diagramm ersichtlich. Wenn nun auch somit

[1]) Maßstab 1 : 15.

[2]) Maßstab 1 : 30. Zu einer DT 13 Maschine der Maschinenfabrik Augsburg-Nürnberg A.-G. („Neue Steuerung").

[3]) Maßstab 1 : 20.

für den Endpunkt der Einlaßstange ein Bewegungsgesetz nach dem normalen Exzenterantrieb vorliegt und die Ventilerhebungskurve daraus (natürlich unter Berücksichtigung des wechselnden Übersetzungsverhältnisses der zwischengeschalteten Wälzhebeln) ermittelt werden kann, so ergibt sich für die Ermittlung des Winkels zwischen den mittleren Führungsrichtungen für Ein- und Auslaß doch bereits eine zu große Ungenauigkeit, um hierfür das Diagramm direkt nutzen zu können. Die Linien *E.a.*—*E.z.* im Diagramm und *E.'a.*—*E.'z.* in der Bahn des Punktes *D* sind nicht mehr parallel, womit auch die Möglichkeit, den Winkel zwischen mittlerer Führungsrichtung für Ein- und Auslaß aus dem Diagramm direkt ermitteln zu können, entfällt. Es ist vielmehr nach dem Punktschemaverfahren die Bahn des Punktes *D* zu ermitteln und sind durch Ziehen des Bogens mit der Einlaßstangenlänge als Halbmesser die Punkte *E.'a.* und *E.'z.* in der Bahn des Punktes *D* aufzusuchen, deren zugehörige Werte der Steuerwirkung durch Übertragung in den Exzenterkreis und Vervollständigung des Diagramms nachzuprüfen sind.

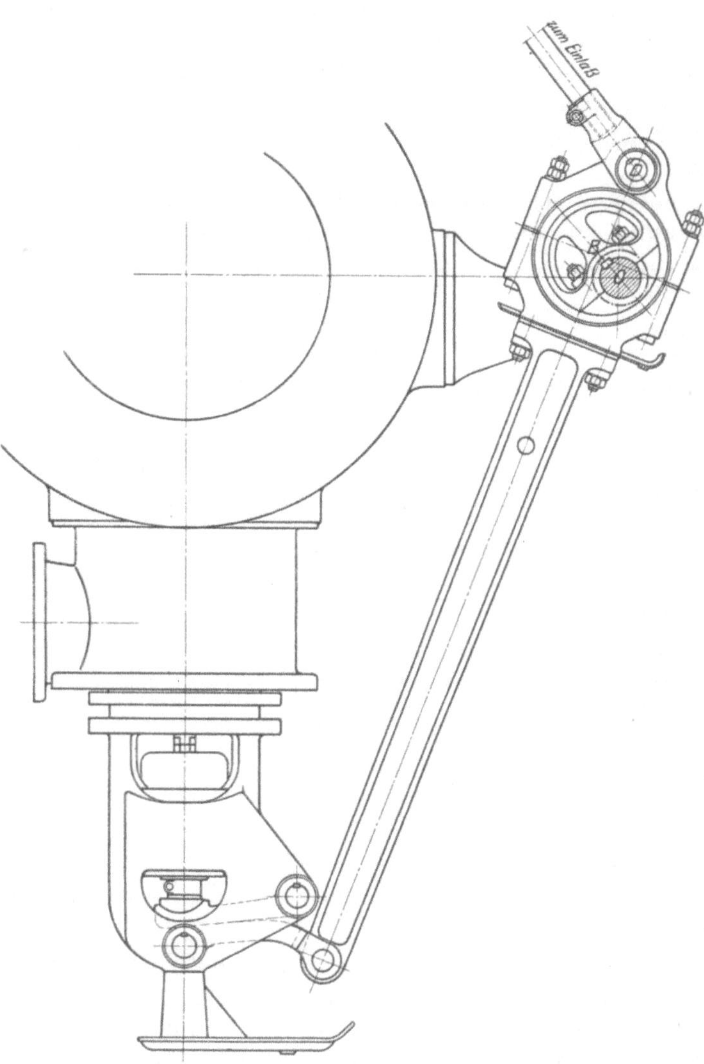

Abb. 96.

Bezüglich des **Anwendungsgebietes** des Exzenterantriebes der Ventile ist zu bemerken, daß er sich fast nur bei Großgasmaschinen, dort aber überwiegend, ausgeführt findet. Kleingasmaschinensteuerungen erhalten ihren Antrieb fast ausschließlich mit Nocken, die einen wesentlich billiger herzustellenden Steuerungsantrieb gestatten, was besonders bei marktgängigen Maschinen ins Gewicht fällt. Daß im Großgasmaschinenbau Nocken nur selten zur Verwendung kommen, hat seinen wesentlichen Grund darin, daß das Exzenter mit seiner breiten Flächenberührung wesentlich geeigneter ist, die beim Steuerungsantrieb (besonders beim Anhub der Auslaßorgane) auftretenden großen Kräfte aufzunehmen, als der Nocken, der in diesem Fall leicht, besonders an den Auflaufstellen, zu größeren Abnützungen neigt. Aus diesem Grunde finden heute zum Antrieb der Auslaßventile nahezu ausschließlich Exzenter Verwendung. Für den Einlaßantrieb, wenn eine Regulierung durch Verstellung der übertragenden Teile erreicht werden soll, bietet der Exzenterantrieb die Möglichkeit, den gewünschten Zweck durch geringen Aufwand baulicher

Mittel zu erreichen und wird daher auch dort, ebenso wie fast ausschließlich zum Antrieb der ausklinkenden Steuerungen meistens verwendet. Als Nachteil des Exzenterantriebes, der ihn für Viertaktmaschinen weniger geeignet erscheinen läßt, ist zu erwähnen, daß die Exzentrizität, um trotz des verhältnismäßig geringen für die Ventilbewegung verfüglichen Drehungswinkels der Steuerwelle die erforderlichen großen Ventilhübe zu erreichen, groß angenommen werden muß, bei den großen Steuerwellendurchmessern die Exzenter daher sehr groß und schwer ausfallen. Aus diesem Grunde werden gewöhnlich bei Exzentersteuerungen die Werte des Voreröffnens und Nachschließens besonders groß angenommen, um hinreichende Pfeilhöhen des zur Ventilerhebung benützten Bogens des Exzenterkreises zu erhalten. Die Exzenterstangen sollen, besonders beim Auslaßantrieb, auf Zug beansprucht werden und sind (im Vergleich zu Dampfmaschinensteuerungen) sehr stark zu bemessen, um ein Flattern zu vermeiden. Aus demselben Grunde wird es auch meistens vermieden, die Verbindungsstange der Stangenköpfe als Rohr auszuführen, diese vielmehr, um die schwingende Masse zu vergrößern, massiv gemacht. Die spezifische Pressung zwischen Exzenter und Bügel soll im Moment der größten Kraftwirkung (beim Ventilanhub) den Wert von 2 bis 2,6 kg/qcm nicht überschreiten. Für reichliche Schmierung ist Sorge zu tragen.

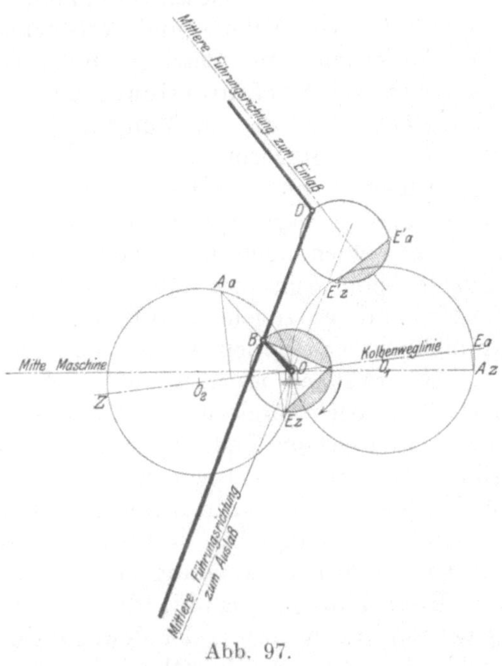

Abb. 97.

d) Wälzhebel.

Die Wälzhebel (24) (28b) haben, wie bereits zu Anfang des vorigen Abschnittes erwähnt, einen doppelten Zweck zu erfüllen, um die Bewegungsverhältnisse des Exzenterantriebes mit den erforderlichen Ventilbewegungen in Einklang zu bringen. Einerseits ist, um die stetige Schwingung des vom Exzenter angetriebenen Ableitungspunktes für die nur zeitweilig stattfindende Bewegung des Ventils nutzen zu können, die Einschaltung eines toten Ganges in den gesamten Antriebsmechanismus erforderlich, derart, daß während der Zeit, wo das Steuerorgan in Ruhe ist, eine Trennung in der kinematischen Kette des Antriebsmechanismus auftritt und Berührung und damit Bewegungsübertragung nur während der Dauer der erforderlichen Ventileröffnung statthat. Daraus geht hervor, daß die Ventilbewegung im Falle der Verwendung von Wälzhebeln nicht zwangläufig sondern nur kraftschlüssig erfolgen kann. Wenn trotzdem die Steuerungsbauarten, bei denen Wälzhebel (ohne gleichzeitige Anordnung von Ausklinkmechanismen) zur Verwendung kommen, als zwangläufig bezeichnet werden, so ist diese Bezeichnung nur im uneigentlichen Wortsinn zu verstehen und zur Unterscheidung von jenen Steuerungsbauarten verwendet, bei denen wenigstens ein Teil der Ventilbewegung vollkommen unabhängig von der Bewegung des äußeren Steuerungstriebwerkes erfolgt, und die als Ausklinksteuerungen bezeichnet werden.

Der andere Zweck, der mit der Einschaltung von Wälzhebeln erreicht werden soll, besteht in der Erzielung geringer Anhub- und Aufsetzgeschwindigkeiten des Steuerorgans. Im allgemeinen entspricht, wie im vorigen Abschnitt erörtert, der Totpunktstellung des Ableitungspunktes die größte Ventilerhebung. In den Momenten des Ventilanhubs und -aufsetzens besitzt demnach der Ableitungspunkt eine endliche Geschwindigkeit, die, unverändert auf das Steuerorgan übertragen, für den Anhub- und Aufsetzmoment einen Stoß ergeben würde, der mit den Forderungen des Betriebes nicht vereinbar wäre. Durch Wälzhebel wird demnach auch ein veränderliches Übersetzungsverhältnis der Geschwindigkeiten zu erzielen sein, um im Moment des Anhubs und Aufsetzens so kleine Geschwindigkeiten des Steuerorgans zu erzielen, daß ein schädlich wirkender Stoß vermieden ist. Anfangs- und Endgeschwindigkeit der Ventilbewegung gleich Null ist, wie später gezeigt werden wird, nur theoretisch, nicht aber praktisch zu erreichen und im allgemeinen auch nicht erstrebenswert, da eine, wenn auch geringe Geschwindigkeit beim Aufsetzen (100 bis 200 mm/sec) das Dichthalten in den Sitzen befördert und die zugehörigen Beschleunigungsdrücke durch die Elastizität der Ventilspindeln aufgenommen werden können.

Zu erwähnen ist noch, daß sich die Anordnung von Wälzhebel nicht nur bei Exzenterantrieb sondern auch bei Verwendung von Nockenantrieb (s. Abschn. f) findet, in welchem Falle das weiter unten über die Theorie der Wälzhebel Gesagte sinngemäß zu übertragen ist. Bei gleichzeitiger Verwendung von Nocken und Wälzhebel ist der Antrieb an gar kein Bewegungsgesetz gebunden und kann in seinen Geschwindigkeits- und Beschleunigungsverhältnissen noch viel freier beherrscht werden, als bei Verwendung eines Exzenterantriebes.

Bemerkung. Da für die Beurteilung der Bewegungsverhältnisse der Wälzhebel nur die Kenntnis der Bewegungsgesetze des sie bedienenden Exzenterantriebs, nicht aber die des Hauptkurbelmechanismus der Maschine in Betracht kommen, sich andererseits bei Zweitaktmaschinen Wälzhebelanordnungen ausgeführt finden, die bei Viertaktmaschinen nicht vorkommen, so sind, um nachträgliche Wiederholungen zu vermeiden, in diesem und den beiden folgenden Abschnitten die sonst durchgeführten Einteilungsgrundsätze durchbrochen und Viertakt- und Zweitaktsteuerungen in der Theorie der Einzelteile gemeinschaftlich behandelt.

Bei der Verwendung von Wälzhebeln, die immer paarweise zusammen arbeiten, sind ganz allgemein zwei Anordnungen zu unterscheiden, die durch die Bezeichnungen „Wälzhebel mit beweglichen Drehpunkten“ und „Wälzhebel mit festen Drehpunkten“ unterschieden sind.

Bei der Anordnung der ersten Art, **Wälzhebel mit beweglichen Drehpunkten,** Abb. 98[1]), liegt der eine Wälzhebel, die sogenannte „Wälzbank“ fest, der zweite ist an einem Ende an die Ventilspindel angelenkt und dadurch gerade geführt, an seinem anderen Ende erfolgt der Antrieb von dem Exzenter her. Diese Anordnung findet sich im Verbrennungskraftmaschinenbau seltener verwendet, hauptsächlich deshalb, weil, wie später gezeigt werden wird, infolge des meistens unvermeidlichen Gleitens der Wälzhebel aufeinander auf die Spin-

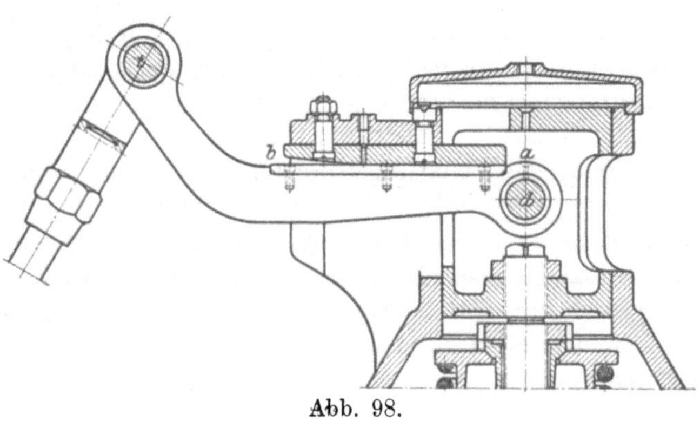

Abb. 98.

[1]) Maßstab 1 : 12. Zu einer DT 14 Gichtgasmaschine (Einlaßsteuerung) der Elsässischen Maschinenbaugesellschaft in Mülhausen.

delführung seitliche Kräfte infolge der Reibung der Wälzhebel aneinander übertragen werden, die bei den großen Beschleunigungsdrücken, wie sie die schweren Ventile erfordern, hohe Werte annehmen und daher besondere Vorkehrungen in der Spindelführung erfordern, wenn nicht ein Klemmen eintreten soll. (Vergleiche die Ausbildung der Spindelführung in Abb. 98.) Als kinematisch einfacher zu überblicken, sei diese Anordnung zuerst behandelt.

Die Arbeitsverhältnisse der Wälzhebel sind aus Abb. 98 zu entnehmen wie folgt: im Augenblicke des Anhubes, für den die Wälzhebel in der Abbildung gezeichnet sind, findet die Berührung in einem der Ventilspindelmitte nahe gelegenen Punkt *a* statt; die Bewegung des vom Exzenter aus angetriebenen Wälzhebelpunktes *t* wird demnach stark ins Kleinere übersetzt, so daß der Anhub mit geringer Geschwindigkeit erfolgt. Bei der Weiterbewegung wandert der Berührungspunkt rasch nach außen, wobei sich das Übersetzungsverhältnis rasch vergrößert, bis ein Anliegen bei *b* erfolgt, von wo ab die weiteren Bewegungen des angetriebenen Punktes mit nahezu unveränderlicher Übersetzung auf die Ventilspindel übertragen werden. Nachdem der Punkt *t* seine höchste Lage erreicht und seine rückläufige Bewegung angetreten hat, findet während der Schlußbewegung des Ventils der umgekehrte Vorgang statt, gegen Ende der Bewegung wandert der Berührungspunkt wieder rasch nach einwärts, so daß die Bewegung des angetriebenen Punktes *t* auch beim Ventilschluß stark ins Kleine übersetzt ist und der Schluß sanft erfolgt. Nach Erreichung der mit der Anhubstellung gleichen Schlußstellung trennen sich die Wälzhebel voneinander, wodurch der zur Erzielung richtiger Steuerwirkung erforderliche Totgang erreicht wird und das Ventil in Ruhe bleibt so lange, bis eine neuerliche Berührung beginnt und das Spiel sich wiederholt. Der angetriebene Punkt *t* durchläuft bei geschlossenem Ventil einen Kreisbogen mit dem Drehpunkt *d* als Mittelpunkt, der während der Eröffnungsperiode in eine Kurve übergeht, die dadurch bestimmt ist, daß der Drehpunkt *d* gerade geführt ist und daß der augenblickliche Berührungspunkt zwischen den Wälzhebeln eine Bahn beschreibt, die im Moment der Berührung in der Tangente an den festen Wälzhebel (Wälzbank) im Berührungspunkte liegt. Die Größe der Geschwindigkeit. die der Berührungspunkt besitzt, ist bestimmend für das bei den Wälzhebeln auftretende Gleiten. Bei gleitfreiem Wälzhebel ist der augenblickliche Berührungspunkt in Ruhe.

Für die Beurteilung des Zusammenarbeitens und den Entwurf der Wälzhebel ist die Kenntnis folgender Verhältnisse von Wichtigkeit:

Wie groß ist die Gleitgeschwindigkeit zwischen den Wälzhebeln und unter welchen Bedingungen wird sie gleich Null?

Wie groß ist das in jedem Moment auftretende Übersetzungsverhältnis zwischen der Geschwindigkeit des getriebenen Punktes und der Ventilspindel und unter welchen Bedingungen tritt eine Anhubgeschwindigkeit gleich Null auf?

Wie ist die Form der Wälzhebel zu wählen, um angenommene Werte der Ventilbeschleunigung bei gegebenem Bewegungsgesetz des angetriebenen Punktes zu erhalten?

In Abb. 99 sei *12* die Wälzbank, *dt* der Wälzhebel, *M* der augenblickliche Berührungspunkt beider. *d* sei der in der Richtung *YY* gerade geführte Punkt

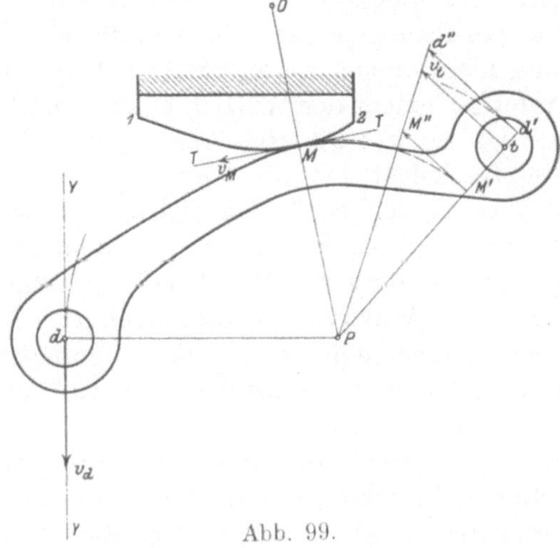

Abb. 99.

der Ventilspindel („Drehpunkt"), t der vom Exzenter (oder Nocken) aus angetriebene Punkt (Treibpunkt). O sei der Krümmungsmittelpunkt der Wälzbank für den Berührungspunkt M, wodurch sich die Richtung der Tangente im Berührungspunkt durch $TT \perp MO$ ergibt. Die augenblickliche Bewegung des Wälzhebels kann demnach als eine Drehung um den Momentanpol P aufgefaßt werden, der sich bekanntlich als Schnittpunkt der auf die Geschwindigkeitsrichtung zweier Systempunkte gefällten Normalen ergibt und durch $dP \perp YY$ und $MP \perp TT$ gefunden wird. Die Geschwindigkeit jedes Systempunktes ist dann normal zu seiner Verbindungslinie mit P gerichtet und seinem Abstand von P proportional. Ist demnach zum Beispiel die Geschwindigkeit des Treibpunktes t durch v_t gegeben, so folgert aus der Dreieckskonstruktion die Größe der Geschwindigkeiten v_d und v_M mit $d'd''$ und $M'M''$, wobei $Pd' = Pd$ und $PM' = PM$ zu machen ist.

Die Bedingungen für gleitfreies Zusammenarbeiten der beiden Wälzhebel und stoßfreies Anheben lassen sich nunmehr aus Abb. 99 herauslesen. Nachdem der Momentanpol eines bewegten Systems der einzige Punkt des System ist, der augenblicklich in Ruhe verharrt, gleitfreie Bewegung des Wälzhebels aufeinander aber bedingt, daß der augenblickliche Berührungspunkt sich in Ruhe befindet (ein „Abrollen" stattfindet), so ergibt sich die Schlußfolgerung:

Gleitfreies Aufeinanderarbeiten der Wälzhebel ist nur dann zu erzielen, wenn der jeweilige Momentanpol des bewegten Hebels mit dem augenblicklichen Berührungspunkt zusammenfällt, m. a. W., wenn (bei praktisch stets verwendeter senkrechter Richtung von YY) Drehpunkt und zugehöriger Berührungspunkt stets in derselben Wagerechten liegen.

Das Übersetzungsverhältnis zwischen den Geschwindigkeiten der Punkte d und t ist durch das Verhältnis der Strecken $\overline{Pd} : \overline{Pt}$ gegeben. Bei endlicher Geschwindigkeit des Treibpunktes im Anhubmoment ist daher nur dann ein Anhub mit der Geschwindigkeit Null zu erzielen, wenn $Pd = 0$ wird. Dies ist aber nur dadurch zu erreichen, daß die Normale auf die Wälzbankkurve im anfänglichen Berührungspunkt selbst durch d hindurch geht.

Soll gleitfreies Anheben mit der Geschwindigkeit Null erfolgen, so vereinigen sich die ausgesprochenen Bedingungen zu der Forderung, daß der Drehpunkt d in seiner Ruhestellung selbst der Wälzbankkurve angehört und deren Tangente im Punkt d senkrecht auf die Führungsrichtung YY steht. Letztere Bedingung ergibt sich aus der Überlegung, daß, wenn die Anfangsgeschwindigkeit $v = 0$ ist, auch der im Punkt d im ersten Zeitdifferentiale zurückgelegte Weg ds gleich Null ist, während der Berührungspunkt um ein Stückchen nach außen wandert. Da indessen nach der Bedingung für gleitfreies Zusammenarbeiten Drehpunkt und Berührungspunkt immer in derselben Wagerechten liegen müssen, ersterer seine Höhenlage nicht verändert, wird es auch der Berührungspunkt nicht, d. h. das Anfangselement der Wälzbankkurve muß auf die Führungsrichtung senkrecht stehen.

Die so geschilderte Anordnung ist indessen praktisch nicht verwendbar, da mit Rücksicht auf die Ungenauigkeit in der Herstellung und die Abnützung gefordert werden muß, daß sich die Wälzflächen nach Beendigung der Ventilbewegung trennen. Dies ist indessen in dem vorliegenden Falle nicht möglich, da bei der Weiterbewegung des Wälzhebels ständig im Punkt d Berührung stattfindet, wenn dieser der Wälzbank selbst angehört. Nach der geringsten Abnützung könnte das Ventil daher nicht mehr dicht schließen, weshalb die erwähnte Anordnung, die übrigens auch zu umständlicher Gabelung eines der beiden Teile führen würde, nicht getroffen wird.

Aus diesem und auch aus dem bereits früher erwähnten Grunde, daß auf ein gelindes Einschlagen mit Rücksicht auf dauerndes Dichthalten im Ventilsitz nicht verzichtet werden kann, wird die Anfangsgeschwindigkeit von Null verschieden gewählt und nur auf (wenigstens angenähert) gleitfreies Zusammenarbeiten der Wälzhebel Wert gelegt.

Die Bedingungen für gleitfreies Arbeiten lassen sich (nach Holzer (24)) mathemathisch ausdrücken wie folgt:

In Abb. 100 sei ab die Wälzbank, ihre Gleichung $y=f(x)$, bezogen auf ein Koordinatensystem, dessen Y-Achse mit der Führungsrichtung zusammenfalle und dessen X-Achse durch den Anfangsberührungspunkt a gehe. ac sei die Wälzbankkurve, deren Koordinaten, da es sich um eine sich drehende Kurve handelt, zweckmäßig in der Polargleichung $r=g(\varphi)$ angeschrieben werden, wobei als Ursprung des Polarkoordinatensystems der Schnitt der X- und Y-Achsen angenommen und die Winkel φ von der X-Achse aus gemessen werden sollen.

Der Punkt M auf dem Wälzhebel möge im Verlaufe des Vorganges mit dem Punkt M_0 der Wälzbank zusammentreffen.

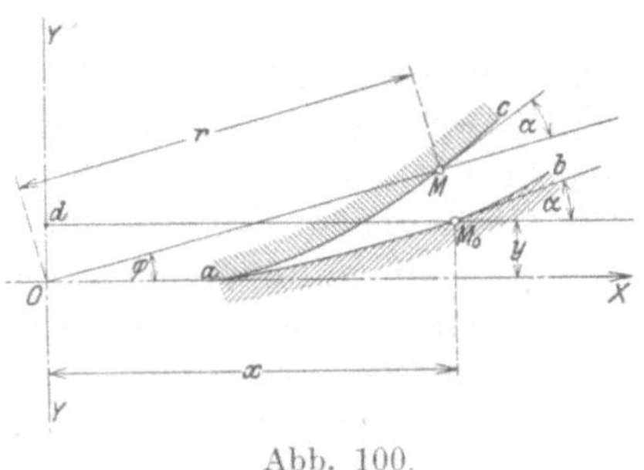

Abb. 100.

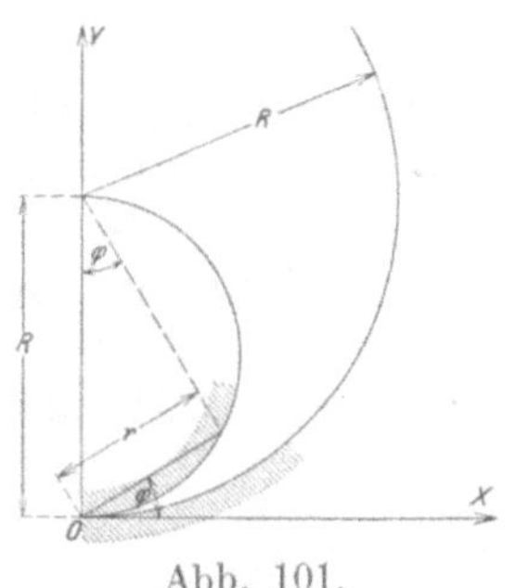

Abb. 101.

Unter diesen Voraussetzungen lassen sich die Bedingungen für gleitfreies Zusammenarbeiten ausdrücken wie folgt: Der Drehpunkt d muß immer in derselben Höhe liegen wie der zugehörige Berührungspunkt, es muß demnach $dM_0 = OM$ oder $r=x$ sein, woraus durch Differentation $dr=dx$ wird. Ferner kann in den Punkten M und M_0 Berührung mit der Lage des Fahrstrahles OM in dM nur dann auftreten, wenn die in der Abbildung mit α bezeichneten Winkel einander gleich sind, was sich durch die Übereinstimmung ihrer Tangenten $\operatorname{tg}\alpha = \frac{r\,d\varphi}{dr} = \frac{dy}{dx}$ ausdrückt, woraus mit Berücksichtigung von $dr=dx$

$$r\,d\varphi = dy \text{ wird.}$$

Ist nun die Gleichung der Wälzbankkurve $y=f(x)$ gegeben, so bestehen für die Wälzhebelkurve die Gleichungen:

$$r = x$$

$$d\varphi = \frac{dy}{r} = \frac{df(x)}{dx},$$

woraus sich durch Elimination des Parameters x die Gleichung der Wälzhebelkurve $r=g(\varphi)$ ergibt.

Ist umgekehrt die Gleichung der Wälzhebelkurve $r=g(\varphi)$ gegeben, so dienen der Berechnung der Wälzbahnkurve die Gleichungen:

$$x = r = g(\varphi)$$

und

$$dy = r\,d\varphi = g(\varphi)\,d\varphi,$$

woraus sich wieder durch Elimination des Parameters φ die gesuchte Gleichung der Wälzbank $y=f(x)$ ergibt.

Von praktischem Interesse ist der Fall, daß die Wälzbank nach einem Kreisbogen geformt ist, Abb. 101, dessen Mittelpunkt in der Führungsrichtung liegt und der durch die Ruhestellung des Drehpunktes hindurch geht. Ist R der Halbmesser der Wälzbankkurve, so lautet ihre Gleichung (Polargleichung eines Kreises)

$$y^2 + 2Ry + x^2 = 0,$$

oder

$$y = -R \pm \sqrt{R^2 - x^2},$$

woraus

$$dy = \frac{x\,dx}{\sqrt{R^2 - x^2}},$$

oder mit $x = r$

$$\frac{dy}{x} = \frac{dx}{\sqrt{R^2 - x^2}} = \frac{dr}{\sqrt{R^2 - r^2}} = d\varphi$$

wird. Integriert ergibt sich

$$\varphi = \arcsin \frac{r}{R} + C,$$

wobei wegen $\varphi = 0$ bei $r = 0$ auch $C = 0$ und damit $r = R \sin \varphi$ wird.

Dies ist, wie aus Abb. 101 ersichtlich, die Gleichung eines Kreises mit R als Durchmesser, dessen Mittelpunkt ebenfalls in der Führungsrichtung YY liegt und durch den Ursprung hindurchgeht. Die Gleichungen drücken die bekannte Beziehung aus, daß bei Abwälzung eines Kreises in einem anderen die entstehende Hypozykloide in einen Durchmesser degeneriert, wenn der bewegte Kreis den halben Durchmesser des ruhenden besitzt. Die bauliche Ausbildung eines derart geformten Wälzhebelpaares zeigt Abb. 102/03[1]).

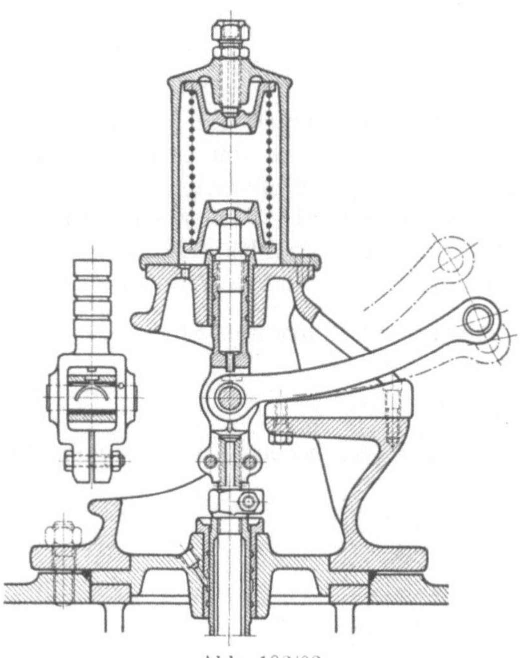

Abb. 102/03.

Es handelt sich nunmehr noch darum, ein Verfahren zu entwickeln, das ermöglicht, bei gegebenen Gesetzen der Geschwindigkeit von Treib- und Drehpunkt die zugehörigen gleitfrei zusammenarbeitenden Wälzhebel auszumitteln. Bezüglich des Treibpunktes ist nach Wahl der Exzentrizität und Festlegung der (bei einigermaßen langen Stangen ohne nennenswerten Fehler als unveränderlich anzusehenden) mittleren Stangenrichtung die Geschwindigkeitskomponente in der Stangenrichtung für jeden Augenblick bekannt. Nach Annahme des Ventilerhebungsgesetzes ist ebenso für jeden Moment die Stellung und Geschwindigkeit des Drehpunktes bekannt und die Aufgabe besteht somit ganz allgemein darin, wenn von einem Systempunkt die Geschwindigkeit der Größe und Richtung nach bekannt ist, von einem anderen die Geschwindigkeitskomponente in einer beliebigen Richtung gegeben ist, den zugehörigen Momentanpol des Systems zu finden. Die Lage des Treibpunktes ist dadurch gegeben, daß seine Abstände vom Drehpunkt und vom Exzentermittel bekannt sind. Bei als ∞ groß angesehener Stangenlänge ergibt sich seine Lage durch den Schnittpunkt des Bogens mit dem Halbmesser dt mit der

[1]) Maßstab 1 : 10. Zur Mischventilsteuerung einer DT 10 Maschine der Gasmotorenfabrik Deutz in Köln-Deutz.

Normalen auf die Stangenrichtung aus der um die Stangenlänge verschobenen Exzenterstellung.

Die allgemeine Lösung der Aufgabe ist aus Abb. 104 ersichtlich. d sei die Stellung des Drehpunktes, v_d seine augenblickliche Geschwindigkeit, t die zugehörige Lage des Treibpunktes, ZZ die Stangenrichtung, v_t' die Geschwindigkeitskomponente von t in der Richtung ZZ. Die Punkte d_0 und t_0 mögen den Lagen der Punkte d und t im Moment des Ventilschlusses entsprechen. Denkt man sich dem beweglichen System eine Geschwindigkeit gleich, aber entgegengesetzt gerichtet, v_d erteilt, so bleibt der Punkt d in Ruhe, die Systembewegung kann daher nur in einer Drehung um d bestehen, die Geschwindigkeit des Punktes t muß daher in der Normalen tN auf die Verbindungslinie dt liegen. Die Resultierende der Geschwindigkeiten v_t' und $-v_d$ bedarf daher noch einer Ergänzung v_t'', um die Resultante (v_t) in die Richtung tN fallen zu lassen. Diese Ergänzungsgeschwindigkeit v_t'' stellt die unbekannte Geschwindigkeitskomponente in der Richtung normal auf ZZ dar und ist daher auch $\perp ZZ$ zu ziehen. Die Gesamtgeschwindigkeit (v_t) liegt nunmehr in tN und kann wieder zurück in v_d und v_t zerlegt werden, wodurch die Gesamtgeschwindigkeit v_t des Punktes t der Größe und Richtung nach gefunden ist. Durch die Schnittpunkte der Normalen auf die Richtungen v_d und v_t in d und t ergibt sich der Momentanpol P, wodurch ein Punkt der Wälzbank gefunden ist. Der zugehörige Wälzhebelpunkt P_0 findet sich durch Bogenschnitt aus den Punkten d_0 und t_0 mit den Abständen Pd und Pt. Diese Konstruktion, für eine Reihe von Punkten durchgeführt, ergibt die Wälzhebelkurven.

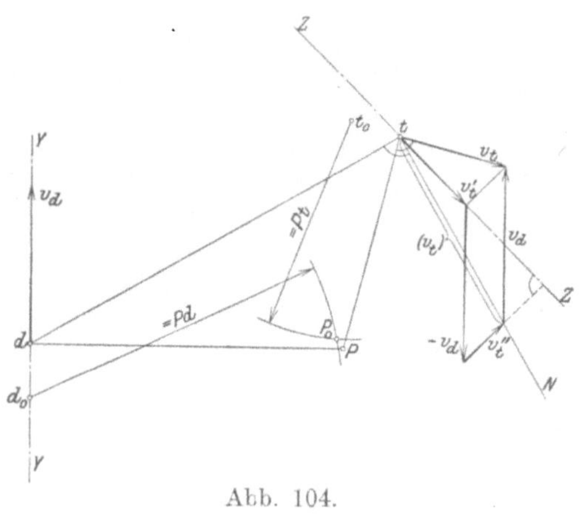

Abb. 104.

Die im vorhergehenden geschilderten Verfahren geben die Mittel an die Hand, unter gegebenen Bedingungen die gleitfrei zusammenarbeitenden Wälzhebel auszumitteln. Die Wahl der Bedingungen und daran anschließend die Konstruktion der Wälzhebel soll nun noch an Hand eines speziellen Falles erörtert werden; Abb. 105[1]). Es seien für die Einlaßsteuerung einer Viertaktmaschine mit $n = 94$ die Wälzhebel auszumitteln, wobei der Ventilhub angenähert 70 mm und die Werte $E.a. = 10$ v. H. und $E.z. = 20$ v. H. gegeben seien. Die als unveränderlich anzusehende Stangenrichtung sei durch ZZ gegeben. d sei die Lage des Drehpunktes bei geschlossenem Ventil, die Lage des Treibpunktes im Augenblick der Eröffnung sei mit t angenommen. (In der Abbildung wurde die Wahl von t absichtlich nicht ganz zweckentsprechend vorgenommen, um auf die sich hierbei ergebenden Verhältnisse aufmerksam zu machen. Zweckmäßig wird die Lage von t, entsprechend der abfallenden Wälzkurve, tiefer zu wählen sein.)

Den Ausgangspunkt der Untersuchung bildet zweckmäßig eine **Annahme über die Beschleunigungsverhältnisse des Ventils**, da diese für die auftretenden Kräfte und die von der Ventilfeder zu erzeugenden Beschleunigungsdrücke bestimmend sind. Brauchbare Verhältnisse ergeben sich, wenn die Beschleunigungs- und Verzögerungswerte ungefähr gleich groß genommen werden. Die im zweiten Teile der Ventileröffnungsbewegung von der Feder zu leistenden Verzögerungsdrücke müssen im ersten Teil der Schlußbewegung als Beschleunigung aufgebracht werden. Plötzlicher Kraft-

[1]) Maßstab 1 : 5.

wechsel ist besser zu vermeiden, es wird daher zwischen Beschleunigungs- und Verzögerungslinie ein sich zwar in kurzer Zeit vollziehender, aber doch allmählicher

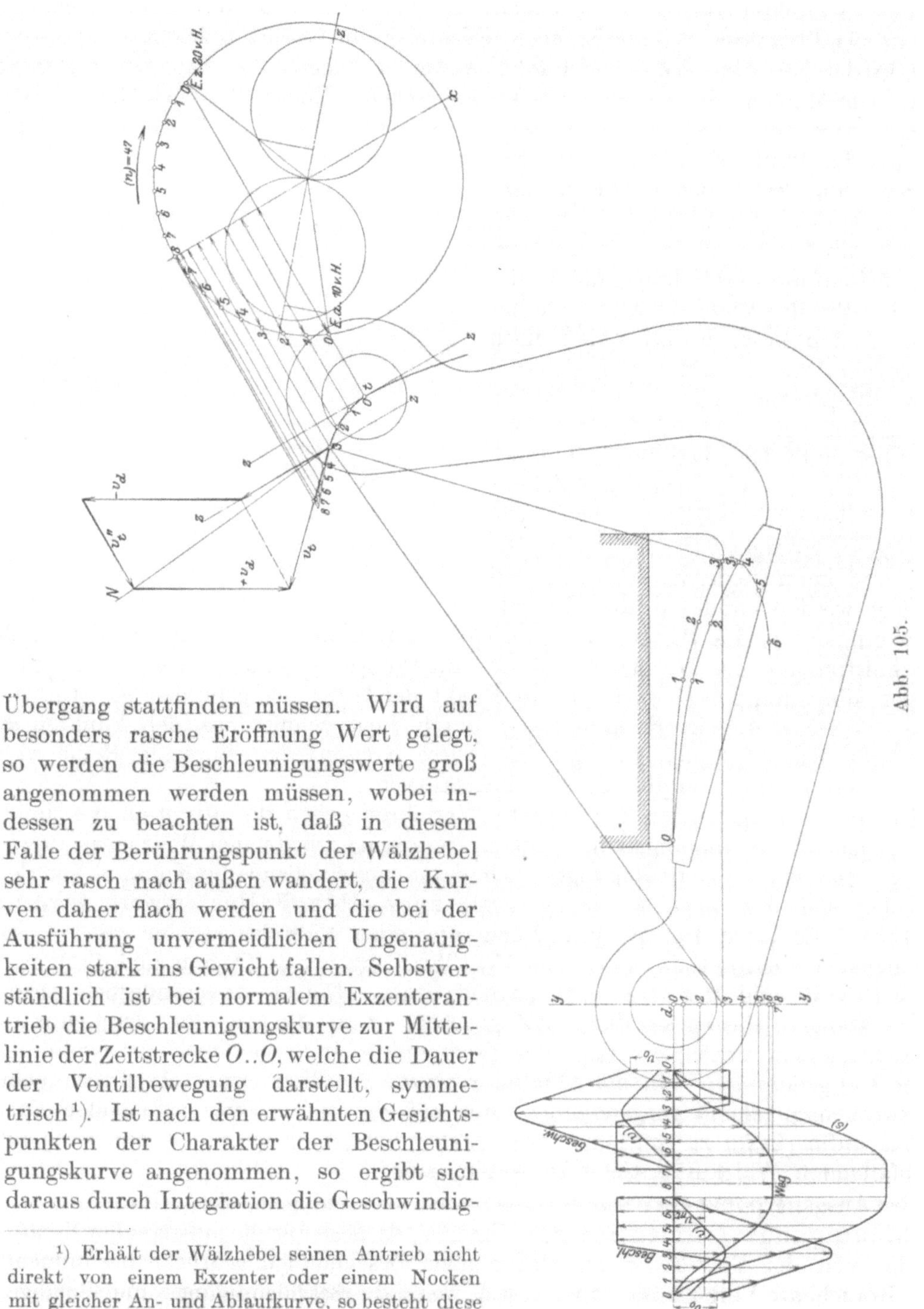

Abb. 105.

Übergang stattfinden müssen. Wird auf besonders rasche Eröffnung Wert gelegt, so werden die Beschleunigungswerte groß angenommen werden müssen, wobei indessen zu beachten ist, daß in diesem Falle der Berührungspunkt der Wälzhebel sehr rasch nach außen wandert, die Kurven daher flach werden und die bei der Ausführung unvermeidlichen Ungenauigkeiten stark ins Gewicht fallen. Selbstverständlich ist bei normalem Exzenterantrieb die Beschleunigungskurve zur Mittellinie der Zeitstrecke $O..O$, welche die Dauer der Ventilbewegung darstellt, symmetrisch[1]). Ist nach den erwähnten Gesichtspunkten der Charakter der Beschleunigungskurve angenommen, so ergibt sich daraus durch Integration die Geschwindig-

[1]) Erhält der Wälzhebel seinen Antrieb nicht direkt von einem Exzenter oder einem Nocken mit gleicher An- und Ablaufkurve, so besteht diese Symmetrie nicht mehr. Gleichen Berührungspunkten der Wälzhebel entsprechen allerdings auch dann gleiche Stellungen des Ventils; da die Eröffnungs- und Schlußbewegungen im Falle des allgemein gestalteten Antriebs jedoch im allgemeinen mit verschiedenen Geschwindigkeiten stattfinden, so treten bei der Eröffnungs- und Schlußbewegung verschiedene Geschwindigkeits- und Beschleunigungswerte auf, deren Kurven fallen also nicht symmetrisch aus.

keitskurve, von der vorderhand auch nur die Gestalt, aber nicht der Maßstab bekannt ist. (Kurve (v) als Integralkurve der Beschleunigungskurve, wobei unveränderlicher Beschleunigung eine gerade Geschwindigkeitskurve entspricht.) Nach dem früher Gesagten wurde eine von Null verschiedene Anhubgeschwindigkeit gewählt, deren Größe indessen, da der Maßstab der v-Kurve noch nicht bekannt ist, aus dem Mittelwert geschätzt werden muß. (Im gegebenen Falle dauert die gesammte Ventilbewegung, da sich der Steuerwellenwinkel zwischen $E.a.$ und $E.z.$ mit 135^0 ergibt: $\frac{60 \cdot 135}{47 \cdot 360} = 0{,}48$ sec. Bei der Annahme, daß nach 7/8 der Eröffnungsdauer angenähert der volle Hub erreicht sein soll, ergibt sich die mittlere Geschwindigkeit mit $(v_m) = \frac{70}{0{,}21} = 333$ mm/sec. Angenommen wurde die Anhubgeschwindigkeit mit 150 mm/sec, die also durch 0,45 v_m dargestellt ist. Da indessen der Mittelwert v_m selbst wieder von dem Anfangswert abhängt, so wird sich in der Regel noch eine kleine Abänderung der getroffenen Annahmen als notwendig erweisen.

Durch neuerliche Integration aus der Geschwindigkeitskurve wird die Wegkurve ermittelt, Kurve (s), aus der sich dann die eigentliche Wegkurve dadurch findet, daß die Ordinaten im Verhältnis der größten Ordinate von (s) zum gewünschten Ventilhub zu verändern sind. Aus der so ermittelten Wegkurve wird nach rückwärts der Maßstab der Geschwindigkeits- und Beschleunigungskurve berechnet. Die den einzelnen Zeitpunkten entsprechenden Stellungen des Drehpunktes d werden in der Führungsrichtung angemerkt und fortlaufend beziffert. Nunmehr wird nach Aufzeichnung des Exzenterkreises der Eröffnungsbogen des Exzenters ermittelt und in dieselbe Anzahl gleicher Teile geteilt, wie die angenommene Zeitstrecke $O \,..\, O$ und die Punkte entsprechend beziffert. Bei unendlicher Stangenlänge ergibt sich dann die jeweilige Lage des Treibpunktes auf der Senkrechten auf die Stangenrichtung durch Bogenschnitt mit der Länge td aus der zugehörigen Stellung des Drehpunktes. Die Wahl der Exzentrizität wird hierbei zweckmäßig so getroffen, daß die Pfeilhöhe des Eröffnungsbogens dem zu erzielenden Ventilhub ungefähr gleich ist. Die jeweilige Geschwindigkeit in der Stangenrichtung ist nach früher (s. S. 28) direkt durch die Exzenterkreisordinate des betreffenden Punktes bezogen auf den Totpunktdurchmesser $8x$ gegeben. Der Maßstab ergibt sich daraus, daß die größte Stangengeschwindigkeit $\frac{2 e \pi (n)}{60}$ durch den Wert e dargestellt ist. (Im vorliegenden Falle ergibt sich mit $e = 110$ mm und $(n) = 47$,

$$v_{max} = \frac{2 \cdot 110 \cdot \pi \cdot 47}{60} = 541 \text{ mm/sec} = 110 \text{ mm},$$

woraus der Geschwindigkeitsmaßstab: 1 mm = 4,91 mm/sec.) Auf diesen Maßstab ist nun die Geschwindigkeitskurve im Zeitdiagramm noch umzuzeichnen, so daß die zusammengehörigen Geschwindigkeiten direkt abgegriffen werden können. Nunmehr wird die Konstruktion der Wälzhebelkurve nach der früher gegebenen Anleitung durchgeführt. (In der Abbildung für den Punkt 3 eingezeichnet.) Die entstehende Wälzbankkurve ist durch die Linie 0 1 2 3 4 5 6 gegeben. Wie ersichtlich, ergibt sich von 3 an ein nicht mehr brauchbarer Verlauf der Wälzhebelkurve, weshalb diese von 3 an durch einen Kreis mit kleinem Halbmesser vervollständigt wurde. Die Wälzhebelkurve wurde jenseits von 3 durch ein tangential anlaufendes Stück ergänzt. Die angenommenen Weg-, Geschwindigkeits- und Beschleunigungskurven sind daher nur zwischen den Punkten 0 und 3 gültig, weichen aber auch in der Fortsetzung, wie eine Nachprüfung zeigt, von den angenommenen nur wenig ab, wie die geringfügige Abweichung der nun tatsächlich auftretenden, strichliert gezeichneten Bahn des Punktes *t* von der vollausgezogenen angenommenen erkennen läßt. Selbstverständlich ist ein gleitfreies Zusammenarbeiten der Wälzhebel jenseits von 3 nicht mehr möglich, was jedoch insofern im wesentlichen belanglos ist, als die Dauer der größten Wälzbahndrücke, die dementsprechend auch große Reibungskräfte und Kraftwirkungen in der Spindelführung ergeben, zwischen den Punkten 0 und 3 liegt, wo ein gleitfreies Zusammenarbeiten stattfindet. Sollte der sich unter den abgeänderten Verhältnissen ergebende Ventilhub von 76 mm nicht mehr zulässig sein, so wird die Änderung in einfachster Weise dadurch vorgenommen, daß die Ordinaten der angenommenen Weg- und Geschwindigkeitskurven im Verhältnis $\frac{70}{76}$ verkleinert und die Konstruktion für die Punkte 0 bis 3 neuerdings durchgeführt wird.

Unter den Begriff Wälzhebel mit beweglichem Drehpunkt fällt auch der Fall, daß die Wälzbank zur Erzielung verschiedener Ventilhübe als ein durch den Regulator verschiebbares Gleitstück ausgeführt wird (vgl. Abb. 173, S. 197). In diesem Falle ist es natürlich unmöglich, für alle Stellungen der Wälzbank gleitfreies Zusammenarbeiten zu erhalten; bei der Formgebung der Wälzhebel wird darauf zu achten sein, daß nahezu gleitfreies Zusammenarbeiten in der Nähe der Stellung für Normalleistung stattfindet, sich jedoch auch in den Leerlaufstellungen nicht allzu ungünstige Verhältnisse ergeben.

Die Anordnung von **Wälzhebeln mit festen Drehpunkten,** deren Anwendung im Verbrennungskraftmaschinenbau meistens vorgenommen wird, ist z. B. aus Abb. 89/90 ersichtlich. In ähnlicher Weise wie bei den Wälzhebeln mit beweglichen Drehpunkten findet auch hier im Moment des Anhubs ein Berühren der beiden Wälzhebel nahe dem Drehpunkt des angetriebenen Hebels statt, so daß die Exzenterbewegung zuerst stark ins Kleine übersetzt ist und sanftes Anheben stattfindet. Dann wandert der Berührungspunkt rasch nach außen, wobei das Übersetzungsverhältnis ständig wächst, um endlich, nachdem es den zur Erzielung des vollen Ventilhubs erforderlichen Wert erhalten hat, nahezu unveränderlich zu bleiben. Beim Schließen des Ventils vollziehen sich die Vorgänge in umgekehrter Reihenfolge, so daß auch eine sanfte Schlußbewegung erzielt wird. Da der die Bewegung direkt auf das Ventil übertragende Hebel einen festen Drehpunkt besitzt, muß die Verbindung zwischen Hebel und Ventilspindel auch die durch den Pfeil des Drehungsbogens bedingte Bewegung senkrecht zur Ventilspindel gestatten. Die Ventilspindel ist somit von den zwischen den Hebeln auftretenden Reibungskräften, die von den festen Drehpunkten als Widerlagerdrücke aufgenommen werden, entlastet und hat nur die Reibungskraft infolge der seitlichen Bewegung des Gleitstückes aufzunehmen, die indessen wegen des praktisch nur geringen Pfeiles der Drehbewegung auch nur sehr klein sind.

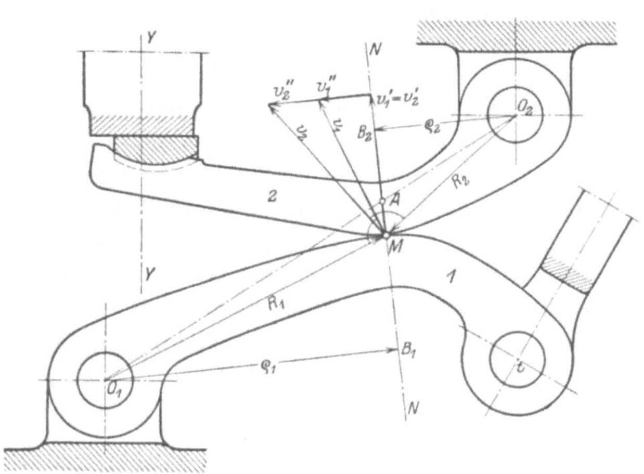

Abb. 106.

Bei der Verwendung von Wälzhebeln mit festem Drehpunkt handelt es sich um die Übertragung von Drehbewegung mittels profilierter Hebel. Für die Bewegungsverhältnisse gelten demnach die allgemeinen Gesetze der **Verzahnung**, deren Anwendung den einfachsten Überblick über die auftretenden Erscheinungen ermöglicht. In Abb. 106 sei 1 der treibende Hebel mit O_1 als festem Drehpunkt; sein Antrieb erfolge in t vom Exzenter aus. 2 sei der angetriebene Hebel mit O_2 als festem Drehpunkt; der augenblickliche Berührungspunkt beider Hebel sei durch M gegeben. Die Berührungsnormale in M sei NN. Die augenblickliche Geschwindigkeit v_1 des dem Hebel 1 angehörigen Punktes M steht senkrecht auf der Verbindungslinie $O_1M = R_1$, die gleichzeitige Geschwindigkeit des dem Hebel 2 angehörigen Punktes M steht senkrecht auf $O_2M = R_2$. Das augenblickliche Übersetzungsverhältnis ist durch das Verhältnis der Winkelgeschwindigkeiten der beiden Hebel $\frac{\omega_2}{\omega_1}$ gegeben.

Es ist nun ohne weiteres einleuchtend, daß die Geschwindigkeitskomponenten von v_1 und v_2 in der Richtung der Berührungsnormalen NN einander gleich, $v'_1 = v'_2$ sein müssen, da sonst ein In-einander-eindringen oder ein Sich-trennen der beiden Hebel stattfände. Bezeichnen nun ϱ_1 und ϱ_2 die Abstände der festen Drehpunkte O_1 und O_2 von der Berührungsnormalen NN, so bestehen die Gleichungen:

$$v_1 = R_1 \omega_1 = v_1' \frac{R_1}{\varrho_1}$$

und

$$v_2 = R_2 \omega_2 = v_2' \frac{R_2}{\varrho_2}$$

oder

$$\frac{\omega_2}{\omega_1} = \frac{v_2'}{v_1'} \cdot \frac{\varrho_1}{\varrho_2}.$$

Da aber aus der Ähnlichkeit der Dreiecke O_1B_1A und O_2B_2A folgt

$$\frac{\varrho_1}{\varrho_2} = \frac{O_1A}{O_2A}$$

und da nach früher $v_1' = v_2'$ sein muß, so ergibt sich

$$\omega_2 : \omega_1 = \overline{O_1A} : \overline{O_2A},$$

d. h.: **Die jeweilige Berührungsnormale teilt die Verbindungslinie der festen Drehpunkte im augenblicklichen Übersetzungsverhältnis. Die Winkelgeschwindigkeiten der Wälzhebel sind den durch die Berührungsnormale erzeugten Abschnitten auf der Verbindungslinie der festen Drehpunkte verkehrt proportional.** Ein Übersetzungsverhältnis $\frac{\omega_2}{\omega_1} = 0$ ist somit nur mit $O_1A = 0$ zu erreichen, d. h. dann, wenn die Berührungsnormale durch den Drehpunkt des treibenden Hebels geht.

Ein Gleiten der Wälzhebel aufeinander ist durch die Verschiedenheit der Geschwindigkeitskomponenten v_1'' und v_2'' senkrecht auf die Berührungsnormale bedingt. Zusammenarbeiten ohne Gleiten ist nur bei $v_1'' = v_2''$ zu erreichen, was mit $v_1' = v_2'$ auf $v_1 = v_2$ führt. D. h. die Verbindungslinien O_1M und O_2M müssen in eine Gerade fallen. Mit anderen Worten: **Gleitfreies Zusammenarbeiten der Wälzhebel ist nur dann zu erzielen, wenn der jeweilige Berührungspunkt in der Verbindungslinie der festen Drehpunkte O_1 und O_2 gelegen ist.**

Die Vereinigung der Bedingungen für stoßfreies Anheben und gleitfreies Zusammenarbeiten führt demnach auf die Notwendigkeit, den Drehpunkt des angetriebenen Wälzhebels zu einem Punkt seiner Wälzkurve selbst zu machen, eine Anordnung, die indessen aus denselben Gründen, wie bei der Besprechung der Wälzhebel mit beweglichem Drehpunkt erörtert (S. 118), **nicht** vorgenommen wird, so daß stets ein anfängliches Gleiten der Wälzhebel aufeinander oder zweckmäßiger Anhub und Schluß mit einer kleinen Geschwindigkeit zugelassen wird.

Die Bedingungen für gleitfreies Zusammenarbeiten finden nach Holzer (24) ihren mathematischen Ausdruck wie folgt:

Da es sich um drehende Kurven handelt, werden die Gleichungen zweckmäßig auf Polarkoordinatensysteme bezogen, deren Pole die zugehörigen festen Drehpunkte sind und wobei die Winkel φ von der Verbindungslinie der festen Drehpunkte aus gemessen werden (Abb. 107). Sind M_1 und M_2 zwei Punkte der Wälzhebel 1 und 2, die im Verlauf des Vorganges miteinander in Berührung kommen, so führt die Bedingung, daß zur Erzielung gleitfreien Zusammenarbeitens sich die beiden Punkte in der Verbindungslinie $O_1 O_2$ berühren müssen, auf

$$r_1 + r_2 = a,$$

wobei $a = O_1 O_2$ den Abstand der festen Berührungspunkte darstellt, oder

$$dr_1 = -dr_2.$$

Damit in den Punkten M_1 und M_2 überhaupt Berührung stattfinden kann, wenn die zugehörigen Vektoren r_1 und r_2 in einer Geraden liegen, muß $\alpha_1 = \alpha_2$ oder $\operatorname{tg} \alpha_1 = \operatorname{tg} \alpha_2$ sein, was auf

$$\frac{r_1 d\varphi_1}{dr_1} = \frac{r_2 d\varphi_2}{dr_2}$$

oder wegen $dr_1 = -dr_2$ auf

$$r_1 d\varphi_1 = -r_2 d\varphi_2$$

führt.

Ist somit die Gleichung der einen Wälzhebelkurve $r_1 = f_1(\varphi)$ gegeben, so ist die andere durch

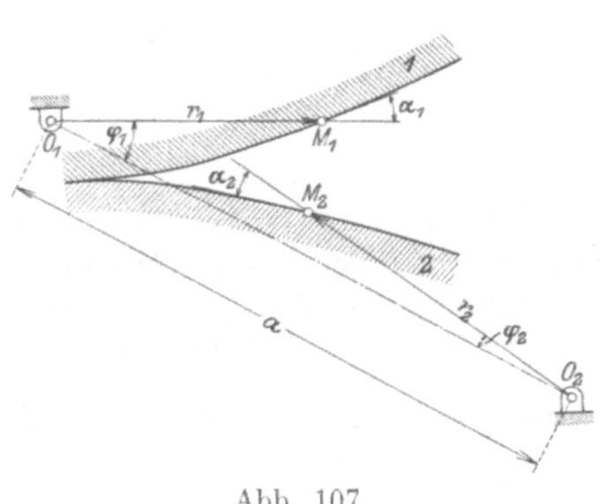

Abb. 107.

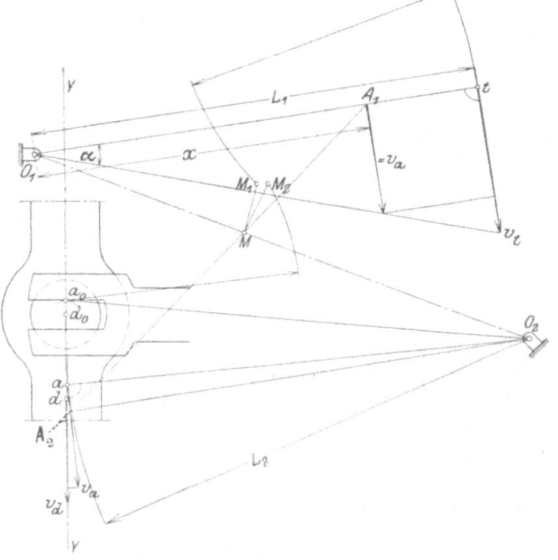

Abb. 108.

$$df_2 = -dr_1 = -df_1$$

und

$$\frac{f_2 d\varphi_2}{df_2} = \frac{f_1 d\varphi_1}{df_1}$$

in Parameterstellung gegeben.

Nunmehr soll noch ein Verfahren entwickelt werden, das ermöglicht, bei gegebenen Gesetzen der Bewegung von Ventil und Treibpunkt das zugehörige gleitfrei zusammenarbeitende Paar von Wälzhebeln zu ermitteln.

In Abb. 108 sei t eine Stellung des Treibpunktes des treibenden Hebels, $v_t \perp O_1 t$ seine augenblickliche Geschwindigkeit. d sei die gleichzeitige Stellung eines ausgezeichneten Punktes der Ventilspindel (im vorliegenden Falle des Drehzapfenmittels), v_d seine Geschwindigkeit. Die Punkte d_0 und t_0 sollen den Stellungen im

Moment des Anhubs entsprechen. Um nun den augenblicklichen Berührungspunkt der zugehörigen Wälzhebel zu finden, der nach früher für gleitfreies Zusammenarbeiten auf der Verbindungslinie $O_1 O_2$ liegt und diese im umgekehrten Verhältnis der Winkelgeschwindigkeiten teilen muß, suche man sich zuvörderst die zu den Stellungen d und d_0 gehörige Lage eines beliebigen Wälzhebelpunktes, wofür in folgendem Falle der Punkt a angenommen wurde. Bei den praktisch üblichen Verhältnissen, wo der Bogen des Punktes a nahezu mit der Ventilführungsrichtung YY zusammenfällt, kann ohne nennenswerten Fehler der Punkt d selbst als ein Punkt des Wälzhebels angesehen werden. Die Geschwindigkeit v_a des Punktes a ergibt sich daraus, daß sie auf $O_2 a$ senkrecht stehen und in der Führungsrichtung YY die Komponente v_d haben muß. Um M zu finden, trage man in das rechtwinklige Dreieck mit $O_1 t = L_1$ als einer und v_t als anderer Seite die Geschwindigkeit $v_a \parallel v_t$ so ein, daß ihr Endpunkt in der Hypotenuse liegt. Man mache ferner $L_2 = O_2 a = O_2 A_2 \parallel O_1 t$[1]), so ergibt der Schnittpunkt von $A_1 A_2$ und $O_1 O_2$ den gesuchten Punkt M, der nunmehr, um die Wälzhebelprofile zu finden, noch in die zugehörigen Ausgangslagen durch Bogenschnitt zu übertragen ist.

Beweis. Nach früher muß sein

$$\frac{O_1 M}{O_2 M} = \frac{\omega_2}{\omega_1};$$

nun ist

$$\omega_1 = \frac{v_t}{L_1} = \operatorname{tg}\alpha = \frac{v_a}{x} \quad \text{und} \quad \omega_2 = \frac{v_a}{L_2},$$

woraus

$$\frac{O_1 M}{O_2 M} = \frac{O_1 A_1}{O_2 A_2} = \frac{x}{L_2} = \frac{\frac{x}{v_a}}{\frac{L_2}{v_a}} = \frac{\frac{1}{\omega_1}}{\frac{1}{\omega_2}} = \frac{\omega_2}{\omega_1}$$

w. z. b. w.

Die Auswertung dieses Verfahrens für den Entwurf gleitfrei zusammenarbeitender Wälzhebel unter Annahme der Bewegungsgesetze von Treib- und Drehpunkt zeigt Abb. 109[1]). Die hierbei über die Bewegung der Punkte t und d getroffenen Annahmen sind dieselben wie die in Abb. 105 verwendeten. Punkt d kann direkt als Wälzhebelpunkt angesehen werden. Die Konstruktion ist für den Punkt 3 eingezeichnet. Wie man aus der Abbildung ersieht, wird in ähnlicher Weise wie in Abb. 105 auch hier die ermittelte Wälzhebelkurve jenseits des Punktes 3 unbrauchbar, was dadurch begründet ist, daß das Übersetzungsverhältnis nach den gemachten Annahmen nicht stetig abnimmt, sondern von Punkt 3 an wieder wächst. Die Fortsetzung der Kurven über den Punkt 3 hinaus nach den getroffenen Annahmen führt auf (nicht mehr ganz gleitfreie) Übertragung mit angenähert unveränderlichem Übersetzungsverhältnis und bedingt eine nur unwesentliche Vergrößerung des Ventilhubs gegenüber dem angenommenen.

Der Umstand, daß bei gleitfreiem Zusammenarbeiten der Anfangsberührungspunkt in und die folgenden in der Nähe der Verbindungslinie der festen Drehpunkte liegen, führt, wie aus Abb. 109 ersichtlich, auf nicht sehr konstruktive Hebelformen. Mit Rücksicht darauf, sowie auch auf den erwähnten Umstand, daß die durch das gegenseitige Gleiten hervorgerufenen Reibungskräfte nicht von der Ventilspindel sondern von den festen Drehpunkten unschädlich aufgenommen werden, wird in der Regel ein gewisses Gleiten in den Kauf genommen, wodurch auch die Formgebung wenigstens eines Wälzhebels frei gewählt und den Erfordernissen billiger Herstellung angepaßt werden kann.

[1]) Maßstab 1 : 5.

Da von den drei zusammenhängenden Größen, den Gestalten der Wälzkurven und dem Gesetz der Veränderung des Übersetzungsverhältnisses, wenn die Forde-

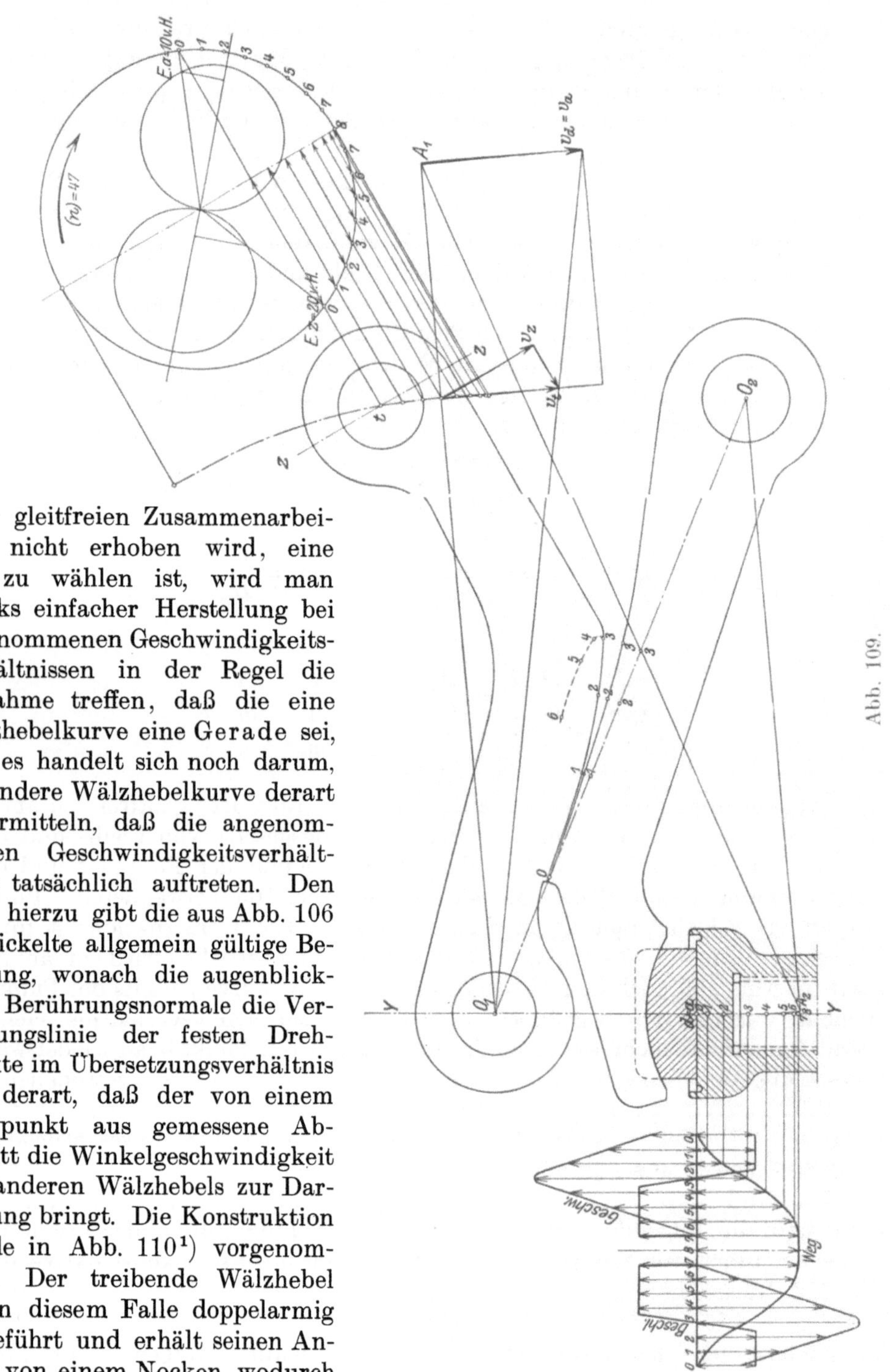

Abb. 109.

rung gleitfreien Zusammenarbeitens nicht erhoben wird, eine frei zu wählen ist, wird man zwecks einfacher Herstellung bei angenommenen Geschwindigkeitsverhältnissen in der Regel die Annahme treffen, daß die eine Wälzhebelkurve eine Gerade sei, und es handelt sich noch darum, die andere Wälzhebelkurve derart zu ermitteln, daß die angenommenen Geschwindigkeitsverhältnisse tatsächlich auftreten. Den Weg hierzu gibt die aus Abb. 106 entwickelte allgemein gültige Beziehung, wonach die augenblickliche Berührungsnormale die Verbindungslinie der festen Drehpunkte im Übersetzungsverhältnis teilt derart, daß der von einem Drehpunkt aus gemessene Abschnitt die Winkelgeschwindigkeit des anderen Wälzhebels zur Darstellung bringt. Die Konstruktion wurde in Abb. 110[1]) vorgenommen. Der treibende Wälzhebel ist in diesem Falle doppelarmig ausgeführt und erhält seinen Antrieb von einem Nocken, wodurch Weg- und Geschwindigkeitsver-

[1]) Maßstab 1 : 5. Im wesentlichen nach einer Ausführung der Einlaßsteuerung einer Zweitaktgichtgasmaschine System Körting, 1100 ϕ und 1400 Hub der Siegener Maschinenbau-Aktiengesellschaft, vorm. A. & H. Oechelhäuser in Siegen.

hältnisse des Treibpunktes *t* festgelegt sind. Als Wegdiagramm des Drehpunktes wurde eine aus Parabelstücken zusammengesetzte Kurve (die Konstruktion ist eingezeichnet), entsprechend geradlinigem Verlauf der Geschwindigkeitskurve und unveränderlichen

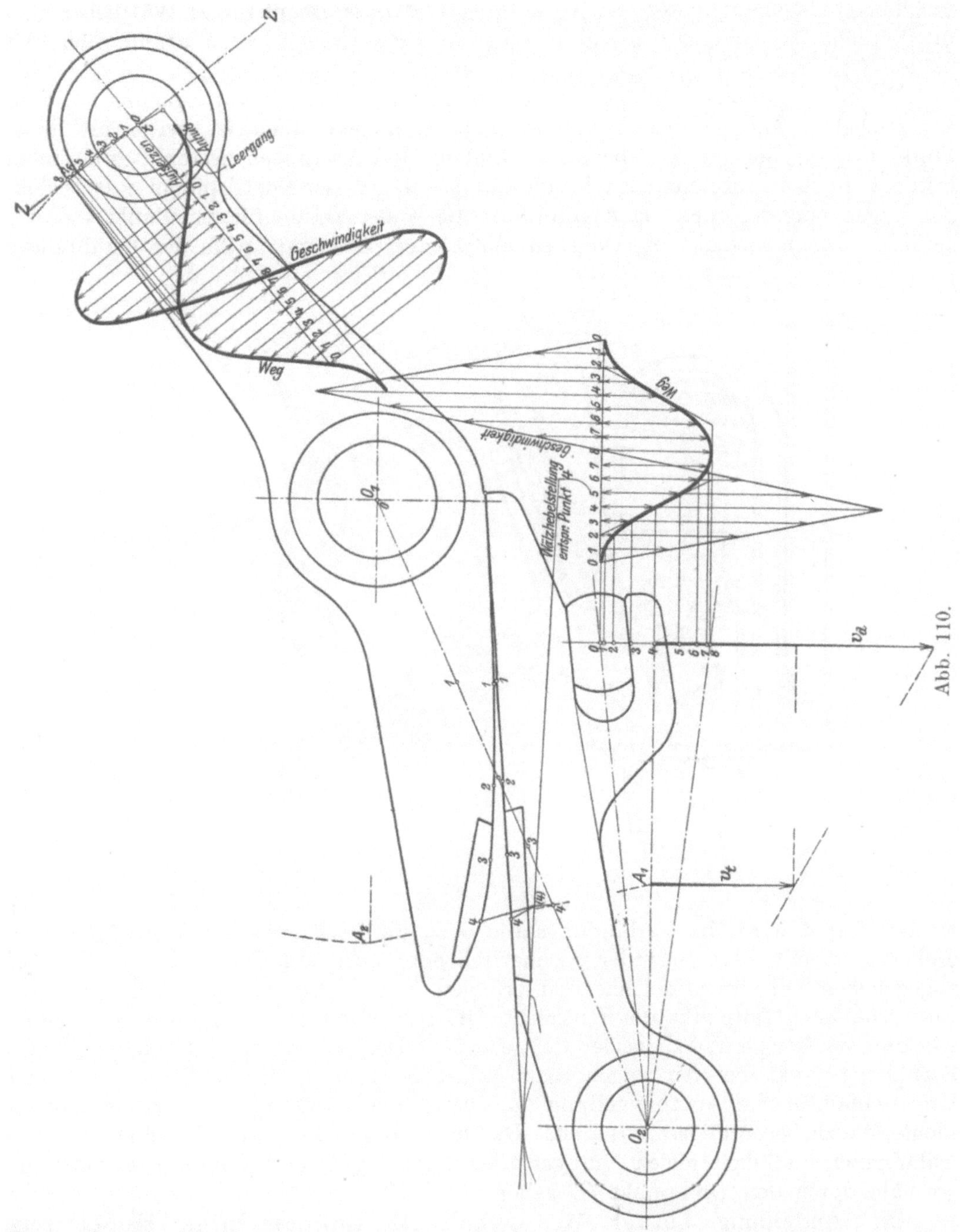

Abb. 110.

Beschleunigungswerten angenommen. Als Anhub- und Aufsetzgeschwindigkeit wurde diesmal der Wert Null angenommen[1]. (Der plötzliche Übergang von positiven zu

[1]) Von der Ausführung der genannten Firma ist nun insofern abgewichen, als sich dort eine geringe aber endliche Anhubgeschwindigkeit des Ventils und Formgebung des treibenden Wälzhebels nach Kreisbogen ausgeführt findet, wodurch die Ventilerhebungskurve eine etwas veränderte Gestalt erhält und der Anfangsberührungspunkt der beiden Wälzhebel etwas nach links rückt.

negativen Beschleunigungswerten, wie er bei den angenommenen Geschwindigkeitsverhältnissen in den Punkten 4 stattfindet, wäre theoretisch zwar zu vermeiden, indessen ist die Abweichung der auf Grund allmählichen Kraftwechsels entwickelten Wegkurven von der gewählten so gering, daß dieser Einfluß gegenüber den unvermeidlichen Ungenauigkeiten bei Herstellung und Zusammenbau der Wälzhebel nicht in Betracht fällt und die gewählten Verhältnisse zwecks Vereinfachung der Annahme wohl anzunehmen sind.)

Nachdem nunmehr die Gestalt des einen Wälzhebels, im vorliegenden Falle des angetriebenen mit gerader Wälzlinie passend angenommen ist, wird, um einen Punkt des zugehörigen Wälzhebels zu finden, der Wälzhebel, dessen Gestalt schon festliegt, in den einzelnen, den bezifferten Stellungen der Ventilspindel entsprechenden Lagen aufgezeichnet. In Abb. 110 ist die Konstruktion für den Punkt 4 durchgeführt. Die Konstruktion erfolgt in einfachster Weise mit Hilfe der berührenden

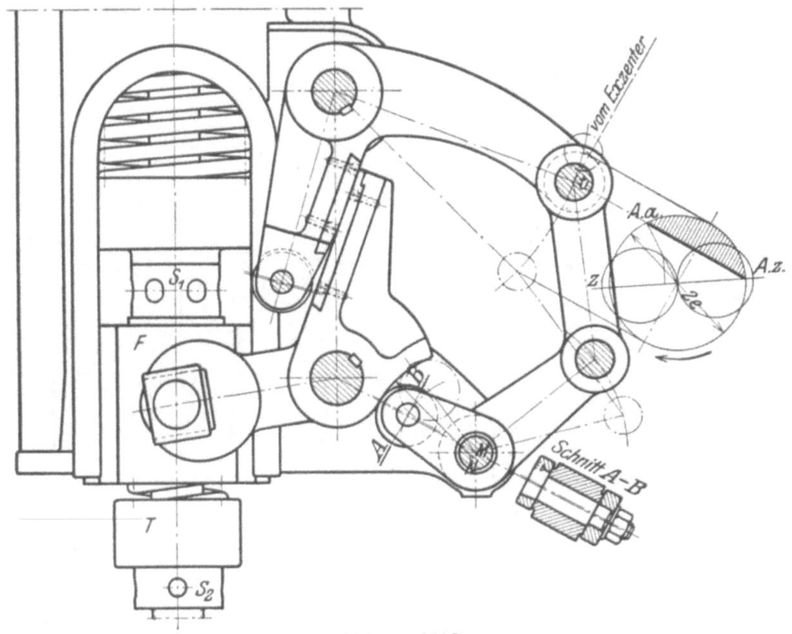

Abb. 111/12.

Kreise; ferner wird die Verbindungslinie O_1O_2 im Verhältnis der Winkelgeschwindigkeiten geteilt, was entweder rechnerisch oder auch auf Grund des in Abb. 108 angegebenen Verfahrens zeichnerisch erfolgen kann ($O_1t = O_1A_2 \parallel O_2 4$), und von dem erhaltenen Teilpunkt die Senkrechte (im gewählten Punkt durch 4 (4) gegeben) auf die zugehörige Wälzhebelgerade gezogen. Der so erhaltene Punkt stellt den Berührungspunkt bei der zugehörigen Wälzhebelstellung dar und ist noch durch Bogenschlag in die Anfangsstellung zu übertragen, wodurch auch das andere gesuchte Wälzhebelprofil festgelegt ist. Da im vorliegenden Falle die Annahme einer Anhubgeschwindigkeit gleich Null getroffen wurde, muß die anfängliche Berührungsnormale durch den Drehpunkt O_1 gehen.

Die Ausbildung beider Wälzhebel als doppelarmige Hebel zeigt Abb. 111/12[1]). Das Ende des treibenden Wälzhebels trägt eine Rolle, um das nach Abwälzen der schwach gekrümmten Wälzhebelteile auftretende starke Gleiten bei Eintritt des angenähert unveränderlichen Übersetzungsverhältnisses in ein Abrollen

[1]) Maßstab 1 : 10. Zu einer Auslaßsteuerung eines D 12 Gichtgasgebläses der Maschinenbau-aktiengesellschaft, vorm. Breitfeld, Daněk & Co. in Prag-Karolinental.

zu verwandeln. Die Betätigung des Ventils erfolgt, wie aus dem zugezeichneten Exzenterdiagramm ersichtlich, im oberen Teile der Exzenterbewegung mit auf Zug beanspruchter Exzenterstange.

Bei dieser Bauart ist auch der interessante Versuch gemacht, eine Verriegelung des Auslaßventils in seiner Ruhestellung zu erreichen und dadurch die besonders bei Füllungsregelung gegen das Aufsaugen bei Leerlauf erforderlichen schweren Federn zu vermeiden. Zu diesem Behuf ist das Führungsstück F mit der Ventilspindel nicht fest verbunden, sondern nimmt diese nur durch Vermittlung der Schraubenmutter S_1 nach aufwärts mit, wodurch die obere Ventilfeder weiter zusammengepreßt wird. Nach Beendigung der Ventilbewegung bewegt sich der vom Exzenter angetriebene Punkt t weiter nach einwärts, wodurch der um M drehbare Winkelhebel nach rechts gedreht und die an seinem Ende befestigte Rolle längs einer am angetriebenen Wälzhebel ausgebildeten Kurve bewegt wird. Da deren Krümmungsmittelpunkt bei Schlußlage des Ventils jedoch nicht nach M sondern außerhalb von M nach N fällt, so tritt noch eine kleine Linksdrehung des angetriebenen Wälzhebels ein, wobei sich F von S_1 abhebt und die sich durch Vermittlung des Federtellers T auf die Mutter S_2 stützende Feder noch ein wenig zusammengepreßt wird, wodurch auch deren Vorspannung zum Schluß des Ventils nutzbar gemacht ist. Die untere Ventilfeder kann, da sie nur mit geringem Hub beansprucht wird, hart und sehr kräftig ausgeführt werden, was bei den auf großen Hub beanspruchten, normalen Federn bei Einhaltung der zulässigen Beanspruchungsgrenzen Schwierigkeiten macht. Außerdem sind Gestänge und Steuerwelle wegen der schwächeren Ventilfeder während der Dauer der Ventilbewegung weniger beansprucht. Die am Ende des treibenden Wälzhebels angeordnete Rolle sowie die Blockierungsrolle sind auf exzentrischen Zapfen gelagert (s. Schnitt AB), wodurch eine Feineinstellung auch bei eingetretener Abnützung erreicht werden kann.

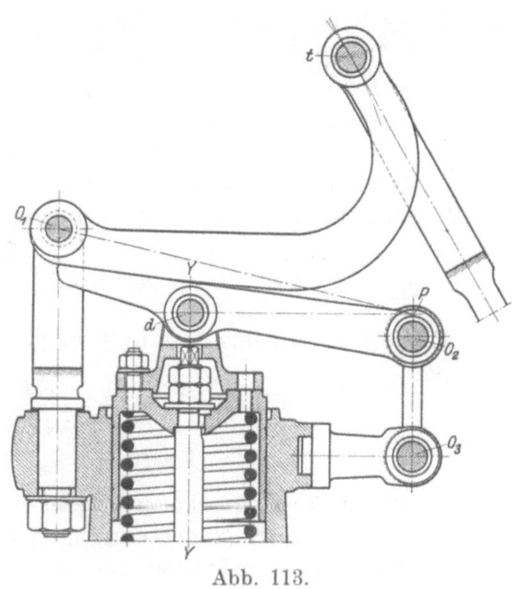

Abb. 113.

Unter den Begriff Wälzhebel mit festem Drehpunkt fällt auch die in Abb. 113[1]) dargestellte Wälzhebelanordnung (vgl. hierzu Abb. 92/93), die sich von der üblichen dadurch unterscheidet, daß der angetriebene Wälzhebel mit der Ventilspindel durch ein Gelenk verbunden ist, während der Drehzapfen des Wälzhebels nicht fest, sondern in einem Lenker gelagert ist, um den für die Drehbewegung des Wälzhebels erforderlichen Pfeil zu erzielen. Als Vorteil dieser Anordnung ist der Entfall des Gleitstückes anzusehen, als Nachteil, daß bei nicht gleitfrei zusammenarbeitenden Wälzhebeln bei dieser Anordnung ebenso wie bei Verwendung eines Wälzhebels mit beweglichem Drehpunkt die vom Gleiten der Wälzhebel aufeinander herrührende Reibung von der Spindelführung aufgenommen und diese daher zur Aufnahme von Seitenkräften geeignet ausgebildet werden muß. Im vorliegenden Falle dient der Federteller zur Aufnahme der Seitendrücke. Die Beurteilung der Wälzhebel sowie

[1]) Maßstab 1 : 10. Zur Einlaßsteuerung einer DT 11 Gichtgasmaschine von Schüchtermann & Kremer in Dortmund.

ein Entwurf für gleitfrei zusammenarbeitende Wälzhebel kann nach den für Wälzhebel mit festen Drehpunkten aufgestellten Leitsätzen erfolgen, wenn man sich vergegenwärtigt, daß als Drehpunkt des angetriebenen Wälzhebels nicht sein Drehpunkt O_2, sondern sein, natürlich von Moment zu Moment veränderlicher Drehpol P auftritt, der durch den Schnittpunkt der Lenkermittellinie $O_3 O_2$ mit der Geraden $dP \perp YY$ gefunden ist.

Für die **Bemessung** der Wälzhebelbreite ist maßgebend, daß die durch den Druck der Wälzhebel aufeinander hervorgerufene Materialanstrengung eine gewisse Grenze nicht überschreite. Die Beanspruchung erfolgt auf Oberflächenfestigkeit (Härte) in der Form, daß zwei sich längs einer Erzeugenden berührende Zylinder aufeinander gedrückt werden. Hierfür gilt nach Hertz (14) unter der Voraussetzung ∞ langer Zylinder die Gleichung für die Beanspruchung

$$\sigma = 0{,}418 \sqrt{P' E \frac{r_1 + r_2}{r_1 r_2}},$$

wobei P' die Belastung auf die Längeneinheit, $E = 2150000$ kg/qcm den Elastizitätsmodul und r_1 und r_2 die Zylinderhalbmesser an der Berührungsstelle bedeuten. In unserem Falle sind die sich berührenden Zylindererzeugenden nur kurz, so daß infolge Ausweichens des Materials an den Flanken mit etwas höheren als den für Berührung in einem Rechteck gültigen Beanspruchungen gerechnet werden muß, weshalb auch mit Rücksicht auf den Umstand, daß es sich infolge der Oberflächenhärtung nicht um homogenes Material handelt, gesetzt werde:

$$\sigma \simeq 0{,}5 \sqrt{\frac{P}{b} \cdot E \frac{r_1 + r_2}{r_1 r_2}},$$

wobei P die Gesamtbelastung und b die Breite der Wälzhebel bedeutet. Daraus ergibt sich

$$b = \frac{PE}{4\sigma^2}\left(\frac{1}{r_1} + \frac{1}{r_2}\right)$$

(Kräfte in kg, Längen in cm).

Für die Größe σ, die natürlich im wesentlichen nur als ein Vergleichswert anzusehen ist, ergeben Nachrechnungen von bewährten Ausführungen Werte bis 2000 bis 2200 kg/qcm, während bei den Auflagern von Brücken bis auf das 3 bis 3,5fache dieser Werte, allerdings unter wesentlich günstigeren Belastungsverhältnissen, gegangen wird. Im normalen Fall wird mit dem Wert $\sigma = 2000$ kg/qcm für gehärteten Stahl zu rechnen sein. Allzu klein soll der Wert von σ deshalb nicht genommen werden, weil mit zunehmender Breite der Wälzhebel auch der Einfluß der unvermeidlichen Ungenauigkeiten in der Herstellung und Anrichtung (besonders infolge der nicht genau parallelen Lage der Drehzapfen) wächst.

Die Höhe der Wälzhebel ist außer auf Biegungsfestigkeit auch mit Rücksicht darauf zu bemessen, daß infolge der Anstrengungen keine wesentliche Änderung in den Krümmungsverhältnissen der Wälzbahnen auftreten dürfen, worauf besonders bei schwerer belasteten Wälzhebeltrieben zu achten ist.

Als Baustoff für die Herstellung der Wälzhebel kommt ausschließlich geschmiedeter Stahl oder Stahlguß, an den Gleitflächen gehärtet und nach Schablone gefräst und geschliffen in Betracht. Schwere Wälzhebel, deren verwickelte Formgebung bei Ausführung in geschmiedetem Material zu teuer wird, werden zweckmäßig aus Stahlguß hergestellt und erhalten mit Schwalbenschwanz eingesetzte Bahnen aus härtestem Federstahl an den meist beanspruchten Teilen der Gleitflächen.

Für die reichliche Schmierung und Verteilung des Öles durch zickzackförmige Schmiernuten in den Gleitflächen ist Sorge zu tragen.

Das **Anwendungsgebiet** der Wälzhebel, die meistens in Verbindung mit Exzenterantrieb gebaut werden, ist im wesentlichen durch den Großgasmaschinenbau umschrieben, wo große Steuerkräfte (besonders beim Anhub der Auslaßventile) auftreten und die großen Massen der zu bewegenden Ventile in Verbindung mit großen Hüben eine sichere dynamische Beherrschung der Beschleunigungsverhältnisse erfordern, die sich durch Wälzhebel in vorzüglicher Weise erreichen läßt. Im Kleingasmaschinenbau bietet der Nocken unter einfacheren Verhältnissen und geringeren Kräften ein wesentlich billigeres und hinreichend betriebssicheres Antriebselement. Die gleichzeitige Verwendung von Nocken und Wälzhebel ergibt die Möglichkeit, die dynamischen Verhältnisse der Ventilbewegung ganz frei zu beherrschen und findet sich deshalb auch öfters ausgeführt. In neuerer Zeit finden sich auch um der günstigen dynamischen Verhältnisse und der dadurch erzielbaren einfachen Bauart willen Wälzhebel mit veränderlichen Übertragungsverhältnissen zum Zweck der Regelung der Maschinenleistung mehrfach verwendet (s. weiter unten unter „Bauarten").

Wegen der erwähnten günstigen dynamischen Verhältnisse, die sich durch den Wälzhebelantrieb erzielen lassen, findet in neuerster Zeit auch im Dieselmotorenbau ein Übergang zu Wälzhebelantrieb für die Steuerungen mit besonders schweren Betriebsbedingungen mehr und mehr statt.

e) Schwingdaumen.

Der Zweck, die stetige Bewegung des Exzenterantriebes in die unstetige, durch Ruhepausen unterbrochene eines Ventilantriebes zu verwandeln und hierbei auch eine entsprechende Verminderung der Geschwindigkeiten in den Momenten von Anhub und Abschluß zu erzielen, läßt sich außer durch Wälzhebel auch durch die Verwendung einer Reihe von anderen Mechanismen erreichen, von denen indessen praktisch nur noch die Schwingdaumen in Frage kommen.

Die Schwingdaumen- oder Schubkurvensteuerungen besitzen im Dampfmaschinenbau seit neuerer Zeit ein außerordentlich großes Anwendungsgebiet. Im Verbrennungskraftmaschinenbau haben sie indessen bis jetzt noch sehr geringe Verbreitung gefunden, was wohl darin begründet sein mag, daß sich mit der Entwicklung des Großgasmaschinenbaues, der den Übergang von den bis dahin allein herrschenden Nockensteuerungen zu den Exzenterantrieben brachte, die Verwendung von Wälzhebeln als betriebssicherstem Antriebselemente ohne weiteres ergab und daß die Gründe, die für die Einführung des Exzenterantriebs sprachen, in gewissem Sinn auch gegen die Schwingdaumen geltend gemacht werden können. Hierzu sind in erster Linie die Beanspruchungsverhältnisse auf Härtefestigkeit zu nennen, die sich bei den kleinen Halbmessern der aufeinander arbeitenden Flächen bei Schwingdaumen ungünstiger geltend machen als dies bei Wälzhebeln der Fall ist. Immerhin lassen sich diese Verhältnisse durch Verwendung entsprechend großer Rollendurchmesser vollkommen beherrschen, so daß die heute herrschende Vermeidung des Schwingdaumentriebes zumal im Viertaktmaschinenbau wenigstens im Großmaschinenbau durchaus nicht begründet erscheint umsomehr als, wie weiter unten gezeigt werden wird, durch die Verwendung von Schwingdaumentrieben auch Gesetze der Ventilbewegung verwirklicht werden können, die durch die Verwendung von Wälzhebeltrieben in Verbindung mit Exzenterantrieb nicht zu erzielen sind.

Die für den Verbrennungskraftmaschinenbau gebräuchliche Form und Anordnung der Schwingdaumen (8) (17) (23) ist aus Abb. 114[1]) ersichtlich. Der vom

---

[1]) Maßstab 1:12. Zu einer doppeltwirkenden Zweitakt-Einzylinder-Gasdynamo System Körting, 1100 ⌀ und 1400 Hub der Maschinenbau-Aktiengesellschaft, vormals Gebr. Klein in Dahlbruch.

Exzenter angetriebene, um O_1 drehbare Schwingdaumen besitzt eine Lauffläche, auf welcher die Rolle der das Ventil antreibenden Schwinge arbeitet. Der Schwingdaumen ist in der dem Augenblick von Anhub und Abschluß entsprechenden Stellung gezeichnet. Eine Bewegung aus der gezeichneten Stellung entgegengesetzt dem Sinne des Uhrzeigers führt zu einer Aufwärtsdrängung der Rolle und damit zum Öffnen des Ventils, was solange andauert, bis die Rolle auf den zweiten Teil

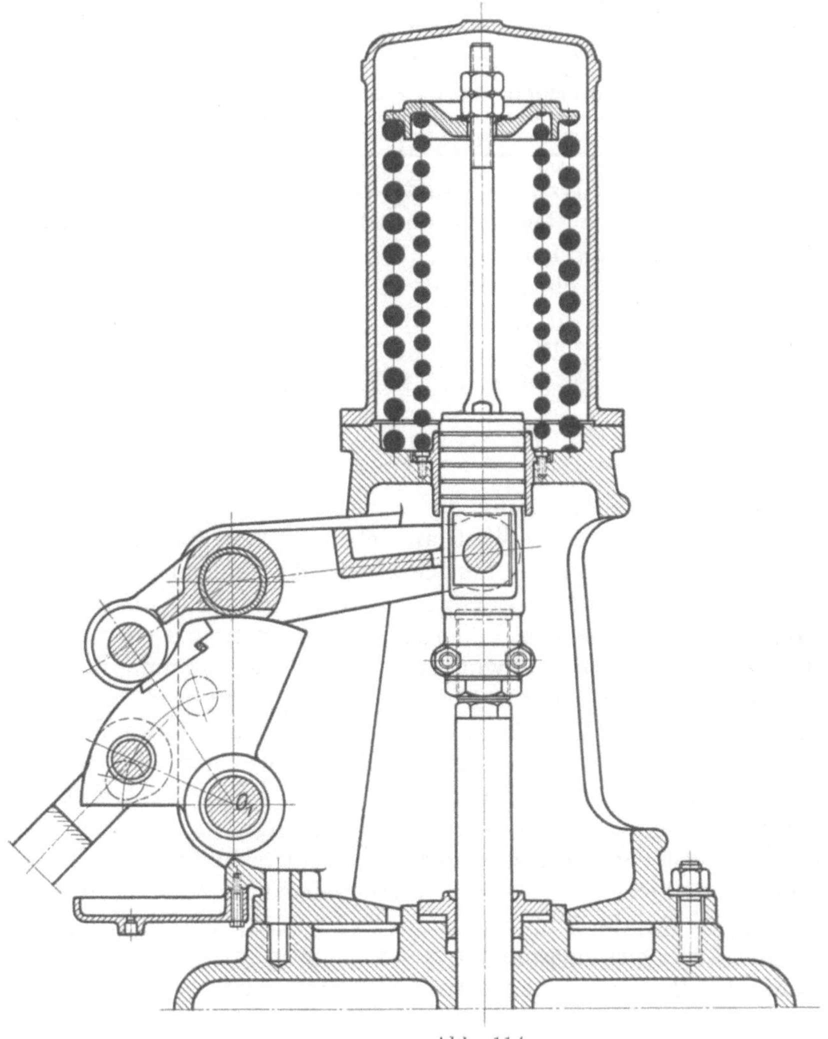

Abb. 114.

der Daumenbegrenzung gelangt, die durch einen um O_1 beschriebenen Kreisbogen gebildet ist. Das Ventil bleibt dann in seiner größten Eröffnung solange in Ruhe, bis nach Beginn der rückläufigen Bewegung die Rolle wieder den höchsten Teil der Daumenkurve verläßt und die, sich natürlich zur Eröffnungsbewegung vollkommen symmetrisch vollziehende, Schlußbewegung eintritt. Die Begrenzung des Schwingdaumens vom Schlußpunkt ab nach links wird zweckmäßig so vorgenommen, daß sich die Halbmesser noch etwas verkleinern, um trotz etwaiger Ungenauigkeiten stets einen sicheren Schluß des Ventils durch die Federkraft zu gewährleisten.

Aus der Anordnung geht hervor, daß, wie die Wälzhebel so auch die Schwingdaumensteuerungen nur k r a f t s c h l ü s s i g, nicht zwangläufig sind, so daß durch

Verwendung von entsprechend starken Federn für die zur Erzielung des Kraftschlusses nötigen Verzögerungs- und Beschleunigungsdrücke zu sorgen ist, um ein Abklappen der Schwinge vom Daumen und ein Schlagen der Steuerung zu vermeiden.[1])

Für die Beurteilung der kinematischen Wirkungsweise der Schwingdaumen ergeben sich ähnliche Gesetzmäßigkeiten wie bei den Wälzhebeln mit festem Drehpunkt, da es sich hier wie dort um Übertragung einer Drehbewegung mittels profilierter Hebel handelt, die dort ausgesprochenen Gesetze (s. S. 124 f.) demnach auch hier gelten müssen.

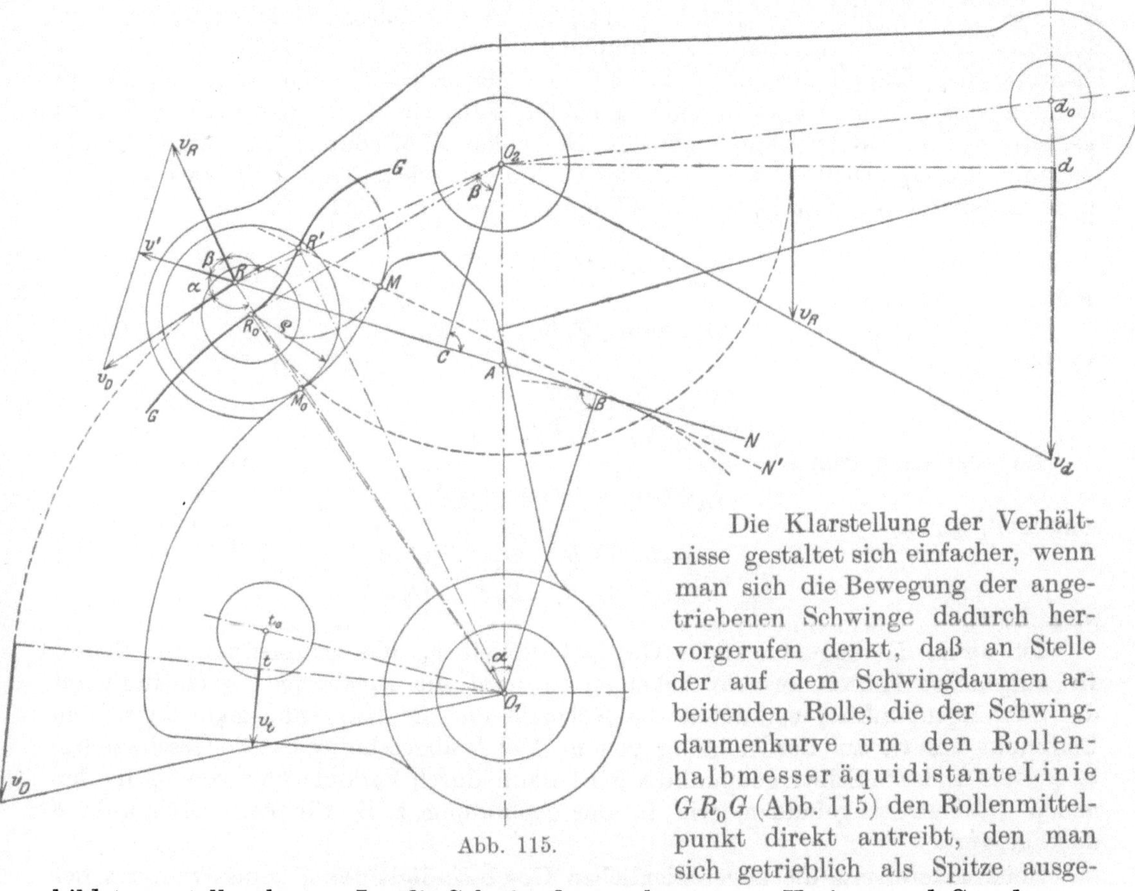

Abb. 115.

Die Klarstellung der Verhältnisse gestaltet sich einfacher, wenn man sich die Bewegung der angetriebenen Schwinge dadurch hervorgerufen denkt, daß an Stelle der auf dem Schwingdaumen arbeitenden Rolle, die der Schwingdaumenkurve um den Rollenhalbmesser äquidistante Linie GR_0G (Abb. 115) den Rollenmittelpunkt direkt antreibt, den man sich getrieblich als Spitze ausgebildet vorstellen kann. Ist die Schwingdaumenkurve aus Kreisen und Geraden zusammengesetzt, wie in dem in Abb. 115 angenommenen Fall, so wird GR_0G dadurch erhalten, daß die zu den konvexen Teilen der Schwingdaumenkurve gehörigen Halbmesser um die Rollenhalbmesser ϱ vergrößert, die zum konkaven Teil gehörigen um ϱ verkleinert und die geraden Stücke um ϱ parallel verschoben werden; ist die Schwingdaumenbegrenzung eine allgemeine Kurve, so wird die dazu Äquidistante als Einhüllende aller Kreise mit dem Halbmesser ϱ und den Mittelpunkten auf der Schwingdaumenkurve gefunden. Der umgekehrte Weg führt in einfachster Weise auf die Ermittlung der Schwingdaumenkurve aus der Äquidistanten durch den

[1]) Im Dampfmaschinenbau hat sich eine zwangläufige Schwingdaumensteuerung nach Doerfels Entwurf vielfach eingeführt und gut bewährt. Solche Anordnungen entsprechen bei den im Verbrennungskraftmaschinenbau auftretenden hohen Kräften nicht, aus denselben Gründen, die gegen die Verwendung von zwangläufigen Nocken sprechen und dort (s. S. 151) erörtert sind.

Rollenmittelpunkt, so daß diese den folgenden Betrachtungen allein zugrundegelegt werden kann.

Es gilt dann für die Äquidistante (sowie auch für die Schwingdaumenkurve direkt) der bereits bei Erörterung der Wälzhebel mit festen Drehpunkten ausgesprochene Satz, daß die augenblickliche Kurvennormale die Verbindungslinie der Drehpunkte von Schwingdaumen und Schwinge im umgekehrten Verhältnis der augenblicklichen Winkelgeschwindigkeit teilt. Der Beweis hierfür ergibt sich aus Abb. 115. Ist R' ein Punkt der Äquidistanten, entsprechend dem Berührungspunkt M zwischen Daumen und Rolle, so hat sich, wenn infolge der Drehung R' nach R gekommen ist, der Rollenmittelpunkt ebenfalls von R_0 nach R verschoben. Ist nun $v_D \perp O_1 R$ die augenblickliche Geschwindigkeit des Daumenpunktes R und $v_R \perp O_2 R$ die zugehörige Geschwindigkeit des Rollenpunktes R, so müssen die Komponenten beider Geschwindigkeiten in der Richtung der Kurvennormale RN einander gleich $(= v')$ sein, wenn nicht ein Trennen von Schwinge und Daumen auftreten soll. Die Kurvennormale RN wird hierbei aus der direkt aufgezeichneten Normalen $R'N'$ durch die entsprechende Drehung um O_1 erhalten, was zeichnerisch am einfachsten mit Hilfe des an $R'N'$ berührenden Kreises mit O_1 als Mittelpunkt ausgeführt wird. Da nun

$$v_D = \omega_D \cdot \overline{O_1 R}$$

und

$$v_R = \omega_R \cdot \overline{O_2 R},$$

so ist

$$\frac{\omega_D}{\omega_R} = \frac{v_D}{v_R} \cdot \frac{O_2 R}{O_1 R}.$$

Da aber nach früher

$$v_D \cos\alpha = v' = v_R \cos\beta$$

sein muß, so ist

$$\frac{\omega_D}{\omega_R} = \frac{\cos\beta}{\cos\alpha} \cdot \frac{O_2 R}{O_1 R} = \frac{O_2 C}{O_1 B} = \frac{O_2 A}{O_1 A},$$

w. z. b. w.

Ist somit die augenblickliche Geschwindigkeit v_D des Daumenpunktes R und die zugehörige Kurvennormale bekannt, so wird die zugehörige Geschwindigkeit des Schwingenpunktes, v_R, durch die Normale auf die Kurvennormale durch den Endpunkt von v_D auf der Richtung von $v_R \perp O_2 R$ abgeschnitten. Die Geschwindigkeit jedes anderen Schwingenpunktes wird dann durch Veränderung von v_R in den neuen Halbmesser gefunden, wie in der Abbildung z. B. für den Drehpunkt d durchgeführt.

Sind andererseits die augenblicklichen Geschwindigkeiten je eines Punktes der Schwinge und des Daumens bekannt, so ist nach Ausmittlung der Winkelgeschwindigkeiten die Zentrale $O_1 O_2$ im umgekehrten Verhältnis der Winkelgeschwindigkeiten zu teilen, um auch die zugehörige Kurvennormale zu finden.

Auf Grund der im vorigen ausgesprochenen Sätze wurde in Abb. 116[1]) die Konstruktion eines Schwingdaumens vorgenommen und zwar für eine Viertaktsteuerung, wofür, wie früher erwähnt, Schwingdaumensteuerungen bisher noch nicht in Gebrauch stehen. An Annahmen wurden dieselben verwendet, die auch den Abb. 105 und 109 der Konstruktion der Wälzhebel zugrunde gelegt wurden, nur konnte an Stelle der dort verwendeten Exzentrizität von 110 mm hier eine Verminderung auf 80 mm stattfinden. Den einzelnen, fortlaufend bezeichneten Stellungen des Ventilhebeldrehpunktes d (der wie bei den Wälzhebeln mit verschwin-

[1]) Maßstab 1:5.

dend geringen Vernachlässigungen direkt als Schwingenpunkt angesehen werden kann) entsprechen die mit denselben Ziffern bezeichneten Stellungen des Rollenmittelpunktes, die dann um den zugehörigen Daumenwinkel, der aus der Projektion der Exzenterstellung auf den Führungsbogen von t zu entnehmen ist, gedreht, die einzelnen Punkte der Äquidistante ergeben, aus der die Schwingdaumenkurve als Einhüllende aller Kreise mit dem Rollenhalbmesser ϱ und dem Mittelpunkt auf der Äquidistante gefunden wird. Die Ermittlung der Schwingdaumenkurve kann dadurch noch überprüft werden, daß, da außer den Wegen auch die Geschwindigkeiten bekannt sind, die Winkelgeschwindigkeiten errechnet und dadurch die entsprechenden Teilungspunkte der Zentrale ermittelt werden können. Daraus ergibt sich dann die augenblickliche Kurvennormale durch die Umkehrung der oben erwähnten Konstruktion. Die einzelnen Teilungspunkte sind in die Zentrale eingetragen und entsprechend beziffert; die Konstruktion ist für den Punkt 2 vollständig durchgeführt. Mit Rücksicht auf die gemachte Annahme, daß das Ventil mit einer von Null verschiedenen Geschwindigkeit angehoben und aufgesetzt werden soll, geht die Anfangsberührungsnormale bei O_1 vorbei, die Äquidistante schließt

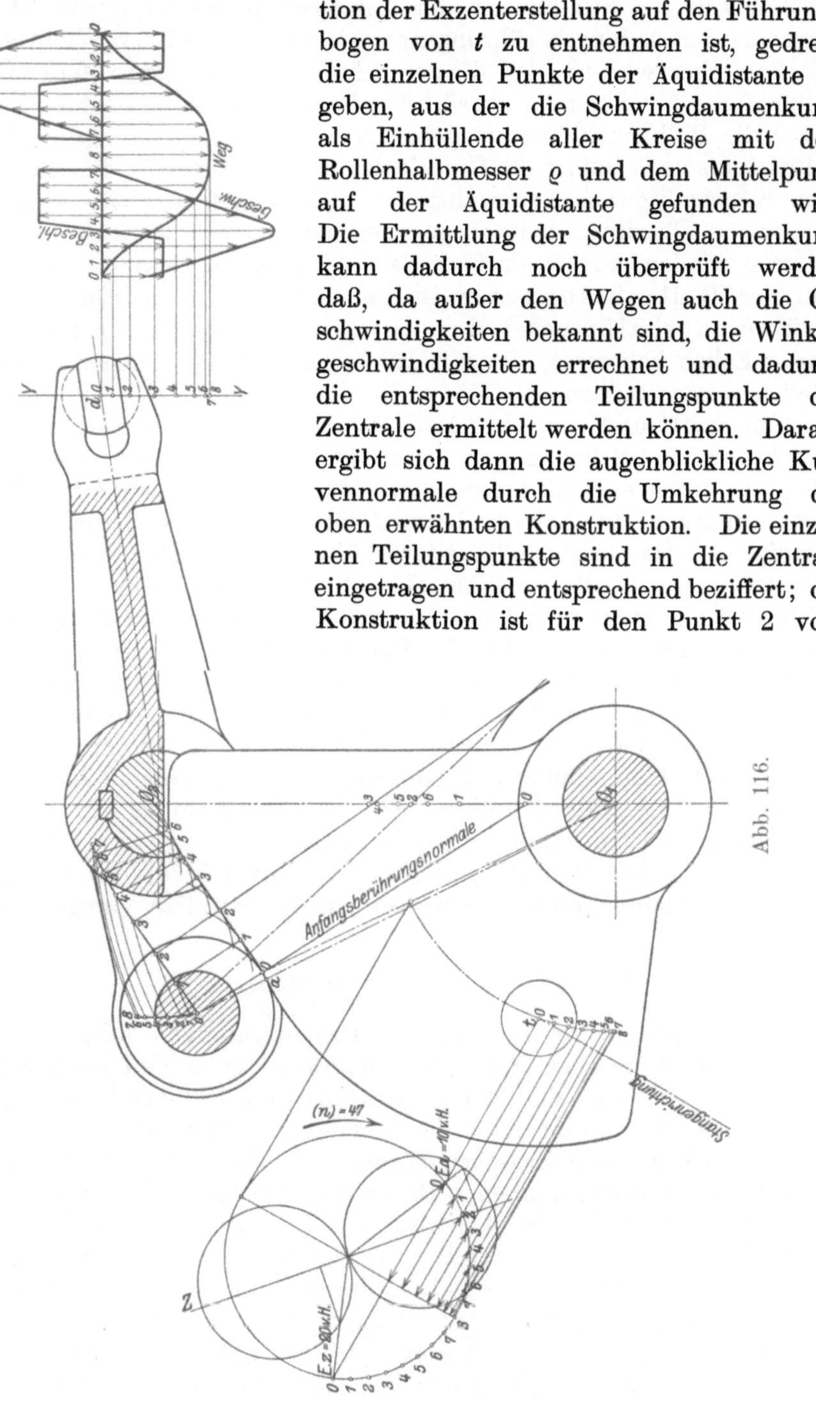

Abb. 116.

mit einem Knick an den Ruhekreis an, der sich in der Daumenkurve selbst dadurch ausdrückt, daß das Stück aO ein Kreisbogen ist, der mit dem Umfang der Rolle in ihrer Ruhestellung zusammenfällt.

Zur genauen Bestimmung der Anfangselemente der Kurve ist die gleichzeitige Kenntnis der Anfangsberührungsnormale von besonderer Wichtigkeit.

Bemerkenswert ist, daß die gemachten Überlegungen von der Größe des Rollenhalbmessers ϱ vollständig unabhängig sind, so daß, nachdem die Äquidistante durch die Rollenmittelpunkte gefunden ist, durch entsprechende Wahl des Rollenhalbmessers noch immer die Gestalt des Schwingdaumens innerhalb einiger Grenzen vom Konstrukteur frei zu wählen ist. Eine Grenze in der Wahl des Rollenhalbmessers ist allerdings dadurch gegeben, daß die Beanspruchung der Rolle nicht zu groß werden darf (s. darüber das weiter unten Gesagte), sowie auch dadurch, daß der Rollenhalbmesser immer kleiner sein muß als der kleinste Krümmungshalbmesser der Äquidistanten, da sonst die Schwingdaumenkurve Ecken bekommt, die mit Rücksicht auf die Beanspruchung ebenfalls vermieden werden müssen.

Ein auf Grund der Abb. 105, 109 und 116 anzustellender Vergleich zwischen Wälzhebeln und Schwingdaumen spricht, soweit die kinematischen Verhältnisse betrachtet werden, entschieden zugunsten der letzteren. Nicht nur, daß die Geschwindigkeitsverhältnisse bei Schwingdaumen viel freier gewählt werden können (die Notwendigkeit, das Geschwindigkeitsverhältnis von Anfang bis zum Ende stetig abnehmen zu lassen, die bei Wälzhebeln besteht, entfällt hier), sondern es ergibt sich auch, daß mit wesentlich kleineren und daher billigeren Exzentern das Auslangen gefunden werden kann. Der Verfasser ist daher der Ansicht, daß den Schwingdaumensteuerungen besonders im Viertaktmaschinenbau noch ein weites bisher noch viel zu wenig beachtetes Anwendungsgebiet offen steht.

Bezüglich der Bemessung der Schwingdaumenbreite, die auf Grund der zulässigen Beanspruchung auf Härtefestigkeit zu erfolgen hat, ist auf das weiter unten (s. S. 158) über denselben Fall bei Besprechung der Nockensteuerung Gesagte zu verweisen. Desgleichen ist auch das dort (s. S. 156) über die Zusammensetzung der Profile aus Geraden und Kreisen auf die bei der Wahl des Schwingdaumenprofils maßgebenden Verhältnisse sinngemäß zu übertragen.

f) Nocken.

Die bereits bei Erörterung des Exzenterantriebs ausgesprochene Forderung, aus der stetigen Bewegung des Steuerungsantriebs in die unstetige des angetriebenen Ventils überzugehen, die (nach Graßmann) schwingende Bewegung der äußeren Steuerung in die „springende“ der inneren zu verwandeln, welcher Forderung durch die Einschaltung von Zwischenorganen, die eine solche Umwandlung ermöglichen (Wälzhebel, Schwingdaumen), Rechnung getragen wird, läßt es als naheliegend erscheinen, gleich bei der Ableitung der Bewegung der Steuerung von der Steuerwelle Mechanismen zu verwenden, welche die unstetige Bewegung des Steuerorgans direkt ergeben und die Verwendung der erwähnten Zwischenorgane nicht erfordern.

Die hierzu dienenden Antriebsorgane werden als Nocken (auch unrunde Scheiben oder Daumen) bezeichnet (20), (23), (28c), (44). Ihre **Wirkungsweise** ist aus Abb. 67/68 (S. 88) ersichtlich. Die auf der Steuerwelle aufgekeilte Scheibe ist am größeren Teil ihres Umfangs durch einen zu ihrer Bohrung konzentrischen Kreis begrenzt, aus dem der eigentliche Nocken aufragt, der die Bewegung des Steuerorganes bewirkt. Dieser ist von zwei aus dem kreisförmigen Scheibenumfang heraustretenden Kurven begrenzt, welche als An- und Ablaufkurfe bezeichnet werden, zwischen welche auch ein zur Bohrung konzentrisches Kreisbogenstück eingeschoben sein kann. Auf den Nocken arbeitet eine im Steuergestänge gelagerte Rolle, um die gleitende Reibung zwischen Nocken und Hebel in rollende zu verwandeln.

Die Bewegung des Steuergestänges beginnt dann, wenn die Rolle den als „Ruhekreis“ oder „untere Rast“ bezeichneten, der Bohrung konzentrischen Kreis verläßt; während der Bewegung auf der An- oder Ablaufkurve findet die Eröffnungs- oder Schlußbewegung des Steuerorgans statt. Solange die Rolle auf dem u. U. zwischen An- und Ablaufkurve eingeschalteten zur Bohrung konzentrischen Kreisstück (der „oberen Rast“) arbeitet, bleibt das Steuerorgan in der seiner größten Eröffnung entsprechenden Stellung in Ruhe. Im Falle die obere Rast nicht ausgebildet ist, schließen sich Eröffnungs- und Schlußbewegung unmittelbar aneinander.

Aus Abb. 67 sind auch die beiden für Bewegungsübertragung zwischen Nocken und Steuerorganen üblichen Anordnungen des Übertragungsgestänges ersichtlich. Die für den Auslaß verwendete Anordnung eines doppelarmigen Hebels zur direkten Übertragung der Bewegung auf das Ventil ergibt den einfachsten Übertragungsmechanismus, setzt aber kleine Entfernungen zwischen Steuerwellenmitte und Angriffspunkt an der Ventilspindel voraus, wenn die Schwinge nicht schwer und die in ihr auftretenden Massenbeschleunigungen beherrschbar sein sollen. Diese Anordnung ist besonders bei stehenden Dieselmotoren fast ausschließlich in Gebrauch. Bei größeren Entfernungen zwischen Steuerwellenmitte und Angriffspunkt an der Ventilspindel wird meistens die Bewegungsübertragung durch eine „Stoßstange“ vorgenommen, wie aus Abb. 67 für den Einlaß ersichtlich[1]). Die Stoßstange wird in der Regel durch zwei Lenker geführt, dessen oberer, als doppelarmige Schwinge ausgebildet, die Bewegung auf das Steuerorgan überträgt. Von diesen einfachsten Anordnungen finden Abweichungen dann statt, wenn durch Verstellung der äußeren Steuerung durch den Regulator eine Veränderung der Steuerwirkung erzielt werden soll. In diesem Falle sind zur Erfüllung des gewünschten Zweckes eine Reihe von Mechanismen denkbar, die ihren Antrieb in diesem Falle nur statt von einem Exzenter von einem Nocken erhalten. (Beispiel hierzu s. weiter unten unter „Bauarten“.)

Zur Erörterung der bei Nockensteuerungen auftretenden **Bewegungsverhältnisse** sei zunächst von der Betrachtung des einfachsten Falles, der Verwendung einer Schwinge mit festem Drehpunkt als Übertragungsmechanismus, ausgegangen. Da, wie erwähnt, diese Anordnung hauptsächlich bei Dieselmotoren Verwendung findet, sei der Untersuchung auch ein von dort entlehnter besonderer Fall zugrunde gelegt (Abb. 117)[2]).

O ist der Steuerwellenmittelpunkt, O_h der feste Drehpunkt der übertragenden Schwinge, d der Punkt, in dem die Bewegungsübertragung von der Schwinge auf das Ventil stattfindet. d kann mit genügender Genauigkeit selbst als ein der Ventilspindel angehöriger Punkt betrachtet und der bei der Drehung von d um O_h auftretende kleine Pfeil vernachlässigt werden. Mit R sei hier wie im folgenden der Rollenmittelpunkt bezeichnet, seine Stellung entsprechend geschlossenem Ventil (solange die Rolle auf der untern Rast des Nockens läuft) durch den Zeiger 0 als R_0 gekennzeichnet. In der Abbildung ist der Nocken gerade in der Stellung gezeichnet, wo die Rolle auf dem Übergangspunkt zwischen unterer Rast und Anlaufkurve, dem Anlaufpunkt steht. Bei einer Weiterdrehung des Nockens findet Eröffnung statt, die dann beendet ist, wenn der Ablaufpunkt, die Übergangsstelle zwischen

[1]) In Abb. 67 werden Ein- uud Auslaß nicht von demselben Nocken gesteuert, die beiden Rollen von Ein- und Auslaßgestänge liegen in verschiedenen Ebenen. Um indessen das Bild nicht undeutlich zu machen, wurde der hinten liegende Einlaßnocken in der Zeichnung fortgelassen.

[2]) Maßstab 1:6. Zur Auslaßsteuerung eines stehenden Dieselmotors 350 ϕ, 500 Hub der Gasmotorenfabrik Deutz in Köln-Deutz.

Ablaufkurve und unterer Rast zur Berührung mit der Rolle gelangt. Der zwischen An- und Ablaufkurve liegende Winkelweg entspricht der Zeitdauer der Eröffnung, wodurch die Bezeichnung der An- und Ablaufpunkte durch *A.a.* und *A.z.* gerechtfertigt ist[1]).

Zuerst ist nun festzustellen, daß das für Exzenterantrieb gültige **Steuerungsdiagramm** auch für Nockensteuerungen insofern ungeändert in Geltung bleibt, als der Winkelweg zwischen Eröffnung und Abschluß nach Aufzeichnung des Nockens durch den Winkel *A.a.OA.z.* (bzw. *E.a.OE.z.*) gegeben und die Übertragung in die Kurbelkreise in bekannter Weise möglich ist, wodurch die zu den Punkten der Eröffnung und des Abschlusses gehörigen Kolbenstellungen gefunden sind. Fallen

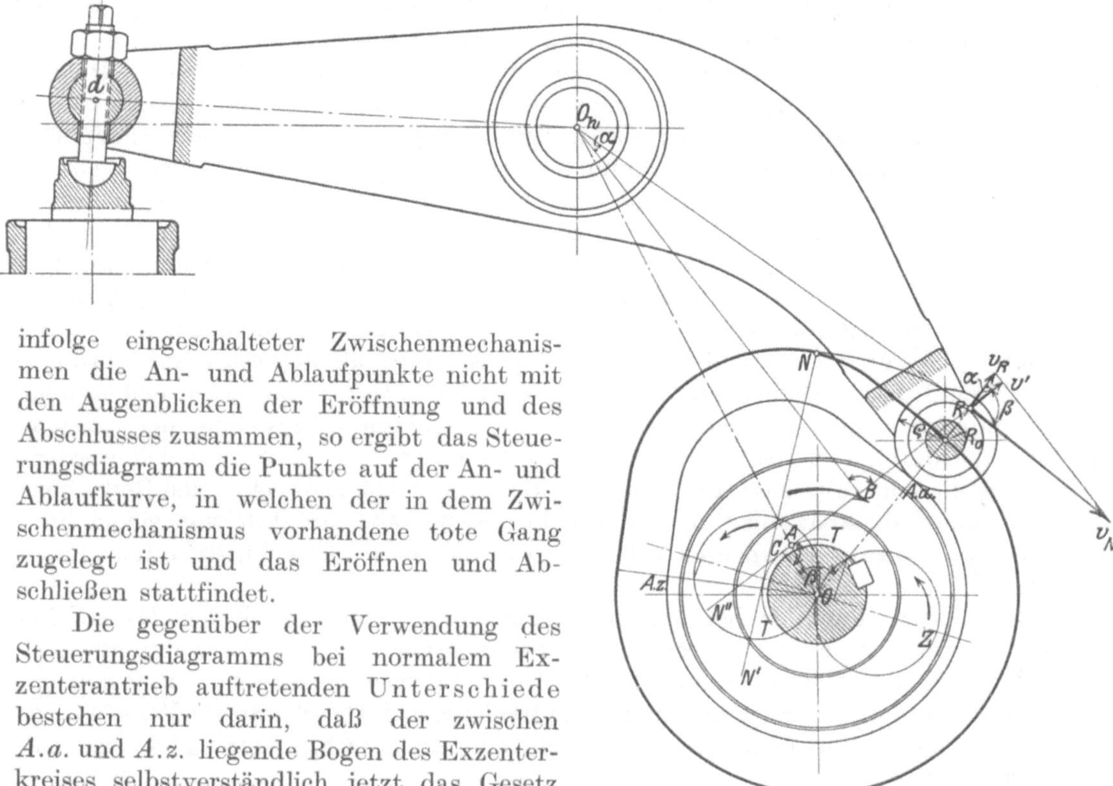

infolge eingeschalteter Zwischenmechanismen die An- und Ablaufpunkte nicht mit den Augenblicken der Eröffnung und des Abschlusses zusammen, so ergibt das Steuerungsdiagramm die Punkte auf der An- und Ablaufkurve, in welchen der in dem Zwischenmechanismus vorhandene tote Gang zugelegt ist und das Eröffnen und Abschließen stattfindet.

Abb. 117.

Die gegenüber der Verwendung des Steuerungsdiagramms bei normalem Exzenterantrieb auftretenden **Unterschiede** bestehen nur darin, daß der zwischen *A.a.* und *A.z.* liegende Bogen des Exzenterkreises selbstverständlich jetzt das Gesetz der Ventilerhebung (abgesehen vom Einfluß des veränderlichen Wälzhebelübersetzungsverhältnisses) nicht mehr zum Ausdruck bringt, dieses vielmehr durch die Gestaltung des Nockenprofils bestimmt ist. Aus diesem Grunde kann auch, wie in der Abbildung durchgeführt, auf die Verzeichnung des Exzenterkreises verzichtet und dieser durch das Nockenprofil ersetzt werden. Ein anderer Unterschied ergibt sich dadurch, daß es, nachdem nunmehr der Nocken in **einer** Stellung gezeichnet ist, zweckmäßig erscheint, die Ausmittlung der Zusammenhänge dadurch vorzunehmen,

---

[1]) Es ist darauf hinzuweisen, daß der Zusammenhang, daß An- und Ablaufpunkte den Augenblicken der Eröffnung und des Abschlusses entsprechen, zwar in der Regel besteht, jedoch durchaus nicht bestehen muß, wie dies z. B. dann der Fall ist, wenn in den Übertragungsmechanismus zwischen Nocken und Ventilspindel noch Organe eingeschaltet sind, die einen toten Gang ergeben (Wälzhebel oder Schwingdaumen). In diesem Fall entsprechen die An- und Ablaufpunkte nur dem Beginn und dem Ende der Bewegung des antreibenden Teiles; die Bewegung des Steuerorganes beginnt erst dann, wenn der z. B. zwischen den Wälzhebeln bestehende tote Gang zurückgelegt ist und deren Berührung beginnt.

daß man sich die Rolle bei feststehenden Nocken relativ zu diesem gedreht denkt, das Steuerungsdiagramm bei Anwendung auf die Nockensteuerung demnach in einem dem Gebräuchlichen entgegengesetzten Sinn durchlaufen wird, wie dies in der Abbildung auch durch Pfeile angedeutet ist. Während sich also die Steuerwelle tatsächlich im Sinne des Uhrzeigers dreht, ist bei feststehend gedachten Nocken der Drehungssinn im Steuerungsdiagramm entgegengesetzt dem Sinne des Uhrzeigers anzunehmen.

Die Beurteilung der Bewegungsverhältnisse gestaltet sich, ähnlich wie bei den Schwingdaumen erörtert, auch hier wesentlich einfacher, wenn man sich statt den Nocken auf der Rolle arbeitend, den Rollenmittelpunkt direkt durch einen Nocken angetrieben denkt, dessen Profil durch die um den Rollenhalbmesser ϱ äquidistante Kurve zum tatsächlichen Nockenprofil begrenzt ist. Den Hebel mag man sich hierbei so umgeändert denken, daß an Stelle der Rolle eine in ihrem Mittelpunkt befindliche Spitze tritt.

Es handelt sich nunmehr kinematisch wieder um den bereits bei Erörterung der Wälzhebel mit festen Drehpunkten und der Schwingdaumen besprochenen Fall der Übertragung einer Drehbewegung durch profilierte Hebel, als deren einer nunmehr der Nocken auftritt, wobei hier wie in folgendem bei allen kinematischen Untersuchungen ohne weiteres an Stelle des tatsächlich ausgeführten Nockens gleich seine Äquidistante gesetzt gedacht werden möge.

Es gilt demnach auch hier der bei Erörterung der Wälzhebeln mit festen Drehpunkten und der Schwingdaumen ausgesprochene Satz, daß die augenblickliche Kurvennormale die Verbindungslinie der festen Drehpunkte O und O_h im umgekehrten Verhältnis der augenblicklichen Winkelgeschwindigkeit teilt.

N sei ein beliebiger Punkt der Äquidistanten, NN' die zugehörige Kurvennormale. Wenn nach einer Weiterdrehung des Nockens der Punkt N mit dem Rollenmittelpunkt zusammenfallen soll, muß dieser nach R gekommen sein, welcher Punkt sich durch den Schnitt der Kreisbögen R_0R mit O_h und NR mit O als Mittelpunkten ergibt. Die zugehörige Stellung der Kurvennormale RN'' ergibt sich am einfachsten mit Hilfe des berührenden Kreises TT, welcher sowohl NN' als auch RN'' berührt. Die in die Richtung der Berührungsnormale fallenden Komponenten der Rollengeschwindigkeit v_R und der Geschwindigkeit v_N des Nockenpunktes müssen einander gleich sein, da sonst ein Trennen oder ein In-einander-eindringen stattfände. Da nun

$$v_N = \omega \cdot \overline{OR},$$

wenn ω die Winkelgeschwindigkeit der Steuerwelle und

$$v_R = \omega_h \cdot \overline{O_h R}$$

ist, wobei ω_h die augenblickliche Winkelgeschwindigkeit des Hebels darstellt, so ist

$$\frac{\omega}{\omega_h} = \frac{v_N}{v_R} \cdot \frac{\overline{O_h R}}{\overline{OR}}.$$

Aus der früher ausgesprochenen Beziehung ergibt sich aber mit Benutzung der in die Abbildung eingetragenen Bezeichnungen

$$v_R \cos\alpha = v' = v_N \cos\beta,$$

womit

$$\frac{\omega}{\omega_h} = \frac{\cos\alpha}{\cos\beta} \cdot \frac{\overline{O_h R}}{\overline{OR}} = \frac{\overline{O_h B}}{\overline{OC}} = \frac{\overline{O_h A}}{\overline{OA}},$$

w. z. b. w.

Da die (als unveränderlich anzusehende) Winkelgeschwindigkeit der Steuerwelle bekannt ist, ist somit durch das Ziehen der jeweiligen Kurvennormalen auch das Übersetzungsverhältnis durch das Verhältnis der Abschnitte auf der Zentrale bekannt und dadurch die Geschwindigkeit jedes beliebigen Punktes der Schwinge, somit auch die des Drehpunktes d und dadurch die des Ventiles ermittelt.

Es ist indessen auch eine direkte Ermittlung der augenblicklichen Rollengeschwindigkeit in einfachster Weise möglich durch ein Verfahren,

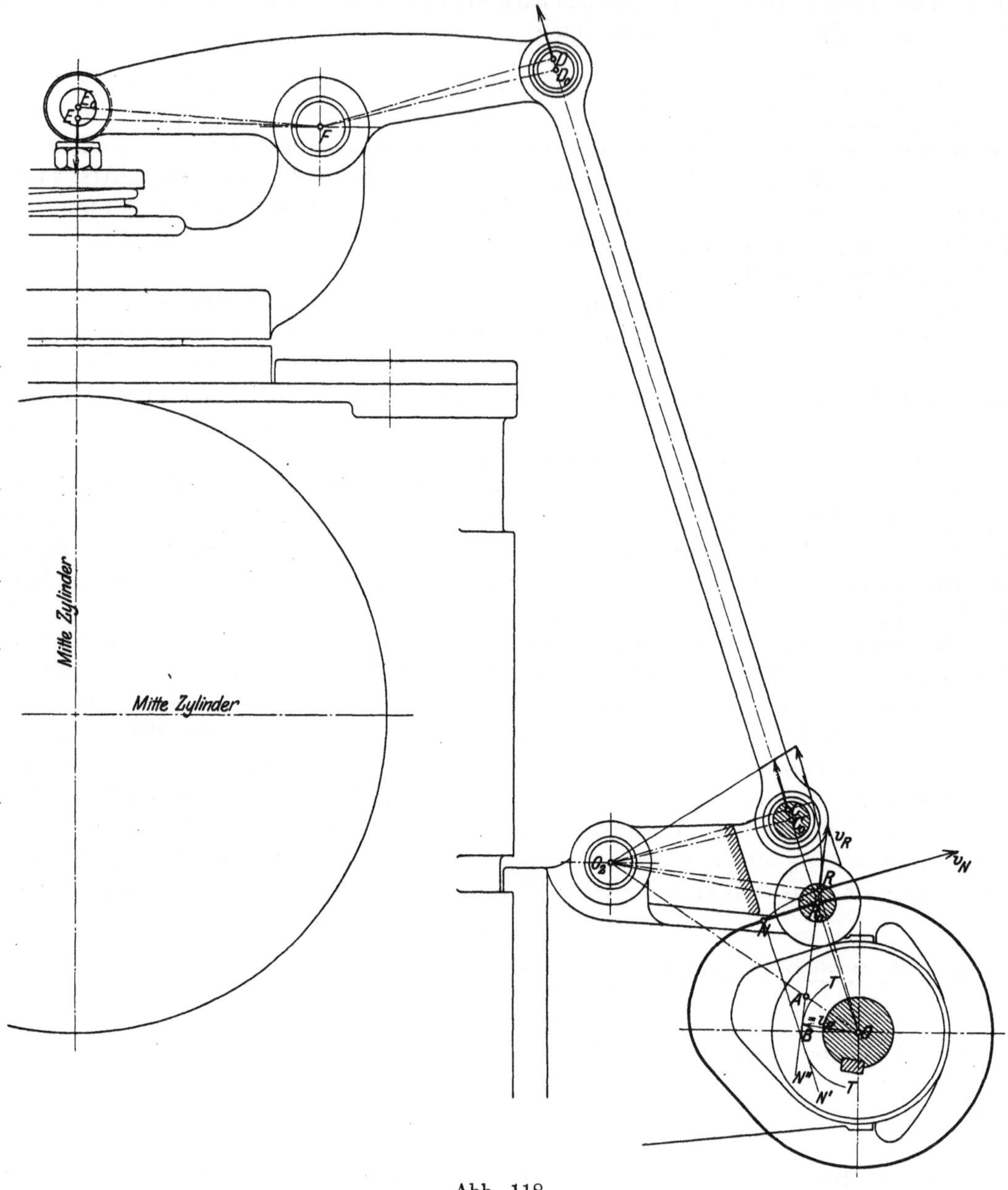

Abb. 118.

das an Hand von Abb. 118[1]) erörtert sei. O ist wieder das Steuerwellenmittel, O_2 der Hebeldrehpunkt. Im gegebenen Falle liegt Bewegungsübertragung durch Stoßstange mittels zweiarmigen Hebels vor, der auf die Einlaßventilspindel vermittels einer Rolle arbeitet. N sei beliebiger Punkt der Äquidistanten, RN'', mit Hilfe des be-

[1]) Maßstab 1:6. Antrieb des Einlaßventils einer E 70 Generatorgasmaschine der Maschinenfabrik und Mühlenbauanstalt G. Luther, A.-G. in Braunschweig.

rührenden Kreises TT gefunden, sei die augenblickliche Kurvennormale, wenn N nach R gekommen ist. Deren Schnittpunkt A mit der Zentralen O_2O ergibt dann wieder die Abschnitte auf der Zentrale, die sich umgekehrt wie die zugehörigen Winkelgeschwindigkeiten verhalten.

Die Geschwindigkeit eines beliebigen Punktes N der Äquidistanten ist bei unveränderlicher Winkelgeschwindigkeit der Steuerwelle dem Abstand des betreffenden Punktes vom Steuerwellenmittel O direkt proportional. Da die Wahl des Geschwindigkeitsmaßstabes für die Zeichnung freisteht, kann dieser so gewählt werden, daß die Geschwindigkeit eines beliebigen Punktes N durch seinen Abstand NO von der Steuerwellenmitte ausgedrückt ist, daß $v_N = ON$ wird. Ohne Berücksichtigung des Maßstabes der Zeichnung, rein kinematisch aufgefaßt, bedeutet die Gleichung $v_N = ON$ die Annahme, daß die Winkelgeschwindigkeit der Steuerwelle $\omega = 1$ eingesetzt wurde. Aus diesem Grund sei ON auch als die (auf die Winkelgeschwindigkeit $\omega = 1$) reduzierte Geschwindigkeit des Punktes N bezeichnet. Bezeichnet nun v_R die zugehörige augenblickliche Geschwindigkeit des Rollenmittelpunktes R, so ergibt sich

$$\frac{v_R}{v_N} = \frac{\omega_h}{\omega} \cdot \frac{\overline{O_2R}}{\overline{ON}}, \quad \text{oder mit} \quad \frac{\omega_h}{\omega} = \frac{\overline{OA}}{\overline{AO_2}}$$

$$v_R = \frac{v_N}{\overline{ON}} \cdot \overline{O_2R}\,\frac{\overline{OA}}{\overline{AO_2}},$$

oder weil früher nach $v_N = ON$ gesetzt wurde:

$$v_R : O_2R = OA : AO_2.$$

Diese Proportionalität ist aber wegen der Ähnlichkeit der Dreiecke OBA und O_2AR erfüllt, wenn $OB \parallel O_2R$ gezogen wird. OB stellt somit die Geschwindigkeit v_R des Rollenpunktes der Größe nach dar.

Satz: Zieht man durch den Steuerwellenmittelpunkt zur Verbindungslinie des Hebeldrehpunktes mit dem Rollenmittelpunkt die Parallele, so wird auf dieser durch die zugehörige Kurvennormale im augenblicklichen Berührungspunkt zwischen Rolle und Nocken eine Strecke abgeschnitten, welche gleich ist der (reduzierten) Geschwindigkeit der Rolle.

Dieser Satz gilt natürlich ganz allgemein, gleichgültig ob O_2 im Endlichen oder Unendlichen liegt (Rolle gerade geführt) und ergibt auch für den letzteren Fall die Bestimmung der Rollengeschwindigkeit, während die zuerst erwähnte Methode mit Hilfe des Teilungspunktes A der Zentrale in diesem Falle versagt. Für den Fall, daß O_2 im Unendlichen liegt, tritt an Stelle der Parallelen zu O_2R einfach die durch O gezogene Normale auf die Rollenführungsrichtung. Die Richtung der augenblicklichen Rollengeschwindigkeit ist dadurch gegeben, daß sie auf dem Radiusvektor O_2R senkrecht stehen muß.

Der Übergang von der durch die angestellten Überlegungen gefundenen Rollengeschwindigkeit v_R auf die Geschwindigkeit des Drehpunktes ergibt sich je nach der Ausführung des die Bewegungsübertragung besorgenden Getriebes verschieden. Im gegebenen Fall ist aus v_R zunächst die Geschwindigkeit v_C des Punktes C ermittelt, was sich durch einfache Verkleinerung von v_R im Verhältnis der Strecken $\frac{O_2C}{O_2R}$ erledigt, da R und C demselben, sich um O_2 drehenden System angehören. Die Geschwindigkeit v_D des oberen Endpunktes der Stoßstange findet sich am einfachsten unter Benützung des augenblicklichen Drehpoles der Stoßstange, der durch den Schnittpunkt der Linien O_2C und FD zu finden ist. Im vorliegenden Fall sind die beiden Strecken nahezu parallel, so daß der augenblickliche Pol, um den sich die Stoßstange CD dreht, sehr ferne zu liegen kommt. Aus diesem Grund kann die Bewegung mit großer Annäherung als reine Translation angesehen und v_D der Größe und Richtung nach gleich v_C gemacht werden. Die Veränderung von v_D im Hebelübersetzungsverhältnis $\frac{EF}{DF}$ ergibt die Geschwindigkeit des Punktes E, deren Vertikalkomponente ($\simeq v_E$) die gesuchte augenblickliche Ventilgeschwindigkeit ist.

Die gewonnenen Ergebnisse seien nunmehr dazu verwendet, die Bewegungsverhältnisse einer Nockensteuerung vollständig zu untersuchen. In Abb. 119[1]) ist ein Nocken gezeichnet, dessen Profil aus den Geraden I II und I' II' und aus den Kreisbogen II III mit M_1, II' III' mit M_1' und III III' mit M_2 als Mittelpunkten zusammengesetzt ist[2]). Untersucht sind zwei Fälle, und zwar wurde zuerst eine

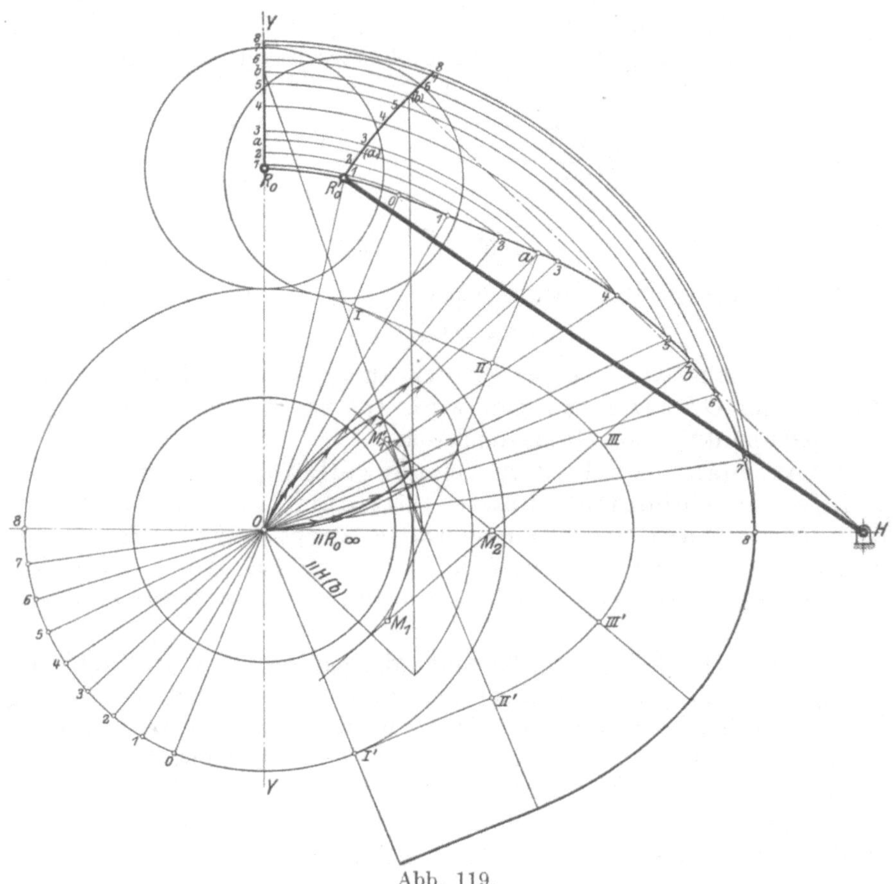

Abb. 119.

gerade Führung der Rolle auf einer durch den Steuerwellenmittelpunkt O gehenden Richtung R_0Y angenommen, dann aber auch eine Führung der Rolle im Kreisbogen durch den Lenker HR_0' der Betrachtung unterzogen, wobei H so gewählt wurde, daß die mittlere Führungsrichtung bei O vorbeigeht.[3])

[1]) Maßstab 1:5.

[2]) Vgl. hierzu das weiter unten (S. 156) unter „Formgebung und Ausführung" Gesagte.

[3]) Führung der Rolle in einer durch den Steuerwellenmittelpunkt gehenden Geraden ist ein Fall, der sich zwar bei manchen im Automobilmotorenbau gebräuchlichen Steuerungen findet, jedoch durchaus nicht die Regel darstellt. Wenn dieser Fall allen bisher zur Veröffentlichung gelangten Untersuchungen über die Kinematik der Nockensteuerungen zugrunde gelegt wurde, so mag daran wohl hauptsächlich der Umstand schuld sein, daß dieser Fall die einfachsten kinematischen Ver-

Die Konstruktion der Rollengeschwindigkeit wurde in beiden Fällen für acht Punkte durchgeführt, die voneinander im Kreis um gleiche Entfernungen abstehen, um eine einfache Übertragung der Geschwindigkeiten in ein Geschwindigkeitszeitdiagramm zu ermöglichen. Außerdem wurde die Ermittlung auch für die den Punkten II und III des Nockenprofils entsprechenden Punkte *a* und *b* der Äquidistanten vorgenommen. In beiden Fällen ist die Konstruktion für den Punkt *b* eingetragen. Der Rollenmittelpunkt R_0' wurde gegenüber dem Punkt R_0 verschoben angenommen, um das Bild nicht undeutlich zu machen. Die einander entsprechenden Punkte sind mit gleichen Ziffern bezeichnet. Schließlich wurde noch jede Geschwindigkeit auf dem Fahrstrahl des ihr zugehörigen Punktes aufgetragen und die so erhaltenen Endpunkte durch eine Kurve verbunden, die somit den „polaren Geschwindigkeitsriß" darstellt. Die stark ausgezogene Kurve stellt die bei gerader Führung durch O, die schwach ausgezogene die bei Führung im Kreisbogen mit einer bei O vorbeigehenden Sehnenrichtung auftretenden Geschwindigkeitsverhältnisse dar. Probeweise wurde die Lage des Lenkerdrehpunktes H auch so angenommen, daß bei gleicher Lenkerlänge die Sehne des entstehenden Kreisbogens mit der Richtung RY zusammenfällt. Die sich hierbei ergebenden Geschwindigkeitsverhältnisse wichen von den sich bei gerader Führung herausstellenden nur ganz wenig ab, so daß die Geschwindigkeitsrisse zusammenfallen.

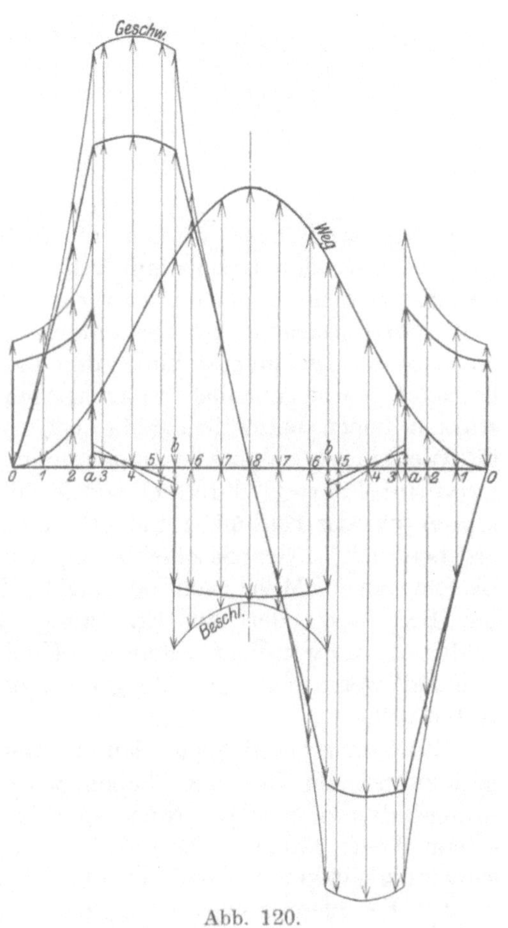

Abb. 120.

Wie man aus der Abbildung ersieht, ergeben sich im zweiten Falle beträchtlich größere Geschwindigkeiten. Es ist jedoch zu bemerken, daß die Ursache hiervon wesentlich die bei O vorbeigehende Führungsrichtung bildet, nicht aber die (im vorliegenden Fall allerdings nur unbedeutende) Krümmung der Bahn des Rollenmittelpunktes. Es sind demnach die sich bei gerader Führung durch den Steuerwellenmittelpunkt ergebenden Verhältnisse durchaus nicht ohne weiteres auf den Fall einer bei O vorbeigehenden Führungsrichtung zu übertragen, sondern es ist dieser stets getrennt zu untersuchen.

hältnisse ergibt und auch einer einfachen rechnerischen Behandlung zugänglich ist. Das oben entwickelte Verfahren ist jedoch allgemein gültig und schließt den Fall gerader Führungsrichtung als Sonderfall in sich. Der im Text angestellte Vergleich zwischen den beiden Fällen zeigt, wie sehr die Ergebnisse im tatsächlichen Fall von den bei vereinfachenden theoretischen Annahmen erzielten abweichen und lassen die Warnung angebracht erscheinen, einer Theorie, die sich allzusehr vereinfachender Annahmen bedient, nicht zu sehr zu trauen. Nach der vereinfachenden Theorie ausgemittelte Nocken haben im Betrieb auch vielfach nicht entsprochen und diese Theorie (nicht zu Unrecht) etwas in Verruf gebracht. Der Grund hierfür ist wohl allein darin zu suchen, daß, wie im Text gezeigt wird, die vereinfachende Annahme gerader Führungsrichtung durch den Steuerwellenmittelpunkt von einer gewissen Grenze an durchaus nicht mehr als zulässig zu betrachten ist.

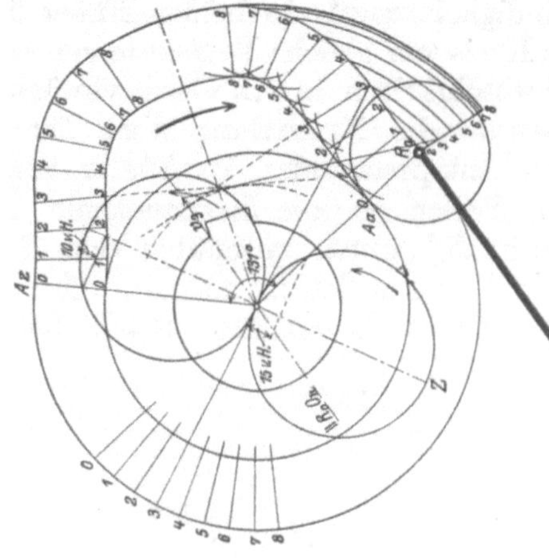

Noch auffälliger werden die Verhältnisse, wenn man aus dem Geschwindigkeitszeitdiagramm auf die Beschleunigungen übergeht, wie dies in Abb. 120[1]) geschehen ist. Es entsprechen wieder die schwach gezeichneten Linien den Verhältnissen bei an O vorbeigehender Führungsrichtung, die starken denen bei Führung durch O. Trotzdem die Wegkurven nahezu zusammenfallen (die Wegkurve für Führung durch O wurde nicht eingetragen, um das Bild nicht undeutlich zu machen), ergeben sich in der Beschleunigung Unterschiede bis zu einem Mehr von 50 v. H.! Hierauf ist bei Bemessung der zur Erzeugung des Kraftschlusses notwendigen Federn Rücksicht zu nehmen, wenn nicht ein Schlagen im Betrieb auftreten soll.

Zu bemerken ist noch, daß die Geschwindigkeitskurven ein Eck dort haben, wo der Krümmungshalbmesser des Nockenprofils plötzlich seinen Wert ändert. Dieses Eck in der Geschwindigkeitskurve bedeutet eine Unstetigkeit in der Beschleunigungskurve, welche auf einen plötzlich auftretenden Kraftwechsel hinweist. Auf diesen Umstand ist mit Rücksicht darauf, daß das Steuergestänge ebenfalls nicht als absolut starr sondern als elastisch anzunehmen ist, Rücksicht zu nehmen.

Abb. 121.

Die Ausmittlung eines Nockens auf Grund der im vorhergehenden entwickelten Beziehung ist aus Abb. 121[2]) ersichtlich. Als Übertragungsmechanismus zwischen Nocken und Ventil wurde ein doppelarmiger Hebel mit gleichen Schenkellängen vorausgesetzt, so daß die für den Übertragungspunkt d angenommenen Bewegungs-,

[1]) Im verdoppelten Maßstab.

[2]) Maßstab 1:5.

Geschwindigkeits- und Beschleunigungsverhältnisse unverändert auch für den Rollenmittelpunkt R gelten. Für den Fall verwickelterer Übertragungsmechanismen ist nach dem früher angegebenen Verfahren noch aus den für die Ventilbewegung gültigen Gesetzmäßigkeiten auf das Bewegungsgesetz der Rolle überzugehen. Für Anhub- und Schlußbewegung wurden dieselben Gesetze vorausgesetzt, so daß An- und Ablaufkurve im Nocken symmetrisch ausfallen. Vorausgesetzt wurde eine Viertakt-Auslaßsteuerung mit $A.a. = 15$ und $A.z. = 10$ v. H., womit sich die Entfernung vom An- und Ablaufpunkt im Winkelmaß gemessen mit 131° ergibt. Die Wahl der Ventilerhebungskurve wurde so getroffen, daß je $^2/_5$ der zur Ventilbewegung verfüglichen Zeitdauer τ von der Eröffnungs- und Abschlußbewegung in Anspruch genommen werden und das Ventil während $^1/_5\,\tau$ in seiner höchsten Stellung in Ruhe verharrt. Die Veränderlichkeit der Ventilgeschwindigkeit wurde derart vorausgesetzt, daß je $^3/_8$ von der Eröffnungsdauer ($^2/_5\,\tau$) für die Beschleunigung und Verzögerung des Ventils Verwendung finden, und daß das Ventil während $^1/_4$ der Eröffnungsdauer seine größte Geschwindigkeit besitzt[1]).

Die Ermittlung des Nockenprofils gestaltet sich (zunächst für die Äquidistante) sehr einfach, wenn der während der Eröffnungsdauer vom Nocken zurückgelegte Winkelweg (hier gleich $131 \cdot {}^2/_5 = 52°24'$) bestimmt und dann in ebenso viel gleiche Teile geteilt wird, wie die zugehörige Zeitstrecke des Wegdiagramms. In der Abbildung wurde eine Unterteilung in acht Teile angenommen und diese, um das Bild nicht undeutlich zu machen, auf dem der Anlaufkurve gegenüberliegenden Teil des Rollenruhekreises angemerkt. Die einzelnen Profilpunkte ergeben sich dann einfach durch Übertragung der augenblicklichen Stellung des Rollenmittelpunktes R in den zugehörigen Halbmesser durch einen Kreisbogen mit dem Steuerwellenmittel als Mittelpunkt. (In der Abbildung für Punkt 3 vollständig eingezeichnet.)

Das tatsächliche Nockenprofil ergibt sich dann als Umhüllende aller Kreise, die aus den einzelnen Punkten der Äquidistante als Mittelpunkte mit dem Rollenhalbmesser geschlagen werden.

Diese Ausmittlung wird jedoch erfahrungsgemäß recht ungenau, wenn nicht zu den einzelnen Punkten der Äquidistante auch gleichzeitig ihre Normalen bekannt sind, deren Ermittlung nach dem früher entwickelten Verfahren unter Zuhilfenahme der Geschwindigkeitsgrößen in einfachster Weise möglich ist. Nach dem weiter oben (s. S. 143) ausgesprochenen Satz schneidet die jeweilige Kurvennormale im augenblicklichen Berührungspunkt zwischen Rolle und Nocken auf der durch das Steuerwellenmittel parallel zu RO_h gezogenen Geraden die (auf die Winkelgeschwindigkeit $\omega = 1$) reduzierte Geschwindigkeit der Rolle ab. Zieht man nun die Parallele zu $O_h R$ und trägt darauf die reduzierte Geschwindigkeit des Rollenmittelpunktes auf, so ergibt die Verbindungslinie des Endpunktes der Geschwindigkeitsstrecke mit der zugehörigen Stellung des Rollenmittelpunktes die augenblickliche Kurvennormale, die dann durch Drehung mit Hilfe des berührenden Kreises in den zugehörigen Punkt des Nockenprofils zu übertragen ist. Die Konstruktion ist in der Abbildung für den Punkt 3 vollkommen durchgeführt, die Kurvennormalen sind jedoch für alle Teilpunkte eingetragen. Um die reduzierten Geschwindigkeiten leicht auftragen zu können, ist es zweckmäßig, das Geschwindigkeitsdiagramm gleich in dem Maßstab aufzuzeichnen, daß die reduzierten Geschwindigkeiten daraus direkt abgegriffen werden können. Die Bestimmung des Maßstabes erfolgt hierbei zweckmäßig mit Hilfe des Größtwertes der Geschwindigkeit bei angenommener Gesetzmäßigkeit der Veränderung der Geschwindigkeit. Im gewählten Fall ergibt sich folgende Berechnung:

[1]) Mit der Benutzung der Leistschen „Normalwegkurve" (28c) kann sich der Verfasser aus den weiter unten (S. 156) angegebenen Gründen nicht befreunden, so daß von deren Benutzung hier abgesehen wurde.

Die Zeit zum Durchlaufen für 360° bei $\omega = 1$ ist gegeben durch 2π sec. Daraus ist die reduzierte Eröffnungszeit gleich

$$2\pi \frac{2}{5} \frac{131}{360} = 0{,}915 \text{ sec.} = a.$$

Die Fläche des Geschwindigkeitsdiagrammes für die Eröffnungsbewegung ergibt sich mit $\frac{1}{2}\left(a + \frac{a}{4}\right) \cdot v_{max} = \frac{5a}{8} v_{max} = v_{max} \cdot 0{,}571 \text{ sec} = 40$ mm, gleich dem während der Eröffnungsbewegung zurückgelegten Ventilhub.

Daraus ist $v_{max} = \frac{40}{0{,}571} = 70$ mm/sec und wird durch 70 mm dargestellt, wodurch die Aufzeichnung des Geschwindigkeitsdiagrammes möglich ist.

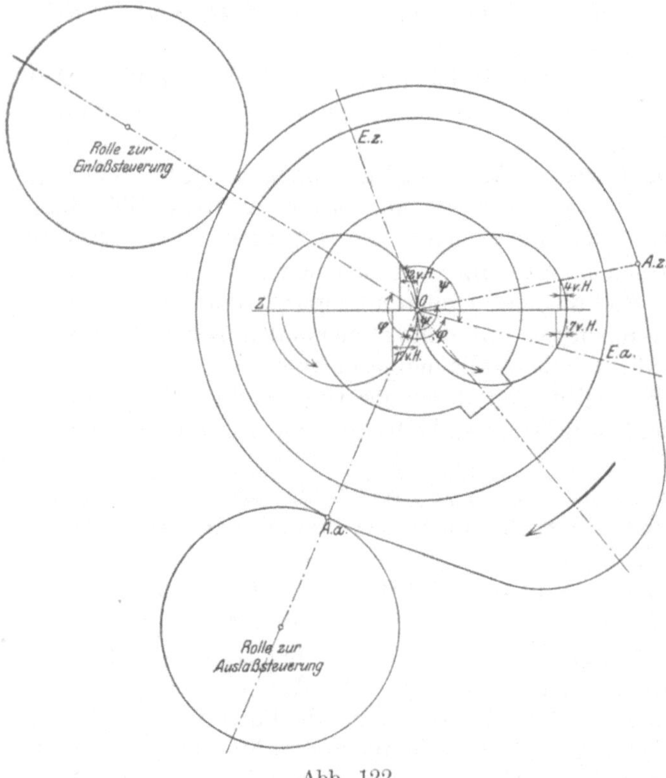

Abb. 122.

Zur endgültigen Festlegung der Gestalt des Nockens ist noch zu bemerken, daß man über den Bogen zwischen Ab- und Anlaufpunkt noch zweckmäßig eine geringe Verminderung des Halbmessers unter den des theoretischen Ruhekreises zweckmäßig eintreten läßt, so daß die Rolle in der Schlußlage des Ventils den Nocken nicht berührt, um trotz etwaiger Abnützung einen stets sicheren Schluß des Ventils zu gewährleisten.

Bezüglich der Zusammensetzung des Nockenprofils aus Geraden und Kreisen s. das weiter unten (S. 156) Erörterte.

Es ist nunmehr einiger besonderer Anordnungen zu gedenken, von denen zuerst die Verwendung nur eines Nockens zum **gemeinschaftlichen Antrieb von Ein- und Auslaß** besprochen sei. Die Verwendung nur eines Nockens zum gemeinschaftlichen Antrieb von Ein- und Auslaß hat außer ihrer Billigkeit den Vorzug, eine Abkröpfung des Übertragungsgestänges überflüssig zu machen, wenn die Mittellinie von Ein- und Auslaßventil zusammenfallen, eine Anordnung, welche zwecks einfacher Bearbeitung des Zylinders oder Zylinderkopfes auf der Bohrmaschine ohne Umspannung wohl meistens getroffen wird. Im Fall der Verwendung nur eines Nockens für zwei Antriebe besteht aber in den Steuerdaten insofern nicht mehr vollständige Unabhängigkeit, als nach der Wahl von drei Steuerpunkten der vierte, sowie auch die relative Lage der beiden Rollen gegeneinander festgelegt ist, welche Gesetzmäßigkeiten sich am einfachsten mit Hilfe des Steuerdiagramms überblicken lassen.

Es seien z. B. die Punkte *A. a.* und *A. z.* gegeben, wofür in Abb. 122 die Werte 17 und 4 v. H. angenommen sind. Auf Grund dieser Angaben kann das Nockenprofil nach Annahme des Beschleunigungsgesetzes bei gegebenem Ventilhub in der oben erörterten Weise ausgemittelt werden. Soll nun dieser Nocken auch zum Antrieb des Einlasses dienen, so ist zunächst zu beachten, daß der zwischen den Punkten *A. a.* und *A. z.* liegende Winkelweg ψ auch zwischen den Punkten *E. a.* und *E. z.* auftreten muß, da zwischen je zwei dieser Punkte eine Drehung der Steuerwelle um den Winkel ψ stattgefunden haben muß, der zwischen dem An- und Ablaufpunkt des Nockens liegt. Wird somit z. B. der Punkt *E. a.* angenommen (in Abb. 122 mit 7 v. H.), so ist dadurch auch *E. z.* bestimmt und wird durch Übertragung des Winkels von *E. a.* aus gefunden. Im vorliegenden Fall ergibt sich *E. z.* mit 12 v. H., also mit einem brauchbaren Wert.

Andererseits ist aber auch die relative Lage der beiden Rollen gegeneinander bestimmt durch den Winkel φ, der zwischen den Punkten *A. a.* und *E. a.* oder *A. z.* und *E. z.* auftritt. Ist die Lage der Auslaßrolle entsprechend den tatsächlichen Verhältnissen eingezeichnet, so wird die Lage der Einlaßrolle durch Auftragen des Winkels φ in der Richtung des Drehsinnes des Nockens gefunden.

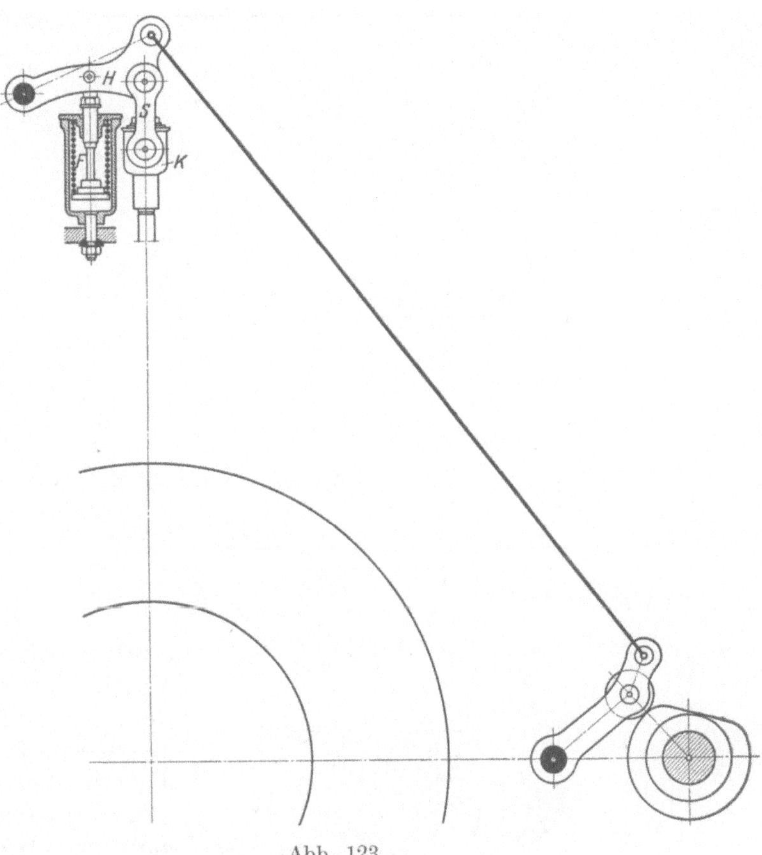

Abb. 123.

Eine weitere bemerkenswerte Besonderheit ergibt sich bei der Ausgestaltung des Nockens als sogenannten **Negativnocken.** Es ist selbstverständlich möglich, an Stelle der bisher behandelten Anordnung, wo das arbeitende Profil des Nockens durch Vergrößerung der Halbmesser zu den einzelnen Profilpunkten über das Maß des Ruhekreiseshalbmessers erhalten wurde, auch die umgekehrte Anordnung zu treffen, wobei dann das arbeitende Nockenprofil statt in einer Erhebung über, in einer Vertiefung unter den Ruhekreis seinen Ausdruck findet. Eine derartige Anordnung ist in Abb. 123[1]) dargestellt. Die zur Beschleunigung des Gestänges und des Ventils während des Beginnes der Eröffnungsbewegung nötige Kraft wird durch die Feder *F* aufgebracht, die hier nach abwärts gerichtete Beschleunigungskräfte erzeugen muß. Der Ventilhebel *H* überträgt seine Bewegung vermittels der kurzen Schwinge *S* auf die Ventilspindel durch Vermittlung einer in der Kapsel *K* eingeschlossenen kurzen, starken, vorgespannten Feder, deren Einschaltung notwendig ist, um bei etwa in den Ventilsitz gelangenden Unreinigkeiten einen Bruch im Übertragungsgestänge zu vermeiden. (Die gesamte Anordnung einer Feder mit entsprechender Wirkung ist aus Abb. 124 ersichtlich.) Die Notwendigkeit, zwei Federn

---

[1]) Maßstab 1 : 20. Zur Einlaßsteuerung einer D 10 Maschine der Gasmotorenfabrik Deutz in Cöln-Deutz.

verwenden zu müssen, bildet den Hauptnachteil, der wider die Verwendung von Negativnocken spricht, weshalb diese auch nur selten angewendet werden. Als Vorteil ist zu erwähnen, daß durch die Verwendung von Negativnocken eine Verriegelung des Ventils in seiner Schlußlage erreicht wird, was besonders dann von Wert ist, wenn es sich (wie im vorliegenden Fall) um mit Füllungsregelung arbeitende Maschinen handelt, wo infolge des bei kleinen Leistungen im Zylinder auftretenden starken Unterdruckes ein Aufsaugen der Ventile vermieden werden muß, was andernfalls nur durch schwere und leicht zu Betriebsschwierigkeiten Anlaß gebende Federn zu erreichen ist. Ein anderer Vorzug der Negativnocken gegenüber den positiven Nocken ist dadurch gegeben, daß bei diesen die für die Bewegungsverhältnisse des Ventils maßgebende Äquidistante verkleinert, bei jenen jedoch vergrößert wird, wodurch die unvermeidlichen Ungenauigkeiten in der Herstellung bei Negativnocken weniger ins Gewicht fallen als bei positiven Nocken.

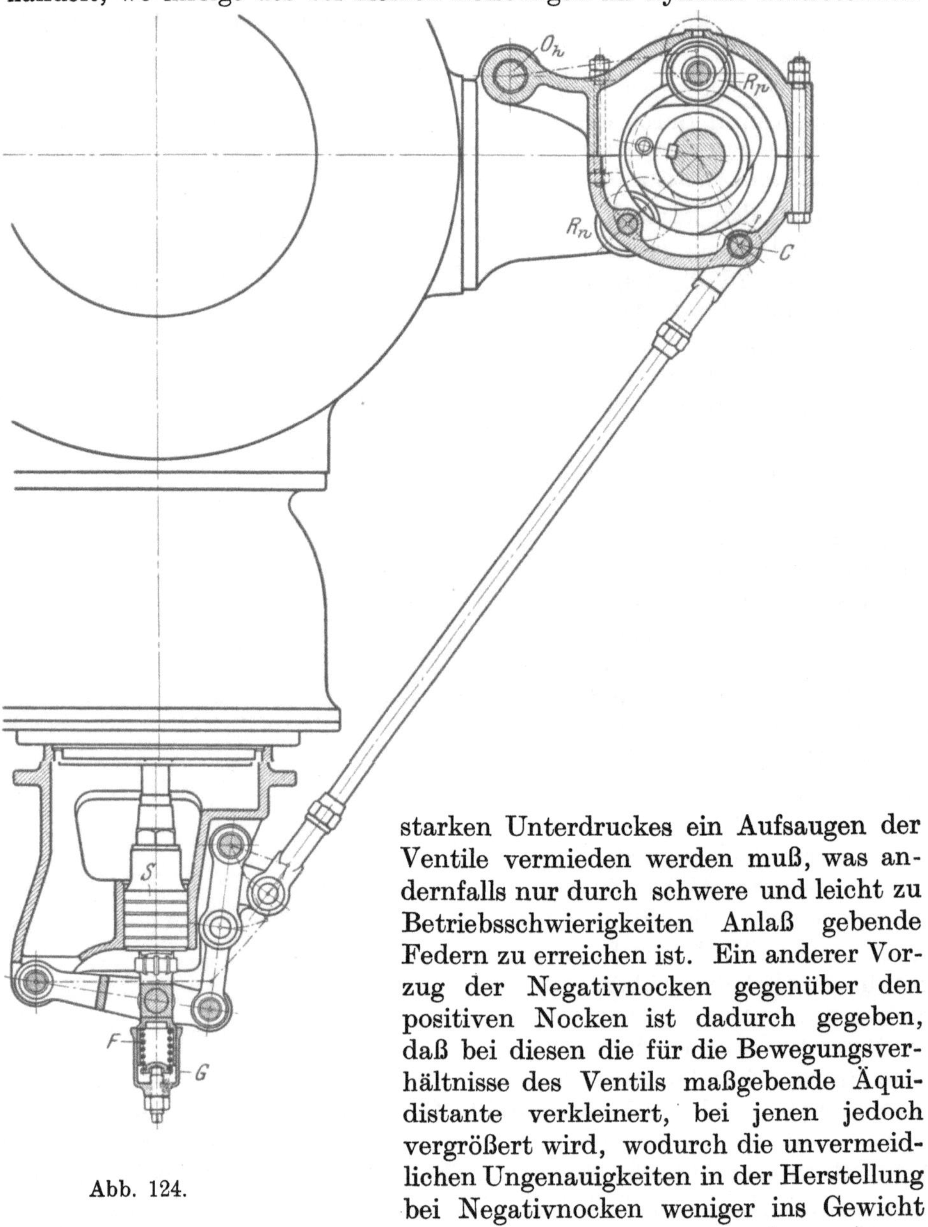

Abb. 124.

Für die bei Negativnocken auftretenden kinematischen Verhältnisse gelten genau dieselben Gesetze, die früher für den Fall von positiven Nocken erörtert wurden, so daß sich ein Eingehen darauf erübrigt.

Durch die gleichzeitige Verwendung von positiven und negativen Nocken läßt sich auch **zwangläufige Anordnung** erreichen, wofür Abb. 124[1]) als Beispiel dienen

[1]) Maßstab 1 : 20. Auslaßsteuerung einer D 10 Maschine der Gasmotorenfabrik Deutz in Cöln-Deutz.

mag. Der Hebel, der die Rolle trägt, ist hier als zweiteiliges Gehäuse ausgestaltet, das um O_h schwingen kann und die Achsen enthält, um die sich die Rollen R_p für den Positiv- und, teilweise verdeckt, R_n für den Negativnocken drehen. Der Angriff der Übertragungsstange erfolgt in einem Punkt C des Gehäuses. Die Profile der beiden Nocken müssen, wenn anders ihr Zweck erreicht werden soll, sehr genau zu einander passen, was genaueste Herstellung auf Grund von Schablonen erfordert oder zweckmäßiger mit Hilfe des direkten Abwälzverfahrens erreicht wird, wie aus Abb. 125[1]) ersichtlich. Bei diesem Verfahren wird der positive Nocken fertig bearbeitet, das negative Profil aber mit einer geringen Zugabe für die Feinbearbeitung nur vorgeschlichtet und dann erst nach Zusammenbau dadurch auf seine endgültige Form gebracht, daß auf die Achse der auf dem negativen Profil arbeitenden Rolle eine ihr im Durchmesser gleiche Schmirgelscheibe aufgesetzt wird, die von einem Elektromotor angetrieben wird und den Nocken bei ganz langsamer Umdrehung der Steuerwelle fertig schleift. Durch allmähliches Anziehen der Mutter M bis zur endgültigen Stellung wird der für die Schleifscheibe erforderliche Anpressungsdruck erzielt. Die bei Anwendung dieses Verfahrens erreichbare Genauigkeit übertrifft die bei Herstellung nach Schablonen zu erzielende bei weitem.

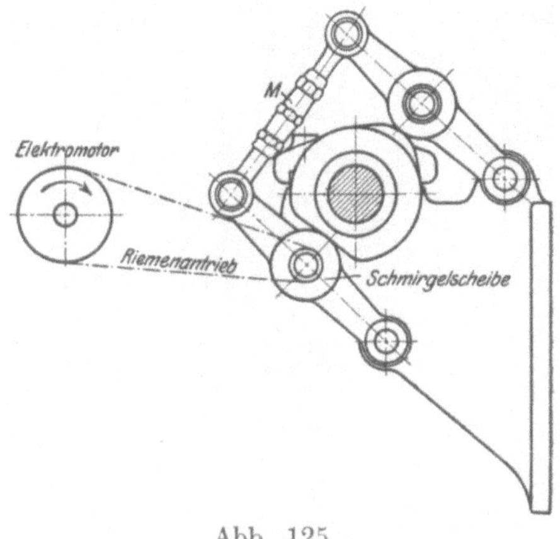

Abb. 125.

Aus Abb. 124 ist auch eine interessante Methode ersichtlich, eine Verriegelung des Auslaßventils der mit Füllungsregelung arbeitenden Maschine gegen Aufsaugen zu erreichen. Die Übertragungsstange greift hierzu am Ventilhebel nicht direkt, sondern durch Vermittlung eines Kniehebels an, der sich bei Schlußstellung des Ventils in der Strecklage befindet, wodurch dieses in seiner Schlußlage festgehalten ist. Die der größten Eröffnung des Ventils entsprechende Stellung der Hebel ist im Mittellinienschema angedeutet. Aus der Abbildung ist auch die zur Vermeidung von Brüchen notwendige Einschaltung einer Feder in den Ventilantrieb ersichtlich. (Das Gehäuse G, das durch Vermittlung der Stellschraube den Widerlagerdruck der Feder F aufnimmt, ist durch in der Zeichnung nicht sichtbare Rippen mit dem Führungsstück S und damit mit der Ventilspindel starr verbunden.)

Zur Bewertung dre zwangläufigen Anordnung bei Nockenantrieb ist zu sagen, daß diese, sowie überhaupt zwangläufige kinematische Ketten mit höheren Elementenpaaren, nur dann entsprechen, wenn die Herstellung überaus genau erfolgt und nur geringe Kräfte zu übertragen sind. Sind die zu übertragenden Kräfte groß, so machen sich — auch bei theoretisch genauer Herstellung — die besonders infolge der Beanspruchung auf Härtefestigkeit auftretenden Formänderungen (Abplattungen der Rolle) schon so sehr bemerkbar, daß an dem augenblicklich nicht arbeitenden Profil eine Trennung und dadurch beim nachfolgenden Kraftwechsel ein Schlag auftritt, der doch wieder zur Verwendung der zur Erzeugung des Kraftschlusses nötigen Federn zwingt. Der Weg, die zur Erzeugung des Kraftschlusses erforderlichen Federn im Verbindungsorgan der beiden Rollen anzuordnen (die Mutter M in Abb. 125 durch eine Zugfeder zu ersetzen), ist aber deshalb nicht gangbar, weil diese Feder eine dem vollen Beschleunigungsdruck des Gestänges entsprechende Vorspannung erhalten müßte, wodurch große Reibungsarbeit und starke

[1]) Nach einer Mitteilung der Maschinenbauaktiengesellschaft vormals Gebr. Klein in Dahlbruch.

Erwärmung des arbeitenden Getriebes bedingt wären. Aus diesen Gründen ist der Anwendung zwangläufiger höherer Elementenpaare dort, überall wo es sich um die Übertragung größerer Kräfte handelt, zu widerraten und, sofern die Verwendung zwangläufiger Mechanismen unerläßlich ist, auf niedere Elementenpaare (Exzenter) zurückzugreifen.

Schließlich ist noch jene Weiterbildung der Nockensteuerung zu erwähnen, die als Steuerung mit **unrunden Körpern** (auch als Nockensteuerung im engeren Sinn) bezeichnet wird. Den Übergang von der unrunden Scheibe zum unrunden Körper kann man sich so vollzogen denken, daß mehrere unrunde Scheiben mit verschiedenen Profilen nebeneinander angebracht sind, auf denen dann die Rolle des Antriebsgestänges je nach der Belastung der Maschine wechselnd läuft. Denkt man sich die unrunden Scheiben immer zahlreicher und immer schmäler werdend, so

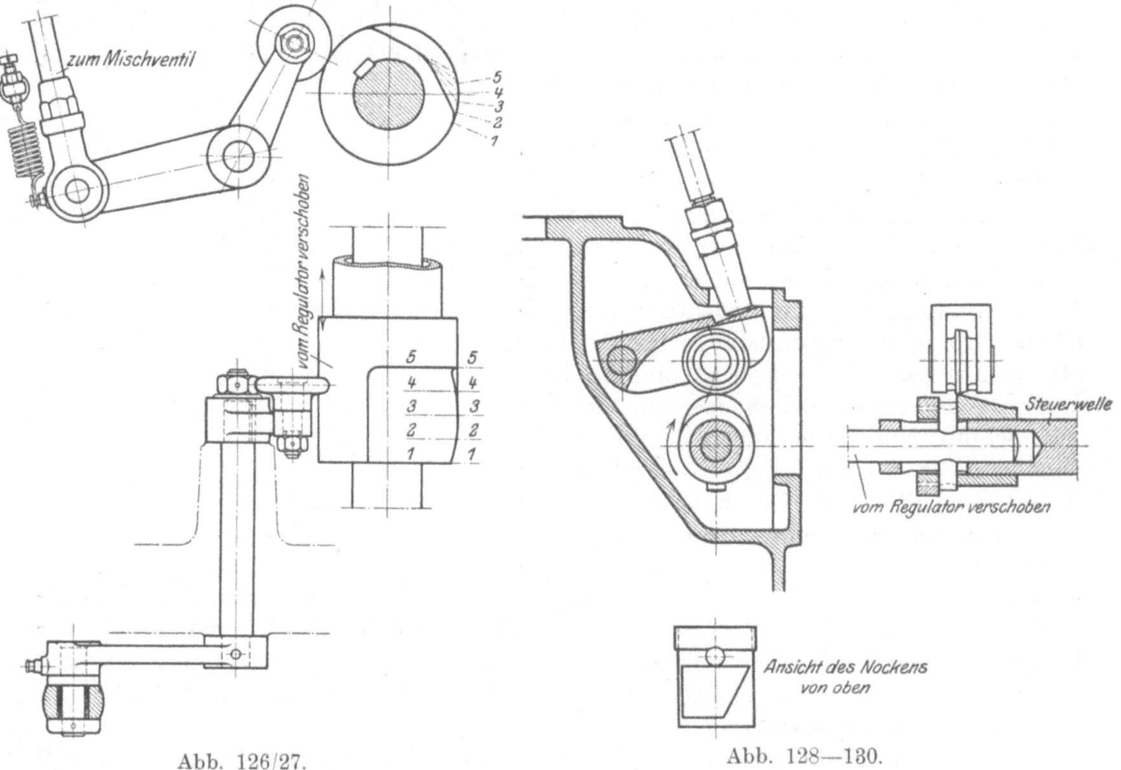

Abb. 126/27. Abb. 128—130.

entsteht schließlich beim Übergang von der unstetigen Abstufung zum stetigen Übergang ein Körper mit wechselnden Profilen, der als unrunder Körper bezeichnet wird. Hierbei muß auch die berührende Stelle der Rolle zur Erzeugung richtigen Zusammenarbeitens unendlich schmal werden, die (theoretische) Berührung in der Linie in die in einem Punkt übergehen. Die Anordnung wird hierbei in der Regel so vorgenommen, daß der auf der Steuerwelle verschiebbare, aber gegen relative Verdrehung hierzu gesicherte Nocken vom Regulator verschoben wird, so daß bei abnehmender Maschinenbelastung Profile mit stets geringer Hubhöhe oder Hubdauer, oder mit gleichzeitiger Verminderung von Hubhöhe und -dauer zum Eingriff mit der Rolle kommen. Zwei kennzeichnende Anordnungen sind aus Abb. 126/27[1]) und 128—130[2]) ersichtlich, wobei der in Abb. 126/27 dargestellte unrunde Körper

[1]) Maßstab 1 : 6. Zu einer E 50 Maschine von Pokorny & Wittekind, Maschinenbauaktiengesellschaft in Frankfurt a/M.

[2]) Maßstab 1 : 4. Zu einem stehenden Kleinmotor der Gasmotorenfabrik Deutz in Cöln-Deutz.

durch die Verwendung von negativen Profilen, der in Abb. 128—130 durch Verwendung von positiven Profilen zustande gekommen ist. In Abb. 126/27 sind die Profile, die den einzelnen mit 11 bis 55 bezeichneten, in ihrer Lage aus dem Grundriß ersichtlichen Schnitten entsprechen, im Aufriß eingetragen. Das Profil des unrunden Körpers in Abb. 128—130 ist dadurch entstanden, daß auf die zylindrische Muffe ein Stück aus einem Kegel derart aufgesetzt ist, daß der Eröffnungspunkt des Ventils je nach der Belastung veränderlich, der Schluß aber stets zu Ende des Saughubes stattfindet. (Vgl. hierzu S. 44.) Die Steuerung Abb. 126/27 dient zur Betätigung des Gasventils einer mit Gemischregelung, die in Abb. 128—130 dargestellte zum Antrieb des Einlaßventils einer mit Füllungsregelung arbeitenden Maschine. Die Rolle ist in beiden Fällen wulstförmig gestaltet, um die erforderliche Berührung in einem Punkt zu geben.

Steuerungen mit unrunden Körpern eignen sich nur zur Übertragung ganz kleiner Kräfte, da sonst infolge der hohen spezifischen Pressung zwischen Rolle und Nocken zu starke Abnützungen auftreten, die sich am unrunden Körper besonders dort bemerkbar machen, wo die Rolle entsprechend einer am meisten auftretenden Belastungsstufe meistens aufläuft. Aus diesem Grund ist die Anwendung der erwähnten Steuerungen auf Kleinmotoren und bei Maschinen mittlerer Größe auf die Verwendung bei solchen Antrieben beschränkt, die nur kleine Kräfte erfordern (leichte Mischventile mit schwachem Gestänge, um größere Beschleunigungsdrücke zu vermeiden), hier aber sehr beliebt und vielfach ausgeführt, da sie wohl das billigste Mittel darstellt, um stetige Regulierung zu erreichen.

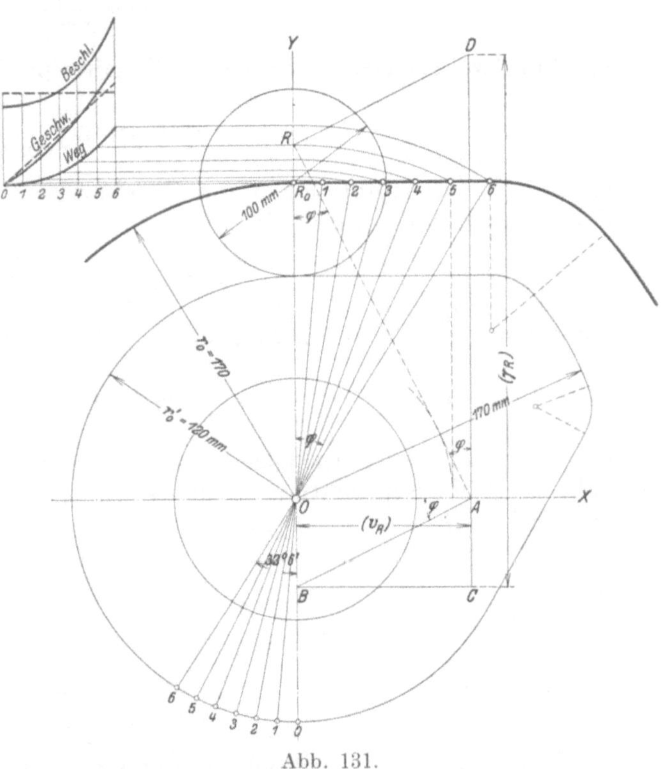

Abb. 131.

Anschließend an die frühere Besprechung der kinematischen Verhältnisse, die sich bei Verwendung von Steuerungeantrieben mit Nocken ergeben, sei noch eine Untersuchung angestellt, die den **Einfluß von Ungenauigkeiten in der Herstellung** des Nockenprofils **auf die Geschwindigkeits- und Beschleunigungsverhältnisse** erkennen läßt. Mit Rücksicht darauf, daß der Genauigkeitsgrad in der zeichnerischen Untersuchung für diesen Zweck nicht ausreicht, diese vielmehr mit aller Schärfe rechnerisch durchgeführt werden muß, wurde der mathematisch übersichtlich zu behandelnde Fall der Rollenführung in einer Geraden durch den Steuerwellenmittelpunkt und geradlinigen Nockenprofils der Untersuchung zugrunde gelegt. Die von diesem einfachsten Fall sich ergebenden Abweichungen bei Führung des Rollenmittelpunktes in einem Bogen, dessen Sehne durch den Steuerwellenmittelpunkt geht, sind, wie bereits auf S. 145 erwähnt, nur unbedeutend. Wesentliche Abweichungen ergeben sich, wenn die Rollenführungsrichtung beim Steuerwellenmittel vorbeigeht, wobei sich beträchtlich höhere Werte von Geschwindigkeit und Beschleunigung ergeben. Die durch gleiche Ungenauigkeiten entstehenden verhältnismäßigen Abweichungen werden jedoch ungefähr gleich bleiben, so daß die Ergebnisse der nachfolgenden Untersuchung, soweit sie die Größenordnung der zu gewärtigenden Abweichungen betreffen, auch hierauf werden übertragen werden dürfen.

In Abb. 131[1]) sei R_0 6 die gerade Anhublinie in der Äquidistanten, deren Durchlaufen im gewählten Fall einer Drehung der Steuerwelle um den Winkel von $32^0\,6'$ entspricht. Dieser Winkel wurde, um die Untersuchung für die einzelnen Punkte durchzuführen, in sechs gleiche Teile geteilt und die entsprechenden Punkte mit 0 bis 6 bezeichnet. Der Winkel, um den sich die Steuerwelle aus der dem Anhub entsprechenden Stellung herausgedreht hat, sei im allgemeinen Fall mit φ bezeichnet. Die zugehörige Stellung des Rollenmittelpunktes ist durch seine Entfernung vom Steuerwellenmittelpunkt

$$r = \frac{r_0}{\cos\varphi}$$

gegeben, woraus sich der vom Rollenmittelpunkt zurückgelegte Weg mit

$$s_R = r - r_0 = r_0\left(\frac{1}{\cos\varphi} - 1\right)$$

ergibt. Daraus ergibt sich durch Differentation nach der Zeit die Geschwindigkeit des Rollenmittelpunktes mit

$$v_R = \frac{d s_R}{dt} = r_0 \frac{\sin\varphi}{\cos^2\varphi}\frac{d\varphi}{dt}.$$

Setzt man $\frac{d\varphi}{dt} = \omega = 1$, so ergibt sich die „reduzierte Rollengeschwindigkeit"

$$(v_R) = r_0 \frac{\sin\varphi}{\cos^2\varphi},$$

die entsprechend dieser Gleichung auch zeichnerisch nach dem auf S. 143 angegebenen Verfahren ermittelt werden kann[2]). Durch nochmalige Differentation nach der Zeit ergibt sich die Beschleunigung der Rolle mit

$$\gamma_R = r_0\omega^2 \frac{1+\sin^2\varphi}{\cos^3\varphi},$$

woraus sich wieder mit $\omega = 1$ die „reduzierte Rollenbeschleunigung"

$$(\gamma_R) = r_0 \frac{1+\sin^2\varphi}{\cos^3\varphi}$$

ergibt. Auch dieser Ausdruck erlaubt eine einfache zeichnerische Darstellung dadurch, daß $CD \perp OX$ in A und $RD \parallel BA \perp AR$ gemacht wird, womit $(\gamma_R) = CD$ wird[3]).

---

[1]) Maßstab 1 : 4.

[2]) Es ist, wenn Punkt 5 als allgemeiner Punkt, entsprechend dem Winkel φ angenommen wird:

$$O\,5 = \frac{r_0}{\cos\varphi}$$

$$RA = \frac{RO}{\cos\varphi}$$

$$OA = \overline{RA}\sin\varphi$$

und durch Multiplikation der drei Gleichungen

$$OA = \frac{r_0\sin\varphi}{\cos^2\varphi} = (v_R),$$

w. z. b. w.

[3]) Schreibt man $$(\gamma_R) = r_0\frac{1+\sin^2\varphi}{\cos^3\varphi} = \frac{r_0}{\cos^2\varphi}\frac{1}{\cos\varphi} + r_0\frac{\sin\varphi}{\cos^2\varphi}\frac{\sin\varphi}{\cos\varphi},$$

Auf Grund dieser Gleichungen wurden für die Punkte 0 bis 6 die Werte von s_R, (v_R) und (γ_R) ausgerechnet und in Tabellenform zusammengestellt (s. die folgende Tabelle); außerdem wurde das Weg-, Geschwindigkeits- und Beschleunigungsdiagramm in Abb. 131 eingetragen (Wege in 1 : 1, Geschwindigkeiten in 1 : 2, Beschleunigungen in 1 : 4; voll ausgezogene Linien).

Als zweite Annahme wurde eine derart geformte Profilkurve angenommen, daß die dadurch bedingte Rollenbeschleunigung unveränderlich sei und daß in derselben Zeit (bei derselben Drehung um $32^0\,6'$) derselbe Rollenhub erreicht werde. Bei unveränderlicher Beschleunigung ergibt sich eine Gerade als Geschwindigkeits- und eine Parabel als Wegdiagramm. Geschwindigkeits- und Beschleunigungslinien sind (strichliert) eingetragen, die Wegdiagramme fallen so nahe zusammen, daß die Wegkurve nach der zweiten Annahme nicht eingetragen wurde, um das Bild nicht undeutlich zu machen. Die zu den einzelnen Punkten 0 bis 6 gehörigen Werte von s'_R, (v'_R) und (γ'_R) für Anhubkurve mit unveränderlicher Beschleunigung wurde ebenfalls berechnet und in die Tabelle eingetragen.

		Stellung Nr.	0	1	2	3	4	5	6
		Winkel φ aus der Anhubstellung	0	$5^0 21'$	$10^0 42'$	$16^0 3'$	$21^0 24'$	$26^0 45'$	$32^0 6'$
Weg mm		Bei gerader Anhublinie	0	0,75	3,01	6,90	12,52	20,37	30,68
		Bei unveränderlicher Beschleunigung	0	0,85	3,42	7,67	13,64	21,31	30,68
	Abweichung	absolut	0	− 0,10	− 0,41	− 0,77	− 1,12	− 0,94	0
		in v. H. der Äquidistantenradien für unveränderl. Beschleunigung	0	−0,059	−0,236	−0,435	−0,610	−0,491	0
Geschw. mm/sec für $\omega = 1$		Bei gerader Anhublinie	0	15,99	32,69	50,89	71,56	95,96	125,88
		Bei unveränderlicher Beschleunigung	0	18,25	36,51	54,76	73,02	91,27	109,52
		Abweichung in v. H.	0	− 12,4	− 10,5	− 7,1	− 2,0	+ 5,1	+ 14,9
Beschleunig. mm/sec² für $\omega = 1$		Bei gerader Anhublinie	170	173,75	185,37	206,18	238,67	287,11	358,61
		Bei unveränderlicher Beschleunigung				195,3			
		Abweichung in v. H.	− 13,1	− 11,0	− 5,1	+ 5,6	+ 22,2	+ 47,0	+ 83,6

Wie aus der Tabelle ersichtlich, entspricht bei den gewählten Verhältnissen einer verhältnismäßig größten Abweichung der Äquidistantenradien von weniger als $^1/_2$ v. H. bereits eine Veränderung in den auftretenden Beschleunigungswerten auf beinahe das Doppelte. Die Absolutwerte der Abweichung von $\sim$ 1 mm sind allerdings wesentlich größer als die bei den üblichen Herstellungsmethoden auftretenden, indessen ist dem Beispiel auch der Steuerungsnocken einer Großmaschine zugrunde gelegt, bei dem die verhältnismäßigen Ungenauigkeiten selbstverständlich viel geringer ausfallen als bei kleinen Arbeitsstücken. Wird Abb. 131 als die im Verhältnis 5 : 1 vergrößerte Darstellung eines Steuernockens eines Automobilmotors aufgefaßt, so bleiben die Verhältniszahlen in Geltung, da sich Geschwindigkeiten und Beschleunigungen proportional der Längsdimension ändern. Eine Veränderung der Beschleunigung um 83,6 v. H. tritt aber dann schon bei einer Abweichung der

---

so wird mit

$$RA = \frac{r_0}{\cos^2\varphi} \text{ und } (v_R) = OA = r_0 \frac{\sin\varphi}{\cos^2\varphi}:$$

$$(\gamma_R) = \frac{RA}{\cos\varphi} + \overline{OA}\,\operatorname{tg}\varphi = DA + AC = DC,$$

w. z. b. w.

W. Hartmann (20) kommt auf anderem Weg zu denselben Gleichungen und ähnlichen Konstruktionen.

Nockenkurve von nur etwa 0,2 mm vom Sollbetrag auf, ein Wert, der bei nicht vorzüglicher Werkstattherstellung schon erreicht und überschritten werden kann[1]).

Aus dem Gesagten ergibt sich, daß, wenn anders nicht beträchtliche Unterschiede zwischen den theoretisch vorausbestimmten und den tatsächlich auftretenden Geschwindigkeits- und Beschleunigungsverhältnissen auftreten sollen, in der **Formgebung und Ausführung** der Nockenprofile auf möglichste Genauigkeit Rücksicht zu nehmen ist. Diese Rücksichten lassen es als zweckmäßig erscheinen, die Nocken- (und entsprechend die Schwingdaumen-)profile nicht nach allgemeinen Kurven zu formen, wobei schon die unvermeidlichen Ungenauigkeiten beim Anreißen des Werkstückes oder beim Aufzeichnen der Schablonen beträchtliche Abweichungen von der theoretischen Form ergeben, sondern die Profile aus Kreisen und Geraden zusammenzusetzen, deren Übertragung auf das Werkstück in wesentlich genauerer Weise möglich ist. Ist somit die für eine angenommene Ventilerhebungskurve theoretisch erforderliche Form etwa nach dem weiter oben (S. 146) entwickelten Verfahren ausgemittelt, so ist diese durch eine Reihe von möglichst sich der theoretischen Form anschmiegenden Kreisen, u. U. mit Zwischenschaltung gerader Stücke zu ersetzen. Mit Rücksicht auf die sich ergebenden Abweichungen ist jedoch, besonders bei höheren Umdrehungszahlen und schwer belasteten Trieben, eine Nachprüfung der nunmehr auftretenden Geschwindigkeits- und Beschleunigungsverhältnisse dringend anzuraten.

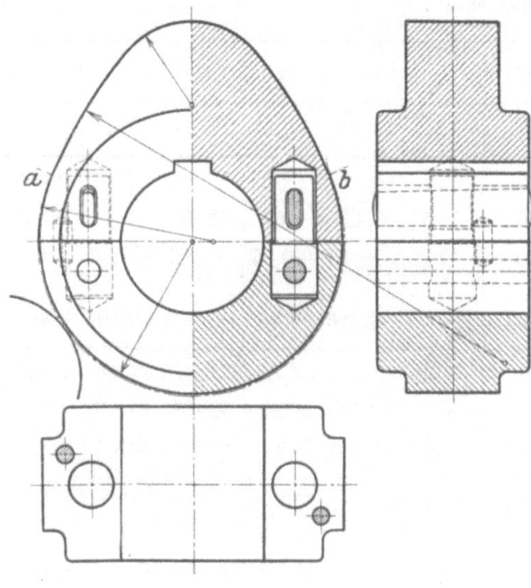

Abb. 132—134.

Im allgemeinen ist zur Wahl des Nockenprofils nach den Ergebnissen von Abb. 131 zu sagen, daß, da man mit möglichst geringen Beschleunigungskräften das Auslangen zu finden trachten wird, eine aus dem Ruhekreis tangential austretende Gerade wesentlich ungünstigere Beschleunigungsverhältnisse ergibt, als eine schwach erhabene Kurve, die aus diesem Grunde auch zweckmäßig dem Anfang der Nockenbegrenzung zugrunde gelegt wird. Ein derartig geformter Nocken ist in Abb. 132—134[2]) dargestellt. Das Profil besteht aus drei Kreisbogen, deren mittlerer die eigentlichen An- und Ablaufkurven miteinander verbindet, so daß eine

[1]) Besonders auffällig werden die Verhältnisse, wenn man auf die von der Feder zu erzeugenden Beschleunigungskräfte übergeht. Beträgt z. B. die Umdrehungszahl des Motors $n = 1200$ und demnach die der Steuerwelle $(n) = 600$ und ist das reduzierte Gewicht der zu beschleunigenden Massen $G = 0{,}6$ kg, so ist mit

$$\omega = \frac{\pi\,(n)}{30} = 62{,}8$$

der von der Feder aufzubringende größte Beschleunigungsdruck im Falle gerader Anhubkurve

$$P = \frac{(\gamma_R)}{5}\cdot\omega^2\,\frac{G}{g} = \frac{0{,}3856}{5}\cdot 3950\cdot\frac{0{,}6}{9{,}81} = 17{,}2 \text{ kg},$$

während die auf Grund unveränderlicher Beschleunigung berechnete Kraft nur

$$P' = 17{,}2\,\frac{195{,}3}{385{,}61} \sim 9{,}4 \text{ kg}$$

beträgt. Es ist also bei Bemessung der Federn Vorsicht am Platz!

[2]) Maßstab 1:8. Zu einer DT 10 Maschine von Ehrhardt & Sehmer, G. m. b. H. in Saarbrücken. (Zu gemeinschaftlichem Antrieb von Ein- und Auslaß.)

obere Rast nicht ausgebildet ist, die Abschlußbewegung des Ventils sich unmittelbar an dessen Anhub anschließt. Aus der Abbildung ist auch eine andere, meistens verwendete Besonderheit der Formgebung ersichtlich, wonach die Begrenzung des Nockenprofils in der unteren Rast durch einen Kreisbogen erfolgt mit einem Halbmesser, der etwas kleiner ist als der des (strichliniert gezeichneten) theoretischen Ruhekreises, um trotz Abnützung in den Ventilsitzflächen einen, wenn auch mit einer geringen Verschiebung der An- und Ablaufpunkte verbundenen sicheren Abschluß zu gewährleisten. Der Übergang zwischen diesem Kreis und dem eigentlichen Nockenprofil ist durch einen beiderseits tangential einmündenden Kreisbogen ausgeführt. Die An- und Ablaufpunkte ergeben sich bei dieser Art von Formgebung als die (in der Abbildung mit *a* und *b* bezeichneten) Schnittpunkte des theoretischen Ruhekreises mit dem Nockenprofil.

In Abb. 135/36[1]) ist ein verstellbarer Nocken dargestellt, der eine Vergrößerung der Hubdauer ermöglicht. Zu diesem Zweck besteht der eigentliche Nocken aus zwei durch drei Schrauben miteinander verbundenen Teilen, welche, auf einer gußeisernen Nabe gelagert, eine Verdrehung gegeneinander gestatten. Die auf dem Nocken arbeitende Rolle muß bei dieser Konstruktion aus sehr hartem Material hergestellt sein, wenn sich nicht infolge der wechselnden Laufstellen Grate darauf bilden sollen. Die relative Lage der Nockenhälften ist nur durch Reibungsschluß gesichert und daher für die Aufnahme hoher Kräfte nicht geeignet. (Die lange obere Rast des Nockens ist durch die Besonderheit der Steuerung bedingt [s. S. 192, Abb. 167], wobei die Mischventile für beide Zylinderseiten gemeinschaftlichen Antrieb erhalten.)

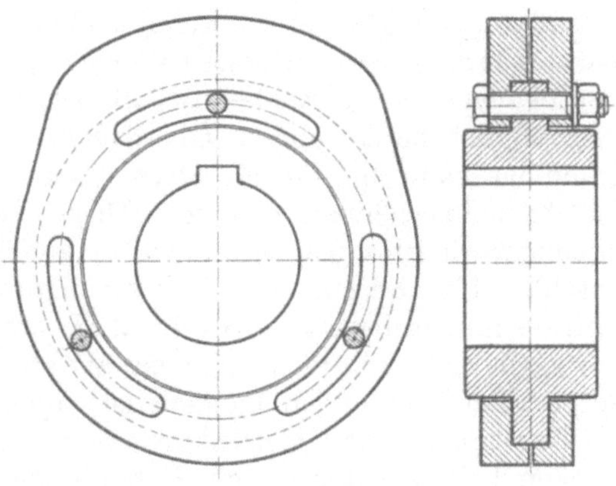

Abb. 135/36.

Der Baustoff der Nocken ist in den meisten Fällen Stahl, bei hoch beanspruchten Trieben gehärtet. Bei Dieselmotoren wird auch Koquillenguß verwendet, der jedoch so sauber aus der Form kommen muß, daß die Bearbeitung in der harten Gußhaut bleibt und das weiche Material nirgends zutage tritt. Diese Herstellungsmethode ist besonders für Massenfabrikation geeignet. Bei hoch beanspruchten Teilen, auf deren genauestes Arbeiten Wert zu legen ist (Brennstoffnocken), werden die arbeitenden Teile aus gehärtetem Federstahl angefertigt und in den Nockenkörper eingesetzt. Die Rollen bestehen ausschließlich aus gehärtetem Stahl. Beim Härten ist darauf zu achten, daß kein Verziehen der Arbeitsstücke eintritt, wodurch einseitiges Auflaufen und einseitige Abnützung bedingt ist. Aus demselben Grunde ist auch bei der Anrichtung auf genau parallele Lage von Rollenmittellinie und Steuerwellenachse zu achten.

Bei Großgasmaschinen mit langen Steuerwellen werden die Nocken zweckmäßig zweiteilig ausgeführt, um bei Herausnehmen eines Nockens nicht einen Ausbau der gesamten Steuerwelle erforderlich zu machen. Die Art der Verbindung mit Bolzen und Keil, gleich wie bei der Verbindung zweier Exzenterhälften, ist aus Abb. 132—134 ersichtlich. Durch zwei Paßstifte ist gegen eine Verschiebung der Nockenhälften gegeneinander vorgesorgt.

[1]) Maßstab 1 : 6. Zur Mischventilsteuerung einer D 8 Maschine der Gasmotorenfabrik Deutz in Köln-Deutz.

Die **Bemessung** der Nocken erfolgt, entsprechend wie bei den Wälzhebeln erörtert, auf Grund der Härtefestigkeit und ist nach den bereits dort (s. S. 192) entwickelten Gleichungen

$$\sigma = 0{,}5 \sqrt{\frac{P}{b} E \frac{r_1 + r_2}{r_1 r_2}}$$

und

$$b = \frac{PE}{4\sigma^2}\left(\frac{1}{r_1} + \frac{1}{r_2}\right)$$

vorzunehmen.

Hierbei bedeutet b die Breite der Nockens in cm,
P die zu übertragende Kraft in kg,
E den Elastizitätsmodul (= 2150000 für Stahl und 1000000 für Gußeisen),
r_1 und r_2 die Krümmungsradien der sich berührenden Stellen in cm,
σ die zulässige Beanspruchung in kg/qcm.

Die Nachrechnungen einer großen Zahl erprobter Ausführungen ergeben für σ Werte von 2500 bis 4500 kg/qcm, 3500 kg/qcm im Mittel für Gasmaschinen; Dieselmaschinen zeigten etwas höhere Werte von etwa 4200 kg/qcm. Der Augenblick der höchsten Beanspruchung tritt bei Auslaßnocken im Punkt *A. a.* auf, wo das Ventil gegen den im Zylinder herrschenden Überdruck angehoben werden muß. Als Rechnungsgrundlage kann hierfür ein Druck von 2,5 atm bei Verpuffungs- und 3,0 atm bei Gleichdruckmaschinen dienen. Diese Ventilkraft überträgt sich, im Hebelübersetzungsverhältnis des Gestänges verändert, auf den Nocken, wozu dann noch ein Zuschlag für Gewicht und Beschleunigung tritt (bei normalen Verhältnissen und Antrieb mit Stoßstange etwa 10 v. H. der Ventilkraft). Im allgemeinen hält es der Verfasser nicht für rätlich, höher als auf $\sigma = 3500$ kg/qcm zu gehen, da es nahezu unter allen Umständen möglich ist, auch bei gegebener Nockenbreite durch Vergrößerung des Rollenhalbmessers unter diesem Wert zu bleiben. Allzu breite Nocken haben den Nachteil, daß infolge von Ungenauigkeiten in Herstellung und Anrichtung sowie auch infolge von Formänderungen im Betrieb (Durchbiegungen der Steuerwelle) leicht ein nur einseitiges Anliegen auftritt, was dann zu einseitiger Abnützung und der Notwendigkeit baldiger Erneuerung wenigstens der Rolle führt.

Für die Bemessung der Schwingdaumen gelten dieselben Gleichungen und Zahlenwerte der Beanspruchung.

Das **Anwendungsgebiet** der Nockensteuerungen liegt besonders dort, wo die Erzeugung von Steuerbewegungen durch billige Mittel und bei kleinen Kräften zu leisten ist, also zuvörderst auf dem gesamten Gebiet des Kleinmotorenbaues, wo Nockensteuerungen ausschließlich Verwendung finden. Im Großmaschinenbau, wo die etwas höheren Kosten eines Steuerungstriebwerkes nicht mehr ins Gewicht fallen, sind die Nockensteuerungen heute fast ganz durch Exzenterantriebe verdrängt, die mit gleichzeitiger Verwendung von Wälzhebeln im allgemeinen einen ruhigeren Gang ergeben und auch besser geeignet sind, große Kräfte aufzunehmen als die Nockensteuerungen. Immerhin finden sich auch im Großmaschinenbau Nockensteuerungen noch immer ausgeführt und entsprechen bei sorgfältiger Ausmittlung, Herstellung und Anrichtung allen Anforderungen. Auch im Dieselmotorenbau, wo bis vor kurzem der Nocken das einzige verwendete Antriebsorgan war, macht sich, wenigstens bei schweren Trieben, mehr und mehr ein Übergang zum Exzenterantrieb mit Verwendung von Wälzhebeln geltend, besonders für die Auslaßventile, wobei durch das veränderliche Übersetzungsverhältnis die größte Kraftwirkung, welche beim Anhub gegen den im Zylinder herrschenden Überdruck auftritt, vom Exzenter ferngehalten werden kann. Bei Exzenterantrieben besteht auch der Vorteil, daß die kinematische Kette des Antriebsmechanismus bis nahe zum Steuerorgan hin zwangläufig ist und die durch die Ventilfedern aufzubringenden Beschleunigungen nur auf geringe Massen zu wirken haben. Bei Nockensteuerungen ist, wenn wir von den aus den früher erwähnten Gründen nicht wohl zu verwendenden zwangläufigen Anordnungen absehen, die ganze Masse des Steuergestänges von der Steuerwelle an zu beschleunigen, weshalb auch hier die Ventilfedern im allgemeinen schwerer ausfallen als bei Exzenterantrieben, was besonders bei höheren Umdrehungszahlen oder Großmaschinen ins Gewicht fällt.

g) Ventilhauben, Federn, Luftpuffer.

Die in den Ventilantrieb eingeschalteten Wälzhebel oder Schwingdaumen, sowie auch die Schwingen beim direkten Antrieb der Ventile durch Nockensteuerungen besitzen Achsen, deren Lagerung bei Kleinmaschinen in Angüssen des Zylinderkopfes oder der Ventileinsätze erfolgen kann. Bei mittleren und großen Maschinen werden hierzu fast immer besondere Aufsätze verwendet, welche als **Ventilhauben** oder Ventilbügel bezeichnet werden.

Ausführungen von Ventilhauben für Misch- und Einlaßventile sind aus Abb. 64/65, 67/68, 69/70, 71—73, 74, 89/90, 102/03, 114 sowie auch aus Abb. 148, 153, 154, 166, 169, 171, 173, 174/75, 176/77, 180—82, 187, 190/91, 214/15, 216, 218 und 219 ersichtlich. In Abb. 137—40[1]) ist eine Mischventilhaube der auch für Einlaßventile typischen Form in mehreren Rissen zur Darstellung gebracht. Da bei den Einlaßorganen die zur Ventilbeschleunigung dienenden Federn in der Regel im oberen Teil des Einsatzes ihren Platz finden (vgl. S. 85), bekommt die Ventilhaube die Form eines Bügels, der nur für die Aufnahme der Wälzhebeldrehbolzen geeignet ausgestaltet sein muß. Die Ventilspindel ist durch ein breites Fenster zugänglich, dessen Rand durch einen kräftigen Wulst verstärkt wird, um den Schwerpunkt des Bruchquerschnittes der Haube nicht allzu weit von der Mitte entfernt und dadurch kleine Biegungsmomente zu erhalten. Bei der Formgebung der aus Gußeisen hergestellten Ventilhauben ist außer auf Festigkeitsrücksichten auch auf den Baustil der Maschine Rücksicht zu nehmen. Die allseitig blank bearbeiteten Ventilhauben des Dampfmaschinenbaues finden im Gasmaschinenbau nur selten Verwendung, da sie einerseits auf den schweren Gußstücken von Zylinder und Gemischkasten kleinlich wirken, andererseits aber auch blanke Teile dort, wo nicht unbedingt erforderlich, besser vermieden werden, da sie infolge der durch unvermeidliche Stopfbüchsenundichtigkeiten ausströmenden Gase bald anlaufen und schwer rein zu halten sind. Unbearbeitete Hauben mit sauberem Anstrich entsprechen besser.

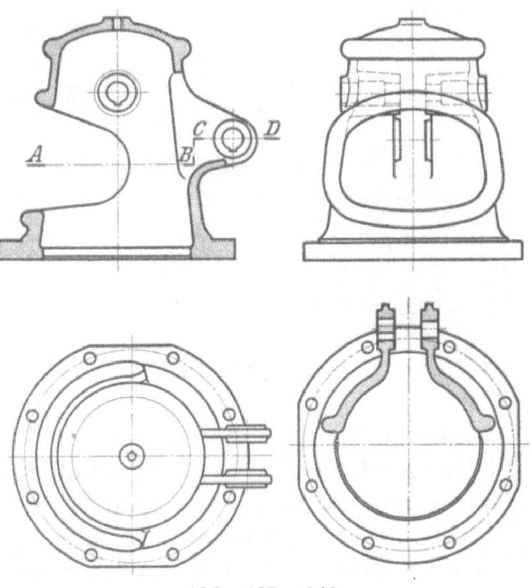

Abb. 137—140.

[1]) Maßstab 1:20. Zur Mischventilsteuerung einer DT 14 Gichtgasmaschine der Maschinenfabrik Thyssen & Co., Aktiengesellschaft in Mülheim-Ruhr.

Die übliche Form einer Anlaßventilhaube einer Großgasmaschine ist aus Abb. 141 bis 143[1]) ersichtlich (s. auch Abb. 75, 76, 92/93, 96 und 124). Auslaßventilhauben haben in der Regel beim Anhub der Auslaßventile große Widerlagerdrücke aufzunehmen und werden daher zweckmäßig so geformt, daß Biegungsbeanspruchungen nach Möglichkeit vermieden werden. Da in den Auslaßventileinsätzen mitunter für die Aufnahme der Federn kein Platz ist, diese auch der Wärmewirkung von den Auspuffgasen her möglichst entzogen sein müssen, werden sie oft in die Auslaßventilhaube verlegt, die dann auch eine zur Aufnahme des Federtellers geeignete Ausdrehung erhalten muß. Große Tropfschalen aus dünnem Guß verhindern ein Abtropfen des Öles in das Betonfundament. Schwere Auslaßventilhauben erhalten zweckmäßig seitlich Ösen (Abb. 75 und 76), um ein leichtes Abstützen bei Ein- und Ausbau zu ermöglichen.

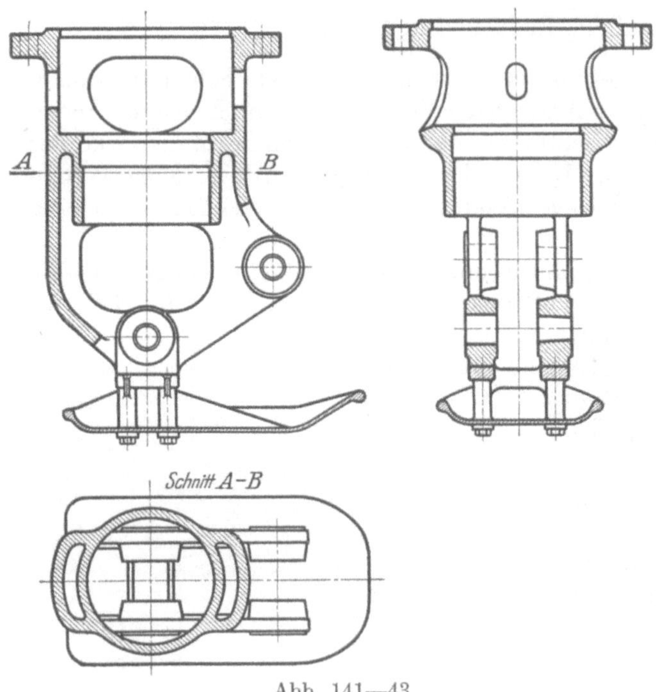

Abb. 141—43.

In den Antrieb aller Ventile, der nach dem weiter oben Gesagten nicht zwangläufig im engeren Sinn des Wortes ausgebildet werden kann, sind Organe einzuschalten, die einerseits während der Bewegung des Ventils den Zwanglauf zwischen den einzelnen Teilen des Gestänges aufrecht erhalten und andererseits auch die für einen sicheren Schluß des Ventils erforderlichen Kräfte erzeugen. Bei ausklinkenden Steuerungen müssen auch die für die Beschleunigung des fallenden Ventils erforderlichen Kräfte aufgebracht werden.

Als solche Organe stehen im Verbrennungskraftmaschinenbau ausschließlich **Federn,** und zwar fast ausschließlich zylindrische Schraubenfedern mit kreisförmigem Drahtquerschnitt in Verwendung.

Die Grundlage für die Bemessung dieser Federn bilden die von ihnen auszuübenden Kräfte, die sich aus folgenden Teilen zusammensetzen:

a) Ventilgewicht G_1. Dieses ist bei sich nach abwärts öffnenden Ventilen von der Feder zu tragen, unterstützt die Federwirkung bei nach aufwärts öffnenden Ventilen (Auslaß). In G_1 ist auch das Gewicht aller mit der Ventilspindel fest verbundenen Teile (Federteller, Gleitstück usw.) sowie das auf die Ventilspindel reduzierte Gewicht des Antriebsgestänges, soweit es für statische Kraftwirkungen in der Ventilspindel in Betracht kommt, enthalten.

b) Der Unterdruck im Zylinder G_2 (für Ein- und Auslaßventile). Maschinen mit Füllungsregelung ergeben im Leerlauf sehr starke Unterdrücke im Zylinder (0,6 bis 0,7 atm Unterdruck, entsprechend 0,4 bis 0,3 atm absolut), die im Falle zu schwacher Federn zu Beginn des Verdichtungshubes ein Aufsaugen der Ventile, klappernden Gang und schlechte Leerlaufregulierung verursachen. Bei Kombi-

[1]) Maßstab 1:15. Zu einer DZ 8 Generatorgasmaschine der Maschinenfabrik Andritz A.-G. in Andritz bei Graz.

nationsregelungsverfahren sind diese Unterdrücke im Leerlauf geringer je nach dem Anteil, den die Füllungsregelung am Regelungsverfahren besitzt. Bei Gemischregelung besteht zwar theoretisch auch bei Leerlauf kein Unterdruck im Zylinder, praktisch stellt sich indessen infolge der stärkeren Drosselung in den Mischquerschnitten stets ein gewisser Unterdruck ein, der, um für alle Fälle sicher zu gehen, mit 0,1 bis 0,15 atm angenommen werden kann. Für die Bemessung der Mischventilfedern kommt der vom Unterdruck im Zylinder herrührende Anteil dann in Betracht, wenn diese vor den Einlaßventilen abschließen.

c) Reibungskräfte in Stopfbüchsen und Führungen G_3. Diese sind im allgemeinen bei den üblichen Ausführungen klein, da die Abdichtung meistens durch Einschleifen der Spindeln in Büchsen besorgt wird. Größere Beträge können diese Kräfte dann erreichen, wenn mit unreinem Gas gearbeitet wird und (bei Auslaßventilen) die Spindel vor der direkten Berührung mit den auspuffenden Gasen nicht geschützt ist. (Vgl. Abb. 53 u. ff.) G_3 ist einer rechnerischen Ermittlung nicht zugänglich und durch einen entsprechenden Sicherungszuschlag zu berücksichtigen.

d) Beschleunigungskräfte zur Erhaltung des Zwangslaufes im Antriebsmechanismus, G_4. Wie bereits auf S. 115 erörtert, sind auch die sogenannten zwangläufigen Steuerungsantriebe zwangläufig nur insofern, als durch Verwendung von Federn in geeigneter Weise dafür gesorgt werden muß, daß der Zwanglauf des Steuerungstriebwerkes ständig erhalten bleibt.

Im allgemeinen wird sowohl bei der Verwendung von Wälzhebeln oder Schwingdaumen als auch bei Nockensteuerungen die Bewegung des Ventils von der Steuerung her eingeleitet und auf eine gewisse Geschwindigkeit gebracht. Im zweiten Teile der Eröffnungsbewegung ist diese dann durch die Feder zu verzögern, der hierbei auftretende maximale Verzögerungsdruck für den Wert von G_4 bestimmend. Bei der Schlußbewegung ist dann im ersten Teile das Ventil durch die Feder zu beschleunigen, während die Verzögerung durch die im Steuerungstriebwerk auftretenden Reaktionen bewirkt wird. Bei Wälzhebel und Schwingdaumensteuerungen mit normalem Exzenterantrieb, wo Eröffnungs- und Schlußverhältnisse identisch sind, ergeben sich für beide Teile gleiche Federkräfte. Dasselbe ist bei Nocken mit symmetrischen An- und Ablaufkurven der Fall, während bei unsymmetrischen Nocken- und Wälzhebelsteuerungen, die von solchen ihren Antrieb erhalten[1]), die Verhältnisse für Eröffnungs- und Schlußbewegung getrennt untersucht werden müssen und der größere der sich ergebenden Werte zu nehmen ist.

Eine Ausnahme machen die Verhältnisse beim Antrieb durch Negativnocken (s. z. B. Abb. 123), wo im Gegensatz zu früher im ersten Teile der Anhubbewegung und im zweiten Teile der Schlußbewegung die Massen von der Feder zu beschleunigen bzw. zu verzögern sind.

Bei ausklinkenden Steuerungen (s. weiter unten S. 202ff.) ergibt sich der Wert von G_4 daraus, daß während des Fallens des Ventils bis zum Abschluß ein gewisser Kolbenweg als zulässig angenommen wird, wodurch die Zeit gegeben ist, in der das Ventil bei (angenähert) gleichförmig beschleunigter Bewegung unter dem Einfluß der Federkraft seinen Hub zurücklegen muß (s. weiter unten S. 166 unter Beispiel 3).

Ist der größte Wert der von der Feder zu erzeugenden Beschleunigung bekannt, so wird G_4 durch dessen Multiplikation mit der auf die Spindel reduzierten[2]) Masse der bewegten Teile erhalten, die von der Feder zu beschleunigen sind.

[1]) S. hierzu S. 122, Fußnote.

[2]) Es ist darauf aufmerksam zu machen, daß hier die „dynamische" Massenreduktion nach der Gleichung

$$m_{red} = m\left(\frac{dx}{dh}\right)^2$$

auszuführen ist, wobei x den Weg des tatsächlichen Massenpunktes und h den gleichzeitigen Weg

e) Sicherheitszuschlag G_5. Dieser ist mit Rücksicht darauf angebracht, daß die Rechnungsgrundlagen zur Ausmittlung der einzelnen Teilkräfte nicht ganz sicher sind (z. B. der Unterdruck im Zylinder), zum Teil, wie die Reibungskräfte, überhaupt nur geschätzt werden können. Im allgemeinen wird mit einem Sicherheitszuschlag von 10 bis 20 v. H. von der Summe der Kräfte $G_{1 \text{ bis } 4}$ zu rechnen sein. Zu bemerken ist hierbei noch, daß die einzelnen von der Feder auszuübenden Kräfte unter Umständen nicht gleichzeitig aufzubringen sind, so daß einer der erwähnten Summanden entfallen kann. Dies ist besonders dann der Fall, wenn, wie bei Wälzhebel- oder Schwingdaumen- und auch Nockensteuerungen die Regel, von der Feder im Moment von Anhub und Abschluß keine Beschleunigungskräfte aufzubringen sind. Ist in diesem Falle die zur Sicherung gegen Aufsaugen der Ventile erforderliche Schlußkraft größer als der Beschleunigungsdruck, der während der Bewegung erforderlich ist, so braucht dieser nicht berücksichtigt zu werden.

f) Kraftverlust während der Bewegung, ΔP. Für die Bemessung der Feder ist die von ihr auszuübende größte Kraft maßgebend, da hierdurch die in ihr auftretende Beanspruchung bestimmt ist. Nun ist die Kraftwirkung der Feder nicht unveränderlich, sondern mit steigender Zusammendrückung bei auf Druck und mit steigender Ausdehnung bei auf Zug beanspruchten Federn zunehmend. Bei fast allen Anordnungen ist die Kraftwirkung bei geschlossenem Ventil kleiner als bei voll geöffnetem. Würde nun die bei geschlossenem Ventil erforderliche Federkraft der Berechnung der Feder zugrunde gelegt, so würden bei voll geöffnetem Ventil unzulässige Überbeanspruchungen in der Feder auftreten. Aus diesem Grunde wird der Summe $P_0 = G_1 + G_2 + G_3 + G_4 + G_5$ noch der Kraftverlust ΔP zuzuschlagen sein, um die von der Feder auszuübende größte Kraft zu erhalten.

$\Delta P = 0{,}1\, P_0$ bis $0{,}35\, P_0$, entsprechend der während der Bewegung des Ventils auftretenden Veränderlichkeit in der Kraftwirkung der Feder. Wie aus dem Folgenden ersichtlich, ist die Wahl von ΔP auch für die Anzahl der auszuführenden Federwindungen bestimmend und damit für deren Bauhöhe, und zwar sind um so mehr Windungen zu nehmen, je kleiner das Verhältnis $\frac{\Delta P}{P_0}$ angenommen wird. Die Werte 0,15 bis 0,25 werden für mittlere Werte der Kraftwirkung meistens entsprechen, bei kleinen Hüben kann bis auf 0,1 herabgegangen werden, bei schweren Federn wird man auf 0,3 bis 0,35 und mitunter sogar eher noch höher gehen müssen, um nicht unbequem viel Windungen zu erhalten[1]).

Die gesamte von der Feder auszuübende, für ihre Bemessung bestimmende Kraftwirkung ist somit gegeben durch $P = G_1 + G_2 + G_3 + G_4 + G_5 + \Delta P = P_0 + \Delta P$, wobei nach dem früher Gesagten u. U. die Berücksichtigung von G_4 auch entfallen kann.

Für die **Federberechnung** seien folgende Bezeichnungen eingeführt:

$P = G_1 + G_2 + G_3 + G_4 + G_5 + \Delta P$ die von der Feder auszuübende größte Kraft in kg,
$P_0 = G_1 + G_2 + G_3 + G_4 + G_5$ die Vorspannungskraft in kg,
$\Delta P = P - P_0$ der Kraftverlust während der Bewegung,
d der Drahtdurchmesser in cm,
r der Windungshalbmesser in cm,

---

des Reduktionspunktes bedeutet, während die Reduktion der Gewichte zur Ermittlung von G_1 statisch nach der Gleichung

$$G_{red} = G \frac{dx}{dh}$$

zu erfolgen hat.

[1]) Siehe hierzu auch das weiter unten auf S. 167 über die Gefahr des seitlichen Ausknickens der Feder Bemerkte.

n die Anzahl der wirksamen Windungen,

$\varphi = \frac{f}{n}$ die Einsenkung einer Federwindung unter der Kraft P in cm,

f_0 die Vorspannung der Feder in cm, entsprechend der Kraft P_0,

h den Feder- (Ventil-) Hub in cm,

$f = f_0 + h$ die gesamte Einsenkung der Feder in cm, entsprechend der Kraft P,

k_d die zulässige Beanspruchung des Federmaterials in kg/qcm und

G den Schubmodul in kg/qcm ($G = 850000$ für Stahl).

Dann bestehen für zylindrische Schraubenfedern mit kreisförmigem Drahtquerschnitt die bekannten Beziehungen

$$P = \frac{\pi}{16} \frac{d^3}{r} k_d = 0{,}1963 \frac{d^3}{r} k_d \quad \text{(I)}$$

und

$$\varphi = \frac{f}{n} = \frac{64 r^3}{d^4} \cdot \frac{P}{G} = \frac{4 \pi r^2}{d} \cdot \frac{k_d}{G} \quad \text{(II)},$$

deren Richtigkeit durch Zacharias (59) innerhalb der praktisch vorkommenden Grenzen versuchsweise bestätigt wurde.

Die Wahl von k_d ist je nach der Beanspruchungsart der Feder zu treffen derart, daß Federn mit angenähert unveränderter Belastung mit höherem k_d zu berechnen sind als solche, die stark wechselnde Belastung erfahren. Bei Federn mit ruhender Belastung (z. B. die Feder F in Abb. 124) wählt man $k_d = 4000$ bis 4500 kg/qcm; Ventilfedern, die große Hübe machen müssen, sollen zweckmäßig nicht über $k_d = 3000$ kg/qcm beansprucht werden. Bei sehr schweren Federn wird man besser auch noch unter diesem Wert bleiben, da bei großen Drahtdurchmessern (über 25 mm) einerseits das Material nicht mehr die Qualität besitzt, die es bei dünnen Drähten infolge der Herstellung annimmt und auch bei so schweren Federn die sonst zu vernachlässigende Masse der Feder zu Schwingungserscheinungen Anlaß gibt, welche die Beanspruchungen unter Umständen noch beträchtlich vergrößern (siehe darüber das weiter unten Gesagte). Im allgemeinen ist es bei stark wechselnd beanspruchten Federn nicht rätlich, mit der Drahtstärke über 22 bis höchstens 25 mm zu gehen und, wenn größere Kräfte erforderlich sind, zweckmäßiger, diese durch zwei oder selbst drei ineinander gesteckte Federn zu erzeugen. Bei der Verwendung von zwei Federn besteht auch der Vorteil, daß sich die auf den Federteller bei der Zusammendrückung wirkenden Drehkräfte größtenteils aufheben, wenn eine Feder links- und die andere rechtsgängig gewunden ist.

Bei der Berechnung der Federabmessungen geht man zweckmäßig von der Wahl des Windungshalbmessers r aus und berechnet nach Gl. (I) aus der gegebenen Kraft P den Drahtdurchmesser d. Aus Gl. (II) ergibt sich dann die für eine Federwindung stattfindende Einsenkung φ unter der Last P. Wie viel Windungen dann zu nehmen sind, hängt von der getroffenen Wahl von ΔP ab, wie folgt: Aus Gl. (II) ergibt sich mit Benützung der früher gegebenen Bezeichnungen:

$$P : P_0 = f : f_0 = (f_0 + h) : f_0,$$

woraus sich mit $P - P_0 = \Delta P$ die Vorspannung

$$f_0 = h \frac{P_0}{\Delta P} \quad \text{(III)}$$

ergibt. Daraus ist die Zahl der auszuführenden wirksamen Windungen mit

$$n = \frac{f_0 + h}{\varphi} \quad \text{(IV)}$$

gegeben.

Um eine einfache Auswertung der Gleichungen (I) und (II) zu ermöglichen, wurden in Abb. 144 die Zusammenhänge zwischen r und P, sowie zwischen r und φ für die verschiedenen Werte von d durch Kurven dargestellt und zwar, um einfachere und genauere Darstellung zu erhalten, auf Papier mit logarithmischer Teilung, wobei Gleichungen von der Form $y = k \cdot x^n$ durch gerade Linien dargestellt werden (13) (45). Als Abszissen wurden hierbei die Werte von r in cm, als Ordinaten die Werte von P in kg und φ in mm aufgetragen. Die den einzelnen Geraden beigeschriebenen Zahlen bedeuten die Drahtstärken in mm. Die Benützung der Tafel ermöglicht die Ausmittlung der zusammengehörigen Werte ohne jede Rechnung.

Soll ein von $k_d = 3000$ kg/qcm abweichender Beanspruchungswert der Federberechnung zugrunde gelegt werden, so sind die in der Tafel angegebenen Werte von P und φ, die nach den Gleichungen (I) und (II) den Werten von k_d direkt proportional sind, nur mit $\frac{k_d}{3000}$ zu multiplizieren, um die bei der Beanspruchung k_d auftretenden Werte zu erhalten.

Beispiel 1.

Ein Einlaßventil von 320 mm ϕ erhält Wälzhebelantrieb nach Abb. 109. Sein (statisch und dynamisch) reduziertes Gewicht beträgt $\sim$ 100 kg. Die Maschine arbeitet mit Gemischregelung. Der größte Ventilhub betrage 70 mm, wie in Abb. 109 angenommen.

Für die Bestimmung der Federabmessung ergibt sich:

Ventilgewicht $G_1 = 100$ kg, nach abwärts wirkend und von der Feder zu tragen.

Durch den Saugdruck im Zylinder hervorgerufene Kraft $G_2 = \frac{32^2 \pi}{4} \cdot 0{,}1 = 80$ kg. Hierbei wurde der im Zylinder bei Leerlauf herrschende Unterdruck mit 0,1 atm angenommen.

Die Reibung infolge Spindel- und Federtellerführung wird mit $G_3 = 10$ kg geschätzt.

Die Ventilerhebungs-, Geschwindigkeits- und Beschleunigungskurven sind dieselben wie in Abb. 105. Der dort (s. S. 123) errechnete Geschwindigkeitsmaßstab 1 mm = 4,91 mm/sec ist auch hier gültig. Die Geschwindigkeit im Punkt 4 ist durch 90 mm dargestellt, beträgt demnach $4{,}91 \cdot 90 = 442$ mm/sec. Die Bewegung des Ventils wird während dreier Intervalle von dieser Geschwindigkeit auf Null verzögert, womit sich, da ein Zeitintervall $\frac{0{,}48}{16} = 0{,}03$ sec beträgt, die von der Feder zu leistende Verzögerung nach $\gamma \cdot 3 \cdot 0{,}03 = 442$ mit $\gamma = 4910$ mm/sec² $= 4{,}91$ m/sec² berechnet[1]). Daraus ergibt sich der von der Feder zu leistende Verzögerungsdruck mit $G_4 = \frac{100}{9{,}81} \cdot 4{,}91 = 50$ kg, ist also durch G_2 bereits gedeckt und daher zu vernachlässigen.

Es ist somit $G_{1 \text{ bis } 4} = 190$ kg, wozu noch ein Sicherheitszuschlag G_5 von 20 v. H. tritt, so daß $G_{1 \text{ bis } 5} = 1{,}2 \cdot 190 = 228$ kg beträgt.

Wird der Kraftverlust $\varDelta P$ mit 15 v. H., d. i. 34 kg angenommen, so ergibt sich die größte von der Feder auszuübende Kraft mit

$$P = 228 + 34 = 262 \text{ kg}.$$

Bei einem Windungshalbmesser von $r = 10$ cm ergibt die Tafel Abb. 144: $d = 17$ mm und $\varphi = 26$ mm.

[1]) In Abb.. 109 sind die entwickelten Geschwindigkeitsdiagramme nur bis kurz hinter den Punkt 3 gültig, wo aber bereits der erwähnte Verzögerungswert besteht. Die infolge der tatsächlichen Wälzhebelausführung auftretenden Verzögerungswerte sind geringer als die in Punkt 4 im Diagramm angenommenen.

r in cm
P in kg
φ in mm
(n = 1)
d = 2 mm
P
φ
d in mm
(k_d = 3000 kg/qcm
G = 850 000 kg/qcm)

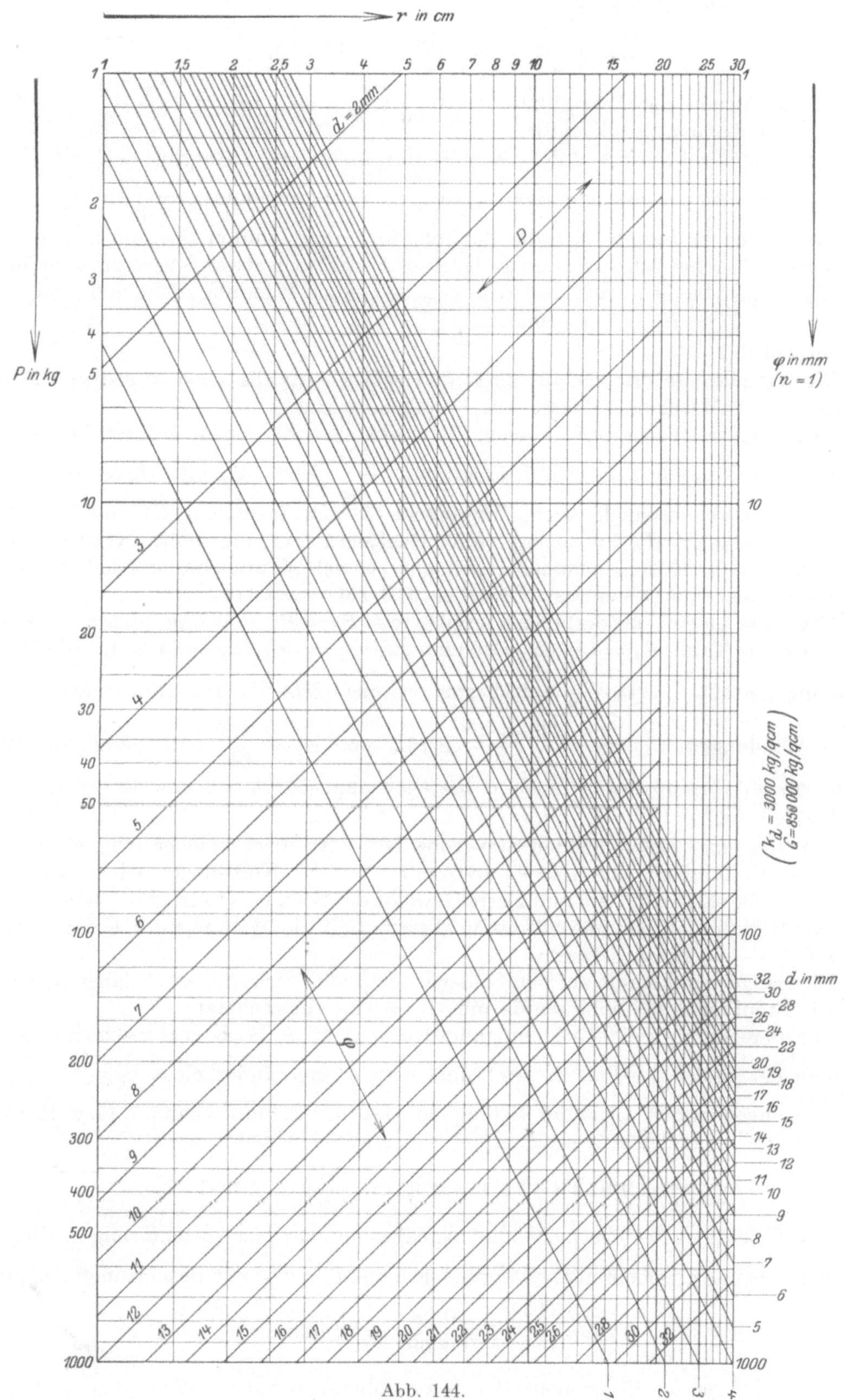

Abb. 144.

Die Vorspannung beträgt

$$f_0 = h\frac{P_0}{\varDelta P} = 70\frac{P_0}{0{,}15\,P_0} = 467 \text{ mm},$$

woraus die Anzahl der auszuführenden Windungen sich mit $n = \frac{467 + 70}{26} = 21$, also schon unbequem groß ergibt.

Wird der Kraftverlust $\varDelta P = 20$ v. H. angenommen, so ergibt sich mit $P = 274$ kg bei $r = 10$ cm ebenfalls $d = 17$, aber $f_0 = 350$ mm und $n = \frac{420}{26} = 16$.

Im zweiten Fall ergibt sich die Bauhöhe im vorgespannten Zustand mit Rücksicht darauf, daß bei voll zusammengedrückter Feder noch etwas Spielraum zwischen den Windungen bleiben muß, und die erste und letzte Windung nicht mehr tragen, mit etwa $16 \cdot 17 + 70 + 60 \sim 400$ mm.

Beispiel 2.

Die Verhältnisse des Einlaßventils und seines Antriebs seien dieselben wie in Beispiel 1, die Maschine arbeitet mit Füllungsregelung.

Es ist so wie früher $G_1 = 100$ kg, G_2 ergibt sich mit einem größten Wert des Unterdruckes von 0,6 atm. bei Leerlauf mit $\frac{32^2\pi}{4} \cdot 0.6 = 482$ kg. $G_3 = 10$ kg, G_4 ist wie früher zu vernachlässigen. Mit einem Sicherheitszuschlag G_5 von 15 v. H. ergibt sich $G_{1 \text{ bis } 5} = P_0 = 680$ kg. Mit Rücksicht auf die hohe Kraftwirkung werde $\varDelta P = 30$ v. H. angenommen, um nicht zu viel Windungen zu erhalten. Damit ergibt sich eine Gesamtlast $P = (1 + 0{,}3) \cdot 680 = 884$ kg.

Für zwei gleich starke Federn ergibt mit $P_1 = P_2 = 442$ kg und $r_1 = 8$, $r_2 = 10{,}5$ cm die Tafel: $d_1 = 18$, $d_2 = 20$ mm und $\varphi_1 = 15{,}7$, $\varphi_2 = 24$ mm. Die Vorspannung beträgt $f_0 = 70 \cdot \frac{1}{0{,}3} = 233$ mm, woraus sich die auszuführenden wirksamen Windungen mit $n_1 = \frac{233 + 70}{15{,}7} \sim 19{,}5$ und $n_2 = \frac{303}{24} = 13$ ergeben. Die Bauhöhen im vorgespannten Zustand betragen angenähert 550 und 430 mm.

Beispiel 3.

Der von einer ausklinkenden Steuerung betätigte Mischschieber soll bei größter Kolbengeschwindigkeit und $n = 94$ während 15 v. H. Kolbenweg seinen Fallweg von 20 mm durchlaufen. Das reduzierte Gewicht des Schiebers beträgt 10 kg.

Das Schiebergewicht unterstützt in diesem Fall die Wirkung der Feder, es ist daher $G_1 = -10$ kg zu setzen.

Ein Saugdruck kommt auf den Schieber nicht zur Wirkung, es ist daher $G_2 = 0$.

Die Stopfbüchsenreibung werde mit $G_3 = 3$ kg eingeschätzt.

Zur Berechnung des Beschleunigungsdruckes werde die Kolbengeschwindigkeit während der Dauer des Fallens des Schiebers als unveränderlich $= v_{max} = \frac{\pi \cdot s \cdot 94}{60} = 4{,}91\,s$ angenommen. Aus der Bedingung, daß der Schluß während 15 v. H. des Kolbenweges vollendet sein muß, ergibt sich die Schlußzeit τ nach

$$v_{max} \cdot \tau = 4{,}91\,s \cdot \tau = 0{,}15\,s \text{ mit } \tau = \frac{0{,}15}{4{,}91} = 0{,}0305 \text{ sec.}$$

Wird als Gesetz des Schieberfallens mit Annäherung das einer gleichförmig beschleunigten Bewegung angenommen, so ergibt sich aus $h = b\frac{\tau^2}{2}$ der Beschleunigungswert

$$b = \frac{2h}{\tau^2} = 2 \cdot \frac{0{,}02}{0{,}00093} = 43 \text{ m/sec.}$$

Daraus ist der von der Feder auszuübende Beschleunigungsdruck $G = \frac{10 \cdot 43}{9 \cdot 81} = 44$ kg.

Somit ergibt sich $G_{1\text{ bis }4} = -10 + 3 + 44 = 37$ kg. Der Sicherheitszuschlag sei mit $G_5 = 15$ v. H. eingesetzt, womit sich $G_{1\text{ bis }5} = P_0 = 42{,}5$ kg ergibt. Mit Rücksicht auf die geringe Belastung und den größeren für die Unterbringung der Feder verfüglichen Raum werde mit $\Delta P = 10$ v. H. gerechnet, um eine möglichst weiche Feder bei der stoßartig wirkenden Beanspruchung zu erhalten. Die Gesamtbelastung von $P = 46{,}7$ kg ergibt mit $r = 6$ cm aus der Tafel $d = 8$ mm und $\varphi = 20$ mm als benachbarte Werte. Mit $f_0 = 20\,\frac{1}{0{,}1} = 200$ mm ergibt sich $n = \frac{200 + 20}{20} = 11$ und die Bauhöhe mit angenähert 160 mm.

Die nach dem oben entwickelten Verfahren berechneten Federn entsprechen, solange sie nicht im Verhältnis zum Windungshalbmesser allzu lange oder mit zu großer Drahtstärke ausgeführt sind. Im ersten Fall kann (bei auf Druck beanspruchten Federn) ein seitliches Ausknicken stattfinden, im zweiten kann die große Federmasse die Ursache von so kräftigen Schwingungserscheinungen sein, daß dadurch Abweichungen von dem bei rein statischer Belastung auftretenden Verhalten bedingt sind, die nicht mehr vernachlässigt werden können. Beide Erscheinungsformen sollen im folgenden noch kurz dargestellt und in ihren Folgen untersucht werden.

Das Verhalten der Federn gegen seitliches Ausknicken wurde von E. Hurlbrink (25) untersucht in einer Arbeit, deren wesentliche Ergebnisse, soweit sie Federn mit kreisförmigem Drahtquerschnitt betreffen, folgende sind:

Der Sicherheitsgrad gegen seitliches Ausknicken ist bei der üblichen Unterstützung der Federn auf ihrem ganzen Umfang gegeben durch

$$\mathfrak{S} = 45\,\frac{r^2}{l\,(l_1 - l)} \quad \text{(V)}$$

worin l_1 die Baulänge der Feder in ungespanntem, l in gespanntem Zustand in cm bedeuten. Hierin ist l von dem jeweiligen Belastungszustand der Feder abhängig, wonach auch $\mathfrak{S}$ je nach der Zusammendrückung der Feder einen veränderlichen Wert besitzt. $\mathfrak{S}$ wird ein Kleinstwert für den größten Wert des Nenners $l\,(l_1 - l)$, der für $l = \frac{l_1}{2}$ mit $\frac{l_1^2}{4}$ erreicht wird. In diesem Fall ist $\mathfrak{S}' = 180\left(\frac{r}{l_1}\right)^2$.

Wird demnach die Feder auf mehr als die Hälfte ihrer ursprünglichen Länge zusammengedrückt, ist mit $\mathfrak{S}'$, im anderen Fall mit dem Wert von $\mathfrak{S}$ zu rechnen, der sich durch das Einsetzen von l ergibt, worin l der Baulänge der Feder bei ihrer größten Zusammendrückung entspricht. Ausgeführt finden sich Federn mit Werten von $\mathfrak{S}$ bis zu 2,0 herunter; zweckmäßig wird man unter 2,5 nicht gerne gehen, besonders wenn die Kraftwirkung auf die Feder plötzlich, stoßartig erfolgt, in welchem Fall dann auch leicht transversale Schwingungen auftreten, die ein Ausknicken befördern. Bei normalen Verhältnissen wird $\mathfrak{S}$ in der Regel wesentlich größer gewählt werden können[1]).

Wesentlich verwickelter gestalten sich die Verhältnisse bei den von dem Verfasser an anderem Ort (32) ausführlicher behandelten **Schwingungserscheinungen,** deren Folgen sich besonders bei schweren Federn bemerkbar machen. Das Wesentlichste dieser Untersuchungen, soweit es zu einer Beurteilung des Verhaltens der Feder erforderlich ist, ist folgendes:

[1]) Hurlbrink gibt $\mathfrak{S} = 6$ als untere Grenze für die übliche Federanordnung an. Die im Text angeführten Zahlenwerte entstammen den Nachrechnungen zahlreicher Ausführungen, die sich im Betrieb bewährt haben, uud können daher als sichere Rechnungsgrundlage benutzt werden. Der von Hurlbrink angegebene Zahlenwert führt besonders bei den inneren von Doppelfedern und bei großen Belastungen auf Maße, deren Ausführung schwierig oder manchmal auch gar nicht möglich ist.

Der gewöhnlichen (statischen) Berechnungsweise der Federn liegt die Annahme zugrunde, daß die Geschwindigkeit, mit der sich eine „Störung“ längs der Feder fortpflanzt, unendlich groß sei, mit anderen Worten, daß z. B. bei einer Zusammendrückung, der Abstand zweier berechneter Federwindungen an allen Stellen der Feder gleichzeitig um denselben Betrag abnehme. In Wirklichkeit ist diese Fortpflanzungsgeschwindigkeit nur von endlicher Größe und (in der Schraubenlinie gemessen) durch

$$\lambda = \frac{1}{\sqrt{8}} \frac{d}{r} \sqrt{\frac{G \cdot g}{\gamma}} \quad \text{(VI)}$$

gegeben. Hierin bedeutet g die Erdbeschleunigung und γ das spezifische Gewicht des Federmaterials. $\sqrt{\frac{G \cdot g}{\gamma}}$ stellt die Fortpflanzungsgeschwindigkeit einer reinen Drillungsschwingung im geraden Stab dar und hat für Stahl mit $G = 850000$ kg/qcm, $g = 981$ cm/sec² und $\gamma = 0{,}00786$ kg/ccm den Wert 326000 cm/sec. Es ist daher für Stahl in m/sec

$$\lambda = 1153 \frac{d}{r} \quad \text{(VIa)}$$

Die mit der Geschwindigkeit λ die Feder durchlaufenden Störungen werden am festen Ende der Feder vollständig reflektiert und überlagern sich den weiter vom Anfang der Feder kommenden Störungen, werden am andern Ende neuerdings reflektiert usw. Ist die ursprüngliche Störung zu Ende, d. h. ist das Ventil wieder in Ruhe, so hat sich in der Feder eine „stehende Welle“ ausgebildet, deren Gestalt von der Art der ursprünglichen Störung, der Federlänge und der Größe der Fortpflanzungsgeschwindigkeit λ abhängt. Dieser Schwingungsvorgang hat nun im allgemeinen zur Folge, daß an den Federenden von den statisch berechneten Kraftbeträgen Abweichungen auftreten. Bei entsprechend rasch verlaufenden, stoßartigen Federbeanspruchungen ist unter Umständen sogar ein vollständiges Aufheben der Federvorspannung und ein Abspringen der Feder von ihrer Unterlage möglich. Man wird, um gegen Zufälligkeiten sicher gestellt zu sein, bestrebt sein müssen, die Verhältnisse derart zu wählen, daß diese durch die Federschwingungen hervorgerufenen „Zusatzkräfte“ nur möglichst geringe negative Werte annehmen.

Die Untersuchung dieser Zusatzkräfte kann auf Grund des folgenden, a. a. O. ausführlich begründeten zeichnerischen Verfahrens erfolgen:

Bezeichnet l den Abstand eines beliebigen Federteilchens vom Anfangspunkt der Feder (gemessen in der Schraubenlinie) und x die Einsenkung dieses Teilchens unter der wirkenden Kraft P, so besteht der Zusammenhang

$$P = \frac{\pi d^4 G}{32 r^2} \cdot \frac{\partial x}{\partial l}.$$

Für die im ruhenden Zustand befindliche, nur der Vorspannung ausgesetzte Feder ist

$$\frac{\partial x}{\partial l} = \frac{f_0}{L} = y_0,$$

wobei L die Länge der Feder, gemessen in der Schraubenlinie, und f_0 die Vorspannung bedeutet.

Es ist demnach die Vorspannungskraft

$$P_0 = \frac{\pi d^4 G}{32 r^2} \cdot y_0 \quad \text{(VII)}$$

und die „Zusatzkraft“

$$\Pi = \frac{\pi d^4 G}{32 r^2} \cdot y \quad \text{(VIIa)}$$

wenn unter $y = \frac{d' x}{dl}$ die „zusätzliche Neigung der Drahtachse“ verstanden wird.

Um das Spiel der Zusatzkraft zu verfolgen, ist demnach nur der Verlauf der Werte y zu bestimmen, aus denen durch einfaches Multiplizieren mit der Konstanten $\frac{\pi d^4 G}{32 r^2}$ die Werte Π gefunden werden.

Der Verlauf der Werte y ist aber in einfacher Weise nach den Gesetzen der vollkommenen Reflexion zu ermitteln.

Bedeutet ϑ die Dauer der ganzen „Störung" (Ventilbewegung), so legt diese (in einer vorderhand als sehr lange angesehenen Feder) während dieser Zeit den Weg $\lambda \cdot \vartheta$ zurück, der in Abb. 145 durch die Strecke AB dargestellt sei. Zeichnet man sich nun über AB das Ventilerhebungsdiagramm, so wird die Linie der durch diese Störung verursachten ursprünglichen Werte der zusätzlichen Neigung der Drahtachse (y) gefunden, indem an beliebig viele Punkte dieser Kurve die Tangenten gelegt werden, deren Neigungswinkel gegen die Abszissenachse mit α bezeichnet sei. Der Wert von $\operatorname{tg} \alpha$ in beliebigem Maßstab für eine Reihe von Punkten aufgetragen, ergibt dann die Kurve der (y). Ist das Diagramm der Ventilgeschwindigkeiten bekannt, so kann dies sofort in anderem Maßstab als Linie der (y) Verwendung finden und die Auftragung der Ventilerhebungskurve ist nicht erforderlich. Wäre die Feder unendlich lang, so stellte die Kurve der (y) schon direkt die Linie der an dem Federende auftretenden Kraftwirkungen dar. Bei endlicher Federlänge findet jedoch Reflexion statt, die in folgender Weise zu berücksichtigen ist: die Störung hat von einem Federende aus (und nur um die Ermittlung der Kraftwirkungen an den Federenden handelt es sich) stets den Weg $2L$ zurückzulegen, um wieder an dasselbe Federende zu gelangen. Diese Länge $2L$ ist nun in demselben Maßstab darzustellen, in dem die Strecke AB die Länge $\lambda \cdot \vartheta$ darstellt, und hierauf ein Linienzug nach folgendem Bildungsgesetz aufzuzeichnen, um die Werte von y zu finden:

$$y_a = (y)_s + 2\left[(y)_{s-2L} + (y)_{s-4L} + \ldots\right] \quad \ldots\ldots \quad \text{(VIII)}$$

und

$$y_e = 2\left[(y)_s + (y)_{s-2L} + (y)_{s-4L} + \ldots\right] \quad \ldots\ldots \quad \text{(VIIIa)}$$

Hierbei bedeutet y_a den Wert von y am Federanfang und y_e am Federende. $(y)_s$ bedeutet eine beliebige Ordinate der (y)-Kurve, $(y)_{s-2L}$ den um die Strecke $2L$, $(y)_{s-4L}$ den um die Strecke $4L$ hiervon entfernten Wert usw.

Die so zu erhaltenden Linienzüge stellen die Werte von y_a und y_e und mit Berücksichtigung der Maßstabskonstanten nach Multiplikation mit $\frac{\pi d^4 G}{32 r^2}$ direkt die an den Federenden zur Vorspannung hinzukommenden Zusatzkräfte dar, die nach dem früher Gesagten möglichst keine oder nur geringe negative Werte annehmen sollen.

Mit anderen Worten: die Ausmittlung ist so vorzunehmen, daß ein Wert von L gesucht wird derart, daß die nach dem obigen Bildungsgesetz entwickelten Kurven möglichst wenig unter die Linie AB treten.

Das folgende Beispiel verdeutlicht die Untersuchungsmethode besser:

Beispiel.

Das Einlaßventil einer Zweitaktmaschine öffne und schließe bei $n = 94$ während 100^0 Kurbelwinkel auf 80 mm. Das (dynamisch) reduzierte Gewicht der bewegten Teile sei 232 kg. Die Diagramme der Ventilerhebung und -geschwindigkeit seien in der in Abb. 145[1]) dargestellten Weise angenommen. Aus den Annahmen ergibt sich

$$\vartheta = \frac{60}{94} \cdot \frac{100}{360} = 0{,}1772 \text{ sec}$$

[1]) Maßstab 1 : 5.

und bei 20 v. H. Sicherheitszuschuß ein von den Federn zu leistender Beschleunigungsdruck von 1008 kg. Dem entsprechen bei $k = 2500$ kg/qcm zwei Federn von

$r_1 = 150$	$r_2 = 100$ mm
$d_1 = 30$	$d_2 = 22$ mm
$n_1 = 9$	$n_2 = 14{,}5$
$f_1 = 169$	$f_2 = 164$ mm.

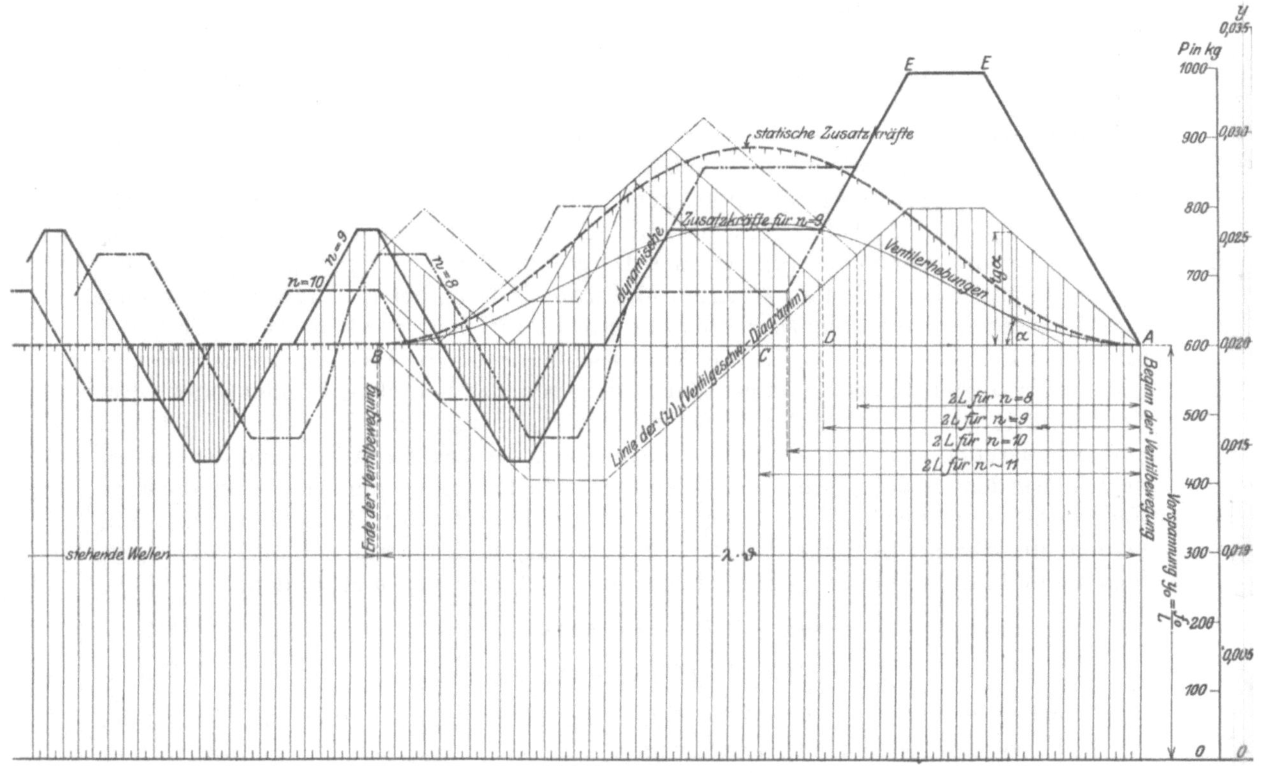

Abb. 145.

Die Schwingungserscheinungen der äußeren Feder sind in Abb. 145 untersucht. Es ergibt sich

$$\lambda_1 = 1153 \frac{30}{150} = 231 \text{ m/sec}$$

$$\lambda_1 \cdot \vartheta = 231 \cdot 0{,}1772 = 41 \text{ m}$$

$$L = \frac{2 \cdot 15 \cdot \pi \cdot 9}{100} = 8{,}5 \text{ m.}$$

Die Strecke $A\,B$ ist mit 500 mm angenommen, es wird daher L durch

$$8{,}5 \frac{500}{41} = 103{,}8 \text{ mm}$$

und $2\,L$ durch 207,6 mm dargestellt. Die Linienzüge der y_a sind schwach, der y_e stark ausgezogen und nach den oben gegebenen Bildungsgesetzen zunächst für L, entsprechend 9 Federwindungen, entwickelt (voll ausgezogen). Wie ersichtlich, treten in der zweiten Hälfte der Ventilbewegung beträchtliche negative Zusatzkräfte im Federende auf, deren Gebiet durch enge vertikale Schraffur gekennzeichnet ist. Im Federanfang treten negative Zusatzkräfte (solange die Ventilbewegung andauert) nicht auf. Nach Beendigung der Ventilbewegung bleibt in der Feder eine stehende

Schwingung bestehen, so daß die negativen Zusatzkräfte natürlich auch im Anfang der Feder auftreten. In Abb. 145 sind auch die sich für 10 (—.—.—.—) und 8 (—..—..—) Windungen ergebenden Verhältnisse zur Darstellung gebracht. Wie man sieht, entsprechen diesen beiden Annahmen geringere negative Zusatzkräfte, weshalb sie der Annahme von $n = 9$ Windungen vorzuziehen sein werden. Die besten Verhältnisse, die praktisch auch auszuführen sind, ergeben sich im vorliegenden Fall selbstverständlich, wenn $2\,L = \frac{A\,B}{2}$ wird, in welchem Fall überhaupt keine negativen Zusatzkräfte auftreten, sondern die Linie der y_e zwischen C und B mit der Horizontalen zusammenfällt. Für diesen Fall sind ungefähr 11 Windungen auszuführen.

In dem für die Linienzüge der y_a, y_e und (y) geltenden Maßstab ist in Abb. 145 auch der Wert $y_0 = \frac{f_0}{L}$ von der Linie AB nach abwärts eingetragen, wodurch das Bild der an den Federenden in jedem Augenblick wirkenden Kräfte ersichtlich ist. Der zugehörige Kraftmaßstab wurde ebenfalls berechnet und seitlich eingetragen. Die tatsächlich am Federende auftretenden Kräfte sind durch weite vertikale Schraffur gekennzeichnet, der Verlauf der sich aus der Ventilerhebung statisch ergebenden Kräfte durch Randschraffur angedeutet. Wie man sieht, weichen die Werte wesentlich voneinander ab. Z. B. beträgt in Punkt D der tatsächlich am Federteller auftretende Federdruck 684 kg, während sich aus der rein statischen Berechnungsweise ein Wert von 866 kg ergibt. Tatsächlich wird 630 kg Beschleunigungsdruck benötigt. Der der statischen Berechnung zugrunde gelegte „Sicherheitszuschlag“ von 20 v. H. erweist sich demnach noch als zureichend. Andererseits beträgt die am (ruhenden) Federende während der Strecke EE auftretende Kraft 993 kg an Stelle der sich bei statischer Berechnung ergebenden größten Kraft von 883 kg. Die tatsächliche Beanspruchung entspricht demnach nicht der Rechnungsgrundlage von $k = 2500$ kg/qcm, sondern beträgt 2800 kg/qcm, weshalb sich auch bei schweren Federn, wie bereits erwähnt, eine niedrige Wahl der zulässigen Beanspruchung empfiehlt. Schließlich ergibt sich nach Beendigung der Ventilbewegung in der Feder eine stehende Welle, die sogar eine Verminderung der an den Federenden wirkenden Vorspannungskraft bis auf 72 v. H. ergibt. Die Dämpfung dieser Schwingung ist nur sehr gering, so daß bei Beginn der nächsten Ventilbewegung die stehende Welle noch als unverändert bestehend angenommen werden kann. Da über die Zusammensetzung der Schwingungen nach einer größeren Anzahl von Hüben im allgemeinen nichts auszusagen ist, ist statt der vollen Vorspannungskraft im vorliegenden Fall nur 72 v. H. davon als sicher vorhanden anzunehmen. Daraus ergibt sich der bereits erwähnte Grundsatz, die Federlänge so zu wählen, daß die negativen Zusatzkräfte möglichst gering ausfallen. Jedenfalls sind bei schweren Federn und rasch verlaufenden Beanspruchungswechseln die auftretenden Schwingungserscheinungen zu verfolgen und kritisch zu untersuchen[1]).

[1]) Der Übergang von der dynamischen zur statischen Beanspruchungsweise läßt sich folgendermaßen überblicken: bei langsam verlaufenden Störungen wird ϑ groß und damit auch die durch AB dargestellte Wegstrecke der Störung in der unendlich langen Feder. Dadurch wird der Längenmaßstab, in dem die Federlänge dargestellt wird, klein, und diese auch nur durch eine kurze Strecke dargestellt. Es sind also, um aus der Kurve der (y) auf die der y zu kommen, mit zunehmendem ϑ mehr und mehr Ordinatenwerte zu addieren, die entstehende Kurve nähert sich in ihrem Charakter mehr und mehr der Integralkurve der (y)-Kurve, die bei $\vartheta = \infty$ (Darstellung der Federlänge L durch eine nur unendlich kurze Strecke), entsprechend dem Fall rein statischer Beanspruchung erreicht wird. Es muß übrigens hervorgehoben werden, daß sich infolge der dynamischen Beanspruchungsweise auch bei verhältnismäßig langsam verlaufenden Vorgängen (Einlaß- und Auslaßventilhübe von Viertaktgroßgasmaschinen) schon beträchtliche Abweichungen von den rein statischen Verhältnissen ergeben, so daß Vorsicht gegenüber dieser allgemein noch nicht als fehlerhaft anerkannten Berechnungsweise wohl am Platze ist.

Die **Anordnung** der Einlaßventilfedern in dem oberen Teil des Ventileinsatzes ist aus Abb. 67/68 und 74, S. 88 und 91 ersichtlich. Diese Anordnung ist die im Gasmaschinenbau übliche, im Gegensatz zum Dampfmaschinenbau, wo man es lieber vermeidet, die Ventilfedern der Erwärmung durch den Dampf auszusetzen. Die im Dampfmaschinenbau meistens verwendete Anordnung in einem eigenen Aufsatz auf die Ventilhaube ist im Gasmaschinenbau nur dann verwendet, wenn der Einbau im Ventileinsatz mit Rücksicht auf den verfüglichen Raum Schwierigkeiten bereitet, also zumeist bei Mischventilen, dann aber auch bei Einlaßventilen von Zweitaktmaschinen üblich; Abb. 102/03 und 114 auf S. 120 und 134. Eine geschickte Anordnung von Misch- und Einlaßventilfeder bei gleichachsig angeordneten Ventilen ist aus Abb. 148 ersichtlich.

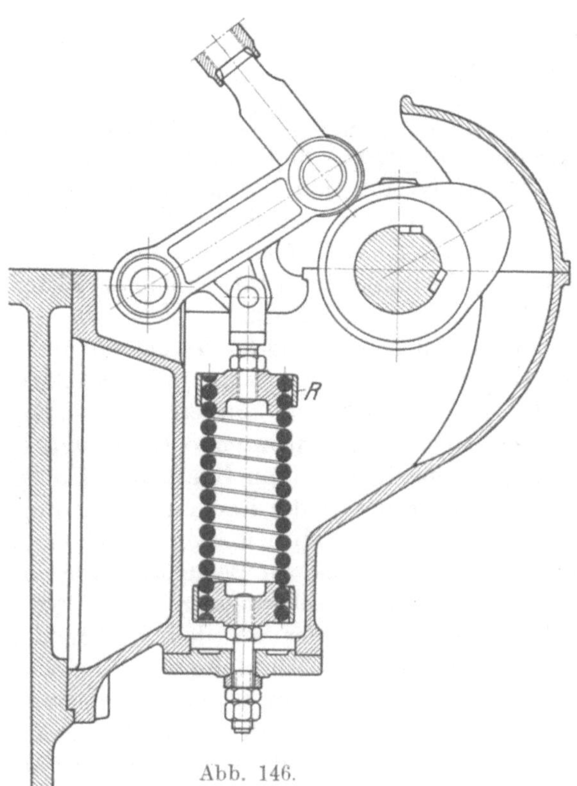

Abb. 146.

Die Anordnung der Auslaßventilfedern im Einsatz ist aus Abb. 75, S. 93, die, besonders für kleine Maschinen meistens ausgeführte Lage am Spindelende aus Abb. 92/93, S. 111 zu ersehen.

Bei Nockenantrieb wird die Übertragungsstange bei der üblichen Ausführung als auf Druck beanspruchter Stoßstange durch die Federkraft zusätzlich belastet, was besonders bei schweren Antrieben mit Rücksicht auf zulässige Knicksicherheit u. U. auf unbequem schwere Stangen führt. In diesem Fall erweist sich die Anordnung einer Hilfsfeder als zweckmäßig, die den Kraftschluß zwischen Nocken und Rolle herstellt und eine schwächere Bemessung der Ventilfeder ermöglicht. Eine derartige Anordnung ist in Abb. 146[1]) dargestellt. Die auf Zug beanspruchte Hilfsfeder zieht den Lenker, der die Rolle führt, nach abwärts und ist andererseits im Steuerwellenlagerbock gelagert. Von Interesse ist die Verbindung der Feder mit ihrem Gehänge, welche dadurch erreicht ist, daß an den Federenden zwei schmiedeeiserne, an ihrem Umfang mit Rillen, entsprechend den Schraubengängen der Feder, versehene Stücke in die Feder hineingeschraubt und gegen Lösen durch warm aufgeschrumpfte Ringe *R* gesichert sind. Es ist dafür Sorge zu tragen, daß die Feder an der Übergangsstelle vom festgehaltenen in den arbeitenden Teil nicht scharf über Eck gebogen wird. Um den Nockentrieb nicht dauernd schwer zu belasten, ist die sehr harte Feder nur mit geringer Vorspannung eingebaut.

Bei Ventilantrieben, die besonders große Kräfte erfordern, um den Kraftschluß im Steuerungstriebwerk aufrecht zu erhalten, findet sich zur Unterstützung der Ventilfedern wohl auch der äußere Luftdruck herangezogen, indem bei der Bewegung des Ventils über einem mit der Ventilspindel festverbundenen Kolben eine Luftverdünnung entsteht, wodurch der äußere Luftdruck eine die Federkraft

[1]) Maßstab 1 : 15. Zu einem doppelt wirkenden Zweitaktgasgebläse System Körting, 1125 ⌀ und 1400 Hub der Siegener Maschinenbau-Aktiengesellschaft vorm. A. & H. Oechelhäuser in Siegen.

unterstützende Wirkung auf das Ventil ausübt. Eine derartige Ausführung ist weiter unten in Abb. 217, S. 228 dargestellt.

Im Anschluß an die Erörterung der Ventilfedern ist noch jener Vorrichtungen zu gedenken, die bei ausklinkenden Steuerungen eine entsprechende Verzögerung des frei fallenden Ventils und ein sanftes Auftreffen auf den Sitz gewährleisten. Im Gasmaschinenbau, wo übrigens die ausklinkenden Steuerungen, wie später näher erörtert, heute nur mehr geringe Bedeutung besitzen, finden sich hierfür ausschließlich **Luftpuffer** (auch Katarakte genannt) ausgeführt. Abb. 147[1]) stellt die gebräuch-

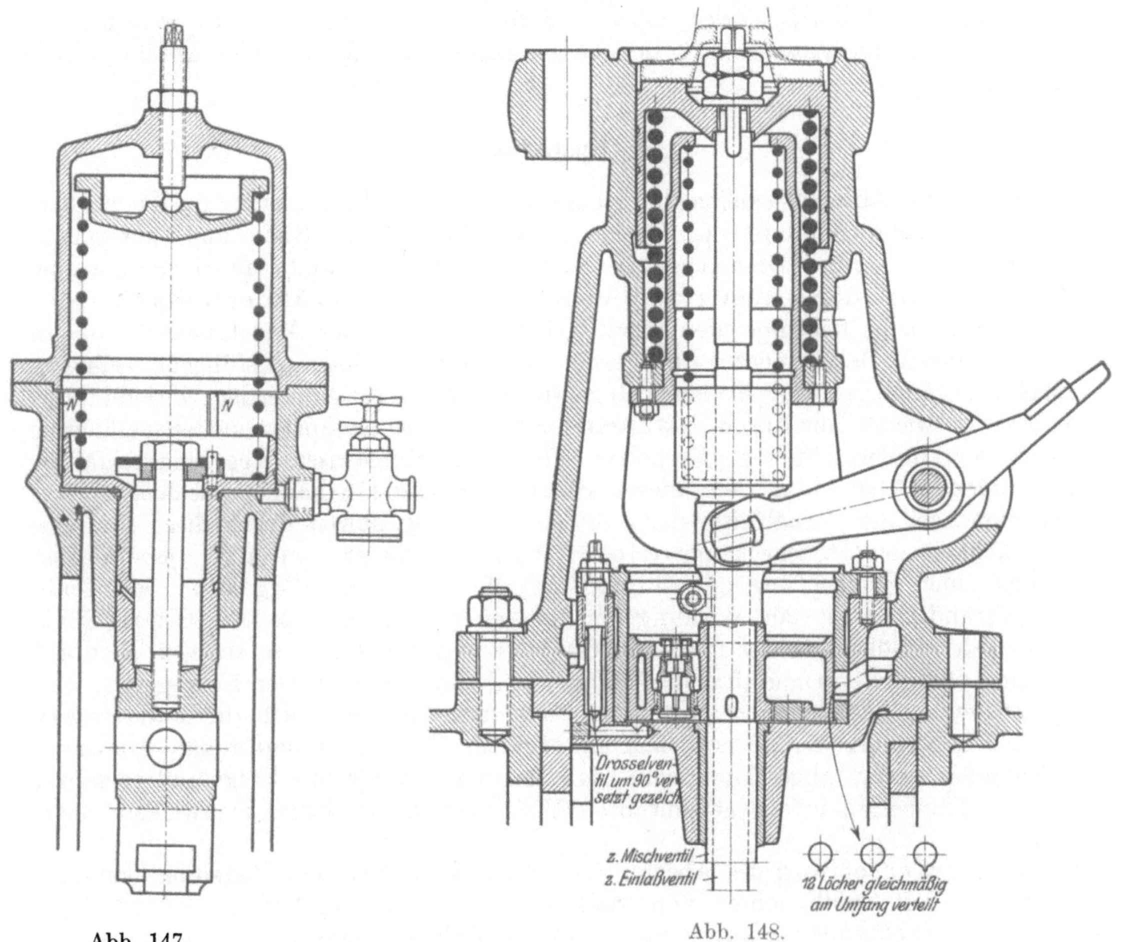

Abb. 147.

Abb. 148.

lichste, aus dem Dampfmaschinenbau entlehnte Ausführung dar. Der gleichzeitig als Federteller ausgebildete Kolben des Luftpuffers bewegt sich dicht schließend in einem Zylinder, in dessen Wandung drei bis nahe an den Boden reichende Nuten N eingefräst sind. Eine nahe am Boden des Zylinders mündende Bohrung führt zu einem Hahn, der einerseits ein mit Gegenwirbel festzustellendes Drosselventil, andererseits ein sich nach innen öffnendes Saugventil enthält. Wird nun bei angehobenem Ventil ausgeklinkt, so findet die zwischen Kolben und Boden befindliche Luft zuvörderst einen nur wenig gedrosselten Ausweg durch die Nuten N, so daß unter dem Kolben kein größerer Druck entsteht. Überschleift die untere Kolben-

[1]) Maßstab 1 : 6. Zur Mischventilsteuerung einer DT 12 Maschine von Haniel & Lueg in Düsseldorf-Grafenberg.

kante das Ende der Nuten, so kann die noch zwischen Kolben und Boden befindliche Luft nunmehr unter der starken Drosselung durch das einstellbare Drosselventil entweichen wodurch die Ventilmasse abgepuffert und ein sanftes Aufsetzen erzielt wird. Die Geschwindigkeit des Aufsetzens kann durch die Einstellung des Drosselventils in weiten Grenzen geregelt werden.

Eine etwas andere Ausführung zeigt Abb. 148[1]). Hier ist das Saugventil in den Kolben selbst eingebaut, der bei der Abwärtsbewegung nach der Ausklinkung eine Reihe von Löchern abschließt, die nach unten durch eine kurze Nute verlängert sind, wodurch sich eine allmählich stärker werdende Drosselung und damit eine zunehmende Verzögerung des fallenden Schiebers ergibt. Nach Abschluß der Löcher in der Zylinderbüchse entweicht der Rest der unter dem Kolben befindlichen Luft durch das von Hand einstellbare Drosselventil, dessen Bauweise ebenfalls aus der Abbildung ersichtlich ist.

3. Bauarten.

In diesem Abschnitt sollen die Steuerungen, deren Einzelheiten in den vorhergehenden Abschnitten unter den Titeln „innere" und „äußere Steuerung" untersucht worden sind, in ihrer Gesamtheit betrachtet werden insoweit, als durch sie eine Veränderung der Maschinenleistung durch Veränderlichkeit der Steuerwirkung hervorgerufen wird. Die Anpassung der Maschinenleistung an den jeweiligen Belastungszustand kann, wie bereits früher ausführlich erörtert, durch eine Reihe von verschiedenen Regelungsverfahren erzielt werden, die sich ihrerseits selbst wieder nur durch das Zusammenwirken der entsprechend ausgebildeten inneren und äußeren Steuerung ergeben. Da die für ein gewisses Regelungsverfahren bestimmende Ausbildung der inneren Steuerung bereits behandelt ist, erübrigt es sich nur noch, die Verhältnisse der äußeren Steuerung, soweit durch diese eine Veränderlichkeit der Steuerwirkung erreicht wird, zu erörtern, m. a. W. jene Mechanismen einer Betrachtung zu unterziehen, die durch den Regulator beeinflußt, eine Veränderlichkeit der Wirkung der inneren Steuerung ergeben. Diese Unabhängigkeit zwischen innerer und äußerer Steuerung ermöglicht es auch, z. B. durch gleiche äußere Steuerung einmal Füllungs- und ein andermal Gemischregelung hervorzurufen, je nachdem das Mischorgan nur das Gas oder auch die Luft steuert. Nichtsdestoweniger werden natürlich im einzelnen Fall innere und äußere Steuerung aufeinander derart abgestimmt sein, daß sich das gewünschte Regelungsverfahren in allen Feinheiten in der gewünschten Weise durch das Zusammenwirken beider ergibt.

Zur Unterteilung des Abschnittes ist zu bemerken, daß Regelungsverfahren durch oder mit Zuhilfenahme von Aussetzern eine ganz eigenartige Ausgestaltung der äußeren Steuerung verlangen, die zuerst, der geringen Bedeutung dieser Regelungsverfahren entsprechend, allerdings nur kurz behandelt ist. Die nächste Gruppe bilden jene, mehr und mehr verbreiteten Regelungsverfahren, die sich durch Verstellung von Drosselkappen ergeben. Hierbei, wie auch in den folgenden Gruppen sind die verschiedenen Regelungsverfahren gemeinschaftlich behandelt. Die nächste Gruppe, die einige Unterteilungen aufweist, bildet die Gruppe der zwangläufigen und die letzte die der ausklinkenden Steuerungen. Die Erörterungen beziehen sich selbstverständlich nur auf die Steuerung der die Maschinenleistung regelnden, also der Misch- bzw. vereinigten Misch- und Einlaßorgane. Zum Schluß ist jedoch noch das Zusammenarbeiten aller Steuerungsorgane in einer übersichtlichen Darstellung der Betrachtung unterzogen.

---

[1]) Maßstab 1 : 8. Zur Mischventilsteuerung einer DT 11 Gichtgasmaschine von Schüchtermann & Kremer in Dortmund.

a) Aussetzerregelung.

Die zur Erzielung von Aussetzerregelung dienenden Bauarten unterscheiden sich von den anderen insofern grundlegend, als an Stelle des bei allen anderen Bauarten gegebenen stetigen Zusammenhanges zwischen Reglerstellung und Maschinenleistung hier eine Unstetigkeit tritt, indem bei reiner Aussetzerregelung ein allmählicher Übergang zwischen Voll- und Nulleistungsdiagramm nicht besteht, sondern je nach der Stellung des Reglers nur das eine oder andere verwirklicht wird. Dieselbe Unstetigkeit tritt auch bei Kombinationsregelung mit Zuhilfenahme von Aussetzern auf, wenn auch hier das stetige Zusammenhängen zwischen Maschinenleistung und Reglerstellung über einen Teil des Belastungsbereiches hin gewahrt bleibt und nur die niedrigen Belastungsstufen durch die unstetige Einschaltung von Aussetzern erzielt wird.

Praktisch kommen zur Verwirklichung des Regelungsverfahrens nur zwei Bauarten in Betracht, deren eine durch die Verwendung einer Nocken-, eventuell unrunden-Körper-Steuerung in Verbindung mit einem normalen Fliehkraftregler gekennzeichnet ist, während sich die andere der Trägheitswirkung einer hin- und herschwingenden Masse bedient, um die Regelung der Maschine zu erzielen und als Stoßpendelregulierung bezeichnet wird.

Bei der Verwendung einer Nockensteuerung in Verbindung mit einem Fliehkraftregler ist die nahezu ausschließlich gebräuchliche Anordnung die, daß die Nocken auf der Steuerwelle gegen relative Verdrehung hierzu durch einen Keil gesichert aber seitlich verschiebbar angeordnet ist, welche Verschiebung vom Regulator aus betätigt wird. Solange der Nocken noch im Bereich der zugehörigen Rolle arbeitet, wird Vollastdiagramm erzielt, während bei steigender Umdrehungszahl der Nocken aus dem Bereich der Rolle durch den Regulator herausgezogen wird und ein Aussetzer erfolgt. Gewöhnlich wird nicht ein einfacher Nocken sondern ein unrunder Körper verwendet, wodurch sich innerhalb eines gewissen Belastungsbereiches je nachdem der Nocken das Gas- oder das Einlaßventil antreibt, Gemisch- oder Füllungsregelung ergibt und die Aussetzer erst dann auftreten, wenn der unrunde Körper dem Bereich der Rolle vollkommen entzogen ist. Abb. 128—30, S. 152, läßt das Wesentliche einer derartigen Bauart erkennen.

Das Grundsätzliche der Stoßpendelregelung besteht darin, daß von einem bewegten Teil der Maschine, in der Regel von der Kurbelwelle aus ein Pendel in Schwingung versetzt wird, dessen Masse und Ausschlag derart bemessen ist, daß es bei normaler Umlaufzahl der Maschine mit dieser synchron schwingt und dadurch das Einlaßventil betätigt. Steigt die Umlaufszahl infolge Unterbelastung, so wird die Schwingungsweite des Pendels infolge des verstärkten Antriebsimpulses größer, die Schwingungsdauer länger und dadurch unterbleibt die Betätigung des gesteuerten Organs, wodurch der Aussetzer erzielt wird. Auf diesem und ähnlichen Grundgedanken fußend, sind eine ganze Reihe von Bauarten möglich und früher ihrer Billigkeit wegen auch vielfach ausgeführt worden, haben jedoch heute mit dem Verschwinden der reinen Aussetzerregelung, die bei diesen Bauarten allein möglich ist, ihre Bedeutung nahezu vollkommen verloren und sollen daher auch nicht weiter behandelt werden. Ähnliche Ausführungen finden sich demzufolge nur noch bei billigen, marktgängigen Zweitaktniederdruckölmaschinen öfters ausgeführt, bei deren Besprechung auch eine derartige Steuerung näher erörtert ist. S. Abb. 347, S. 301. Eine ausführliche Zusammenstellung vieler derartiger Bauarten findet sich bei Schöttler (49 c).

Zur Bewertung des Aussetzerregelungsverfahrens ist auf das S. 43f. Gesagte zu verweisen.

b) Regelung durch Drosselklappen.

Die Bauarten, welche sich zur Regelung der Maschinenleistung vom Regulator aus verstellter Drosselklappen bedienen, finden mehr und mehr Verbreitung. Für die Verwendung von Drosselklappen, deren Anwendung im Verbrennungskraftmaschinenbau nicht wie bei Dampfmaschinen mit Verlust verknüpft ist, da es sich hier um die Zuführung chemischer und nicht wie dort mechanischer Energie handelt, spricht in erster Linie ihre Billigkeit, was besonders bei Kleinmaschinen ins Gewicht fällt, sowie besonders die große Betriebssicherheit, die durch andere Regelungsorgane nicht in demselben Maße zu erreichen ist. Gegen ihre Verwendung spricht die bereits früher ausführlich erörterte Forderung, daß die für die Strömungsverhältnisse maßgebenden engsten Querschnitte auch wirklich in den Regelungsorganen auftreten (s. S. 27). Da nun die von Misch- und Einlaßventil bald nach dem Beginn des Anhubes und kurz vor Beginn des Abschlusses freigegebenen Querschnitte jedenfalls kleiner sind, als die durch die regelnden Drosselklappen bestimmten, so ergeben sich während des Ansaughubes Augenblicke, in denen die Zusammensetzung des einströmenden Gemisches wenigstens theoretisch der Herrschaft des Regulators entzogen ist. Wesentlich verbessert oder auch ganz aufgehoben können diese Übelstände durch entsprechend rasch und genügend weit vor Beginn und nach Schluß des Saughubes stattfindende Bewegung der Misch- und Einlaßventile werden, wodurch erreicht werden kann, daß während der Dauer des eigentlichen Ansaugens stets der vom Regulator bestimmte Drosselklappenquerschnitt auch tatsächlich der engste und für die Gemischzusammensetzung bestimmende ist. Ein mit Rücksicht auf die Ausgestaltung des äußeren Antriebes der Misch- und Einlaßorgane hinreichend großes Voreröffnen und Nachschließen ist daher bei Verwendung von Drosselklappen stets empfehlenswert, wobei das Nachschließen zweckmäßig größer gewählt wird, als das Voreröffnen, da die Dauer des eigentlichen Ansaugens durch die Rückexpansion des Abgasrestes und die Beschleunigung der Saugsäule vor und deren Verzögerung nach Beendigung des Saughubes gegen diesen zeitlich etwas verschoben ist. Zu bemerken ist noch, daß Maschinen, die mit reiner Füllungsregelung arbeiten, bei denen nur eine Drosselklappe im Gemischkanal verstellt wird, zu den erwähnten Bedenklichkeiten weniger Anlaß geben, als solche, wo durch Verstellung getrennter Drosselklappen für Luft und Gas Gemisch- oder Kombinationsregelung erreicht werden soll.

Die erwähnte Verwendung nur einer vom Regulator verstellten Drosselklappe im Gemischkanal zwischen Mischorgan und Einlaßventil bietet die einfachste und billigste Möglichkeit, reine Füllungsregelung zu erzielen, und wird daher besonders bei einfachwirkenden Maschinen meistens verwendet. Die Anordnung bei einer doppeltwirkenden Maschine mit senkrechter Drosselklappe ist aus Abb. 68, S. 88, ersichtlich. Als Nachteil derartiger Anordnungen ist die Notwendigkeit, getrennt gesteuerte Misch- und Einlaßorgane zu verwenden, zu bezeichnen, sowie die in der Regel sich groß ergebenden Räume, die nach Abschluß des Einlaßventils von Gemisch erfüllt sind, nicht leer gespült werden können und daher bei undichten Einlaßventilen leicht zu Mischraumexplosionen Anlaß geben.

Bei Großgasmaschinen werden in der Regel getrennte Drosselklappen für Luft und Gas verwendet, wodurch sich dann außer Füllungsregelung auch jedes beliebige vereinigte Regelungsverfahren in einfacher Weise erreichen läßt.

Abb. 149[1]) zeigt die Verwendung von zur Zylinderachse quer gestellten Drosselklappen für Luft und Gas. Entsprechend dem heizwertreichen Gas sind dessen Strö-

[1]) Maßstab 1 : 25. Zu einer DT 13 Koksofengasmaschine der Maschinenfabrik Thyssen & Co., Aktiengesellschaft in Mülheim-Ruhr.

mungsquerschnitte gering bemessen. Die vom Regulator aus direkt angetriebene Luftklappe überträgt ihre Bewegung mittels eines Kurbelparallelogramms auf die Gasklappe, indessen ist die Anordnung so getroffen, daß die beiden Klappen nicht parallel zu einander aufgekeilt sind, wodurch sich bei Verstellung von Vollast her die Verengung des Gasquerschnittes zuerst verhältnismäßig stärker geltend macht, woraus sich ein vereinigtes Regelungsverfahren ergibt, bei dem mit abnehmender Belastung außer der Füllung auch das Gemisch abgeschwächt wird. (Reine Füllungsregelung ergäbe sich bei Parallelstellung der Drosselklappen und Bewegungsübertragung zwischen beiden durch ein Kurbelparallelogramm.) Um feinste Leerlaufregulierung zu erhalten, ist die geschmiedete parallelepipedische Gasdrosselklappe

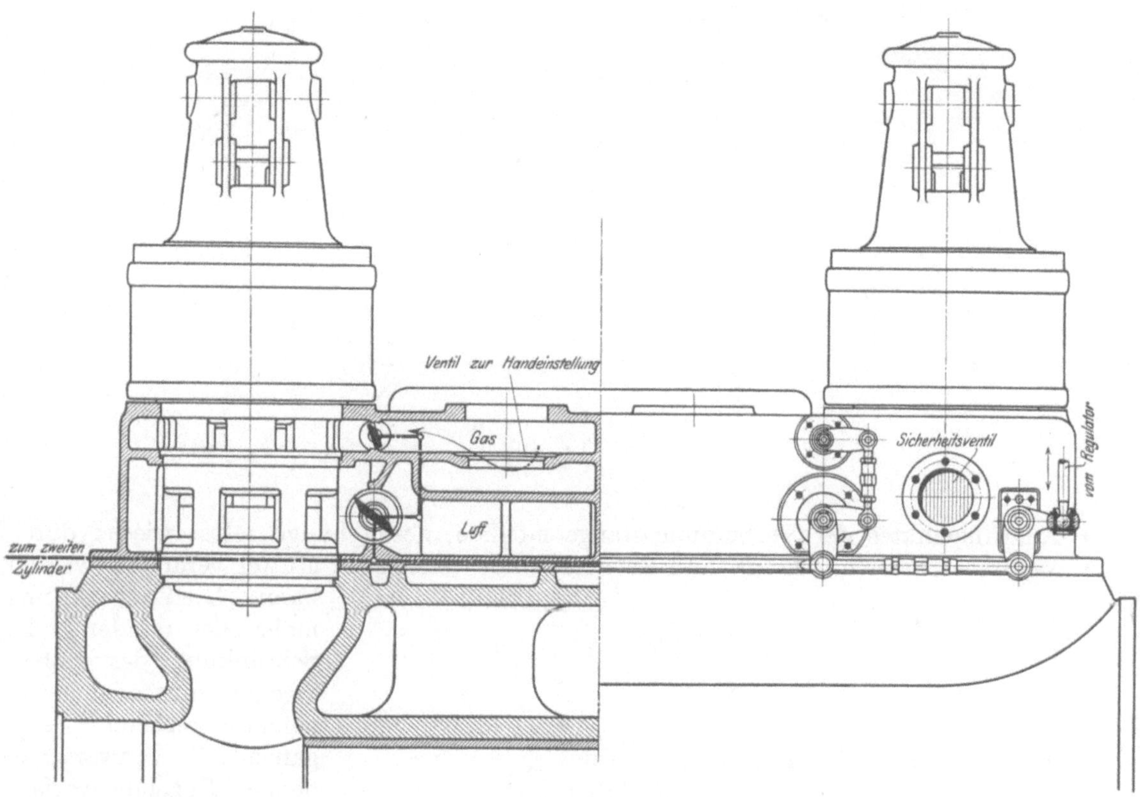

Abb. 149.

an einer Kante von einem zum andern Ende verstärkt abgeschrägt, um den letzten Drosselspalt nicht plötzlich, sondern allmählich abzuschließen und dem Regulator auch im Leerlaufbereich noch den zur Erzielung ruhiger Regulierung erforderlichen Muffenweg zu geben. Die Drosselklappen sind möglichst nahe an Misch- und Einlaßventilsitz herangerückt, um nach Beendigung eines Saughubes nur möglichst geringe Gemischmengen für den nächsten Hub außer die Herrschaft des Regulators zu stellen (zugehöriges Misch- und Einlaßventil s. Abb. 33/34, S. 66).

Die Verwendung parallel zur Zylinderachse angeordneter Drosselklappen zeigt die vielfach vorbildlich gewordene bekannte Steuerung von Ehrhardt & Sehmer, Abb. 150[1]) (s. auch Abb. 74, S. 91). Die Welle der Gasdrosselklappe ist als durchgehende Regulierwelle ausgebildet und wird vom Regulator aus direkt verstellt. Die Luftdrosselklappen werden durch zwei Hebel und eine Verbindungsstange von

[1]) Maßstab 1 : 20. Zu einer DT 10 Maschine von Ehrhardt & Sehmer, G. m. b. H. in Saarbrücken.

den Gasdrosselklappen aus angetrieben. Durch einen Schlitz in den auf der Regulierwelle aufgekeilten, zu den Luftklappen führenden Hebeln ist eine Verstellung des

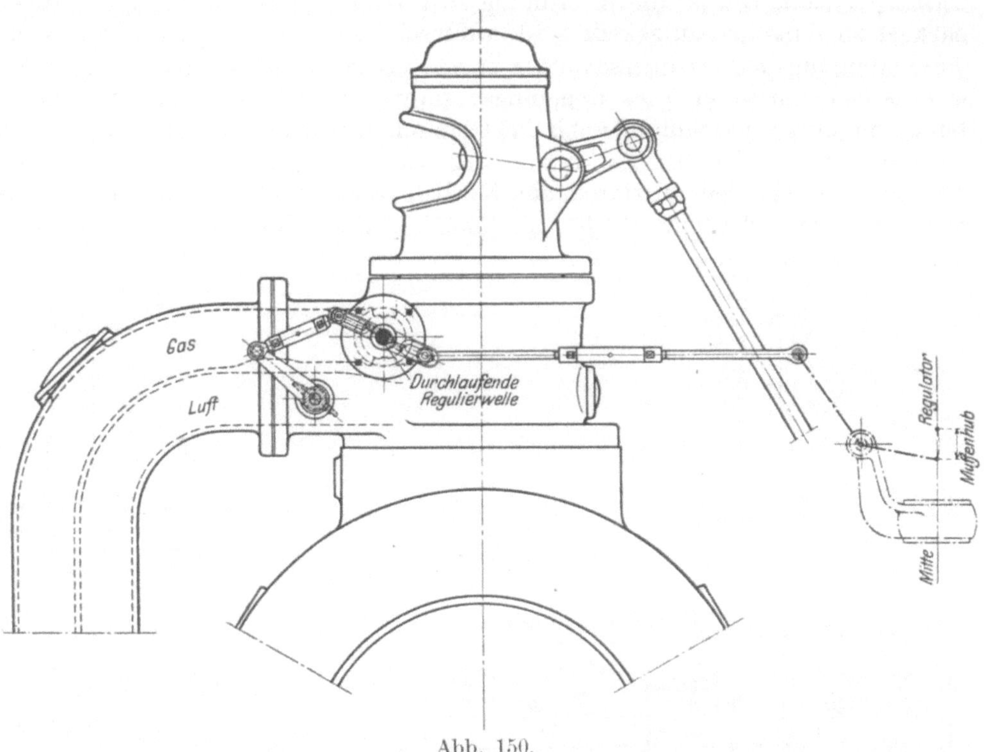

Abb. 150.

Angriffspunktes der Verbindungsstange möglich, deren Länge selbst wieder durch Verdrehen einer mit Links- und Rechtsgewinde versehenen Mutter verändert werden kann. Hiedurch ist eine mehr oder minder große Schränkung des Hebelmechanismus möglich und dementsprechend eine ganze Reihe von verschiedenen Regelungsverfahren. Einige Möglichkeiten sind in der schematischen Abb. 151[1]) angedeutet. Drei verschiedenen, mit I, II und III bezeichneten Angriffspunkten der Verbindungsstange am Hebel O IV der Regulierwelle, wobei die Verbindungsstangenlänge immer so bemessen ist, daß bei der untersten Muffenstellung derselbe Luftquerschnitt eingestellt ist, entsprechen verschiedene kleinste Luftquerschnitte. Die Ergebnisse sind in Abb. 152 in einem Diagramm (Abszissen:

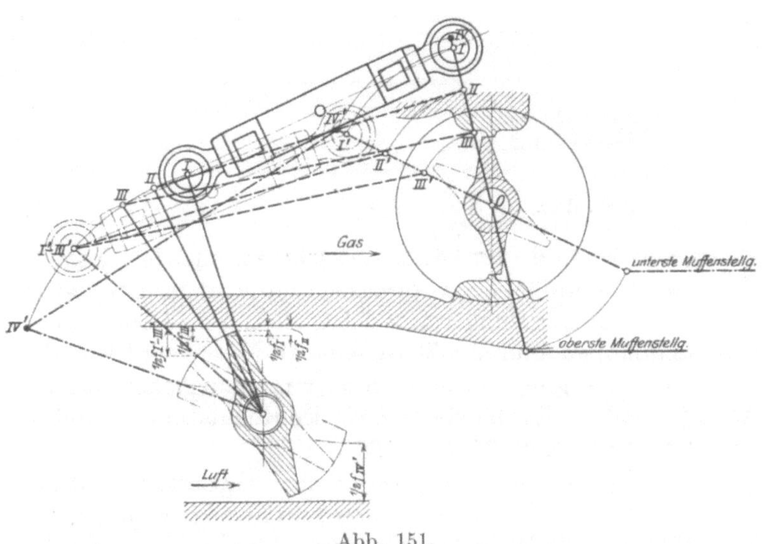

Abb. 151.

[1]) Maßstab 1 : 6.

Muffenhübe, Ordinaten: Querschnitte) zusammengestellt. Bei der Stellung I hält die Eröffnung für Luft und Gas angenähert gleichen Schritt, die erzielte Regelung nähert sich der Füllungsregelung; bei Stellung in III bleibt der Luftquerschnitt nahezu unveränderlich, so daß sich angenähert Gemischregelung ergibt; II stellt ein Mittelding dar. Praktisch wird, wie aus dem Diagramm zu ersehen ist, entsprechend dem früher (s. S. 54) geschilderten Regelungsverfahren von Vollast herunter durch anfänglich raschere Abnahme des Gasquerschnittes das Gemisch zuerst stärker abgeschwächt, während sich gegen Leerlauf die Regelung mehr der Füllungsregelung nähert. Durch eine noch stärkere Verlängerung der Verbindungsstange entsprechend der Stellung IV wird eine starke Vergrößerung des Luftquerschnittes erreicht, so daß dadurch auch der Übergang auf Betrieb mit reichem Gas ermöglicht ist.

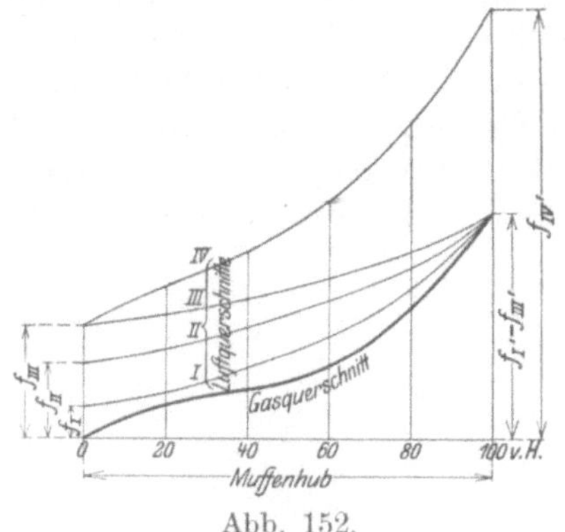

Abb. 152.

Wie man sieht, sind demnach durch Verwendung von zwei Drosselklappen mit einstellbarem Verbindungsgestänge eine ganze Reihe von Möglichkeiten offen und die verschiedensten Betriebsverhältnisse zu schaffen, was als ein weiterer nicht zu unterschätzender Vorteil der Drosselklappenregelung anzusehen ist.

Eine der vorigen ähnliche Bauart ist in Abb. 153[1]) dargestellt. Die Verbindung zwischen Luft- und Gasklappe ist hier so ausgeführt, daß sich der Luftquerschnitt nur wenig ändert, das Regelungsverfahren sich demnach reiner Gemischregelung annähert. Der Regulator arbeitet hier auf eine gesondert von den Drosselklappen angeordnete, am Zylinder gelagerte Regulierwelle, von der erst die Gestänge zu den einzelnen Klappenpaaren führen. (Das zugehörige Mischventil ist in Abb. 35, S. 67 dargestellt.) Die vom Regulator betätigten Drosselklappen sind ebenfalls möglichst nahe an den Misch-

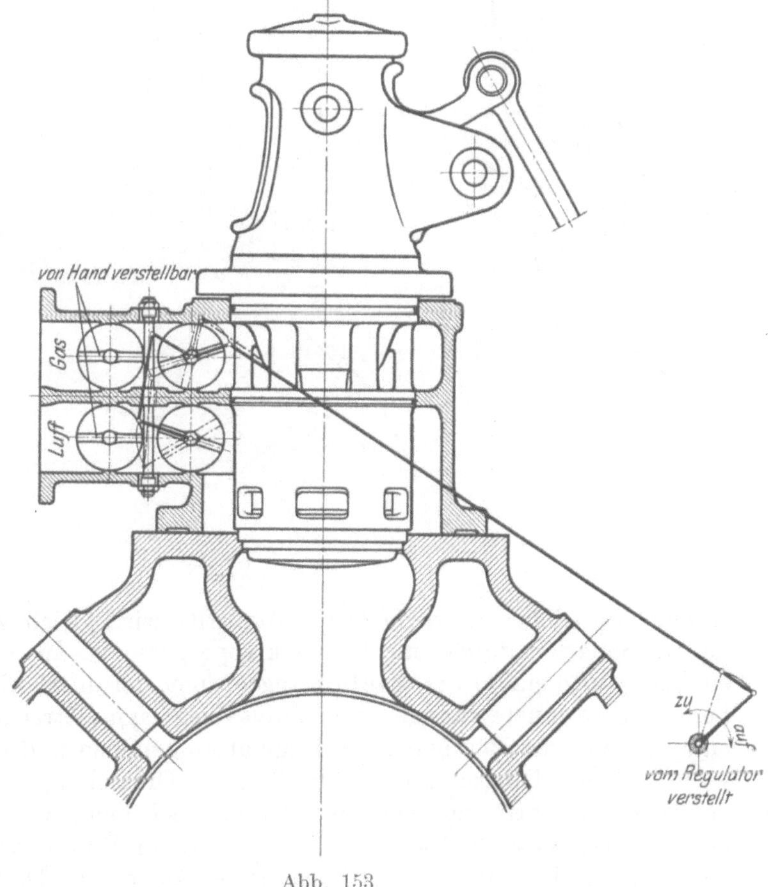

Abb. 153.

[1]) Maßstab 1 : 20. Zu einer DT 13 Maschine der Deutsch-Luxemburgischen Bergwerks- und Hütten-Aktiengesellschaft, Abt. Friedrich Wilhelms-Hütte in Mülheim-Ruhr.

ventileinsatz herangerückt, die zur Handregulierung dienenden in demselben Kanal angeordnet.

Eine in dieselbe Gruppe gehörige, von den vorhergehenden jedoch in einem Punkte wesentlich verschiedene Bauart ist in Abb. 154[1]) dargestellt. Die Ausbildung des mit dem Einlaßventil unveränderlich gesteuerten Mischorgans mit einem Ventil für Gas und einem Schieber für Luft ist ähnlich der von der Firma Thyssen für Koksofengasmaschinen gebauten (Abb. 33/34, S. 66). Der Regulator arbeitet auf eine Regulierwelle, von der aus die Drosselorgane für Gas- und Luft durch ein Ge-

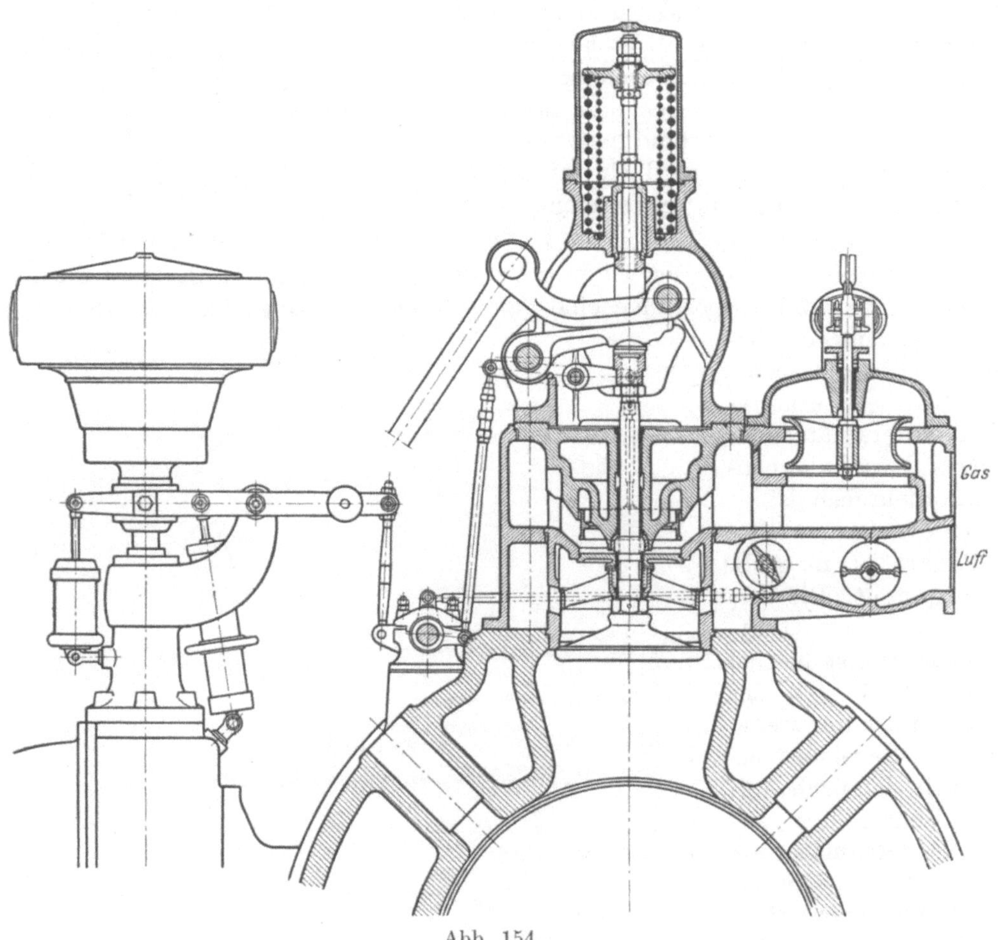

Abb. 154.

stänge angetrieben werden. Der Luftzutritt wird gleich wie bei den früher behandelten Bauarten durch eine Drosselklappe geregelt; an Stelle der Gasdrosselklappe ist hier jedoch ein Ringschieber angeordnet, der durch die in der Abbildung strichliert eingezeichnete Stange (eine zweite liegt symmetrisch dazu vor der Bildebene) entsprechend der Bewegung des Regulators gehoben und gesenkt wird. Durch Verwendung eines Ringschiebers an Stelle einer Drosselklappe ist es möglich, den Raum zwischen Gasventil und regelndem Organ noch mehr zu beschränken, so daß selbst bei reichstem Gas (Koksofengas) die in diesem Raum befindliche Gasmenge nicht mehr für die Leerlaufleistung eines Hubes ausreicht. Dadurch ist einerseits ein sicheres Mittel gegen das Durchgehen der Maschine geschaffen, andererseits aber auch

[1]) Maßstab 1 : 25. Zu einer DT 14 Maschine von Haniel & Lueg in Düsseldorf-Grafenberg. („Neue Steuerung".)

die Regulierung noch empfindlicher gemacht als bei den vorerwähnten Bauarten, da die der Herrschaft des Regulators entzogene Gasmenge noch weiter verkleinert ist. Durch geeignete Verstellungen im Reguliermechanismus lassen sich auch hier selbstverständlich verschiedene Regelungsverfahren verwirklichen, praktisch ergibt sich bei der gezeichneten Anordnung eine der Füllungsregelung nahestehende Kombinationsregelung. Das Doppelsitzventil für Gas und die Drosselklappe für Luft in den Zuleitungskanälen dienen der Verstellung von Hand aus in der gebräuchlichen Weise.

c) Zwangläufige Bauarten.

Daß die Bezeichnung als zwangläufige Bauarten nur im uneigentlichen Sinn zu Recht besteht, wurde bereits bei Besprechung der Wälzhebel (s. S. 115) erörtert. Das dort Gesagte gilt auch für Schwingdaumen- und Nockensteuerungen, bei denen, wenn von den wenig verbreiteten Zwangschlußkonstruktionen (s. S. 151) abgesehen wird, ebenfalls kein streng zwangläufiges, sondern nur ein kraftschlüssiges Getriebe vorliegt. Die Bezeichnung „zwangläufig" soll jedoch in folgendem, wie allgemein gebräuchlich, doch für alle jene Bauarten beibehalten werden, bei denen die augenblickliche Stellung des Steuerorgans durch die gleichzeitige Stellung der äußeren Steuerung eindeutig bestimmt ist. Im Gegensatz zu den unter diese Begriffsbestimmung fallenden Bauarten stehen die in Abschnitt d) behandelten ausklinkenden Bauarten, bei denen der kinematische Zusammenhang zwischen Steuerungstriebwerk und Steuerorgan im Moment der Ausklinkung vollkommen gelöst wird und das Steuerorgan seine (Schluß-)Bewegung vollkommen unabhängig von der gleichzeitigen Bewegung der äußeren Steuerung nur unter dem Einfluß der wirkenden Schlußkräfte vollführt.

Um in die Vielheit der Bauarten, die nach obiger Begriffsbestimmung unter die Bezeichnung „zwangläufig" fallen, eine gewisse Übersicht zu bringen, wurde eine Unterteilung derart getroffen, daß in die erste Gruppe unter dem Titel „Lenkersteuerungen" jene Bauarten zusammengefaßt wurden, bei denen bei unveränderlich wirkendem Antriebsorgan (hier ausschließlich einem Exzenter) eine Veränderlichkeit der Steuerwirkung durch den Regulatoreingriff derart erreicht wird, daß dieser eine Verstellung des Übertragungsmechanismus vornimmt, der nur aus mit Gelenkverbindung aneinander geschlossenen Hebeln (Lenkern) besteht. In diese Gruppe fallen auch jene Bauarten, bei denen eine Kulisse in den Antriebsmechanismus eingeschaltet ist, da sich deren Wirkungsweise stets ebenfalls durch Ersatz durch eine Lenkerführung (bei gerader Kulisse mit sehr weit entferntem Lenkerdrehpunkt) erzielen läßt. Die zur Übertragung der Bewegung der äußeren Steuerung auf das Steuerorgan dienenden Zwischenglieder (im vorliegenden Fall fast ausschließlich Wälzhebel) erfahren hierbei keine Veränderung, sondern kommen nur je nach der Stellung des Regulators mehr oder weniger zum Eingriff, wodurch die Verschiedenheit in der Ventilerhebung (und meistens auch in deren Dauer) bewirkt wird.

In eine zweite Gruppe seien unter der Bezeichnung „Bauarten mit Verstellung der Antriebsvorrichtung" jene im Verbrennungskraftmaschinenbau allerdings nur wenig verwendeten Bauarten zusammengefaßt, bei denen eine Veränderlichkeit der Steuerwirkung durch eine Verstellung des Antriebsorgans durch den Regulator direkt erfolgt und ein unveränderliches Gestänge die je nach der Stellung des Antriebsorgans veränderte Bewegung auf das Steuerorgan überträgt.

Unter der Bezeichnung „Bauarten mit veränderlichem Übertragungsmechanismus" seien schließlich jene im Verbrennungskraftmaschinenbau weit verbreiteten, im Dampfmaschinenbau jedoch nahezu gar nicht verwendeten Bauarten behandelt, bei denen weder das Antriebsorgan (Exzenter oder Nocken) veränderlich arbeitet, noch auch der (in der Regel nur aus einer Zug- oder Druckstange) bestehende Übertragungsmechanismus eine Veränderung erfährt, sondern der die Veränderlichkeit der Steuerwirkung erzeugende Regulatoreingriff in die die Bewegung der äußeren Steuerung auf das Steuerorgan übertragenden Zwischenglieder verlegt ist. Die verschiedenen sich hier ergebenden Möglichkeiten sind weiter unten

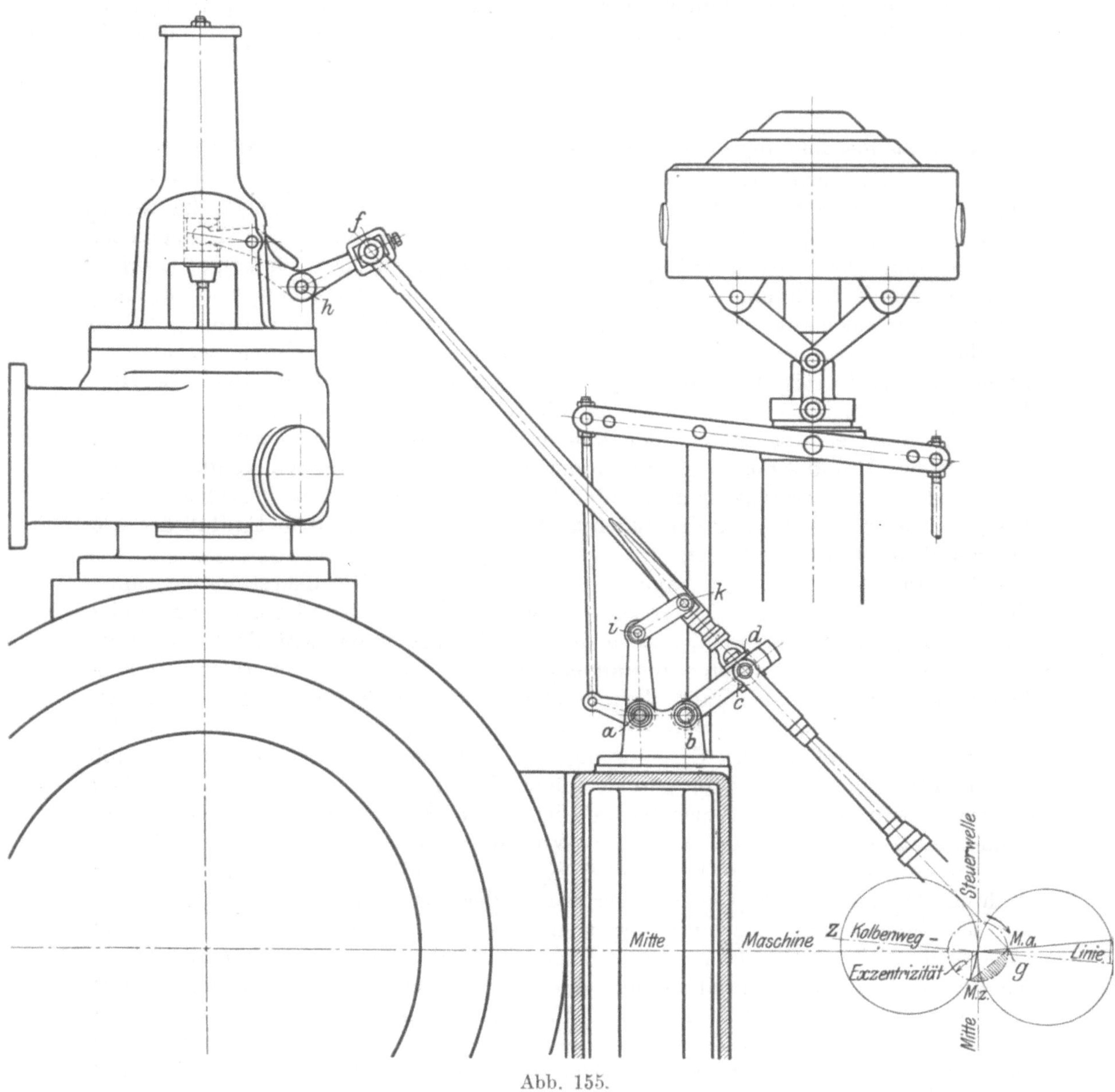

Abb. 155.

bei der ausführlichen Besprechung dieser Bauartengruppe behandelt; als unterscheidendes Bestimmungsmerkmal sei vorweg genommen, daß unter die Bauarten dieser Gruppe jene gezählt wurden, bei denen der Regulatoreingriff nicht in den im strengen Wortsinn zwangläufigen Teil der Antriebsvorrichtung (wie bei den beiden ersten Gruppen), sondern in den nur kraftschlüssigen Teil des Übertragungsmechanismus verlegt ist.

α) Lenkersteuerungen.

Als kennzeichnend für die Bauarten dieser Gruppe wurde weiter oben angeführt, daß eine Veränderlichkeit der Steuerwirkung durch den Regulatoreingriff derart erreicht wird, daß dieser eine Verstellung des nur aus Lenkern (unter Umständen mit Einschaltung einer Kulisse) bestehenden Übertragungsmechanismus vornimmt. Derartige Bauarten können natürlich in nahezu unübersehbarer Menge angegeben werden und liegen auch in vielfachen Ausführungen vor. Nahezu alle im Dampfmaschinenbau unter der Bezeichnung „zwangläufige Ventilsteuerung" gebräuchlichen Anordnungen lassen sich mit geringen Abänderungen kinematisch auch hier

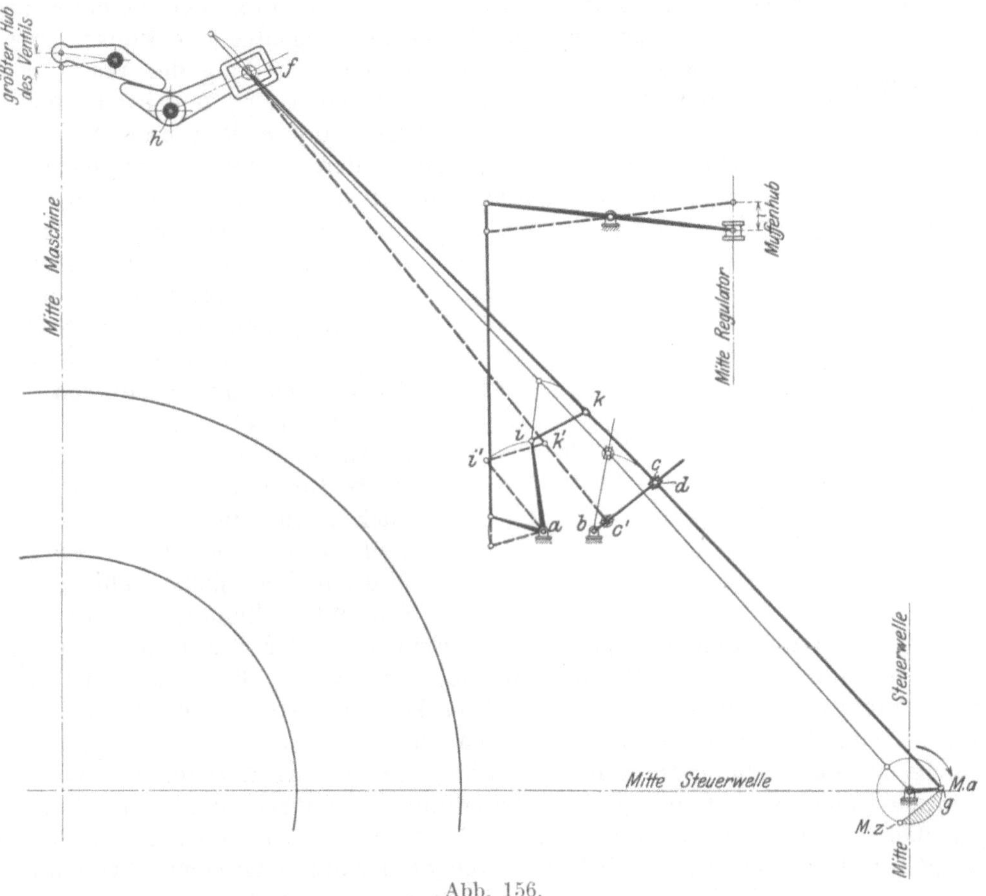

Abb. 156.

verwenden, wenn auch die im Verbrennungskraftmaschinenbau in der Regel bestehenden größeren Kräfte und die notwendig großen Ventilhübe gewisse bauliche Änderungen verlangen. Einige kennzeichnende Bauarten sind in folgendem beschrieben.

Bei der in Abb. 155[1]) dargestellten Bauart wird die Exzenterbewegung durch Einschaltung einer als Kulisse ausgebildeten Schwinge mit veränderlichem Übersetzungsverhältnis auf die das Ventil antreibenden Wälzhebel übertragen. Der Regulator wirkt auf eine durchlaufende Regulierwelle *a*, von der aus mittels Hebels und Zugstange die von der Kulisse zum Wälzhebel führende Zugstange verstellt wird. In der schematischen Darstellung Abb. 156 ist die Wirkungsweise noch deut-

[1]) Maßstab 1 : 15. Zur Misch-(Gas-)ventilsteuerung eines D 12 Gichtgasgebläses der Maschinenbauaktiengesellschaft vorm. Breitfeld, Daněk & Co. in Prag-Karolinental.

licher ersichtlich. Die stark vollausgezogenen Linien beziehen sich auf die tiefste, die strichlierten auf die höchste Muffenstellung. Die schwach vollausgezogenen Linien deuten die Getriebestellung bei Vollast und größtem Ausschlag der Kulisse aus ihrer Mittelstellung an. Die Veränderlichkeit der Steuerwirkung ist am besten an Hand des Diagramms Abb. 157[1]) zu überblicken. Abgesehen von dem zu vernachlässigenden Einfluß der endlichen Stangenlängen wird die Exzenterbewegung dem Gesetz nach unverändert, aber in ihren Ausschlägen proportional dem Abstand des Steines *c* vom Kulissendrehpunkt *b* verkleinert auf die Wälzhebel übertragen. Fällt die Stellung des Steines *c* mit dem Angriffspunkt *d* der Exzenterstange an der Kulisse zusammen, so wird die Bewegung des Exzenters unverändert weiter übertragen. Der Steuerungsantrieb läßt sich somit ersetzen durch einen normalen Exzenterantrieb mit veränderlichen Exzentrizitäten. Da die Verbindungslinie der Punkte $M.a._{max}$ und $M.z._{max}$ im tatsächlichen Exzenterkreis durch die Stellung der Wälzhebel im Moment des Anhubes und die Summe dier Stangenlängen $c\,f$ und $c\,g$ festliegt, so können die einer kleineren Füllung entsprechenden Punkte $M.z.$ und $M.a.$ in einfachster Weise durch den Schnitt des entsprechend der Stellung des Steines *c* näher an *b* verkleinerten Exzenterkreises mit der Linie $M.a._{max}\,M.z._{max}$ gefunden werden. Dies ist in Abb. 157 für einige Stellungen des Punktes *c* durchgeführt. Bei der Stellung des Steines in c_0 finder zwischen dem Exzenterkreis und der Eröffnungslinie gerade noch Berührung statt, die Punkte $M.a.$ und $M.z.$ fallen somit zusammen. Steht *c* noch weiter gegen *b* zu, findet überhaupt keine Eröffnung mehr statt. Im Diagramm Abb. 157 wurde auch noch eine (im vorliegenden Fall durch die Begrenzung des Muffenhubes nicht mehr herbeizuführende) Stellung des Punktes *c*. außerhalb von *d* angenommen (c_3), wobei die Ermittlung der Punkte $M.a.$ und $M.z.$ genau wie früher nur durch Schnitt mit der verlängerten Eröffnungslinie erfolgt. Die Eröffnungsverhältnisse lassen sich, abgesehen vom Übersetzungsverhältnis der Wälzhebel, im Diagramm verfolgen. Wie man sieht, bleiben auch bei ziemlich weiter Veränderung der Füllungsgrenzen die Werte $M.a.$ und $M.z.$ ziemlich unveränderlich in der Nähe von Anfang und Ende Saughub, um erst bei ganz kleinen Füllungen gegen die Mitte des Hubes zusammenzurücken. Da der Antrieb nur das Gasventil betätigt (s. Abb. 28/29, S. 64), wird durch die Steuerung reine Gemischregelung mit angenähert unveränderlicher Hubdauer und stärkerer Drosselung des Gases bei abnehmender Leistung erzielt.

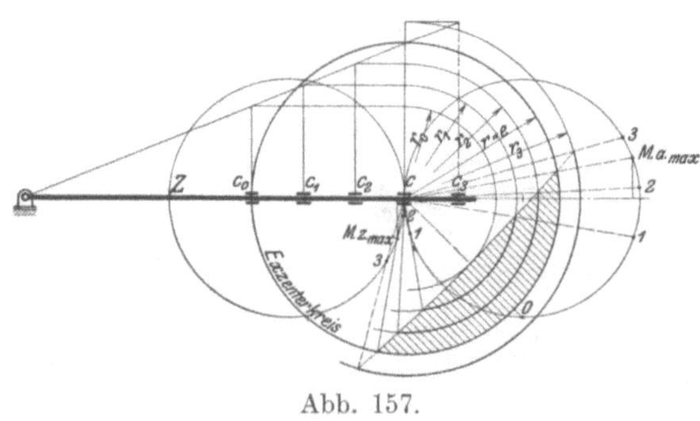

Abb. 157.

Zu erwähnen ist noch, daß die Stellung des Steines relativ zur Kulisse auch bei unveränderlicher Muffenstellung während der Bewegung des Steuerungstriebwerkes nur angenähert unveränderlich ist und ein wenn auch geringes „Würgen" des Steines auftritt. Die Elementarbewegung der Stange $c\,f$ besteht aus einer Drehung um ihren Momentanpol, der durch den Schnittpunkt der verlängerten Richtungen $f\,h$ und $i\,k$ gefunden wird. Eine relative Verschiebung des Steines gegen die Kulisse während dieser Elementarbewegung tritt nur dann nicht ein, wenn dieser Momentanpol in der Verlängerung der Kulissenrichtung liegt, was zwar für einzelne Stellungen, jedoch nicht im allgemeinen der Fall ist. Die sich somit ergebenden, durch das Würgen des Steines erzeugten Reibungskräfte werden als Rückdruck auf den Regu-

[1]) Maßstab 1 : 4.

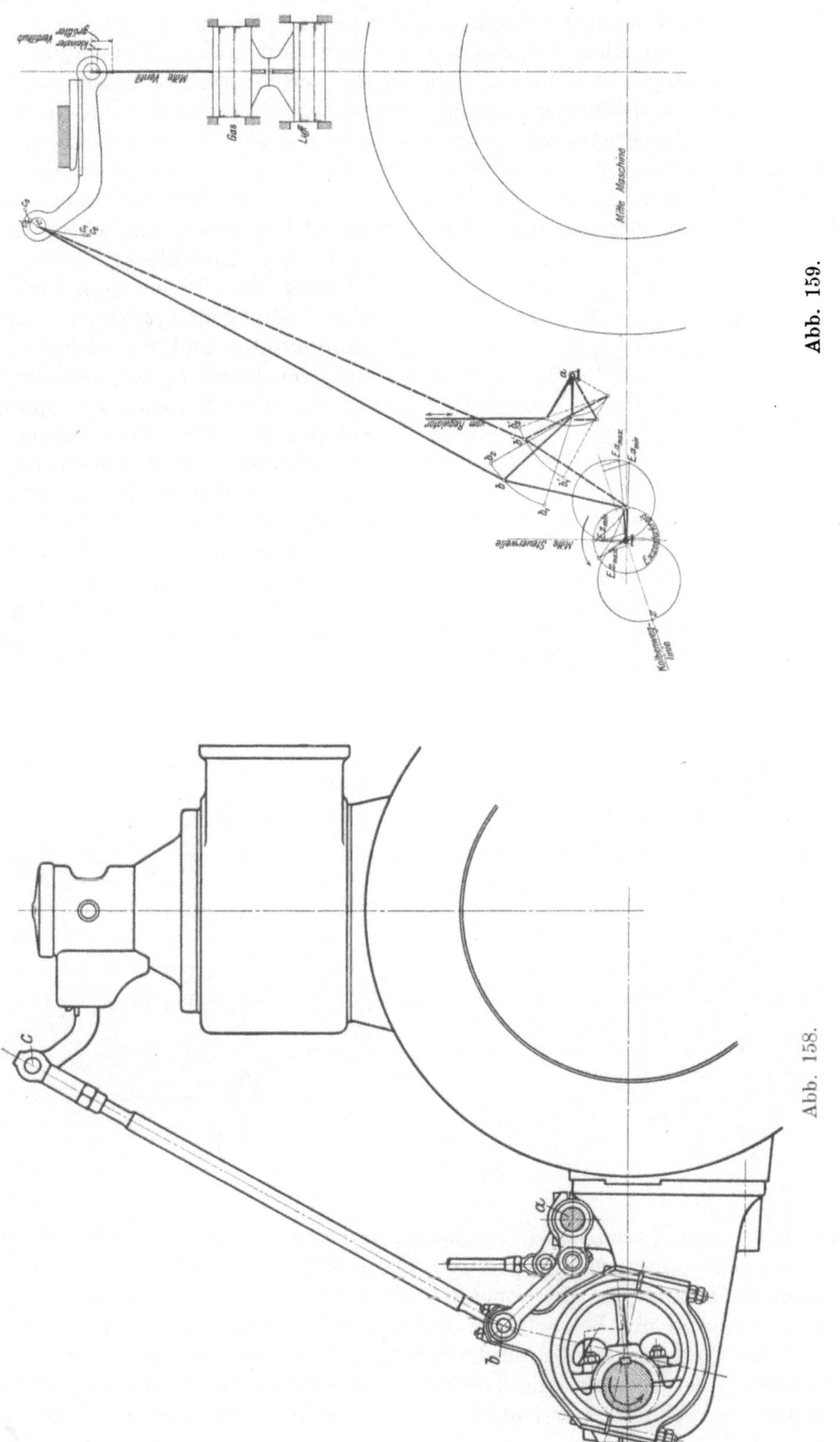

Abb. 159.

Abb. 158.

lator übertragen. Da, wie bereits erwähnt, die größten Kräfte im Steuerungstriebwerk in der Regel im Moment des Anhubes auftreten, so wäre bei Entwurf des Triebwerkes darauf zu achten, daß wenigstens für diesen Moment der Momentanpol der Stange *cf* ganz oder angenähert in die Richtung der verlängerten Kulissenachse fällt.

Die in Abb. 158[1]) und dem zugehörigen Schema, Abb. 159[1]) dargestellte Steuerung ergibt veränderliche Steuerwirkung, indem die Bahn des Führungspunkte durch den Regulator verstellt wird. Dieser arbeitet auf eine durchlaufende Regulierwelle *a*, die mittels Hebels und Zugstange auf den Endpunkt *b* der kurzen Exzenterstange wirkt. Dieser Punkt, der hier zugleich den Ableitungspunkt der Bewegung bildet, durchläuft bei Einstellung auf größte Füllung den Bogen $b_1 b_2$, entsprechend dem Weg $c_1 c_2$ des Wälzhebeltreibpunktes und bei kleinster Füllung den Bogen $b_1' b_2'$, dem der Weg c_1' c_2' des Wälzhebeltreibpunktes entspricht. Die Veränderung der Steuerwirkung wird, wie aus der Abbildung ersichtlich, im wesentlichen durch Tieferlegen der Bahn $b_1 b_2$ des Ableitungspunktes erzielt, wodurch die Wälzhebel mit abnehmender Leistung immer weniger in Eingriff kommen. Das Steuerungstriebwerk ist entsprechend dem Moment *E.a.* gezeichnet und zwar für tiefste Muffenstellung in Abb. 158 und vollausgezogen in Abb. 159. Die strichliert gezeichnete Stellung entspricht höchster Muffenlage. Mit abnehmender Leistung findet die Eröffnung etwas früher statt, während ein beträchtlich früheres Schließen auftritt. Der mit dem Einlaßventil fest verbundene Mischschieber besitzt für Gas positive und für Luft geringe negative Überdeckung. Die Eröffnungsverhältnisse für größten und kleinsten Ventilhub sind aus Abb. 159 ersichtlich. Das Regelungsverfahren ist demnach im

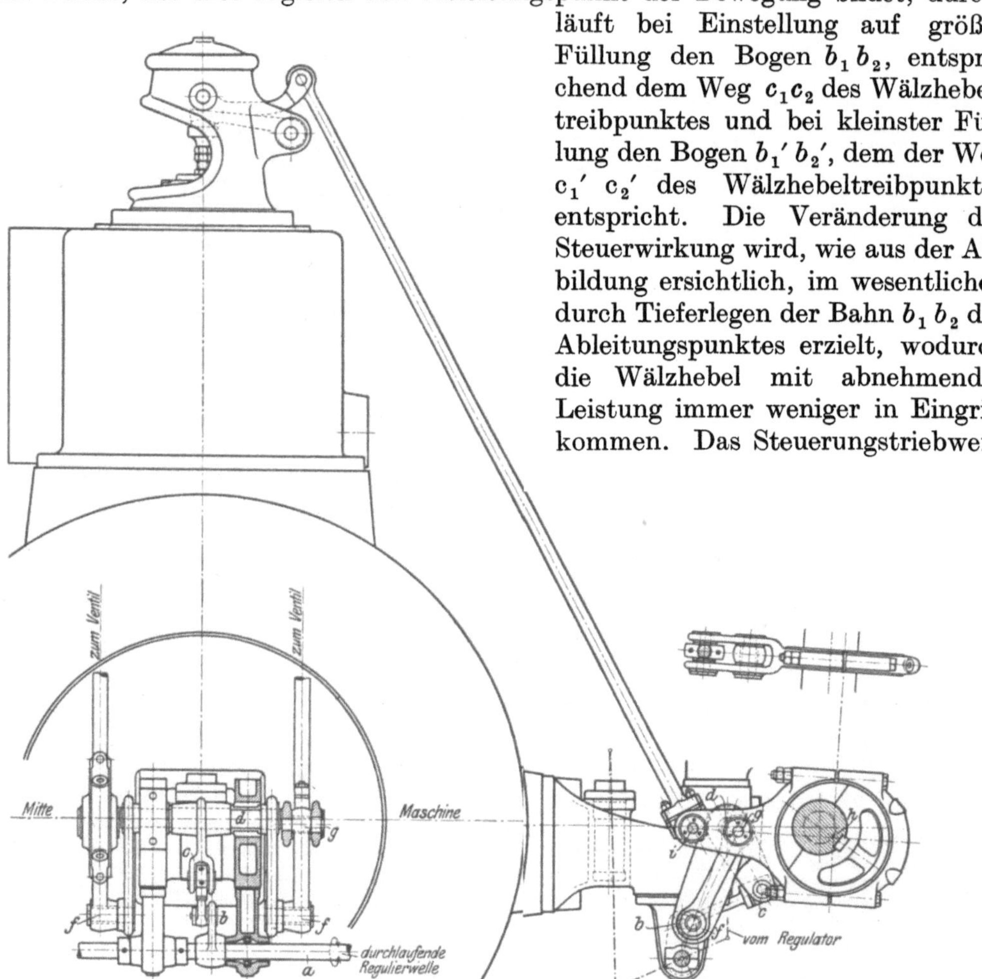

Abb. 160—62.

[1]) Maßstab 1 : 25. Misch- und Einlaßsteuerung einer DT 14 Maschine der Elsässischen Maschinenbaugesellschaft in Mülhausen.

wesentlichen als Füllungsregelung anzusprechen, wobei bei kleinen Belastungen allerdings auch eine gewisse Abschwächung des Gemisches stattfindet, da sich die stärkere Eröffnung des Luftquerschnittes bei abnehmender Leistung verhältnismäßig mehr und mehr geltend macht. Das Regelungsverfahren wird im wesentlichen durch Drosselung über den Hub erzielt, wozu erst bei kleinen Leistungen noch eine wesentliche Verkürzung der Eröffnungsdauer tritt.

Eine Trennung von Führungs- und Ableitungspunkt, die in obiger Steuerung vereinigt sind, findet in der aus Abb. 160—62[1]) ersichtlichen Steuerungsbauart statt. Das Steuerungstriebwerk, das durch Vermittlung von Wälzhebeln das Ventil betätigt, entspricht dem der bekannten, besonders im Schiffsmaschinenbau vielfach als Umsteuerung verwendeten Klug-Steuerung (28 *h*). Eine kurze Exzenterstange, an deren Ende die zum Wälzhebel führende Stange angelenkt ist, wird durch einen Lenker geführt, dessen anderes Ende vom Regulator verstellt wird, woraus sich eine verschiedene Neigung der Bahn des geführten Stangenpunktes ergibt. Die Verhältnisse werden aus Abb. 163[2]) deutlicher, in der die Untersuchung im Punktschema (siehe S. 108 f.) durchgeführt ist. Die Steuerung ist entsprechend dem Moment $M.z.$ dargestellt und zwar stark ausgezogen für größte und schwach ausgezogen für kleinste Füllung. Der Regulator arbeitet auf eine durchlaufende, zur Verminderung der Reibung in Kugellagern gelagerte Regulierwelle a, auf der ein Hebel ab aufgekeilt ist, der mittels der Stange bc die Hilfswelle d verstellt, auf der der Hebel df aufgekeilt ist, dessen Ende f den Drehpunkt des die Exzenterstange hi führenden Lenkers fg bildet. Bei einer gegebenen Regulatorstellung bildet somit f den Mittel-

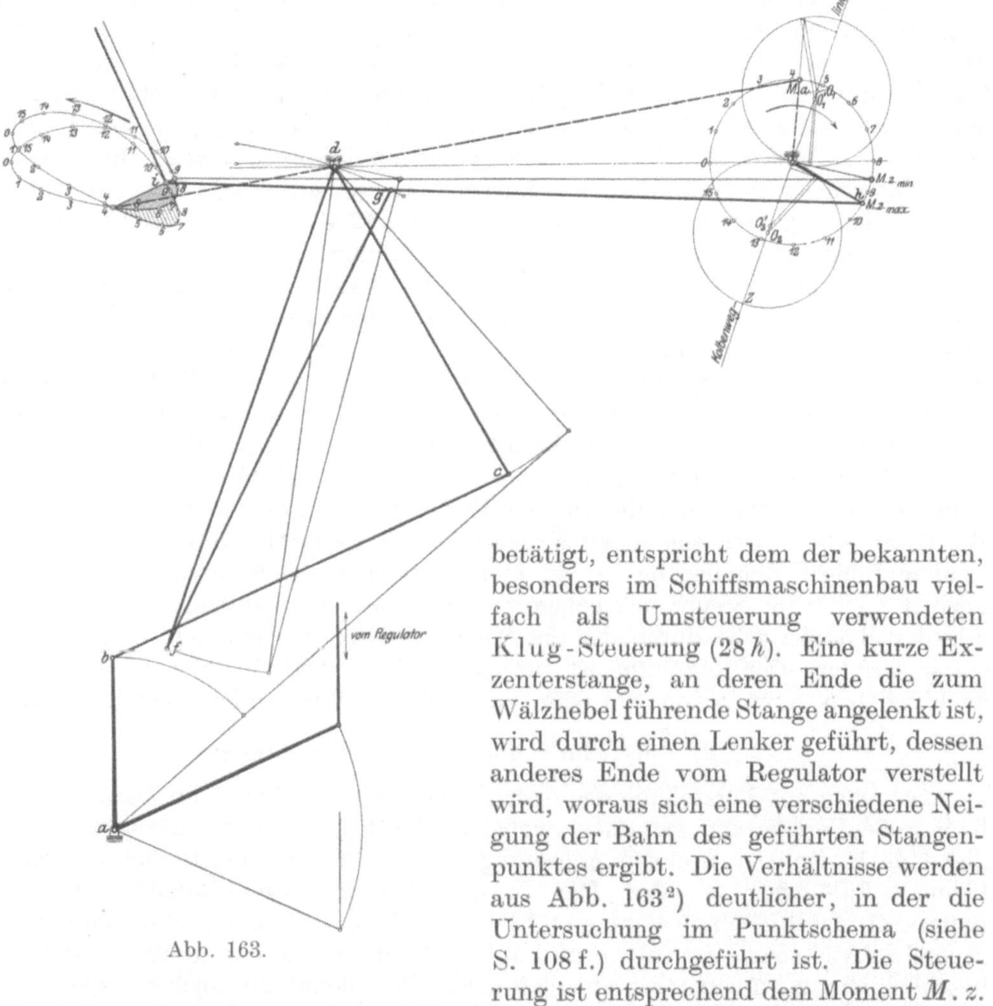

Abb. 163.

[1]) Maßstab 1 : 25. Mischventilsteuerung einer DT 14 Gichtgasmaschine der Maschinenfabrik Thyssen & Co. Aktiengesellschaft in Mülheim-Ruhr.

[2]) Maßstab 1 : 5.

punkt der kreisförmigen Bahn des Punktes *g*. Die Anordnung ist so getroffen, daß die Lenker *d f* und *f g* gleich lang sind und der geführte Punkt *g* im Moment *M. a.* mit dem Mittelpunkt der Hilfswelle *d* zusammenfällt (s. die strichliert eingetragene Stellung der Exzenterstange im Momente *M. a.*). Da sich somit alle Bahnen des Punktes *g* bei beliebiger Stellung von *f* in *d* schneiden, bewirkt eine Veränderung der Muffenstellung, wenn *g* mit *d* zusammenfällt, keine Veränderung in der Stellung der Exzenterstange; die Lage des Punktes *M. a.* ist somit unveränderlich. Die Veränderlichkeit der Steuerwirkung wird dadurch erreicht, daß von den je nach der Stellung von *f* verschiedenen Bahnen des Ableitungspunktes *i* ein Stück mit größerem oder geringerem Pfeil bei den Wälzhebeln zur Wirkung kommt, wodurch verschiedene Ventilhübe erreicht werden. In Abb. 163 ist die Bahn für größte und kleinste Füllung eingetragen und der zur Erzeugung des Ventilhubes benutzte Teil durch Schraffur gekennzeichnet. Die erwähnte Beziehung, daß der Punkt *M. a.* unveränderlich ist, bringt es mit sich, daß sich alle Kurven des Punktes *i* in dem einen *M. a.* entsprechenden Punkte schneiden. Wie man sieht, ist auch der Punkt *M. z.* nur wenig veränderlich und die Veränderlichkeit der Steuerwirkung im wesentlichen durch geringere oder stärkere Drosselung über den ganzen Saughub erreicht. Das durch die Ausbildung des zugehörigen Mischorgans (s. Abb. 42/43, S. 70) bedingte Regelungsverfahren entspricht im wesentlichen einer Füllungsregelung.

Der Aufbau der Steuerung ist aus dem in Abb. 160—162 gegebenen Querriß zu entnehmen, der unter Hinweglassung der vorne liegenden Steuerwelle aufgezeichnet ist. Da die Bahn des Punktes *g* durch das Mittel der Hilfswelle *d* geht, kann diese nicht durchlaufend ausgeführt werden, sondern ist für jeden Zylinder gesondert vorhanden und in einem eigenen Steuerbock zweimal gelagert. Ihr Antrieb von der Regulierwelle erfolgt in der Zylindermitte, während an ihren Enden die Lenker *df* aufgekeilt sind, die in ihren Enden die Drehpunkte *f* der Führungsstangen *fd* enthalten. Diese, sowie auch die zu den Wälzhebeln führenden Stangen greifen den Bolzen an, die in der gegabelten Exzenterstange gelagert sind. Zur Erzielung besonders ruhiger Regulierung ist bei Lichtmaschinen die Steuerung jedes Zylinders noch mit einer im Steuerbock gelagerten Ölbremse ausgestattet, deren Verbindung mit der Regulierwelle durch das in Abb. 160—162 schematisch eingetragene Gestänge erfolgt. Der Regulator ist infolge der Unveränderlichkeit des Punktes *M.a.* nach früher (s. S. 22 f.) von dem beim Ventilanhub auftretenden Rückdruck entlastet.

β) Verstellung der Antriebsvorrichtung.

Bauarten mit Verstellung des Antriebsmechanismus haben im Dampfmaschinenbau große Verbreitung gefunden, wobei in der Regel das die Einlaßsteuerung bedienende Exzenter von einem Achsenregler verstellt wird und dadurch größere und kleinere Füllungsgrade gibt. Der Verwendung derartiger Bauarten im Verbrennungskraftmaschinenbau steht zuvörderst die hier vorhandene Notwendigkeit entgegen, die viel schwerere innere und äußere Steuerung auf wesentlich größere Hübe beschleunigen zu müssen, woraus sich große Beschleunigungsdrücke ergeben, denen nur sehr schwere Achsenregler gewachsen wären; weiters auch der Umstand, daß bei Viertaktmaschinen, für deren Steuerungen die erwähnte Bauart allein in Betracht käme, die Steuerwelle nur mit der halben Umdrehungszahl der Hauptwelle umläuft, was ebenfalls auf die Verwendung langsam laufender, demnach teurerer und mit geringen Verstellkräften wirkender Regler führen würde, sowie schließlich auch die Notwendigkeit, bei der üblichen Ausführung der doppelt wirkenden Maschinen in DT Anordnung, zwei Regler verwenden zu müssen: Gründe, welche die Verwendung eines normalen, von der Steuerwelle aus leicht mit hoher Umdrehungszahl anzutreibenden Regulators als das weitaus zweckmäßigere und billigere erscheinen lassen. Von normalen Regulatoren aus lassen sich jedoch Steuerungen nach Bauarten der

Gruppen α und γ wesentlich leichter beeinflussen, so daß Bauarten mit Verstellung der Antriebsvorrichtung mit Verstellung vom normalen Regulator aus nur geringe Bedeutung haben.

Als Anwendungsbeispiel wäre zunächst die bereits erwähnte Verwendung von unrunden Körpern zu erwähnen (s. S. 152), die, vom Regulator verstellt, je nach dem unter der Rolle arbeitenden Profil verschiedene Steuerwirkung ergeben. Bezüglich deren Wirkungsweise ist auf das an der erwähnten Stelle Gesagte zu verweisen.

Als weiteres Beispiel sei die in Abb. 164[1]) dargestellte Zvoniček-Steuerung der Betrachtung unterworfen. Diese zuerst im Dampfmaschinenbau (28 *f*) ausgeführte Bauart stellt in gewissem Sinne eine Vereinigung von Exzenter- und Nockenantrieb dar, indem ein auf dem Exzenterbügel angebrachter Daumen das eigentliche Antriebselement für einen mittels einer Rolle darauf arbeitenden zweiarmigen Hebel bildet, dessen Bewegung durch Stange und Wälzhebel auf das Ventil übertragen wird. Um veränderliche Steuerwirkung zu erhalten, wird der Exzenterbügel und dadurch auch die Bewegungsbahn des Daumens von der Regulierwelle *a* aus

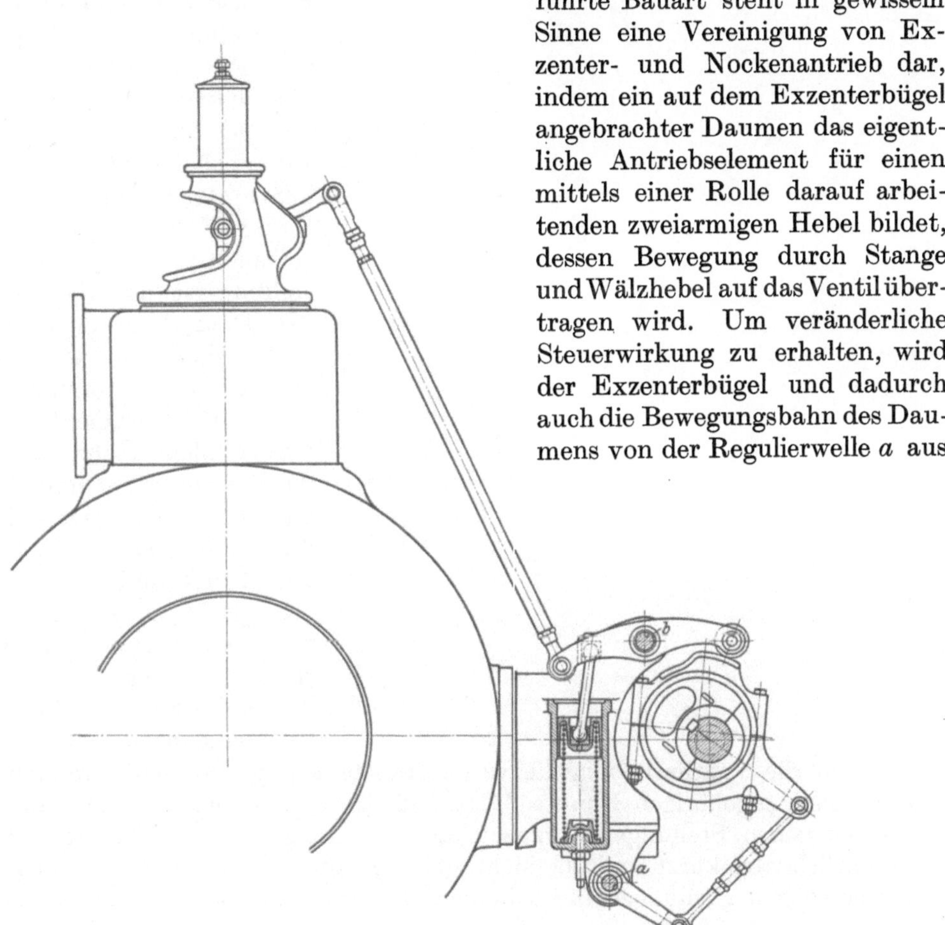

Abb. 164.

mittels Hebels und Zugstange verstellt, die am Ende der kurzen Exzenterstange angreift. Der Kraftschluß zwischen Rolle und Daumen wird durch eine in dem Lagerbock, der auch den Drehpunkt *b* des Rollenhebels enthält, festgelagerte Druckfeder erreicht, die ihre Kraft durch eine Stelze auf den Rollenhebel überträgt. Der Zwanglauf im Wälzhebelgetriebe wird in der üblichen Weise durch eine im Ventilhaubenaufsatz untergebrachte Druckfeder erreicht.

In Abb. 164 ist das Exzenter in der dem Moment *M. a.* entsprechenden Stellung gezeichnet. Bei einer Weiterdrehung der Steuerwelle wird die Rolle noch weiter

---

[1]) Maßstab 1 : 22,5. Zur Mischventilsteuerung einer DT 10 Maschine der Gasmotorenfabrik Deutz in Cöln-Deutz.

gehoben, wodurch sich das andere Hebelende senkt und das Ventil angehoben wird. Eine weitere Drehung der Steuerwelle bewirkt eine Senkung des Bügels und zugleich eine stärkere Nachrechtsbewegung, wodurch auch die Rolle außer den Bereich der konzentrisch zum Exzenterbügel liegenden oberen Rast kommt und der Schluß des Ventils bewirkt wird. Bequemer lassen sich die Verhältnisse an Hand der schematischen Abb. 165[1]) verfolgen, in der das Getriebe kinematisch aufgelöst und die Daumenkurve durch ihre mit der Exzenterstange starr verbunden gedachte Äquidistante durch den Rollenmittelpunkt ersetzt ist. Die stark voll ausgezogenen Linien entsprechen der Stellung des Treibwerkes im Augenblick *M. a.* bei größter Füllung, für dieselbe Regulatorstellung ist die der höchsten Ventilerhebung entsprechende Stellung der Daumenkurve strichpunktiert und die zum Punkt *M. z.* gehörige strichliert eingetragen. Bei höchster Regulatorstellung ist der Exzenterbügel mit dem Daumen soweit nach rechts verdreht, daß eine dem Punkt *M. a.* entsprechende Stellung des Daumens gerade noch erreicht wird, aber ein Öffnen nicht mehr stattfindet und die Punkte *M. a.* und *M. z.* zusammenfallen. Die zugehörige Stellung des Triebwerkes ist in feinen Linien angedeutet und zur Verdeutlichung das als starr anzusehende Dreieck, welches die Daumenkurve schematisch mit dem Exzentermittel in Verbindung bringt, durch ein Strichlage gekennzeichnet.

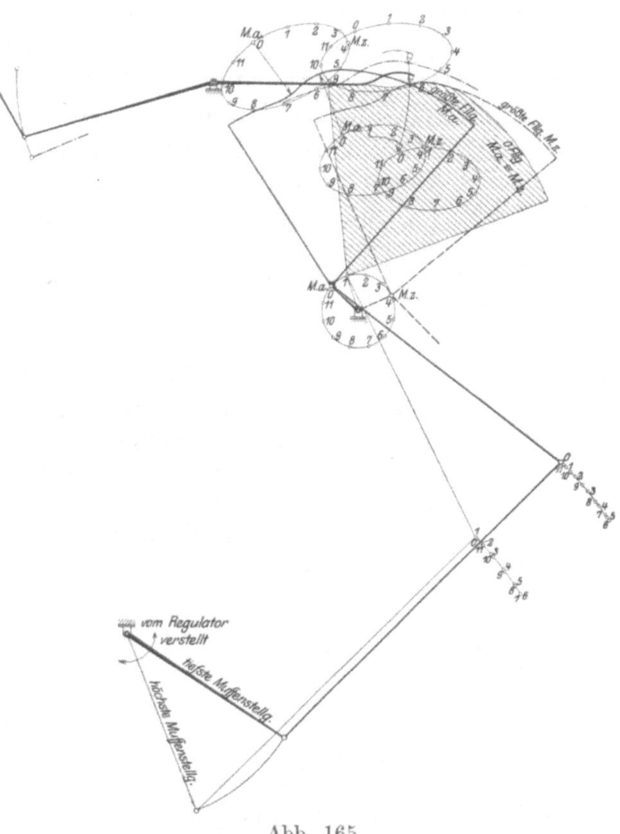

Abb. 165.

Um die Ventilerhebungskurve zu ermitteln, bzw. die den einzelnen Regulatorstellungen zugehörigen Punkte *M. a.* und *M. z.* zu finden, ist die Daumenkurve in den einzelnen Stellungen aufzuzeichnen, ein langwieriges Verfahren, das indessen wesentlich abgekürzt und übersichtlicher gestaltet werden kann, wenn an Stelle der verschiedenen Stellungen der Daumenkurve nur die Bahnen der Mittelpunkte der Kreisbogen, aus denen sie sich zusammensetzt, entwickelt werden. Dies ist in Abb. 165 im Punktschema für die beiden äußersten Regulatorstellungen durchgeführt. Die obere und untere Rast des Daumens sind Kreisbogen um das Exzentermittel, die verbindenden Bogen sind aus Mittelpunkten gezogen, deren Bahnen eingetragen sind. An Hand der Mittelpunktskurven läßt sich dann in jedem Augenblick leicht übersehen, ob die obere Rast oder ihre Verbindung mit der unteren für die Stellung des Rollenmittelpunktes bestimmend ist, wie letzteres z. B. im Punkt *M. z.* der Fall ist[2]).

---

[1]) Maßstab 1 : 10.

[2]) Die hier behandelte Zvoniček-Steuerung bildet einen besonderen Fall jener Bauarten, die unter dem Namen „Steuerungen durch allgemeine Schubkurvengetriebe“ zusammengefaßt werden können und bisher im Verbrennungskraftmaschinenbau nur bei direkt umsteuerbaren Schiffsdieselmaschinen hin und wieder Verwendung gefunden haben (s. S. 353 f.). Der hier angedeutete

Bezüglich der Ventilbewegungsverhältnisse ist ohne weiteres ersichtlich, daß, solange die Stellung der oberen Rast für das Eintreten des Punktes *M. a.* bestimmend ist, dieser sich nicht ändert, da die obere Rast durch einen um das Exzentermittel geschlagenen Kreisbogen gebildet wird, eine Verdrehung des Bügels durch den Regulator, wenn das Exzenter in der dem Punkt *M. a.* entsprechenden Stellung steht, somit keine Veränderung in der Stellung des Ventilhebels hervorbringt. Dieselbe Überlegung gilt übrigens auch für alle anderen Ventilstellungen, für die die Berührung der Rolle mit der oberen Rast bestimmend ist, so daß also die Ventilerhebungskurve für alle Ventilbelastungen dieselbe wird, soweit sie durch das Arbeiten auf der Rolle der oberen Rast bedingt ist. Veränderlichkeit der Steuerwirkung wird nur dadurch erreicht, daß, je weiter der Bügel durch den Regulator nach rechts verdreht ist, um so eher die Rolle auf die Übergangskurve gerät und daß die Schlußbewegung des Ventils um so früher beginnt. Erst wenn der Bügel so weit nach rechts verdreht ist, daß die obere Rast ihre Bewegung ganz außerhalb der Bahn des Rollenmittelpunktes beschreibt, und dessen Lage nur mehr durch die Bewegung der Übergangskurve bestimmt ist, tritt auch eine Späterlegung des Punktes *M. a.* ein. Eine Veränderlichkeit der Steuerwirkung wird also insofern erreicht, als innerhalb weiter Belastungsgrenzen von Vollast an die Ventilerhebung ungeändert bleibt und nur in ihrer Dauer mit abnehmender Belastung mehr und mehr verringert wird; bei ganz kleinen Belastungen tritt auch eine geringe Verspätung des Punktes *M. a.* auf. Die Steuerung betätigt ein Gasventil und einen nahezu ohne Überdeckung arbeitenden Luftschieber, wodurch im wesentlichen Füllungsregelung bedingt ist.

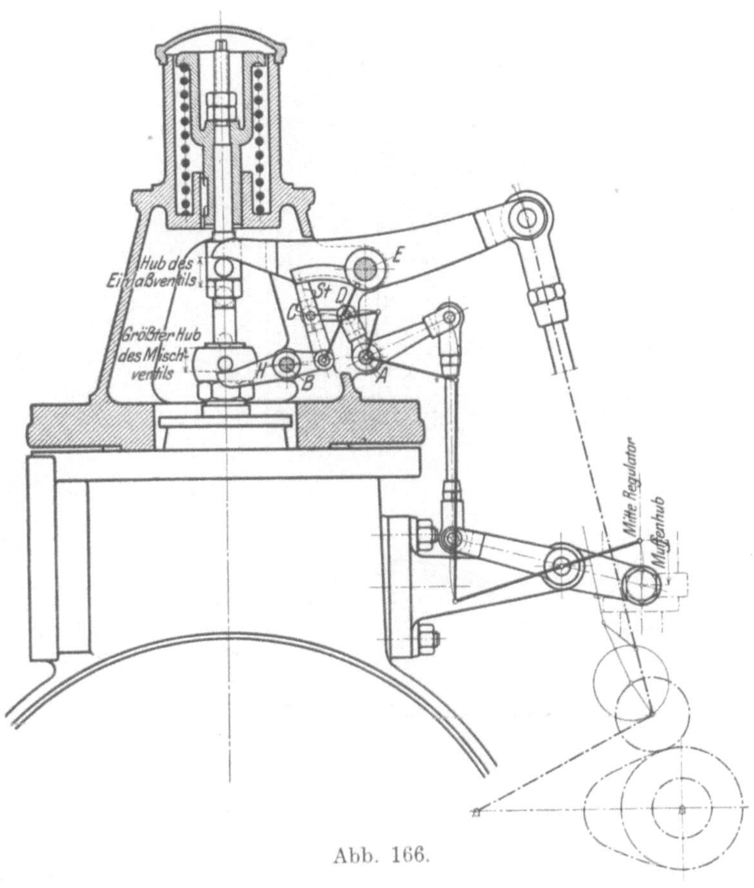

Abb. 166.

γ) Veränderlicher Übertragungsmechanismus.

Wie bereits früher erwähnt, sind unter dieser Gruppe jene Bauarten zusammengefaßt, bei denen der Regulatoreingriff in den nur kraftschlüssigen Mechanismus

Weg, die Bewegungsgesetze der Steuerung mit Hilfe der Mittelpunktkurven der Kreisbogen, aus denen sich die Schubkurve zusammensetzt, zu untersuchen, führt auch bei anderen derartigen Anordnungen am einfachsten zum Ziele. Im Fall der Umkehrung der Verhältnisse (Schubkurve mit unveränderlicher Bahn, Rolle mit veränderlicher Bahn arbeitend, wofür Abb. 431 und 432, S. 357f. Beispiele geben) ist es zweckmäßiger mit Hilfe der Äquidistanten zur Schubkurve zu arbeiten, wie auch bei Behandlung der Schwingdaunen und Nockensteuerungen gezeigt.

verlegt ist, der die Bewegung des Antriebsorgans auf die innere Steuerung überträgt. Dieses, sowie das Übertragungsgestänge erfahren durch den Regulatoreingriff keine Veränderung in ihrer Bewegung.

Eine Unterteilung kommt in dieser Gruppe von Bauarten von selbst dadurch zustande, daß als Antriebsorgan entweder eine unrunde Scheibe oder ein Exzenter auftritt. Die Grundform des „Übertragungsmechanismus" bildet dann im ersten Fall die Schwinge, welche die Bewegung der Stoßstange auf die Ventilspindel überträgt,

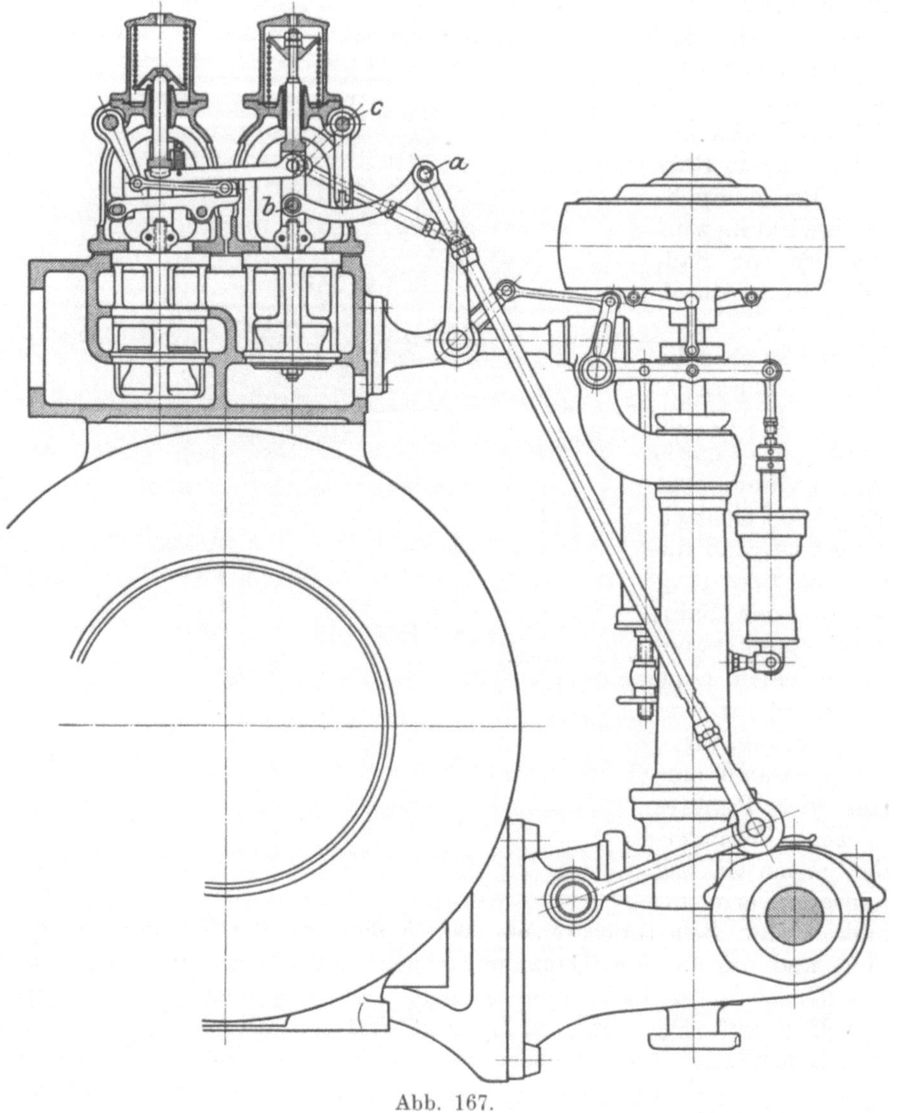

Abb. 167.

im zweiten Fall sind, da sich Schwingdaumen bei solchen Bauarten nicht ausgeführt finden, ausschließlich Wälzhebel in Anwendung. Der durch den Regulator verstellbare Übertragungsmechanismus ist daher in dem einen Falle durch eine Schwingenanordnung mit verändertem Übersetzungsverhältnis, im zweiten Falle durch einen Wälzhebelbetrieb mit veränderlichen Eingriffsverhältnissen der Wälzhebel gegeben.

Schließlich gehören unter die obige Bezeichnung auch noch jene Bauarten, bei denen der Regulator in den Übertragungsmechanismus zwischen äußerer und innerer Steuerung eingeschaltete Elemente verstellt, deren jeweils je nach ihrer Stellung zur Wirkung kommendes Profil eine Veränderlichkeit der Bewegung und damit der Steuerwirkung der inneren Steuerung bedingt. Auch für diese Gruppe ist am Schluß des Abschnittes ein Beispiel gebracht.

Als Beispiel der ersten Gruppe, **Antrieb von einem Nocken,** kann die in Abb. 166[1]) dargestellte, besonders von der Gasmotorenfabrik Deutz vielfach gebaute Steuerung gelten. Misch- und Einlaßventile (s. Abb. 30) sind gleichachsig angeordnet. Die Bewegung des Einlaßventils erfolgt in der üblichen Weise durch Antrieb mittels Stoßstange und Schwinge von einem Nocken aus. Die Bewegung des Mischventils wird von der Bewegung des Einlaßventils dadurch abgeleitet, daß die Einlaßschwinge ihre Bewegung durch Vermittlung der Stelze *St* auf den zweiarmigen Hebel *H* überträgt, der das Mischventil betätigt. Die Stellung der Stelze *St* ist vom Regulator beeinflußt und zwar wird, wie leicht ersichtlich, die Bewegung des Hebels *H* um so größer, je weiter die Stelze nach links steht. Die gezeichnete Stellung des Mechanismus entspricht demnach der größten, die nur durch die Mittellinien angedeutete der kleinsten Füllung. Die Nute in der Einlaßschwinge, auf der die Stelze arbeitet, ist ein Kreisbogen, dessen Mittelpunkt mit dem Drehpunkt der Stelze zusammenfällt, wenn das Mischventil geschlossen ist. Daraus folgt, daß sich bei einer Verstellung der Stelze durch den Regulator die Punkte *M. a.* und *M. z.* nicht ändern, da Einlaßschwinge und Stelze jederzeit im Eingriff stehen und mit dem Beginn der Einlaßbewegung ohne toten Gang auch die Mischventilbewegung sofort beginnt. Veränderlich ist lediglich die Hubhöhe des Mischventils, so daß sich (im vorliegenden Fall Füllungs-) Regelung durch Drosselung über den Hub ergibt.

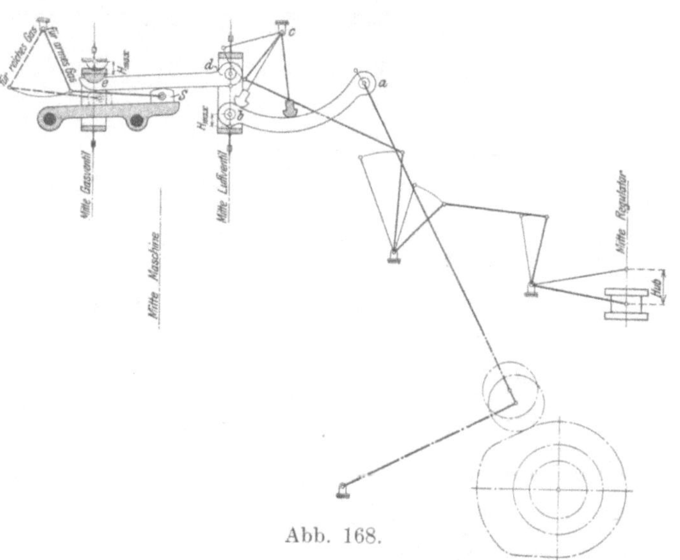

Abb. 168.

Eine andere Anordnung des Stelzeneingriffes ist in Abb. 167[2]) dargestellt. Hier bildet das Stelzenende, das durch ein abgerundetes Stahlstück gebildet wird, direkt den Drehpunkt des Hebels *a b*, der die Bewegung der Stoßstange auf die Luftventilspindel überträgt. Durch die Verstellung der Stelze von rechts nach links wird das Übersetzungsverhältnis verkleinert und dadurch eine Verminderung des Luftventilhubes erreicht. Die Verhältnisse sind deutlich an Hand des Schemas Abb. 168[2]) zu verfolgen. Der Hebel *a b* ist nach einem Kreisbogen geformt, dessen Mittelpunkt mit dem Drehpunkt *c* der Stelze bei geschlossenem Luftventil zusammenfällt, so daß hier ebenfalls Unveränderlichkeit der Eröffnungs- und Abschlußpunkte besteht und die Regelung nur durch Drosseln über den Hub bewirkt wird. Die Bewegung des Luftventils überträgt sich proportional auf das nebenan liegende Gasventil durch den Hebel *d e*, dessen Drehpunkt durch den auf einer festen Gleitbahn ruhenden Sattel *S* gebildet wird. Der Sattel *S* ist von Hand aus verschiebbar, wodurch das Übersetzungsverhältnis zwischen Luft- und Gasventilbewegung in weiten Grenzen

[1]) Maßstab 1 : 8. Zu einer E-50-Generatorgasmaschine von Langen & Wolf in Wien. (Um Raum zu sparen, wurde der Nocken in der Richtung der Stoßstange hinaufgeschoben gezeichnet. In Wirklichkeit liegt die Steuerwelle unter dem Zylindermittel.)

[2]) Maßstab 1 : 15. Zu einer D 8 Maschine der Gasmotorenfabrik Deutz in Köln-Deutz.

verändert werden kann, so daß hierdurch eine einfache Anpassung der Maschine an den Betrieb mit verschiedenen Gasen erreicht ist. Da die für Berührung mit dem Sattel *S* in Betracht kommende Bahn des Hebels *d e* bei geschlossenen Ventilen parallel zur Gleitbahn des Sattels liegt, steht auch die Gasventilsteuerung in jeder Stellung des Sattels ohne Zurücklegung eines toten Ganges sofort zum Eingriff bereit, die Eröffnungs- und Abschlußpunkte des Gasventils fallen jederzeit mit denen des Luftventils zusammen.[1]) Da infolge der getroffenen Anordnung zwischen Luft- und Gasventilhub jederzeit Proportionalität besteht, wobei nur die Proportio-

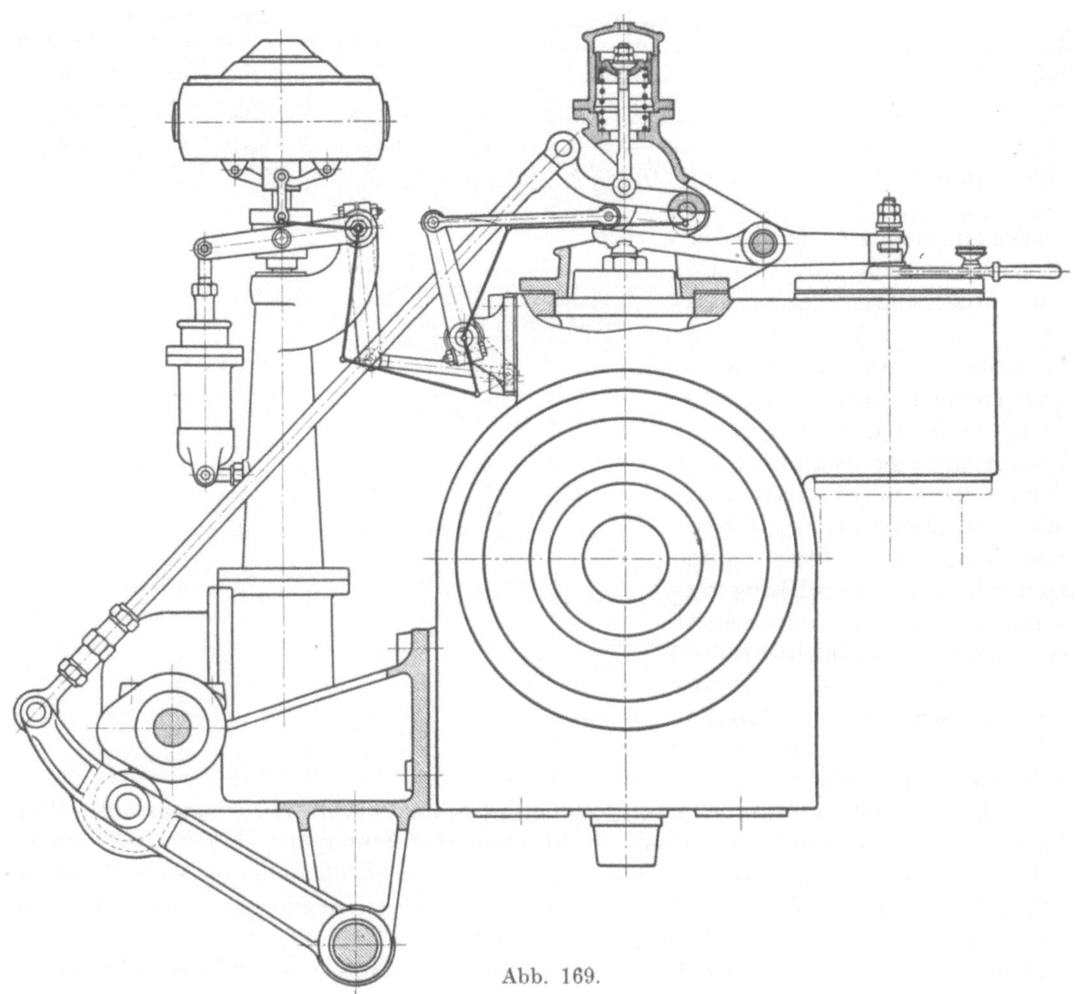

Abb. 169.

nalitätskonstante je nach der Stellung des Sattels *S* veränderlich ist, wird durch die Steuerung Füllungsregelung mit unveränderlichen Eröffnungs- und Abschlußpunkt und Drosseln über den Hub gegeben. (Die Bauart des Nockens ist dadurch bedingt, daß nur eine Mischventilsteuerung für beide Zylinderseiten besteht. Vgl. auch Abb. 71—73 und das daselbst Gesagte.)

[1]) Sollte z. B. eine Vorlagerung von Luft erreicht werden, so ist dies (für alle Gasarten unveränderlich) in einfachster Weise dadurch zu erzielen, daß das Gasventil mit Überdeckung ausgeführt wird. Würde eine Luftvorlagerung nur bei reichen Gasen erzielt werden sollen, so wäre die Bahn des Hebels *d e* in ihrem linken Teil etwas nach oben zu krümmen, wodurch Hebel *d e* und Sattel *S* bei geschlossenem Ventil außer Eingriff kämen und erst ein gewisser toter Gang zurückzulegen wäre, ehe die Eröffnung des Gasventils beginnt.

Die besprochene Verwendung einer verstellbaren Stelze zur Erzielung veränderlicher Steuerwirkung bietet ein einfaches und besonders bei kleineren Maschinen wegen ihrer geringen Herstellungskosten ausgezeichnetes Steuermittel. Allerdings ist der Mechanismus nur für die Aufnahme geringerer Kräfte geeignet, da die Beanspruchung auf Härtefestigkeit an der Berührungsstelle zwischen Stelze und Hebel leicht unzulässig große Werte annimmt und das Auftreten von Kerben in den Hebeln, wozu besonders an den Stellen Gelegenheit ist, die der Stelzenstellung bei einer viel benützten Belastungsstufe entsprechen, unter allen Umständen vermieden werden muß, wenn die Regulierung in der Nähe dieser Belastungsstufen nicht unruhig werden soll.

Vollständig rückdruckfreie Regulierung läßt sich nicht erzielen, da z. B. bei der Anordnung nach Abb. 166 bei der Bewegung der Steuerorgane die Bahn der Stelzenspitze dadurch bestimmt ist, daß der Stelzendrehpunkt in einem Kreisbogen um *B*, Punkt *C* in einem Kreisbogen um *D* geführt ist, während der augenblicklich mit der Stelzenspitze im Eingriff befindliche Punkt des Einlaßhebels einen Kreisbogen um *E* beschreibt. Während der Steuerbewegung tritt demnach zwischen Stelzenspitze und Einlaßschwinge eine relative Bewegung auf, die sich infolge der zwischen Stelzenspitze und Einlaßschwinge auftretenden Reibung in einer Rückwirkung auf den Regulator äußern muß. Etwas Ähnliches ist bei der Anordnung nach Abb. 167 der Fall, wo ebenfalls infolge der geraden Führung des Punktes *b* (Abb. 168) ein gleitfreies Zusammenarbeiten zwischen dem Hebel *a b* und der Stelze nicht möglich ist. Außerdem tritt in beiden Fällen bei stark schiefer Lage der Stelze (z. B. entsprechend der Stellung für kleinste Füllung in Abb. 168) infolge der Kraft der Ventilfeder eine beim Stelzendrehpunkt vorbeigehende Reaktionskraft auf, die sich in einem Rückdruck auf den Regler äußert.

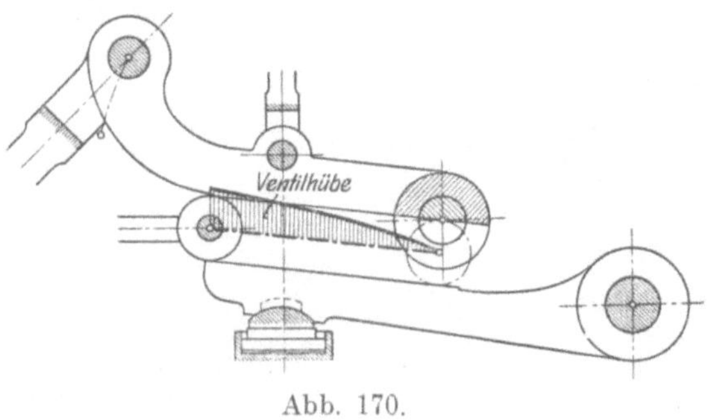

Abb. 170.

Wie bereits aus der soeben behandelten Steuerung ersichtlich, bietet ein zwischen parallelen Hebelflächen verschiebbares Gleitstück ein bequemes Mittel, bei unveränderlichem Antrieb eine veränderliche Bewegung des Ventils zu erzielen. Bei der in Abb. 169[1]) dargestellten Steuerung wird eine Veränderlichkeit der Steuerwirkung dadurch erreicht, daß der vom Nocken direkt angetriebene Hebel seine Bewegung vermittels einer vom Regulator verschiebbaren Rolle auf den Einlaßventilhebel überträgt, der auch das nebenan liegende Mischventil (mit unveränderlichem Übersetzungsverhältnis zwischen Misch- und Einlaßventilbewegung) betätigt. Um Nullfüllung zu erreichen, muß die Rolle mit dem angetriebenen Hebel in dessen festem Drehpunkt zur Berührung kommen, weshalb auch die Nabe und der Bolzen dieses Hebels entsprechend der für die Berührung mit der Rolle in Betracht kommenden Bahn ausgenommen sind. Die Hebelanordnung ist derart getroffen, daß die Bahnen des direkt angetriebenen und des Einlaßhebels, die für die Berührung mit der Rolle in Betracht kommen, zueinander parallel sind, so daß der gesamte Mechanismus unabhängig von der Stellung der Rolle in jedem Moment ohne Zurücklegung eines toten Ganges eingriffsbereit ist, wodurch ebenfalls Unveränderlichkeit der Punkte *E. a.* und *E. z.* (und damit *M.a.* und *M.z.*) erreicht ist.

Beim Entwurf eines derartigen Steuerungstriebwerkes ist zu beachten, daß sich wenn die Lage der einzelnen Hebeldrehpunkte nicht wohl erwogen wird, u. U. leicht

[1]) Maßstab 1 : 12. Zu einer E 50 Generatorgasmaschine der Maschinenfabrik Andritz A.-G. in Andritz bei Graz.

labile Anordnung ergeben kann, die mit Rücksicht auf das richtige Arbeiten der Regulierung selbstverständlich ängstlich zu vermeiden ist. Bewegt sich die Rolle mit sinkender Muffe von rechts nach links, s. Abb. 170[1]), so wird das Übersetzungsverhältnis des oberen Hebels vergrößert, das des unteren jedoch verkleinert, wodurch sich bei unrichtiger Wahl der Hebelpunkte ergeben kann, daß die Verkleinerung des Übersetzungsverhältnisses am unteren Hebel mehr ausmacht, als die Vergrößerung am oberen, wodurch dann labile Anordnung, Verkleinerung des Ventilhubes mit sinkender Muffe erreicht ist. Daß dies bei der gegebenen Anordnung nicht der Fall ist, ist aus Abb. 170 ersichtlich, wo über den einzelnen Stellungen des Rollenmittelpunktes die zugehörigen Einlaßventilerhebungen aufgetragen sind.

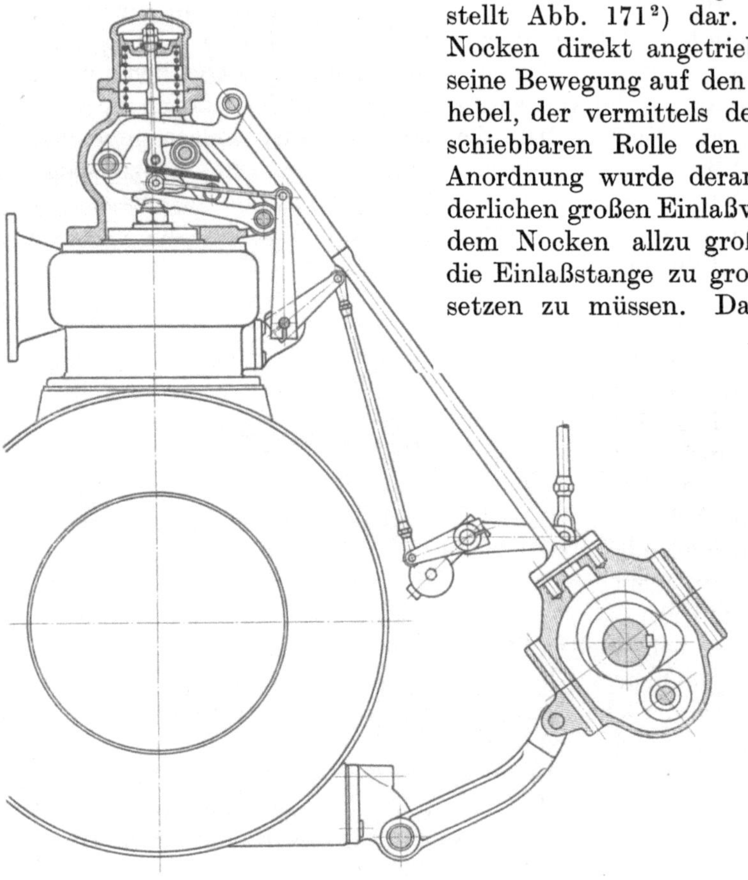

Eine Erweiterung dieser Steuerungsanordnung stellt Abb. 171[2]) dar. Hier überträgt der vom Nocken direkt angetriebene Hebel *a b* (Abb. 172[3]) seine Bewegung auf den um *c* drehbaren Zwischenhebel, der vermittels der vom Regulator aus verschiebbaren Rolle den Einlaßhebel antreibt. Die Anordnung wurde derart getroffen, um die erforderlichen großen Einlaßventilhübe zu erhalten, ohne dem Nocken allzu große Erhebungen geben und die Einlaßstange zu großen Beschleunigungen aussetzen zu müssen. Daß auch hier labile Anordnung vermieden ist, zeigt das in ähnlicher Weise wie in Abb. 170 entwickelte Diagramm der Ventilhübe über den einzelnen Rollenstellungen.

Die vorliegende Bauart mit verschiebbarer Rolle ist auch geeignet größere Kräfte zu übertragen, wenn durch entsprechende Wahl des Rollendurchmessers dafür gesorgt ist, daß die Beanspruchung auf Härtefestigkeit innerhalb der zulässigen Grenze bleibt. Die bei Besprechung der Nockensteuerungen gegebenen Gleichungen (s. S. 158) geben einen Anhaltspunkt für die Beurteilung der auftretenden Beanspruchungen, mit deren Wahl man jedoch zweckmäßig beträchtlich unter den a. a. O. gegebenen Werten bleiben wird, um Eindrücke besonders an viel gebrauchten Regulierstellen zu vermeiden. Während der Dauer der Ventilbewegung ist der Regulator festgehalten, besonders dann, wenn, wie z. B. in Abb. 169, die Bewegung von der Muffe zur Rolle und daher umgekehrt die Kraft von der Rolle zur Muffe stark ins Größere übersetzt wird. Bei der Anwendung dieser Steuerung auf DT Ma-

[1]) Maßstab 1 : 6.

[2]) Maßstab 1 : 20. Einlaßsteuerung einer DZ 8 Generatorgasmaschine der Maschinenfabrik Andritz A.-G. in Andritz bei Graz.

[3]) Maßstab 1 : 6.

schinen wären demnach ähnliche Vorkehrungen zu treffen wie weiter unten erwähnt, um ein dauerndes Festgehaltensein des Regulators bei den einander übergreifenden Zeiten der Ventilbewegung zu vermeiden. Theoretisch arbeitet auch diese Anordnung nicht rückdruckfrei, da während der Ventilbewegung eine geringe relative

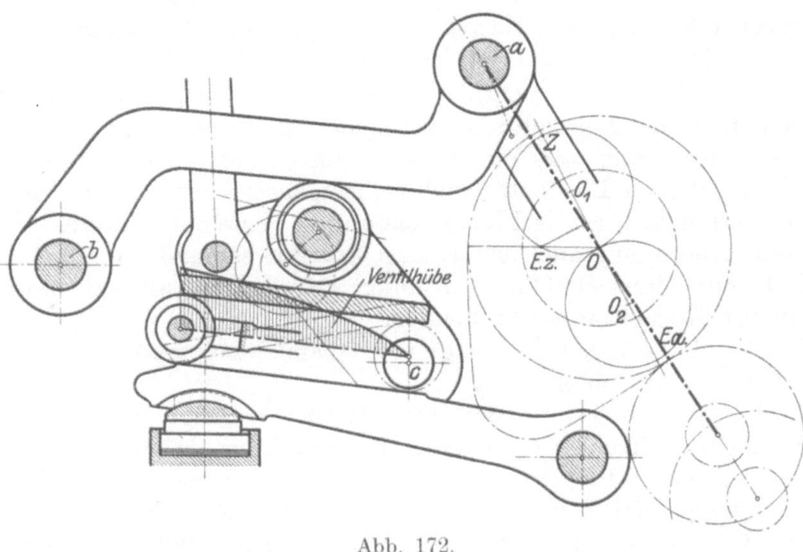

Abb. 172.

Bewegung der Hebelbahnen gegen die Rolle infolge der nicht zusammenfallenden Drehpunkte auftritt, indessen ist diese relative Verschiebung zu klein, um sich bei dem im Regulatorgestänge immer auftretenden toten Gange bis zum Regulator hin bemerkbar zu machen.

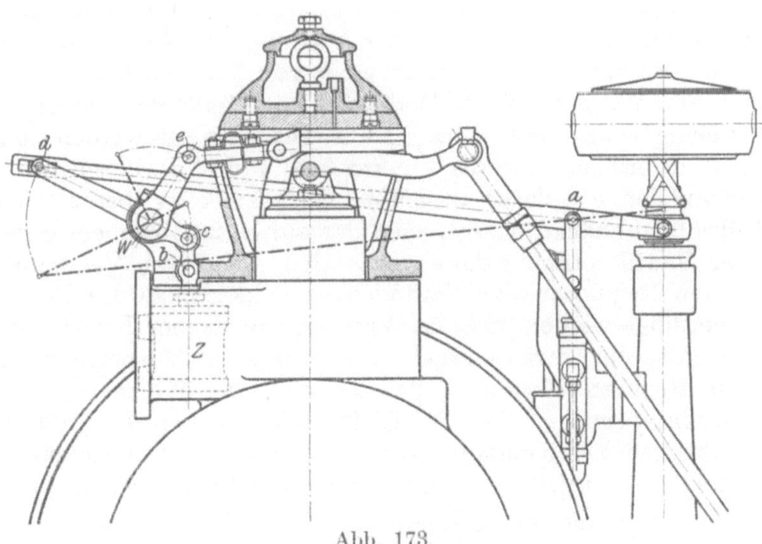

Abb. 173.

Als erstes Beispiel der zweiten Gruppe, **Bauarten mit veränderlichem Wälzhebelbetrieb** sei zunächst die in Abb. 173[1]) dargestellte Steuerung besprochen. Die dem Wälzhebelbetrieb zugrunde liegende Anordnung bildet die Verwendung eines Wälzhebels mit zwei beweglichen Drehpunkten, der hier auf einer vom Regu-

[1]) Maßstab 1 : 15. Zu einer E Maschine der Aktiengesellschaft Görlitzer Maschinenbau-Anstalt und Eisengießerei in Görlitz.

lator verstellten Wälzbank arbeitet. Diese wird durch ein in einer Gleitbahn geführtes Stück gebildet, zu dessen Verschiebung eine im Verbrennungskraftmaschinenbau sonst nur sehr wenig verwendete indirekte Reguliervorrichtung mit starrer Rückführung dient. Man erkennt aus der Abbildung die bei *a* an den Regulator angelenkte Vorsteuerung sowie den Steuerzylinder *Z*, der vermittels einer kurzen Schwinge *b c* und des Hebels *c W* die (bei D Maschinen durchlaufende) Regulierwelle *W* verstellt und durch den Hebel *W d* die Rückführung betätigt.

Während der Dauer der Ventilbewegung ist die Wälzbank festgehalten. Um ein Festgehaltensein des Regulators zu vermeiden, greift der Hebel *W e* an der Wälzbank mittels einer Stange an, die aus zwei durch Blattfedern verbundenen Teilen besteht und infolge deren Elastizität auch bei festgehaltener Wälzbank eine Bewegung des Regulators ermöglicht ist. Mit Rücksicht auf die verwendete indirekte Regulierung erscheint diese Anordnung auch bei E Maschinen zweckmäßig, bei DT Maschinen ist sie, wie bereits öfters erwähnt, unbedingt erforderlich, um ein dauerndes Festgehaltensein des Regulators zu vermeiden.

Der Antrieb des Wälzhebels erfolgt von einem Bügelpunkt des Auslaßexzenters mit auf Druck beanspruchter Stange.

Durch die Steuerung wird das Einlaßventil betätigt, das aus einem Gasventil und einem Luftschieber besteht. Hierdurch ist Füllungsregelung bedingt, die im wesentlichen durch Drosseln über den Hub erzeugt wird. Erst bei ganz kleinen Belastungen rücken infolge des sich dann stärker geltend machenden Spiels zwischen den Wälzhebeln die Punkte *E. a.* und *E. z.* auch mehr und mehr zusammen. Selbstverständlich ist bei der erwähnten Wälzhebelanordnung durch geeignete Formgebung der Wälzhebel jede beliebige Veränderlichkeit der Steuerwirkung zu erreichen. Wird z. B. das wirksame Profil der verschiebbaren Wälzbank als eine zu ihrer Führung parallele Gerade angenommen, die erst an ihrem Ende in die Abrundung der Endkurve übergeht, so bleiben die Punkte *E. a.* und *E. z.* vollkommen unveränderlich, da bei einer Stellung des Exzenters entsprechend dem Punkt *E. a.* der Wälzhebelbetrieb unabhängig von der Stellung der verschiebbaren Wälzbank eingriffsbereit ist; ist die Wälzbank nach einer von links nach rechts aufsteigenden Kurve geformt, so muß, je weiter die Wälzbank nach links verschoben ist, ein um so größerer toter Gang vom Punkt $E.a._{max}$ aus zurückgelegt werden, um die Wälzhebel in Eingriff zu bringen, und die Punkte *E. a.* und *E. z.* rücken um so näher zusammen. Der auf den Regulator ausgeübte Rückdruck ist ebenfalls von der Wahl der Wälzhebelprofils abhängig u. zw. nach der auf S. 22 allgemein gegebenen Regel im Moment der Ventileröffnung dann vorhanden, wenn eine Verstellung des Gleitstückes durch den Regulator eine Veränderung in der Lage des Punktes *E. a.* zur Folge hat. Allerdings werden sich bei Verwendung flacher Kurven stets derartige Reibungsverhältnisse im Getriebe ergeben, daß dieses selbstsperrend wirkt und den Rückdruck vom Regulator fernhält. Bei der Wahl der Wälzhebelprofile wird man zweckmäßig davon ausgehen, diese für größte Füllung (wo die größten Ventilhübe und daher die größten Beschleunigungswerte auftreten) wunschgemäß zu entwerfen und die Bewegungsverhältnisse bei einigen anderen Stellungen nachprüfen.

Abb. 174/75[1]) zeigt eine andere Anordnung eines Wälzhebeltriebs mit Verwendung eines Wälzhebels mit zwei beweglichen Drehpunkten und einer vom Regulator verstellbaren Wälzbank *b*. Diese ist einerseits im Punkt a_1 drehbar gelagert und stützt sich in einer zylindrischen Fläche auf eine Rolle, die in einem mit der Regulierwelle verstellten Hebel gelagert ist. Der Mittelpunkt der zylindrischen Fläche an der Wälzbank liegt außerhalb des Regulierwellenmittelpunktes, so daß die Wälzbank gesenkt

---

[1]) Maßstab 1 : 7. Zur Gasventilsteuerung einer DT Maschine der Maschinenfabrik Augsburg-Nürnberg A.-G., Nürnberg. (Ältere, nicht ausklinkende Steuerung.)

wird, wenn sich die Regulierwelle im Sinne des Uhrzeigers dreht, wie strichpunktiert angedeutet. Bei geschlossenem Ventil fallen die Drehpunkte a_1 der Wälzbank b und a des Wälzhebels h zusammen, weshalb die Wälzbank gegabelt ausgeführt ist.

Die Veränderlichkeit der Steuerwirkung, durch die Gemischreglung erzielt wird, da nur das Gasventil veränderlich gesteuert wird, besteht im wesentlichen in einer Drosselung über den Hub, wobei sich mit abnehmender Belastung allerdings auch die Dauer der Ventilerhebung etwas veringert, wie aus dem in die Abbildung eingetragenen Diagramm ersichtlich, das die Punkte *M. a.* und *M. z.* für beide gezeich-

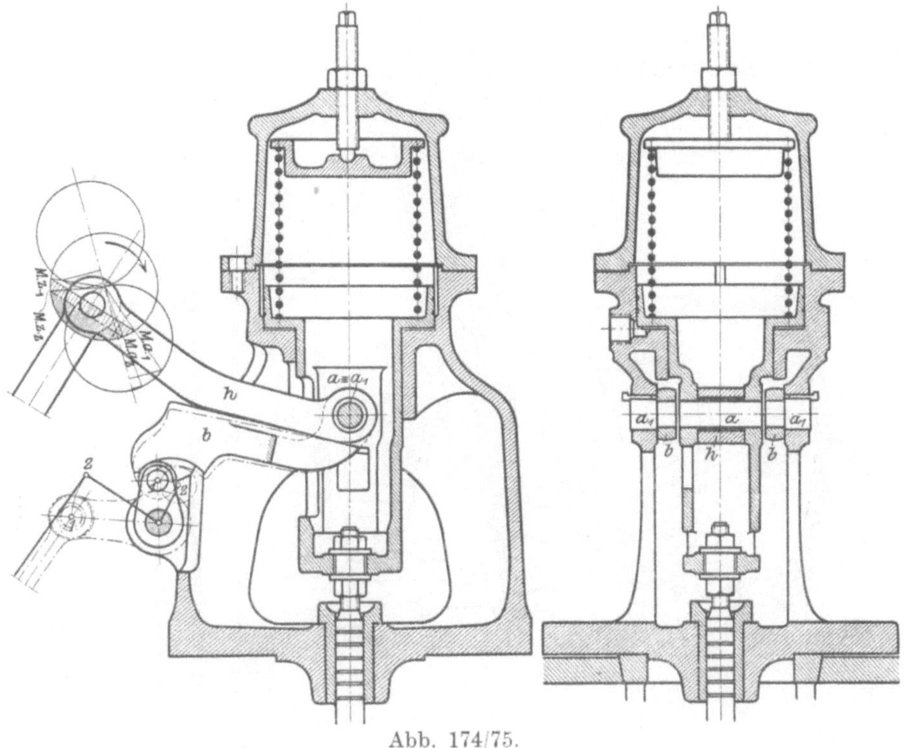

Abb. 174/75.

nete Stellungen des Triebwerkes enthält. Daß eine gewisse Verschiebung der Punkte *M. a.* und *M. z.* auftritt, rührt daher, daß die Anlaufkurve des Wälzhebels h aus einem zum Punkt a exzentrisch gelegenen Kreisbogen besteht, weshalb sich, wenn z. B. der Wälzhebel in den gezeichneten Lagen entsprechend dem Punkte *M.a.* steht, bei der strichpunktiert gezeichneten Stellung der Wälzbank bereits ein toter Gang ergibt, der zurückgelegt werden muß, ehe die Wälzhebel zum Eingriff kommen. Aus diesem Grund ist nach dem auf S. 22 Gesagten die Anordnung nicht rückdruckfrei, was übrigens in einfachster Weise auch daraus erhellt, daß die Auflagereaktion zwischen Rolle und Wälzbank ein Drehmoment um die Regulierwelle ergibt, das auf den Regulator übertragen wird. Durch die Einschaltung der Rolle, auf die sich die Wälzbank stützt, ist die Reibung so weit vermindert, daß auch während der Dauer der Ventilbewegung eine Verstellung der Wälzbank durch den Regulator möglich ist. (Eine verwandte Anordnung mit Ausklinkung ist weiter unten, s. S. 208f. behandelt.)

Bei der in Abb. 176/77[1]) dargestellten Steuerung ist der verstellbare Wälzhebelbetrieb aus der Grundform der Wälzhebel mit festem Drehpunkt entwickelt. Der

[1]) Maßstab 1 : 10. Misch- und Einlaßsteuerung einer DT 13 Maschine der Maschinenfabrik Augsburg-Nürnberg A.-G. in Nürnberg. („Neue Steuerung".)

treibende Wälzhebel macht eine unveränderliche Bewegung, die durch seinen Antrieb von einem Bügelpunkt des Auslaßexzenters bestimmt ist (vgl. Abb. 96). Der getriebene Wälzhebel trägt einen vom Regulator verstellbaren Gleitbacken, der mit dem treibenden Hebel je nach seiner Stellung mehr oder weniger in Eingriff kommt,

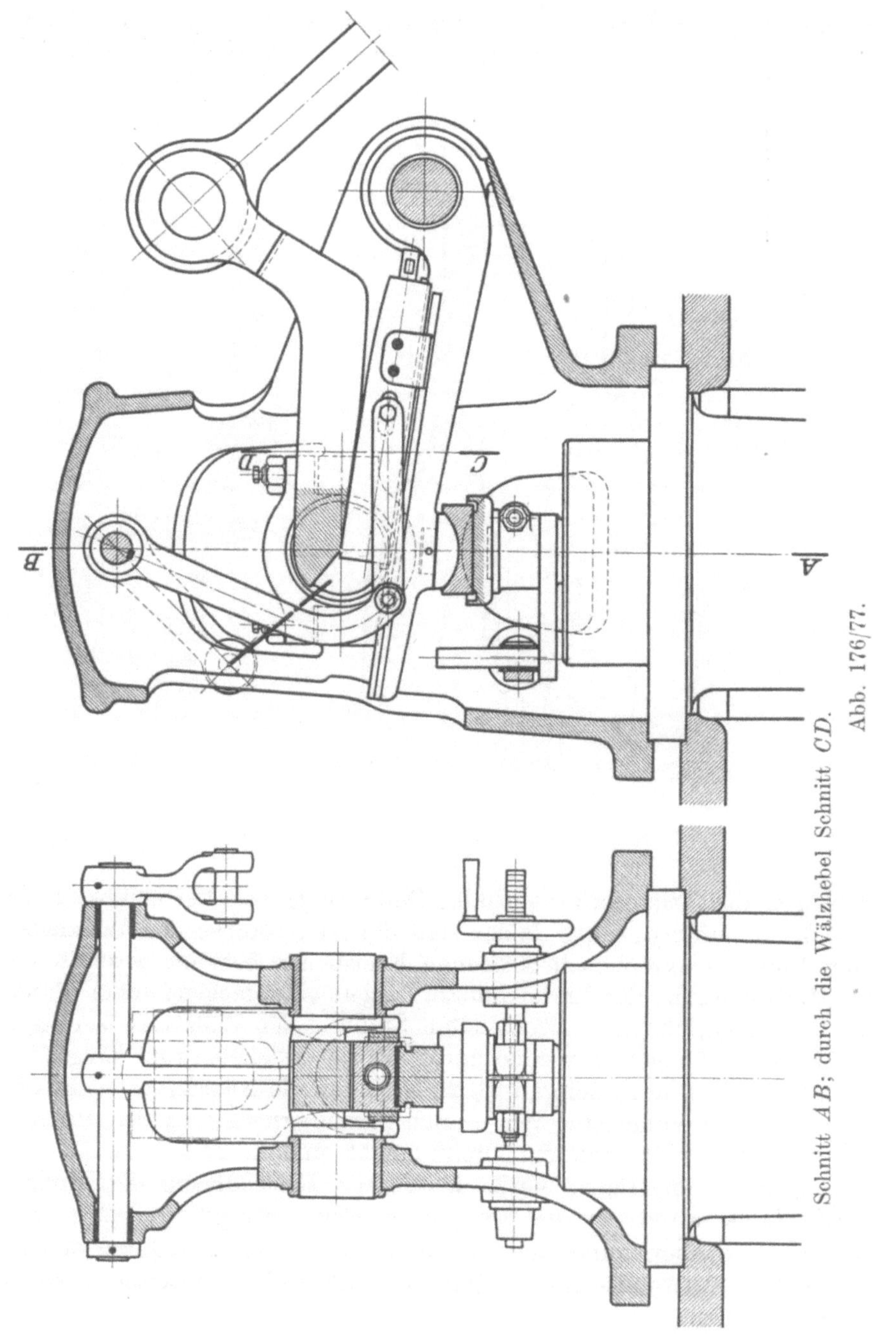

Abb. 176/77. Schnitt AB; durch die Wälzhebel Schnitt CD.

wodurch eine Veränderung des Ventilhubes erreicht ist. Der Regulator arbeitet auf eine Regulierwelle, von der einzelne Stangen vermittels Hebel die in den Ventilhauben oben gelagerten Wellen und damit durch Lenker- und Zugstange das Gleitstück verstellen.

Für die Beurteilung der Wirkungsweise des Wälzhebeltriebes ist das bei Besprechung der Steuerung der Görlitzer Maschinenbau-Anstalt Gesagte (s. S. 198) maßgebend. Im vorliegenden Fall wird ebenfalls im wesentlichen nur die Größe und erst bei kleinen Belastungsstufen auch die Dauer der Ventilerhebung verändert, womit sich bei Verwendung des früher beschriebenen Misch- und Einlaßventils (s. Abb. 47/48 S. 71) das auf S. 55 geschilderte gemischte Regelungsverfahren ergibt.

Da während der Dauer der Ventilbewegung hier ebenfalls ein Festgehaltensein des Regulators auftritt, ist auch hier ein elastisches Zwischenglied in das Reguliergestänge eingebaut, dessen Einzelheiten aus Abb. 178/79[1]) ersichtlich sind, wo das Gleitstück in größerem Maßstab gezeichnet ist. Die Zugstangen greifen nicht direkt am Gleitstück selbst an, sondern an einem Zapfen, der in einem im Inneren des ausgebohrten Gleitstückes befindlichen Bolzen steckt. Bei dessen Verschiebung wird eine der in der Höhlung des Gleitstückes untergebrachten Federn gespannt, die somit, solange das Gleitstück festgeklemmt ist, die Regulatorarbeit aufspeichert und erst nach Beendigung der Ventilbewegung an das Gleitstück weitergibt. Die Vorspannung der Feder muß selbstverständlich so gewählt werden, daß sie einerseits hinreicht, das Gleitstück zu verschieben, andererseits aber keine allzu starke Rückwirkung auf den Regulator ausübt. Bei den neuesten Ausführungen ist das Gleitstück auf Rollen gelagert, um die bei der Verstellung auftretende Reibung zu vermindern.

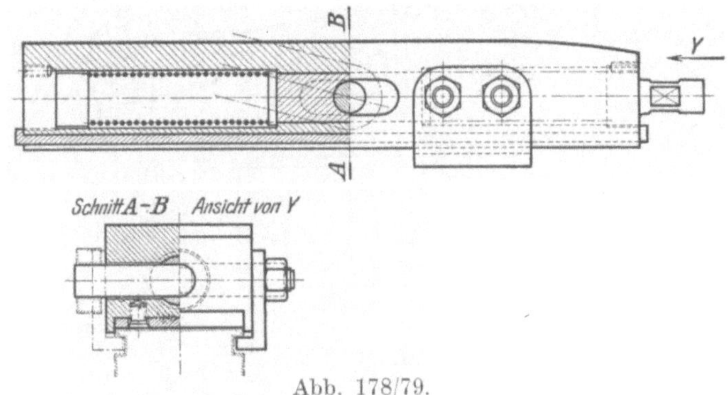

Abb. 178/79.

Als Beispiel der letzten Gruppe, **Verstellung profilierter Körper** im Übertragungsmechanismus sei die in Abb. 180—82[2]) dargestellte Steuerung betrachtet. Misch- und Einlaßventil liegen achsengleich (vgl. Abb. 31/32, S. 66), werden jedoch getrennt gesteuert. Die Betätigung des Einlaßventils erfolgt vom Einlaßexzenter in der üblichen Weise durch Wälzhebel mit festem Drehpunkt. Die Bewegung des Mischventils wird von der des Einlaßventils dadurch abgeleitet, daß der getriebene Wälzhebel als zweiarmiger Hebel ausgebildet ist und vermittels des vom Regulator verstellbaren Daumens D die Schwinge S und die mit dieser durch zwei kurze Stangen verbundene Mischventilspindel antreibt. Durch Ausgestaltung des Mischventils ist Füllungsregelung bedingt, die bei der erwähnten Steuerungsanordnung durch Veränderung sowohl der Größe als auch der Dauer der Ventilerhebung erreicht wird. Das Getriebe ist in der dem Punkt $E.a.$ und größter Füllung entsprechenden Stellung gezeichnet, wo im Punkt $E.a.$ auch der Mischventilantrieb bereits eingriffsbereit ist, so daß die Punkte $M.a.$ und $E.a.$ (und ebenso natürlich $M.z.$ und $E.z.$) zusammenfallen. Verkleinerung der Füllung wird dadurch bewirkt, daß der Regulator den Daumen D nach links verschiebt, wodurch zwischen diesem und der Rolle des angetriebenen Wälzhebels ein toter Gang entsteht, der erst zurückgelegt werden muß, ehe der Punkt $M.a.$ eintritt. Nach der auf S. 22 angegebenen allgemeinen Regel ist die Steuerung daher im Punkt $M.a.$ nicht rückdruckfrei. Für weitgehende

[1]) Maßstab 1 : 5.

[2]) Maßstab 1 : 12. Zu einer DT 12 Gichtgasmaschine der Gutehoffnungshütte, Aktienverein für Bergbau und Hüttenbetrieb, Obernhausen (Rheinland).

Einstellbarkeit von Hand aus ist Sorge getragen, da sowohl die Achsen des den Daumen führenden Hebels H in exzentrisch gebohrten Büchsen gelagert sind, als

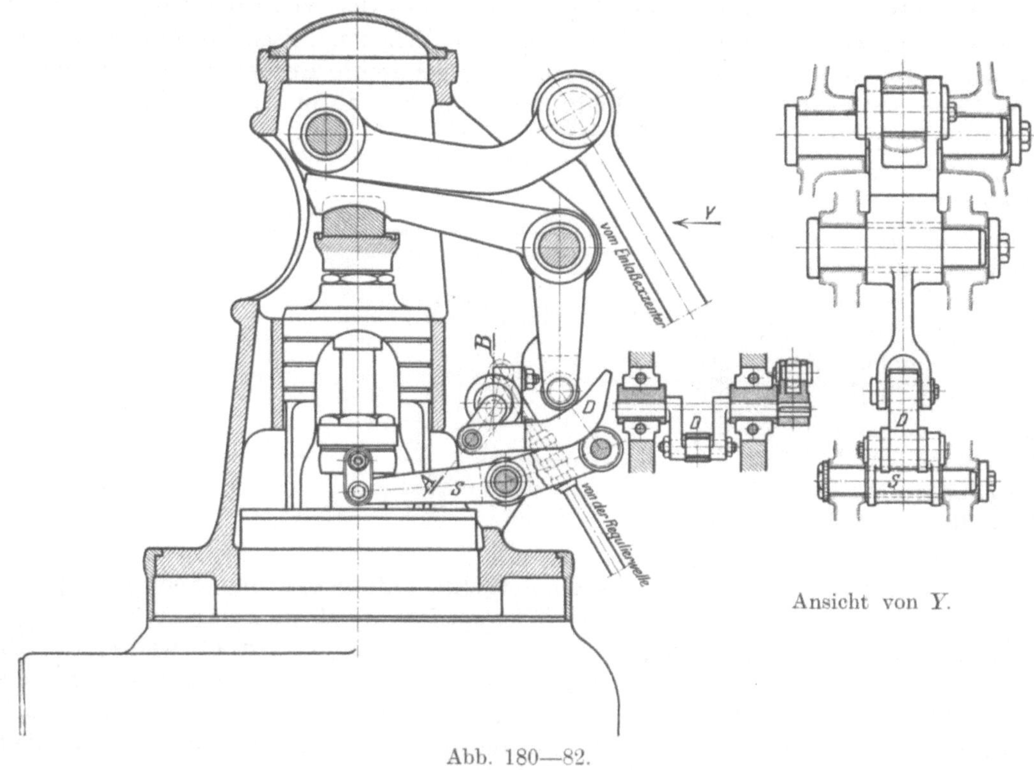

Abb. 180—82.

auch die Achse der Schwinge S durch einen exzentrischen Bolzen gebildet wird, der mit einem geränderten Knopf versehen ist und genaue Zurichtung gestattet.

d) Bauarten mit Ausklinkung.

Wie bereits oben (s. S. 181) erwähnt, unterscheiden sich die in dem vorliegenden Abschnitt zu behandelnden Bauarten mit Ausklinkung von den zwangläufigen dadurch, daß nicht, wie bei diesen, die Stellung der äußeren Steuerung während des ganzen Hubes für die Stellung des Steuerorgans eindeutig bestimmend ist, sondern daß dies nur während eines Teiles der Ventilbewegung, der Anhubbewegung zutrifft, während sich die Schlußbewegung des Steuerorgans nur unter dem Einfluß der auf das Steuerorgan wirkenden Feder- (und Puffer-) Kräfte vollzieht, unabhängig von der gleichzeitigen Bewegung der äußeren Steuerung. Um dieses Ziel zu erreichen, ist es erforderlich, im Augenblick der Beginnes der Schluß- (Fall-) Bewegung des Steuerorgans eine Trennung in der kinematischen Kette des Antriebsmechanismus sich vollziehen zu lassen, wozu eben die erwähnten Ausklinkungen verwendet werden. Beabsichtigt wird durch die Verwendung ausklinkender Bauarten ganz allgemein eine sehr rasche Bewegung des Steuerorgans zu erzielen, die durch die Verwendung zwangläufiger Bauarten, wo bei einer sehr raschen Bewegung des Steuerorgans der ganze äußere Antriebsmechanismus mit beschleunigt werden müßte, nicht zu erreichen ist. Praktisch verläuft zwischen dem Moment der Ausklinkung und dem Erreichen der Ruhestellung des Steuerorgans immerhin eine gewisse Zeit, deren Dauer von der wirkenden Schlußkraft und der Einstellung des stets anzuwendenden Puffers bedingt ist (vgl. hierzu das auf S. 166 über die Berechnung der Schlußfedern und das auf S. 173 über Luftpuffer Gesagte). Da dieser Zeitraum indessen praktisch stets sehr klein ist, kann er theoretisch ~ 0 angenommen und daher der Moment der Ausklinkung mit dem tatsächlichen Eintreten der gewünschten Steuerwirkung gleichgesetzt werden. Aus diesem Grund soll in folgendem auch stets in den Diagrammen der Moment der Ausklinkung als Eintrittspunkt der dadurch verursachten Steuerwirkung angemerkt werden.

Abb. 183.

Die Anordnung einer ausklinkenden Steuerung in der Art, wie sie auch bei den Dampfmaschinen üblich und dort als Bauart mit „frei fallender Klinke" weit verbreitet ist, ist aus Abb. 183[1]) ersichtlich (vgl. auch Abb. 92/93 u. 148, S. 111 u. 173). Die von einem Punkt des Auslaßexzenters abgeleitete und durch eine Schwinge in das Kleinere übersetzte Bewegung des Punktes *a*, der durch einen Lenker in einem Kreisbogen geführt ist, überträgt sich auf den im Punkt *a* aufgehängten „aktiven Mitnehmer", die sogenannte Klinke, die sich während eines Teiles der Abwärtsbewegung des Punktes *a* auf den eigentlichen Ventilhebel, den „passiven Mitnehmer" stützt und diesem und dadurch dem Ventil ihre Bewegung mitteilt. Während der Abwärtsbewegung des Punktes *a* tritt nun eine relative Ver-

[1]) Maßstab 1 : 15. Mischventilsteuerung einer DT 11 Gichtgasmaschine von Schüchtermann & Kremer in Dortmund.

schiebung des aktiven gegen den passiven Mitnehmer ein, indem eine Fortsetzung F der Klinke gegen die Rolle R stößt, wodurch die Klinke nach außen gedrängt

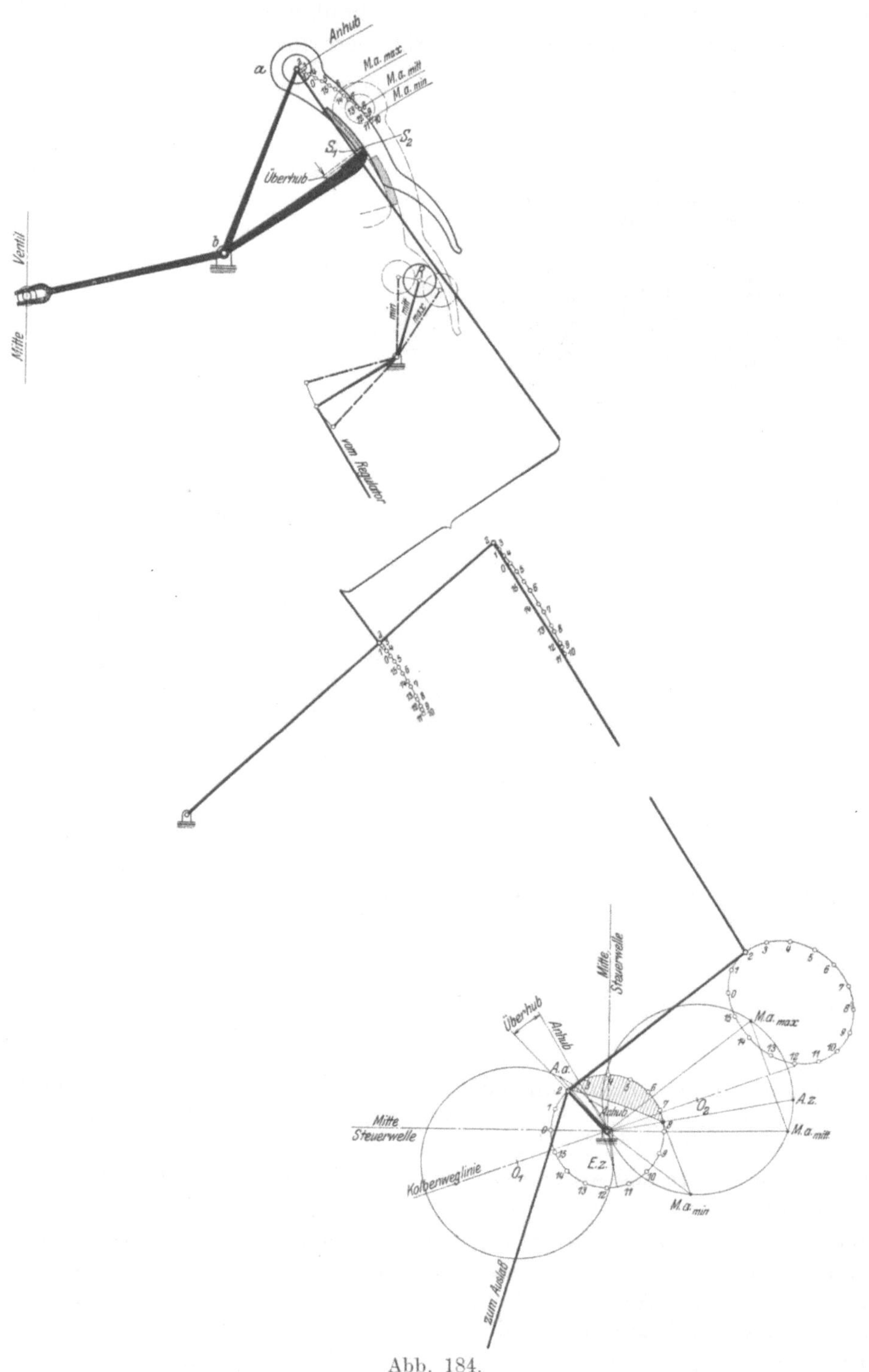

Abb. 184.

wird. Hierdurch kommen die Schneiden S_1 des aktiven und S_2 des passiven Mitnehmers außer Berührung, der passive Mitnehmer wird freigegeben und das Ventil vollführt, nurmehr unter dem Einfluß der Schlußkraft stehend, die Schlußbewegung. Um eine Veränderlichkeit des Momentes der Ausklinkung und damit der Steuerwirkung zu erreichen, ist die Stellung der Rolle R vom Regulator abhängig gemacht derart, daß, je weiter R nach rechts steht, desto früher die Ausklinkung erfolgt. In Abb. 183 ist der Mechanismus in der Stellung gezeichnet, wo die Klinke gerade aufgesetzt hat und die Anhubbewegung des Ventils beginnt.

Deutlicher werden die Verhältnisse in der schematischen Abb. 184[1]), wo der Mechanismus, um die einigermaßen verwickelten Antriebsvorrichtungen übersehen zu können, im Punktschema untersucht ist. Hier ist der passive Mitnehmer ebenfalls in der der Ruhestellung des Ventils entsprechenden Stellung, die Klinke jedoch in der höchsten Lage eingezeichnet, die sie einnehmen kann. Ferner ist auch strichliert die Stellung der Klinke für den Moment der Ausklinkung eingetragen, wobei eine Mittelstellung des Regulators entsprechend der voll ausgezogenen Stellung der Rolle R angenommen ist. In die Bahn des Punktes a sind dessen Stellungen im Moment des Ausklinkens für die drei in der Abbildung angedeuteten Rollenstellungen eingetragen und die Übertragung in das Steuerungsdiagramm vorgenommen.

Zu bemerken ist, daß im vorliegenden Fall durch die Ausgestaltung der inneren Steuerung (s. Abb. 37/38 S. 68 und das daselbst Gesagte) nicht eine Veränderlichkeit des Punktes *M. z.*, sondern verschiedene Lagen des Punktes *M. a.* erreicht sind, entsprechend dem durch die vorliegende Bauart verwirklichten Reinhardtschen Regelungsverfahren (s. S. 53).

Von grundlegender Wichtigkeit für den Entwurf einer Ausklinksteuerung ist die Wahl des Aufsetzpunktes bzw. die Größe des „Überhubes" des aktiven Mitnehmers über den passiven. Für die Wahl dieses Überhubes, dessen Größe aus Abb. 184 ersichtlich ist, wo auch der während des Überhubes zurückgelegte Exzenterweg im Exzenterkreis eingetragen erscheint, ist in erster Linie die Forderung maßgebend, daß auch bei eingetretener Abnutzung und der dadurch bedingten Nachstellung des Steuerungstriebwerkes sicherer Eingriff stattfindet und daß auch die Klinke genügend Zeit besitzt, einzufallen und voll aufzusetzen. Andererseits darf der Überhub auch nicht zu groß gewählt werden, da die Geschwindigkeit der Klinke nur in der Nähe der Umkehrpunkte ihrer Bewegung sehr klein ist, und größere Geschwindigkeiten beim Auftreffen der Klinke auf den passiven Mitnehmer und damit stärkere Stöße vermieden werden müssen. Im allgemeinen wird bei normalen Größen der Exzentrität ein Überhub von 1,5 bis 2 mm als ausreichend und zulässig anzusehen sein.

Hierdurch ist demnach die Stellung des Exzenters für den Moment des Anhubes festgelegt, was bei den Dampfmaschinensteuerungen erwünscht ist, da bei diesen der Moment des Anhubes entweder mit dem Augenblick der Voreinströmung zusammenfällt oder aber (bei Ventilen mit Überdeckung und Kolbenschiebern) vom Augenblick der Voreinströmung durch eine unveränderliche Zeitstrecke geschieden ist. Im Gasmaschinenbau ist jedoch in der Regel eine Veränderlichkeit des Punktes *M. a.* erwünscht (s. S. 44), weshalb eine direkte Übertragung der Steuerungsanordnung in der Regel nicht zulässig ist.

Im vorliegenden Fall ist, wie bereits erwähnt, dieser Eigentümlichkeit dadurch Rechnung getragen, daß die Lage des Anhubpunktes für die Steuerwirkung direkt überhaupt nicht in Betracht kommt und die Eröffnung des Mischorgans erst durch die Ausklinkung bewirkt wird. Das Ende der Gemischeinströmung wird überhaupt nicht durch das Mischorgan gesteuert, sondern durch den Punkt *E. z.* bestimmt.

Die Beurteilung der Veränderlichkeit der Steuerwirkung ist in einfachster Weise durch Ausmittlung der Bahnen der Schneiden S_1 der aktiven und S_2 des passiven

---

[1]) Maßstab 1 : 7,5.

Mitnehmers möglich, wobei als allgemein gültige Regel festzuhalten ist, daß der jeweilige Schnittpunkt der Bahnen der Schneiden für den Moment der Ausklinkung bestimmend ist. In der behandelten Steuerung ist die Bahn der Schneide S_2 ein Kreisbogen um den Punkt *b*, die Bahn von S_1 durch die Formgebung des Fortsatzes *F* und die jeweilige Stellung der Rolle bedingt. Um die Abbildung nicht undeutlich zu machen, sind die verschiedenen Bahnen von S_1 nicht eingetragen, hingegen ist die Veränderlichkeit der Steuerwirkung an Hand des Diagrammes Abb. 185[1]) zu überblicken, wo zu den Muffenhüben als Ordinaten die zugehörigen Lagen des Punktes *M. a.* in v. H. Kolbenweg als Abszissen eingetragen sind. Wie ersichtlich, liegt *M. a.* bei Vollast 10 v. H. vor und bei Leerlauf 70 v. H. nach Totpunkt[2]).

Zur Anordnung der in Abb. 183 dargestellten Steuerung ist zu bemerken, daß ein sicheres Einfallen der Klinke durch Anordnung einer Feder gewährleistet wird, die in einer um *c* schwingenden Federbüchse angeordnet und in ihrer Wirkung durch einen kleinen Puffer gedämpft ist. Die gesamte Anordnung des Steuerungstriebwerkes ist in eine Ebene umgeklappt aus Abb. 186[3]) ersichtlich.

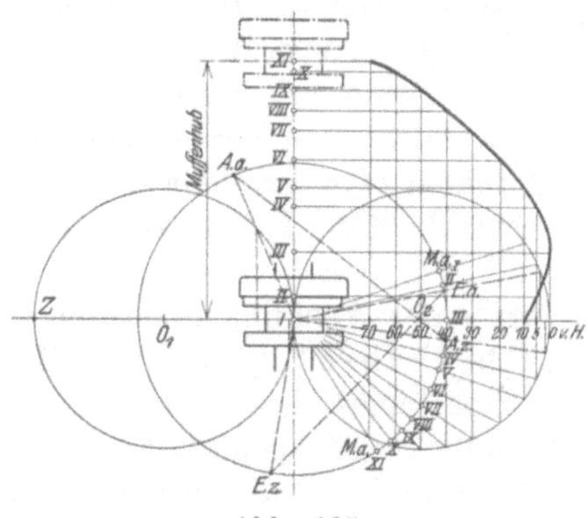

Abb. 185.

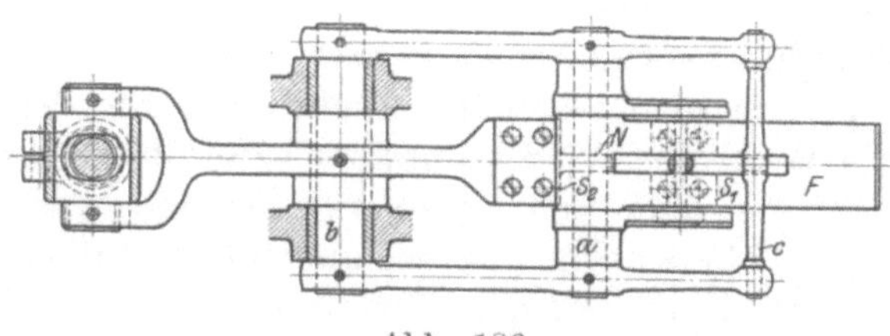

Abb. 186.

Die Schneiden der Klinke und des pasiven Mitnehmers sind, um die Abnützung auf das erreichbarste Mindestmaß herabzusetzen, wie üblich mit glashart gemachten Stahlstücken versehen. Um ein Hängenbleiben des Mischorgans zu verhindern, das bei Federbruch oder Verunreinigung im Luftpuffer u. U. eintreten könnte und bei teilweise entlasteter Maschine zu einem Durchgehen Anlaß gäbe, besitzt der passive Mitnehmer eine Nase *N*, die in einen entsprechend geformten Schlitz der Klinke eingreift (Abb. 186), wodurch beim Aufwärtsgang der Klinke der passive Mitnehmer bei steckenbleibendem Mischschieber mitgenommen und dieser vor Eröffnung des Einlaßventils in die Abschlußlage gebracht wird.

Bei der in Abb. 187[4]) und schematisch in Abb. 188[5]) dargestellten Steuerung ist der Regulatoreingriff in den Mechanismus verlegt, der die Übertragung der Bewegung des passiven Mitnehmers auf die Ventilspindel besorgt, um trotz unveränderlichen Überhubes Veränderlichkeit des Punktes *M. a.* zu erreichen. Wie ersichtlich, treibt hier der passive Mitnehmer nicht direkt das Ventil an, sondern ist als Winkelhebel ausgestaltet, dessen anderer Schenkel erst vermittels einer Rolle den mit einer gehärteten Stahlplatte versehenen Ventilhebel antreibt. Da somit der passive Mit-

[1]) Maßstab 1 : 4.

[2]) Daß diese (theoretisch) noch 30 v. H. betragende Füllungsstrecke kein Durchgehen der Maschine im Leerlauf bedingt, ist daraus erklärlich, daß der Mischschieber immerhin eine gewisse Zeit braucht, um seinen Weg zurückzulegen, und die tatsächliche Füllungsstrecke daher wesentlich kleiner ausfällt, was zusammen mit dem Umstand, daß Luft und Gas erst beschleunigt werden müssen, eine verhältnismäßig sehr geringe Gasmenge in den Zylinder gelangen läßt.

[3]) Maßstab 1 : 10.

[4]) Maßstab 1 : 10. Gasventilsteuerung einer DT 12 Maschine von Haniel & Lueg in Düsseldorf-Grafenberg (das zugehörige Gasventil ist in Abb. 44—46, S. 70 dargestellt).

[5]) Maßstab 1 : 5.

nehmer stets dieselbe durch die Bewegung der Klinke bedingte Bahn beschreibt, sind die Verhältnisse der Steuerwirkung, soweit sie den Klinkenmechanismus betreffen, besonders übersichtlich zu verfolgen. In Abb. 188 sind die unveränderlichen Bahnen der steuernden Schneiden S_1 des aktiven und S_2 des passiven Mitnehmers eingetragen, deren Schnittpunkt *s* den somit ebenfalls unveränderlichen Punkt der Ausklinkung darstellt. Die Bahn von S_2 ist ein Kreisbogen um den Drehpunkt *b* des passiven Mitnehmers. Die Bahn der Schneide S_1 ist dadurch bedingt, daß einerseits der Aufhängepunkt *a* der Klinke einen Kreisbogen um *b* beschreibt, während ein (durch exzentrische Lagerung etwas nachstellbarer) Stift *St* in der gegabelten Exzenterstange bei deren Abwärtsbewegung die relative Bewegung der Klinke gegenüber dem passiven Mitnehmer bedingt. Da die Exzenterstange gegenüber den sonstigen Abmessungen des Steuerungstriebwerkes sehr lang ist, kann sie ohne nennenswerten Fehler als ∞ lang angesehen und als Bahn der Schneide S_1 ein zur Bahn von *a* paralleler Kreisbogen angenommen werden. Aus demselben Grund konnte auch mit Parallelverschiebung des Steuerungsdiagramms um die Exzenterstangenlänge und Ausmittlung der einzelnen Steuerpunkte durch Ziehen der Normalen auf die mittlere Exzenterstangenrichtung gearbeitet werden, wie in Abb. 188[1]) vorgenommen.

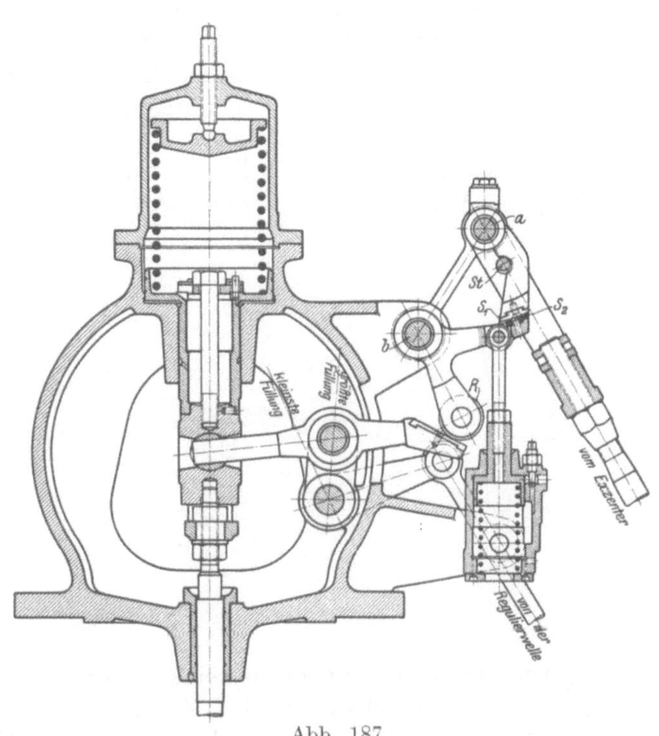

Abb. 187.

Die Veränderlichkeit der Steuerwirkung wird dadurch erreicht, daß der eigentliche Ventilhebel, der die Ventilspindel in einer drehbaren Prismenführung durchdringt, vom Regulator verstellt wird, wodurch bei der Drehung des passiven Mitnehmers nach der Einklinkung dessen Rolle früher oder später mit dem Ventilhebel zur Berührung kommt, wodurch die gewünschte Veränderlichkeit des Punktes *M. a.* erreicht ist. Die Schlußbewegung des Ventils beginnt stets in dem, wie erwähnt, unveränderlichen Moment der Ausklinkung (vgl. S. 44). In Abb. 188 ist der Ventilhebel in vier Stellungen eingezeichnet. Die voll ausgezogene Stellung entspricht größter Füllung, bei der die Rolle im Moment des Anhubes bereits mit dem Ventilhebel in Berührung ist (Stellung I). Die Punkte *Anh.* und $M.a._{max}$ fallen zusammen. Im Moment der Ausklinkung (Stellung III) steht der Ventilhebel hierbei in der fein schraffiert gezeichneten Stellung. Bei mittlerer Füllung steht der Ventilhebel in der breit schraffiert gezeichneten Lage und kommt mit der Rolle des passiven Mitnehmers erst dann zur Berührung, wenn dieser aus der Anhubstellung I in die Stellung II gekommen ist. Die dadurch bedingte Verspätung des Punktes *M. a.* ist in dem Steuerungsdiagramm ersichtlich. Natürlich werden jetzt auch nur Teile der Bewegung des passiven Mitnehmers zum Ventilantrieb benützt, so daß nicht nur die

[1]) Maßstab 1 : 5.

Dauer, sondern auch die größte Ventilerhebung gegenüber der bei größter Füllung verkleinert ist. Bei der der kleinsten Füllung entsprechenden Stellung des Ventilhebels endlich, die strichpunktiert eingetragen ist, kommt die Rolle des passiven Mitnehmers erst im Moment der Ausklinkung mit dem Ventilhebel in Berührung, so daß die Punkte $M.a._{min}$ und $M.z.$ zusammenfallen und eine Eröffnung des Ventils überhaupt nicht mehr eintritt. Die ganzen Verhältnisse lassen sich übersichtlich an Hand des Diagramms Abb. 189[1]) verfolgen, wo wie in Abb. 185 die Werte von $M.a.$ in v. H. Kolbenweg als Abszissen zu den Muffenhüben als Ordinaten eingetragen und auch die zu den einzelnen Reglerstellungen gehörigen größten Ventilhübe ersichtlich sind.

Wie aus Abb. 187 ersichtlich, wird der passive Mitnehmer nach dem Ab-

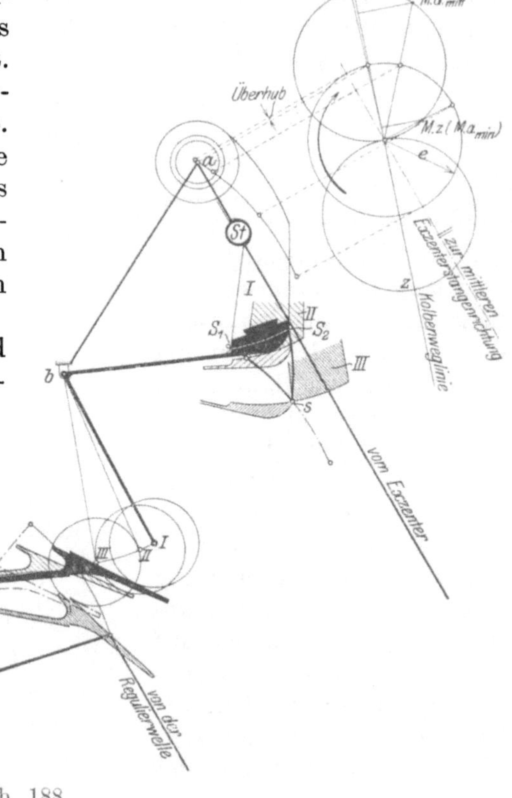

Abb. 188.

schnappen durch eine Feder in seine Ausgangsstellung zurückgeführt, deren Wirkung, um ein Wegschleudern im Moment des Ausklinkens zu vermeiden, durch einen Luftpuffer gedämpft wird, der zugleich als Hubbegrenzung dient, um so die Stellung des passiven Mitnehmers entsprechend dem gewünschten Überhub der Klinke dauernd zu sichern.

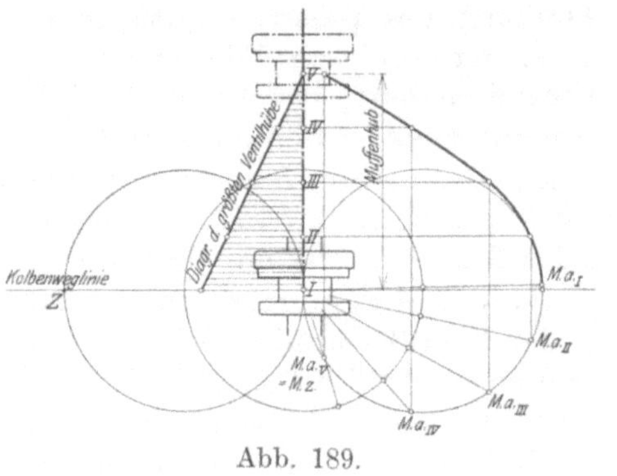

Abb. 189.

Als letzte sei endlich die in Abb. 190/191[2]) dargestellte und in Abb. 192[3]) schematisch untersuchte Bauart besprochen, die der vorhergehenden in ihrer Wirkungsweise ähnlich ist und eine Weiterentwicklung der auf S. 198f. besprochenen zwangläufigen Bauart derselben Firma darstellt. Anstatt daß wie dort (s. Abb. 174/75) die Exzenterstange direkt an den Wälzhebel angreift, ist hier dieser als passiver Mitnehmer ausgebildet,

[1]) Maßstab 1 : 4.

[2]) Maßstab 1 : 10. Gasventilsteuerung einer DT 13 Maschine der Maschinenfabrik Augsburg-Nürnberg, A.-G., Nürnberg (alte ausklinkende Steuerung); das dazu gehörige Gasventil ist in Abb. 26/27, S. 64 dargestellt.

[3]) Maßstab 1 : 6.

der von der vom Exzenter angetriebenen und im Punkt a des Lenkers $a\,b$ angehängten Klinke betätigt wird. Die Veränderlichkeit der Steuerwirkung wird wie bei der

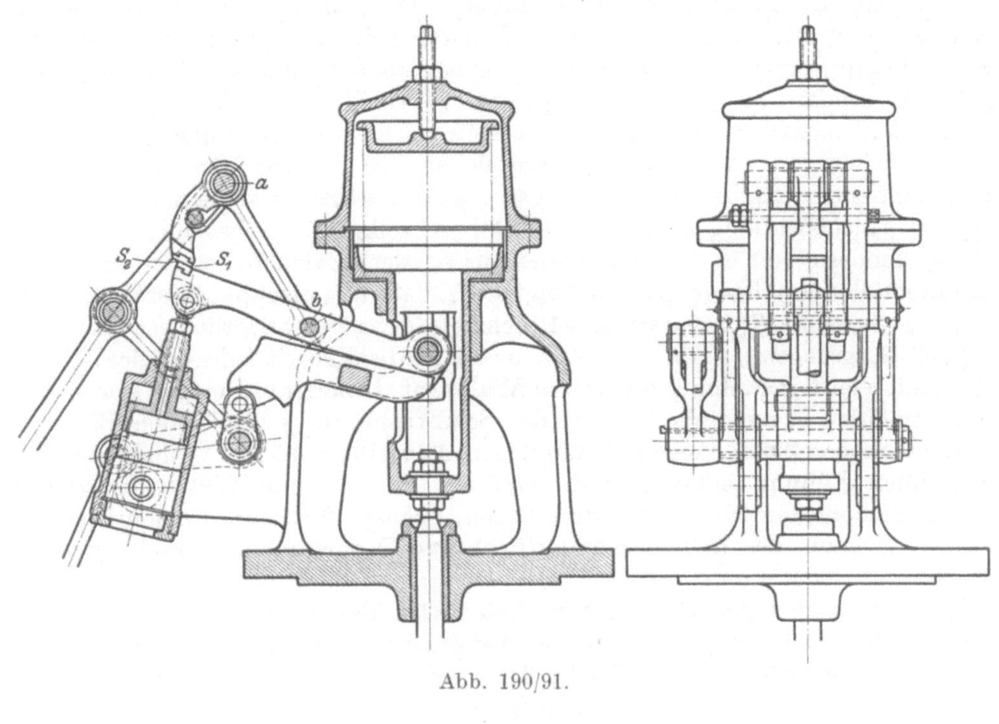

Abb. 190/91.

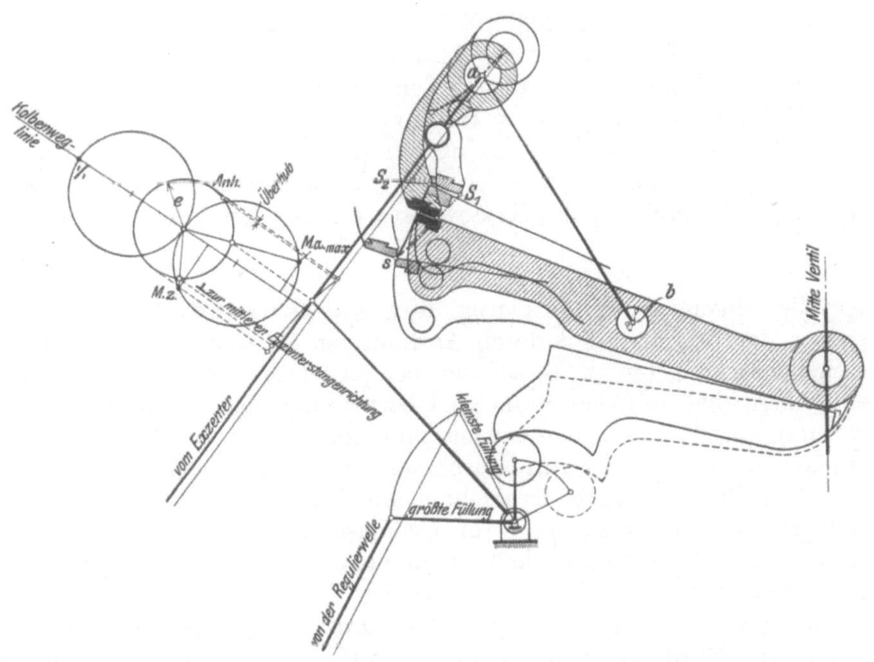

Abb. 192.

zwangläufigen Bauart durch Verstellung der festen Wälzbank durch den Regulator erreicht.

Die Wirkungsweise dieser Bauart ist der der gerade vorhergehenden ähnlich. Der Moment des Abschnappens, der wieder durch den Schnittpunkt s der Bahnen der Schneiden S_1 des aktiven und S_2 des passiven Mitnehmers gegeben ist, ist ebenfalls (wenigstens angenähert) unveränderlich, während der Punkt *M. a.*, der durch das In-Eingriff-Kommen der beiden Wälzhebel bedingt ist, je nach der Stellung der festen Wälzbank früher oder später eintritt. Da je nach der Stellung der festen Wälzbank auch nur ein größerer oder kleinerer Teil der Bewegung des Wälzhebels auf das Ventil übertragen wird, wird mit steigendem Regulator auch hier nicht nur die Dauer, sondern auch der größte Wert des Ventilhubes verkleinert.

Die kinematische Untersuchung gestaltet sich hier gegenüber der früher behandelten Steuerung wesentlich umständlicher, da hier der Drehpunkt *b* des die Klinke führenden Lenkers *a b* nicht fest, sondern selbst beweglich ist und eine (in Abb. 192 strichliert eingezeichnete) Bahn beschreibt, die selbst nicht unveränderlich ist, sondern von den Abwälzverhältnissen der Wälzhebel und damit von der Regulatorstellung abhängt. Daraus folgt auch, daß die (strichpunktiert eingetragene) Bahn der Schneide S_1 des aktiven Mitnehmers etwas veränderlich ist und da auch die (voll ausgezogene) Bahn von S_2 von den Abwälzverhältnissen der Wälzhebel und damit von der Stellung der festen Wälzbank abhängt, so ergibt sich auch eine nur angenäherte Unveränderlichkeit des Schnittpunktes *s* der beiden Bahnen, der den Moment des Abschnappens bedingt. In Abb. 192 sind die Verhältnisse für die der größten Füllung entsprechende Stellung der unteren Wälzbank gezeichnet und die Stellung der Klinke für drei Lagen, höchste Stellung, Moment des Ventilanhubes (Beginn des Wälzhebeleingriffes) und Moment des Abschnappens eingetragen.

Ein Unterschied gegenüber der in Abb. 187ff. dargestellten Bauart ist hier dadurch gegeben, daß der Augenblick des Aufsetzens der Klinke hier auch bei größter Füllung beträchtlich vor dem Punkt *M. a.* liegt, der passive Mitnehmer daher in jedem Fall einen größeren Weg zurücklegen muß, ehe der Eingriff der Wälzhebel und damit die Ventilerhebung beginnt.

Wie aus Abb. 190/91 ersichtlich, wird auch hier der passive Mitnehmer ähnlich wie bei der vorhergehenden Bauart nach dem Abschnappen in seine Anfangsstellung durch eine Feder rückgeführt, deren Wirkung ebenfalls durch einen Luftpuffer gedämpft ist, um ein Abschleudern des oberen Wälzhebels zu verhindern. Die Abb. 190/91, aus der die Gestängeanordnung auch im Querriß ersichtlich ist, ist für die größte Füllung und Stellung des Triebwerkes entsprechend dem Punkte *M. a.* gezeichnet.

Über die allgemeine Bewertung der ausklinkenden Steuerungen ist der Verfasser der Ansicht, daß deren Anwendung im Gasmaschinenbau, im Falle normale Steuerwirkung (wie z. B. bei den beiden letzten Bauarten) beabsichtigt ist, im wesentlichen eine mißverständliche Übertragung der „Präzisionssteuerungen" aus dem Dampfmaschinen- in den Gasmaschinenbau bildet und hier eine überflüssige Weitläufigkeit darstellt. Im Dampfmaschinenbau handelt es sich um die Zuführung mechanischer Energie, wobei Drosselung mit Arbeitsverlust gleichbedeutend wird und möglichst zu vermeiden ist. Im Gasmaschinenbau wird chemische Energie zugeführt und mit Drosselung ist keine nennenswerte Einbuße an Wirtschaftlichkeit verbunden, sondern unter Umständen sogar eine Vermehrung infolge der günstigeren Gemischbildungsverhältnisse, die sich bei Drosselung ergeben (s. das auf S. 8 hierzu Gesagte). Wird somit der eine für Anwendung von Ausklinksteuerungen sprechende Grund hinfällig, so gilt dasselbe auch für den Einwand, daß deren Anwendung unveränderliche Gemischbildung gewährleistet. Wie aus den Ausführungen über die Gemischbildungsverhältnisse S. 46 und 51 ersichtlich, ist das jeweilige Mischungsverhältnis außer von dem jeweiligen Querschnittverhältnis im Mischorgan wesentlich von der augenblicklichen Kolbengeschwindigkeit abhängig, deren Veränderlichkeit in ihrer Einwirkung auf die Gemischbildung wesentlich nur durch eine entsprechende Veränderung des Querschnittsverhältnisses während der Dauer des ganzen Hubes ausgeglichen werden kann, wozu aber die Verwendung zwangläufiger Bauarten mit Regelung durch Drosselung über den Hub am besten geeignet erscheint. Z. B. ist dem Verfasser ein Fall bekannt, wo eine Maschine mit Steuerungsbauart nach Abb. 190/91 wesentlich feiner regulierte und leichter parallel zu schalten war, wenn das Luftpufferventil beinahe ganz zugeschraubt war, wobei das Gasventil ganz langsam schloß und die Steuerung in ihrer Wirkungsweise der in Abb. 174/75 dargestellten zwangläufigen Bauart nahezu gleichkam.

Eine geschichtete Ladung, wie sie u. U. bei Gemischregelung bei kleineren Belastungen erwünscht ist, um trotz des armen Gemisches die Zündung sicher zu gewährleisten (s. S. 44), läßt sich auch ohne Verwendung von Ausklinkung durch zwangläufige Bauarten erreichen, wofür etwa die in Abb. 160/62 dargestellte Bauart als Beispiel dienen mag, bei der ähnlich wie bei den ausklinkenden Bauarten veränderlicher Anhub- und unveränderlicher Schlußpunkt dann erhalten würde, wenn die Steuerwelle in dem entgegengesetzten Sinn umläuft, wie in der Abbildung angegeben. Zudem verliert auch die ausklinkende Bauart durch die Forderung veränderlichen Anhubpunktes das wesentlich Einfache ihrer Anordnung und macht die Verwendung eines zweiten Luftpuffers in der Regel notwendig, wodurch eine weitere Herabminderung der Abschlußgeschwindigkeit des Steuerorgans bedingt ist, so daß der Hauptvorteil der ausklinkenden Bauarten nicht ausgenützt wird.

Diese Bewertung der ausklinkenden Bauarten gilt natürlich nicht für den Fall, daß gewisse Besonderheiten der Steuerwirkung durch eine sehr schnell zu vollziehende Bewegung des Steuerorgans erreicht werden sollen, wie dies z. B. bei der ersten der behandelten Bauarten der Fall ist, deren wesentliche Konstruktionsabsicht es ist, gleichmäßige Beschleunigung der für die Gemischbildung dienenden Luft- und Gasmengen zu erhalten, wozu deren Querschnitte plötzlich eröffnet und die der Vorluft plötzlich geschlossen werden müssen, um nicht durch die einströmende Vorluft Störungen in der Ansaugewirkung zu erleiden.

Aus den angegebenen Gründen werden daher in neuester Zeit, abgesehen von den erwähnten Ausnahmefällen, ausklinkende Steuerungen, die sich im Durchschnitt wesentlich teurer bauen als zwangläufige, nicht mehr ausgeführt.

e) Zusammenwirken aller Steuerorgane. Bemerkungen zur Einstellung.

Handelt es sich um den Neuentwurf einer Maschine, so wird man es zweckmäßig nicht hierbei sein Bewenden haben lassen, die Ausmittlung der einzelnen Steuerungsantriebe für Gemisch, Einlaß und Auslaß einzeln auf Grund gemachter Annahmen vorzunehmen, sondern auch eine Darstellung suchen, um das **Zusammenwirken aller Steuerorgane** in übersichtlicher Weise überblicken zu können. Hierfür empfiehlt sich als einfachstes zeichnerisches Hilfsmittel das Aufzeichnen der Ventilerhebungsdiagramme, die in den allermeisten Fällen, handle es sich nun um normalen Exzenterantrieb mit Verwendung von Wälzhebeln oder Schwingdaumen oder um Antrieb durch Nocken oder Verwendung einer Bauart mit veränderlicher Steuerwirkung, die Untersuchung der Steuerung im Punktschema erfordern. Hierdurch ist die Beziehung der Ventilerhebungsdiagramme auf den Winkelweg der Steuerwelle oder auf den Winkelweg der Kurbelwelle, der diesem proportional ist, von selbst gegeben und auch vielfach angewendet. Solche Diagramme, bei denen die Ventilerhebungen als Ordinaten zu den zugehörigen Kurbelwegen als Abszissen aufgetragen sind, werden als Sinoiden-Diagramme bezeichnet (28a), da die Bewegung eines nach dem normalen Exzentergesetz angetriebenen Steuerorgans in der erwähnten Darstellungsweise eine Sinuslinie ergibt. Da sich indessen auch bei Verwendung normalen Exzenterantriebs durch die zwischengeschalteten Wälzhebel das

Übersetzungsverhältnis der Bewegungsübertragung fortwährend ändert, ergeben sich auch für diesen Fall Kurven, welche einer Sinuslinie nur ähnlich sind, während bei Verwendung von Nockensteuerungen und Bauarten mit veränderlicher Steuerwirkung ganz allgemeine Kurven herauskommen. Ein derartiges Sinoidendiagramm ist in Abb. 193[1]) dargestellt, wobei für die Bedienung von Ein- und Auslaß normaler Exzenterantrieb mit Wälzhebeln, für die Betätigung der Gemischsteuerung die in Abb. 174/75 dargestellte zwangläufige und die aus Abb. 190/91 ersichtliche ausklinkende Bauart angenommen wurde. Für die die Regelung der Maschinenleistung besorgende veränderliche Gemischsteuerung wurden die Ventilerhebungsdiagramme für die größte (voll ausgezogen), mittlere (strichliert) und kleinste Leistung (strichpunktiert) eingetragen.

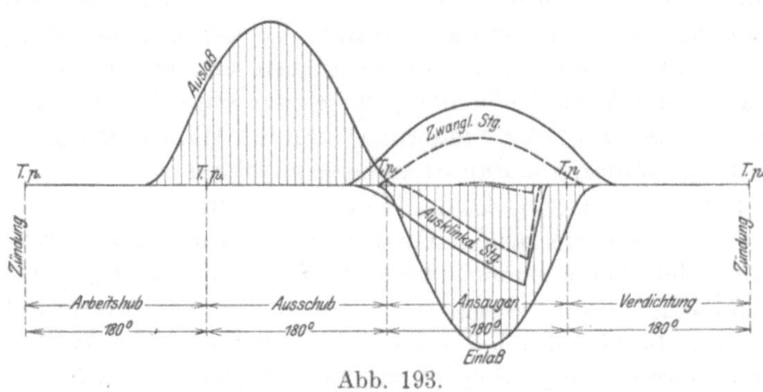

Abb. 193.

Da jedoch für die Arbeitsvorgänge im Zylinder nicht die Kurbel-, sondern die Kolbenwege bestimmend sind und die wichtigsten Fragen der Steuerwirkung (Geschwindigkeits- und davon abhängig Gemischbildungsverhältnisse in den Steuerorganen usw.) nur auf Grund der Kolbenwege und -geschwindigkeiten beurteilt werden können, ist es zweckmäßiger, die Ventilerhebungsdiagramme statt auf den Kurbel- auf den Kolbenweg zu beziehen, wie dies für dieselbe Bauart in Abb. 194[2]) geschehen ist. Um auch die einzelnen Steuerdaten überblicken zu können, ist die Abbildung durch Einzeichnung der Steuerungsdiagramme vervollständigt. Auf den Einfluß der endlichen Schubstangenlänge wurde, da für die Beurteilung der erwähnten Verhältnisse unwesentlich, keine Rücksicht genommen. Aus Abb. 194 ist das für die Wirkungsweise der Steuerung Wesentliche besser als aus Abb. 193 ersichtlich, da die Kurbelkreise direkt auch als Kolbengeschwindigkeitsdiagramme benützt werden können (s. S. 28) und so eine Schätzung der in den Steuerorganen auftretenden Geschwindigkeitsverhältnisse ohne weiteres möglich ist, während die Beurteilung dieser Verhältnisse im Sinoidendiagramme noch die Eintragung der Kolbengeschwindigkeitskurve, die dort ebenfalls als Sinuslinie erscheint, besonders erfordert.

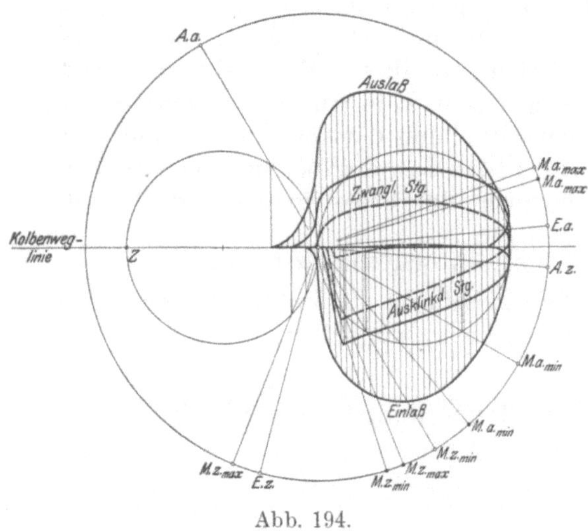

Abb. 194.

Von grundlegender Wichtigkeit für das richtige Zusammenarbeiten aller Steuerorgane ist die Richtigkeit der **relativen Lage von deren Antriebsorganen gegenein-**

[1]) Maßstab 1 : 4. Zu einer DT 13 Gichtgasmaschine der Maschinenfabrik Augsburg-Nürnberg A.-G., Nürnberg.

[2]) Maßstab 1 : 4.

ander, die durch deren Aufkeilung auf der Steuerwelle bedingt ist. Hierbei ist zu unterscheiden, ob es sich um die Ausmittlung der relativen Lage der einzelnen Steuerungsantriebsorgane einer Zylinderseite handelt, die zuvörderst besprochen werden soll, oder um die Versetzung der Antriebsorgane, die dieselben Steuerorgane verschiedener Zylinderseiten betätigen, was weiter unten erörtert werden soll. Für die Bestimmung der Aufkeilungswinkel der einzelnen Antriebsorgane ist zu unterscheiden, ob es sich um Exzenter oder Nocken als Antriebsorgane handelt, da der auf einfachste Weise zum Ziel führende Weg in beiden Fällen verschieden ist.

Die Ausmittlung der relativen Lage der einzelnen Antriebsorgane gegeneinander bei ausschließlicher Verwendung von Exzentern als Antriebsorgane findet am einfachsten so statt, daß die Stellung der Steuerwelle und damit der einzelnen Antriebsorgane für den Moment ermittelt werden, wo der Kolben am Zündungstotpunkt steht. Hierzu werden die Steuerungsdiagramme für die einzelnen Antriebe in ihrer tatsächlichen Lage eingetragen, wie dies in Abb. 195[1]) für Einlaß (voll ausgezogen), Auslaß (strichliert) und Gemisch (strichpunktiert) geschehen ist. Den Verhältnissen in Abb. 195 ist normaler Exzenterantrieb mit Wälzhebeln für Ein- und Auslaß zugrunde gelegt, deren Diagramme durch die sich aus dem Aufbau der Maschine ergebenden Führungsrichtungen für Ein- und Auslaß festliegen. Für die Gemischsteuerung wurde die Anwendung der in Abb. 160/62 dargestellten Lenkerbauart angenommen, durch deren Anordnung ebenfalls die Lage des Steuerungsdiagramms nach Abb. 163 gegeben ist. Nun bedeutet die in den einzelnen Steuerungsdiagrammen als „Kolbenbeweglinie" bezeichnete Gerade die Stellung des Exzenterhalbmessers im Zündungstotpunkt der Maschine. Durch die Lage der Kolbenweglinien ist demnach in einfachster Weise auch die relative Lage der einzelnen Exzenter gegeneinander und die Stellung der Steuerwelle mit den Exzentern im Zündungstotpunkt festgelegt. Wird nun, wie üblich, die Aufkeilung der Exzenterscheibe derart vorgenommen, daß der Keil in der Verbindungslinie Steuerwelle — Exzenterscheibenmitte liegt, so sind durch die Kolbenweglinien die Mittellinien der einzelnen Keile direkt gegeben und diese nach Abb. 195 einzuzeichnen.

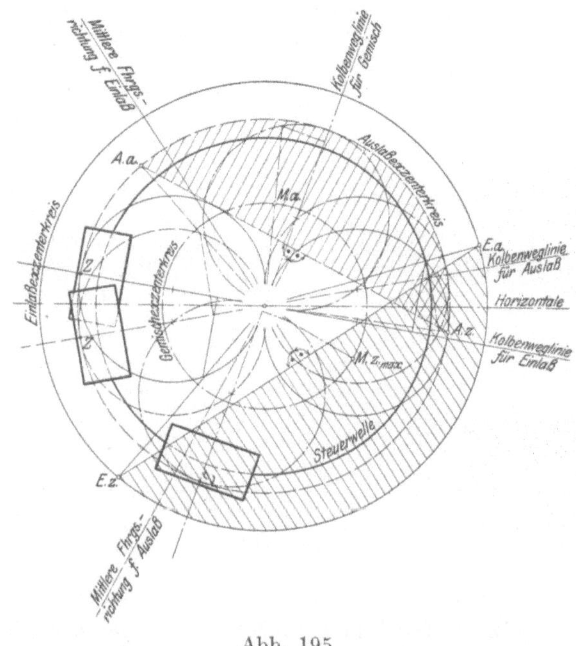

Abb. 195.

Bei der Verwendung von Nocken als Antriebsorganen, wo die Lage der Rollen für die Stellung der Nocken mitbestimmend ist, ist es, sofern nur zwei Nocken vorhanden sind, einfacher, als Bezugspunkt statt wie bei den Exzenterantrieben den Zündungstotpunkt, einen Punkt zu wählen, in dem eine Steuerwirkung eintritt, wofür z. B. in den folgenden Figuren der Punkt *A. a.* angenommen wurde. In Abb. 196[2]) wurde auf Grund der in die Abbildung eingetragenen Steuerdaten das Steuerungsdiagramm gezeichnet und die Nocken nach dem weiter oben entwickelten Verfahren ausgemittelt. In Abb. 197[3]) wurde dann, ausgehend von den

[1]) Maßstab 1 : 4.
[2]) Maßstab 1 : 4.
[3]) Maßstab 1 : 4.

gegebenen Lagen der Einlaß- und Auslaßrolle die relative Lage der Nocken dadurch bestimmt, daß zuvörderst der Auslaßnocken für die Stellung der Steuerwelle entsprechend Punkt *A. a.* eingetragen wurde. Nun liegt zwischen den Punkten *A. a.* und *E. a.* der aus dem Diagramm Abb. 196 zu entnehmende Steuerwellenwinkelweg ψ, die tatsächliche Lage des Einlaßnockens ist bei der gewählten Stellung des Auslaßnockens demnach dadurch bestimmt, daß zwischen den Anlaufpunkten des Einlaßnockens und der Rolle der Winkel ψ liegen muß, Abb. 197, wodurch die Lage des Einlaßnockens und die relative Lage der Nocken gegeneinander festliegt. Wird, wie bei einfach wirkenden Maschinen bei nebeneinander liegenden Nocken gebräuchlich, für die Aufkeilung beider nur ein Keil verwendet, der im vorliegenden Falle z. B. als in der Symmetrielinie des Auslaßnockens liegend angenommen wurde, so ist nur dessen relative Lage zur Symmetrielinie des Einlaßnockens durch ein Maß festzulegen, um richtige Lage der beiden Nocken gegeneinander und richtige Steuerwirkung zu erhalten.

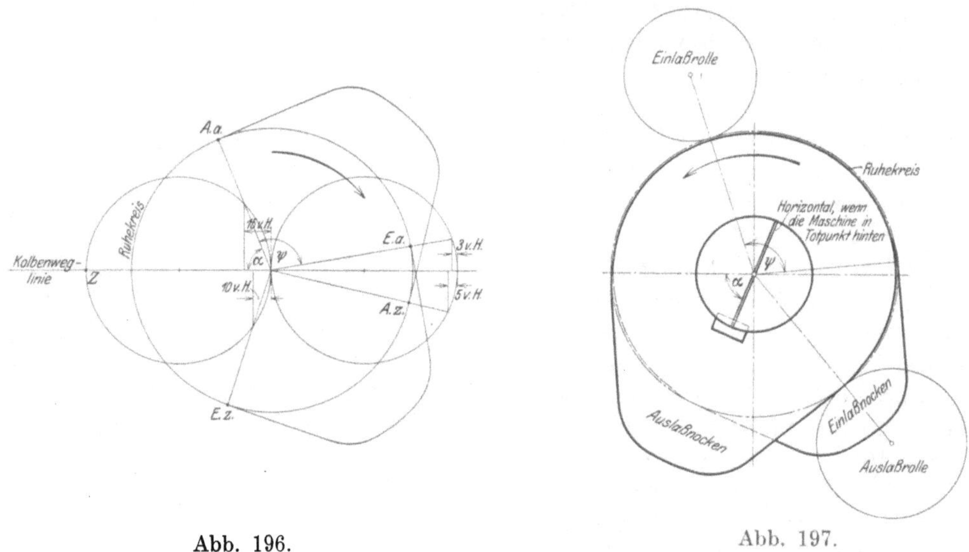

Abb. 196. Abb. 197.

Sind, wie z. B. bei Dieselmotoren, für die Steuerung einer Zylinderseite mehr als zwei Nocken erforderlich, so ist das angegebene Verfahren entweder gesondert für jeden Nocken durchzuführen, oder, wie bei den Exzenterantrieben erörtert, vom Zündungstotpunkt auszugehen und die relative Lage der einzelnen Nocken gegeneinander dadurch zu bestimmen, daß zwischen den Anlaufpunkt des Nockens und die dazu gehörige Rolle jener Winkel gezeichnet wird, der zwischen dem zugehörigen Punkt der Steuerwirkung und dem Zündungstotpunkt liegt, wodurch das ganze Nockensystem in der dem Zündungstotpunkt entsprechenden Lage gezeichnet erscheint. Dieses Verfahren ist in den Abb. 330 und 331/32 (S. 294) durchgeführt, worin das zur Steuerung eines Dieselmotors gehörige Nockenbündel ausgemittelt ist.

Die relative Lage der Antriebsorgane für die gleichen Steuerorgane an verschiedenen Zylinderseiten ist durch einen Winkel von 90° gegeben, wenn auf den Einfluß der endlichen Schubstangenlänge keine Rücksicht genommen und die Steuerwirkung nicht ausgeglichen wird. Hierbei ist auf die Wahl der Zündzeitfolge Rücksicht zu nehmen derart, daß die zu den früher zündenden Zylinderseiten gehörigen Steuerungsantriebe auch im Drehsinn der Steuerwelle vorausliegen. Für alle vier Zylinderseiten einer DT Maschine ergibt sich dann die Darstellung nach Abb. 198[1]), der dieselbe Steuerungsanordnung wie Abb. 195 zugrunde liegt. Die Ziffern I, II,

[1]) Maßstab 1 : 4.

III, IV kennzeichnen hierbei die betreffenden Zylinderseiten, die im vorliegenden Falle von vorn nach hinten (Zündzeitfolge Kurbelseite—Deckelseite) gezählt sind. Soll der Einfluß der endlichen Schubstangenlänge berücksichtigt und eine Ausgleichung der Steuerwirkung vorgenommen werden, so kann dies in einfachster Weise durch Aufzeichnen der einzelnen Steuerungsdiagramme nach dem auf S. 35f. gegebenen Verfahren mit Hilfe der Brixschen Pole erfolgen. Hierbei ist jedoch darauf Rücksicht zu nehmen, daß sich die Lage der „mittleren Führungsrichtung" im Diagramm und daher auch die Lage der Kolbenweglinie ein wenig gegenüber der Lage bei unendlicher Stangenlänge ändert. Im vorliegenden Falle wurden der Steuerwirkung für Ein- und Auslaß als Mittelwerte *A. a.* = 27,5 v. H., *A. z.* = 9,25 v. H., *E. a.* = 19 v. H. und *E. z.* = 26,75 v. H. zugrunde gelegt, womit sich ohne Berücksichtigung der endlichen Stangenlänge die Werte *A. a.* = 31,5 v. H. und 23,5 v. H., *A. z.* = 7,0 v. H. und 11,5 v. H., *E. a.* = 15,5 v. H. und 22,5 v. H. und *E. z.* = 30,0 v. H.

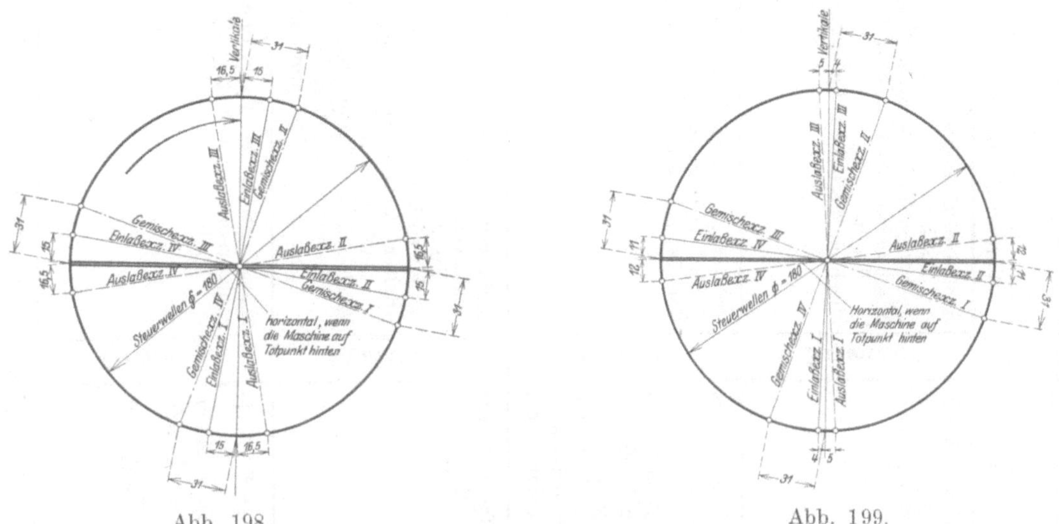

Abb. 198. Abb. 199.

und 21,5 v. H. für Kurbel- und Deckelseite ergeben, wenn die Exzenteraufkeilung nach Abb. 198 erfolgt. Die Berücksichtigung der endlichen Stangenlänge führt bei der gewählten Zündzeitfolge (1. Kurbelseite, 2. Deckelseite) und Annahme der oben gegebenen Steuerdaten auf einen Winkel von 85° zwischen den Einlaß- und 94°20′ zwischen den Auslaßexzentern. Hierbei muß die Auslaßexzenterstange auf der Kurbelseite um 1,6 mm gegenüber der auf der Deckelseite verkürzt werden (s. S. 105), um genau gleiche Steuerwirkung zu erhalten. Die Exzenteranordnung ergibt sich dann nach Abb. 199[1]). Ein Ausgleich der Steuerwirkung der Mischventile, der wegen der veränderlichen Lage des Punktes *M. z.* (s. Abb. 163) nur für e i n e Füllung genau zu erreichen wäre, wurde hierbei nicht vorgenommen, weshalb auch die Lage der Gemischexzenter in Abb. 199 dieselbe ist, wie in Abb. 198.

Um den für die Aufstellung der Maschine und Einstellung der Steuerung nötigen Anhalt zu geben, werden zweckmäßig die einzelnen Phasen der Steuerwirkung in T a b e l l e n f o r m zusammengeschrieben, wofür die nachfolgende Tabelle ein Beispiel gibt, die sich auf die in den Abb. 92/93 und 183 dargestellte Bauart (Mischschieber s. Abb. 37/38) bezieht, durch die das auf S. 53 geschilderte R e i n h a r d t-sche Regelungsverfahren verwirklicht ist.

Die richtige **Einstellung der Steuerwelle,** in die alle für die Exzenter oder Nocken erforderlichen Keilnuten einzuarbeiten sind, erfolgt dann am einfachsten

[1]) Maßstab 1 : 4.

Vorderer Zylinder				Rückwärtiger Zylinder			
Vordere Zylinderseite		Rückwärtige Zylinderseite		Vordere Zylinderseite		Rückwärtige Zylinderseite	
Ansaugen	Auslaßventilhub bei Tp. v. 5 mm Auslaßventil schließt 1,4 v. H. n. Tp. v. Einlaßventilhub bei Tp. v. 10 mm Größter Einlaßventilhub 60 mm bei 45 v. H. n. Tp. v. Mischschieber 63 mm Hub bei Tp. v., hierbei Luft und Gas abgeschlossen, Nebenluft offen.	Ausschub	Größter Auslaßventilhub 60 mm bei 37 v. H. n. Tp. v. Einlaßventil öffnet 4,5 v. H. v. Tp. h.	Expansion	Auslaßventil öffnet 17 v. H. v. Tp. h. Auslaßventilhub bei Tp. h. 24 mm Mischschieber hebt an 2 v. H. v. Tp. h. Mischschieberhub bei Tp. h. 2 mm	Verdichten	Einlaßventilhub bei Tp. v. 10 mm Einlaßventil schließt 2 v. H. n. Tp. v.
Verdichten	Einlaßventilhub bei Tp. h. 10 mm Einlaßventil schließt 3 v. H. n. Tp. h.	Ansaugen	Auslaßventilhub bei Tp. h. 5 mm Auslaßventil schließt 2 v. H. n. Tp. h. Einlaßventilhub bei Tp. h. 10 mm Größter Einlaßventilhub 60 mm bei 55 v. H. n. Tp. h. Mischschieber 63 mm Hub bei Tp. h, hierbei Luft und Gas abgeschlossen, Nebenluft offen.	Ausschub	Größter Auslaßventilhub 60 mm bei 47 v. H. n. Tp. h. Einlaßventil öffnet 3 v. H. v. Tp. v.	Expansion	Auslaßventil öffnet 12 v. H. v. Tp. v. Auslaßventilhub bei Tp. v. 24 mm Mischschieber hebt an 1,4 v. H. v. Tp. v. Mischschieberhub bei Tp. v. 2 mm
Expansion	Auslaßventil öffnet 17 v. H. v. Tp. h. Auslaßventilhub bei Tp. h. 24 mm Mischschieber hebt an 2 v. H. v. Tp. h. Mischschieberhub bei Tp. h. 2 mm	Verdichten	Einlaßventilhub bei Tp. v. 10 mm Einlaßventil schließt 2 v. H. n. Tp. v.	Ansaugen	Auslaßventilhub bei Tp. v. 5 mm Auslaßventil schließt 1,4 v. H. n. Tp. v. Einlaßventilhub bei Tp. v. 10 mm Größter Einlaßventilhub 60 mm bei 45 v. H. n. Tp. v. Mischschieber 63 mm Hub bei Tp. v, hierbei Luft und Gas abgeschlossen, Nebenluft offen.	Ausschub	Größter Auslaßventilhub 60 mm bei 37 v. H. n. Tp. v. Einlaßventil öffnet 4,5 v. H. v. Tp. h.
Ausschub	Größter Auslaßventilhub 60 mm bei 47 v. H. n. Tp. h. Einlaßventil öffnet 3 v. H. v. Tp. v.	Expansion	Auslaßventil öffnet 12 v. H. v. Tp. v. Auslaßventilhub bei Tp. v. 24 mm Mischschieber hebt an 1,4 v. H. v. Tp. v. Mischschieberhub bei Tp. *v.* 2 mm	Verdichten	Einlaßventilhub bei Tp. h. 10 mm Einlaßventil schließt 3 v. H. n. Tp. h.	Ansaugen	Auslaßventilhub bei Tp. h. 5 mm Auslaßventil schließt 2 v. H. n. Tp. h. Einlaßventilhub bei Tp. h. 10 mm Größter Einlaßventilhub 60 mm bei 55 v. H. n. Tp. h. Mischschieber 63 mm Hub bei Tp. h, hierbei Luft und Gas abgeschlossen, Nebenluft offen.

NB. Bei tiefster Muffenstellung Ausklinkung des Mischschiebers 10 v. H. vor Beginn des Ansaugens, bei höchter Muffenstellung 70 v. H. nach Beginn des Ansaugens.

so, daß an der Stirnfläche der Steuerwelle ein Durchmesser derart angerissen wird, daß er bei Stellung der Maschine am Zündungstotpunkt wagrecht steht. Bei Anwendung von Exzentern, deren Lage auf der Steuerwelle ohnedies direkt für die Stellung des Kolbens im Zündungstotpunkt bestimmt ist, ergibt sich bei der Darstellung nach Abb. 195 der erwähnte Einstelldurchmesser auch in der Zeichnung als Wagrechte, wie er in Abb. 198 und 199 eingetragen und zur Festlegung der Exzenterlagen verwendet ist. Bei Nockensteuerungen ergibt sich die Lage des an der Stirnseite der Steuerwelle anzureißende Einstelldurchmessers in der aus Abb. 196 und 197 ersichtlichen Weise durch Übertragung des Winkels α, um den sich die Steuerwelle zwischen den Punkten Z und $A.\ a.$ gedreht hat.

Um ein genaues Anrichten der Steuerwelle zu ermöglichen, wird dann zweckmäßig so vorgegangen, daß alle Zahnräder, die die Bewegung von der Hauptwelle auf die Steuerwelle übertragen, fest aufgekeilt werden bis auf eines, für das nur die zugehörige Welle die Keilnute eingefräst erhält. Dann wird die Maschine in die Totlage gefahren und die Steuerwelle vermittels des Einstelldurchmessers und der Wasserwage genau gestellt und dann nach der in der Welle eingearbeiteten Keilnute diese auch in dem Zahnrad angerissen. Hierauf wird je ein zusammenarbeitendes Zahnpaar der vorderen und hinteren Steuerwellräder mit kräftigen Körnerschlägen versehen, um nach einem Abbau die richtigen Lagen der einzelnen Teile gegeneinander ohne weiteres wieder finden zu können. Die Einstellung der Exzenterstangen erfolgt am besten derart, daß die Maschine in die aus der Steuertabelle ersichtlichen Lagen des größten Ventilhubes gefahren und die Exzenterstange so lange nachgestellt wird, bis dieser erreicht ist. Zum Schluß werden noch die einzelnen Ventilhübe in den Totlagen an Hand der Steuertabelle und die Zeitpunkte von Eröffnung und Abschluß geprüft.

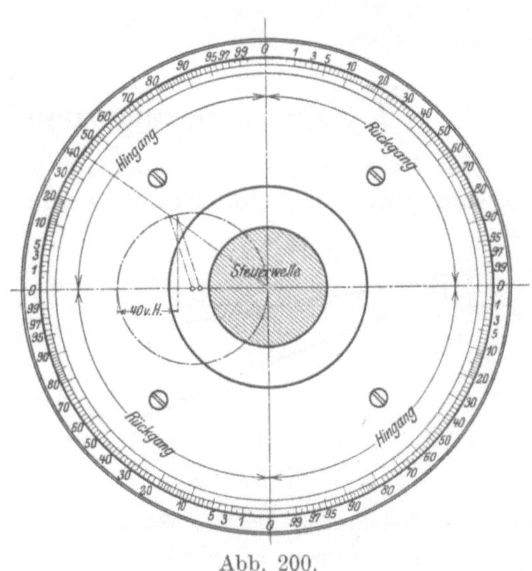

Abb. 200.

Die Kolbenstellung ist bei D Maschinen unter allen Umständen wenn schon nicht am Kreuzkopf so doch am Tragschuh in der Laterne oder in der hinteren Führung in einfacher Weise zu ersehen. Bei E Maschinen empfiehlt sich die Anordnung eines mit dem Tauchkolben fest verbundenen aus Draht gefertigten Zeigers, der auf einer am Maschinenrahmen zu befestigenden Latte mit Einteilung spielt. Ist das Triebwerk ganz eingekapselt (wie z. B. bei Schiffsdieselmotoren mit Kastengestell der Fall), empfiehlt sich die Anordnung einer Einstellscheibe (nach Abb. 200), die zentrisch zur Steuerwelle angeordnet und mit irgendeinem festen Maschinenteil in Verbindung gebracht wird und auf der ein mit der Steuerwelle fest zu verbindender und nach einer Totlage entsprechend eingestellter Zeiger spielt. Die Einteilung der Scheibe erfolgt hierbei zweckmäßig nach v. H. Kolbenweg, wobei auch der Einfluß der endlichen Stangenlänge einfach zu berücksichtigen ist.[1]) Solche Scheiben werden praktisch ein für allemal in entsprechend großen Massen aus Blech angefertigt und dem Monteur mitgegeben.

[1]) Die strichpunktiert eingetragenen Linien zeigen die Ausmittlung der Teilung mit Hilfe des normalen Steuerungsdiagramms an.

B. Zweitaktsteuerungen.

Nachdem das Wesen des Zweitaktverfahrens, die zu seiner Durchführung grundsätzlich möglichen baulichen Anordnungen sowie die sich daraus allgemein an die Steuerwirkung ergebenden Anforderungen bereits weiter oben (s. S. 36 ff.) erörtert sind, soll in dem vorliegenden Abschnitt nur die bauliche Ausgestaltung der zur Durchführung des Zweitaktverfahrens nötigen Steuerungsvorrichtungen besprochen werden, und zwar zunächst die für alle Zweitaktmaschinen kennzeichnenden, nur hier, hier aber für den Auslaß derzeit ausschließlich verwendeten „Steuerungen mit Hilfe des Arbeitskolbens"; dann folgt eine kurze Besprechung der unabhängig vom Arbeitskolben gesteuerten (Einlaß-)Organe, und zum Schluß sind die Arbeitsverfahren, bauliche Ausgestaltung und Vorausbestimmung der Ladepumpen erörtert. Zur Einleitung ist eine kurze Besprechung des Diagramms der Zweitaktsteuerungen vorangestellt.[1])

1. Steuerungsdiagramm zum Zweitaktverfahren.

Zur Erörterung des allgemeinsten Falles seien im Abb. 201 zwei Kurbel- (oder Exzenter-)triebe mit den Halbmessern r und r_1 angenommen, deren Kurbelversetzung ψ betrage. Der Winkel zwischen den Schubrichtungen AB und A_1B_1 sei δ. Hat nun der eine Kurbeltrieb aus seiner Totlage den Winkel α zurückgelegt, so ist der Winkelweg des anderen Kurbeltriebes aus seiner Totlage durch $\alpha + (\psi - \delta)$ gegeben. Unter Vernachlässigung des Einflusses der endlichen Schubstangenlänge ist somit der zum Winkel α gehörige Kolbenweg des ersten Triebes durch $x = r\,(1 - \cos\alpha)$, der des zweiten durch $x_1 = r_1\,[1 - \cos\,(\alpha + \psi - \delta)]$ gegeben. Daraus ergibt sich ohne weiteres die Richtigkeit der in Abb. 202 durchgeführten Konstruktion, wonach die Kolbenwege des zweiten Kurbeltriebes erhalten werden, indem man die Stellungen der ersten Kurbel auf eine Gerade CD lotet, die um den Winkel $\psi - \delta$ entgegengesetzt dem Drehungssinn der Welle gegen die Schubrichtung des ersten Kurbeltriebes versetzt ist. Gewöhnlich werden die beiden Kurbelarme nicht, wie in Abb. 202 beibehalten, in gleichem, sondern in verschiedenem Maßstab dargestellt derart, daß sich für beide Kurbeltriebe in der Darstellung dieselbe Länge des

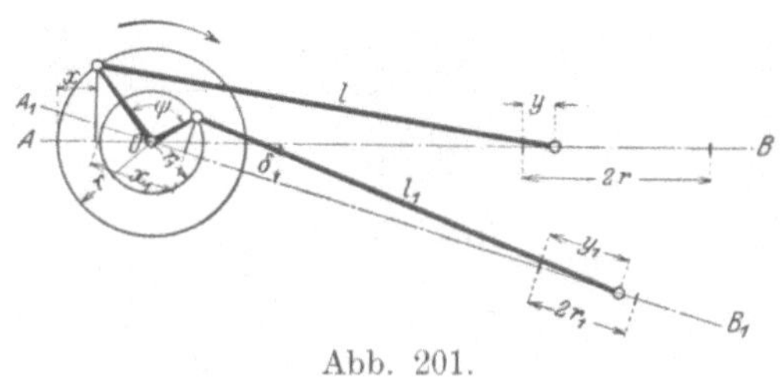

Abb. 201.

[1]) Die Besprechung eines Steuerungsdiagramms für das Zweitaktverfahren mag vielleicht insofern als überflüssig erscheinen, als derartige Diagramme im Dampfmaschinenbau seit langem verwendet und allgemein bekannt sind. Indessen ist dem zu entgegnen, daß zwar die kinematischen Verhältnisse der Zweitaktgasmaschinensteuerungen dieselben sind wie die der Zweitaktdampfmaschinensteuerungen, und daß daher dieselben Linienzüge zur Verzeichnung des Steuerungsdiagramms verwendet werden können, daß aber der Zweck einer Zweitaktgasmaschinensteuerung doch ein ganz anderer ist als der einer Dampfmaschinensteuerung, und dieselben Diagramme daher in beiden Fällen einer verschiedenen begrifflichen Deutung unterliegen werden. Z. B. wäre die Übertragung des für den ganzen Dampfmaschinensteuerungsbau und die Verzeichnung der Steuerungsdiagramme grundlegenden Begriffes des „Voreilwinkels" in die Theorie der Zweitaktgasmaschinen zum mindesten sehr gezwungen, wenn nicht überhaupt nichtssagend u. a. m. Den geänderten Anforderungen entsprechend wird im Text auch eine von der schulmäßig üblichen beträchtlich abweichende kurze Entwicklung des Zweitaktsteuerungsdiagramms gegeben, die einer Anschauung der Aufgabe aus dem geänderten Gesichtspunkt entspricht. Verwendet ist ausschließlich das Müller-Reuleauxsche Steuerungsdiagramm, das gegenüber dem Zeunerschen den Vorteil der direkten Anschaulichkeit voraus hat und in Ländern deutscher Zunge wohl auch meistens verwendet wird.

Kurbelhalbmessers ergibt. Die Berücksichtigung der endlichen Stangenlänge kann dann entweder mit Hilfe der Bogenprojektion, wie in Abb. 202 angedeutet, oder einfacher durch das Brixsche Verfahren erfolgen, wie auf S. 25 entwickelt. —

In Abb. 203 ist die Ausmittlung der Kolbenwege mit Hilfe des Brixschen Verfahrens gezeigt, und zwar ergeben sich die Kolbenwege x und x_1 ohne Berücksichtigung des Einflusses der endlichen Stangenlänge durch die senkrechte Lotung des Kurbelendpunktes M auf die Richtungen AB und CD, die tatsächlichen Werte y und y_1 durch senkrechte Lotung der Endpunkte der zu OM parallel durch die Brixschen Pole O' und O_1' gezogenen Geraden. Als Regel für die Bestimmung der Brixschen Pole gilt hierbei ganz allgemein, daß beide auf den Achsen der Kolbenweglinien liegen, die unter sich den Winkel $\psi - \delta$ (nicht dessen Supplement!) einschließen. Die Lage des einen Brixschen Poles O' links oder rechts von O ist hierbei wieder dadurch bestimmt, welche Richtung als die des „Hinganges" angesehen ist.

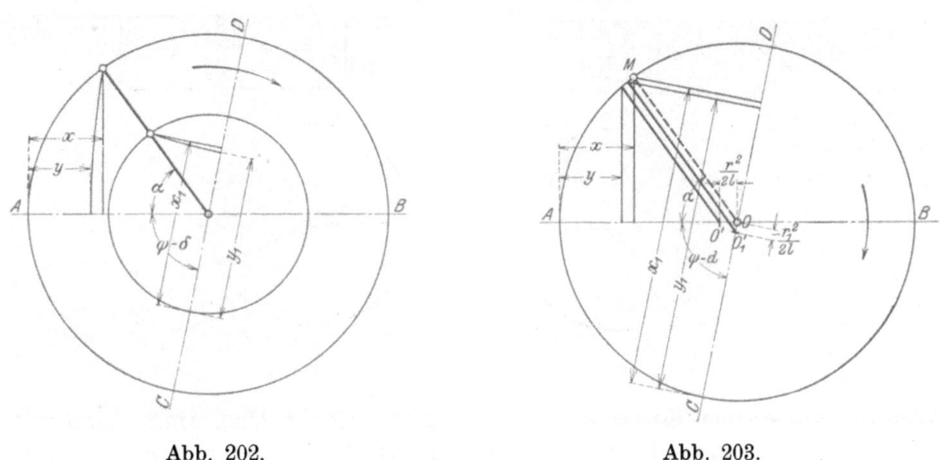

Abb. 202. Abb. 203.

In den allermeisten Fällen handelt es sich um die Beurteilung des Zusammenarbeitens von Kurbel- oder Exzentertrieben mit **parallelen** Schubrichtungen, in welchem Fall $\delta = 0$ ist und nur der Versetzungswinkel ψ in Betracht kommt. Handelt es sich um mehr als zwei Kurbeltriebe (z. B. Zusammenarbeiten von Hauptkurbel, Antriebskurbel der Ladepumpe und Exzenter zur Ladepumpensteuerung), so führt dasselbe Verfahren wie bei zwei Kurbeltrieben zum Ziel, wobei dann außer CD noch eine dritte Kolbenweglinie auftritt usw.

2. Steuerungen mit Benutzung des Arbeitskolbens (Auslaßsteuerungen)

Die Heranziehung des Arbeitskolbens zur Erzielung einer Steuerwirkung ist dadurch ermöglicht, daß dieser sowie ein anderes Steuerorgan den Zylinderraum dicht gegen außen hin abschließt, und geschieht derart, daß in die Zylinderwandung Öffnungen angebracht werden, die vom Arbeitskolben abwechselnd geöffnet und geschlossen werden. Die steuernde Wirkung des Arbeitskolbens entspricht der eines mit der Exzenterversetzung $\psi = 0$ aufgekeilten Kolbenschiebers. Die Punkte der Eröffnung und des Abschlusses finden jeweils bei denselben Kolbenstellungen statt und liegen daher stets in einer zur Kolbenweglinie gezogenen Senkrechten.

Abb. 204[1]) zeigt die Verwendung von **einfachwirkenden** Kolben zu Steuerzwecken, und zwar steuert der linke (vordere) Kolben den Auslaß, der rechte (rück-

[1]) Maßstab 1 : 35. Zu einer Oechelhäuser-Zwillings-Gichtgasmaschine, 675 ⌀, 2 × 950 Hub, 1000 bis 1300 PS bei $n = 100$ von A. **Borsig**, Berlin-Tegel.

wärtige) den Einlaß. Die beiden Kolben arbeiten gegenläufig, was durch Antrieb von um 180° versetzten Kurbeln und Einschaltung eines Umführungsgestänges zum Antrieb des hinteren Kolben erreicht wird (vgl. a. Abb. 391/92, S. 326). Die unter

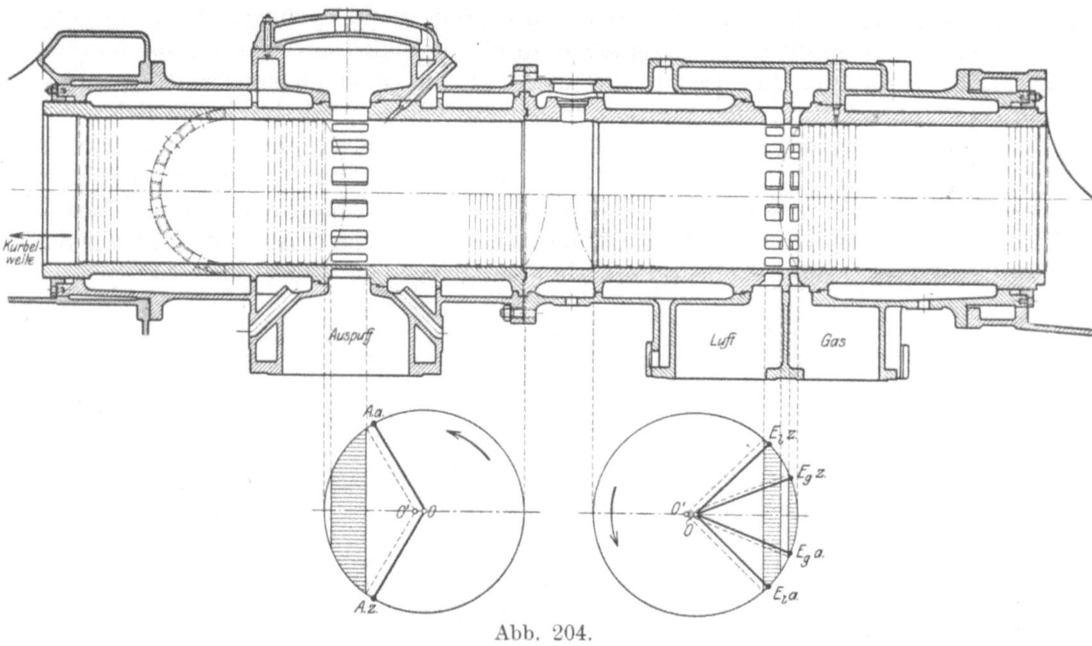

Abb. 204.

den Weg der steuernden Kante des Kolbens gezeichneten Diagramme sind mit Hilfe des Brix'schen Poles gezeichnet und lassen die zu den Punkten $A. a.$ und $A. z.$ sowie die zu den Punkten der Eröffnung und des Abschlusses von Luft ($E_l a.$ und $E_l z.$) und Gas ($E_g a.$ und $E_g z.$) gehörigen Kurbelstellungen erkennen. Die Anordnung ist derart getroffen, daß der Auspuffkanal überschliffen, der Gaskanal gerade voll eröffnet wird.

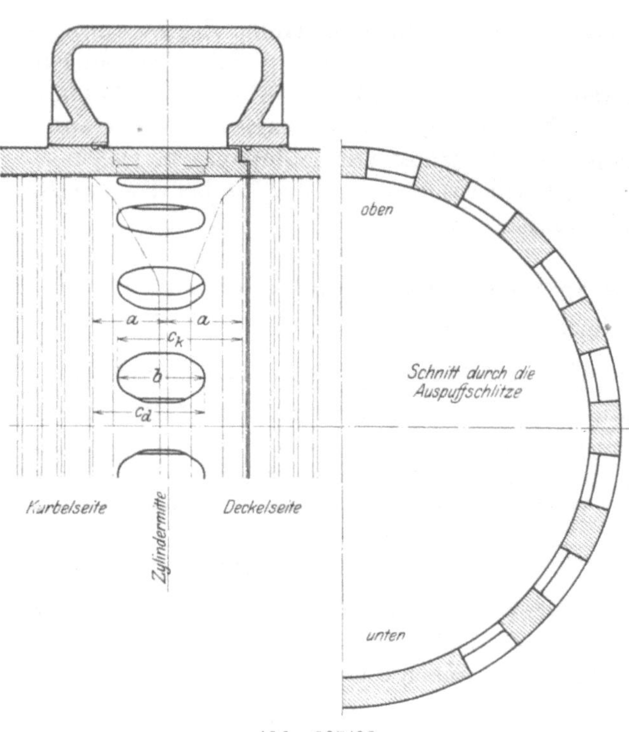

Abb. 205/06.

Zu bemerken ist, daß bei der vorliegenden Anordnung, wo der vordere Kolben den Anlaß steuert, der Einfluß der endlichen Stangenlänge insoferne vorteilhaft ausgenützt ist, als es, wie aus dem Auslaßsteuerdiagramm ersichtlich, dadurch ermöglicht ist, den Auspuff bei hiefür gegebenem und durch den Flächenverlust im Indikatordiagramm festgelegten Kolbenweg über einen größeren Kurbelwinkel, demnach eine längere Zeitdauer eröffnet zu halten, als es bei umgekehrter Anordnung der Fall wäre. (Bezüglich der Wirkungsweise der Einlaßsteuerung und der dadurch bedingten Gemischbildungsverhältnisse s. weiter unten, S. 224f.)

Die Verhältnisse, die sich bei Verwendung eines doppelwirkenden Kolbens zu Steuerzwecken ergeben, sind aus Abb. 205/06[1]) ersichtlich. Der Kolben, dessen Totpunktstellungen strichpunktiert eingetragen sind, steuert den Auslaß. In das zugehörige Diagramm, Abb. 207[2]) sind die zu den Eröffnungs- und Abschlußpunkten gehörigen Kurbelstellungen vollausgezogen, die, bei denen die Schlitze gerade voll eröffnet sind, strichliert eingetragen. Die Kurbelwinkel und damit die Zeiten, während deren der Auslaß eröffnet ist, sind ungefähr gleich für beide Zylinderseiten, was durch eine unsymmetrische Lage der Schlitze zur Zylindermittellinie erreicht ist.

Eine etwas andere Anordnung der Schlitze, bei der kein Überschleifen stattfindet, zeigen Abb. 208/09[3]) und das zugehörige Diagramm, Abb. 210[3]). Die Verhältnisse sind hier derart gewählt, daß die Eröffnungsdauer des Auspuffes auf beiden Zylinderseiten gleich groß ist.

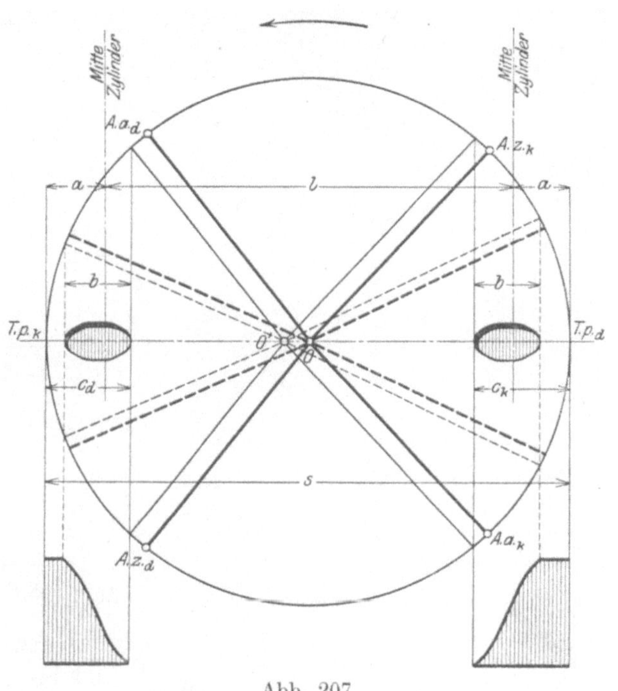

Abb. 207.

Die unsymmetrische Gestaltung der Schlitze, die zur Erzielung gleicher Steuerwirkung auf beiden Zylinderseiten trotz des Einflusses der endlichen Stangenlänge nötig ist, läßt sich auf Grund folgender Überlegungen ausmitteln: bedeuten c_k und c_d die Wege, die der Kolben bei seiner Steuerwirkung auf der Kurbel- und Deckelseite vom Moment der Eröffnung bis zum Totpunkt zurücklegt (Abb. 205 und 208), die demnach nach Wahl des zwischen den Punkten *A. a.* und *A. z.* liegenden Kurbelwinkels α durch Aufzeichnung des Steuerdiagrammes zu ermitteln sind (Abb. 210), bedeuten ferner l die Länge zwischen den steuernden Kanten, b die Schlitzbreite in der Kolbenwegrichtung und s den Hub, so besteht die Beziehung

$$c_k + l - s + c_d - b = 0,$$

von deren Richtigkeit man sich ohne weiteres überzeugt, wenn z. B. in Abb. 205 von der linken Schlitzkante aus zuerst nach rechts und dann zurück wieder bis zum Ausgangspunkt gegangen wird. Andrerseits besteht, wenn, wie üblich, die Symmetrielinien von Zylinder und Kolben in der Kolbenmittelstellung zusammenfallen, mit der aus den erwähnten Abbildungen ersichtlichen Bedeutung der Bezeichnung a die Beziehung

$$s = l + 2a,$$

[1]) Maßstab 1 : 15. Zu einem Zweitaktgichtgasgebläse System Körting. 1000 ⌀, 1400 Hub bei $n = 78$ der Maschinenbauaktiengesellschaft, vormals Gebrüder Klein in Dahlbruch.

[2]) Maßstab 1 : 20.

[3]) Maßstab 1 : 25. Zu einer Zweitaktgichtgasdynamo System Körting, 1100 ⌀, 1400 Hub bei $n = 100$, der Siegener Maschinenbauaktiengesellschaft vormals A. & H. Oechelhäuser in Siegen.

womit aber, da sich aus der früheren Beziehung

$$l = s + b - (c_k + c_d)$$

rechnet, der Wert a und damit die Werte $c_k - a$ und $c_d - a$ gefunden sind, die die Abstände der Schlitzenden von der Zylindermittellinie bestimmen.

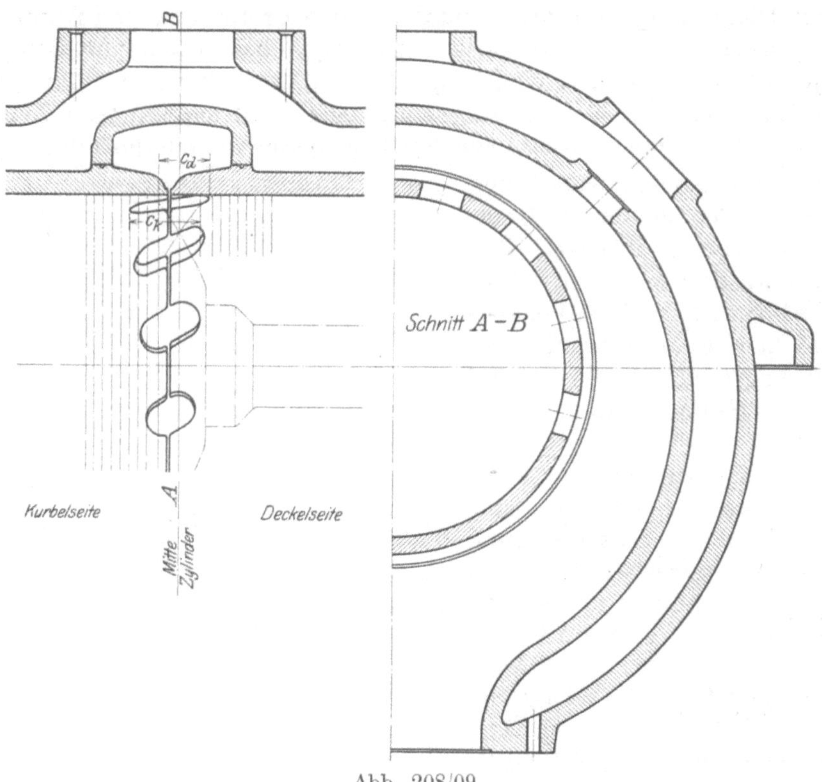

Abb. 208/09.

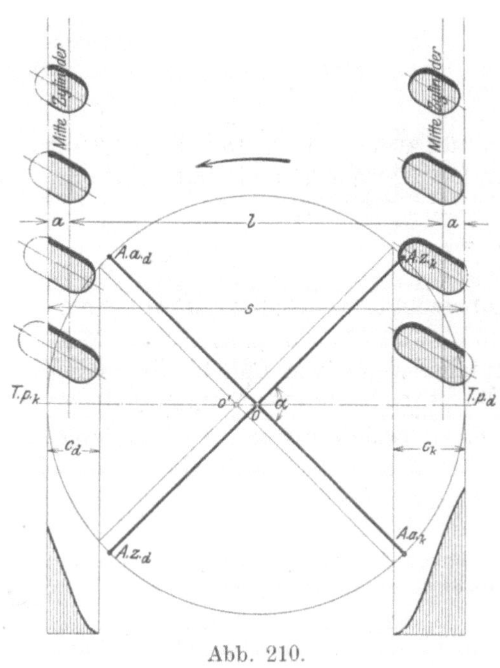

Abb. 210.

Zur Formgebung der Schlitze ist zu bemerken, daß die aus Abb. 204 ersichtliche Anordnung, wo die steuernden Kanten von Schlitzen und Kolben einander parallel sind, bei Steuerung des Auslasses durch den Kolben nur selten getroffen wird, da hiedurch ein sehr rasches Eröffnen der Kanäle mit heftiger Stoßwirkung der brutal auspuffenden Abgase bedingt ist, was leicht zu störenden Schwingungserscheinungen Anlaß gibt. Bei Einlaßsteuerung durch Schlitze, wo es sich in der Regel darum handelt, bei der Kürze der für den Ladevorgang verfüglichen Zeit möglichst große Querschnitte eröffnet zu haben (das Zeitintegral der Eröffnungsflächen über die Dauer der Eröffnung soll möglichst groß werden) ist allerdings die in Abb. 204 getroffene Anordnung am zweckmäßigsten. Abb. 205 zeigt gegen das Ende zu verschmälerte Schlitze, wodurch ein allmählicheres Öffnen und größere Drosselung der zuerst auspuffenden Abgase erreicht wird (s. auch das Eröffnungsdiagramm, das unterhalb der Eröffnungsstrecke in Abb. 207 eingetragen ist). Eine besonders bemerkenswerte Anordnung der Auspuffschlitze endlich ist aus Abb. 208/09 ersichtlich. Hier sind die Schlitze ungleich lang u. zw. ist der zu oberst gelegene am längsten, die nachfolgenden immer kürzer, so daß die Eröffnung des Zylinders an der obersten, dem Auspuffrohr abgekehrten Seite beginnt und dann nach unten fortschreitet. Hiedurch wird eine gleichmäßigere Beschleunigung und leichteres Abströmen der Abgase in dem sich von oben nach unten hin erweiternden zum Auspuffrohr führenden Ringkanal erreicht und gleichzeitig der Zylinder nur allmählich eröffnet. (D.R.P. 209670 der Siegener Maschinenbau-Aktiengesellschaft, vorm. A. H. Oechelhäuser.) Die zugehörigen Eröffnungsdiagramme sind in Abb. 210 eingetragen. Ganz allgemein wird, um ein stetigeres Abfließen der Gase zu erreichen, der Zylinder an der dem Auspuffrohr direkt gegenüber liegenden Stelle nicht durchbrochen, wodurch ein direkter Stoß in die Auspuffleitung vermieden wird.

Der Eröffnungsquerschnitt der Auspuffschlitze soll theoretisch so groß wie möglich sein (s. S. 27 ff.), indessen steht dieser Forderung praktisch der Umstand gegenüber, daß die zwischen den Schlitzen verbleibenden Stege, die zweckmäßig durch Verwendung eines geteilten Zylinderfutters von allen Kräften entlastet werden, breit genug sein müssen, um einen ungestörten Überlauf der Kolbenringe zu gewährleisten und daß andrerseits allzu lange Schlitze lange Stege bedingen, die, der Einwirkung des Kühlwassers entzogen, leicht zu unzulässigen Erwärmungen Anlaß geben können. Letzteren Übelstand umgeht die Anordnung der Auspuffschlitze nach Abb. 211[1]), wobei der Anlaß, allerdings stark gedrosselt, schon sehr früh eröffnet und spät geschlossen wird, wobei die ungekühlten Stege aber trotzdem nur kurz ausfallen. Durch die starke Drosselung im Anfang der Eröffnung, die aus dem hinzugezeichneten Diagramm ersichtlich ist, wird ein größerer Flächenverlust im Diagramm vermieden und ein sanftes Eröffnen erreicht.[2])

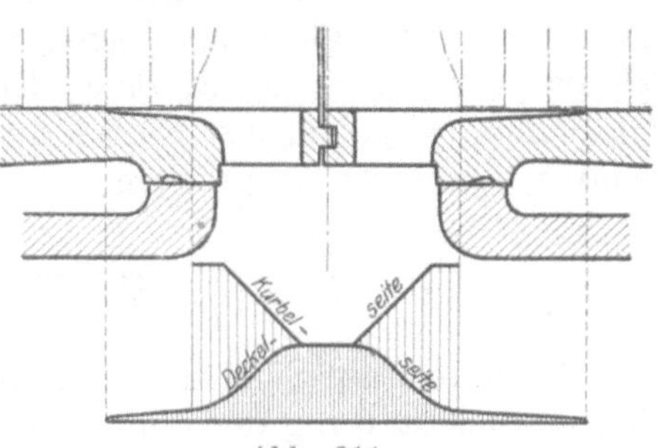

Abb. 211.

Für die im Großgasmaschinenbau üblichen Umdrehungszahlen (bis etwa 120 Uml. p. M.) genügt es, wenn der freie Austrittsquerschnitt der Schlitze $\frac{1}{3,5}$ bis $\frac{1}{4}$ der wirksamen Kolbenfläche beträgt. Höhere Tourenzahlen bedingen höhere Werte, deren Vergrößerung jedoch durch die oben angegebenen Bedingungen Grenzen gesetzt sind [s. hierzu S. 30, Fußnoten sowie insbesondere (61) (62)].

Ausgeführt finden sich für doppelt wirkende Zweitaktmaschinen mit Steuerung des Auslasses durch den Arbeitskolben Werte von $A. a. = A. z. = 17$ bis 18 v. H., bei „verlängertem Auspuff" nach Abb. 211 bis 22 v. H. (für die Kurbelseite, wo die größeren Werte bei gleicher Eröffnungsdauer auftreten). Oechelhäusermaschinen arbeiten mit 19 bis 21 v. H. Vorausströmung. Bei schnellaufenden Kleinmaschinen muß noch etwas höher gegangen werden, um hinreichende Entladung des Zylinders zu erreichen.

Zur Bewertung der Steuerungen mit Hilfe des Arbeitskolbens ist zunächst

[1]) Maßstab 1:7. Zu einer Zweitaktgasdynamo, 665 ⌀, 1150 Hub, 400 KW., von Pokorny & Wittekind, Maschinenbau-Akt.-Ges. in Frankfurt a/M.-Bockenheim. (D.R.P. 163891.)

[2]) Dasselbe läßt sich selbstverständlich auch durch Verjüngung des Kolbenendes erreichen, wobei aber der Inhalt des Ringraums zwischen Kolben und Zylinder für die Verbrennung wohl verloren geht.

als vorteilhaft zu erwähnen, daß es durch kein anderes Steuerungsmittel auch nur angenähert möglich ist, in derselben Zeit so große Steuerquerschnitte zu eröffnen oder zu schließen, als es bei Heranziehung des Arbeitskolbens für die Steuerungszwecke möglich ist. Auch in betriebstechnischer Hinsicht geben derartige Bauarten bei Berücksichtigung der weiter oben ausgesprochenen Konstruktionsbedingungen keinen Anlaß zur Klage, zumal wenn durch schiefe Lage der Schlitze (s. Abb. 208) dafür gesorgt wird, daß der ganze Umfang der Kolbenringe mit den steuernden Kanten in Berührung tritt, wodurch ungleichmäßige Abnützung der Kolbenringe vermieden wird. Als wesentlicher Nachteil ist der Umstand anzusehen, daß Eröffnung und Abschluß stets in demselben Punkt der Kolbenweglinie stattfinden, wodurch eine oft nicht zulässige Beengtheit in der Wahl der Steuerpunkte verursacht wird, wenn anders nicht betriebstechnisch kaum zulässige Weitläufigkeiten (besonders gesteuertes verschiebbares Zylinderfutter) in Kauf genommen werden sollen. Aus diesem Grund bleibt die Verwendung des Arbeitskolbens zu Steuerzwecken in der Regel auch auf Auslaßsteuerungen beschränkt, bei denen sich die Abhängigkeit der Lagen von Eröffnungs- und Schlußpunkt weniger empfindlich bemerkbar macht, als bei Einlaßsteuerungen. Der Fall der Oechelhäuser-Maschinen, wo auch der Einlaß durch den Arbeitskolben gesteuert wird, ist im folgenden Abschnitt besprochen.

3. Einlaßsteuerungen.

Nach dem auf S. 37 ff. Gesagten ist ein grundsätzlicher Unterschied in der baulichen Ausgestaltung der Einlaßsteuerungen der Zweitaktverpuffungsmaschinen dadurch gegeben, daß die Möglichkeit besteht, den Spül- und Ladevorgang entweder aus getrennten, besonders gesteuerten Leitungen zu vollziehen oder nur ein gesteuertes Einlaßorgan zu verwenden, vor dem bereits Gemischbildung stattfindet.

Als Vertreter der ersten Gruppe von Bauarten, die sich bei älteren Ausführungen von Zweitaktmaschinen öfters ausgeführt finden, sei die in Abb. 204 dargestellte Anordnung der Oechelhäusermaschinen betrachtet. Nach dem auf S. 38 über dieses Verfahren bereits grundsätzlich Gesagten ist hier nur eine Bemerkung über die durch die erwähnte Steuerung bedingten Querschnittsverhältnisse nachzutragen. Da es sich jedoch hier nicht wie bei den Viertaktmaschinen um eine Saugwirkung des Kolbens, demnach um einen mit dessen Geschwindigkeit veränderlichen Strömungsvorgang handelt, sondern die Geschwindigkeit im Steuerquerschnitt durch den von den Ladepumpen erzeugten Überdruck im Zylinder bedingt und (bei angenähert unveränderlichem Überdruck) unveränderlich ist, so ist das während der ganzen Eröffnungsdauer zutretende Einströmgewicht durch

$$G = \int F \cdot \gamma v dt$$

gegeben, wenn F den (von Moment zu Moment veränderlichen) Steuerungsquerschnitt, v die (als unveränderlich anzusehende) Geschwindigkeit und γ das spezifische Gewicht bedeuten. Es ist demnach mit Abspaltung der unveränderlichen Größen die einströmende Menge dem Wert $\int F . dt$, das über den ganzen Eröffnungsvorgang zu erstrecken ist, proportional, dieser Wert demnach der Betrachtung zu unterziehen. Da die Kurbelwege den Zeiten proportional sind, genügt es somit das Sinoidendiagramm (s. S. 211) für den betreffenden Querschnitt zu entwerfen. Dieses ist für die Steuerungsquerschnitte der in Abb. 204 dargestellten Oechelhäusermaschinen in Abb. 212 entwickelt. Die Eröffnungs- und Schlußpunkte für Auspuff, Luft und Gas sind mit den auch in Abb. 13 (S. 38) verwendeten Buchstaben

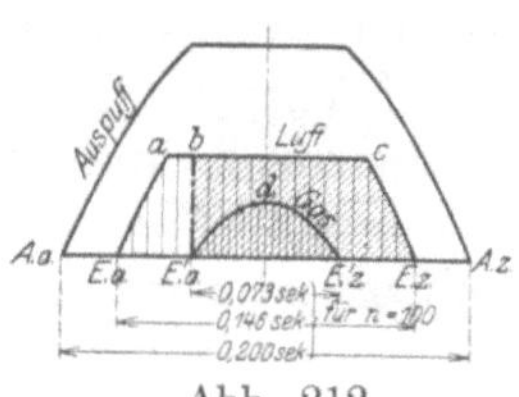

Abb. 212.

bezeichnet. Zwischen den Punkten *E. a.* und *E.' a.* tritt Spülluft ein, die nach dem Verhältnis der Flächen (*E. a.* — *a* — *b* — *E.' a.*): (*E. a.* — *a* — *c* — *E. z.*) $^1/_5$ der gesamten eintretenden Luftmenge beträgt. Hiebei ist allerdings zu beachten, daß während des Spül- und Ladevorgangs ein wenn auch geringer Spannungsabfall im Luftbehälter stattfindet, so daß die zuerst eintretende Luft etwas größere Geschwindigkeit besitzt, wodurch das Verhältnis der Spülluft zur Ladeluft etwas größer wird. Das Verhältnis der wirksamen Eröffnungen für Gas und Ladeluft ist durch das Verhältnis der Flächen (*E.' a.* — *d* — *E.' z.*): (*E.' a.* — *b* — *c* — *E. z.*) bestimmt und beträgt bei den gewählten Verhältnissen 1: 3,7. Soll demnach z. B. bei Gichtgasbetrieb das (durchschnittliche) Mischungsverhältnis gleich 1: 1 werden, so muß die Geschwindigkeit im Gasquerschnitt 3,7 mal so groß sein als im Luftdurchschnitt. Der Überdruck des Gases über den Zylinderinhalt müßte demnach theoretisch 13 bis 14 mal so groß sein als der der Luft. Praktisch werden die Verhältnisse allerdings etwas durch den erwähnten Spannungsabfall im Luftbehälter gemildert. Da zwischen den Punkten *E.' a.* und *E.' z.* der Luftquerschnitt unveränderlich ist, gibt die Linie *E.'a.*—*d*—*E.'z.*—*E.z.* auch direkt das Diagramm des Mischungsverhältnisses $\frac{\text{Gas}}{\text{Luft}}$, das von Null ansteigend im Punkt *d* seinen größten Wert erreicht und auf der Strecke *E.'z.*—*E.z.* wieder gleich Null wird. Unveränderliches Mischungsverhältnis ist daher auch nicht angenähert zu erreichen.

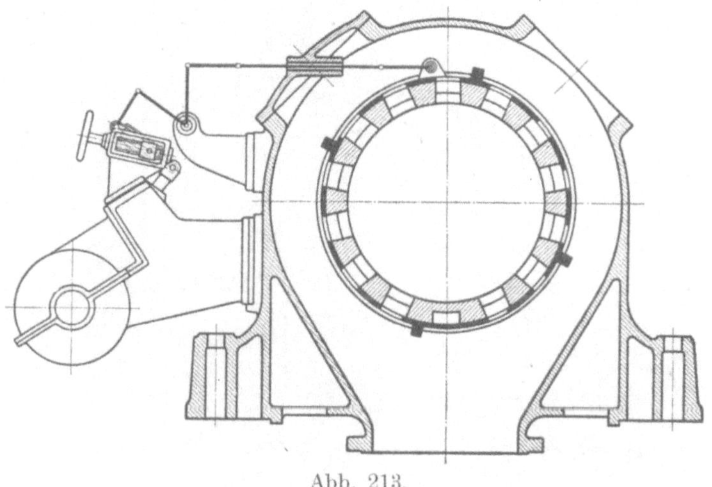
Abb. 213.

Über die **Regelung** der Maschinenleistung, die in die Ladepumpen verlegt ist, ist das Nähere weiter unten bei deren Besprechung bemerkt, hier sei nur noch auf die in Abb. 213[1]) dargestellte Bauart verwiesen, bei der versucht ist, die Regulatoreinwirkung durch einen (auch von Hand verstellbaren über die Luft- und Gasschlitze gelegten Ringschieber zu verstärken. Die Anordnung, bei deren Verwendung im Betrieb außerordentlich große Regulierwiderstände unvermeidlich sind, hat sich, wohl aus diesem Grund, nicht bewährt und wurde bald wieder verlassen. Die Wirkung der Vorrichtung ließe sich an Hand einer dem Diagramm Abb. 212 ähnlichen Darstellung verfolgen, in der die Ordinaten der einzelnen Linienzüge nur jeweils entsprechend den durch die Drosselung geänderten Querschnitten verändert sind. (Vgl. hiezu auch S. 38 Fußnote.)

Wird der Spül- und Ladevorgang aus getrennten, besonders gesteuerten Leitungen vorgenommen, so müßten, sofern nicht, wie in dem eben angeführten Fall der **Oechelhäuser**maschine, der Arbeitskolben zur Steuerung herangezogen wird, zwei getrennte und voneinander unabhängig gesteuerte Einlaßorgane Verwendung finden. Wird nur **ein** gesteuertes Einlaßorgan verwendet, so muß, wie bereits auf S. 39 dargelegt, von den Ladepumpen Gas und Luft nicht nur unter höheren Druck gesetzt,

[1]) Maßstab 1 : 25. Zu einer Oechelhäuser-Zwillings-Gichtgasmaschine, 675 Φ, 2 × 950 Hub, 1000 bis 1300 PS bei $n = 100$ von **A. Borsig**, Berlin-Tegel.

sondern auch die Luftvorlagerung besorgt werden. Die Regelung der Maschinenleistung wird hierbei ebenfalls meistens durch Veränderung der Ladepumpensteuerung besorgt, kann aber in einzelnen Fällen, wie z. B. in dem letzten der hier behandelten auch in die dann besonders hierfür einzurichtende Einlaßsteuerung verlegt werden.

Als wichtigster Vertreter der Bauarten mit Spülen und Laden aus gemeinschaftlich gesteuerter Leitung ist die dz. von allen Zweitaktgroßgasmaschinen am öftesten ausgeführte Bauart Körting zu erwähnen. Die Maschine ist doppelt wirkend, der Auslaß wird durch den Arbeitskolben, der Einlaß durch Ventile gesteuert. Abb. 214/15[1]) zeigt einen Querschnitt durch die Einlaßsteuerung

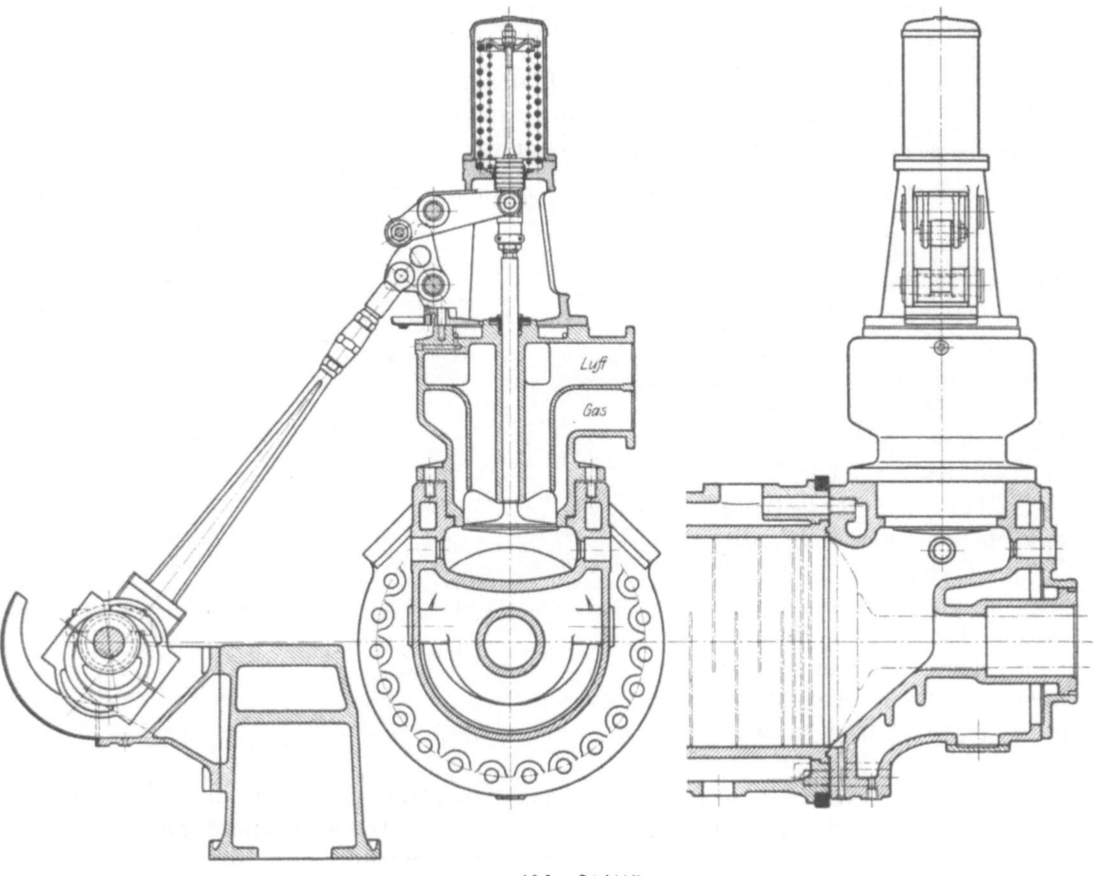

Abb. 214/15.

und einen Längsquerschnitt durch den Zylinderkopf. Das Einlaßventil erhält seinen Antrieb durch Exzenter und Schwingdaumen von einer längs der Maschine laufenden Steuerwelle, die durch Kegelräder von der Hauptwelle mit derselben Umdrehungszahl wie diese angetrieben wird. Die Vereinigung der Luft- und Gasleitung findet erst unmittelbar vor dem Einlaßventil statt, wodurch die zur Erzielung einer ordentlichen Spülung erforderliche Gasrückdrängung ermöglicht wird (s. Näheres darüber S. 238f.). Zu beachten ist die Formgebung des Zylinderkopfes, die einen Ausgleich zwischen den Forderungen nach hinreichender Festigkeit, günstigen Beanspruchungsverhältnissen, hinreichenden Querschnitten (Unterbringung des sehr großen Einlaßventils!), geschlossenem Verbrennungsraum und, zur Erhaltung der Schichtung im Zylinder, einfachen Strömungswegen, darstellt und das Ergebnis langjähriger

[1]) Maßstab 1 : 36. Zu einem Zweitakt-Einzylinder-Gichtgasgebläse, 1000 ⌀, 1400 Hub, W.D. = 2180 bei $n = 78$, der Maschinenbau-Akt.-Ges. vorm. Gebrüder Klein, Dahlbruch.

Erfahrung bildet. Die Form der ganz aus Stahl gefertigten Ventile ist von der bei Viertaktmaschinen üblichen abweichend, da die hier gestellte Forderung, große Steuerquerschnitte in sehr kurzer Zeit zu öffnen und zu schließen, große Ventildurchmesser erforderlich macht, wobei jedoch mit Rücksicht auf die großen erforderlichen Hübe und die dadurch bedingten Beschleunigungen die zu beschleunigenden Massen nicht groß sein dürfen, was mit Rücksicht auf die auftretenden Beanspruchungen zur Verwendung von Stahl zwingt.

Abb. 216[1]) zeigt den Antrieb des Ventils durch Nocken und Wälzhebel. Eine bemerkenswerte Besonderheit der hier dargestellten Bauart bildet der mit der Einlaßventilspindel fest verbundene Vakuumkolben, der in einer im Luftraum des Einlaßventilgehäuses liegenden Ausdrehung läuft und bei der in Abb. 216 dargestellten Bauart durch eingesprengte Kolbenringe abgedichtet ist. Abb. 217[2]) stellt eine zu derselben Maschine gehörige ähnliche Bauart in größerem Maßstab dar. Der Vakuumkolben ist bei dieser Ausführungsart luftdicht eingeschliffen und nur mit einigen Schmiernuten versehen. Der Zweck des Vakuumkolbens, der bei geschlossenem Ventil nur ganz geringes Spiel zwischen sich und dem Deckel läßt, ist ein doppelter. Einerseits wird bei der Öffnungsbewegung des Ventils über dem Kolben eine starke Luftverdünnung erzeugt, die die Schlußkraft der Ventilfedern unterstützt. Andrerseits wird der unter dem Kolben befindlichen Luft während der sehr rasch erfolgenden Eröffnungsbewegung des Ventils ein kräftiger Impuls erteilt, wodurch der Spülvorgang verbessert und vermieden wird, mit einer bauliche Schwierigkeiten machenden starken Gasrückdrängung zu arbeiten. Durch etwa vorhandene Undichtigkeiten zwischen Vakuumkolben und Deckel gelangende Luft wird bei der Schlußbewegung des Ventils durch die Federkraft über den äußeren Druck verdichtet und entweicht durch das Sicherheitsventil *V*.

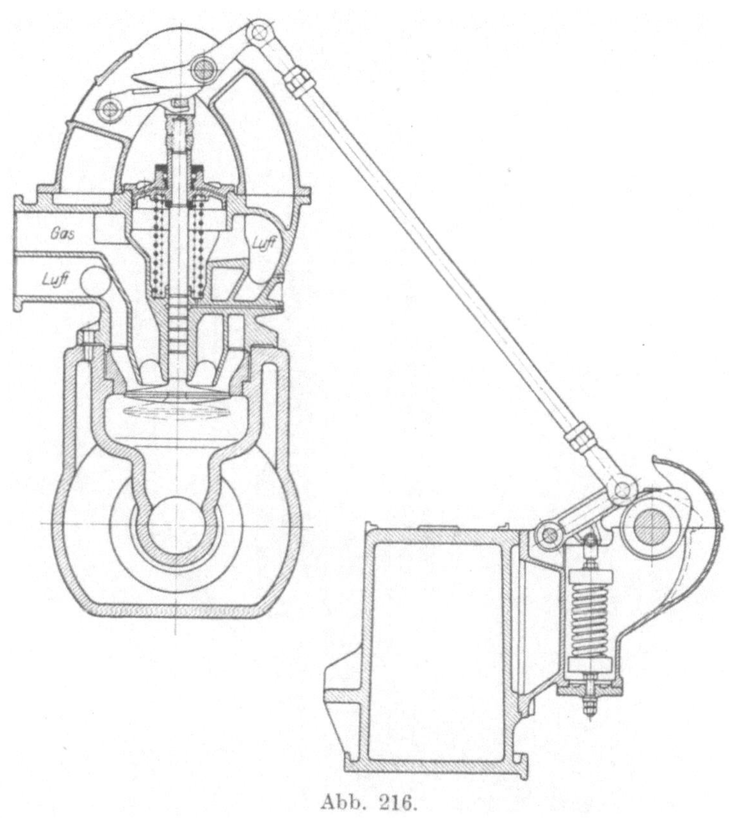

Abb. 216.

Der in Abb. 218[3]) dargestellten Einlaßsteuerung lag die Absicht zugrunde, die Gaspumpe zu vermeiden und ihre Wirkung durch Anordnung einer Injektorvorrichtung zu ersetzen. Mit der Spindel des von einer normalen Nockensteuerung

[1]) Maßstab 1 : 36. Zu einer Zweitakt-Einzylinder-Gasdynamo, 1100 ⌀, 1400 Hub bei $n = 100$, der Siegener Maschinenbau-Akt.-Ges., vorm. A. & H. Oechelhäuser in Siegen.

[2]) Maßstab 1 : 12.

[3]) Maßstab 1 : 10. Zu einem Zweitaktgichtgasgebläse, 650 ⌀, 1150 Hub W.D. = 1800 bei $n = 80$, von Pokorny & Wittekind, Maschinenbau-Akt.-Ges. in Frankfurt a/M.-Bockenheim.

betätigten Einlaßventils ist ein Kolbenschieber fest verbunden, der doppelte Eröffnung gibt und bei geschlossenem Einlaßventil den Gaszutritt zum Raum oberhalb des Einlaßventils abschließt. Die Kolbenschieber besitzen Überdeckung, so daß bei Beginn des Einlaßventilhubes zuerst nur Spülluft eintritt, worauf erst die Gasquerschnitte freigelegt werden und die Gasansaugung durch Injektorwirkung beginnt. Aus der Abbildung ist die Anordnung der Düsen D, sowie die Zwischendüsen D_1 und D_2, die die Gasansaugung befördern, deutlich zu erkennen. Die Luftpumpe war als normaler Kompressor mit Schiebersteuerung für die Ansaugung ausgebildet. Die Regelung sollte durch Verstellung einer Gasdrosselklappe, deren Achse bei A gelegen ist, bewirkt werden. Die Bauart, der übrigens auch infolge der Symmetrie von Eröffnungs- und Schlußvorgang die Eigentümlichkeit anhaftet, daß nach Abschluß des Gaskanals noch etwas Luft in den Zylinder nachgeladen wird, hat sich in der erwähnten Form nicht bewährt. Die Gründe hierfür liegen darin, daß die unvermeidlichen Schwingungen der Gassäule in der Saugleitung von bedeutender Rückwirkung auf den die Gemischbildung bestimmenden Injektorvorgang sein mußten[1]) und insbesondere keine exakte Regulierung ermöglichten. Es mußte daher noch nachträglich eine allerdings nur einfachst ausgestattete Gaspumpe eingebaut werden, welche die Gasschwingungen von der Einlaßsteuerung ferne hielt und wohl auch dazu diente, dem Injektor durch eine geringe Vorverdichtung des Gases die Arbeit zu erleichtern.

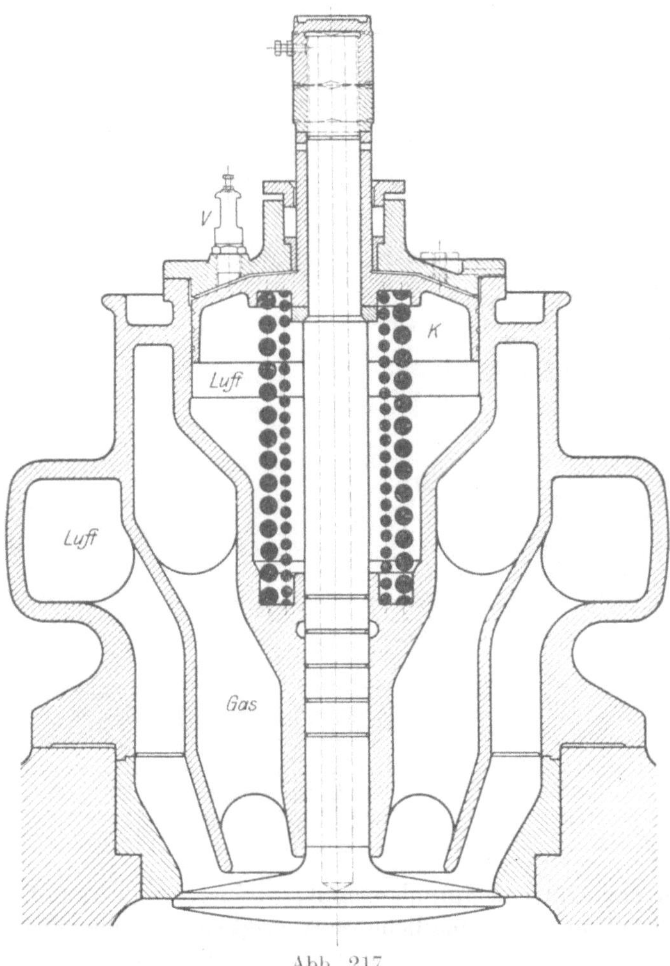

Abb. 217.

Bei der aus Abb. 219[2]) ersichtlichen Bauart, die einer Viertaktsteuerung ähnlich ist und eine Weiterentwicklung der Bauart Abb. 218 darstellt, ist versucht, durch die Zwischenschaltung eines besonderen Gasschiebers Präzisionsregelung zu erreichen. Das Einlaßventil wird durch normalen Exzenterantrieb mit Wälzhebeln betätigt und trägt auf seiner Spindel ein Tellerventil, das bei geschlossenem Einlaßventil Gas- und Luftraum voneinander abschließt (s. auch Abb. 25 S. 63). Der Gasschieber wird durch eine ausklinkende Steuerung betätigt, die in Anordnung und Wirkungsweise grundsätzlich gleich der in Abb. 183 (S. 203) dargestellten ist

[1]) Zur Literatur über Injektoren (26).

[2]) Maßstab 1 : 8. Zu einer Zweitaktgasdynamo, 665 ϕ, 1115 Hub, 400 K.W., von Pokorny & Wittekind, Maschinenbau-Akt.-Ges. in Frankfurt a/M.-Bockenheim.

und veränderlichen Ausklinkungspunkt ergibt. Im Moment der Einlaßventileröffnung ist der Gasschieber noch gehoben, so daß zuerst nur Spülluft eintritt; nach dem Abschnappen der Gasschiebersteuerung wird, unterstützt durch die hier ebenfalls angeordneten Injektoren, auch Gas angesaugt, und zwar um so mehr, je früher die Gasschiebersteuerung ausklinkt. Daß hierdurch eine sehr exakte Regulierung erzielt werden kann, ist leicht verständlich, indessen ist diese durch Anwendung noch je einer vollständigen zweiten Steuerung für jede Zylinderseite erkauft, ohne daß bei den Ladepumpen gegenüber der normalen Anordnung wesentliche Ersparnisse zu erzielen wären. Luft- und Gaspumpe sind als normale Kompressoren mit gesteuerten Saugschiebern ausgebildet. Die Firma hat in neuerer Zeit den Bau von Zweitaktmaschinen wieder aufgegeben, so daß eine Weiterentwicklung der in den vorangehenden Abbildungen angedeuteten Konstruktionsideen unterblieben ist. Dem Verfasser erscheint indessen die Anwendung von injektorähnlichen Vorrichtungen zur Verbesserung der Saugwirkung und Gemischbildungsverhältnisse als grundsätzlich bedeutungsvoll und insbesondere auch für Viertaktmaschinen (besonders für Sauggasbetrieb) als aussichtsreich.

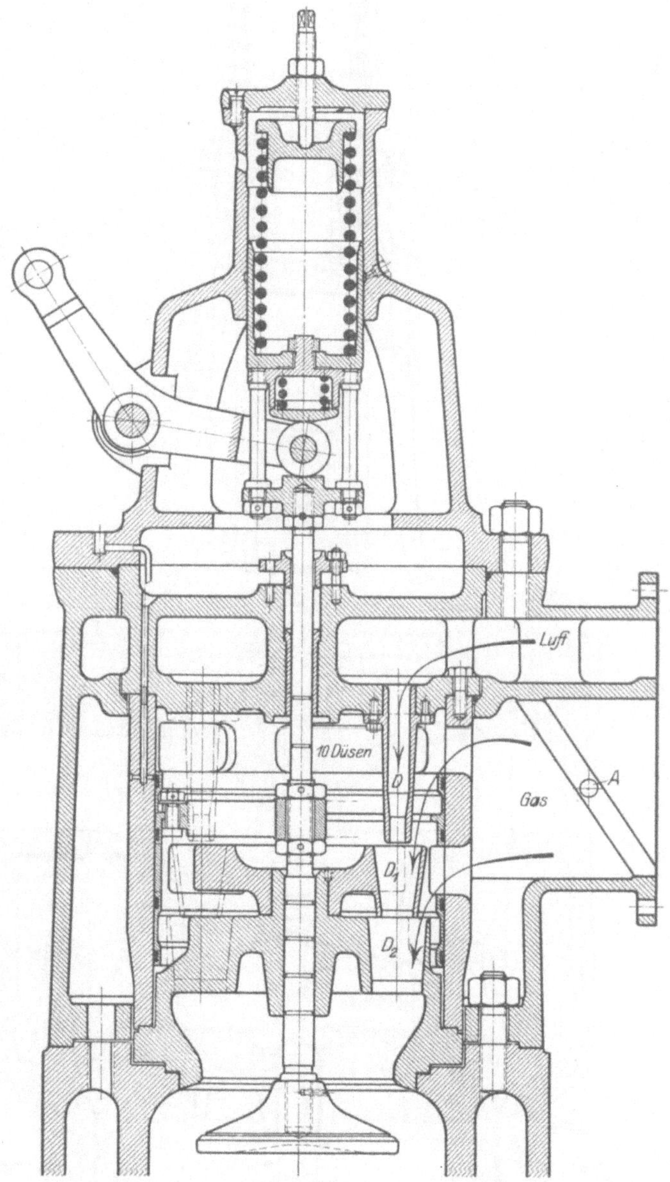

Abb. 218.

Zur allgemeinen Beurteilung der für die Einlaßsteuerungen von Zweitaktmaschinen geltenden Arbeitsbedingungen ist besonders auf die hier bestehende Notwendigkeit hinzuweisen, große Steuerquerschnitte in verhältnismäßig sehr kurzen Zeiten zu eröffnen und abzuschließen. Die weiter oben für den Fall, daß die Einlaßsteuerung durch den Arbeitskolben betätigt wird, angestellten Überlegungen, wonach, abgesehen von der Spaltgeschwindigkeit im Einlaßquerschnitt, die von dem von den Ladepumpen erzeugten Überdruck über den Zylinderinhalt abhängt, das in den Zylinder gelangende Ladegewicht wesentlich durch den über die Dauer des ganzen Eröffnungsvorganges erstreckten Integralwert $\int F dt$ bestimmt ist, gilt selbstverständlich auch unverändert für den Fall, daß der Einlaß durch Ventile gesteuert

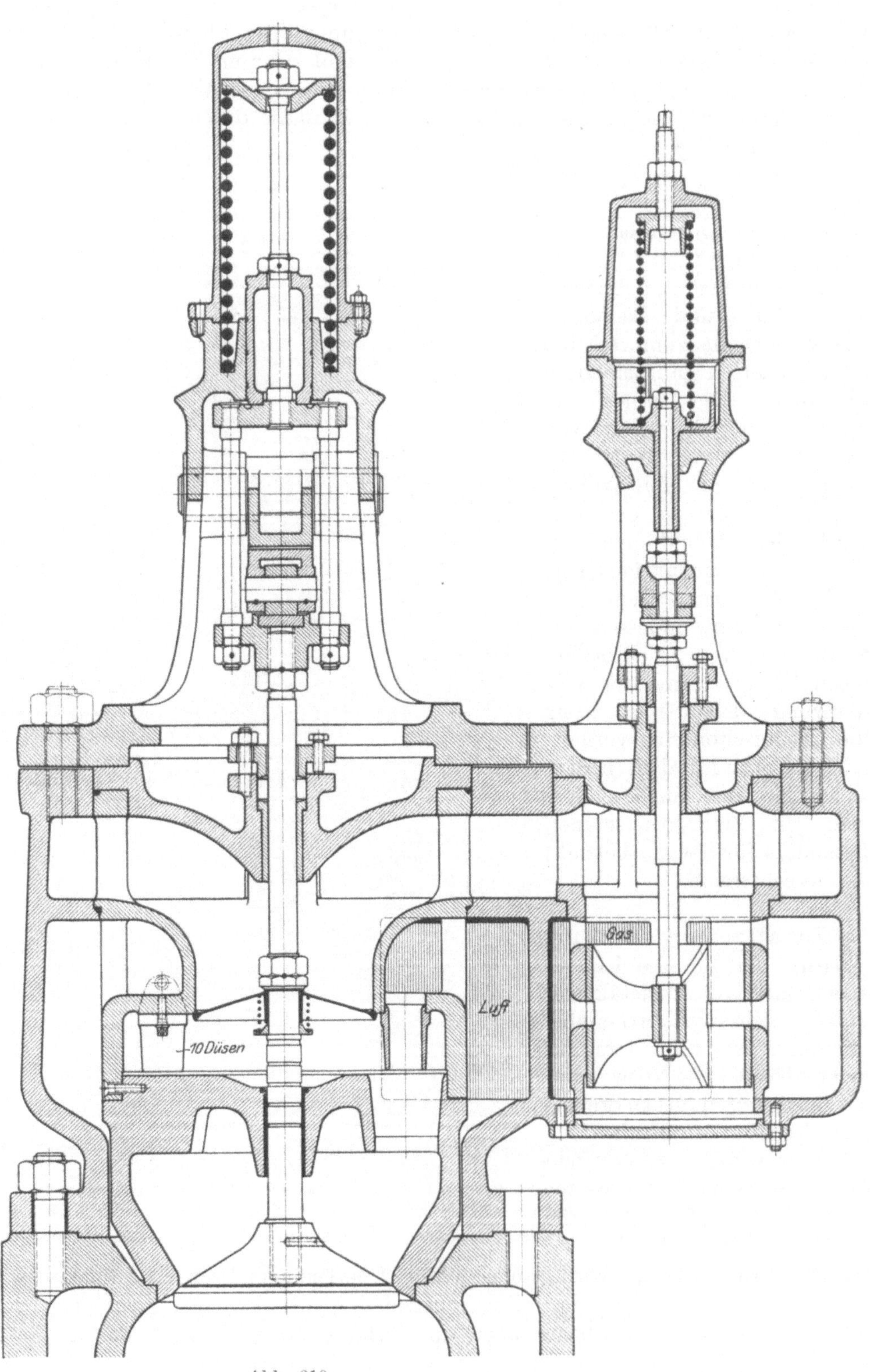

Abb. 219.

wird. Diese Überlegung führt zusammen mit den anderen Konstruktionsbedingungen auf eine Reihe von einander widersprechenden Forderungen, als deren schließlicher Ausgleich die ausgeführte Anordnung anzusehen ist. Die freie Wahl der Punkte *E. a.* und *E. z.* ist nur innerhalb sehr enger Grenzen möglich (Zahlenangaben siehe weiter unten bei Besprechung der Ladeverfahren), wodurch bei gegebener Umdrehungszahl die Dauer der Einlaßeröffnung festliegt. Weiters ist die Geschwindigkeit im Einlaßquerschnitt nicht beliebig zu steigern, da mit steigender Geschwindigkeit einerseits die für die Wirtschaftlichkeit der Maschine wesentlich mitbestimmende Ladepumpenarbeit wächst, es anderseits auch um so schwieriger wird, die zur ordentlichen Durchführung des Arbeitsvorganges erforderliche Schichtung zu erhalten, je größer die Eintrittsgeschwindigkeit und damit die Neigung zu Durcheinanderwirbelungen des Zylinderinhalts wird. Ausgeführt finden sich Werte von 75 m/sec. und darüber für Einlaßsteuerungen, die durch den Arbeitskolben betätigt werden, während man bei Ventilsteuerungen wesentlich höher, auf 130 bis 200 m/sec. zu gehen gezwungen ist. Diesen Werten entsprechen nach Abb. 2 Überdrücke von 0,06 Atm. und darüber bei Steuerungen mit Hilfe des Arbeitskolbens, während den für Ventilsteuerung angegebenen Werten Überdrücke von 0,18 bis 0,42 Atm. entsprechen. Bei letzteren Werten ist allerdings die Schichtung schon nur mehr schwierig zu erhalten. Indessen werden insbesondere bei Großgasmaschinen für Dynamobetrieb, selbst wenn mit der Wahl der Geschwindigkeitswerte bis an die oberste Grenze gegangen wird, Ventilhübe bis 80 mm nötig, wobei Eröffnungs- und Schlußbewegung in weniger als 0,2 Sek. zu leisten sind und Beschleunigungswerte bis 100 m/sec. und darüber auftreten. Mit Rücksicht darauf ist innerhalb der zulässigen Beanspruchungsgrenzen auf möglichste Leichtigkeit der bewegten Teile zu achten und bei Entwurf und Ausführung der zur Erzielung der Steuerbewegung dienenden kinematischen Hilfsmittel den auftretenden Beschleunigungswerten besondere Beachtung zu schenken. Den weiter unten behandelten Öldrucksteuerungen (s. S. 360) stünde mit Rücksicht auf die geringen bewegten Massen besonders hier ein noch nicht beachtetes Anwendungsgebiet offen.

4. Ladepumpen.

a) Wirkungsweise und bauliche Ausgestaltung.

Die Wirkungsweise und bauliche Ausgestaltung der Ladepumpen sind verschieden, je nachdem die Regelung der Maschinenleistung in die Ladepumpen selbst verlegt ist oder durch die, dann für diesen Zweck entsprechend auszugestaltende Einlaßsteuerung der Maschine besorgt wird.

Im letzteren Fall, der z. B. bei Maschinen gegeben ist, deren Einlaßsteuerungen in den Abb. 218 und 219 dargestellt sind, ist zur baulichen Ausgestaltung der Ladepumpen nicht viel zu bemerken, da diese in diesem Fall in Bauart und Wirkungsweise normalen Kompressoren bzw. Gebläsen gleich sind, so daß hier im wesentlichen auf die hierüber bestehende Literatur (42) verwiesen werden kann. Die Ausstattung der Ladepumpen erfolgt hierbei mit Rücksicht auf die Herstellungskosten der Maschine je nach deren Leistung verschieden: Großgasmaschinen erhalten besonders angeordnete Ladepumpen mit selbsttätigen Druckventilen und Ansaugung entweder durch selbsttätige Ventile oder — mit Rücksicht auf Ventilwiderstände und Lieferungsgrad zweckmäßiger — gesteuerte Saugschieber; einfachwirkende, billige Maschinen, bei denen die Kosten besonders angeordneter Ladepumpen zu groß würden, werden in der Regel mit Kurbelkasten-Pumpen ausgestattet, eine Anordnung, die sich indessen bei mit gasförmigem Brennstoff arbeitenden Verpuffungsmaschinen nur mehr selten ausgeführt findet, da sie zum Verdichten fertigen Ge-

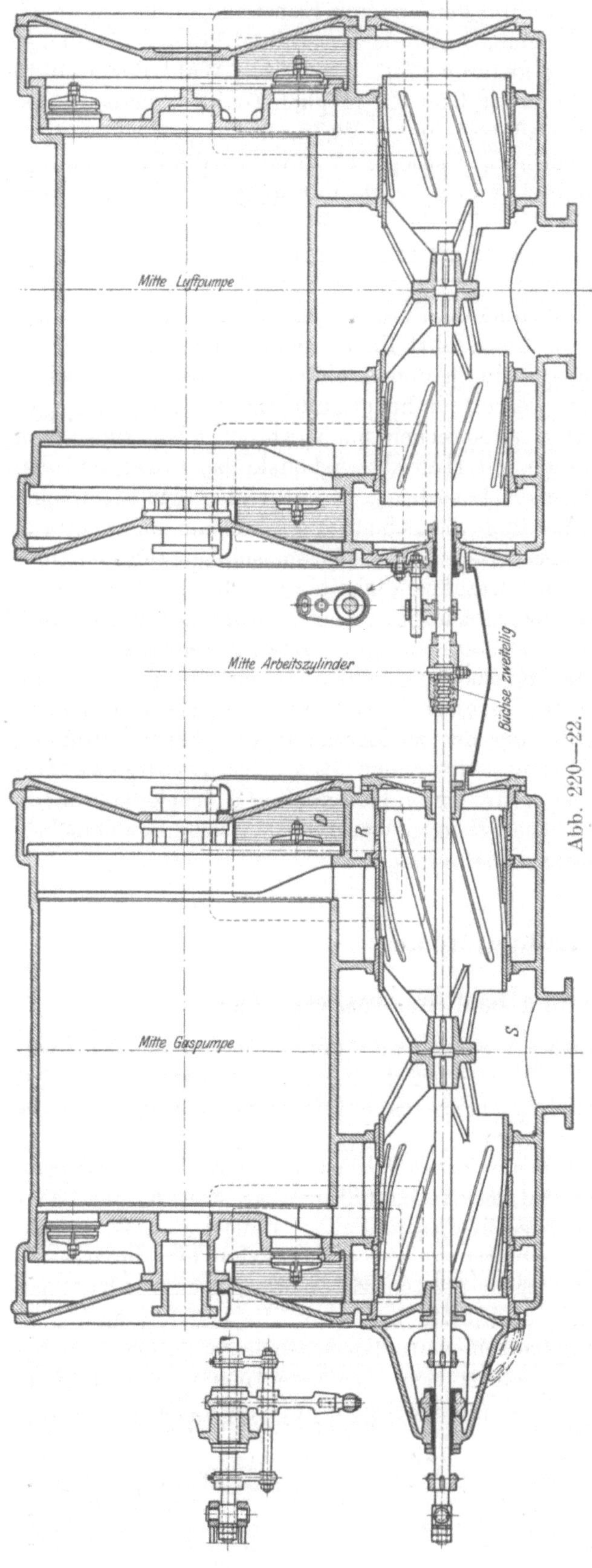

Abb. 220—22.

mischesiches, das dann auch zur Spülung dient, zwingt, ein Arbeitsverfahren, zu dessen Kritik das Erforderliche bereits auf S. 37 bemerkt wurde. Die Verwendung des Kurbelkastens als Ladepumpe bei Verpuffungsmotoren ist heute nur für die mit Brennstoffeinspritzung arbeitenden „Niederdruckrohölmotoren" gebräuchlich (s. S. 4), dort aber sehr häufig verwendet. Die Kurbelkastenpumpe, die in diesem Fall nur Luft zu verdichten hat, bietet die einfachste, billigste und betriebssicherste Lösung des Ladepumpenproblems für einfachwirkende Maschinen, indem die Pumpwirkung des Arbeitskolbens direkt benützt wird und der an den Wellenlagern mittels Stopfbüchsen gut abzudichtende Kurbelkasten nur mit einem leicht auswechselbaren Saugventil, das in der Regel als Saugklappe ausgeführt wird, zu versehen ist. Der bei dieser Anordnung unvermeidlich sehr groß werdende schädliche Raum setzt zwar den Lieferungsgrad der Pumpe herab, was indessen nicht als nachteilig anzusehen ist, da dadurch kein Mehraufwand an Arbeit verursacht und die Pumpe mit Benutzung von ohnedies notwendigen Teilen nahezu kostenlos erhalten wird. Als Nachteil ist zu erwähnen, daß die Ausspülung der Ladung des Zylinders bei Verwendung von Kurbelkastenpumpen mit in der Regel stark vorgewärmter Luft erfolgt, wodurch der volumetrische Wirkungsgrad des Arbeitszylinders und seine spezifische Leistung etwas herabgezogen wird (s. a. S. 243).

Ebenfalls normal ausgestaltete, mit selbsttätigen Saug- und Druckventilen arbeitende Kompressoren besitzt die **Oechelhäusermaschine** als Ladepumpen.

Die Regelung der Maschinenleistung wird hierbei, wie bereits auf S. 38 besprochen, durch ein besonderes Rücklaufverfahren erreicht. Von der doppelt wirkenden Ladepumpe, deren vordere Seite Luft und deren hintere Seite Gas verdichtet, führen zu den Einlaßschlitzen Leitungen, die mit Abzweigungen versehen sind, die durch gesteuerte Ventile eröffnet und abgeschlossen werden können. Die Ventile werden von der Steuerwelle und durch eine Ausklinksteuerung betätigt, deren Ausklinkungspunkt vom Regulator beherrscht wird. Solange die Ventile offen sind, schieben die Ladepumpen wieder in den Saugraum zurück, erst nach Abschluß beginnt die wirksame Förderung. Je später demnach das Abschnappen erfolgt, desto weniger wird in den Zylinder gefördert, desto geringer ist die Maschinenleistung. Bauliche Einzelheiten dieses nicht mehr zeitgemäßen Arbeitsverfahrens sind heute nicht mehr von Interesse (18 b).

Von den Arbeitsverfahren, bei denen die Regelung der Maschinenleistung ebenfalls in die Ladepumpen verlegt ist, ist das der Körtingschen Zweitaktmaschinen von besonderer Bedeutung und soll daher in nachfolgendem ausführlich besprochen werden. Die Firmen, die die Körtingschen Maschinen ausführen, haben voneinander etwas abweichende Ladeverfahren entwickelt, von denen das der Siegener Maschinenbauanstalt und das der Gebr. Klein in folgendem behandelt seien.

Zu ersterem zeigt Abb. 220—22[1]) einen Längsquerschnitt durch Gas- und Luftpumpe, Abb. 223[2]) die Gesamtanordnung der Ladepumpen einschließlich ihres An-

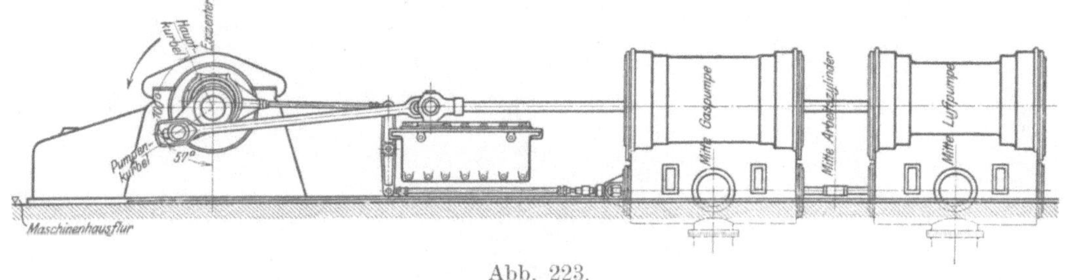

Abb. 223.

triebs. Die hintereinander liegenden Pumpen für Gas und Luft erhalten gemeinschaftlichen Antrieb durch eine Stirnkurbel von der Hauptwelle aus und sind mittellinienparallel zum Arbeitszylinder angeordnet. Beide Pumpen besitzen selbsttätige Druckventile und gesteuerte Saugschieber, deren Antrieb von einem auf der Hauptwelle sitzenden Exzenter und Übertragung der Bewegung durch eine Schwinge erfolgt. Die Druckventile, deren jede Pumpenseite zehn aufweist, sind normale, federbelastete Ringventile mit zwei Ringen; die mit Schlitzen versehenen Saugschieber erhalten ebenfalls gemeinschaftlichen Antrieb, sind jedoch zwischen den Zylindern derart gekuppelt, daß eine Verdrehung der beiden Schieber unabhängig voneinander erfolgen kann. Der Schieber der Gaspumpe wird, um veränderliche Steuerwirkung zu erzielen, vom Regulator verdreht, der der Luftpumpe kann von Hand aus verdreht werden. Die Pumpenkurbel eilt der Hauptkurbel um 100° im Drehungssinn vor, das Exzenter eilt der Pumpenkurbel um 123° nach, da jedoch die Exzenterbewegung durch eine doppelarmige Schwinge übersetzt wird, ist die Steuerwirkung dieselbe, als ob das Exzenter bei direktem Schieberantrieb der Pumpenkurbel um 57° voreilen würde.

[1]) Maßstab 1 : 30. Zu einer Zweitakteinzylindergasdynamo, 1100 ϕ, 1400 Hub bei $n = 100$, der Siegener Maschinenbau-Akt.-Ges., vorm. A. & H. Oechelhäuser in Siegen.

[2]) Maßstab 1 : 100.

Das Zusammenarbeiten der Pumpen mit dem Arbeitszylinder läßt sich zunächst überschlägig wie folgt überblicken: ehe die Hauptkurbel in die Nähe des linken Totpunktes gekommen ist (Abb. 223), hat auf der hinteren Kolbenseite der Ladepumpen bereits die Verdichtung begonnen. Wenn also nach Eröffnung der Auspuffschlitze auf der hinteren Seite des Arbeitskolbens das Einlaßventil öffnet, beginnt die Förderung aus den rückwärtigen Zylinderhälften der Ladepumpen, die ungefähr ebenso lange andauert als das Einlaßventil offen ist. Im Moment *E. z.*, der selbstverständlich nach dem Moment *A. z.* erfolgt, hat die Hauptkurbel ihren Totpunkt links schon weit überschritten, die Pumpenkurbel ist nahezu an ihrem rechten Totpunkt angelangt. Es wird also zwischen den Punkten *A. z.* und *E. z.* der Arbeitszylinder zur Erhöhung der spezifischen Leistung noch durch die Pumpen nachgeladen. Es arbeiten jeweils die gleichsinnigen Zylinderseiten der Pumpe und des Arbeitszylinders zusammen.

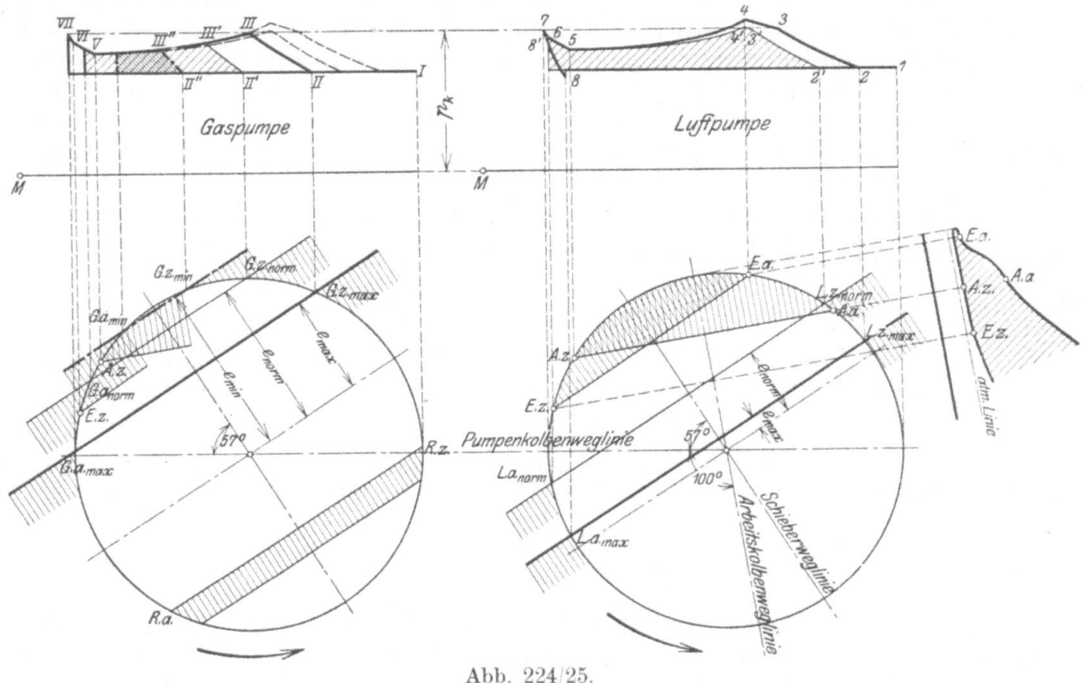

Abb. 224/25.

Im einzelnen läßt sich der geschilderte Spül- und Ladevorgang in all seinen Wechseln an Hand der in Abb. 224/25 dargestellten Steuerungs- und Indikatordiagramme[1]) für die Luft- und Gaspumpe verfolgen. In diesen Diagrammen ist die Pumpenkolbenweglinie wagerecht angenommen und nach der weiter oben gegebenen Regel die Arbeitskolbenweglinie um 100° voraus, die Schieberweglinie um 57° zurückgedreht eingetragen. Um die Darstellung nicht allzu unübersichtlich zu machen, wurde in den Diagrammen die Stangenlänge als unendlich groß angenommen und das Diagramm nur für die Kurbelseite entwickelt. Es werde zunächst von der durch Regulator- oder Handverstellung bedingten Veränderlichkeit der Steuerwirkung abgesehen und die für größte Füllungen geltenden Verhältnisse entsprechend den stark ausgezogenen Linien in Steuerungs- und Indikatordiagramm betrachtet. Wird zunächst das (rechts stehende) Luftpumpendiagramm ins Auge gefaßt, so ergibt sich hierfür folgendes:

[1]) Die Indikatordiagramme sind zur besseren Verdeutlichung der Vorgänge etwas schematisiert gezeichnet.

Nachdem der Saugschieber im Punkt $L.\,a._{max}$ den Einlaß eröffnet hat, wird bis zur Erreichung des Totpunktes rechts angesaugt (Punkt 1 im Indikatordiagramm). Der Saugschieber schließt erst ab, nachdem der Kolben einen geringen Teil seines Rückweges zurückgelegt hat (Punkt $L.\,z._{max}$), worauf die Verdichtung beginnt (Punkt 2). Die Verdichtung dauert so lange, bis der in den Leitungen zwischen Pumpe und Zylinder herrschende „Kanaldruck" p_k erreicht ist (Punkt 3), worauf sich die Druckventile öffnen und die Pumpe bei langsamer Weiterverdichtung des Pumpen- und Kanalinhaltes in den Kanal fördert. Inzwischen hat im Arbeitszylinder die Eröffnung des Auslasses $A.\,a.$ stattgefunden und die Spannung ist bis unter den von der Pumpe erzeugten Kanaldruck gefallen. Nunmehr eröffnet der Einlaß des Arbeitszylinders ($E.\,a.$, entsprechend Punkt 4 des Luftpumpendiagramms), worauf das Überströmen aus dem Kanal mit fortdauernder Förderung der Pumpe in den Arbeitszylinder beginnt. Hierbei sinkt die Spannung im Kanal, und

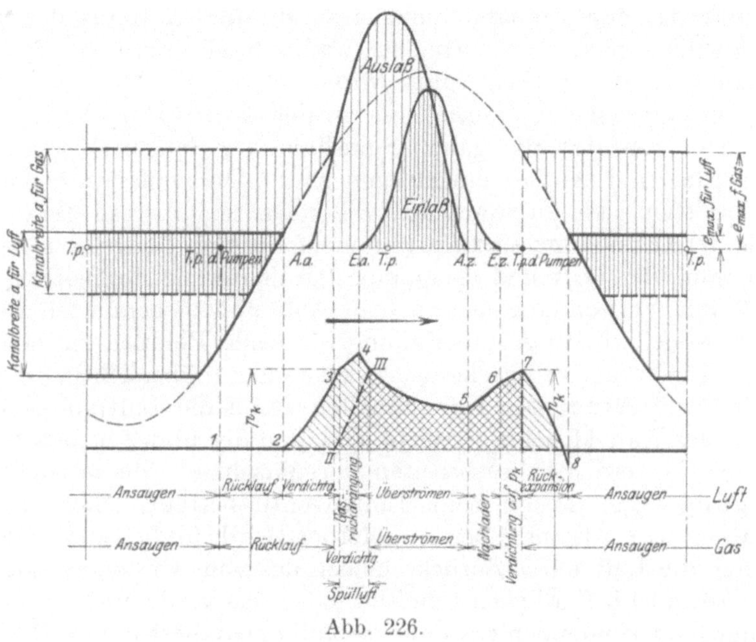

Abb. 226.

zwar zuerst rasch und dann langsamer bis auf den angenähert unveränderlichen Druck im Arbeitszylinder, der durch die Ausschubwiderstände in der Auspuffleitung bedingt ist. Dem Moment des Auslaßabschlusses $A.\,z.$ entspricht Punkt 5 im Diagramm, von dem ab der Inhalt des Pumpenzylinders, der Überströmleitungen und des Arbeitszylinders von Pumpen- und Arbeitskolben zusammen weiter verdichtet wird, wobei sich die Förderung der Pumpen und des Arbeitskolbens ungefähr ausgleicht, so daß, unterstützt durch die Trägheitswirkung der in den Leitungen in Bewegung befindlichen Massen, kein nennenswertes Rückströmen durch das Einlaßventil stattfindet. Der Abschluß des Einlasses, $E.\,z.$, findet statt, kurz bevor die Pumpenkurbel ihren Totpunkt erreicht hat (Punkt 6), so daß durch den letzten Rest des Linkshubes noch der Kanalinhalt auf den Kanaldruck p_k verdichtet wird. Bei Erreichung des Totpunktes schließen die Druckventile (Punkt 7), worauf Rückexpansion im schädlichen Raume der Pumpe stattfindet, die (in dem vorliegenden Falle zu einer ganz kleinen Unterexpansion führend) bis zur Eröffnung des Saugschiebers im Punkt $L.\,a._{max}$ andauert (Punkt 8), worauf das Ansaugen der Pumpe beginnt und das Spiel sich wiederholt.

Die gleichzeitig in der Gaspumpe auftretenden Vorgänge sind, wenn ebenfalls die Verhältnisse für größte Füllung entsprechend den stark ausgezogenen Linien in Steuerungs- und Indikatordiagramm ins Auge gefaßt werden, folgende:

Der Saugschieber der Gaspumpe schließt erst beträchtlich später als der der Luftpumpe, so daß die Strecke I II im Gaspumpendiagramm, während dieser wieder in den Saugraum zurückgeschoben wird, wesentlich länger ausfällt als die Strecke 1 2 im Luftpumpendiagramm. Die im Moment $G. z._{max}$ (entsprechend Punkt II im Indikatordiagramm) einsetzende Verdichtung in der Gaspumpe dauert so lange, bis der in den Überströmleitungen herrschende Druck erreicht ist. Wie aus dem in das Gaspumpendiagramm strichliert eingetragenen Luftpumpendiagramm ersichtlich, ist dies erst der Fall, nachdem der Einlaß bereits eröffnet und das Einströmen in den Zylinder begonnen hat (Punkt III). Die weiteren Vorgänge erfolgen übereinstimmend mit denen im Luftpumpenzylinder, Punkt V entspricht dem Abschluß des Auslasses *A. z.*, Punkt VI dem Moment *E. z.* und die Verdichtung in Pumpe und Kanal VI VII entspricht der Strecke 6 7 im Luftpumpendiagramm. Eine Rückexpansion in der Gaspumpe findet nicht statt, da die Eröffnung des Saugschiebers $G. a._{max}$ bereits im Totpunkt stattfindet, wodurch ein rascherer Spannungsabfall auf die Ansaugspannung herbeigeführt wird.

Noch besser lassen sich die Verhältnisse in dem Sinoidendiagramm, Abb. 226 verfolgen, indem zunächst die ganze Sinuslinie der Schieberbewegung sowie die Sinoiden für Ein- und Auslaß eingetragen sind. Die vollausgezogenen Teile des Diagramms beziehen sich auf die Luft, die stark strichlierten Teile auf Gas. Im unteren Teile der Darstellung sind die (nunmehr auf den Kurbelweg bezogenen) Indikatordiagramme der Luft und Gaspumpe (Ordinaten in doppeltem Maßstab von Abb. 224/45) mit Verwendung der auch in Abb. 224/25 benutzten Bezeichnungen eingezeichnet, wobei wieder größte Füllung für beide Pumpen zugrunde gelegt ist.

In diesem Diagramm veranschaulicht sich auch am übersichtlichsten der Zweck, der durch die Verdichtung des Kanalinhaltes durch die Luftpumpe nach der der Linie 3 4 über den Kanaldruck p_k erreicht wird, und der in der bereits früher (S. 39f.) erwähnten, für das ordentliche Arbeiten der Maschine außerordentlich wichtigen Rückdrängung des Gases beim Einlaßventil besteht. Dies kommt dadurch zustande, daß in die Luftkanäle bereits gefördert wird, in die Gaskanäle jedoch noch nicht, wodurch die Luft unter Zurückschieben des vom vorhergehenden Hube noch vor dem Einlaßventil befindlichen Gemisches das Gas verdichtet. Bei dem nach der Einlaßeröffnung stattfindenden Spannungsabfall expandiert die im Gaskanal befindliche Gasmasse, wodurch die vorn hinter dem Einlaßventil im Gaskanal befindliche Luft zuerst in den Zylinder übertritt und mit der inzwischen von der Luftpumpe geförderten Menge das trennende Spülluftkissen zwischen Abgasen und Gemisch bildet. Da die wirksame Förderung der Gaspumpe erst nach Erreichung des augenblicklich herrschenden Überströmdruckes im Punkt III beginnt, so ist die in den Zylinder eintretende Spülluftmenge (abgesehen von der Wirkung des Vakuumkolbens, s. weiter unten) durch die Länge der Strecke 3 III bedingt, wie auch im Diagramm eingetragen.

Die von Hand aus vorzunehmende Verdrehung des Luftpumpenschiebers bewirkt (nach Abb. 224/25) eine Vergrößerung der (da der Schieber über mehr als 180^0 Kurbelwinkel offen hält, negativen) Einlaßüberdeckung e_{max} auf e_{norm}, woraus sich Eröffnung und Abschluß des Schiebers in den Punkten $L. a._{norm}$ und $L. z._{norm}$ ergibt. Die dadurch bedingte Veränderung im Luftpumpendiagramm (fein gezeichnete Linien) besteht in einer wesentlichen Späterlegung des Verdichtungsbeginnes (Punkt 2′), wodurch der Kanaldruck p_k erst knapp vor Eröffnung des Einlaßventils erreicht wird (Punkt 3′) und die Rückdrängungsstrecke 3′ 4′ nur sehr kurz wird. Die Verhältnisse derart zu wählen, wird durch die Wirkung des weiter oben beschriebenen Vakuumkolbens, der bei der Einlaßeröffnung die zur Trennung der Abgase vom Gemisch notwendige Luft auch ohne wesentliche Rückdrängung des Gemisches vorn in den Zylinder wirft, und durch die Verwendung des weiter unten bei Besprechung der Gaspumpensteuerung näher geschilderten Rücklaufverfahrens ermöglicht. Infolge der geringeren Verdichtung liegt nunmehr auch die Einströmlinie 4′ 5 tiefer als früher, wogegen die Verhältnisse während der Dauer des Nachladens (Strecke 5 6) und der nach Abschluß des Einlaß erfolgenden Verdichtung auf den Kanaldruck (Strecke 6 7) dieselben bleiben wie früher. Da nunmehr die Eröffnung des Saugschiebers im Punkt $L.a._{norm}$ eher erfolgt als früher, findet nur eine geringe Rückexpansion mit verfrühtem Spannungsausgleich im Punkt 8′ statt. Wie ersichtlich, ergibt sich gegen früher eine beträchtliche Verkleinerung der Luftpumpendiagrammarbeit allerdings unter Verschlechterung des Rückdrängvorganges. Wie weit hierin gegangen werden kann, muß in jedem einzelnen Falle die versuchsweise Einstellung bei der Inbetriebsetzung der Maschine zeigen.

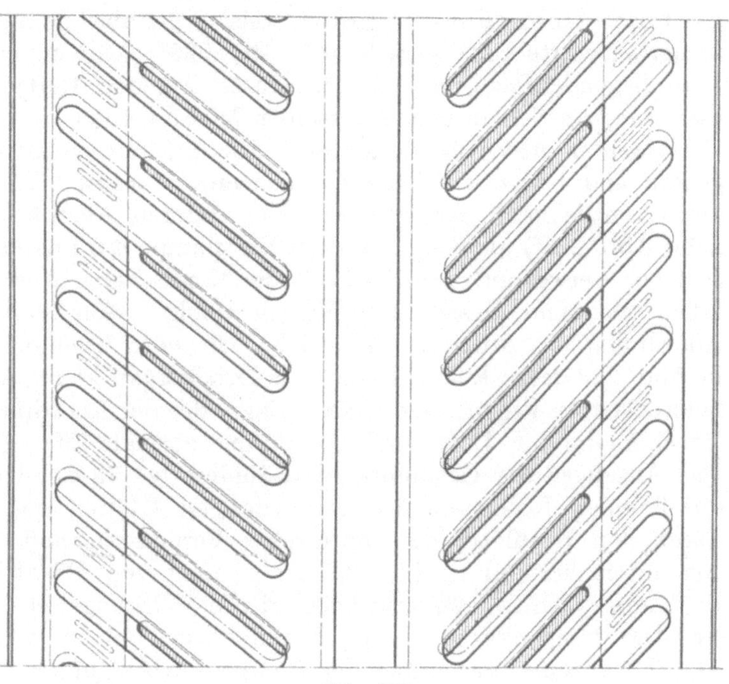

Abb. 227.

Die Wirkung des Regulatoreingriffes in der Gaspumpe besteht, wie aus Abb. 224/25 ohne weiteres ersichtlich, in einer gegen Leerlauf hin mehr und mehr verringerten Dauer der Gaspumpenförderung (Verdichtungslinie II′ III′ für mittlere und II″ III″ für kleinste Leistung). Der durch die Wiedereröffnung des Gaspumpenschiebers bedingte Schluß der Gasförderung findet hierbei schon vor Hubende, bei $G.a._{norm}$ während der Dauer des Nachladens, bei $G.a._{min}$ sogar noch während der Dauer des Überströmens statt.

Wie aus Abb. 220—222 ersichtlich, besteht das Schieberfutter der Gaspumpe aus zwei Teilen, deren innerer fest eingepaßt ist und die eigentlichen Saugschlitze enthält, die den Saugraum S mit dem Pumpeninneren in Verbindung bringen. Der äußere Teil des Schieberfutters besitzt an seinen nach außen tretenden Flanschen Einkerbungen und Langlöcher für die die Schieberdeckel mit dem Pumpenkörper verbindenden Schrauben (s. die strichpunktiert eingezeichnete Umklappung des Flansches am vorderen Schieberdeckel) und kann mittels Hakenschlüssels von außen verdreht werden. In diesem Schieberfutter befinden sich eine Reihe von Schlitzen, die dieselbe Neigung wie die eigentlichen Saugschlitze aufweisen und in einen Raum R führen, der durch einen von Hand aus verstellbaren in den Abbildungen nicht ersichtlichen Umlaufhahn mit dem Druckraum D in Verbindung steht. Abb. 227[1]) stellt die Abwicklung des Gasschiebers mit seinem Futter dar, und zwar entspricht die vollausgezogene Stellung der Schieberschlitze größter, die strichpunktiert aus-

[1]) Maßstab 1 : 20.

gezogene, kleinster Füllung. Den beiden äußersten Stellungen des beweglichen Futters entsprechen die strichliert und strichpunktiert eingezeichneten Lagen der Rücklaufschlitze. Bei der strichliert eingetragenen Stellung erreichen die Schieberschlitze die Umlaufschlitze überhaupt nicht und findet keine Eröffnung statt. Bei der strichpunktiert eingetragenen Stellung des beweglichen Futters werden die Umlaufschlitze während des Saughubes eröffnet und dadurch etwas Gas vom Einlaßventil abgesaugt, wodurch die Luftvorlagerung verbessert wird. (Die Eröffnung der Rücklaufschlitze durch den jeweils nächsten Schlitz im Schieberfutter während der Verdichtungsperiode ist praktisch ohne Einfluß auf diese.) Die Punkte der Eröffnung und des Abschlusses der Umlaufschlitze sind im Gaspumpensteuerungsdiagramm Abb. 224 eingetragen und mit *R. a.* und *R. z.* bezeichnet.

Das Spül- und Ladeverfahren, wonach die Körtingschen Zweitaktmaschinen der Firma Gebr. Klein arbeiten, weist gegenüber dem soeben besprochenen einige bemerkenswerte Unterschiede auf. Abb. 228[1]) zeigt einen Längsabschnitt durch die vorn liegende Gas- und die rückwärts liegende Luftpumpe, deren Haupt- und Steuerungsantrieb in genau derselben Weise erfolgt, wie beim früher besprochenen Verfahren in Abb. 223 dargestellt. Die Luftpumpe ist hier als normales Gebläse gebaut und besitzt auf jeder Zylinderseite je 5 mit 2 Ringen versehene Saug- und Druckventile nach Hoerbiger. Bei anderen Ausführungen derselben Firma ist nach Abb. 229[2]) als Saugorgan der Luftpumpe ein unveränderlich gesteuerter Saugschieber verwendet, wobei die Widerstände beim Ansaugen etwas geringer ausfallen, als wenn dieses durch Ventile erfolgt. Aus Abb. 229 ist auch die gesamte Anordnung des Antriebs ersichtlich. Die vorn liegende Gaspumpe besitzt bei der in Abb. 228 dargestellten Bauart als Druckorgan kleine in zwei Reihen angeordnete federbelastete Ventile mit einem Ring. Bei der Anordnung nach Abb. 229 sind als Druckorgane für Luft- und Gaspumpe normale Hoerbiger-Ventile verwendet. Das Ansaugen der Gaspumpe wird ähnlich wie in der früher besprochenen Bauart durch einen Kolbenschieber mit schrägen Kanten gesteuert, dessen Verdrehung durch den Regulator die gewünschte Veränderlichkeit der Steuerwirkung ergibt. Als unterscheidend ist hier die Anordnung von Rücklaufschlitzen im Gaspumpenzylinder zu erwähnen, deren Wirkungsweise weiter unten besprochen ist. Die Pumpenkurbel ist der Arbeitskurbel um 72^0 voraus, das Exzenter ist mit $117{,}5^0$ Nacheilen gegenüber der Pumpenkurbel aufgekeilt, was in Verbindung mit der Schwinge einem Voreilen des Exzenters um $62{,}5^0$ und direktem Antrieb des Schiebers entspricht.

Das Arbeitsverfahren sei zunächst an Hand der Steuerungs- und Indikatordiagramme Abb. 230/31 besprochen. Das Luftpumpendiagramm entspricht dem eines normalen Gebläses, wobei hier nur die Ausschublinie nicht wagerecht verläuft, da wegen der Eröffnungsverhältnisse des Arbeitszylinders gegen veränderlichen Druck gefördert wird. Von der Höhe des vom vorhergehenden Pumpenspiel zurückgebliebenen Kanaldrucks hängt es ab, ob die Druckventile sich noch vor Eröffnung des Arbeitszylinders *E. a.* öffnen und noch in den Kanal gefördert wird oder nicht. Im Diagramm Abb. 231 ist angenommen, daß *E. a.* stattfindet, ehe die Verdichtung in der Pumpe den Kanaldruck erreicht hat. Infolge des nach Eröffnung des Kanals in den Arbeitszylinder stattfindenden Spannungsabfalls im Kanal öffnen die Druckventile der Pumpe, so daß vereinfachend der Beginn der Pumpenförderung (Punkt 2)

---

[1]) Maßstab 1 : 30. Zu einem Zweitakt-Einzylinder-Gichtgasgebläse, 1000 ⌀, 1400 Hub, W.-D. = 2180 bei $n = 78$, der Maschinenbau-Akt.-Ges. vorm. Gebr. Klein in Dahlbruch.

[2]) Maßstab 1 : 50. Zu einem Zweitakt-Einzylinder-Gichtgasgebläse, 820 ⌀, 1200 Hub, W.-D. = 1835 bei $n = 80$, der Maschinenbau-Akt.-Ges. vorm. Gebr. Klein in Dahlbruch.

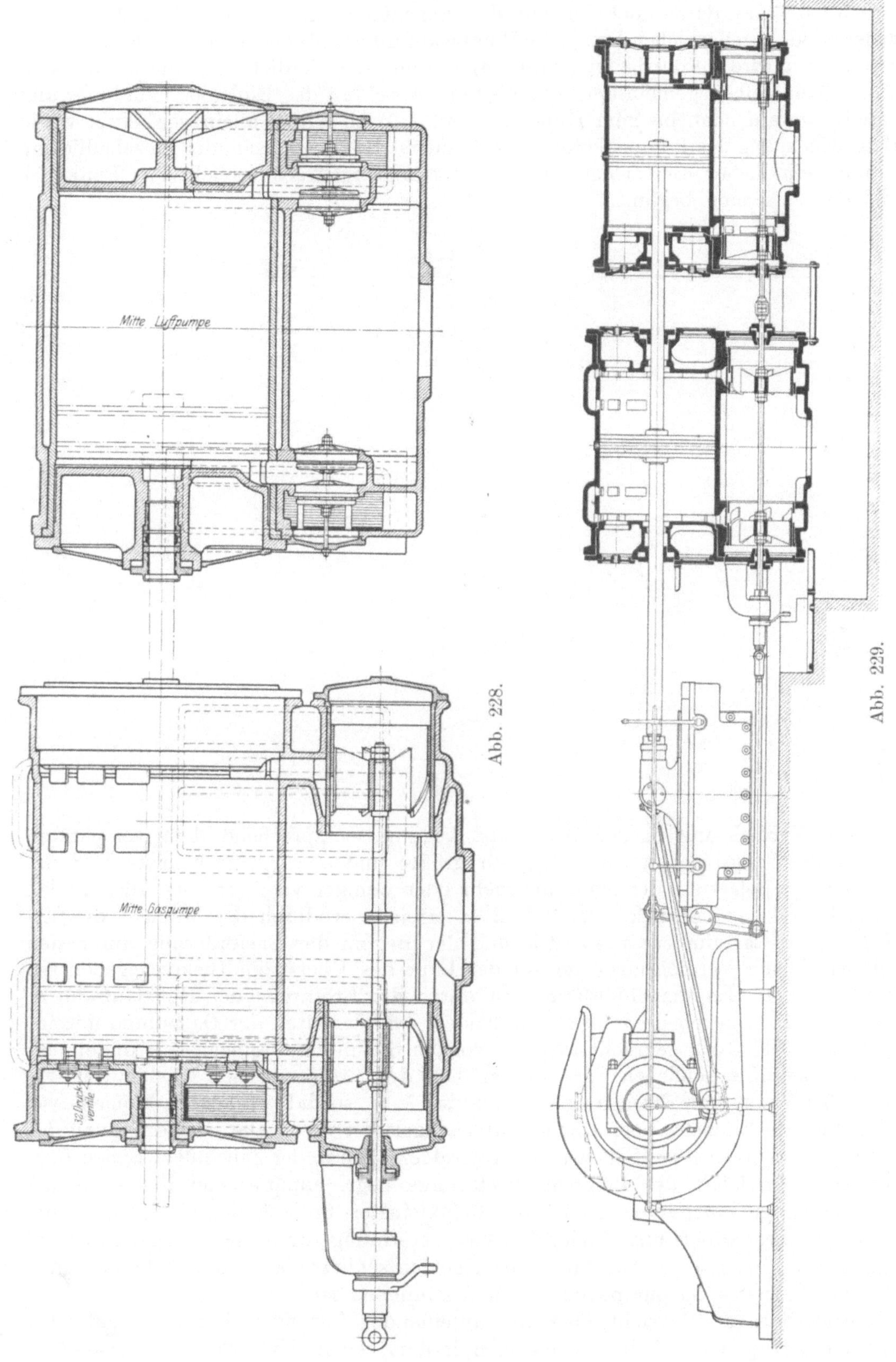

Abb. 228.

Abb. 229.

als mit dem Punkt *E. a.* zusammenfallend angenommen werden kann. Die Spannung im Kanal sinkt dann noch bis auf den angenähert unveränderlichen Ausschubwiderstand, gegen welchen Druck die Pumpe anfördert, bis der Auslaß im Punkt *A. z.* geschlossen wird. Von da an (Punkt 4) beginnt die Verdichtung durch Pumpen- und Arbeitskolben gemeinsam, was bis zum Abschluß des Einlasses (Punkt 5) andauert, worauf noch bis zum Hubende (Punkt 6) im Kanal allein verdichtet wird. Beim Rückgang des Pumpenkolbens findet zuerst Rückexpansion der im schädlichen Raum befindlichen Luftmenge statt bis der Ansaugedruck erreicht ist (Punkt 7) und das Ansaugen beginnt.

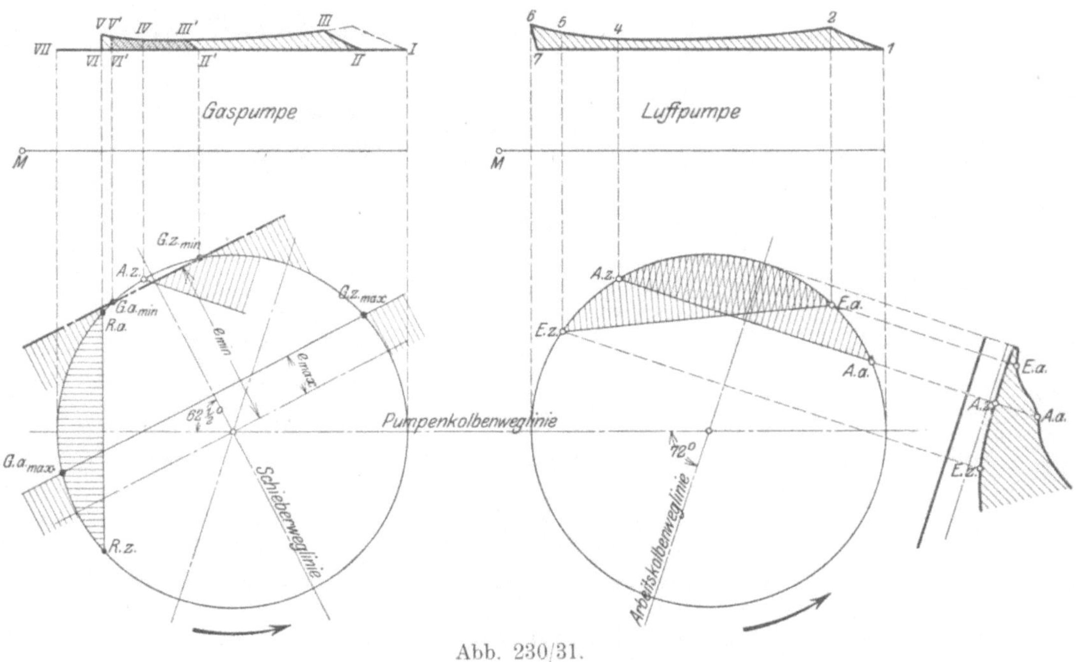

Abb. 230/31.

Die Verdichtung in der Gaspumpe beginnt, entsprechend dem verspäteten Schluß des Saugschiebers, in $G.\ z._{max}$ für größte und $G.\ z._{min}$ für kleinste Füllung, je nach der Belastung der Maschine mehr oder weniger verzögert. In allen Fällen wird der Überströmdruck erst nach *E. a.* erreicht, wodurch der Moment der Eröffnung der Gaspumpendruckventile und der Beginn der Gasförderung durch den Schnitt III der Verdichtungslinie mit der Linie des Überströmdruckes gegeben ist. Das Ende der Gaspumpenförderung ist durch die Eröffnung der Rücklaufschlitze im Punkt *R. a.* gegeben, wodurch die beiden Zylinderseiten der Gaspumpe miteinander in Verbindung gebracht werden, wonach Spannungsausgleich stattfindet und die Druckventile schließen. Der Augenblick der Eröffnung der Rücklaufschlitze liegt noch etwas vor Erreichung des Punktes *E. z.*, so daß im letzten Moment vor Abschluß des Einlasses noch etwas Luft nachgeladen wird. Die Rückdrängung des vor dem Einlaßventil befindlichen Gases geschieht nun in der Zeit, die zwischen *E. z.* und dem Erreichen der Pumpenkurbeltotlage liegt, entsprechend der alleinigen Förderung der Luftpumpe nach 5 6. Bei kleinster Füllung der Gaspumpe, entsprechend Leerlaufleistung, findet die Wiedereröffnung durch den Saugschieber im Punkt $G.\ a._{min}$ schon vor Eröffnung der Rücklaufschlitze statt, so daß dieser Punkt für das Ende der Gaspumpenförderung bestimmend ist.

Eine bessere Übersicht über die aufeinander folgenden Vorgänge läßt das Sinoidendiagramm Abb. 232 gewinnen, in dem, wie in Abb. 226, Steuerungs- und

Indikatordiagramm auf den Weg der Hauptkurbel bezogen sind. Da hier der Rücklauf durch den Arbeitskolben der Gaspumpe selbst gesteuert wird, ist außer der Schiebersinoide auch die der Pumpenkurbel aufzuzeichnen, von der das für die Eröffnungsverhältnisse des Rücklaufes bestimmende Stück eingezeichnet ist. Ein Vergleich der in gleichem Maßstab dargestellten Abb. 226 und 232 ergibt am deutlichsten die Unterschiede der in beiden Fällen verwendeten Spül- und Ladeverfahren.

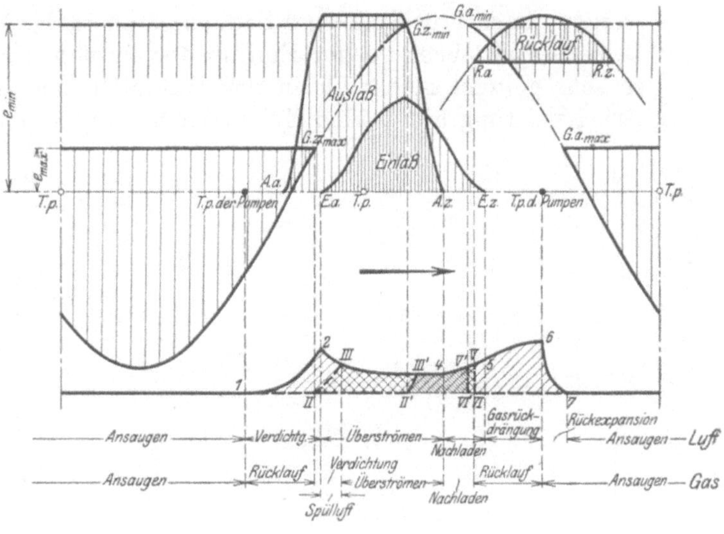

Abb. 232.

Als Vorteil dieses Ladeverfahrens gegenüber dem früher betrachteten ist eine gewisse Verminderung der Ladepumpenarbeit zu erwähnen, da eine Überverdichtung über den Kanaldruck vermieden wird, und daß die Gasrückdrängung außerdem nicht wie früher erst unmittelbar vor dem Beginn des Einströmens in den Arbeitszylinder stattfindet, sondern bereits zu Ende des vorhergehenden Druckhubes, wodurch eine plötzliche Bewegungsumkehr der Gasmassen vor dem Einlaßventil vermieden ist und durch die geringe mechanische Beunruhigung eine bessere Aufrechterhaltung der Schichtung erreicht werden soll. Letzterem Vorteil steht allerdings der Nachteil gegenüber, daß die Schichtung in den Kanälen über den ganzen folgenden Saughub der Gaspumpe erhalten bleiben muß, wodurch für die Diffusion von Gas und Luft an den Berührungsquerschnitten längere Zeit zur Verfügung steht.

Die Abwicklung des Gaspumpenschiebers mit seinem Futter ist aus Abb. 233[1]) ersichtlich und zwar entspricht die vollausgezogene Stellung des Schiebers größter, die strichpunktiert gezeichnete Stellung kleinster Füllung. Da in beiden Fällen die Eröffnungsdauer mehr als 180° Kurbelwinkel beträgt, sind die Einlaßüberdeckungen negativ.

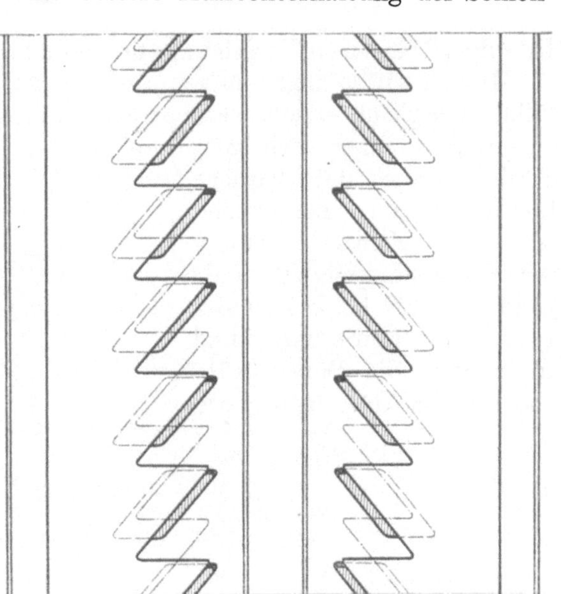

Abb. 233.

In den Abb. 224/25 und 230/31 ist der **Einfluß der endlichen Stangenlänge** vernachlässigt. Eine Berücksichtigung dieses Einflusses ist praktisch nur insofern möglich und notwendig, als ein Füllungsausgleich in der Pumpe erreicht

[1]) Maßstab 1 : 20.

werden soll. Hierdurch ist Gleichheit der Lieferung für beide Pumpen- und damit auch Gleichheit der Leistung für beide Zylinderseiten erreicht. Der Einfluß der endlichen Stangenlänge der Schubstange des Arbeitskolbens kann vernachlässigt werden, da sich die Spül- und Ladevorgänge in der Nähe des Totpunktes des Arbeitskolbens vollziehen, wo der Einfluß der endlichen Stangenlänge sich ohnedies nicht so sehr geltend macht als in der Hubmitte und die anzustrebende Gleichheit der Arbeitsleistung auf beiden Zylinderseiten im wesentlichen durch die Gleichheit der Pumpenförderung bedingt ist und die geringe Veränderlichkeit in der Lage der Punkte des Spül- und Ladeverfahrens, die durch die Wirkung der Pumpen bedingt ist, für die erzielte Leistung ohne nennenswerten Einfluß bleibt.

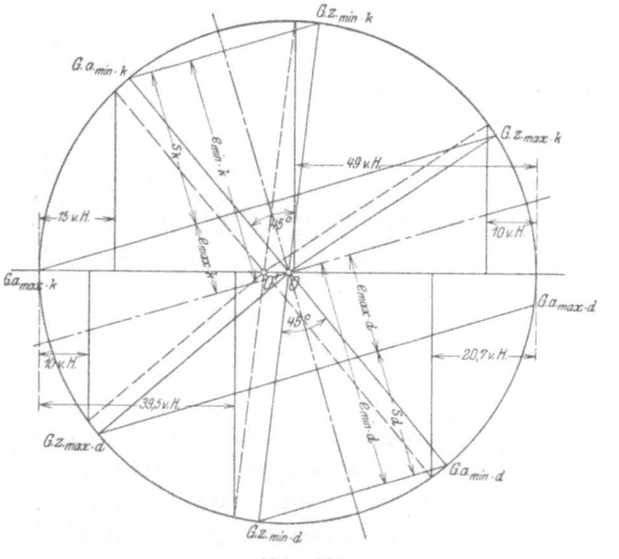

Abb. 234.

Praktisch hinreichender Füllungsausgleich ist bei der früher besprochenen Ausbildung der Schieber als Kolbenschieber mit Schlitzen oder schrägen steuernden Kanten durch entsprechende unsymmetrische Ausgestaltung zu erreichen, wobei sowohl die Einlaßüberdeckungen als auch die Neigungswinkel der Schlitze für beide Zylinderseiten verschieden werden. Abb. 234 zeigt das Schieberdiagramm für einen Gaspumpenschieber, in dem mit Hilfe des Brixschen Verfahrens die endliche Länge der Schubstange berücksichtigt ist. Hierbei wurde angenommen, daß für den Punkt $G.z._{max}$ (10 v. H.) vollkommener Füllungsausgleich erzielt werden soll, während für die Lage des für das Verfahren wesentlich weniger wichtigen Punktes $G.a._{max}$ lediglich die Bedingung, daß dieser in der Nähe der Totlage stattfinden soll, maßgebend war. Für kleinste Leistung wurde die Bedingung zugrunde gelegt, daß für beide Zylinder seiten die Förderung (und damit auch die Dauer, während der der Gasschieber ab-

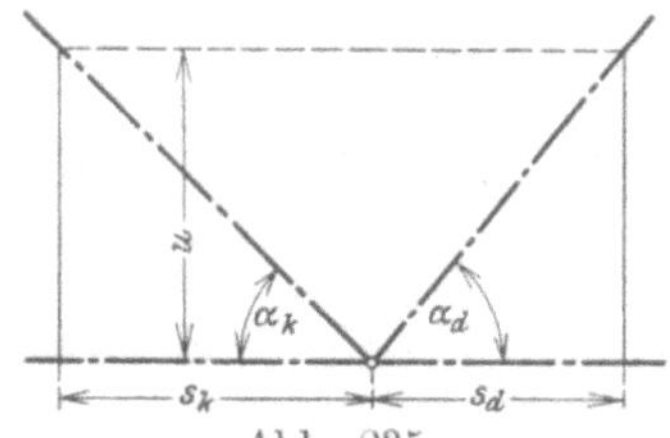

Abb. 235.

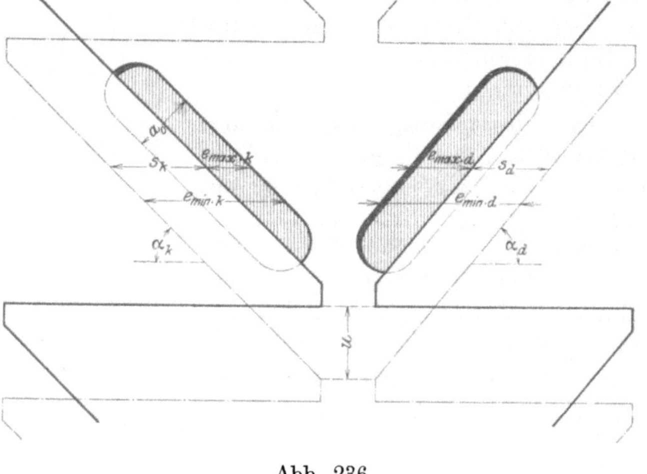

Abb. 236.

geschlossen hält) gleich sein soll. Bei Wahl des Punktes $G.a._{max}$ für die Kurbelseite in der Totlage ergibt sich für die Deckelseite ein nur geringfügiges Voröffnen. Dagegen ergeben sich wesentlich voneinander verschiedene Werte der Einlaßüberdeckung e_{max}. Für die Dauer des Abschlusses durch den Gasschieber für kleinste Leistungen wurde ein Kurbel-Winkelweg von 45^0 zugrunde gelegt, woraus sich für $G.z._{min}$ die Werte von 49 und 39,5 v. H. und für $G.a._{min}$ 15 und 20,7 v. H. für Kurbel- und Deckelseite ergeben. Aus den gegebenen Forderungen ergibt sich gleiches $e._{min}$ für beide Zylinderseiten, hingegen wird infolge des verschiedenen $e._{max}$ die auf beiden Seiten zwischen größter und kleinster Füllung auftretende Veränderlichkeit der Einlaßüberdeckung s_k und s_d ungleich, woraus sich die Notwendigkeit für beide Zylinder verschieden geneigte Schlitze zu verwenden ergibt. Ist z. B. der Neigungswinkel α_k der Schlitze für die Kurbelseite gewählt, Abb. 235, so ist durch die Veränderung der Einlaßüberdeckung s_k der vom Regulator zwischen größter und kleinster Füllung einzustellende Verdrehungsweg u, der natürlich für beide Zylinderseiten derselbe ist, festgelegt, wodurch in Verbindung mit der auf der Deckelseite erforderlichen Veränderlichkeit der Einlaßüberdeckung s_d der für die Deckelseite auszuführende Neigungswinkel α_d der Schlitze festliegt. Abb. 236 zeigt die Ausmittlung des Schiebers auf Grund des in Abb. 234 dargestellten Diagrammes. Beim Neuentwurf ist darauf zu achten, daß während der Schlußdauer (bei größter Füllung) in der Totlage des Schiebers noch genügend Sicherheitsüberdeckung zwischen den Schlitzen im Futter und den benachbarten steuernden Kanten des Schiebers vorhanden ist. Die Wahl der Schlitzbreite a_0 muß mit Rücksicht auf das Herstellungsverfahren in rundem Maß, entsprechend den Durchmessern vorhandener Fräser erfolgen. —

b) Bemessung der Ladepumpen.

Die Bemessung der Ladepumpen muß derart erfolgen, daß der durch sie zu erfüllende Zweck, den Arbeitszylinder zu spülen und neu zu laden, in jedem Fall mit Sicherheit, jedoch ohne überflüssigen Arbeitsaufwand erreicht wird und die durchschnittliche Zusammensetzung des nach dem Abschluß des Einlasses im Zylinder befindlichen Gemisches dem gewünschten Mischungsverhältnis entspricht (3) (11 b).

Die Vorausbestimmung der Ladepumpen für den Fall, daß der Zylinder ausgespült und nur mit Luft geladen wird, ergibt sich in einfachster Weise aus der Bedingung, daß von der Ladepumpe Hub- und Verdichtungsraum des Arbeitszylinders aufzufüllen und außerdem noch die Menge Spülluft zu fördern ist, die durch die Auspuffschlitze austreten muß, um trotz nicht vollkommener Schichtung eine sichere Leerspülung des Zylinders von Abgasresten zu gewährleisten. Hierzu tritt noch u. U. eine gewisse Berichtigung, wenn durch Nachladen die spezifische Leistung des Zylinderinhalts eine Erhöhung erfahren soll.

Bei Kurbelkastenpumpen ist die Ansaugeleistung durch das Hubvolumen des Arbeitszylinders naturgemäß begrenzt und erfährt dadurch eine Verminderung, daß der volumetrische Wirkungsgrad der Pumpe mit zunehmender Größe des schädlichen Raumes und zunehmendem Unterschied zwischen Ausschub- und Ansaugedruck sinkt. Es ist demnach für möglichste Beschränkung des schädlichen Raumes (das Kurbelgetriebe soll den verfüglichen Raum möglichst weitgehend ausfüllen; Kurbelscheiben!) und durch entsprechende Bemessung der Überströmquerschnitte dafür zu sorgen, daß möglichst weitgehender Spannungsausgleich erfolgt, weshalb auch die Auslaßquerschnitte nur geringe Ausströmwiderstände bieten dürfen. Trotz alldem ist eine vollkommene Ausspülung unmöglich, da selbst im idealen Fall die Ansaugeleistung nur gleich dem Hubraum sein kann (bei besonders gesteuertem Überströmorgan; bei der üblichen Steuerung der Ladeschlitze durch den Arbeitskolben um das der Länge des Ladeschlitzes entsprechende Hubvolumen weniger), und der Hub- und Verdichtungsraum gefüllt und außerdem noch eine gewisse Spülluftmenge durch den Auslaß getrieben werden soll. Eine gewisse Verbesserung dieser Verhältnisse wird dadurch erreicht, daß sich die in den Zylinder eintretende Spülluft erwärmt und dadurch an Raum zunimmt. Nichtsdestoweniger ist der Spül- und Ausladevorgang bei derartigen Anordnungen notwendig mehr oder minder unvollkommen.

Soll der Zylinder auch mit Gas geladen werden, so ist es, wie bereits erwähnt, auch erforderlich, durch die Pumpen das gewünschte Mischungsverhältnis herstellen zu lassen. Aus dem früher über die Ladeverfahren Gesagten ist ersichtlich, daß der im allgemeinen als Ideal anzustrebende Fall unveränderlichen Gemisches (s. S. 13 f.) nicht zu erreichen ist, da die Ladung notwendigerweise geschichtet in den Zylinder eingeführt werden muß und das die neueintretende Ladung von den Abgasen trennende Luftkissen nicht ganz durch den Auslaß ausgeschoben werden darf, um bei der nicht vollständigen Schichtung Gemischverlust durch den Auslaß zu vermeiden. Ist somit der eigentlichen Gemischladung eine gewisse Luftmenge unter allen Umständen vorgelagert, so ergibt sich unter Umständen auch eine Nachladung von Luft, z. B. dann, wenn aus getrennten Kanälen geladen und der Luftkanal erst verspätet abgeschlossen wird (Oechelhäuser-Maschinen) oder wenn durch Eröffnung der Rücklaufschlitze die Gaspumpenförderung aufhört, ehe der Einlaß noch abgeschlossen hat, wie dies z. B. beim auf S. 238f. besprochenen Ladeverfahren der Gebr. Klein der Fall ist. Es muß demnach das sich während der Förderung beider Pumpen ergebende und bei synchron verlaufendem Ladevorgang beider Pumpen durch deren Volumsverhältnis bestimmte Mischungsverhältnis[1]) über dem Gewünschten liegen, um zusammen mit der in den Zylinder eingeführten Luft für den Durchschnitt der ganzen Ladung das gewünschte Mischungsverhältnis zu ergeben.

Bei der Berechnung wird zweckmäßig von der Berechnung der Luftpumpenförderung ausgegangen und das von den Pumpen bei gleichzeitiger Förderung zu liefernde Mischungsverhältnis bestimmt, wodurch auch die Abmessungen der Gaspumpe bekannt sind. Zugrunde zu legen sind die bei größter Leistung der Maschine auftretenden Bedingungen, denen die Förderung der Ladepumpen gerecht werden muß.

Wird der Moment ins Auge gefaßt, in dem die Auspuffschlitze durch den Arbeitskolben abgeschlossen werden, so befindet sich in diesem Augenblick im Zylinder:

1. die dem Gemisch vorgelagerte „Trennungsluft", die in das Verhältnis zum Hubvolumen V_h gesetzt, durch $c_1 V_h$ gegeben sei.

2. Gemisch, das den Hub- und Verdichtungsraum abzüglich des vom Kolben bis zum Ausschluß der Auslaßschlitze zurückgelegten und des von der vorgelagerten Luft eingenommenen Raumes ausfüllt. Ist ε das Verhältnis des Verdichtungs- zum Hubraum und σ das Verhältnis des vom Kolben aus dem Totpunkt bis zum Abschluß der Auslaßschlitze zurückzulegenden Weges zum Kolbenhub, so ist der vom Gemisch ausgefüllte Raum durch

$$V_h(1+\varepsilon-\sigma)-c_1 V_h$$

gegeben.

Bezeichnet nun m_0 das im zugeführten Gemisch herrschende Mischungsverhält-

[1]) Einen gewissen Einfluß auf das Mischungsverhältnis übt auch das Verhältnis der Räume der Überströmleitung aus, indessen sind diese Verhältnisse nur für den ersten Moment des Spülvorganges von Bedeutung, wo das Einströmen in den Arbeitszylinder wesentlich durch den Spannungsabfall in den Leitungen bestimmt wird, wobei aber nur Spülluft eintritt. Im weiteren Verlauf, wo die in jedem Moment in den Arbeitszylinder tretende Gemischmenge wesentlich durch die Förderung der Pumpen bedingt ist, kommen als eventuell störend nur die Reibungswiderstände, nicht aber der Raum der Überströmleitungen in Betracht. Den diesbezüglich von W. Borth gegebenen Entwicklungen (3) kann sich der Verfasser nicht anschließen.

nis, das durch das Verhältnis der Kolbenflächen von Luft- und Gaspumpe bedingt ist, so enthält das Gemisch an Luft

$$L = \frac{m_0}{m_0 + 1} \cdot V_h (1 + \varepsilon - \sigma - c_1)$$

und an Gas

$$G = \frac{1}{m_0 + 1} \cdot V_h (1 + \varepsilon - \sigma - c_1).$$

Das durchschnittliche Mischungsverhältnis ist somit durch

$$m = \frac{c_1 V_h + \frac{m_0}{m_0 + 1} V_h (1 + \varepsilon - \sigma - c_1)}{\frac{1}{m_0 + 1} V_h (1 + \varepsilon - \sigma - c_1)} = \frac{m_0 (1 + \varepsilon - \sigma) + c_1}{1 + \varepsilon - \sigma - c_1}$$

gegeben. Ist somit das Mischungsverhältnis durch die Wahl von m nach den auf S. 16 gegebenen Regeln angenommen, so ist das von den Ladepumpen zu liefernde und dadurch das Verhältnis der Luft- zur Gaspumpenkolbenfläche gegeben durch

$$m_0 = \frac{m (1 + \varepsilon - \sigma - c_1) - c_1}{1 + \varepsilon - \sigma} \quad \text{. . . . . (I)}$$

Die gesamte Luftpumpenförderung ist gegeben durch:

1. die noch im Zylinder befindliche „Trennungsluft“ $c_1 V_h$,
2. die durch den Auspuff entwichene Luft, die durch $c_2 V_h$ gegeben sei,
3. die im Gemisch befindliche Luftmenge L,
4. die in der zwischen den Punkten $A. z.$ und $E. z.$ unter Umständen noch erfolgenden „Nachladung“ befindliche Luft, die durch Einführung einer Vorzahl c_3 berücksichtigt werde, mit der der Zylinderinhalt im Moment $A. z.$ multipliziert werde, um der durch die Nachladung bedingten Spannungserhöhung des Zylinderinhalts Rechnung zu tragen. c_3 ist hierbei von der Einheit nur wenig verschieden und es kann, da es sich nur um eine Korrektur handelt, für alle Fälle zur Vereinfachung der Rechnung angenommen werden, daß mit Gemisch nachgeladen wird. Eine Ausnahme hiervon macht nur der Fall, daß zur Erhöhung der spezifischen Zylinderleistung bei gedrosseltem Auspuff geladen wird (s. S. 16), was im folgenden in Beispiel 3 behandelt ist. Die bei Nachladung durch Gemisch in der Nachladung befindliche Luftmenge ist somit durch

$$(c_3 - 1) V_h (1 + \varepsilon - \sigma) \frac{m_0}{m_0 + 1}$$

gegeben.

Bezeichnet nun (V_l) das gesamte von der Luftpumpe zu fördernde Luftvolumen, bezogen auf den Zustand, den der Zylinderinhalt im Moment $E. z.$ besitzt, so ist nach einigen Vereinfachungen

$$\frac{(V_l)}{V_h} = c_1 + c_2 + \frac{m_0}{m_0 + 1} [c_3 (1 + \varepsilon - \sigma) - c_1] \quad \text{. . . . . . (II)}$$

und das Verhältnis des tatsächlichen Hubvolumens der Luftpumpe V_l zu dem vom Arbeitszylinder bestrichenen Hubraum:

$$\frac{V_l}{V_h} = \frac{(V_l)}{V_h} \cdot \frac{T_a}{T_z} \cdot \frac{p_z}{p_a} \cdot \frac{1}{\varphi} \quad \text{. . . . . (III)}$$

wobei durch die Bezeichnungen a und z die Größen für Ansaugen und Zylinderinhalt gekennzeichnet sind und φ den „Lieferungsgrad“ der Pumpe bedeutet. Das Hubvolumen der Gaspumpe ist nach dem früher Gesagten durch

$$V_g = \frac{1}{m_0} \cdot V_l \quad \ldots\ldots\ldots\ldots \quad \text{(IV)}$$

gegeben.

Wird mit reiner Luft geladen, so vereinfacht sich Gl. (II) mit

$$m_0 = \infty \text{ und } \frac{m_0}{m_0 + 1} = 1$$

zu

$$\frac{(V_l)}{V_h} = c_2 + c_3 (1 + \varepsilon - \sigma) \quad \ldots\ldots\ldots\ldots \quad \text{(IIa)}$$

Die Gesichtspunkte für Wahl der einzelnen Vorzahlen sind bei der Behandlung der Beispiele gegeben.

Beispiel 1.

Gichtgasmaschine, System Körting, Arbeitszylinderdurchmesser = 800, Kolbenstangendurchmesser 215, Hub 1200 mm. Nach S. 16 ist für Gichtgas $m = 1$.

Da Gichtgasgemische nicht sehr leicht entzündlich sind, so genügt es, das frisch eintretende Gemisch von den Abgasen durch eine Luftschichte von 30 v. H. von V_h zu trennen, von der $^2/_3$ durch den Auspuff entweichend angenommen werden soll. Es ist somit $c_1 = 10$ v. H. und $c_2 = 20$ v. H. Der Einfluß des Nachladens ist nur unbedeutend und sei durch $c_3 = 1{,}05$ berücksichtigt. Ferner seien aus dem Entwurf der Maschine $\varepsilon = 14$ v. H. und $\sigma = 17$ v. H. entnommen. Daraus rechnet sich nach Gl. (I) das Verhältnis der Pumpenkolbenflächen mit $m_0 = 0{,}794$ und nach Gl. (II)

$$\frac{(V_l)}{V_h} = 0{,}706.$$

Wird nun als Ansaugetemperatur $T_a = 290^0$ abs., entsprechend 17^0 C und als Temperatur der Ladung bei Beendigung des Ladevorganges $T_z = 320^0$ angenommen[1]), als Ansaugespannung 0,95 und als Ladespannung 1,20 atm eingeführt und der Lieferungsgrad der Pumpen mit 0,95 eingeschätzt, so ergibt sich:

$$\frac{V_l}{V_h} = 0{,}706 \frac{290}{320} \cdot \frac{1{,}20}{0{,}95} \cdot \frac{1}{0{,}95} = 0{,}85.$$

Bei einem Hubraum von 560 l beträgt somit das Hubvolumen der Luftpumpe

$$V_l = 0{,}85 \cdot 560 = 475 \text{ l}$$

und das der Gaspumpe

$$V_g = \frac{475}{0{,}794} = 600 \text{ l},$$

was bei einem gemeinschaftlichen Hub der Pumpen von 1000 mm auf Zylinderdurchmesser von 780 mm für die Luft- und 875 mm für die Gaspumpe führt.

Beispiel 2.

Koksofengasmaschine, System Körting, Arbeitszylinderdurchmesser = 1120, Kolbenstangendurchmesser 260, Hub 1400 mm; nach S. 16 ist für Koksofengas m = 7,2.

---

[1]) Bei Viertaktmaschinen wird als Verdichtungsanfangstemperatur in der Regel 400^0 abs. angenommen. Bei Zweitaktmaschinen ist die Zeit, während der sich die Gase im Zylinder erwärmen können, nur außerordentlich gering, hingegen die Temperaturzunahme bei der Verdichtung in der Ladepumpe zu berücksichtigen. Bei einem Verdichtungsverhältnis von 1,4 und adiabatischer Verdichtung beträgt das Temperaturverhältnis 1,103, die Endtemperatur der Gase nach der Verdichtung demnach 320^0 bei 290^0 Ansaugetemperatur. Von der Verdichtungswärme geht allerdings ein Teil während des Überströmens wieder verloren. Immerhin dürfte die im Text angenommene Temperatur nur bei Rückkühlung der Gase vor dem Eintritt in den Arbeitszylinder erreicht werden können und bei Fehlen einer Rückkühlung etwa $T_z = 350^0$ bis 360^0 einzusetzen sein.

Koksofengasgemische sind sehr explosibel und daher durch größere Luftvorlagerung von den auspuffenden Gasen zu trennen (s. S. 67). Es werde $c_1 = 10$ v. H. und $c_2 = 40$ v. H. angenommen und der Einfluß des Nachladens wie früher mit $c_3 = 1{,}05$ in Rechnung gestellt. Ferner seien $\varepsilon = 16$ v. H. (geringere Vorverdichtung wie bei Gichtgas!) und $\sigma = 17$ v. H. gegeben.

Hiermit ergibt sich zunächst

$$m_0 = 6{,}36$$

und

$$\frac{(V_l)}{V_h} = 1{,}31.$$

Werden für Ansauge- und Zylinderreparaturen und -drücke dieselben Werte wie früher zugrunde gelegt, so ergibt sich

$$\frac{V_l}{V_h} = 1{,}31 \frac{290}{320} \cdot \frac{1{,}20}{0{,}95} \cdot \frac{1}{0{,}95} = 1{,}58$$

und somit bei

$$V_h = 1305 \text{ l}$$

$$V_l = 2060 \text{ l}$$

und

$$V_g = \frac{2060}{6{,}36} = 325 \text{ l},$$

was bei 1600 mm Pumpenhub Zylinderdurchmessern von 1285 mm für Luft und 510 mm für Gas entspricht.

Beispiel 3.

Eine einfachwirkende Vier-Zylinder-Rohöl-Maschine nach Junkers (s. S. 326) mit 440 mm Zylinderdurchmesser und 2×520 mm Hub sei mit zwei doppeltwirkenden Spül- und Ladepumpen ausgestattet, so daß für jeden Arbeitszylinder die Luftmenge, die von einer Pumpenseite gefördert wird, zur Verfügung steht. Aus dem Entwurf des Arbeitszylinders seien $\varepsilon = 6$ v. H. und $\sigma = 21$ v. H. bekannt.

Wird c_2 mit 20 v. H. angenommen und eine Überlastungsfähigkeit von 50 v. H. gefordert, womit $c_3 = 1{,}5$ wird[1]), so ergibt sich nach Gl. (II a):

$$\frac{(V_l)}{V_h} = 1{,}475.$$

Die Temperaturen und der Lieferungsgrad der Pumpen seien wie früher angenommen; da indessen die Ausspülungsspannung hier wesentlich geringer gewählt werden kann als bei gesteuerten Einlaßventilen (s. S. 231), kann $p_z = 1{,}06$ gesetzt werden, womit sich

$$\frac{V_l}{V_h} = 1{,}475 \frac{290}{320} \cdot \frac{1{,}06}{0{,}95} \cdot \frac{1}{0{,}95} = 1{,}57$$

ergibt, was bei $V_h = 158$ l auf $V_l = 1{,}57 \cdot 158 = 248$ l und bei einem Pumpenhub von 450 mm auf einen Pumpenzylinderdurchmesser von 840 mm führt.

---

[1]) Die Überlastung der Maschine wird nach dem auf S. 16 Gesagten durch Drosselung des Auspuffes bewirkt, wodurch sich die Ladespannung selbsttätig erhöht und das nach Abschluß des Einlasses im Zylinder befindliche Luftgewicht vergrößert wird. Die Vorgänge vollziehen sich hierbei ohne eigentliche „Nachladung“, indessen ist es für die Berechnung der von der Ladepumpe zu fördernden Luftmenge gleichgültig, ob angenommen wird, daß sich der ganze Ladevorgang unter erhöhtem Druck vollziehe oder eine Nachladung vorausgesetzt wird, durch die die normale Spülspannung, die mit $p = 1{,}06$ atm eingesetzt ist, auf 1,5 atm vergrößert wird.

Anhang: Druckluftanlaßsteuerungen.

Abgesehen von Kleingasmaschinen bis etwa 15 PS Leistung, die von Hand aus, unter Umständen unter Zwischenschaltung eines sich selbsttätig ausrückenden Zahnradgetriebes, angedreht werden können, erfolgt das Anlassen der Verbrennungskraftmaschinen heute nahezu ausschließlich mittels Druckluft, da das Anlassen mittels Gemisch auf die Dauer ohne schwere Nachteile für die Maschine infolge der hierbei auftretenden Explosionsstöße nicht durchgeführt werden kann, und das für Elektrogeneratoren mögliche elektrische Anlaßverfahren entweder sehr starke Belastungsstöße ins Netz oder die Aufstellung kostspieliger Anlaßbatterien aus Akkumulatorenzellen bedingt, die auch den notwendigerweise auftretenden brutalen Beanspruchungen im Anlaßverfahren auf die Dauer nicht gewachsen sind.

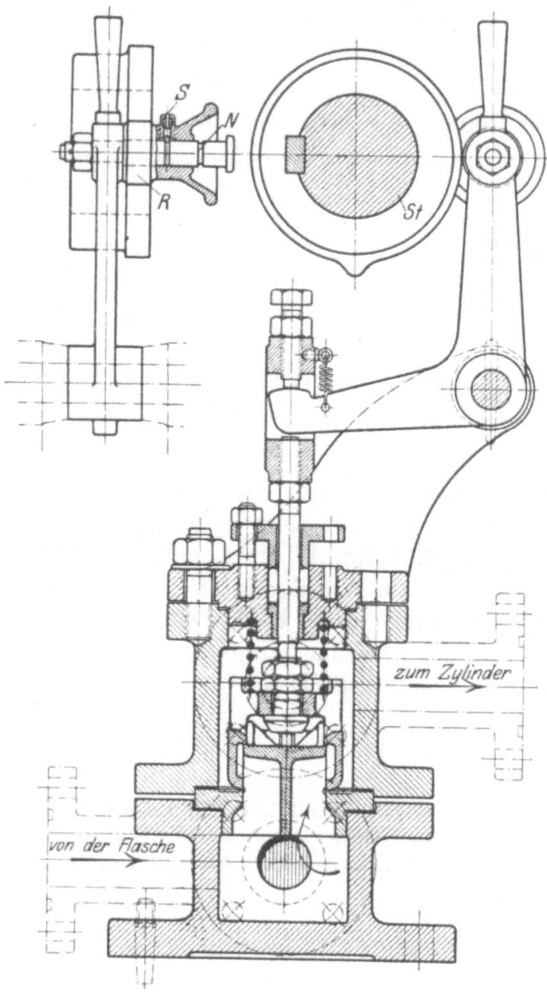

Abb. 237/38.

Die Behandlung der Druckluftanlaßsteuerungen für Verpuffungsmaschinen, getrennt von der Behandlung der übrigen Steuerungen rechtfertigt sich insofern, als bei Verpuffungsmaschinen (im Gegensatz zu den Gleichdruckölmaschinen) die Anlaßsteuerungen nirgends eine Durchbildung erfahren haben, die sie als mit der Maschine organisch verbunden erscheinen lassen, sondern nahezu ausschließlich der Maschine nur als nebensächliche Armatur beigegeben werden. Dies ist auch insofern berechtigt, als bei Verpuffungsmaschinen der Anlaßvorgang wesentlich geringeren Schwierigkeiten unterliegt als bei Gleichdruckmaschinen, bei denen die Anlaßsteuerung (zumal bei den steuerbaren Schiffsmaschinen) einen wesentlichen Teil der gesamten Steuerung bildet, auf deren bauliche Ausgestaltung von Einfluß ist und daher in folgendem auch mit dieser behandelt wird.

Einfachwirkende Maschinen erhalten als einfachstes Anlaßorgan in der Regel lediglich ein durch einen Kolben entlastetes Ventil von ähnlicher Bauart, wie weiter unten für Dieselmotoren dargestellt (s. Abb. 252 und 253), das durch eine Feder geschlossen gehalten und durch einen Hebel von Hand aus betätigt wird. Hierbei ist es unschwer zu erreichen, den Druckluftzutritt im Takt mit der Maschine zu steuern.

Großgasmaschinen, bei denen stets mehr als eine Zylinderseite Druckluft erhält, werden stets mit besonderen Anlaßapparaten ausgerüstet, die von der Steuerwelle aus während der Anlaßperiode betätigt werden und erhalten außerdem noch besondere Rückschlagventile, die den Zylinder in dem Moment von der Druckluftleitung absperren, wo der Druck im Zylinder den Leitungsdruck übersteigt. Die Anlaßluft, die von einer besonderen Kompressoranlage geliefert wird, ist in Flaschen unter einem Druck von 15 bis 30 atm aufgespeichert, wobei zweckmäßig zwei Flaschen verwendet werden, deren eine als ständige Reserve dient. Bei DT Maschinen für Elektrogeneratorantrieb genügt es, zwei gleichsinnige Zylinderseiten mit Druckluft zu betätigen, da hier die Leerlaufleistung bei unerregtem Generator nur durch die Eigenwiderstände der Maschine bedingt ist. Viertaktgasgebläse, bei denen die Leergangsarbeit infolge der im Umlaufhahn des Gebläses auftretenden Drosselungen größer und auch ein schwereres Gestänge zu beschleunigen ist, erhalten zweckmäßig auf allen vier Zylinderseiten Druckluft. Der Druckluftbetrieb dauert

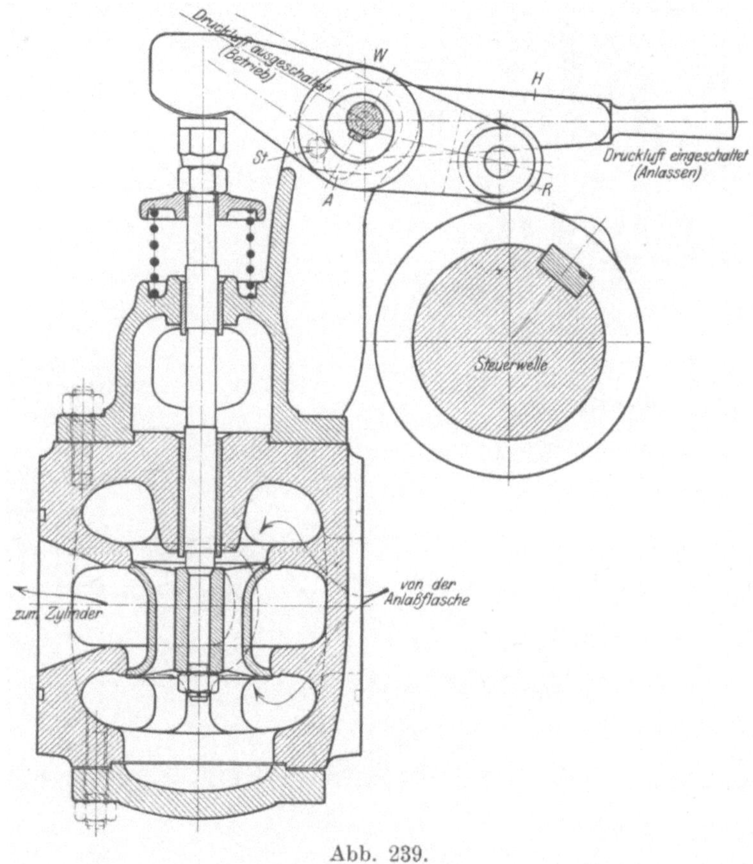

Abb. 239.

5 bis 6 Hübe, worauf zuerst dem rückwärtigen Zylinder Gas gegeben und der vordere Zylinder so lange mit Druckluft laufen gelassen wird, bis sich rückwärts regelmäßig Zündungen einstellen. Zweitaktmaschinen werden auf beiden Zylinderseiten mit Druckluft angelassen.

Der in Abb. 237/38[1]) dargestellte Anlaßapparat ist auf der Maschinengrundplatte aufgeschraubt und durch einen Paßstift gesichert. Das entlastete Glockenventil, das den Zutritt der Druckluft zum Zylinder steuert, wird durch

[1]) Maßstab 1 : 7. Zu einer D 8 Generatorgasmaschine der Maschinenfabrik Andritz A.-G. in Andritz bei Graz.

einen Winkelhebel und Nocken von der Steuerwelle *St* aus betätigt. Die Ausrückvorrichtung, die aus der Seitenansicht des Antriebshebels ersichtlich ist, besteht darin, daß die Rolle *R* auf ihrer Achse nach rechts gezogen wird, wobei sie außerhalb des Bereiches des Nockens kommt und der Sperrstift *S* in die Nute *N* einspringt. Für jeden Zylinder ist ein besonderer Anlaßapparat vorgesehen.

Bei der in Abb. 239[1]) dargestellten Anordnung ist das Anlaßventil als normales Doppelsitzventil ausgebildet, das durch einen doppelarmigen Hebel von einem auf der Steuerwelle aufgekeilten Nocken betätigt wird. Der Drehbolzen dieses Hebels

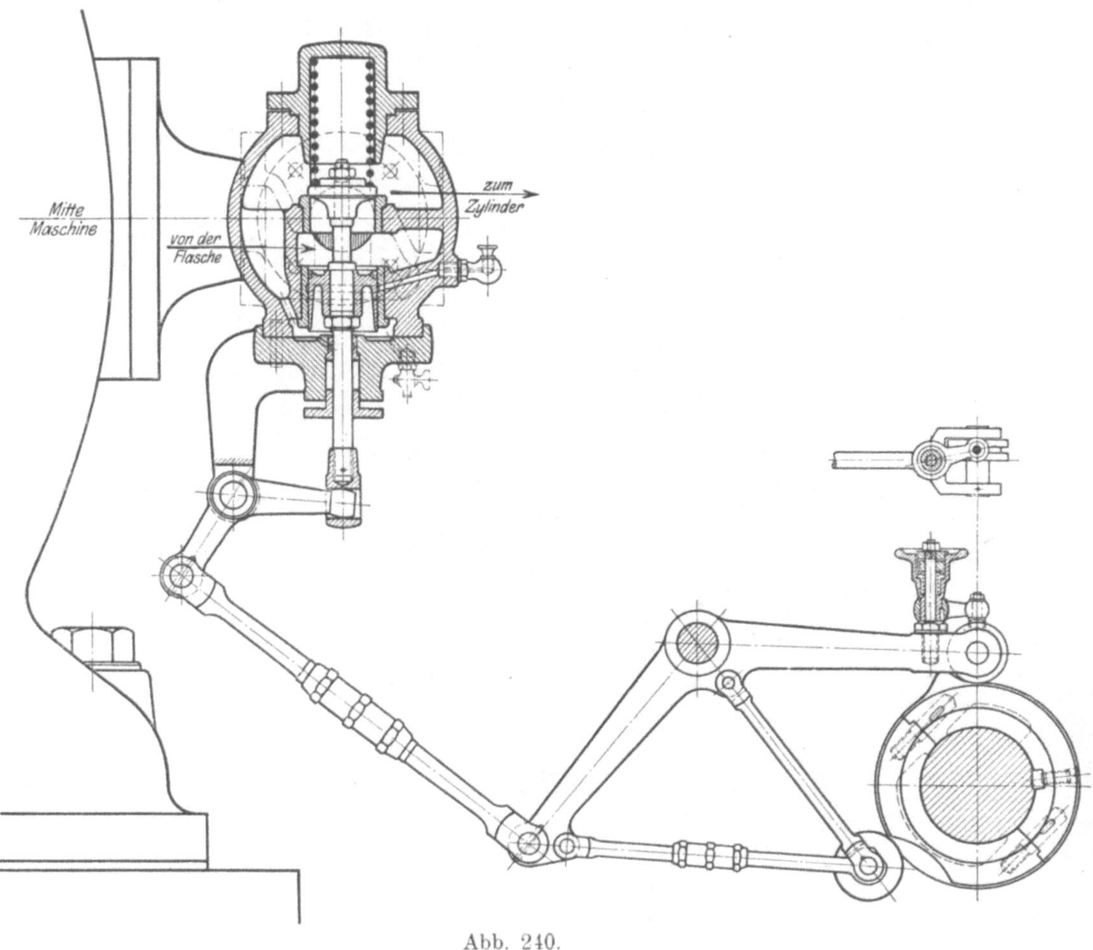

Abb. 240.

wird durch eine Scheibe gebildet, die exzentrisch auf einer durchlaufenden Welle *W* aufgekeilt ist, an deren Ende mittels Vierkant der Anlaßhebel *H* aufgesteckt ist, der sich in der in der Abbildung vollausgezogenen (Anlaß-)Stellung mittels des Anschlages *A* an den in den Ventilbock eingeschraubten Stift *St* stützt. Hierbei kommt die Rolle *R* mit dem Anlaßnocken zum Eingriff. Wird der Hebel *H* um 150^0 in die strichpunktiert gezeichnete Stellung umgelegt, wobei er sich wieder an den Stift *St* legt, so wird der Drehpunkt des doppelarmigen Hebels höher gelegt und die Rolle *R*

[1]) Maßstab 1 : 7. Zu einer DT 14 Gichtgasmaschine der Maschinenfabrik Thyssen & Co. Aktiengesellschaft in Mülheim-Ruhr.

kommt außer Eingriff mit dem Nocken. Für DT Maschinen zum Elektrogeneratorbetrieb sind zwei, für Gebläsebetrieb vier derartige Anlaßapparate in einem auf Säulen aufgestellten Gußstück vereinigt, wobei für jeden Zylinder eine besondere Welle *W* mit eigenem Hebel *H* vorgesehen ist, um die Zylinder nacheinander von Druckluft auf Betrieb schalten zu können.

Abb. 240[1]) zeigt die Verwendung eines durch einen eingeschliffenen Kolben entlasteten Ventils, das seinen Antrieb vermittels Kniehebels und Übertragungsgestänges zwangläufig von einem Nocken erhält. Die Ausrückvorrichtung besteht darin, daß ein kurzer Hebel durch Drehung eines mit einer Sperrvorrichtung versehenen Handrädchens verdreht wird und hierbei die mit einer Nut versehene Rolle, die auf dem positiven Nocken arbeitet und dessen Bereich verschiebt. Das Gestänge ist, um sicheren Zwanglauf zu erzielen, nachstellbar eingerichtet.

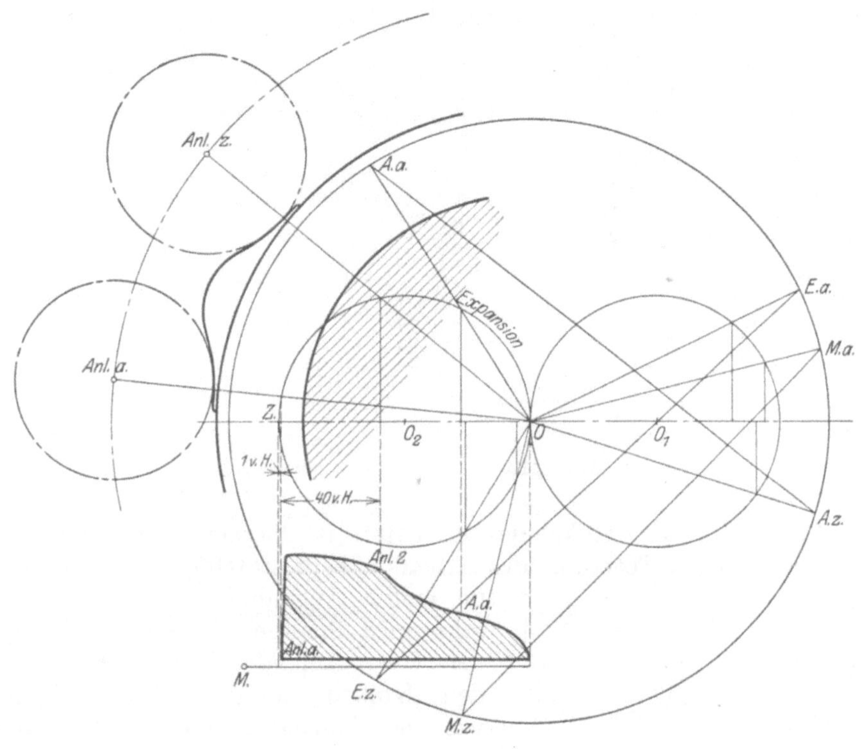

Abb. 241.

Bei Viertaktmaschinen entspricht dem Hub, bei dem beim Anlassen Druckluft gegeben wird, dem Expansionshub im normalen Betrieb. Die vom Anlaßapparat zu gebende Füllung beträgt 25 bis 45 v. H., wobei zweckmäßig mit geringem Nacheröffnen (1,0 v. H.) gearbeitet wird, um Rückwärtsgang der Maschine sicher zu vermeiden. Abb. 241 zeigt in das normale Viertaktdiagramm eingetragen das Steuerdiagramm und die Ausmittlung des Nockens für die Anlaßsteuerung sowie das für die Anlaßperiode auftretende Indikatordiagramm.

Den Anlaßapparat einer Zweitaktmaschine zeigt Abb. 242[2]); der Apparat besteht

---

[1]) Maßstab 1 : 8. Zu einer DT 11 Gichtgasmaschine von Schüchtermann & Kremer in Dortmund.

[2]) Maßstab 1 : 5. Zu einer Zweitaktmaschine System Körting, 1100 ϕ, 1400 Hub bei $n = 100$, der Siegener Maschinenbau-Akt.-Ges., vorm. A. & H. Oechelhäuser, Siegen.

aus einem mit eingesprengten Ringen abgedichteten Kolbenschieber, der den Luftzutritt zu beiden Zylinderseiten steuert und seinen Antrieb mittels Exzenters und kurzer Exzenterstange von der senkrecht über dem Apparat liegenden Steuerwelle

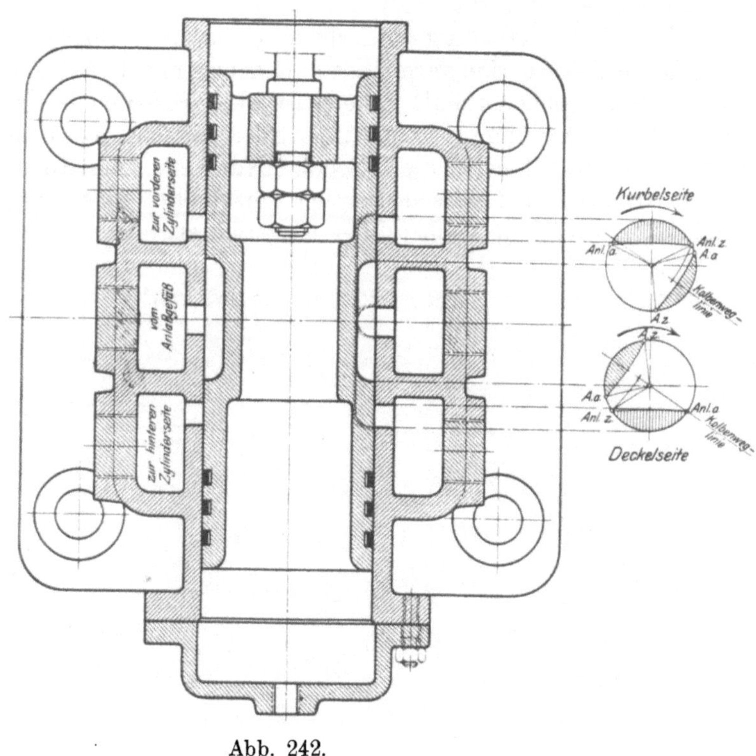

Abb. 242.

aus erhält. Der Aufkeilungswinkel des Exzenters ist hierbei so gewählt, daß der Beginn der Eröffnung im Totpunkt des Arbeitskolbens stattfindet, wobei allerdings im ersten Augenblick die Luft nur durch sehr enge Spalten eintreten kann, so daß der volle Anlaßdruck erst verspätet auf den Kolben kommt. Die Füllung ist, wie die hinzugezeichneten Steuerungsdiagramme erkennen lassen, bei der getroffenen Anordnung sehr groß (72 v. H. im Mittel), so daß das Expansionsvermögen der Anlaßluft in nur geringem Maße nutzbar gemacht wird, da kurz nach dem Moment *Anl. z.* der Auslaß bereits eröffnet. Die Anlaßperiode wird hier durch Abschalten der Druckluft an deren Hauptabsperrorganen beendet, während der Anlaßschieber während des ganzen Betriebes leer mitläuft.

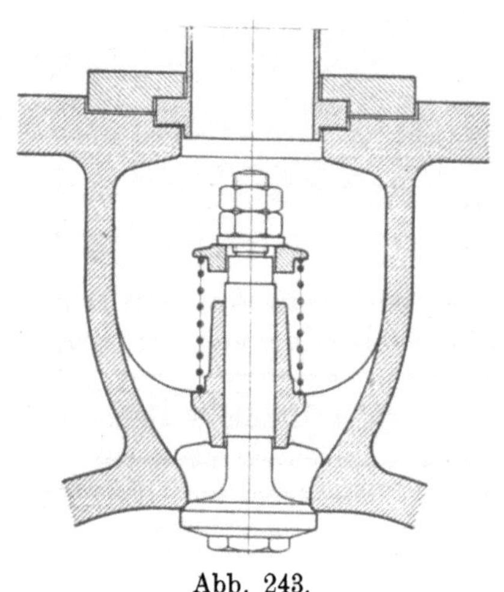

Abb. 243.

Rückschlagventile für die Anlaßluft sind in Abb. 243[1]) und 244 dargestellt.

[1]) Maßstab 1 : 5. Zu einer DT 11 Gichtgasmaschine von Schüchtermann & Kremer in Dortmund.

Ersteres ist als einfaches federbelastetes Rückschlagventil ausgebildet und in den Deckel eingebaut, nach dessen Wegnahme die seitlich des Zylinders eingeordneten Auslaßventile (s. Abb. 92/93, S. 111) zugänglich werden. Abb. 244[1]) entspricht der bei Viertaktmaschinen meistens verwendeten Anordnung eines liegend eingebauten Rückschlagventils, das nach Beendigung der Anlaßperiode mittels eines Handrades festgezogen werden kann. Der am Ende der Spindel befindliche Wirtel dient zum Einschleifen. Durch diese Ausführung wird der (bei dreifacher Absperrung der Druckluftleitung, an der Flasche, am Hauptventil und im Anlaßapparat allerdings nur entfernten) Möglichkeit vorgebeugt, daß durch Undichtigkeiten ein Nacheinströmen von Anlaßluft während des Betriebes in den Zylinder stattfindet, was zu Überverdichtungen und gefährlich hohen Beanspruchungen während der Verpuffung führen würde (s. hierzu auch S. 260).

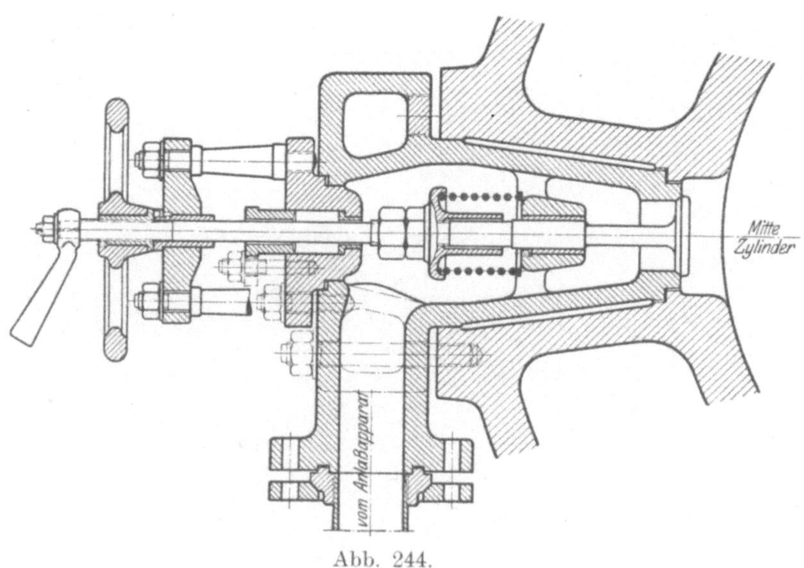

Abb. 244.

Die Ventilkegel sind in beiden Fällen aus Stahl und aus einem Stück mit der Spindel. Besonders auf die Spindel aufgesetzte Ventilkegel aus Gußeisen sind vorzuziehen, da geschmiedetes Material unter dem Einfluß der hochgespannten Luft, besonders wenn nicht für ausreichende Entwässerung an den Anlaßflaschen gesorgt ist, stark rostet. Aus demselben Grund ist es auch bei allen bewegten Teilen des Anlaßmechanismus zweckmäßig, ein Laufen von Eisen in Eisen zu vermeiden und Spindelführungen usw. durch Ausbüchsung vor dem Festrosten zu sichern.

Im Anschluß an die Besprechung der Anlaßvorrichtung ist noch der sogenannten Dekompressionsvorrichtungen zu gedenken, die bei kleineren Maschinen nötig sind, um Verdichtungen des Zylinderinhaltes während des Schaltens der Maschine unmöglich zu machen. Bei der für kleinere Maschinen gebräuchlichen Anordnung einer Nockensteuerung zum Antrieb des Auslasses, wird der Nocken in der Regel so ausgeführt, daß durch einen schmalen Hilfsnocken der Auslaß im Zweitakt gesteuert wird, wodurch die Verdichtung fortfällt. Eine derartige Anordnung für Gleichdruckmotoren ist aus Abb. 344—46, S. 299, ersichtlich. Durch seit-

[1]) Maßstab 1 : 8. Zu einer D 8 Generatorgasmaschine der Maschinenfabrik Andritz A.-G. in Andritz bei Graz.

liche Verschiebung der Rolle kommt diese außer den Bereich des Hilfsnockens. Bei Kleingasmaschinen, die mit Druckluft angelassen werden, wird diese Dekompressionsvorrichtung auch dazu verwendet, die Maschine während des Anlassens ohne Verdichtung laufen und so schneller auf Touren kommen zu lassen. Bei Großgasmaschinen, wo nahezu ausschließlich elektrisch betriebene Schaltvorrichtungen verwendet werden, die auch gegen die (übrigens infolge des sehr langsamen Ganges und der sich hierbei stark geltend machenden Kolbenundichtigkeiten nur geringe) Verdichtung zu arbeiten vermögen, werden Dekompressionsvorrichtungen nur in den seltensten Fällen vorgesehen.

Vierter Teil.

Die Steuerungen der Gleichdruckmaschinen.

Nachdem in den einleitenden Abschnitten über das Wesen des Gleichdruckverfahrens und seine Durchführungsbedingungen das Erforderliche bereits gesagt ist (s. S. 9, 12, 36 und 56) ist in den nachfolgenden Abschnitten nur die bauliche Ausgestaltung der Steuerung, welche zu seiner Verwirklichung erforderlich ist, der Betrachtung zu unterziehen. Da, wie bereits früher erwähnt, die Frage, ob eine Gleichdruckmaschine nach dem Vier- oder Zweitaktverfahren arbeitet, keine so wesentlichen Unterschiede in der Steuerungsbauart bedingt, wie bei den Verpuffungsmaschinen, so ist eine so weitgehende Trennung des Stoffes wie dort nicht erforderlich und den Verschiedenheiten kann dadurch Rechnung getragen werden, daß die den Zweitaktmaschinen wesentlich eigentümlichen Einzelheiten zum Schluß in einem besonderen Abschnitt zusammengestellt sind, daß im übrigen aber der Fall der Viertaktmaschinen als der normale angesehen wird und alle für Vier- und Zweitakt- in gleicher Weise verwendeten Einzelheiten (Brennstoffpumpen, Brennstoffventile usw.) vorweg behandelt sind.

Einer besonderen Begründung bedarf noch die Aufnahme der gewöhnlich als „Niederdruckölmotoren" bezeichneten Maschinen in die mit „Gleichdruckmaschinen" überschriebenen Abschnitte. Niederdruckölmaschinen, deren Arbeitsverfahren bereits auf S. 4 gekennzeichnet wurde, stellen in gewissem Sinn ein Mittelding zwischen Verpuffungs- und Gleichdruckmaschinen dar, indem die Verbrennungsverhältnisse und damit das Indikatordiagramm im wesentlichen dem einer Verpuffungsmaschine, die Ladevorgänge jedoch wesentlich den bei Gleichdruckmaschinen verwendeten entsprechen. Da jedoch für die bauliche Ausgestaltung der Steuerung im wesentlichen die Art des Ladevorganges bestimmend ist, sich insbesondere die Besprechung der Einsatzdüsen, Brennstoffpumpen und des dort stattfindenden Reglereingriffes ungezwungen der Besprechung der entsprechenden Einzelheiten der Gleichdruckmaschinen einfügt, so ist die übrigens an Bedeutung den eigentlichen Gleichdruckmaschinen nicht vergleichbare Gruppe der Niederdruckölmaschinen in den folgenden Abschnitten mitbehandelt.

A. Ein-, Aus- und Anlaßventile.

Die Ausbildung der Ein- und Auslaßventile der Gleichdruckmaschinen unterscheidet sich nicht wesentlich von der für Verpuffungsmaschinen üblichen. Abb. 245/46[1]) zeigt die Ausführung eines Einlaßventils für eine Maschine kleinerer Leistung, eine Bauart, die für die Einlaßventile auch von Maschinen größerer Leistung kenn-

[1]) Maßstab 1 : 5. Zu einem stehenden Dieselmotor, 230 ϕ, 20 PS bei $n = 260$, der Grazer Waggon- und Maschinenfabriks-A.-G. in Graz.

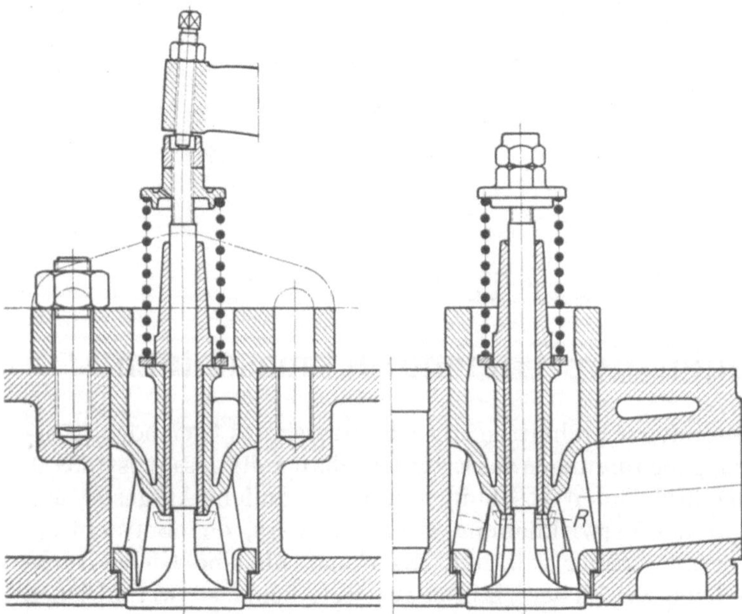

Abb. 245/46.

zeichnend ist. Das Ventil ist aus einem Stück mit der Spindel geschmiedet, der Ventileinsatz durch einen Ring aus gewelltem Kupferblech abgedichtet und mittels eines ovalen Flansches und zweier kräftiger Schrauben niedergehalten. Der Ventileinsatz muß im Durchmesser etwas kleiner gehalten sein, als die zugehörige Ausdrehung im Zylinderkopf, um der verschiedenen Wärmeausdehnung Rechnung zu tragen. Bei größeren Ausführungen wird mitunter auch eine Teilung zwischen Ventilsitz und Flansch vorgesehen und letzterer in der Mitte röhrenförmig nach oben gezogen, um eine Führung für den Federteller zu schaffen.

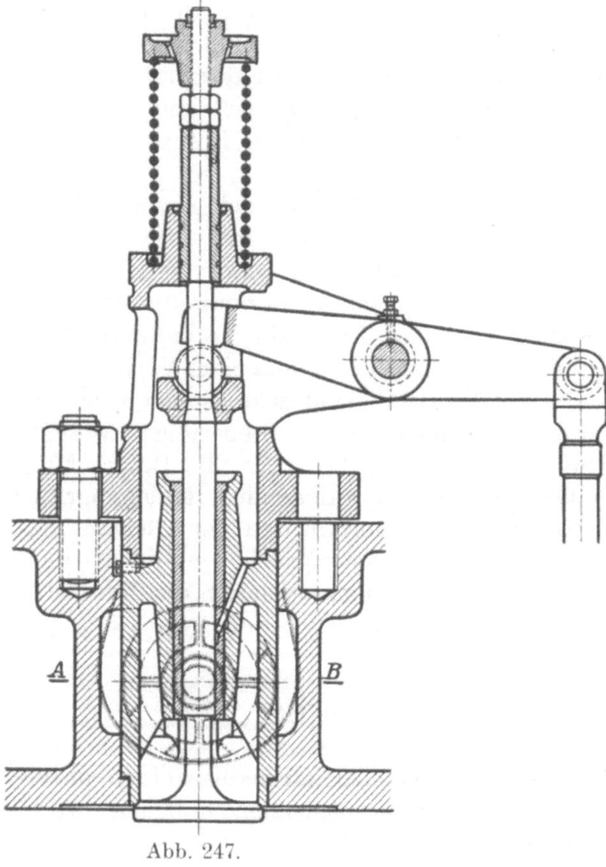

Abb. 247.

Eine etwas andere Ausführung zeigt Abb. 247[1]), wo der Flansch mit einer vollständigen Ventilhaube in Verbindung gebracht ist, um (bei von den normalen abweichenden Antriebsverhältnissen) einen Drehpunkt für den Ventilhebel zu schaffen. Beachtenswert ist, wie durch die entsprechende Ausbildung des Zylinderkopfes und der Rippen des Ventilsitzes für eine stetige Verminderung des Einströmquerschnittes gesorgt ist (s. den strichpunktiert eingezeichneten Querschnitt AB).

Abb. 248[2]) zeigt ein liegend angeordnetes Ventil mit ebener Sitzfläche, die hierfür kennzeichnend ist und zu dem Zweck ausgeführt wird, um trotz des unvermeidlich sich einstellenden Spiels in der Spindelführung dichten Abschluß zu erreichen.

Eine Wasserkühlung der Einlaßventile und Einlaßventilsitze er-

[1]) Maßstab 1 : 6. Zu einem stehenden Dieselmotor der Güldner Motorenges. in Aschaffenburg.

[2]) Maßstab 1 : 6. Zu einem liegenden Ölmotor, 300 ⌀, 580 Hub, von Gebr. Körting Aktiengesellschaft in Körtingsdorf vor Hannover.

weist sich als überflüssig, da deren Temperatur durch die zuströmende Einsaugeluft in den zulässigen Grenzen bleibt.

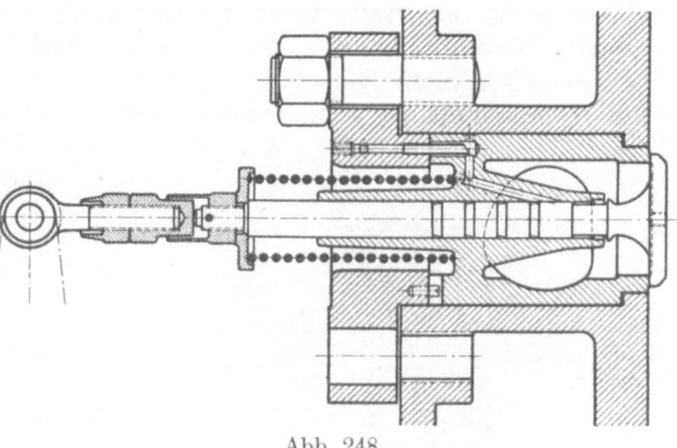

Abb. 248.

Die Bauart der **Auslaßventile** unterscheidet sich bei Maschinen kleinerer Leistung von der der Einlaßventile nur durch den in der Regel mit der Spindel aus einem Stück gedrehten, in Abb. 245/46 strichpunktiert eingezeichneten „**Rußfänger**" *R*, der die Spindelführung vor Verschmutzung durch den Auspuff schützt. Bei Maschinen mittlerer Leistung, etwa von circa 50 PS pro Zylinder an, wird die Ausbildung des Ventileinsatzes in Hohlguß und Anwendung von Wasserkühlung notwendig und der Ventilkegel in der Regel aus Gußeisen ausgeführt, das besser dichtet und gegen Verziehen bei Temperaturänderungen unempfindlicher ist als Stahl. Die Verbindung zwischen Ventilkegel und Spindel muß sehr gut gesichert sein, wenn nicht unliebsame Betriebszufälle die Folge sein sollen (vgl. das auf S. 76f. darüber Gesagte). Eine diesbezüglich sehr empfehlenswerte Bauart stellt Abb. 249[1]) dar, wo die Ventilspindel mit einem gußeisernen Sitz versehen ist. Aus der Abbildung ist auch die Ausbildung des Ventileinsatzes ersichtlich, in den das Kühlwasser aus dem Zylinderkopf übertritt. Mit Rücksicht auf den zur Verfügung stehenden Raum ist es in der Regel unmöglich, auch den Ventilsitz zu kühlen; dieser wird daher zweckmäßig vom Ventileinsatz getrennt, um einen billig auszuwechselnden Teil zu erhalten. Bei größerer Leistung (etwa über 80 bis 100 PS in einem Zylinder) erweist sich bei stehenden Motoren auch eine besondere Kühlung der Auslaßventile als erforderlich, wofür Abb. 250[2]) ein Ausführungsbeispiel gibt. Das mit der Spindel aus

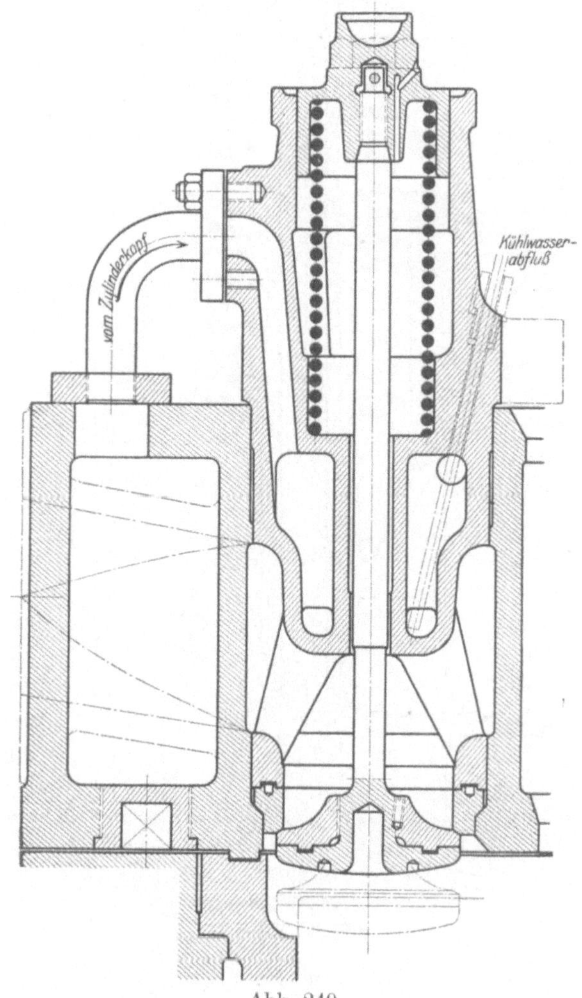

Abb. 249.

[1]) Maßstab 1:5. Zu einem stehenden Dieselmotor, 350 ⌀, 500 Hub, der Gasmotorenfabrik Deutz in Köln-Deutz.

[2]) Maßstab 1 : 5. Zu einem stehenden Dieselmotor (Kreuzkopftype), 750 Hub, 150 PS pro Zylinder bei $n = 167$, der Grazer Waggon- und Motorenfabriks-A.-G. in Graz.

einem Stück gefertigte Ventil besteht aus Stahl mit aus dem Vollen herausgedrehtem Hohlraum. Die zum Ausdrehen erforderliche Öffnung ist mittels eines schmiedeeisernen Pfropfens verschlossen, der in das heiß gemachte Ventil eingeschraubt und verstemmt ist. Die Kühlwasserzu- und -abführung im Ventil erfolgt durch Schläuche am Spindelknopf, der eine ähnliche Ausführung aufweist, wie die entsprechenden Einzelheiten bei den gekühlten Auslaßventilen von Verpuffungsmaschinen (s. S. 82f.).

Bei liegenden Maschinen besteht die Möglichkeit, schwerere Antriebsvorrichtungen zu verwenden als bei stehenden Maschinen und daher auch größere Massen in die Auslaßventile zu verlegen, die dann auch für große Leistungen gleich den Auslaßventilen für Großgasmaschinen ungekühlt bleiben können. Abb. 251[1]) gibt

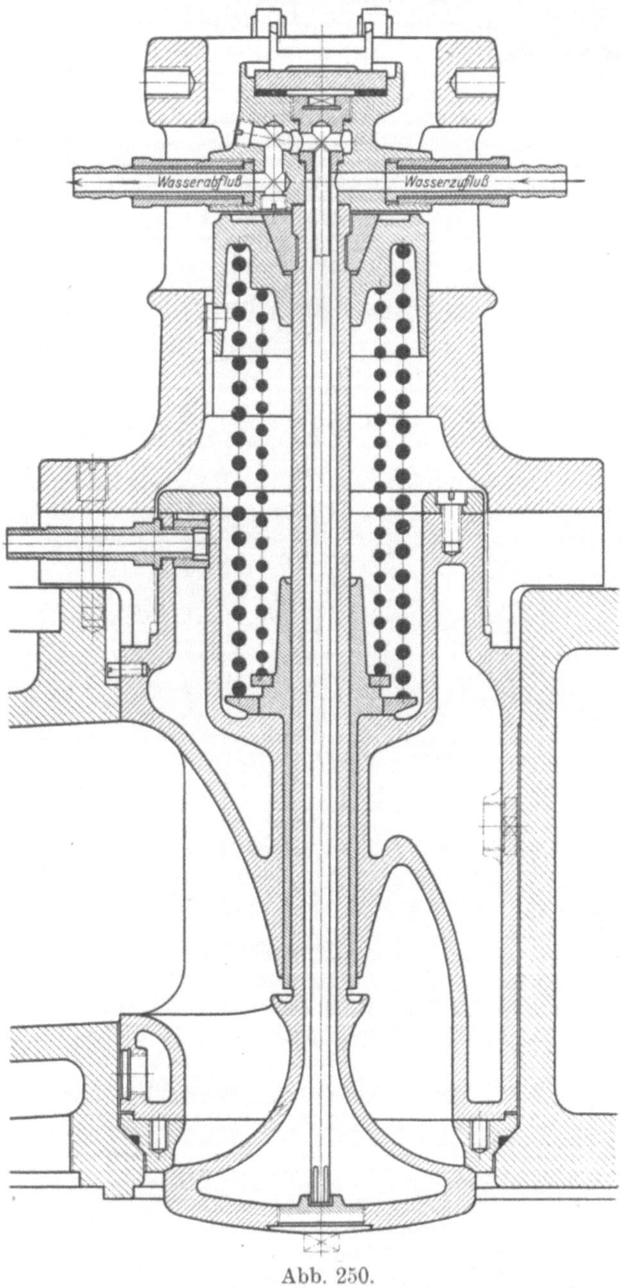

Wasserabfluß
Wasserzufluß

Abb. 250.

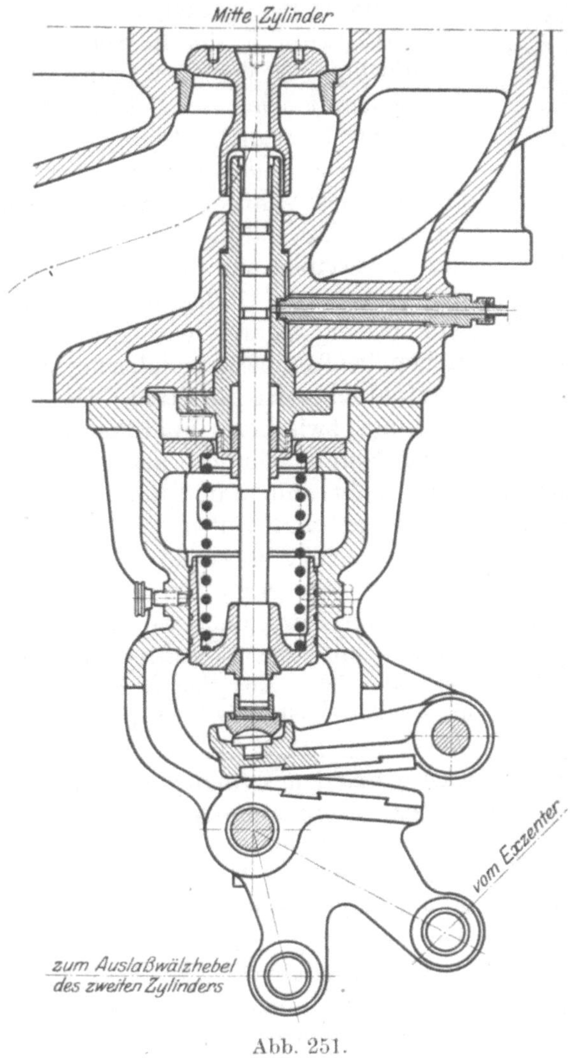

Mitte Zylinder
vom Exzenter
zum Auslaßwälzhebel des zweiten Zylinders

Abb. 251.

[1]) Maßstab 1 : 8. Zu einem liegenden einfachwirkenden Dieselmotor, 450 ϕ, 700 Hub, 100 PS pro Zylinder, der Maschinenfabrik Augsburg-Nürnberg-A.-G.

ein Ausführungsbeispiel für eine einfachwirkende Maschine; die Ausführungen bei doppeltwirkenden Maschinen sind ähnlich. Die Ventilspindel wird in dem aus Spezialgußeisen bestehenden Ventilkegel gestaucht, wodurch eine unlösliche Verbindung erzielt ist. Der Ventilkegel wird vor dem Einstauchen der Spindel nur überschruppt und erst nachher fertig gedreht.

Die Spindelfhürung besteht aus Grauguß, da die betreffende Maschine auch für Teerölbetrieb bestimmt ist, dessen Verbrennungsprodukte wegen des Schwefelgehaltes alle Materialien außer Eisen und Stahl angreifen.

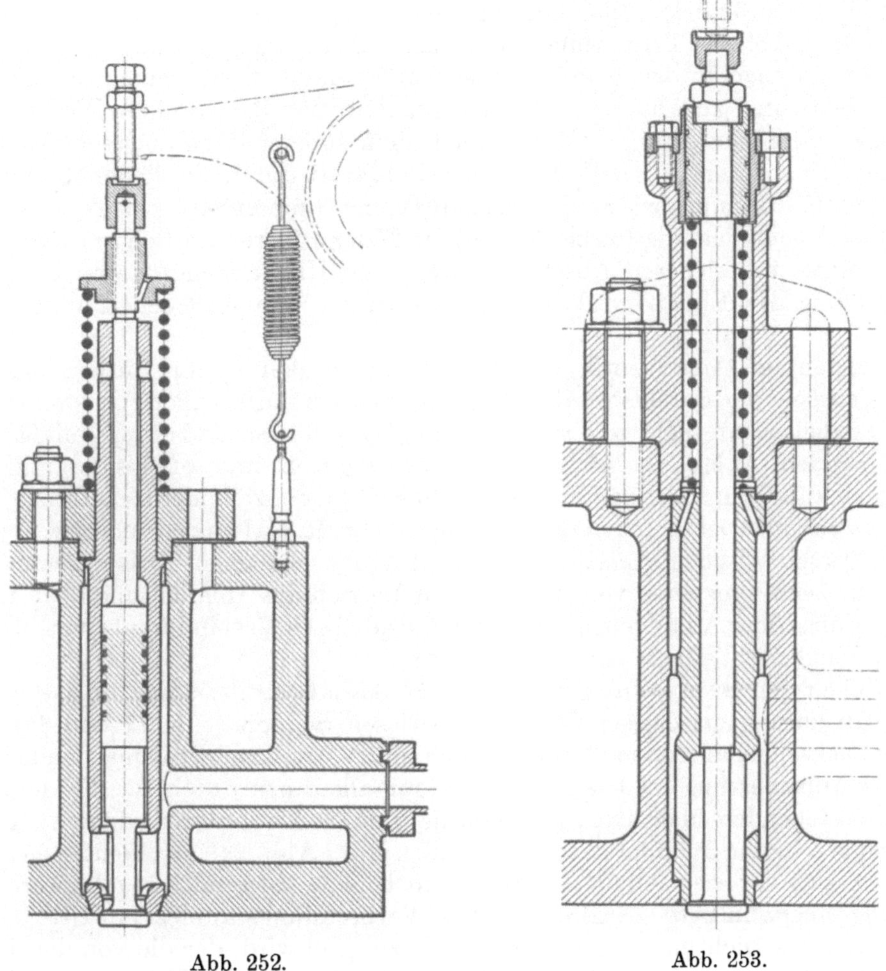

Abb. 252. Abb. 253.

Die für Dieselmotoren gebräuchliche Ausführungsform eines Anlaßventils ist aus Abb. 252[1]) ersichtlich. Das Ventil ist durch einen Kolben entlastet, der durch eingesprengte, aus Stahl gefertigte Kolbenringe gegen außen hin abdichtet. Der Ventilsitz ist mittels Konus dichtend in den Zylinderkopf eingesetzt und durch einen ovalen Flansch festgehalten. Eine kräftige Feder hält das Ventil geschlossen.

Eine etwas andere Anordnung, bei welcher der Entlastungskolben ganz oben und die Feder im Ventilgehäuse angeordnet ist, zeigt Abb. 253[2]). Die Abdichtung

---

[1]) Maßstab 1 : 6. Zu einem stehenden Dieselmotor, 350 ϕ, 500 Hub, der Gasmotorenfabrik Deutz in Köln-Deutz.

[2]) Maßstab 1 : 6. Zu einem stehenden Dieselmotor, 720 Hub, 125 PS pro Zylinder bei $n = 160$, der Grazer Waggon- und Maschinenfabriks-A.-G. in Graz.

wird hier nur durch einige in den Kolben eingedrehte Nuten erzielt. Ein Nachteil dieser Anordnung ist die von außen nicht sichtbare Feder, wodurch etwa vorkommende Federbrüche, die zu schweren Betriebsunfällen Anlaß geben können, leicht unbemerkt bleiben.

Eine Unsicherheit bezüglich der Bemessung des Entlastungskolbendurchmessers ist dadurch gegeben, daß über die Druckverteilung im Ventilsitz im allgemeinen nichts ausgesagt werden kann. Man wird deshalb zur Sicherheit zweckmäßig den Durchmesser des Entlastungskolbens gleich oder um 1 bis 2 mm größer wählen, als den äußeren Durchmesser des Ventilsitzes, um sicher eine auf Schluß des Ventils wirkende Kraft zu erzielen, die allerdings nicht zu groß sein darf, um den Antriebsnocken und -hebel des Ventils nicht unnötigen Belastungen auszusetzen, und wird mit der spezifischen Pressung im Ventilsitz auf höhere Werte gehen, um möglichst schmale Ventilsitze zu erhalten. Bei dem in Abb. 252 dargestellten Ventil ist der Durchmesser des Entlastungskolbens gleich dem inneren Durchmesser des Ventilsitzes und der noch erforderliche Rest an Schlußkraft durch die Feder aufgebracht, ein Verfahren, das nur bei Niederdruckanlassung (mit etwa 15 atm) zulässig ist, da bei Hochdruckanlassung (60 bis 70 atm) die Feder außerordentlich kräftig gehalten werden müßte, um sicheren Abschluß unter allen Umständen zu erreichen. Über die Benützung des Einlaßventils bei offenen Düsen zum Anlassen s. weiter unten S. 276f.

Störungen im Anlaßventil, die durch Undichtigkeiten im Entlastungskolben und Federbruch verursacht werden können, müssen unter allen Umständen vermieden werden, wenn nicht infolge der in den Zylinder bei undichter Anlaßarmatur nachströmenden Anlaßluft heftige Überverdichtungen und explosionsartige Verbrennungen auftreten sollen, deren gewöhnliche Folge ein Zylinderdeckelbruch bildet. Aus diesem Grunde ist es, nach dem Vorschlag von R. Mildner, auch zweckmäßig, in die Leitung zwischen Anlaßventil und Anlaßflasche einen Dreiweghahn anzuordnen, der beim Umstellen von Anlassen auf Betrieb die Anlaßleitung absperrt und den Raum über dem Anlaßventil mit der Atmosphäre in Verbindung bringt, wodurch derlei Zufälligkeiten sicher vermieden bleiben.

Bezüglich der Bemessung des Ein- und Auslaßventils kann auf das hierüber bei den Verpuffungsmaschinen Gesagte verwiesen werden (s. S. 77 und 84). Eine besonders bei schnellaufenden Maschinen sich unliebsam bemerkbar machende Grenze in der Ventilbemessung ist dem Konstrukteur allerdings durch die Forderung gezogen, bei stehenden Maschinen die Ventile im Deckel unterzubringen. Kleinere Aussparungen in der Zylinderlaufbüchse, wie z. B. in Abb. 249 angedeutet, gewähren bis zu gewissen Grenzen Abhilfe, dürfen jedoch nicht zu groß gemacht werden, da sonst eine unerwünschte Zerklüftung des Verbrennungsraumes eintritt und der Durchmesser des Dichtungsringes zum Deckel zu groß wird, der die von den Deckelschrauben aufzunehmende Belastung bestimmt. (Über die Teilung der Einlaßventile siehe das weiter unten auf S. 282 bei Besprechung von Abb. 310—13 Gesagte.)

Anlaßventile erhalten gebräuchlich $^1/_9$ bis $^1/_{11}$ des Zylinderdurchmessers als inneren Sitzdurchmesser, was bei normalen Verhältnissen auch bei vermindertem Anlaßdruck genügt. Zu kleine Anlaßventile sind zu vermeiden, da sonst der Anlaßvorgang zu lange dauert und der Zylinder durch die sich ausdehnende Luft so sehr abgekühlt wird, daß die ersten Verbrennungen schwierig werden.

B. Brennstoffventile (Düsen).

Die Brennstoffventile oder Düsen gehören zu den im Entwurf und Ausführung heikelsten und die Wirtschaftlichkeit der Maschinenleistung am meisten bestimmenden Steuerungsteilen und bilden eine Einzelheit, in deren Ausgestaltung außerordentlich viele und verschiedene Gedanken versucht wurden. Ein Blick auf die über dies Gebiet bestehende und sich noch stets vermehrende Patentliteratur (33) gibt hiervon Zeugnis. Im Feuer der praktischen Erprobung hat sich von allen diesen Ideen verhältnismäßig nur recht wenig als brauchbar erwiesen, und zwar lassen sich die heute gebräuchlichen Bauarten, abgesehen von den vorweg kurz zu behandelnden Einspritzdüsen für Niederdruckölmotoren, nahezu vollständig in zwei Gruppen unterbringen, die übereinstimmend mit der gebräuchlichen Benennung in folgendem als geschlossene und offene Düsen getrennt behandelt sind. In beiden Fällen handes es sich um Einblasung des Brennstoffes in den Zylinder, wozu hochgespannte Luft, die einer Einblasflasche entnommen wird, dient. Bauarten von Hochdruckölmaschinen, bei denen auf Einblasung verzichtet und die Brennstoffe durch den Pumpendruck zerstäubt eingespritzt werden, sind über die Stufe der Patentierung kaum hinausgelangt; Bauarten, bei denen die Einblasflasche und insbesondere der Kompressor vermieden bleiben sollten (so die Bauarten mit „Selbsteinblasung", Trinkler u. a.), sind nach wenigen Ausführungen wieder spurlos verschwunden.

Die Unterscheidung in Bauarten mit geschlossener oder offener Düse ist dadurch bedingt, daß im ersten Falle durch das von der äußeren Steuerung betätigte Ventil (Brennstoffnadel) Brennstoff und Luft vom Zylinder abgeschlossen sind, während bei den offenen Düsen der Brennstoff in einen mit dem Zylinderinneren in freier Verbindung stehenden Raum „vorgelagert" und nur die Einblasluft durch das Ventil von außen gesteuert wird. Über die Vor- und Nachteile beider Bauarten ist das Nähere am Schluß des Abschnittes 2 bemerkt.

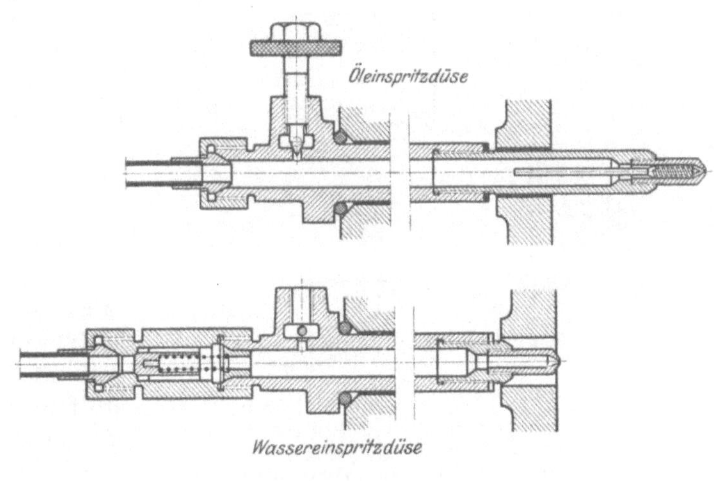

Abb. 254/55.

Eine Sonderstellung nimmt das Arbeitsverfahren des Brons-Motors ein. Es ist dies das einzige Verfahren, das, ohne Einblasluft arbeitend, sich im Betrieb gut, wenn auch vorderhand nur für Maschinen kleinerer Leistung bewährt hat. Das zugehörige Brennstoffventil und seine Wirkungsweise ist am Schluß dieses Abschnittes geschildert.

Abb. 254/55[1]) stellt die Einspritzdüsen für Öl und Wasser in der für Niederdruckölmaschinen gebräuchlichen Ausführung dar. Die aus Rotguß gefertigten Düseneinsätze haben seitliche Angüsse zur Aufnahme einer Probierschraube. Die Einspritzdüse für Wasser ist mit einem Rückschlagventil versehen. Die Düsenmundstücke, die vorn mit einer feinen Bohrung versehen sind, um durch die dort

[1]) Maßstab 1:3. Zu einem stehenden Teerölniederdruckmotor „Swiderski" der Maschinenbau-Aktiengesellschaft vorm. Ph. Swiderski in Leipzig-Plagwitz.

auftretende hohe Geschwindigkeit der Flüssigkeit eine (wenn auch unvollkommene) Zerstäubung zu erzielen, bestehen aus Nickelstahl, desgleichen der in die Öldüse stramm eingepaßte Zerstäuberkegel, der an seinem Umfang ein zweigängiges Schraubengewinde eingedreht erhält, wodurch die eingespritzte Ölmenge in kreisende Bewegung gerät, die ihre Zerstäubung verbessert. Die einander gegenüberliegenden Düsen sind unter etwa 30° gegen die Horizontale nach aufwärts gerichtet angeordnet.

Eine etwas andere Gestaltung der Düse mit zwei hintereinander geschalteten Rückschlagventilen zeigt Abb. 256[1]). Die ganze Düse und der Zerstäuber besteht aus Rotguß und ist senkrecht nach abwärts gerichtet angeordnet.

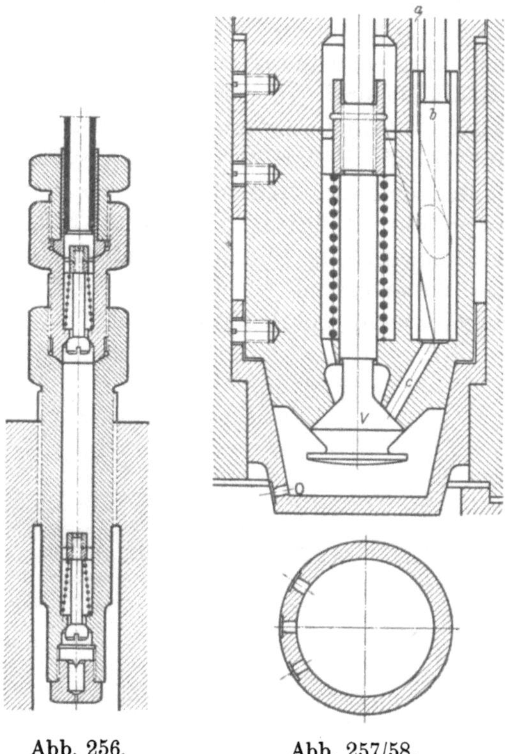

Abb. 256. Abb. 257/58.

Als letzte, sich in die nachfolgenden Gruppen nicht einfügende Düse sei das in Abb. 257/58[2]) dargestellte Brennstoffventil eines Brons-Motors betrachtet. Der Brennstoff fließt der Maschine aus einem Hochbehälter zu und gelangt durch den strichliert gezeichneten Kanal *a*, gedrosselt durch den vom Regulator beeinflußten Schieber *b* in den Kanal *c* und vor das Ventil *V*. Dieses wird während der Einlaßperiode vom Einlaßventilhebel mitgenommen und läßt den Brennstoff während der Dauer der Lufteinsaugung in die aus Tiegelstahl gefertigte Kapsel gelangen, deren Inneres durch drei nach der Zylindermitte hin gerichtete Öffnungen mit dem Zylinder in Verbindung steht. Bei der nachfolgenden Verdichtung dringt die heiß werdende Luft in die Kapsel und entzündet gegen Ende des Verdichtungshubes den dort (teilweise schon vergasten) Brennstoff, wobei durch die in der Kapsel auftretende Verpuffung der restliche Brennstoff in den Zylinder geschleudert wird, wo er unter angenähert unveränderlichem Druck verbrennt. Ausdehnungs- und Ausschubhub vollziehen sich wie beim normalen Gleichdruckverfahren. Die eigentümliche Form des Ventilkegels *V* ermöglicht dem Brennstoff, sich über eine größere Oberfläche auszubreiten.

Das Arbeitsverfahren des Brons-Motors stellt nach dem Gesagten eine Vereinigung von Verpuffungs- und Gleichdruckverfahren dar und ermöglicht es, große mittlere indizierte Drücke und damit geringe Zylinderabmessungen für größere Leistungen zu erreichen. Natürlich erfolgt der ganze Vergasungs- und Verbrennungsvorgang nichts weniger als zwangläufig, und es erscheint daher vorderhand noch fraglich, ob das Verfahren ohne wesentliche Umänderungen eine Übertragung auf Maschinen großer Leistung erlauben wird. Immerhin sind die bei Maschinen kleiner Leistung gemachten Anfänge vielversprechend und haben dem Brons-Motor innerhalb kurzer Zeit ein großes Anwendungsgebiet (besonders im Seefischereibetrieb) eröffnet.

---

[1]) Maßstab 2 : 5. Zu einem liegenden „Climax"-Niederdruckrohölmotor von Bachrich & Co. Kommanditges. in Wien XIX.

[2]) Maßstab 2 : 5. Zu einem 40pferdigen Brons-Motor, 325 ϕ, 400 Hub, der Prager Maschinenbau-Aktien-Gesellschaft (vorm. Ruston, Bromovský u. Ringhoffer) in Prag-Smichow.

1. Geschlossene Düsen.

Geschlossene Düsen, bei denen Einblaseluft und Brennstoff durch das gesteuerte Brennstoffventil, die Brennstoff-„Nadel"[1]), vom Zylinder abgeschlossen sind, stellen die im Gleichdruckmaschinenbau älteste und auch heute noch am meisten verbreitetste Bauart dar. Der Raum über der Brennstoffnadel steht ständig unter dem Druck der Einblasluft, gegen die daher auch die Brennstoffpumpe anfördern muß. Der Brennstoff ist bis zum Augenblick der Einblasung der Einwirkung der sich im Zylinderinneren abspielenden Vorgänge entzogen und wird höchstens durch die Wärmeleitung vom Zylinderinneren her etwas vorgewärmt. Die zahlreichen Bauarten unterscheiden sich durch die Ausbildung des Zerstäubers, der als Plättchen- oder Ring-(Klotz-) Zerstäuber ausgebildet wird, sowie auch dadurch, ob die Brennstoffnadel senkrecht, geneigt oder wagerecht liegt und ob es sich um eine Düse für Verbrennung von Rohöl oder Teeröl handelt.

Für **Plättchenzerstäuber** normaler Ausführung für stehende Maschinen (senkrechte Lage der Brennstoffnadel) und Rohölbetrieb geben die Abb. 259/60[2]) und 261/62[3]) Beispiele. Abb. 259/60 zeigt die Ausführung bei einer Maschine kleiner Leistung, wobei die ganze Düse ohne besonderen Einsatz in einer der Mittellinie des Zylinderdeckels befindlichen Bohrung sitzt und auch der Ventilsitz der Brennstoffnadel durch das Material des Zylinderkopfes gebildet wird. Diese Anordnung, bei der auch die Zuleitungsbohrungen für Einblaseluft und Brennstoff im Zylinderkopf liegen, ist zwar die einfachste und billigste, aus naheliegenden Gründen jedoch nur für Maschinen kleinerer Leistung zulässig. Bei Maschinen mittlerer und großer Leistung wird die Brennstoffdüse in einen eigenen Einsatz eingebaut, der entweder selbst wieder in einem entsprechend ausgedrehten, den Zylinderdeckel von

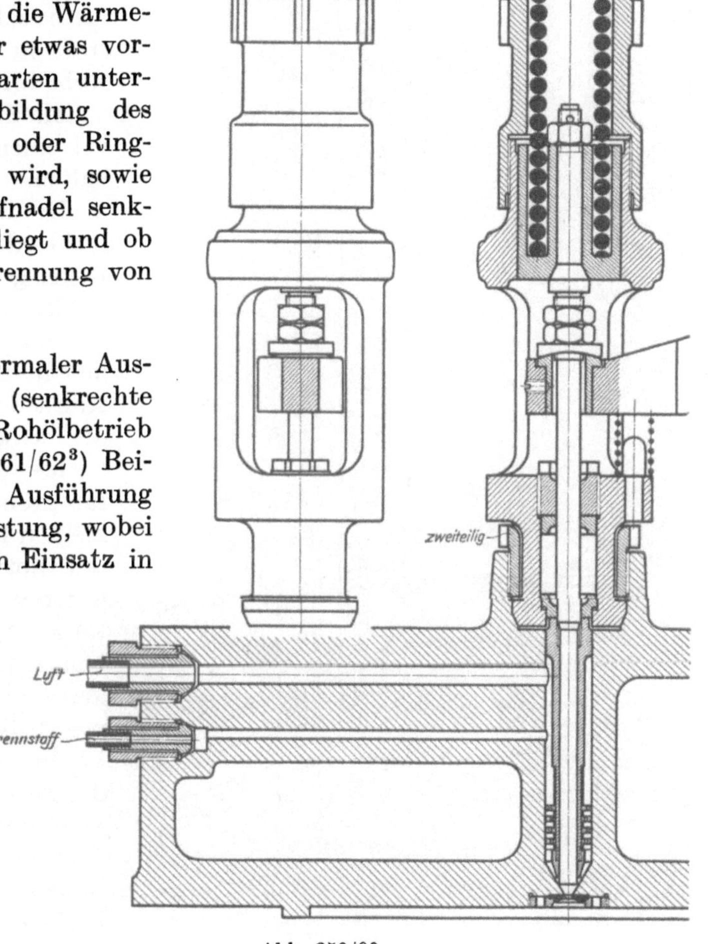

Abb. 259/60.

[1]) Die Ausführung des Brennstoffventils als ein sich nach außen öffnendes Nadelventil ist fast ausschließlich angenommen. Eine Ausnahme macht die Bauart von Burmester & Wain in Kopenhagen, wobei das Brennstoffventil als richtiges Ventil mit Teller in der Form ähnlich dem Anlaßventil ausgeführt ist und sich nach innen öffnet. (35a.)

[2]) Maßstab 1 : 4. Zu einem stehenden Dieselmotor, 350 Hub, 20 PS bei $n = 260$, der Grazer Waggen- und Maschinenfabriks-A.-G. in Graz.

[3]) Maßstab 1 : 6. Zu einem stehenden Dieselmotor, 720 Hub, 125 PS pro Zylinder bei $n = 160$, derselben Firma.

oben bis unten durchsetzenden Rohr liegt, oder, wie in Abb. 261/62, seinen Stützpunkt in der oberen und unteren Wand des Zylinderdeckels findet und vom Kühlwasser nur im übrigen frei umflossen wird. In diesem Falle ist durch sorgfältige Abdichtung (Abdichtung aus gewelltem Kupferblech, sorgsam aufgeschliffene Flächen oder am besten eingeschliffener Konus) dafür zu sorgen, daß das Kühlwasser des Deckels nicht in das Zylinderinnere gelangen kann oder die Verbrennung in den Kühlwasserraum des Deckels durchschlägt. Im Falle besonderen Einsatzes für die Düse werden die Anschlüsse für Anblaseluft und Brennstoff in dessen Flansch verlegt, wie aus Abb. 261/62 ersichtlich.

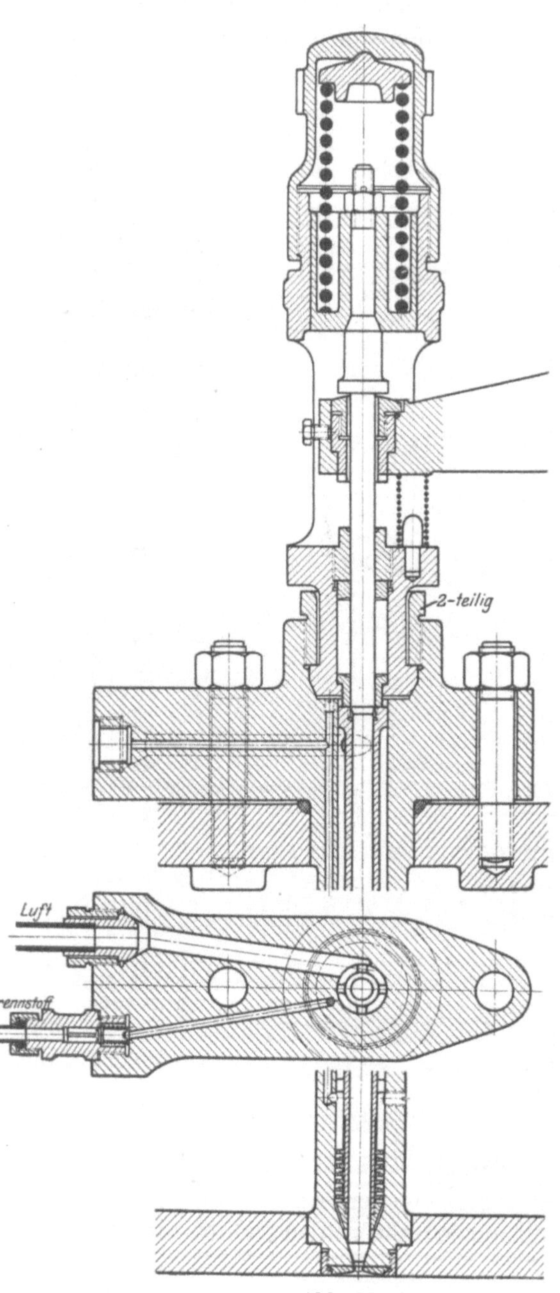

Abb. 261/62.

Alle Hochdruck führenden Teile müssen bei einem Abpreßdruck von 100 atm dicht halten.

Die Brennstoffnadel besteht aus Nickelstahl oder Werkzeugstahl und wird in der Regel gehärtet, wobei es sich jedoch empfiehlt, das untere Ende weich zu lassen, um ein besseres Einschleifen zu ermöglichen. Seit Neuerem werden auch Brennstoffnadeln aus Spezialgußeisen verwendet, die bessere Abdichtung ergeben und sich leichter einschleifen lassen, sich jedoch nur für größere Ausführungen eignen, da bei kleinen Düsen der aus Festigkeitsrücksichten notwendige Nadeldurchmesser nicht unterzubringen ist. Die Abdichtung der Nadel gegen außen erfolgt durch Stopfbüchsen, als deren Packung verschiedene Materialien verwendet werden (Weichmetall-Ringe, „Vas-Black"-Ringe, Vulcabeston, eingestopfte Bleispäne usw.). Bei der Auswahl ist darauf zu achten, daß das Dichtungsmaterial die Nadel nicht angreift. Da ein öfteres Nachsehen und Nacheinschleifen der Brennstoffnadel erforderlich ist, ist dafür Sorge zu tragen, daß ein Ausbau leicht möglich wird. Bei den besprochenen Bauarten kann die Nadel nach dem Abschrauben der Federhülse ohne weiteres nach oben herausgezogen werden.

Der Ventilkopf, der die Stopfbüchse enthält, ist mittels Konus abgedichtet und durch eine zweiteilige Verschraubung niedergehalten, die, beim Ausbau nach rückwärts geschraubt, als Abdrückschraube wirkt. Die Luft- und Brennstoffzuleitungen, von denen letztere bei größeren Ausführungen noch ein federbelastetes Rückschlagventil enthält, sind mittels Kupferkonus und Überwurfmutter angeschlossen, eine Konstruktion, die sich am besten bewährt. Die Bauart mit ballig gedrehtem Konus ist besser als die mit einfachem

Kegel. Die Brennstoffleitung soll nur in geringer Höhe über den Zerstäuberplatten ausmünden, um möglichst rasche Verteilung des Brennstoffes über diese zu erreichen.

Die Brennstoffnadel erhält ihre Führung in einer bei kleineren Ausführungen aus Rotguß- oder Phosphorbronze oder Schmiedeeisen, bei größeren Ausführungen auch aus hartem Gußeisen gefertigten Hülse, an die unten der eigentliche Zerstäuber angeschraubt ist. Die Hülse erhält oben Gewinde, um sie mittels eines eingeschraubten Hakens samt dem Zerstäuber herausziehen zu können.

Der eigentliche Zerstäuber, dessen Einzelheiten aus der im größeren Maßstab gehaltenen Abb. 263—69 [1]) ersichtlich sind, besteht aus einem System von gelochten Ringen, die durch Distanzringe getrennt sind und genau in die Bohrung des Düseneinsatzes passen. Die Lochkreise in den aufeinander folgenden Platten sind von verschiedenem Durchmesser und so angeordnet, daß die Löcher gegeneinander versetzt sind. Die Anzahl der ausgeführten Plattenpaare ist je nach der Menge des zu zerstäubenden Brennstoffes verschieden und schwankt zwischen zwei bei kleinen und vier bei großen Maschinen. Die eingedrehten Nuten sollen dazu dienen, einen gewissen Brennstoffrest zurückzuhalten, der sich dann nach Beendigung des Einblasens an der Nadelspitze sammelt und den „Zündtropfen" für die nächste Verbrennung abgibt (s. S. 269). Den gedachten Zweck dürfte nur die bei jeder zweiten Platte am Rand eingedrehte Nute erfüllen. Bei einigen Ausführungen findet man die Nuten auch ganz weggelassen. Als Baustoff der Ringe dient Rotguß oder besser Phosphorbronze, bei Teerölbetrieb meistens Stahl. Bei größeren Zerstäubern finden auch zweckmäßig Gußeisenplatten Verwendung. An den Plattenzerstäuber schließt sich der auch bei anderen Zerstäubersystemen verwendete „Zerstäuberkegel" an, der durch zahlreiche schmale, an seinem Umfang eingefräste Nuten dem bereits gebildeten Luft-Brennstoffstaub-Gemisch den Durchgang gewährt. Da die Zerstäuberkegel starker Abnutzung ausgesetzt sind, werden sie fast ausschließlich aus hartem Stahl angefertigt. Das Ende des Zerstäubers gegen das Zylinderinnere zu bildet das sogenannte „Düsenplättchen", das den engsten Durchtrittsquerschnitt enthält, aus gehärtetem Stahl gefertigt und durch eine ebenfalls stählerne Überwurfmutter festgehalten ist. Sofern das Düsenplättchen nur ein zentral angeordnetes Loch erhält, ist durch geeignete Abrundung dafür zu sorgen, daß das Gemisch wirklich in Gestalt eines Kegels in den Verbrennungsraum eintreten kann.

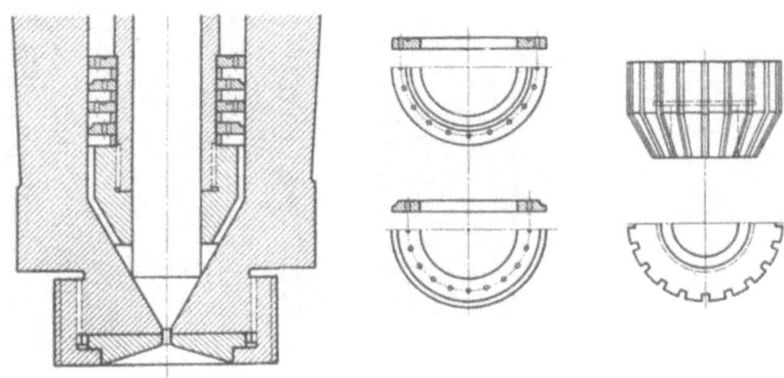

Abb. 263—69.

Der ganze Aufbau des Plättchenzertäubers ist nahezu ausschließlich Erfahrungstatsache und einer theoretischen Behandlung nicht zugänglich. Im allgemeinen hat sich gezeigt, daß die Anwendung des Zerstäuberkegels für richtige Wirksamkeit unerläßlich ist (durch den Zerstäuberkegel dürfte das eingeblasene Gemisch wahrscheinlich in Strahlen zerlegt werden), hingegen sind die Erfahrungen über die Wirksamkeit und die erforderliche Anzahl der Zerstäuberplättchen verschieden, ja es sind sogar an gleichen und unter anscheinend denselben Bedingungen arbeitenden Maschinen verschiedene Erfahrungen gemacht worden. Dem Verfasser ist z. B. ein Fall bekannt,

[1]) Maßstab 2 : 5. Zu einem stehenden Dieselmotor, 455 ϕ, 650 Hub, 100 PS pro Zylinder, der Maschinenfabrik und Mühlenbauanstalt G. Luther in Braunschweig.

wo beim Probelauf einer Dreizylindermaschine zwei Zylinder tadellos arbeiteten, während beim dritten alle Versuche, durch Veränderung am Zerstäuber ordentliche Verbrennung zu erreichen, fehlschlugen und sich erst nach vollständiger Entfernung aller Zerstäuberplatten ein ordentliches Diagramm ergab[1]).

Eine etwas von der normalen abweichende Ausbildung eines Plättchenzerstäubers stellt Abb. 270/71[2]) dar. Die Zerstäuberringe sind mit den Distanzringen aus einem

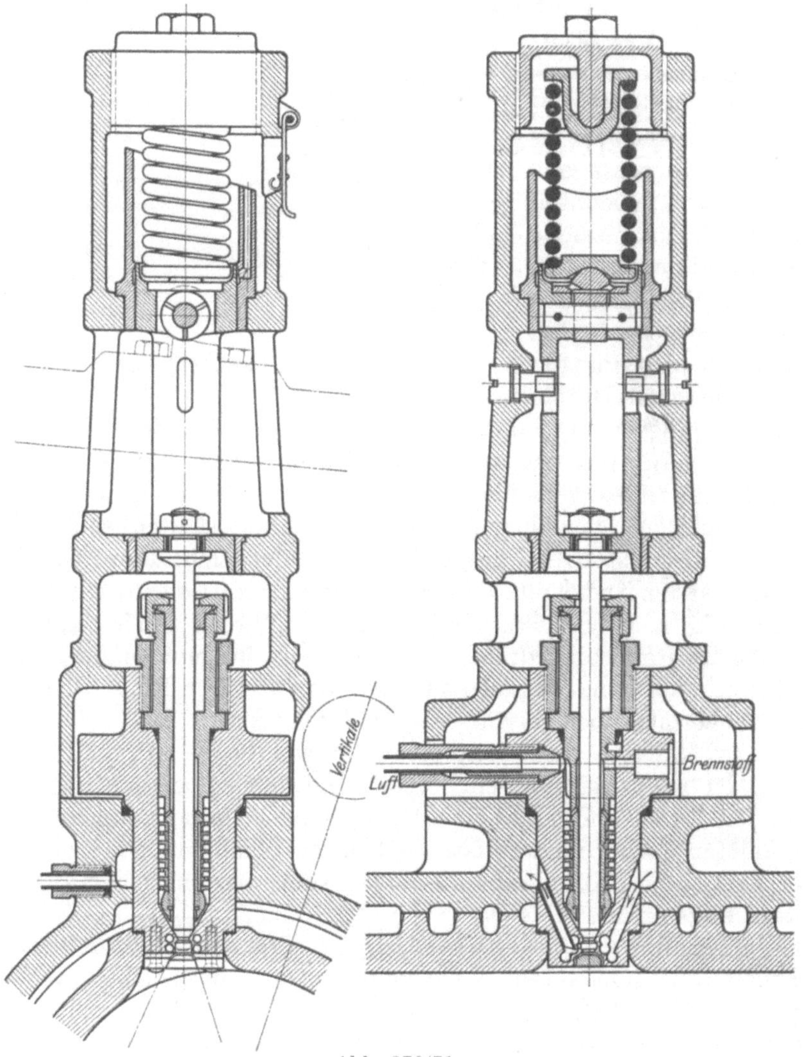

Abb. 270/71.

[1]) Der Verfasser möchte hiermit nicht einer in der ausführenden Praxis vielfach verbreiteten, nahezu abergläubisch zu nennenden Scheu vor gewissen, theoretischer Behandlung unzugänglichen Konstruktionen das Wort geredet haben — gleiche physikalische Ursachen müssen immer und überall gleiche physikalische Wirkungen hervorrufen! Indessen ist der Bestand aller für einen physikalischen Vorgang wesentlichen Ursachen u. U., wie z. B. im vorliegenden Fall, sehr schwer zu fassen und der Einfluß der einzelnen Ursachen so schwierig abzusondern, so daß es sehr langwieriger planmäßiger Versuchsreihen, bei denen stets nur eine Veränderliche verändert werden darf, bedürfte, um die Erscheinung aufzuklären. Gerade in der Frage der Zerstäuberwirkung wären derartige in den Laboratorien der Hochschulen auszuführenden Versuchsreihen um so eher erwünscht, als die einzelnen Firmen ihre diesbezüglichen, übrigens nur in den seltensten Fällen planmäßig erworbenen Erfahrungen aus naheliegenden Gründen streng geheim halten.

[2]) Maßstab 1 : 5. Zu einer liegenden Zweitaktdieselmaschine System Junkers.

Stück aus Stahl gefertigt, alle einander gleich und jeweils um eine halbe Teilung gegeneinander versetzt eingebaut. Der Düseneinsatz besteht so wie die Brennstoffnadel aus Nickelstahl und ist an seinem in den Zylinder ragenden Ende durch eine verwickelte Anordnung von gebohrten und dann an den Enden wieder durch Pfropfen verschlossenen Löchern für Wasserkühlung eingerichtet (bei Zweitaktmaschinen ist die in der Zeiteinheit entwickelte Wärmemenge wesentlich größer als bei Viertaktmaschinen und die Kühlung während des nur kurz dauernden Spül- und Ladevorganges nur ganz gering). Die Anordnung dürfte sehr reines Kühlwasser oder große Durchtrittsgeschwindigkeit verlangen, wenn sich die Bohrungen nicht vollsetzen sollen. Bemerkenswert ist die Form des „Düsenplättchens", bei dem durch Anordnung eines vor die Brennstoffnadel gelegten Klotzes erreicht wird, daß der Kegel, in den das Gemisch eingeblasen wird, entsprechend dem scheibenförmigen Verbrennungsraum zwischen den zwei gegenläufigen Kolben, flachen Querschnitt bekommt und außerdem am Zylindermittel vorbeigeht, nachdem die Hälfte des Verbrennungsraumes durch die gegenüberliegend angeordnete Düse beschickt wird. In der Abbildung ist

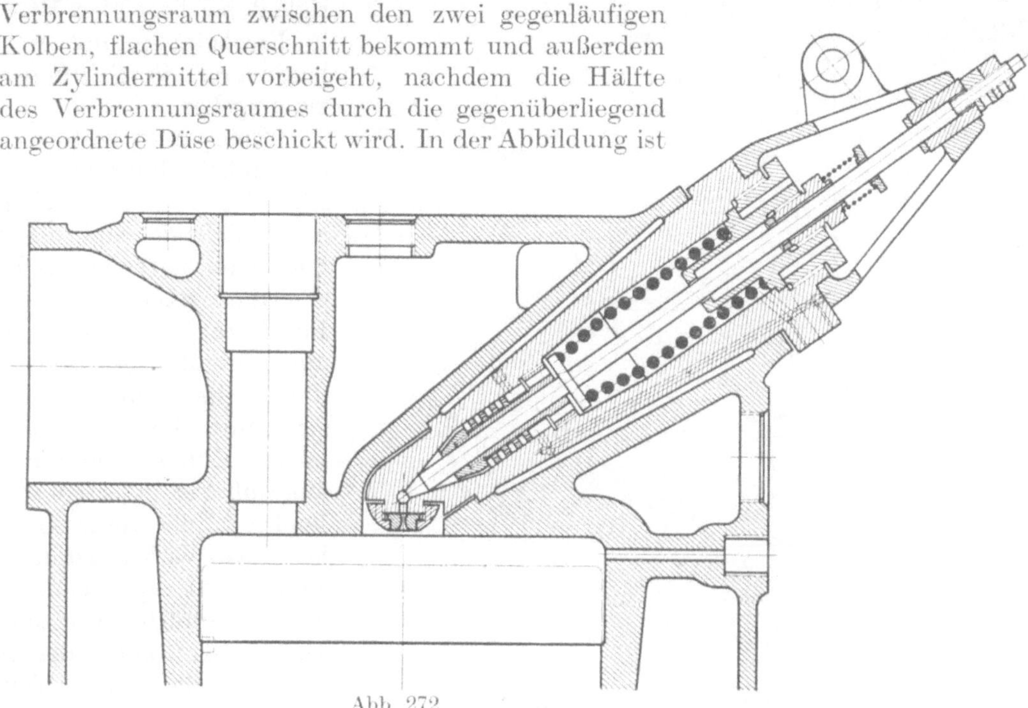

Abb. 272.

die Düse nicht entsprechend ihrer wirklichen Lage gezeichnet, da sie unter 18° gegen die Senkrechte geneigt angeordnet ist. Die bauliche Ausgestaltung der Ventilhaube ist durch die abweichende Anordnung des Antriebs (eine ähnliche Bauart s. Abb. 425/26) bedingt und bedarf keiner weiteren Erklärung.

Die Ausbildung einer geneigt angeordneten Düse mit normalem Plättchenzerstäuber zeigt Abb. 272[1]). Bemerkenswert ist die Form des Düseneinsatzes, der aus Stahl gefertigt und bis auf wenige Stellen durch reine Dreharbeit herzustellen ist. Vor der Brennstoffnadelspitze liegt ein kugelförmiger Raum, in den eine senkrechte Bohrung einmündet, durch die der Gemischkegel mit senkrechter Achse in den Zylinder eintritt. Nadel und Düsenplättchen bestehen aus Nickelstahl. Bei der gewählten Bauart dürfte es schon Schwierigkeiten machen, ein freies Durchblasen der Luft ohne Mitnahme von Brennstoff im höher gelegenen Teil des Zerstäubers zu verhindern, um so mehr als die Brennstoffzuführung nahe der tiefsten Stelle erfolgt.

[1]) Maßstab 1 : 3,6. Zu einem stehenden direkt umsteuerbaren Vierzylinder-Zweitakt-Schiffsdieselmotor, 190 ⌀, der Leobersdorfer Maschinenfabriks-Aktienges. in Leobersdorf bei Wien.

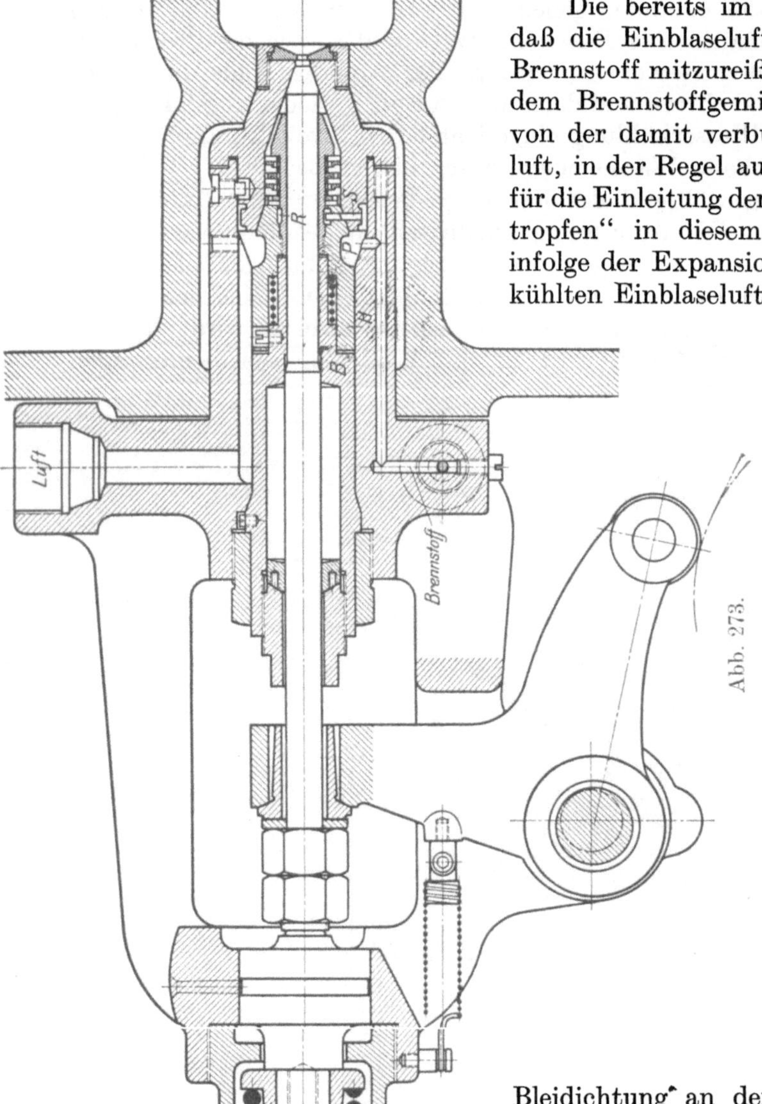

Abb. 273.

Die bereits im vorigen angedeutete Möglichkeit, daß die Einblaseluft in den Zylinder gelangt, ohne Brennstoff mitzureißen oder daß sie in größerer Menge dem Brennstoffgemisch vorantritt, führt, abgesehen von der damit verbundenen Vergeudung an Einblaseluft, in der Regel auch zu Zündungsstörungen, da der für die Einleitung der Verbrennung erforderliche „Zündtropfen" in diesem Fall ganz von der kalten und infolge der Expansion in der Düse noch mehr abgekühlten Einblaseluft umgeben ist und sich erst verspätet oder gar nicht entzündet. Am schärfsten tritt diese Schwierigkeit bei liegenden Maschinen in Erscheinung und es bedarf besonderer Vorrichtungen, sie zu umgehen.

Eine mit bestem Erfolg ausgeführte Bauart[1]) zeigt die Abb. 273[2]). Die die Nadelführung bildende und die Stopfbüchse enthaltende, aus Rotguß gefertigte Büchse *B* findet ihre Fortsetzung in einer ebenfalls aus Rotguß bestehenden und durch eine kleine Feder vorgeschobenen Hülse *H*, die sich mittels Konus dichtend an den aus Gußeisen gefertigten Ventilkopf legt, der vorne ein normales, aus Werkzeugstahl hergestelltes Düsenplättchen mittels Überwurfmutter befestigt trägt. Dieser Ventilkopf, der mittels einer in einer Nute liegenden Bleidichtung an den Ventileinsatz angeschlossen ist, enthält in seinem Inneren den aus zwei Ringpaaren zusammengesetzten normalen Plättchenzerstäuber sowie den ebenfalls normal ausgeführten Zerstäuberkegel aus Rotguß. Dieser besitzt kurz vor dem Gewinde, mit dem er in die Hülse *H* eingeschraubt ist, eine Eindrehung, die zusammen mit einer Ausdrehung der Hülse *H* einen Ringraum *R* bildet, von dem ein nur sehr schmaler Spalt in den Zerstäuberraum führt. In diesen Ringraum führt aus dem vom Ventileinsatz und der Hülse *H* zusammen gebildeten Raum *P* ein schmaler Spalt *S*, der aus den Querrissen einer ähnlichen Bauart (s. Abb. 283—86) deutlicher ersichtlich ist. Die Wirkungsweise dieser Vorrichtung ist nun die,

[1]) D.R.P. Nr. 225044.

[2]) Maßstab 1 : 4. Zu einem liegenden Dieselmotor, 450 ⌀, 700 Hub, 100 PS. pro Zylinder, der Maschinenfabrik Augsburg-Nürnberg A.-G.

daß der von unten durch die Brennstoffleitung zugeführte Brennstoff sich in der unteren Hälfte des Raumes P lagert und von der von oben kommenden Druckluft durch die Spalte S voran in den Ringraum R und von da durch den Zerstäuber getrieben wird. Da der Ringraum R mit dem Zerstäuberraum nur durch einen ganz schmalen Ring verbunden ist, muß die Flüssigkeit auch hier über den ganzen Umfang verteilt vor dem nachdringenden Einblaseluftstrom in den Zerstäuber eintreten und wird wie beim Zerstäuber mit senkrecht angeordneter Nadel durch die Löcher der Zerstäuberplatte getrieben, die über deren ganzen Umfang verteilt sind.

Der übrige Aufbau der Ventilhaube und die Anordnung der Belastungsfeder für die Brennstoffnadel entspricht im wesentlichen der bei stehenden Maschinen gebräuchlichen Anordnung. Nach Lösen des oberen Federtellers ist die aus Spezialguß hergestellte Brennstoffnadel ohne weiteres nach rückwärts herauszuziehen.

Als eine auf etwas anderem Grundgedanken aufgebaute Anordnung sei noch die nach Pinkus (D.R.P. Nr. 251512) erwähnt.

Die in obigem behandelten Plättchenzerstäuber bilden die älteste und allgemein verbreitete Bauart und werden auch heute noch am meisten ausgeführt, da ihre Wirksamkeit allen Anforderungen entspricht bis auf die eine, daß der hierbei zu verwendende Einblasedruck nicht unveränderlich gehalten werden darf, sondern entsprechend der Belastung eingestellt werden muß. Im allgemeinen ist der in den Grenzen zwischen 50 und 70 atm zu haltende Einblasedruck um so höher zu wählen, je rascher die Maschine läuft, da bei Schnelläufern die für die Einblasung verfügliche Zeit kürzer ist als bei Langsamläufern und daher größere Geschwindigkeiten in den Durchtrittsquerschnitten fordert. Bei Plattenzerstäubern erweist sich jedoch auch eine Veränderlichkeit des Einblasedruckes mit der Belastung der Maschine als erforderlich und zwar muß dieser mit der Belastung der Maschine abnehmen, wenn sich nicht stoßender Gang und Zündungsstörungen ergeben sollen. Die Ursache hiervon liegt darin, daß bei kleiner Belastung und geringer Ölzufuhr bei zu hohem Einblasedruck die Zerstäuberplatten reingefegt werden und der zur Einleitung der nächsten Zündung erforderliche „Zündtropfen" nicht gebildet wird. Die in nachfolgendem zu besprechenden Ringzerstäuber sind diesbezüglich bei Belastungsschwankungen nicht so sehr empfindlich, obwohl eine gewisse Verstellung des Einblasedruckes von Hand aus auch hier entsprechend der Belastung meistens von nöten ist. Infolge des erwähnten Übelstandes hat es auch nicht an Bestrebungen gefehlt, den Einblasedruck durch Einwirkung des Regulators selbsttätig vom Belastungszustand der Maschine abhängig zu machen. Am einfachsten ist dies dadurch zu erreichen, daß in die Saugleitung des Einblasekompressors ein Drosselorgan eingebaut wird, das vom Regulator verstellt wird und bei kleinen Belastungen durch starke Drosselung die Ansaugeleistung des Kompressors vermindert. Weitergehende Anwendung haben derartige Vorrichtungen, — die übrigens die Hinzufügung weiterer Einzelheiten erfordern und einfach nur bei direkt von der Maschine aus angetriebenem Kompressor anzuordnen sind, außerdem an dem Übelstande leiden, daß die Einblaseflasche recht klein gewählt werden muß, wenn die Einwirkung des Reglers nicht sehr verspätet eintreten soll, — nur für Großmaschinen gefunden und zwar in Verbindung mit Vorrichtungen, den Nadelhub veränderlich zu machen (s. S. 89 und 295), was ein weiteres Mittel ist, durch größere oder geringere Drosselung zwar nicht den Einblasedruck selbst, aber dessen Wirkung zu verändern. Übrigens hat die Erfahrung, daß Maschinen, die mit Zündölvorlagerung arbeiten (s. S. 273), gegen Schwankungen des Einblasedruckes innerhalb der praktisch vorkommenden Grenzen nahezu unempfindlich sind und daher auch bei kleinen Belastungen keiner Verminderung des Einblasedruckes bedürfen, was sich daraus erklärt, daß der Zündtropfen durch die Vorlagerung unter allen Umständen gebildet wird, darauf geführt, auch

Rohölmaschinen, die keiner besonderen Zündölvorlagerung bedürften, mit dieser auszustatten, und die Frage nach der Veränderlichkeit des Einblasedruckes an Bedeutung verlieren lassen.

Beispiele der Anwendung von **Ring- (oder Klotz-)Zerstäubern** bieten die in den Abb. 274[1]) und 275[2]) wiedergegebenen Anordnungen, erstere zu einer kleinen, letztere zu einer großen Maschine gehörig. Die gesamte Anordnung, der Aufbau der Ventilhaube, die Zuleitung von Luft- und Brennstoff (von der Zündölzuleitung möge vorderhand abgesehen werden), sowie die Gestaltung der Nadel usw. entspricht vollkommen der bei Plättchenzerstäubern üblichen. Einen Unterschied bildet nur die Ausgestaltung des Zerstäubers, dessen Einzelheiten aus Abb. 274 herausgezeichnet und in größerem Maßstab in Abb. 276/77[3]) wiedergegeben sind.

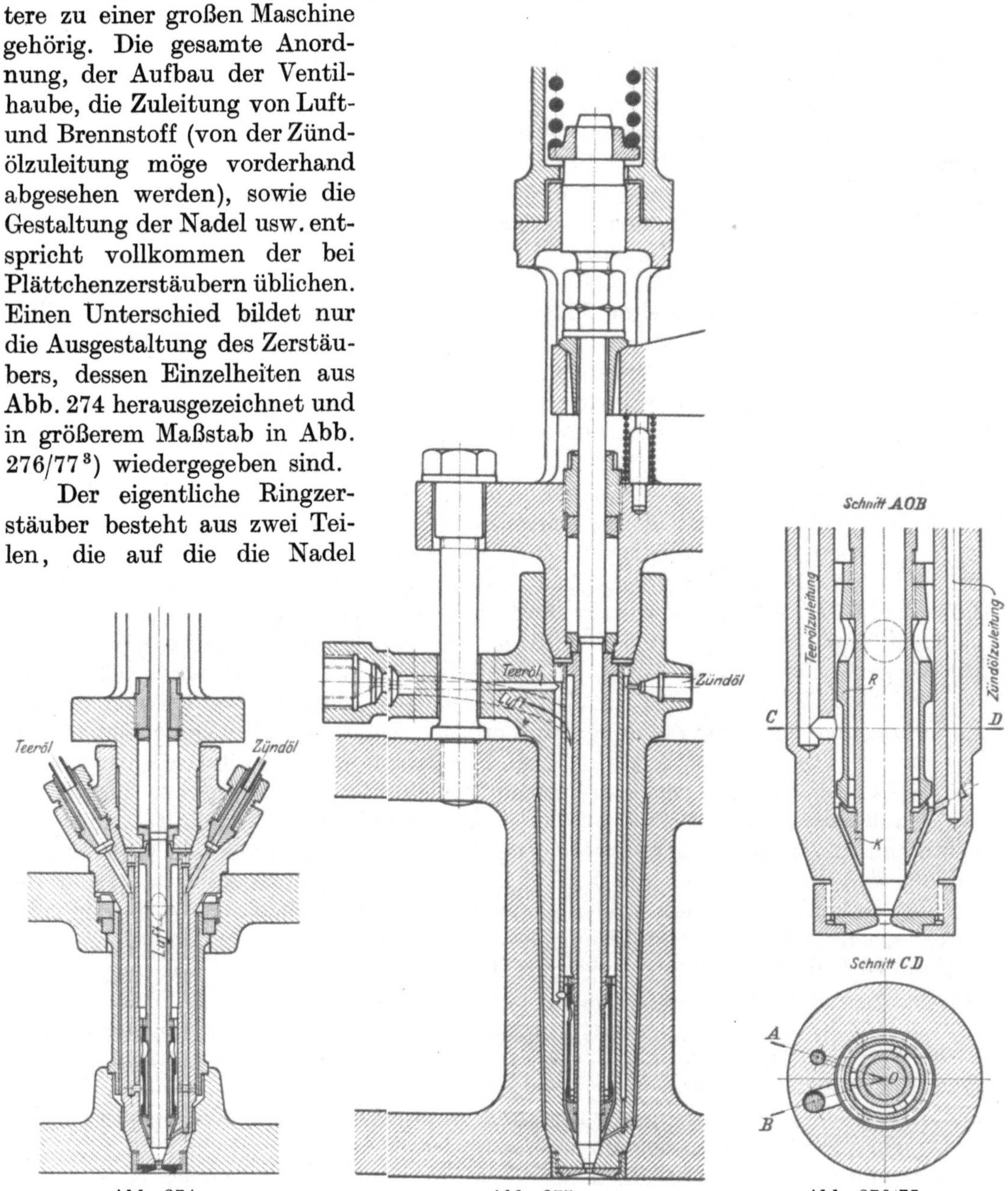

Abb. 274. Abb. 275. Abb. 276/77.

Der eigentliche Ringzerstäuber besteht aus zwei Teilen, die auf die die Nadel umgebende und diese führende Hülse aufgeschraubt sind. Der untere Teil ist der aus Stahl gefertigte Zerstäuberkegel K, der sich von der bei den Plättchen-

[1]) Maßstab 1:5. Zu einem stehenden Teeröldieselmotor, 30 PS, der Leobersdorfer Maschinenfabrik-Aktiengesellsch. in Leobersdorf bei Wien.

[2]) Maßstab 1:6. Zu einem stehenden Teeröldieselmotor der Maschinenfabrik Augsburg-Nürnberg A.-G. Werk Augsburg. — [3]) Maßstab 1:2.

zerstäubern angewendeten Ausführungsform nur durch die eingedrehte Vertiefung oben unterscheidet. Den oberen Teil bildet ein ebenfalls aus Stahl oder Phosphorbronze bestehender Ring *R*, der durch eine Gegenmutter auf der Hülse gesichert und unten mittels drei oder vier kleiner Ansätze gegen diese zentriert und derart abgedreht ist, daß zusammen mit dem Zerstäuberkegel ein schmaler, unten 45° nach aufwärts gerichteter kegelförmiger Spalt entsteht, der den inneren und äußeren Raum verbindet. In seinem oberen Teil ist die Verbindung beider Räume durch größere Löcher hergestellt. Der äußere Durchmesser des Ringes *R* ist an seinem unteren Ende so groß gehalten, daß zwischen ihm und der Wandung des Ventileinsatzes ein nur schmaler Spalt freibleibt.

Die Wirkungsweise dieses Zerstäubers beruht auf Druckunterschied und ist die, daß im Ringraum zwischen der Hülse und dem Ring *R* im wesentlichen der statische Druck der Einblaseluft wirkt, während sich im äußeren Ringraum im schmalen Spalt zwischen Ring *R* und dem Ventileinsatz eine beträchtliche Geschwindigkeitssteigerung einstellt, wodurch der statische Anteil des Luftdruckes sinkt und der Brennstoff durch den Druckunterschied durch den kegelförmigen Spalt getrieben und durch den vorbeigehenden Luftstrom zerstäubt wird. Voll kommt diese Zerstäuberwirkung natürlich nur auf die im innern Ringraum befindliche Brennstoffmenge zur Wirkung, während die im äußeren Ringraum befindliche im wesentlichen auf die durch den Zerstäuberkegel bedingte Zerstäuberwirkung angewiesen ist.

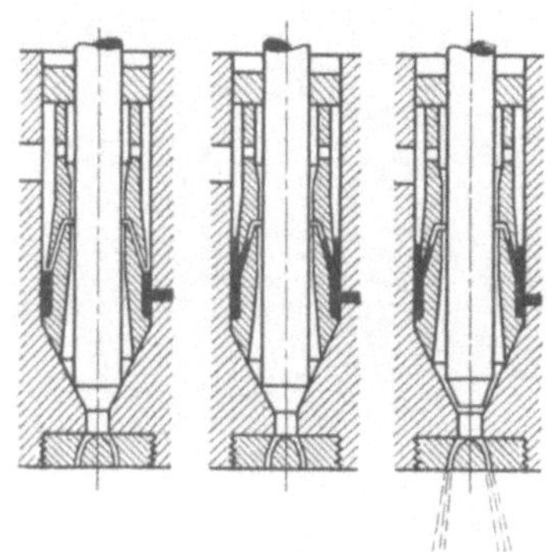

Abb. 278—80.

Dieser Übelstand wird in sehr hübscher Weise durch eine Weiterbildung der erwähnten Zerstäuberform vermieden, die von Hesselmann geschaffen wurde und unter dem Namen „Schwedischer Zerstäuber" bekannt ist. Abb. 278—80.[1]) Hier sind die Rollen des inneren und äußeren Ringraumes gegeneinander vertauscht dadurch, daß der Ring auf den die Fortsetzung des Nadelsitzkegels bildenden Kegel dichtend aufgesetzt ist. Hier wirkt der statische Druck im äußeren, der dynamische im inneren Ringraum, wodurch der Brennstoff in den inneren Ringraum gedrückt und durch den vorbeistreichenden Luftstrom zerstäubt wird. Der Zerstäuberkegel kommt bei dieser Anordnung in Fortfall und ist teilweise durch die veränderte Ausgestaltung des Düsenplättchens in seiner Wirkung ersetzt, indem dieses anstatt eines in der Mitte angeordneten größeren einen Kranz von feinen Löchern enthält. In den Figuren ist der Stand des Brennstoffes schwarz angedeutet und zwar bezieht sich die erste Figur auf Beginn, die zweite auf Ende der Brennstoffanlieferung, während die dritte den Verhältnissen nach Beginn der Einblasung entspricht.

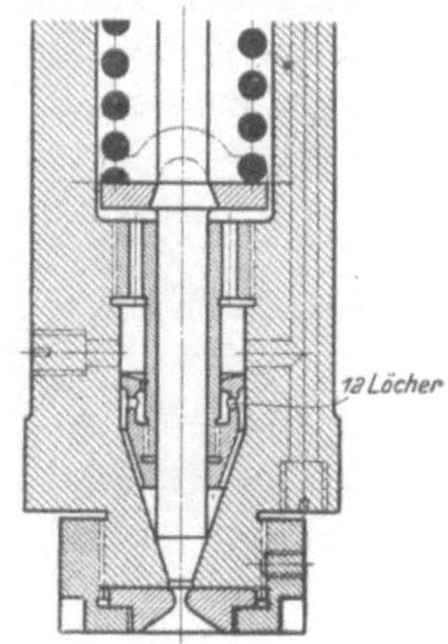

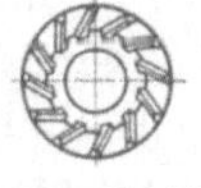

Abb. 281/82.

Eine einfache, wohl nur für Maschinen kleiner Leistung anwendbare Form eines Zerstäubers zeigt Abb. 281/82[2]). Der Zerstäuberkegel, in dessen oberen Teil der Brennstoff eingelagert und durch feine Löcher in den äußeren Ringraum getrieben wird, besteht hier aus Duranametall. Eine beachtenswerte

[1]) Nach Romberg (47a).

[2]) Maßstab 1 : 2. Zu einem stehenden Dieselmotor, 170 ϕ, der Leobersdorfer Maschinenfabrik-Aktienges. in Leobersdorf bei Wien.

auch für größere Maschinen wohl zu verwendende Einzelheit ist die Ausbildung der Nuten im Zerstäuberkegel, wodurch eine Wirbelbewegung des eingeblasenen Brennstoffkegels erzeugt wird.

Die Übertragung des Grundgedankens des Ringzerstäubers auf die Anwendung bei liegenden Maschinen zeigt Abb. 283—86[1]). Der Aufbau der Ventilhaube und der äußeren Teile des Brennstoffventils ist gleich wie in Abb. 273 dargestellt, der der inneren Teile ähnlich. So wie dort ist auch hier die Wirkung des Zerstäubers an seinem ganzen Umfang erzielt und ein Verlust an Einblaseluft dadurch vermieden, daß der Brennstoff (von der Zündölzuführung werde vorderhand abgesehen), wie aus dem

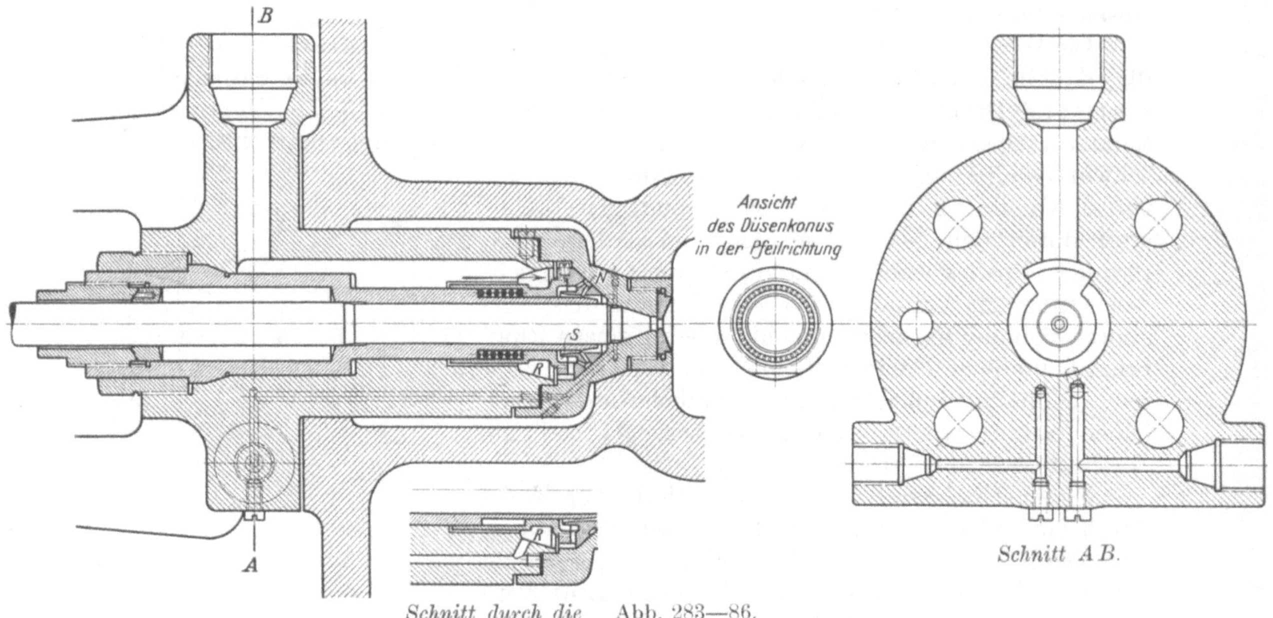

Schnitt durch die Brennstoffzuleitung. Abb. 283—86. Schnitt *A B*.

Querschnitt *A B* und dem Längsschnitt durch die Brennstoffzuleitung ersichtlich, nahe dem tiefsten Punkt des Ringraumes *R* eingeführt und nur durch einen aus der Ansicht des Düsenkopfes ersichtlichen schmalen Schlitz in den eigentlichen Zerstäuberraum *S* getrieben wird. Durch zwei Reihen von Bohrungen, die eine am Umfang des Zerstäubers eingedrehte Nute *N* einerseits mit dem Raum *S* und andrerseits mit dem engen Spalt in Verbindung bringen, der zwischen Zerstäuber und Führungshülse der Nadel freibleibt, wird erreicht, daß der Brennstoff, ähnlich wie beim schwedischen Zerstäuber durch den Druckunterschied zwischen dem statisch im Raum *S* lastenden und dem dynamischen im Spalt zwischen Zerstäuber und Hülse in diesen Spalt gedrückt und durch den vorbeigehenden Luftstrom zerstäubt wird. Ein eigentlicher Zerstäuberkegel fehlt so wie beim schwedischen Zerstäuber auch hier.

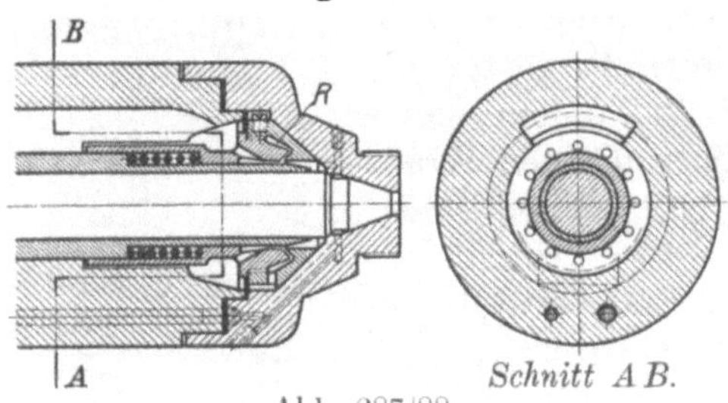

Abb. 287/88. Schnitt *A B*.

Eine etwas einfachere, zu derselben Maschine gehörige Bauart zeigt Abb. 287/88[2]).

[1]) Maßstab 1 : 4. Zu einem liegenden Dieselmotor für Teerölbetrieb, 450 ⌀, 700 Hub, 100 PS pro Zylinder, der Maschinenfabrik Augsburg-Nürnberg A.-G.

[2]) Maßstab 1 : 4.

Der Grundgedanke, den Brennstoff durch Druckunterschiede in den Spalt zwischen Zerstäuber und Hülse zu treiben und dort durch den Luftstrom im Vorbeigehen zerstäuben zu lassen, ist hier dadurch verwirklicht, daß die Einblaseluft durch eine Reihe von Löchern den direkten Zugang zum Spalt findet, wo jedoch infolge der großen Luftgeschwindigkeit nur ein Teil des statischen Luftdruckes herrscht, während der Brennstoff durch den vollen statischen Druck in den Ringraum *R* und von dort in den Spalt gelangt. Die Ausnutzung des ganzen Zerstäuberumfanges ist auch hier wieder dadurch erreicht, daß der Brennstoff nur vom tiefsten Punkt des Zuführungsraumes aus durch den dort mündenden Spalt in den Zerstäuber gelangen kann. Diese Anordnung wurde indessen, da die in der vorhergehenden Abbildung dargestellte besser entsprach, wieder aufgegeben.

Die Zerstäuberteile bestehen in dieser sowie in der vorigen Ausführung aus Rotguß.

Aus den Abbildungen 273 bis 276/77, 283—86 und 287/88 ist auch die Einrichtung zur **Zündölvorlagerung** ersichtlich, die für Teerölbetrieb in der Regel angewendet wird. Das Zündöl wird hiebei in allen Fällen durch einen besonderen feinen Kanal zugeführt, der, um eine sichere Vorlagerung zu erzielen, nahe oder in dem Nadelsitz ausmündet. Bei liegenden Düsen erweist sich die Zündölvorlagerung in den Nadelsitz als unbedingt notwendig, ist aber auch bei stehenden vorteilhafter als die einfache Vorlagerung, da dabei eine Mischung mit dem Teeröl vermieden bleibt und auch eine gewisse Erleichterung bei der Wahl des Zeitpunktes der Brennstofförderung gegeben ist (s. weiter unten S. 321 f.). Bei den in Abb. 283—86 und 287/88 dargestellten Anordnungen steht der Zündölkanal am Nadelsitz durch eine feine Bohrung mit dem Teerölraum in Verbindung, um das zu viel zugeführte Zündöl in den Teerölraum übertreten zu lassen. Bemerkenswert ist die Ausführung nach J. Vollmer, D.R.P. Nr. 284406, bei der das Zündöl eben-

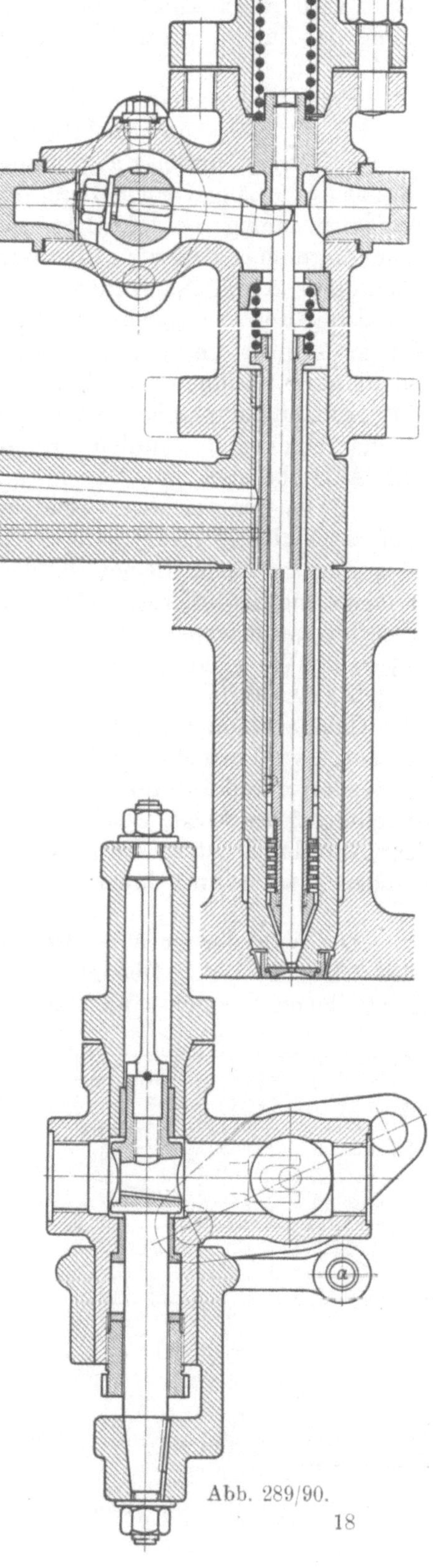

Abb. 289/90.

falls in einen (etwas größer zu haltenden) durch eine ringförmige Ausdrehung im Nadelsitz gewonnenen Kanal gepreßt wird, der indessen mit dem Teerölraum nicht in Verbindung steht. Die in diesem Kanal vor der Zündöleinpressung befindliche Luft wird durch die Einspritzung noch weiter verdichtet und wirft bei der Eröffnung das Zündöl voran in den Zylinder.

Eine bemerkenswerte Besonderheit bietet die in Abb. 289/90[1]) dargestellte Anordnung, die unter der Bezeichnung Bauart mit **„Radialstopfbüchse"** bekannt und selbstverständlich für jede Zerstäuberform verwendbar ist. Die allgemein übliche Bauart mit Längsverschiebung der Nadel in der Stopfbüchse hat den Nachteil, daß verhältnismäßig recht kräftige Federn verwendet werden müssen, um die Stopfbüchsenreibung sicher zu überwinden, da ein Hängenbleiben der Nadel wegen der dann durch Nacheintritt von Einblaseluft und insbesondere durch Düsenexplosionen zu gewärtigenden, leicht zu schweren Betriebsunfällen führenden Folgen sicher vermieden werden muß. Außerdem ergibt sich bei der Wahl eines nicht ganz geeigneten Packungsmaterials für die Stopfbüchse, die schwierigen Anforderungen entsprechen muß, leicht die Möglichkeit von Anfressungen an der Nadel. Beide Übelstände werden bei der erwähnten Anordnung vermieden, bei der der Antriebshebel nicht direkt an der Brennstoffnadel sondern bei a angreift und seine Bewegung vermittels einer kurzen Welle und eines in diese eingesetzten Hebels auf die Nadel überträgt. Die Stoffbüchse hat bei dieser Anordnung am Austritt der sich nur um einen kleinen Winkel drehenden Welle abzudichten, was leicht zu erreichen und da außerdem die Feder an einem größeren Hebelarm angreift, wird das Stoffbüchsenreibungsmoment leicht überwunden. Wie aus der Abbildung ersichtlich, ist in die Welle ein zweites aus hartem Stahl bestehendes Stück eingeschraubt und durch einen Stift gegen Drehung gesichert, das an seinem Ende mittels Kegels in der Gehäusewand dichtet und in der Mitte auf kleinen Durchmesser abgedreht ist. Dadurch wird erreicht, daß nur eine Stopfbüchse für die Abdichtung der Welle gegen außen erforderlich wird und daß der auf geringen Durchmesser abgesetzte Teil als Drehungsfeder wirkt, welche die Wirkung der Schlußfeder unterstützt. Als Nachteil der Anordnung ist zu erwähnen, daß auch die gesamte Ventilhaube unter dem Einlaßdruck steht und daher gegen diesen dicht halten muß.

Die Wahl der einzelnen **Düsenabmessungen** ist im wesentlichen Erfahrungssache, da sich die in der Düse bei Einblasung auftretenden Vorgänge mangels der erforderlichen Versuchszahlen einer rechnerischen Behandlung vorderhand noch entziehen. Von wesentlicher Wichtigkeit ist die Bemessung des engsten Querschnittes, der in den Düsenplättchen auftritt. Zu große Querschnitte im Düsenplättchen bedingen einen unnötig hohen Verbrauch an Einblaseluft und Kompressorleistung, zu kleine Öffnungen setzen die spezifische Zylinderleistung herab. Der Verfasser schlägt unter Voraussetzung der normalen Ausführung des Düsenplättchen mit kreisförmiger Öffnung in dessen Mitte, für deren Bemessung die Gleichung

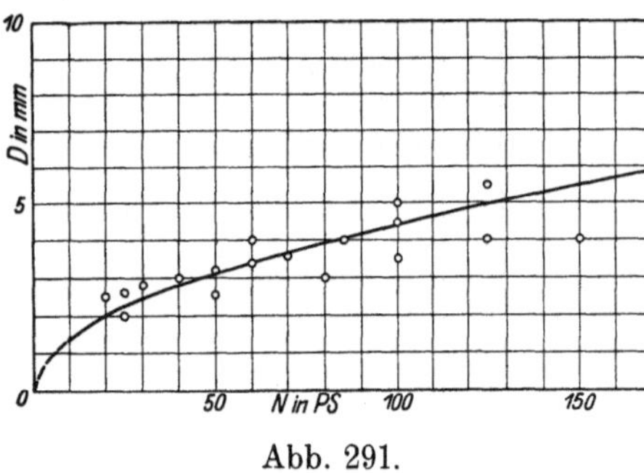

Abb. 291.

$$D^2 = 0{,}2\,N$$

vor, wobei D den Lochdurchmesser in mm und N die Leistung des Zylinders in PS

[1]) Maßstab 1 : 5. Zu einem stehenden Dieselmotor von Gebr. Sulzer in Winterthur.

bedeuten[1])[2]). In Abb. 291 ist die obige Gleichung durch die eingezeichnete Parabel dargestellt, während die Punkte im Betrieb bewährten Ausführungszahlen entsprechen.

Der Spitzenwinkel α des kegelförmigen Nadelsitzes findet sich zwischen 30^0 und 60^0, die Stärke der Nadel zwischen 3,5 und 5,5 D gewählt. Da der freie Durchgangsquerschnitt dem Werte $s \cdot \sin\frac{\alpha}{2}$ proportional ist, wobei s den Nadelhub bedeutet, erfordern schlanke Nadeln größere Hübe und daher auch höhere Beschleunigungswerte im Gestänge als Nadeln mit großem Spitzenwinkel. Andrerseits ist aber durch die bei schlanken Nadeln auftretenden Reibungswiderstände im Spalt eine geringere Empfindlichkeit gegen Schwankungen des Einblasedruckes öfters zu beobachten. Als besonders zweckmäßig erweist sich die Anwendung schlanker Nadeln dann, wenn mit Veränderlichkeit des Nadelhubes gearbeitet werden soll, da in diesem Fall die Veränderlichkeit der Drosselwirkung im Spalt innerhalb weiter Grenzen erwünscht ist und der bei schlanken Nadeln erforderliche größere Hub auch die unvermeidlichen Ungenauigkeiten im Antrieb, verursacht durch elastische Formänderungen und toten Gang in den Gelenken, nicht so sehr fühlbar werden läßt. Bei einem Mittelwert des Spitzenwinkels von 45^0 wird der Nadelhub ungefähr gleich D, bei Maschinen kleiner Leistungen etwas größer, gewählt (s. auch das weiter unten über die Steuerdaten der Brennstoffnadel und die Form der Brennstoffnocken Gesagte).

2. Offene Düsen.

Wie bereits in der Einleitung bemerkt, wird bei den offenen Düsen, deren Einführung Lietzenmayer zu danken ist, durch das gesteuerte Ventil nur der Zutritt der Einblaseluft bewirkt, während der Brennstolf in einen ständig mit dem Zylinderinneren in Verbindung stehenden Raum vorgelagert und durch die darüber streichende Einblaseluft bei der Einblasung mitgerissen wird.

Die normale Ausführung einer offenen Düse zeigt Abb. 292—94[3]). Die Einblaseluft kommt von oben und kann nach Anhub des Ventils V, das von der äußeren Steuerung betätigt wird, in den Kanal K treten, in dem der Brennstoff gelagert ist und der vorn durch ein Düsenplättchen mit enger Öffnung abgeschlossen ist. In der Abbildung sind in Grund- und Aufriß zwei verschiedene Bauarten des Düsenplättchens angedeutet, wobei das aus Stahl gefertigte Düsenplättchen einmal

[1]) Die Beziehung $D^2 = c \cdot N$, wobei nur c ein Erfahrungswert ist, läßt sich übrigens auch theoretisch ableiten, wenn angenommen wird, daß die Steuerdaten des Brennstoffventils, der Einblasedruck für Vollast, die Menge der für die Zerstäubung von 1 g erforderlichen Einblaseluft und der wirtschaftliche Wirkungsgrad der Maschine für alle Typen gleich seien, was angenähert zutrifft. Dann ist die Dauer τ des Nadelhubes verkehrt proportional der Umlaufzahl n und die bei einem Nadelhub zugeführte Energiemenge $E = \text{prop.}\ D^2 \cdot \tau = \text{konst.} \frac{D^2}{n}$. Die in der Zeiteinheit zugeführte Energiemenge, die proportional der Maschinenleistung ist, ist daher proportional D^2, was in der obigen Gleichung seinen Ausdruck findet.

[2]) Bei sehr schnellaufenden Maschinen (Unterseebootsmaschinen), wo N bei kleinen Zylinderabmessungen ungewöhnlich groß ist, macht es mitunter schon Schwierigkeiten, die für die Leistung erforderliche Düsengröße unterzubringen, weshalb in neuester Zeit hin und wieder auch eine Teilung vorgenommen und zwei (von der Steuerwelle aus gesehen hintereinander liegende) gemeinschaftlich gesteuerte Düsen ausgeführt werden, wobei sich gleichzeitig die Vorteile geringen Nadelhubes und damit geringer Beschleunigungswerte im Antriebsgestänge und die Möglichkeit ergeben, Ein- und Auslaßventil größer zu bauen als dies bei Lage der Düse in der Zylindermitte möglich ist (vgl. hierzu S. 282).

[3]) Maßstab 1 : 5. Zu einem liegenden Gleichdruckrohölmotor der Lietzenmayerschen Gleichdruck-Motoren-Gesellschaft m. b. H. in München. (Diese Düse findet für alle Motorengrößen Verwendung, wobei nur der Durchmesser der Öffnung im Düsenplättchen und der Bohrung für die Anlaßluft etwas wechselt.)

aus einem Stück mit der zugehörigen Verschraubung das andere Mal von dieser getrennt und auswechselbar hergestellt ist. Der Düsenkörper besteht aus Bessemerstahl, das Luftventil aus Nickelstahl. Die Rohrleitungen für Luft und Brennstoff sind in der üblichen Weise mit Konusdichtung angeschlossen und in letztere ein Rückschlagventil eingebaut. Das Luftventil wird bei der vorliegenden Bauart bei Umstellung des äußeren Antriebs auf einen anderen Nocken auch gleichzeitig als Anlaßventil verwendet, wozu eine eigene, im Grundriß mit „*Anlassen*" bezeichnete Bohrung im Düsenkörper vorgesehen ist, die durch ein Niederschraubventil A abgeschlossen werden kann. Wird die Büchse, die das Muttergewinde für die Spindel des gegen Drehung gesicherten Ventils A enthält, mittels des Handrades in die

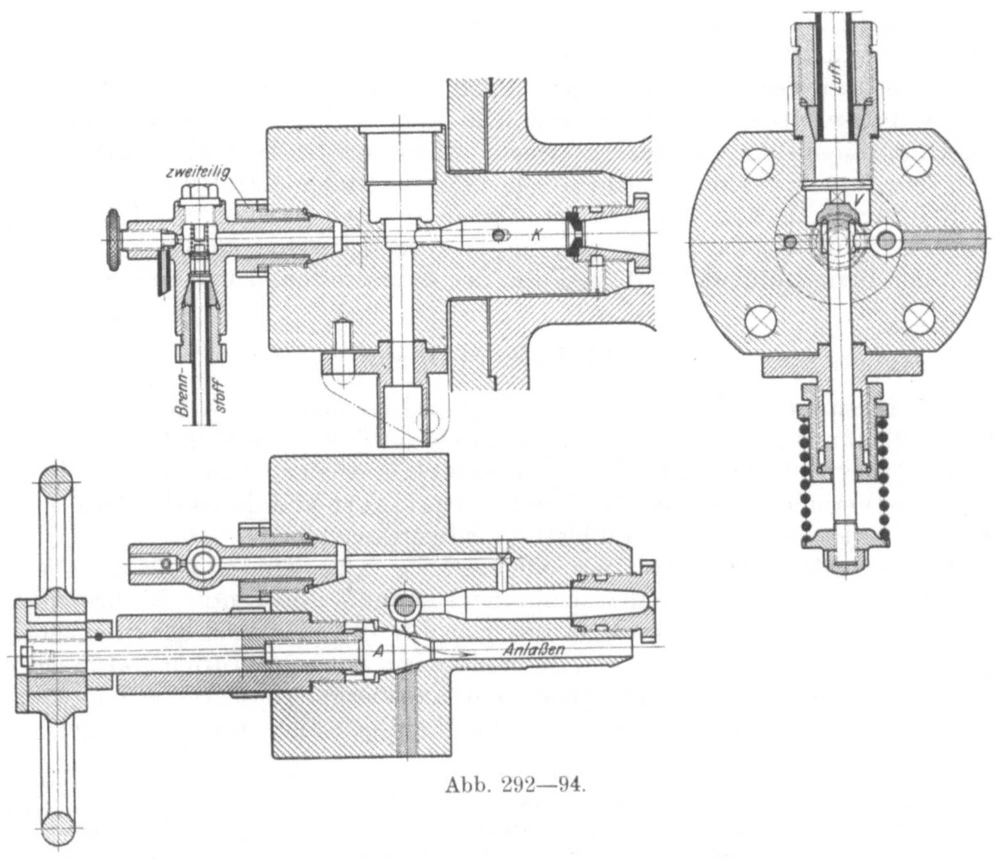

Abb. 292—94.

in der Abbildung angedeutete Lage geschraubt, so ist das Ventil (samt Büchse und Handrad) beweglich und wird durch die Anlaßluft, die den durch den strichlierten Pfeil angedeuteten Weg nimmt, geöffnet. Im Betrieb wird die Büchse nach rückwärts geschraubt, wobei sie sich mittels eines Kegels dichtend gegen eine Ausdrehung im Führungsstück legt; dann ist das Ventil A geschlossen. Das Handrad ist mit der Büchse durch eine Klauenkuppelung verbunden, die etwas toten Gang besitzt, wodurch festeres Anziehen ermöglicht ist.

Eine etwas vereinfachte Ausführung für Maschinen kleiner Leistung zeigt Abb. 295—97[1]). Die lange Stopfbüchse zur Abdichtung der Luftventilspindel ist hier dadurch vermieden, daß diese zweiteilig ausgeführt und der von der äußeren Steuerung angetriebene Teil in seinem oberen Ende als Ventil ausgebildet ist, das

[1]) Maßstab 1 : 5. Zu liegenden Gleichdruckrohölmotoren bis 30 PS der Lietzenmayerschen Gleichdruck-Motoren-Gesellschaft m. b. H. in München.

sich gegen einen Sitz in der Überwurfmutter legt, die den Ventilsitz festhält. Auch hier dient das Luftventil zur Steuerung der Anlaßluft, wobei das Niederschraubventil gelüftet wird und der Luft ihren Weg in die Anlaßbohrung freigibt.

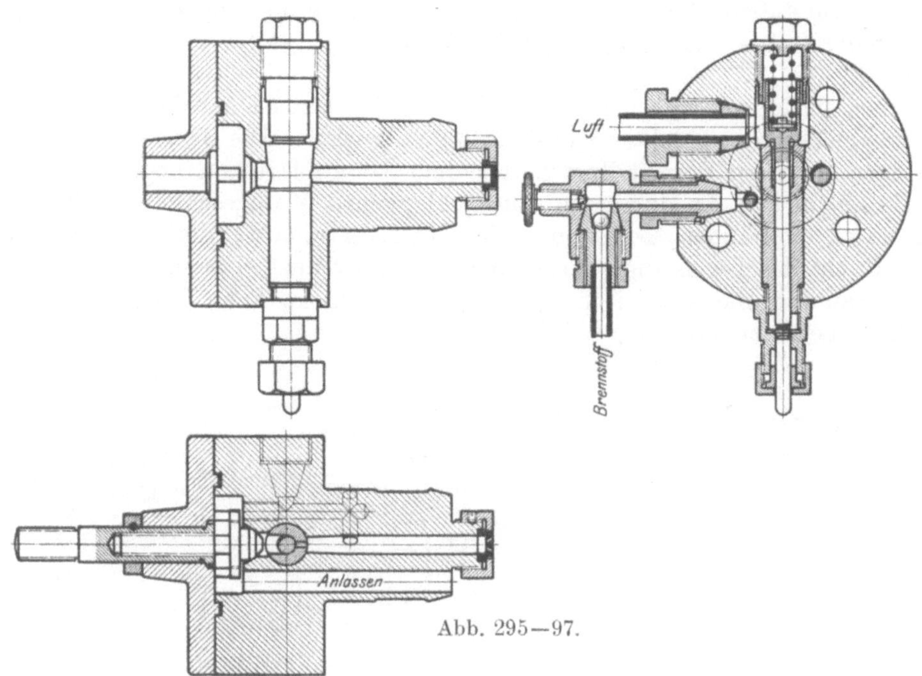

Abb. 295—97.

Die in Abb. 298/99[1]) dargestellte Anordnung unterscheidet sich von der soeben besprochenen durch die wagrechte Lage des Luftventils, wodurch dessen Antrieb durch einen kürzeren Hebel ermöglicht ist, als bei senkrechter Lage des Luftventils,

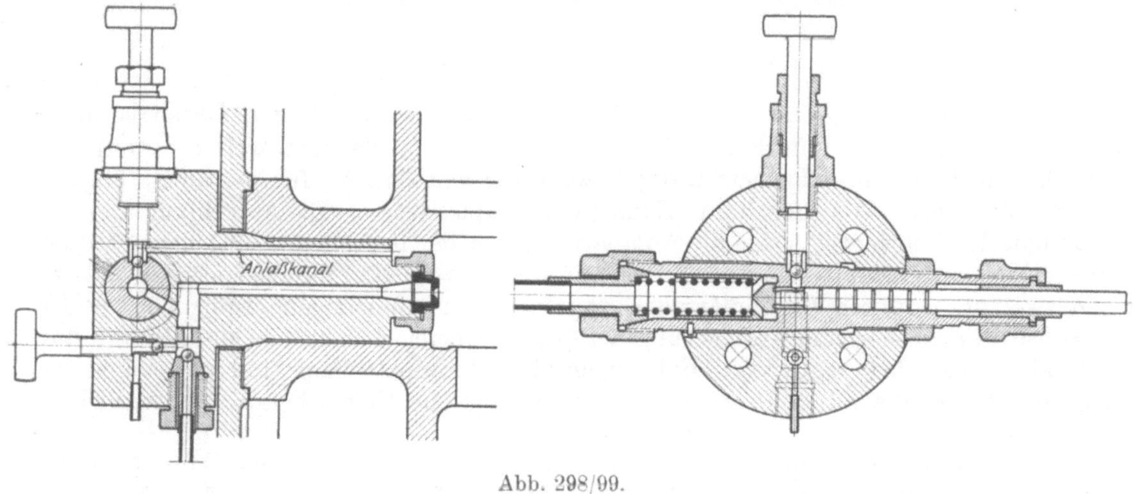

Abb. 298/99.

Abb. 298/99.

wo der Antriebshebel von der Steuerwelle bis zur Maschinenmitte reichen muß, sowie auch durch die etwas abgeänderte Gestalt des Einblasekanals, der aus einer senkrechten Bohrung besteht, in die der Brennstoff eingelagert wird und einer wagrecht

[1]) Maßstab 1 : 5. Zu einem liegenden Rohölmotor, 290 Φ, 450 Hub, 25 PS bei $n = 210$ der Dinglerschen Maschinenfabrik A.-G. in Zweibrücken.

zum Zylinder führenden, der vorne durch ein aus Kupfer hergestelltes Düsenmundstück abgeschlossen ist. Als Rückschlagventil ist in die Brennstoffleitung eine Stahlkugel eingelegt, wie auch die Probierschraube und das Niederschraubventil, das den Anlaßkanal von dem Einblaseluftraum einschließt, mittels Stahlkugel abdichten. Die äußere Steuerung des Luftventils sowie die Umstellvorrichtung zum abwechselnden Betrieb auf Anlaß- und Einblaseluft sind weiter unten in Abb. 338/39 dargestellt.

Eine wesentlich von den vorherigen abweichende Bauart hat die Firma Körting in der in Abb. 300[1]) dargestellten Konstruktion entwickelt. Die Brennstoffvorlagerung erfolgt hier in einen unmittelbar hinter dem Düsenplättchen liegenden kegelförmigen Raum, in den die durch ein Rückschlagventil V abgeschlossene Brennstoffleitung unten einmündet. Die durch eine Nadel gesteuerte Einblaseluft wird am höchsten Punkt des Kegels zugeführt und reißt den Brennstoff beim Darüberstreichen in fein zerstäubtem Zustand mit sich. Die Ausführung ist auch für die Anwendung auf größere Leistung erprobt.

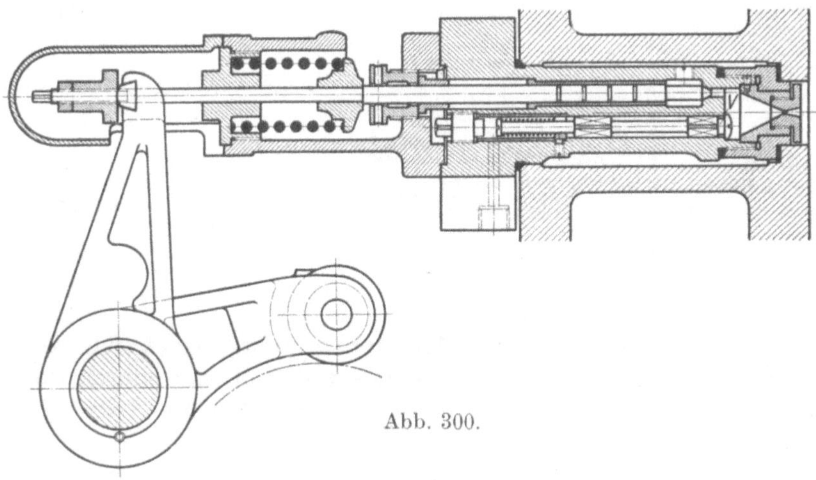

Abb. 300.

Die Verbrennung von Teeröl, die im allgemeinen in offenen Düsen geringeren Schwierigkeiten unterliegt wie in geschlossenen (s. darüber weiter unten), erfordert auch hier im allgemeinen die Anwendung von Zündöl, für dessen Zuführung die in Abb. 301—03[2]) dargestellte Bauart ein Beispiel bietet. Die Anordnung und der Einbau des Luftventils sowie die Anlaßarmatur ist der in Abb. 295—97 dargestellten entsprechend. Durch den Anhub des Luftventils wird der Einblaseluft der Zutritt in zwei vorne durch Düsenplättchen abgeschlossene Bohrungen ermöglicht, deren größere für die normale Vorlagerung des Teeröls dient, während in die kleinere das Zündöl eingeführt wird. Die Bohrungen der Düsenplättchen sind gegeneinander gerichtet, um die Zündölflamme auf das eingeblasene Gemisch aus der Teeröldüse zu richten.

Eine bemerkenswerte Bauart für Maschinen kleiner Leistung zeigt Abb. 304/05[3]). Die Einblaseluft gelangt aus der Bohrung a in zwei diese durchdringende Bohrungen, wovon b zu einem Hochdrucksicherheitsventil und c zu dem von der äußeren Steue-

[1]) Maßstab 1 : 5. Zu einem liegenden Ölmotor, 300 Φ, 580 Hub von Gebr. Körting Aktiengesellschaft in Körtingsdorf vor Hannover.

[2]) Maßstab 1 : 5. Zu einem liegenden Teerölmotor der Lietzenmayerschen Gleichdruck-Motoren-Gesellschaft m. b. H. in München.

[3]) Maßstab 1 : 5,5. Zu einem liegenden Teerölmotor der Gasmotorenfabrik Deutz in Cöln-Deutz. Ausführung für Österreich durch die Firma Langen & Wolf in Wien.

rung betätigten Einblaseventil, das als Nadelventil ausgebildet ist, führt. Bei d findet der Zündöl-, bei e der Teerölzutritt statt; die angeschlossenen Armaturen enthalten Rückschlag- und Probierventil. Die Besonderheit der Bauart besteht darin, daß der Brennstoff nicht im eigentlichen Sinn vorgelagert, sondern im wesentlichen

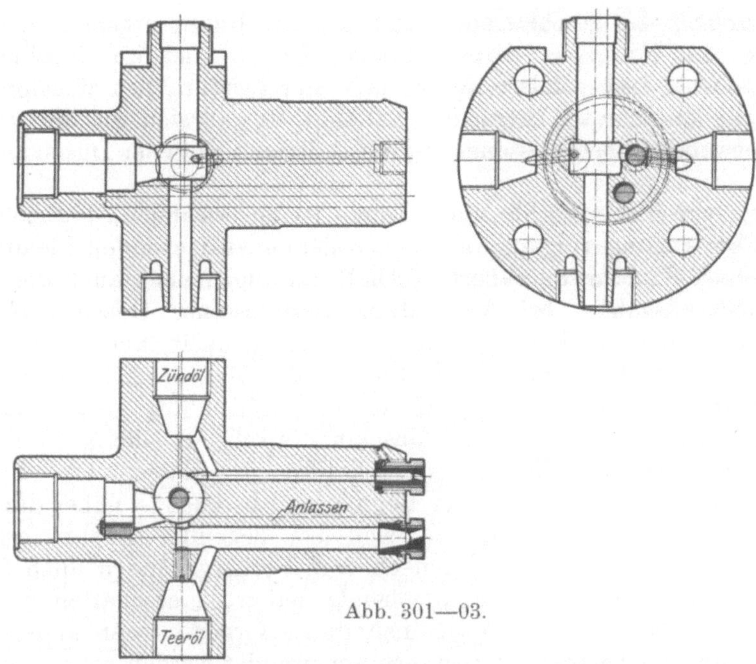

Abb. 301—03.

erst während der Einblasedauer zugeführt wird, indem die Brennstoffzuleitung ebenfalls am Nadelsitz ausmündet und bei deren Schlußstellung von dieser dicht abgeschlossen wird. Die Brennstoffpumpe beginnt schon vor Beginn der Einblasung zu fördern, wodurch, mitbedingt durch die Elastizität der Rohrleitung am Anfang eine stärkere Brennstoffeinspritzung stattfindet. Das Zündöl wird mit Umgehung

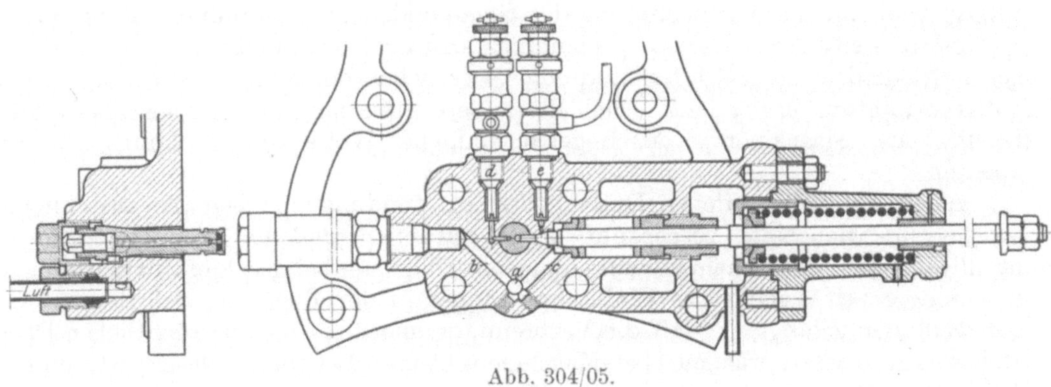

Abb. 304/05.

des Luftventils direkt in das Düsenplättchen gepumpt und beim nachfolgenden Einblasevorgang voran in den Zylinder geschleudert.

Die Bemessung der offenen Düsen ist ebenso wie die der geschlossenen reine Erfahrungssache und rechnungsmäßig nicht zugänglich. Die Öffnungen im Düsenplättchen werden im allgemeinen etwas größer angenommen als bei geschlossenen Düsen für gleiche Leistung. Die Gleichung $D = 0{,}25$ bis $0{,}3\ N$ vermag einigen Anhaltspunkt für die Bemessung zu geben. (D Durchmesser des Loches in mm, N Leistung des Zylinders in PS, s. a. S. 274.) Bei der Wahl der Größe des Luftventils ist darauf Rücksicht zu nehmen, daß es bei Bauarten mit offener Düse auch in der Regel als Anlaßventil Verwendung findet.

Beim **Vergleich der geschlossenen und offenen Düsen** ergeben sich für beide Bauarten Vor- und Nachteile, deren Wertung jedoch auch im einzelnen Fall von anderen Umständen, insbesondere der Bauart und Leistung der Maschine und dem zur Verwendung kommenden Brennstoff abhängt, so daß sich für die einen Anordnungen die Verwendung geschlossener, für die anderen die offener Düsen als geeigneter erweist.

Als Hauptvorteil der geschlossenen Düsen ist zu erwähnen, daß sich der in ihr vollziehende Zerstäubungsvorgang am meisten dem anzustrebenden Idealfall zwangläufiger Brennstoffzuführung nähert, weshalb im allgemeinen auch die günstigsten Brennstoffverbrauchszahlen bei Anwendung geschlossener Düsen erzielt werden. Außerdem bietet die geschlossene Düse die Möglichkeit auch größere Räume in zufriedenstellender Weise mit Brennstoff zu beschicken. Als Nachteile der geschlossenen Düse kommen in Betracht die verhältnismäßig großen Herstellungskosten, was die Anwendung für kleine Maschinen erschwert, die Notwendigkeit, die Brennstoffpumpe gegen den Einblasedruck anfördern zu lassen, was eine Erschwerung in der baulichen Ausgestaltung der Regulierung bedingt (s. näher darüber weiter unten), sowie die Schwierigkeiten, die sich bei liegender Bauart ergeben. Geschlossene Düsen eignen sich, obwohl nach dem Vorhergehenden auch für liegende Maschinen allen Anforderungen entsprechende Bauarten geschaffen wurden, doch in erster Linie für die stehenden Maschinen und erfordern, wenn anders nicht verwickelte und schwere Übertragungsgestänge angewendet werden sollen, bei liegenden Maschinen meistens noch die Anwendung einer besonderen Querwelle (s. den übernächsten Abschnitt), um einfache Antriebsverhältnisse zu ermöglichen.

Als Vorteile der offenen Düsen sind vor allem ihre in der Regel geringen Herstellungskosten zu erwähnen sowie, daß die Verbrennung von Teeröl bei Verwendung von offenen Düsen meistens weniger Schwierigkeiten bereitet als bei geschlossenen, was sich daraus erklärt, daß der vorgelagerte Brennstoff bereits während der Verdichtungsperiode die zur Verflüchtigung der Ölgas bildenden Bestandteile nötige Wärme wenigstens teilweise zugeführt bekommt. Außerdem braucht die Ölpumpe nur gegen Niederdruck anzufördern, was eine wesentlich einfachere Gestaltung der Reguliervorrichtung ermöglicht. Auch die äußere Steuerung des Luftventils läßt sich bei liegenden Maschinen in der Regel in einfacher Weise von der Längssteuerwelle ableiten.

Als Nachteil der offenen Düsen, deren Anwendung sich beinahe ausschließlich auf liegende Maschinen beschränkt, ist zu erwähnen, daß die Brennstoffzuführung im allgemeinen wesentlich unvollkommener erfolgt als bei geschlossenen Düsen und insbesondere zu Anfang des Einblasevorganges in der Regel zu viel Brennstoff in den Zylinder gelangt, so daß die Verbrennung meistens mit beträchtlicher Drucksteigerung einsetzt, was nur bei Maschinen kleiner Leistung zulässig ist, und das Diagramm sich mehr dem einer Verpuffungsmaschine nähert. Es sind indessen auch hier durch geeignete Ausgestaltung des Einblasekanals der Düse schon wesentliche Verbesserungen erreicht worden. Im allgemeinen erweist sich die offene Düse auch nicht als geeignet, größere Räume mit Brennstoff entsprechend zu beschicken und dürfte bei Anwendung auf Zweitaktmaschinen Schwierigkeiten bereiten. Als weiterer Nachteil der offenen Düse ist schließlich noch zu erwähnen, daß bei ungeschickter Behandlung vor dem Anfahren insoferne schwere Betriebsunfälle entstehen können, als es bei offenen Düsen möglich ist, das von Hand aus zu besorgende Aufpumpen der Brennstoffleitung beliebig lange fortzusetzen und dadurch große Ölmengen in den Zylinder zu bringen, wodurch nicht nur heftige Überverdichtungen und explosionsartige Verbrennnungen sondern sogar Ölschläge im Zylinder möglich werden, die stets zu folgenschweren Zerstörungen führen. Die Probierschraube an der Brennstoffdüse ist somit öfters daraufhin zu prüfen, ob ihr Kanal nicht verstopft ist, und beim Aufpumpen der Brennstoffleitung stets zu öffnen und das Aufpumpen zu beenden, sowie das Öl bei der Probierschraube zu fließen anfängt.

Faßt man das Gesagte zusammen, so ergibt sich als Anwendungsgebiet geschlossener Düsen vor allem die stehende Bauart mit Maschinen größerer Leistung, während die Anwendung offener Düsen sich insbesondere bei Maschinen kleiner Leistung und liegender Bauart als vorteilhaft erweist. Der augenblickliche Entwicklungsgang scheint auch diese Richtung zu nehmen, wenn sich auch noch vielfach ungeklärte Anschauungen finden, und die Verhältnisse insbesondere durch patent- und lizenzrechtliche Fragen wesentlich beeinflußt sind.

C. Anordnung der Ventile am Zylinder. Gestaltung des Verbrennungsraumes.

Die Gestaltung des Verdichtungsraumes, die durch die Ventilanordnung wesentlich mitbedingt ist, erfordert bei Gleichdruckmaschinen noch wesentlich höhere Beachtung als bei Verpuffungsmaschinen, da bei diesen durch einen zerklüfteten Verbrennungsraum zwar das Nachbrennen begünstigt und damit der thermische Wirkungsgrad verschlechtert wird, bei Gleichdruckmaschinen jedoch der Luftinhalt solcher Räume, zu denen das Einblasegemisch schlecht oder gar nicht zutreten kann, für die Verbrennung überhaupt verloren ist[1]). Es ist somit bei der Formgebung darauf zu achten, daß derartige Räume möglichst vermieden werden und dem Verbrennungsraum ist eine solche Form zu geben, daß das eingeblasene Gemisch einen möglichst weiten Weg zurückzulegen hat, ehe es an eine feste Wand (Kolbenboden) auftrifft.

Bei stehenden Maschinen wird zu diesem Behuf der Kolbenboden zweckmäßig vertieft ausgeführt, wie Abb. 306[2]) zeigt. Wird der Kolbenboden noch weiter ausgehöhlt, so tritt der Kolbenrand sehr nahe an den Zylinderdeckel und muß unter den Ventilen für Ein- und Auslaß ausgespart werden, wobei auf die im Totpunkt zu Ende des Ausschubhubes bestehenden Hubhöhen der Ventile Rücksicht zu nehmen ist.

Abb. 306 zeigt die übliche Anordnung der Ventile für Maschinen kleiner und mittlerer Leistung, das Brennstoffventil in der Zylinderachse, Ein- und Auslaßventil in einem zur Steuerwelle parallelen Durchmesser gelegen. Der Anschluß für die Ansaugeleitung wird hiebei auf die Seite des Zylinders verlegt oder, bei Mehrzylindermaschinen mit Kastengestell und Druckschmierung der Kurbelwellenlager, wo sich der Abstand der Zylindermitten gegeneinander geringer ergibt, unter etwa 45^0 zur Kurbelwellenmittellinie nach der Gegenseite zu. (Der Abstand der Zylindermitten ist im wesentlichen durch die erforderliche Baulänge des dazwischenliegenden Kurbelwellenlagers bestimmt.) Der Anschluß für die Auspuffleitung wird regelmäßig auf die Gegenseite verlegt, wo die nach abwärts führenden Auspuffrohre am wenigsten stören. Das Anlaßventil wird in den verbleibenden Raum des Zy-

---

[1]) Welche Schwierigkeiten es in der ersten Entstehungszeit des Dieselmotors bereitete, allen „verlorenen Räumen" nachzuspüren und nur auf die erforderliche Verdichtungsendspannung zu kommen, wird von Diesel selbst in seiner trotz aller Gegenschriften äußerst interessanten und außerordentlich lehrreichen Schrift über die Entstehung des Dieselmotors anschaulich geschildert (6).

[2]) Maßstab 1:15. Zu einem stehenden Dieselmotor der Maschinenfabrik Augsburg-Nürnberg A.-G.

linderdeckels gegen die Steuerwelle zu verlegt, wobei auf den äußeren Antrieb Rücksicht zu nehmen ist (s. S. **295** f.).

Bei Maschinen kleiner Leistung und hoher Umdrehungszahl werden mitunter auch Zylinder und Deckel aus einem Stück gegossen, eine Anordnung, die natürlich mit Rücksicht auf den Ausbau nur bei Kastengestellen möglich ist und wofür Abb. 307—09[1]) ein Beispiel gibt. Die Anschlüsse für Ansauge- und Auspuffleistung liegen hier nebeneinander auf der Gegenseite; außer dem (hier auf der Gegenseite liegenden) Anlaßventile ist noch ein Sicherheitsventil vorgesehen.

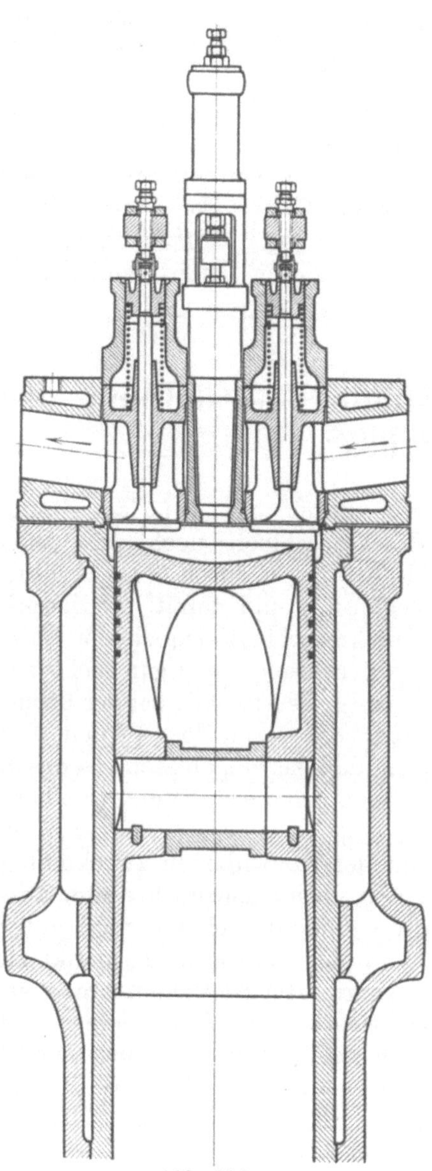

Abb. 306.

Bei Großmaschinen und insbesondere bei Schnelläufern wird es schwierig, innerhalb des verfüglichen Raumes entsprechend große Ein- und Auslaßventile nebeneinander unterzubringen, wenn die Brennstoffdüse in der Zylindermitte liegt. Aus dem Grund wird die Brennstoffdüse öfters auch aus der Zylindermitte herausgerückt[2]), wobei dann für Ein- und Auslaßventil größerer Entwicklungsraum freisteht. Bei Großmaschinen, wo die etwas erhöhten Kosten des doppelten Antriebs nicht in Betracht kommen, erweist sich u. U. auch die Anwendung von zwei gleichzeitig gesteuerten Einlaßventilen als vorteilhaft, wofür Abb. 310—13[3]) ein Beispiel gibt. Die Anordnung ist hiebei so getroffen, daß die Anschlüsse für die Ansaugeleitung symmetrisch zur Zylindermittellinie liegen, so daß je zwei benachbarte Zylinder aus einem T-Stück, das zur Ansaugeleitung führt, ansaugen. Der Auspuff wird an der Gegenseite abgeführt. Beachtenswert ist die von derselben Firma auch für andere Typen vorgenommene Ausbildung des Zylinderdeckels, dessen Kühlwasserraum oben am Rand beim Guß offen bleibt und durch einen aufgeschraubten Ring aus Grauguß abgeschlossen wird. Hiedurch ist die Möglichkeit einer gründlichen Reinigung des Zylinderdeckels vom Formsand sowie auch von dem sich etwa ansetzenden Kesselstein gegeben und auch eine gewisse Verminderung der Gußspannungen erzielt, Vorteile, welche die etwas erhöhten Bearbeitungskosten reichlich aufwiegen.

[1]) Maßstab 1 : 6. Zu einem stehenden Mehrzylinderschnelläufer, 170 ⌀ der Leobersdorfer Maschinenfabrik-Aktiengesellschaft in Leobersdorf bei Wien.

[2]) Die mitunter aufgestellte Behauptung, daß durch die exzentrische Lage der Brennstoffdüse das Entstehen von Interferenzerscheinungen bei der Verbrennung oder das Auftreten von (bei Gleichdruckverbrennung nach Wissen des Verfassers überhaupt noch nie einwandfrei nachgewiesenen) Explosionswellen begünstigt werde, dürfte wohl nicht stichhaltig sein.

[3]) Maßstab 1 : 17,5. Zu einem stehenden Dieselmotor (Kreuzkopftyp) 750 Hub, 150 PS pro Zylinder bei $n = 167$ der Grazer Waggon- und Maschinenfabrik-Aktiengesellschaft in Graz.

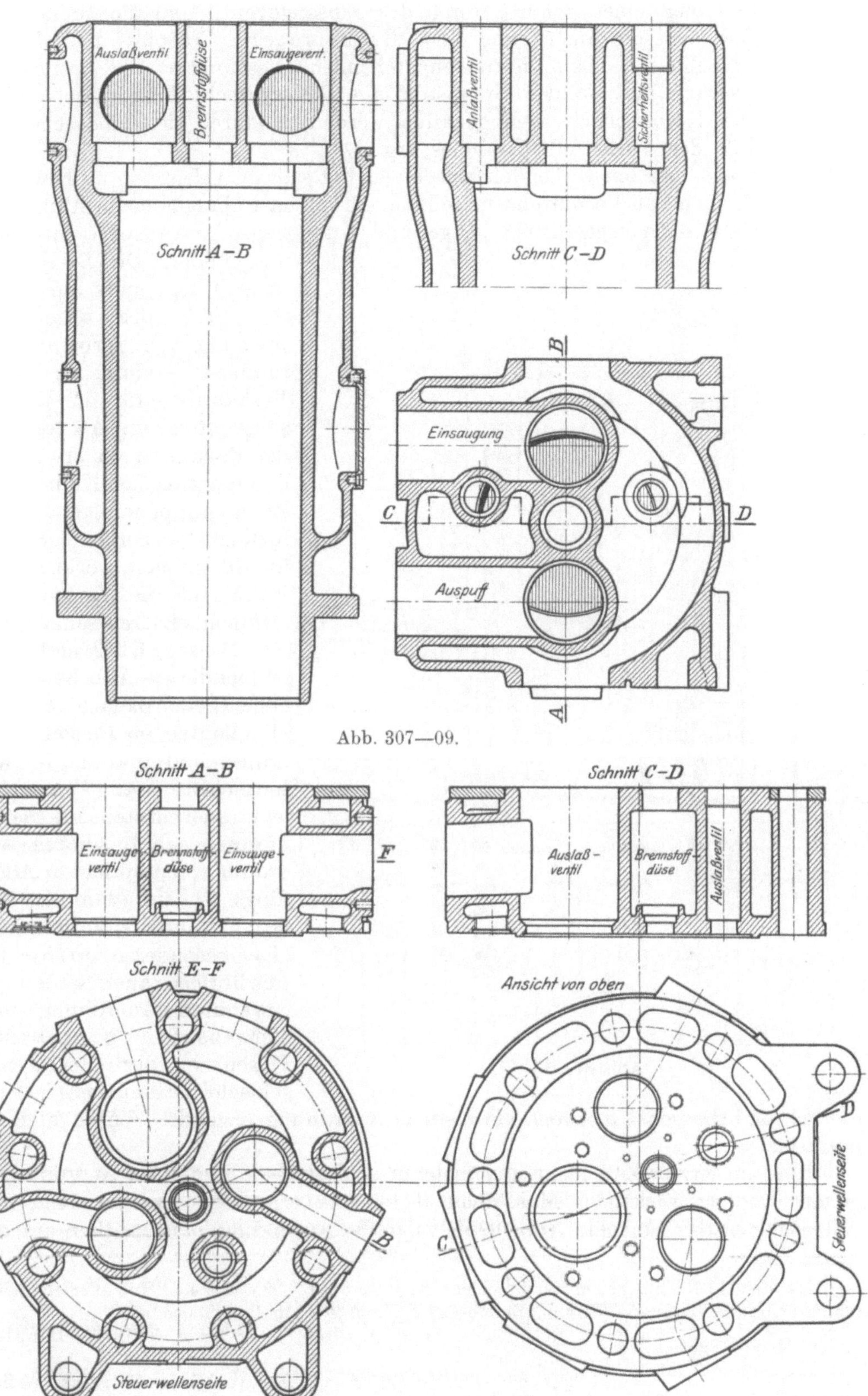

Abb. 307—09.

Abb. 310—13.

Abb. 314[1]) zeigt einen Schnitt durch das Einsaugeventil und die Brennstoffzuführung einer neuesten Ausführung eines **Bronsmotors**. Auspuff- und Anlaßventil liegen ähnlich wie beim normalen stehenden Dieselmotor, die Brennstoffkapsel liegt seitlich und da der Brennstoff aus ihr wagrecht hinausgeschleudert wird, kann der Kolbenboden eben gehalten werden, wodurch sich eine scheibenförmige Gestalt des Verbrennungsraumes ergibt.

Bei liegenden einfach wirkenden Maschinen hat sich in Anlehnung an bewährte Ausführungsformen von Verpuffungsmaschinen eine Bauart ähnlich der in Abb. 315[2]) dargestellten mit oben liegendem Ansauge- und unten liegendem Auspuffventil herausgebildet. Die Brennstoffdüse D liegt stets am hinteren Ende des angenähert prismatischen Verbrennungsraumes, wodurch günstige Verhältnisse für die Einblasung entstehen. Als Nachteil der Bauart ist zu erwähnen, daß der zwischen Kolben und Zylinderkopf infolge des unbedingt erforderlichen Spieles im Totpunkt verbleibende Raum für die Verbrennung ziemlich verloren sein dürfte.

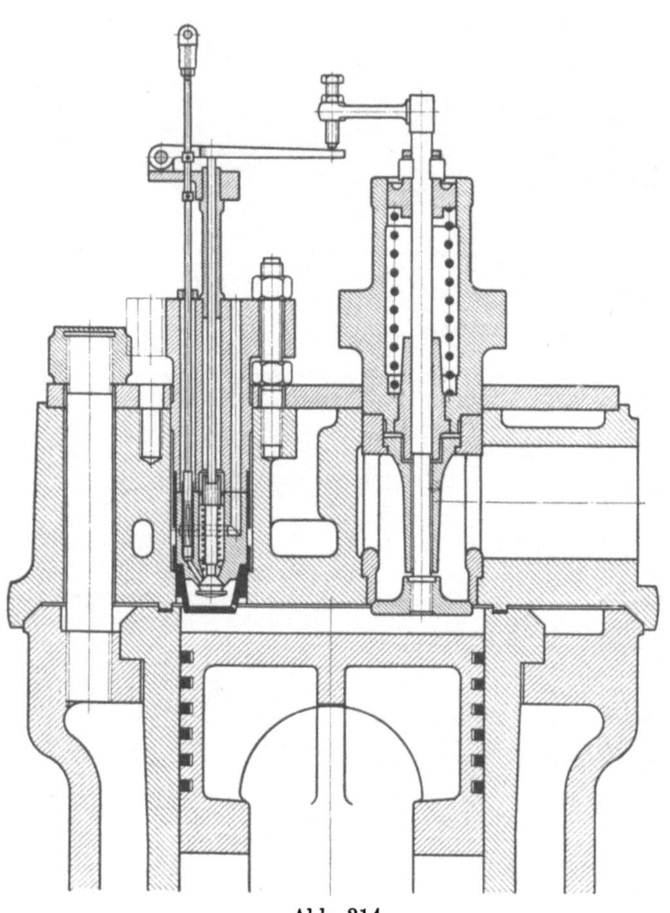
Abb. 314.

Diesen Übelstand vermeidet die aus Abb. 316—19[3]) ersichtliche Bauart, bei der alle Ventile im Deckel angeordnet sind und die im wesentlichen einer Wagrechtlegung der für stehende Dieselmotoren gebräuchlichen Anordnung entspricht. Allerdings ist hier zum Antrieb der Ventile die Verwendung einer besonderen **Querwelle** (die übrigens auch bei der vorerwähnten Anordnung und Verwendung geschlossener Düsen in der Regel nur schlecht zu umgehen ist) erforderlich und die sonst meistens vermiedene Anordnung liegender Ventile in Kauf genommen.

Für die in letzter Zeit mehr und mehr in Aufnahme kommenden Anordnungen liegender doppelt wirkender Maschinen bieten die erprobten Ausführungen von Großmaschinen das Vorbild. Abb. 320[4]) zeigt die Ausbildung eines seitlich am Zy-

[1]) Maßstab 1:4. Zu einem 40pferdigen **Bronsmotor**, 325 ϕ, 400 Hub der **Prager-Maschinenbau-A.-G.** (vorm. Ruston, Bromovský & Ringhoffer) in Prag-Smichow.

[2]) Maßstab 1:15. Zu einem Rohölmotor, 290 ϕ, 450 Hub, 25 PS bei $n = 210$ der **Dinglerschen** Maschinenfabrik A.-G. in Zweibrücken.

[3]) Maßstab 1:10. Zu einem liegenden Ölmotor, 300 ϕ, 580 Hub von **Gebr. Körting**, Aktiengesellschaft in Körtingsdorf vor Hannover.

[4]) Maßstab 1:12. Zu einem liegenden doppeltwirkenden Einzylinderölmotor 450 ϕ, 600 Hub.

linder liegenden Verbrennungsraumes, was besonders einfache Anordnung des äußeren Antriebs und gute Zugänglichkeit der Ventile ergibt, für große Abmessungen jedoch Schwierigkeiten machen dürfte (vgl. hiezu Abb. 67 auf S. 88 und das hiezu Gesagte). Abb. 221/22[1]) zeigt die neue erfolgreiche Bauart liegender DTMaschinen der Ma-

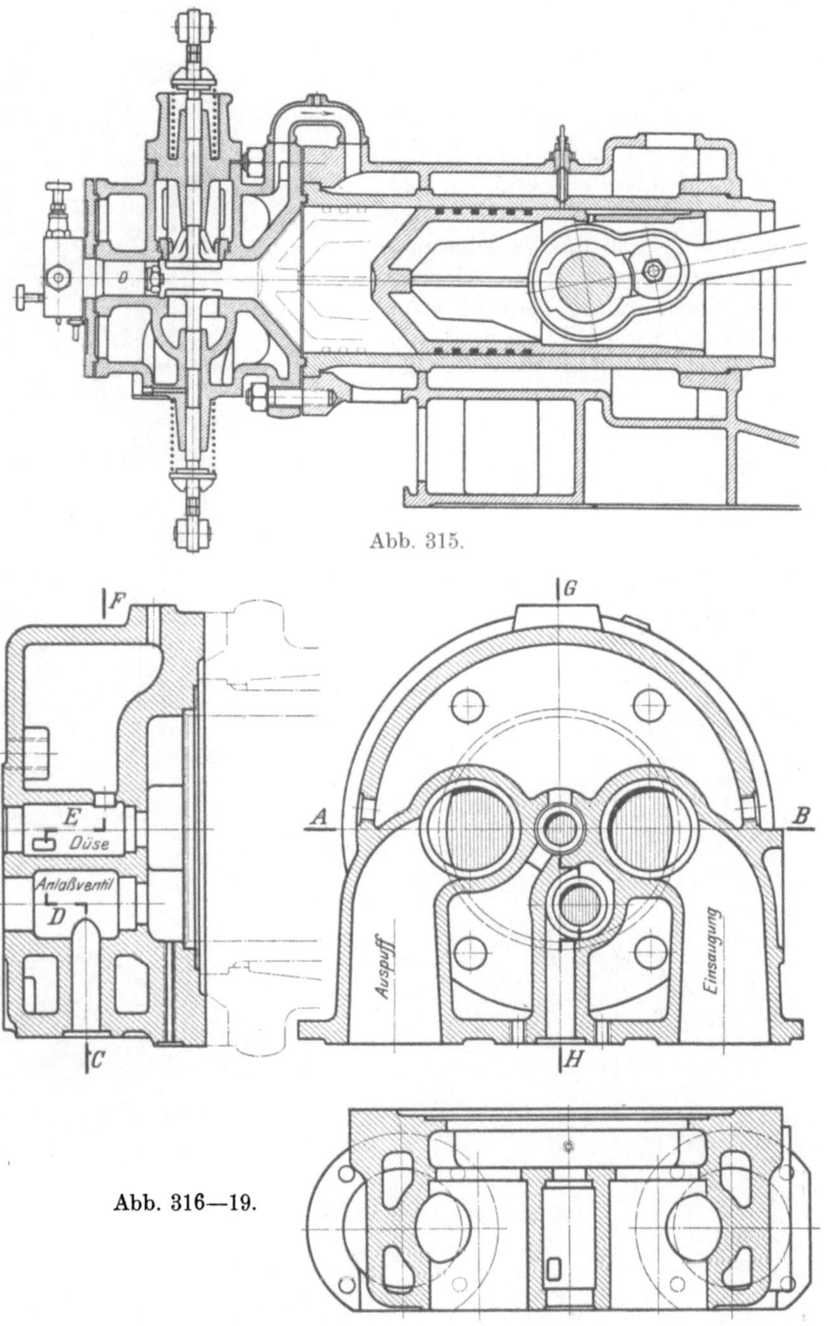

Abb. 315.

Abb. 316—19.

200 PS der Lietzenmayerschen Gleichdruckmotoren-Gesellschaft m. b. H. in München nach Ausführung der Prager Maschinenbau-Aktien-Gesellschaft (vorm. Ruston, Bromovský & Ringhoffer) in Prag-Smichow.

[1]) Maßstab 1 : 35. Zu einem liegenden DT-Dieselmotor, 560 ⌀, 700 Hub der Maschinenfabrik Augsburg-Nürnberg A.-G. Werk Augsburg.

schinenfabrik Augsburg-Nürnberg, die sich enge an die von dieser Firma entwickelte Bauart von Großgasmaschinen anlehnt. Der Verbrennungsraum mußte hier abweichend von der für Verpuffungsmaschinen gebräuchlichen Anordnung ausschließlich in die Zwiebeln bei Ein- und Auslaßventil verlegt und ein größerer Ringraum zwischen Deckel und Kolben vermieden werden, da dieser nicht mit Gemisch zu beschicken gewesen wäre. In der Totpunktstellung des Kolbens ergeben sich zwei voneinander vollständig unabhängige Verbrennungsräume, was die Verwendung von zwei Brennstoffdüsen B erforderlich macht. Diese Verdopplung bedingt zwar einen Mehraufwand für die Steuerung, der indessen bei Großmaschinen wenig in Be-

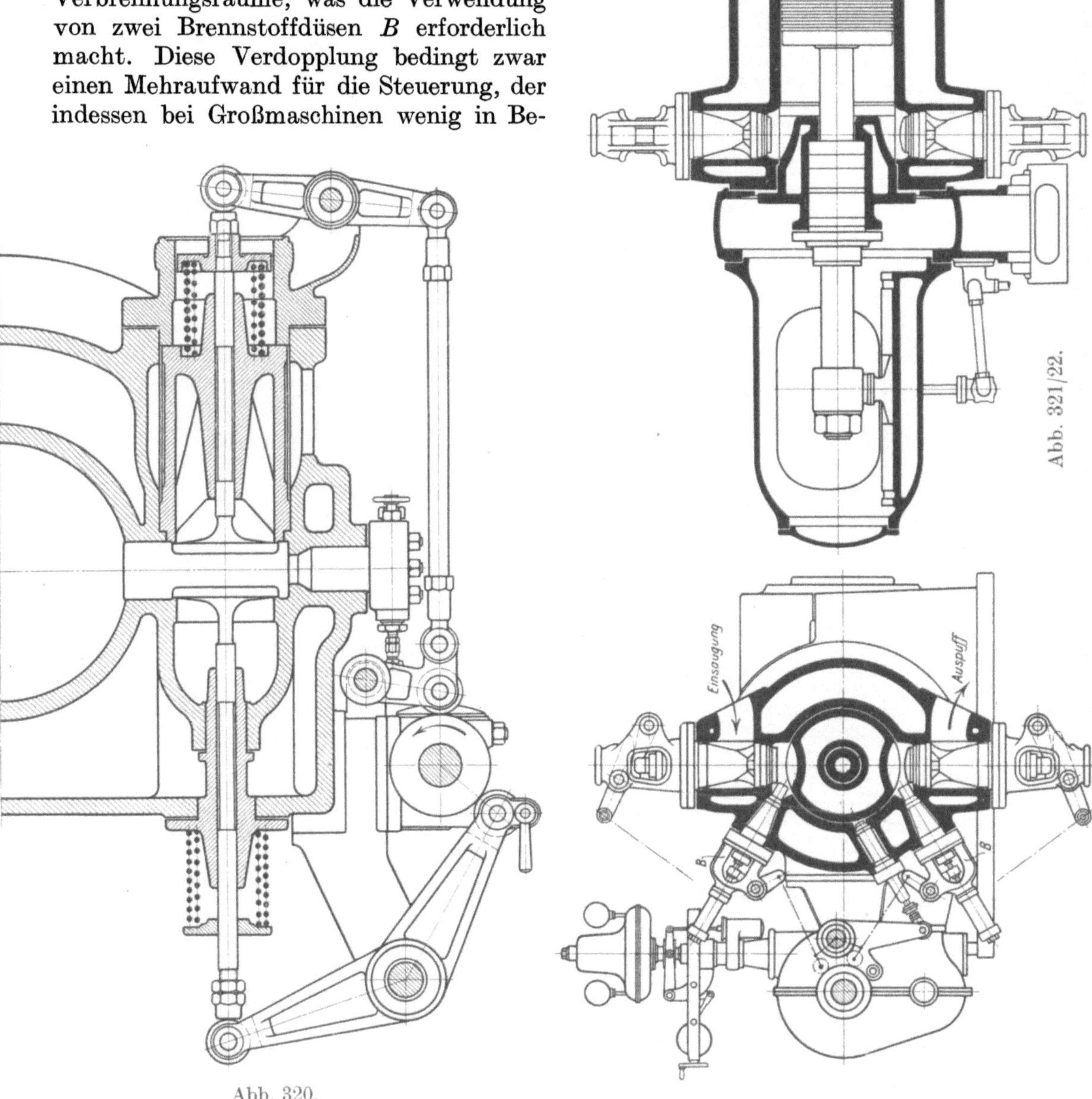

Abb. 320.

Abb. 321/22.

tracht kommt, bietet aber den Vorteil, die Kolbenstange dem direkten Einblasestrom entzogen halten zu können. Bei geschickter Wahl der Verhältnisse lassen sich auch hier die für die Verbrennung verlorenen Räume auf das zulässige Maß beschränken, wenn sie auch gegenüber den sich bei der normalen Anordnung des stehenden Dieselmotors ergebenden beträchtlich größer ausfallen.

D. Der Antrieb der Ventile.

1. Allgemeine Anordnung des Antriebs.

Da die Steuerorgane der Gleichdruckmaschinen ausschließlich als Ventile ausgebildet sind, kommt als Antriebsorgan der äußeren Steuerung nur die Verwendung einer Steuerwelle in Betracht.

Bei stehenden Maschinen, wo die eigentliche Steuerwelle mit Rücksicht auf die Ausgestaltung des Steuerungantriebs bei Mehrzylindermaschinen ausschließlich parallel zur Kurbelwelle angeordnet wird, erweist sich die Anordnung einer Zwischenwelle als notwendig, welche die Bewegung von der Kurbel- auf die Steuerwelle überträgt. Der Antrieb der Wellen erfolgt heute ausschließlich durch Schraubenräder, die, wie aus Abb. 323[1]) ersichtlich, bei senkrechter Lage der Zwischenwelle derart gewählt werden, daß durch die Summe der Teilkreishalbmesser der wagrechte Abstand zwischen den beiden Steuerwellen überbrückt wird.

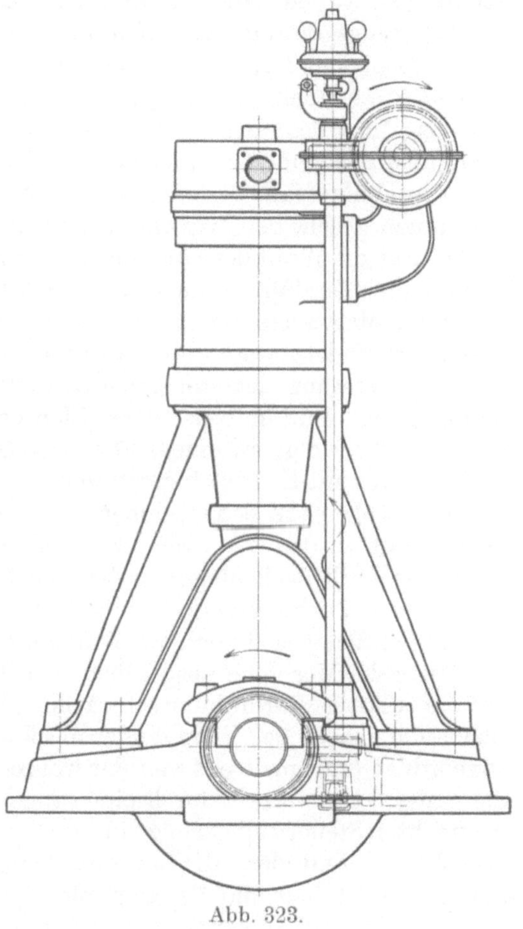

Abb. 323.

Für die Lage der wagrechten Steuerwelle sind verschiedene Anordnungen gebräuchlich, wovon die aus Abb. 323 ersichtliche, seitlich nahe am Zylinderdeckel die verbreitetste ist. Einige Firmen (Güldner Motoren Gesellschaft u. a.) verlegen die wagrechte Steuerwelle ungefähr in die halbe Höhe des Rahmens, wobei die Ventile durch Stoßstangen mittels einer kurzen Schwinge angetrieben werden. Beide Anordnungen haben ihre Vor- und Nachteile. Bei Anordnung der Steuerwelle oben am Zylinderkopf ergibt sich die einfachste Bewegungsübertragung von der Steuerwelle auf die Ventile durch Anordnung einer kurzen Schwinge ohne große Massen. Dies ist insbesondere bei Schnelläufern wertvoll, da die zum Antrieb des Gestänges erforderlichen Massenbeschleunigungen klein bleiben, hingegen wird auch schon bei kleinen Maschinen die Anordnung einer besonderen Bedienungsbühne unerläßlich, was nicht nur erhöhte Kosten schafft, sondern auch auf die Wartung insofern mitunter nicht ohne Einfluß bleibt, da erfahrungsgemäß unbequemer zugäng-

[1]) Maßstab 1 : 20. Einzylinderdieselmotor, 350 Hub, 20 PS bei $n = 260$ der Grazer Waggon- und Maschinenfabrik-A.-G. in Graz.

liche Teile schlechter gewartet werden, als bequem zur Hand liegende. Da sich das Gesagte indessen nur auf die Lager der Steuerwelle und die Antriebsorgane (Nocken) bezieht, die ebenfalls einer Wartung bedürftigen Teile wie Kühlwasserzuführung zu den Auslaßventilen, Brennstoffventilpackungen usw. auch bei niedriger Lage der Steuerwelle vom Maschinenhausflur aus nicht erreicht werden können, so wird die erwähnte Anordnung mit oben liegender Steuerwelle meistens vorgezogen. Die Anordnung der Steuerwelle in halber Höhe des Rahmens macht diese wohl zugänglich, erfordert aber längere und schwerere Antriebsgestänge und dürfte daher bei einer Weiterentwicklung zum Schnelläufer größere Schwierigkeiten bereiten, obwohl auch diese selbstverständlich überwindbar sind, wie z. B. die neuesten Schnelläuferbauarten der Germaniawerft beweisen.

Bei Zweitaktmaschinen, insbesondere für Schiffsbetrieb, wo mit Rücksicht auf die verfügliche Bauhöhe ohnedies meistens die Forderung gestellt wird, den Kolben nach unten hin ausbauen zu können, findet sich hin und wieder auch die wagrechte Steuerwelle über die Zylinderdeckel verlegt, um ganz geringe Massen für die Übertragungsgestänge zu erhalten, was besonders für den Antrieb der Spülventile von Wichtigkeit ist, die, wie die Einlaßventile von Verpuffungszweitaktmaschinen, in sehr kurzer Zeit auf größere Hübe geöffnet und geschlossen werden müssen, was bei den im Gleichdruckmaschinenbau üblichen und notwendigen höheren Umdrehungszahlen noch vermehrte Schwierigkeiten schafft (s. a. S. 328f.).

Die Umlaufzahl der wagrechten Steuerwelle ist selbstverständlich bei Zweitaktmaschinen gleich, bei Viertaktmaschinen die Hälfte der Umdrehungszahl der Kurbelwelle. Für die Wahl der Umlaufzahl der Zwischenwelle kommt in Betracht, daß diese in den meisten Fällen auch zum Antrieb des Regulators verwendet wird, der bei kleineren Maschinen an ihrem oberen Ende, bei größeren Maschinen unten angebracht und in letzterem Fall mit durchgehender Welle ausgeführt wird.

Die Lagerung der stehenden Zwischenwelle, die bei größeren Maschinen zweckmäßig geteilt und mittels einer Flanschenkuppelung zusammengeschraubt ausgeführt wird, erfolgt in einem normalen Spurlager aus Bronze, in welchem die Welle mittels einer mit Konus eingesetzten und verkeilten Spurlinse aus Stahl läuft. Um die Zwischenwelle nahe dem Rahmen, nicht weit ausladende Steuerwellenlager und einen Stützpunkt für das die oberen Schraubenräder umschließende Gehäuse zu erhalten, wird das Kurbelwellenlager in der Regel in zwei Hälften geteilt ausgeführt, zwischen denen das auf der Kurbelwelle sitzende Schraubenrad Platz findet. Bei Sechszylindermaschinen findet sich auch zweckmäßig die Anordnung der senkrechten Steuerwelle in der Mitte der Maschine ausgeführt, wobei die wagrechten Steuerwellen mit Rücksicht auf die zulässige Verdrehung schwächer gehalten werden können. Der Regulator findet sich auch schon bei Vierzylindermaschinen mit Vorteil in der Mitte der Maschine angeordnet (und meistens von der wagrechten Steuerwelle aus angetrieben), um nicht die ganze Verstellkraft durch eine lange Welle leiten zu müssen. Die Lagerung der wagrechten Steuerwelle erfolgt in zwei (bei Vierzylindermaschinen auch nur in einem) Lagern pro Zylinder, die an den Rahmen angeschraubt sind. Als sehr zweckmäßig erweist sich die Vereinigung je zweier benachbarter Lager durch einen Lagertrog, der als Ölwanne für die die Ventile betätigenden Nockenbündel dient (s. Abb. 334 und 340). Eine Verschalung der wagrechten Steuerwelle durch Glanzblech, um das Abspritzen von Öl zu vermeiden und ruhigeres Aussehen der Maschine zu erzielen, wird bei langsam laufenden Maschinen meistens, bei Schnellläufern stets vorgenommen.

Für liegende Maschinen einfacher und doppeltwirkender Bauart geben die entsprechenden Ausführungen von Verpuffungsmaschinen das Vorbild für die Anordnung der Steuerwellen, weshalb auf die bezüglichen Abb. 77/78 und 79 verwiesen werden kann. Eine Besonderheit ergibt sich bei einfachwirkenden Maschinen jedoch dann, wenn die Ausbildung der hinten am Zylinderkopf angeordneten Düse (s. S. **284**) den Antrieb von der längslaufenden Steuerwelle mit einfachen Mitteln nicht erzielen läßt. In diesem Fall muß hinter dem Zylinder eine Querwelle angeordnet werden, wofür Abb. 324/25[1]) ein Beispiel gibt. Da die Längswelle entweder auch zum Antrieb, von Ein- und Auslaßventil verwendet wird oder doch zum mindesten die Brennstoffpumpe antreibt, demnach die zur Erzielung richtiger Steuerwirkung erforderliche Umdrehungszahl schon besitzen muß, erfolgt die Bewegungsübertragung auf die Querwelle in einfachster Weise durch Kegelräder. Für die in neuester Zeit gerne verwendeten Zwillingsanordnungen wird die Anordnung dann in der Regel so getroffen, daß nur eine Längswelle und eine hinter beiden Zylindern durchlaufende Querwelle verwendet wird, was bei Antrieb der Ein- und Auslaßventile von der Längswelle aus allerdings eine besondere Übertragung der Bewegung auf die Ventile des von der Längswelle abliegenden Zylinders erfordert (s. Abb. 341). Der Antrieb des Reglers erfolgt regelmäßig von der Längswelle aus durch Schraubenräder, wie bei Besprechung der Verpuffungsmaschinen erörtert.

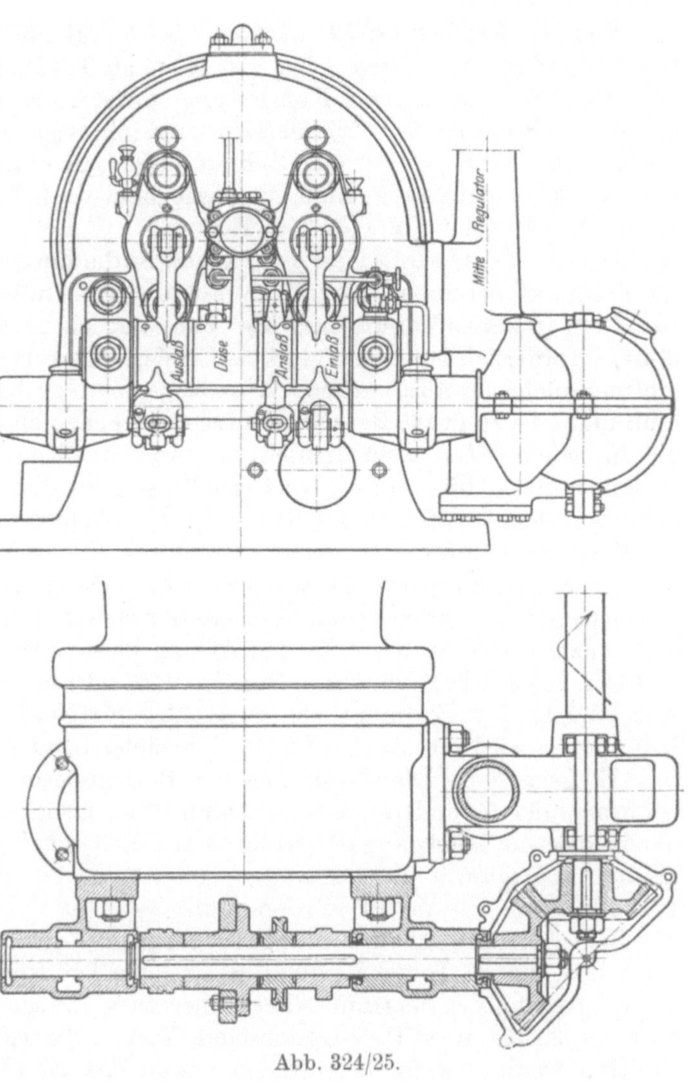

Abb. 324/25.

2. Steuerdaten.

Bezüglich der für die Wahl der Steuerdaten allgemein gültigen Gesichtspunkte ist das Erforderliche bereits bei Besprechung der Steuerdaten der Verpuffungsmaschinen (s. S. 94ff.) gesagt, so daß hier nur auf die bei Gleichdruckmaschinen auftretenden Besonderheiten einzugehen ist. Da für Gleichdruckmaschinen als Antriebsorgan der Ventile weitaus am meisten Nocken benützt werden, die im allgemeinen rasche Anhub- und Abschlußbewegung des Steuerorgans ermöglichen, ist

[1]) Maßstab 1:15. Zu einem liegenden Ölmotor, 300 ϕ, 580 Hub von Gebr. Körting, Aktiengesellschaft in Körtingsdorf vor Hannover.

es möglich, die Bewegung der Ein- und Auslaßventile in der Nähe der Totpunktlagen beginnen zu lassen und trotzdem im Totpunkt bereits hinreichenden Steuerquerschnitt zu erhalten.

Für den Einlaß wird *E. a.* etwa 1 bis 5 v. H., im Mittel etwa 3,5 v. H. vor Totpunkt gewählt, *E. z.* etwa 2 bis 8 v. H. nach Totpunkt. Da die Luft in der Regel aus einer nur ganz kurzen Rohrleitung, meistens nur mit Hilfe eines durch einen Krümmer direkt an den Zylinderkopf angeschlossenen Schlitzrohres angesaugt wird, kommt eine Verbesserung der Zylinderaufladung durch die Bewegungsenergie der Ansaugesäule nicht in Betracht, weshalb bald nach Totpunkt abgeschlossen werden kann. Im Mittel ist *E.z.* = 4 v. H.

Für die Eröffnung des Auslasses ist die Forderung maßgebend, den Zylinder im Totpunkt bereits möglichst bis auf die Ausschubspannung entladen zu haben, wozu ein gewisses Voreröffnen und zwar um so größer, je schneller die Maschine läuft, erforderlich ist. Allzu groß darf insbesondere bei Nockensteuerungen das Voreröffnen nicht gewählt werden, da sonst gegen allzu hohe Drücke angehoben werden muß und eine zu große Beanspruchung der Nocken entsteht. Wälzhebelsteuerungen, die in neuerer Zeit zum Antrieb der Auslaßventile mehr und mehr Anwendung finden, ergeben hier günstigere Verhältnisse, da die im ersten Augenblick des Anhubes auf dem Ventil lastende Kraft sehr ins Kleinere übersetzt im Antriebsgestänge zur Wirkung kommt. Andrerseits muß bei Wälzhebelantrieben infolge des langsameren Anhubes auch ein größeres Voreröffnen angewendet werden, um den Zylinder hinreichend zu entladen. Ausgeführt finden sich im Mittel Werte von *A. a.* = 10 v. H. für Nocken- und bis 20 v. H. für Wälzhebelsteuerungen.

Der Abschluß des Auslasses wird etwas nach Totpunkt vorgenommen; *A. z.* = 1 bis 3 v. H. findet sich ausgeführt für Nockensteuerungen; bei Wälzhebelsteuerungen wird mit Rücksicht auf den schleichenden Abschluß höher, bis auf etwa 10 v. H. gegangen. Die Benutzung der Bewegungsenergie der Abgassäule zur Verbesserung der Zylinderentladung kommt bei Gleichdruckmaschinen kaum in Betracht, da beim Rückgang des Kolbens aus dem inneren Totpunkt infolge des kleinen Verdichtungsraumes das Ansaugen scharf einsetzt und ein Rücksaugen aus der Auspuffleitung vermieden werden muß.

Beim Anlassen wird mit ganz geringer Voreröffnung, *A. a.* = 0 bis 1 v. H. gearbeitet, um im Totpunkt doch bereits eine Eröffnung des Anlaßventils zu geben, Rückwärtsgang der Maschine aber sicher zu vermeiden. Die Füllung mit Anlaßluft wird mit 35 bis 40 v. H. angenommen, Werte, die jedoch insbesondere dann überschritten werden, wenn bei offenen Düsen das Einblaseventil zugleich als Anlaßventil dient, wobei sich infolge der geringen Eintrittsquerschnitte starke Drosselung der Anlaßluft ergibt und bis auf 70 v. H. Füllung gegangen wird. Für Schiffsmaschinen, wo sich für die Wahl der Füllung andere Gesichtspunkte ergeben, ist das Erforderliche auf S. 336 und 338 bemerkt.

Von großer Wichtigkeit ist die richtige Wahl der Eröffnungs- und Abschlußpunkte für die Brennstoffeinblasung. Für die Wahl des Punktes *B. a.* ist die Forderung maßgebend, die im Zylinder erzeugte Verdichtung möglichst auszunützen, was ein gewisses Voreröffnen des Brennstoffventils erforderlich macht, um im Zündungstotpunkt bereits genügend Brennstoff im Zylinder zu haben; andrerseits ergibt zu frühe Eröffnung der Brennstoffzuführung heftige Drucksteigerung im Totpunkt und stoßenden Gang der Maschine, was vermieden werden muß. Aus diesem Grund wird nur ein ganz geringes Voreröffnen zuzulassen und für Verstellbarkeit des Antriebsnockens zu sorgen sein, um beim Probelauf mit Hilfe des Indikators die Einstellung direkt vornehmen zu können, daß die Drucksteigerung bei der Verbrennung nicht mehr als etwa 3 bis 4 atm beträgt. Ausgeführt finden sich Werte *B. a.* = 0,25 bis 1,0 v. H. entsprechend etwa 4^0 bis 10^0 Kurbelwinkel, und zwar verhalten sich hier geschlossene und offene Düsen ungefähr gleich. Wesentlich weniger von Wichtigkeit ist die Wahl des Punktes *B. z.*, sofern dieser nur so gewählt werde, daß die bei der größten Leistung des Zylinders erforderliche Ölmenge noch sicher in den Zylinder gelangen kann. Allzu späte Lage des Punktes *B. z.* bewirkt einen unnötig großen Verbrauch an Einblaseluft. Die Wahl von *B. z.* hängt auch von der Formgebung des das Brennstoffventil steuernden Nockens und der Brennstoffnadel ab, insofern als niedrige, kleine Eröffnungen gebende Nocken und kleine Spitzenwinkel der Nadel in der Regel längere Eröffnungsdauer erfordern als solche, die größere Eröffnung bei steil ansteigender Anhubkurve und großem Spitzenwinkel ergeben. Auch die Größe der Öffnung am Düsenplättchen ist von Einfluß, indem die Eröffnungsdauer um so kürzer gewählt werden kann, je größer die verhältnismäßige Düsenöffnung ist. Ausgeführt und überschritten finden sich Werte *B. z.* = 10 bis 15 v. H.; als guter Mittelwert für Neuentwurf und normale Anhubkurve kann etwa 13 v. H. eingesetzt werden.

3. Der Einzelantrieb der Ventile.

Von den für den Antrieb der Steuerorgane von der Steuerwelle aus in Betracht kommenden Antriebsorganen, Exzenter und Nocken, war bis vor kurzem der Nocken allein gebräuchlich und findet auch heute noch in der weitaus größten Mehrzahl der Fälle Anwendung. Erst in neuerer Zeit ist man bei liegenden Maschinen, dann aber auch bei stehenden Maschinen größerer Leistung für den Antrieb der Auslaßventile dazu übergegangen, Exzenter zu verwenden, welche die Ventile in Verbindung mit Wälzhebeltrieben betätigen. Auch finden sich in letzter Zeit von Nocken betätigte Wälzhebeltriebe öfters ausgeführt, welche die größte Freiheit in der Wahl der Ventilbeschleunigung gestatten. Schwingdaumen finden sich augenblicklich im Gleichdruckmaschinenbau noch nicht verwendet, obwohl die ausgezeichneten kinematischen und betriebstechnischen Eigenschaften dieser Antriebsart (s. S. 138) ihre Anwendung auch im Gleichdruckmaschinenbau als durchaus versprechend erscheinen läßt. Nach den früher gegebenen ausführlichen Erörterungen über die einzelnen Antriebsorgane ist hier zu ihrer Bewertung für den besonderen Fall der Anwendung im Gleichdruckmaschinenbau nur nachzutragen, daß Nocken im allgemeinen das einfachste, billigste und in der Regel kaum zu Betriebsschwierigkeiten Anlaß gebende Antriebsorgan darstellen, was ihre Anwendung, besonders für Maschinen kleiner und mittlerer Leistung als wohl gerechtfertigt erscheinen läßt. Als Nachteil der Nockensteuerung ist, wie bereits früher erwähnt, hervorzuheben, daß sie sich für die Aufnahme großer Kräfte im allgemeinen nicht eignen, was auch bei stehenden Maschinen, wo der verfügliche Raum in der Regel klein ist und die Nocken daher nicht beliebig breit gemacht werden können, der Grund ist, warum man bei Maschinen größerer Leistung insbesondere für den im Moment des Anhubs schwer belasteten Antrieb des Auslaßventils öfters den Exzenterantrieb vorzieht oder doch in den Nockenantrieb Wälzhebel einschaltet, um die großen Kräfte im Moment des Anhubes vom Nocken ferne zu halten. Für den Antrieb der nur selten benutzten Anlaßventile bildet der Nocken für alle Fälle das einfachste und billigste Antriebsorgan. Auch für den Antrieb der Brennstoffnadeln und Einblasventile ist bisher ausschließlich der Nocken gebräuchlich, von dem die hier zu fordernden raschen Eröffnungs- und Schlußbewegungen in einfacher Weise abzuleiten sind. Immerhin dürfte auch insbesondere gerade hier, nach den im Dampfmaschinenbau gemachten Erfahrungen zu schließen, der (vom Nocken anzutreibende) Schwingdaumen das kinematisch und betriebstechnisch geeignetste Antriebselement zumal für Maschinen großer Leistung darstellen.

Die übliche Form des Antriebs aller Ventile durch Nocken in der Ausführung für stehende Maschinen ist aus den Abb. 326/27[1]) und 328 u. 329[1]) ersichtlich, wovon erstere Ansichten des gesamten Antriebs in Auf- und Grundriß, letztere in Querschnitten die Antriebe von Brennstoff- und Anlaßventil und den (bis auf die Nockenform) gleichgestalteten Antrieb für Ein- und Auslaß erkennen lassen. Wie ersichtlich, sind die Antriebsnocken auf der Steuerwelle zu einem sogenannten „Nockenbündel" vereinigt. Die Ventile erhalten ihren Antrieb durch zweiarmige aus Stahlguß hergestellte oder (bei Serienfabrikation) im Gesenk geschmiedete Hebel, die ihren Drehpunkt in einer, allen Hebeln gemeinschaftlichen Achse finden, die in zwei im Zylinderkopf verschraubten Ständern gelagert ist. Die mit Rotgußschalen ausgebüchsten Antriebshebel für Ein- und Auslaß sitzen direkt auf dieser Achse, während die Hebel zur Betätigung des Anlaß- und Brennstoffventils auf einer auf dieser Achse gelagerten, exzentrisch gebohrten Büchse sitzen, welche die wechselweise Einschaltung eines der beiden Antriebe ermöglicht und deren Einzelheiten weiter unten besprochen sind.

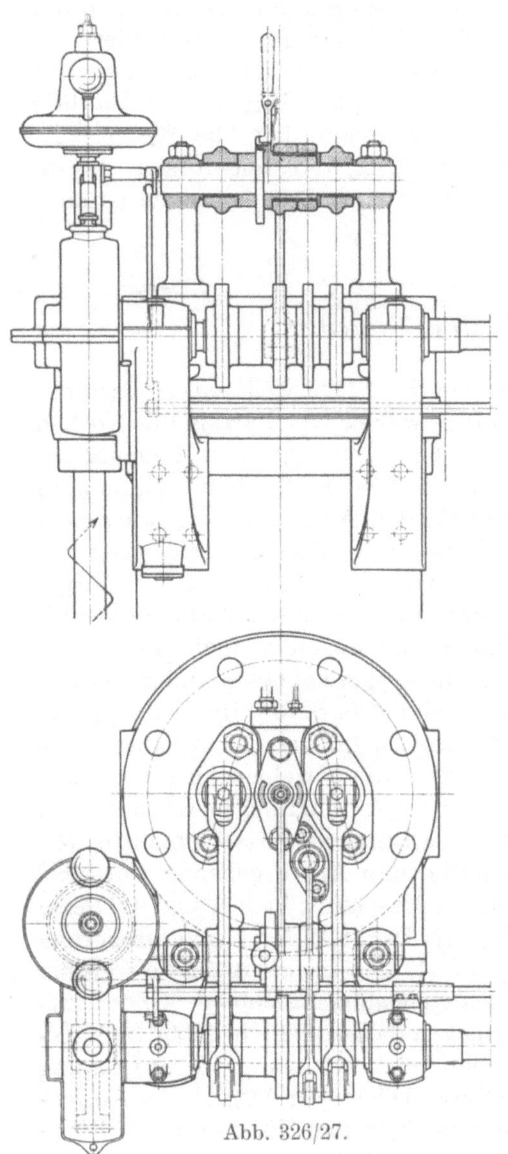

Abb. 326/27.

Die Antriebshebel erhalten elliptische oder rechteckige Querschnitte mit abgerundeten Kanten, um Steifigkeit gegen Biegungsmomente zu erhalten. I-Querschnitt paßt schlecht zum Maschinenstil und ist ein Schmutzfänger. Bei der Bemessung der Querschnitte ist nicht die Bruchgefahr, sondern die noch zulässige Formänderung maßgebend, da die der Ermittlung der Nocken zugrunde gelegten kinematischen Verhältnisse ohne wesentliche Fälschung am Ventil zur Verwirklichung kommen sollen.

Bei der Ausbildung der Ventilhebel aus einem Stück wird ein Ausbauen der in den Ständern gelagerten Hebeldrehachse erforderlich, wenn eines der Ventile außer der Brennstoffnadel herausgenommen werden soll. Aus diesem Grund empfiehlt es sich nach dem Vorgang von Sulzer die Hebel zweiteilig auszuführen, wie Abb. 334 und 399 zeigen, wobei es nur des Lösens einer Schraube bedarf, um den vorderen Teil des Antriebshebels loszubekommen. Durch eingelegte Paßstifte ist die Lage der Hebelhälften gegeneinander gesichert. Die erwähnte Vorrichtung ermöglicht einen sehr bequemen Ausbau aller Ventile und erfordert nur um ein geringes erhöhte Bearbeitungskosten für die Ventilhebel.

Die Ausbildung der Nockenbündel wird in der Regel derart vorgenommen, daß für alle Nocken derselbe Durchmesser des Ruhekreises verwendet wird. Bezüglich

[1]) Maßstab 1 : 18. Zu einem stehenden Dieselmotor der Maschinenfabrik Augsburg-Nürnberg A.-G.

der Formgebung der Nocken für Ein- und Auslaß ist auf das früher Gesagte zu verweisen (s. S. 134ff.). Die Anlaßnocken werden öfters auch unsymmetrisch, mit steiler An- und flacher Ablaufkurve geformt, um rasche Eröffnung des Anlaßventils zu erreichen und Drosselverlust nach Möglichkeit zu vermeiden. Zur Formgebung der Brennstoffnocken ist einiges weiter unten bemerkt.

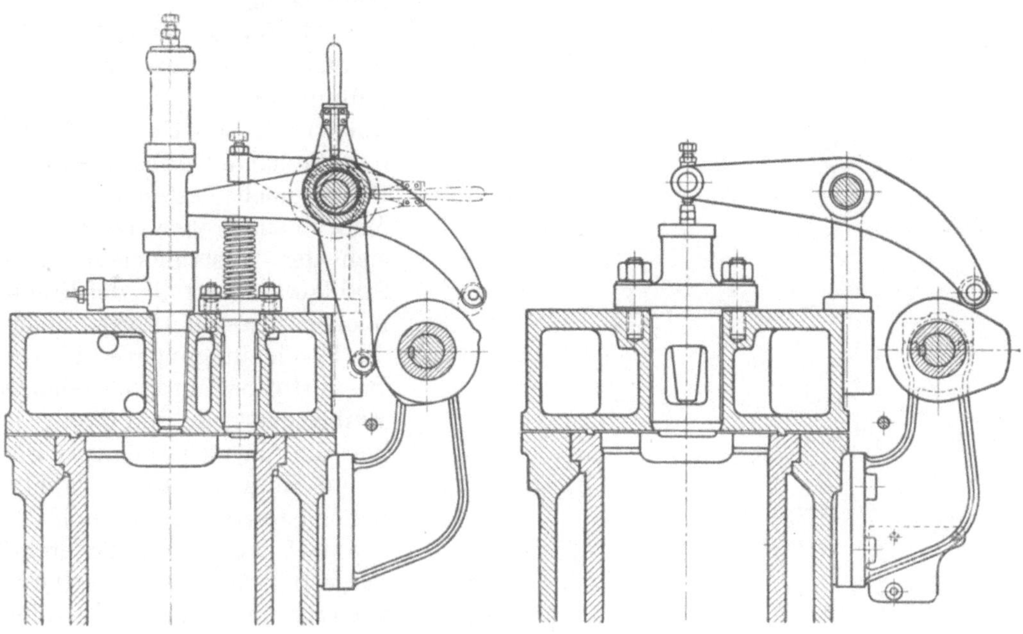

Abb. 328 u. 329.

Die Ausmittlung des ganzen Nockensystems ist in Abb. 330[1]) auf Grund des normalen Viertaktsteuerdiagramms vorgenommen. Bei der Zusammenstellung zum Nockenbündel ist auf die Lagen der Rollen Rücksicht zu nehmen, was nach den auf S. 213 f. gegebenen Regeln in der einfachsten Weise dadurch erreicht wird, daß alle Nocken für einen beliebigen kennzeichnenden Punkt der Steuerwirkung aufgezeichnet werden, wobei die jeweils zwischen diesem Punkt und dem Anlaufpunkt der einzelnen Nocken liegenden Steuerwellenwinkelwege von dem Berührungshalbmesser der zum betreffenden Nocken gehörigen Rolle nach rückwärts aufzutragen sind. Abb. 331/32[1]) zeigt die auf Grund des Diagramms Abb. 330 vorgenommene Aufzeichnung des Nockenbündels und dessen bauliche Ausbildung im Querschnitt. Als Bezugspunkt für die Aufzeichnung ist, wie gebräuchlich, der Zündungstotpunkt angenommen, wobei die Einstellung der Steuerwelle bei der Anrichtung dann entweder mit Hilfe des auf S. 217 erwähnten Einstelldurchmessers

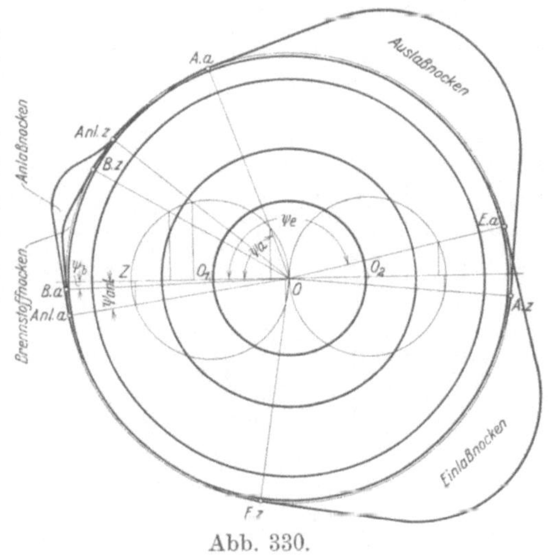

Abb. 330.

[1]) Maßstab 1 : 5. Zu einem stehenden Dieselmotor, 720 Hub, 125 PS pro Zylinder bei $n = 160$ der Grazer Waggon- und Maschinenfabrik-A.-G. in Graz.

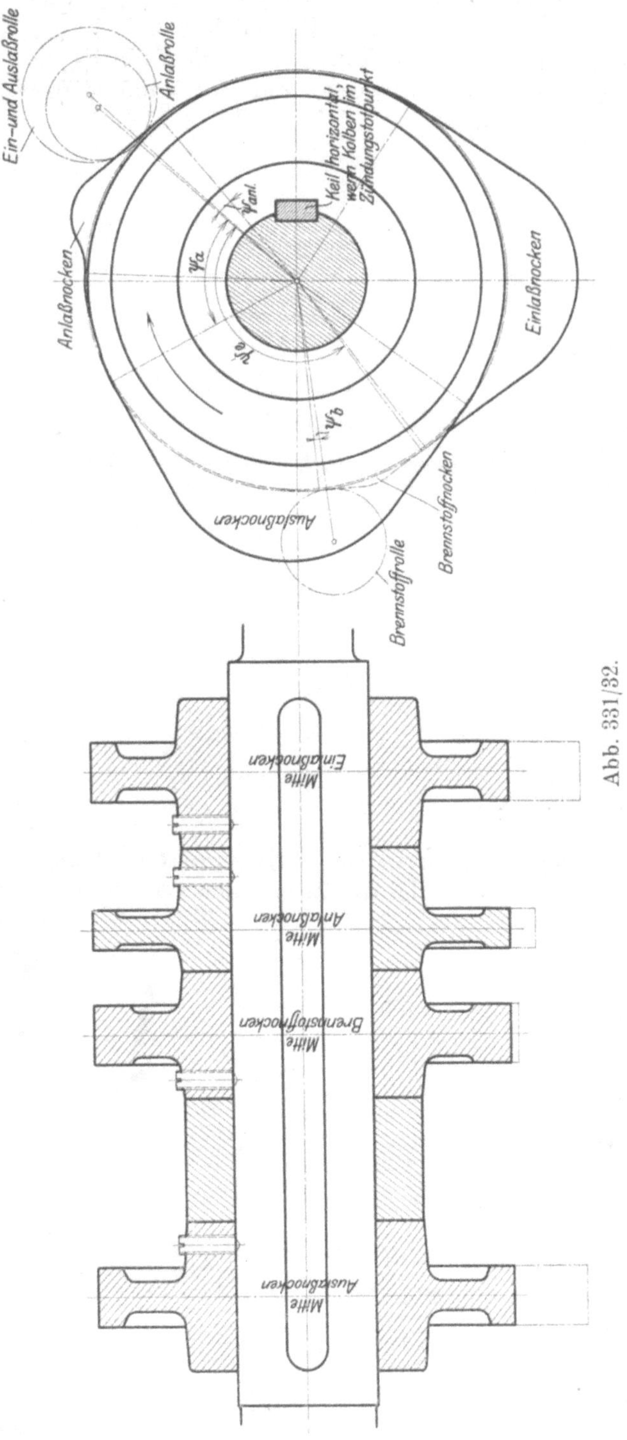

Abb. 331/32.

am Steuerwellenende oder auch dadurch erfolgen kann, daß der für das gesamte Nockenbündel gemeinschaftliche Keil so angeordnet wird, daß er im Zündungstotpunkt wagrecht steht.

Als Baustoff für die Nocken dient nahezu ausschließlich Grauguß in die Koquille gegossen und nur so weit am Umfang bearbeitet, daß die harte Gußhaut für die Lauffläche noch bestehen bleibt. Bei Maschinen großer Leistung findet sich der Auslaßnocken auch aus Stahlguß hergestellt, der Brennstoffnocken, dessen Form nicht nur die Beschleunigungsverhältnisse der Brennstoffnadel sondern den ganzen Einblasevorgang und damit wesentlich die Wirtschaflichkeitt der Maschine bedingt, und der daher keiner nennenswerten Abnutzung unterliegen darf, wird aus gehärtetem Stahl hergestellt und in die aus Grauguß gefertigte Scheibe verschiebbar eingesetzt (s. Abb. 335—37), um eine Nachstellung beim Probelauf der Maschine zu ermöglichen.

Die Formgebung der Brennstoffnocken ist weniger durch Rücksichten auf die kinematischen Verhältnisse, sondern vielmehr wesentlich dadurch bedingt, wie der Einblasevorgang verlaufen soll und demnach von der Größe der Öffnung, im Düsenplättchen, dem Spitzenwinkel der Brennstoffnadel und dem verwendeten Einblasedruck sowie auch von dem einzublasenden Brennstoff abhängig. Genauere Vorschriften lassen sich hierbei allgemein nicht geben, da die erwähnten Punkte einzeln bestimmend und in ihrem Einfluß nur aus der Erfahrung zu berücksichtigen sind. Gewöhnlich wird der Brennstoffnocken derart ausgeführt, daß An- und Ablaufkurve symmetrisch gestaltet werden, was im allgemeinen die besten Ergebnisse liefert. Einige besonders kennzeichnende Nockenformen sind samt den zugehörigen Diagrammabschnitten in Abb. 333[1]) zusammengestellt.

[1]) Maßstab 1 : 4. I. und II. Grazer Waggon- und Maschinenfabriks-A.-G. für Maschinen kleiner

Wie bereits auf S. 57 erwähnt, wird bei Großmaschinen in neuerer Zeit auch öfters Veränderlichkeit des Hubes der Brennstoffnadel angewendet, wofür Abb. 334[1]) ein Beispiel gibt. Die längs aller Zylinder durchlaufende Welle *a* wird durch den Regulator vermittels eines Servomotors[2]) verdreht, wodurch die Brennstoffrolle *b* auf verschiedene Entfernungen vom Steuerwellenmittelpunkt gebracht wird und mit dem Brennstoffnocken mehr oder weniger zum Eingriff kommt, wodurch die Veränderlichkeit des Nadelhubes (und auch dessen Dauer) erreicht ist. Bei der Formgebung des Brennstoffnockens ist zu beachten, daß der Moment der Eröffnung, *B. a.* unveränderlich gehalten werden muß, was auf die Bedingung führt, daß eine Verdrehung der Welle *a* im Augenblick *B. a.* keine Veränderung in der Lage des Punktes *c* zur Folge hat. Die Anlaufkurve des Brennstoffnockens ist somit durch die Umhüllende aller Lagen der Rolle *b* gegeben, die diese bei der Lage des Punktes *c* entsprechend geschlossener Brennstoffnadel infolge der Verdrehung der Welle *a* einnehmen kann.

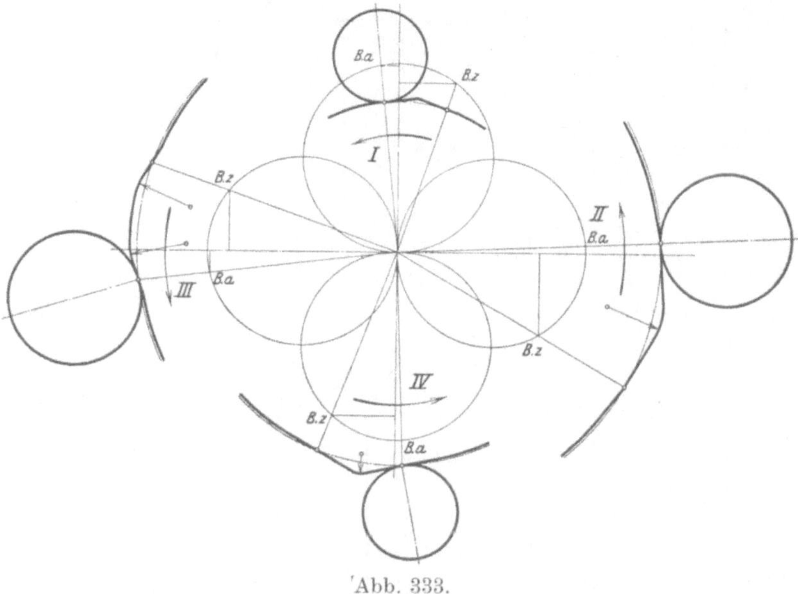

Abb. 333.

Ein weiteres einfaches Mittel, die Dauer und Größe des Nadelhubes zu verändern ist weiter unten bei Besprechung der Öldrucksteuerungen erörtert.

Für die Umstellung der Steuerung von Anlassen auf Betrieb, die bei Gleichdruckmaschinen aus den früher erörterten Gründen besonders rasch erfolgen muß, hat sich bei stehenden Maschinen eine allgemein gebräuchliche Bauart herausgebildet, die in Abb. 335—37[3]) dargestellt ist. Die Antriebshebel für die Ein- und Auslaßventile sind auf der Welle *a* direkt gelagert, die Hebel für Brennstoff- und

und großer Leistung; III. Maschinenfabrik und Mühlenbauanstalt G. Luther in Braunschweig (I. bis III. für stehende Maschinen); IV. Maschinenfabrik Augsburg-Nürnberg A.-G. (liegende Maschinen).

[1]) Maßstab 1 : 10. Zu einem stehenden Zweitaktdieselmotor, 600 ⌀, von Gebr. Sulzer in Winterthur.

[2]) Im vorliegenden Fall ist die Anordnung derart getroffen, daß außer dem Brennstoffnadelhub auch der Einblasedruck vom Regulator abhängig gemacht ist (s. S. 269), wobei der Servomotor (nach Hottenstein) durch die Veränderlichkeit des Saugdrucks am Einblasekompressor verstellt wird. D.R.P. 202986.

[3]) Maßstab 1 : 10. Zu einem stehenden Dieselmotor, 350 ⌀, 500 Hub der Gasmotorenfabrik Deutz in Cöln-Deutz.

Anlaßventile auf einer um *a* drehbaren exzentrisch gebohrten Hülse *b*, die einen Anguß besitzt, in dem ein Handhebel gelagert ist, der in die Nuten einer mit *a* festverbundenen Scheibe *c* eingreift. Steht der Hebel senkrecht (Betriebsstellung), so ist die Brennstoffrolle, steht er wagrecht (Anlaßstellung), die Anlaßrolle mit ihrem Nocken in Eingriff. Steht der Hebel auf der mittleren Rast, so sind Anlaß- und Brennstoffrolle außerhalb des Bereiches ihrer Antriebsnocken, wodurch Sicherheit gegen unbeabsichtigtes Sich-in-Bewegung-Setzen der Maschine bei Stillstand erreicht ist. **Abb. 334** zeigt eine auf demselben Grundgedanken beruhende Bauart,

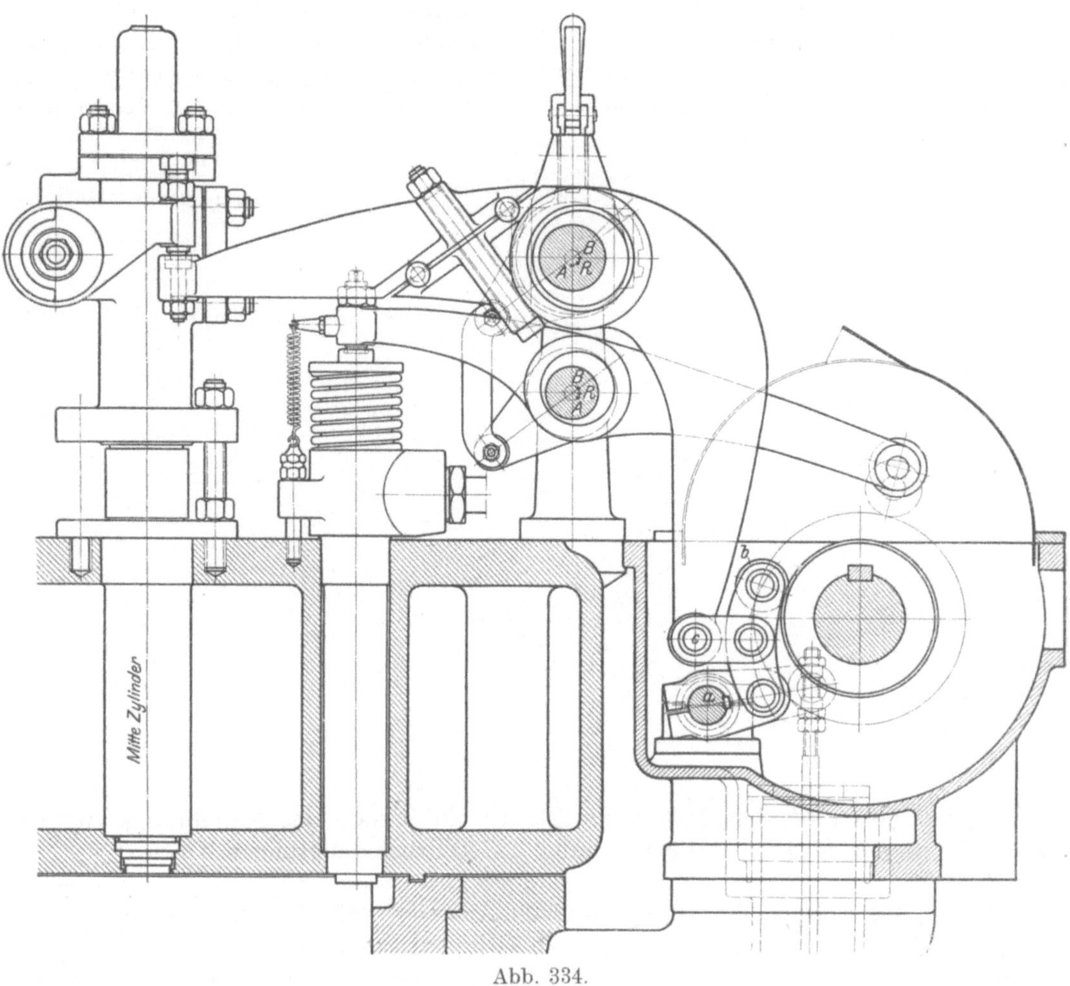

Abb. 334.

wobei jedoch noch eine zweite Achse vorgesehen ist, auf der der Anlaßhebel mit Hilfe einer exzentrischen Büchse gelagert ist. Die exzentrische Büchse, auf der der Brennstoffhebel sitzt, wird in der üblichen Weise verstellt und nimmt durch eine kurze Zugstange die Büchse des Anlaßhebels mit. Die eingeschriebenen Bezeichnungen *A*, *B* und *R* entsprechen den Stellungen für Anlassen, Betrieb und Ruhe.

Bei Maschinen mit offener Düse, wo das Einblasluftventil auch als Anlaßventil dient, wird die Umstellung in einfachster Weise durch Verschiebung der Rolle im Antriebshebel erreicht, wofür **Abb. 338/39**[1]) ein Beispiel gibt. Die Rolle wird

[1]) Maßstab 1 : 6. Zu einem Rohölmotor, 290 ϕ, 450 Hub, 25 PS bei $n = 210$, der Dinglerschen Maschinenfabrik A.-G. in Zweibrücken. S. auch Abb. 298/99, S. 277.

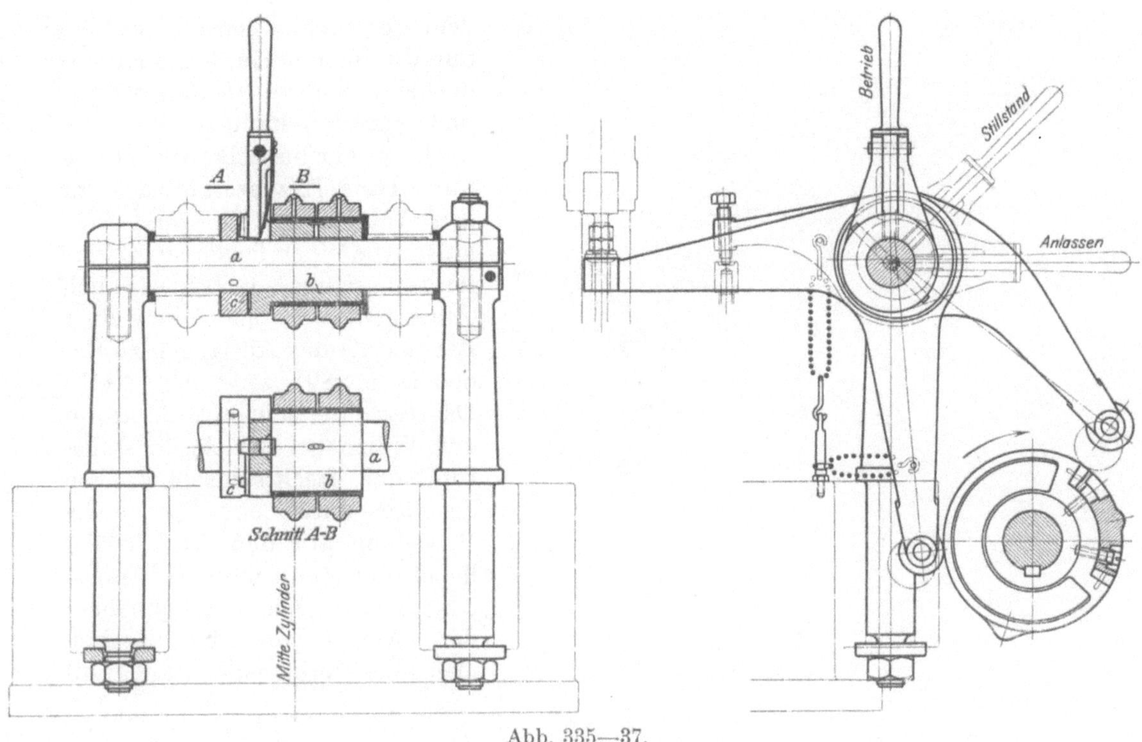

Abb. 335—37.

gegen unbeabsichtigte Verschiebung durch Niederschrauben des Handgriffes H gesichert.

Die Auslaßventile der Gleichdruckmaschinen müssen gegen noch höheren Druck angehoben werden, als die der Verpuffungsmaschinen, was bei Großmaschinen sehr große Kräfte im Anhubmoment erfordert und, sofern für die Auslaßventile reiner Nockenantrieb ausgeführt wird, in den Nokken oft unzulässig hohe Beanspruchungen schafft. Aus diesem Grunde findet bei Großmaschinen für den Antrieb der Auslaßventile die Verwendung von **Wälzhebeln** mehr und mehr Eingang, die entweder von einem Exzenter aus angetrieben oder in den Nockentrieb eingeschaltet werden. Für letztere Anordnung (erstere ist ähnlich) gibt Abb. 340[1]) ein Beispiel. Der Zwanglauf in der Antriebsvorrichtung wird durch eine eingeschaltete Hilfsfeder erzielt, wobei auch eine gewisse Pufferwirkung

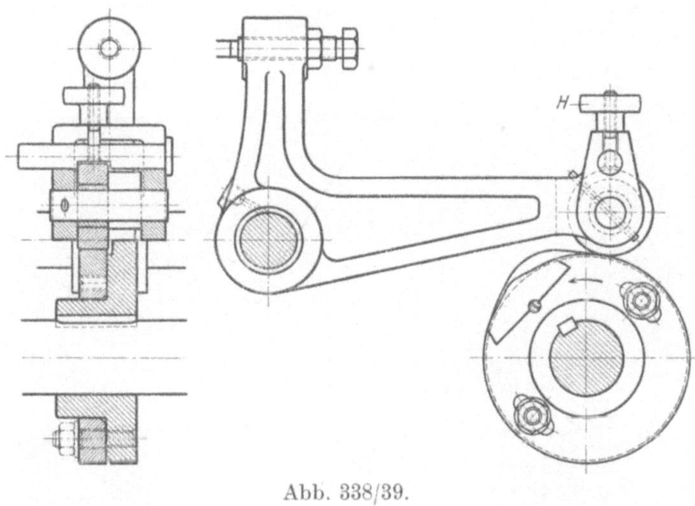

Abb. 338/39.

[1]) Maßstab 1 : 20. Zu einem Dieselmotor (Kreuzkopftype), 550 ϕ, 150 PS pro Zylinder bei $n = 167$, der Grazer Waggon- und Maschinenfabriks-A.-G. in Graz.

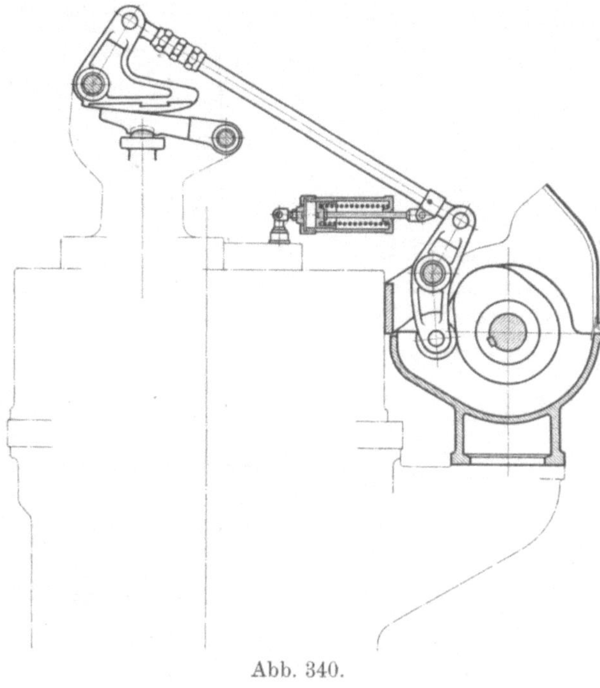

Abb. 340.

erreicht wird, indem die hinter dem Federteller befindliche Luft nur durch feine in den Büchsendeckel gebohrte Öffnungen aus- und eintreten kann.

Eine sehr hübsche Ausbildung nur eines Exzenterantriebs für den Antrieb der Ein- und Auslaßventile einer liegenden Zwillingsmaschine, wobei es auch ermöglicht ist, mit nur einer Längswelle das Auslangen zu finden (s. S. 289), zeigt Abb. 341[1]). Das Exzenter arbeitet direkt auf den Wälzhebel der Auslaßsteuerung der Rechtsmaschine, von dem aus durch eine Stange die Bewegung auf den Auslaßwälzhebel der Linksmaschine übertragen wird. Die in entsprechender Weise von der Rechtsmaschine durch eine Stange auf

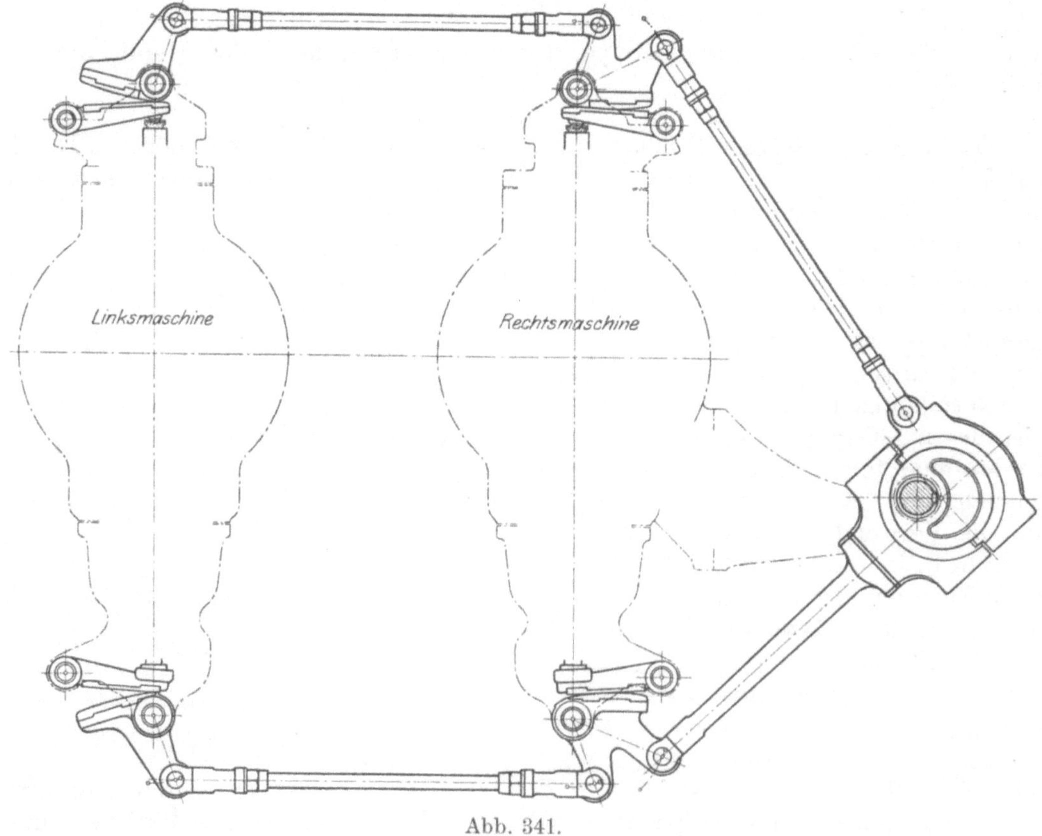

Abb. 341.

[1]) Maßstab 1 : 18. Zu einem liegenden, einfach wirkenden Zwillingsdieselmotor, 450 ϕ, 700 Hub, 2×100 PS, der Maschinenfabrik Augsburg-Nürnberg A.-G.

die Linksmaschine übertragene Betätigung der Einlaßventile wird von einem Bügelpunkt abgeleitet. Eine derartige Zusammenfassung des gesamten Antriebs von vier Ventilen ist, wie das Steuerschema Abb. 342[1]) erkennen läßt, nur bei einer Kurbelversetzung von 360° möglich. Der Antrieb der Düsen (s. Abb. 273, S. 268) geschieht durch eine hinter den Zylindern laufende Querwelle.

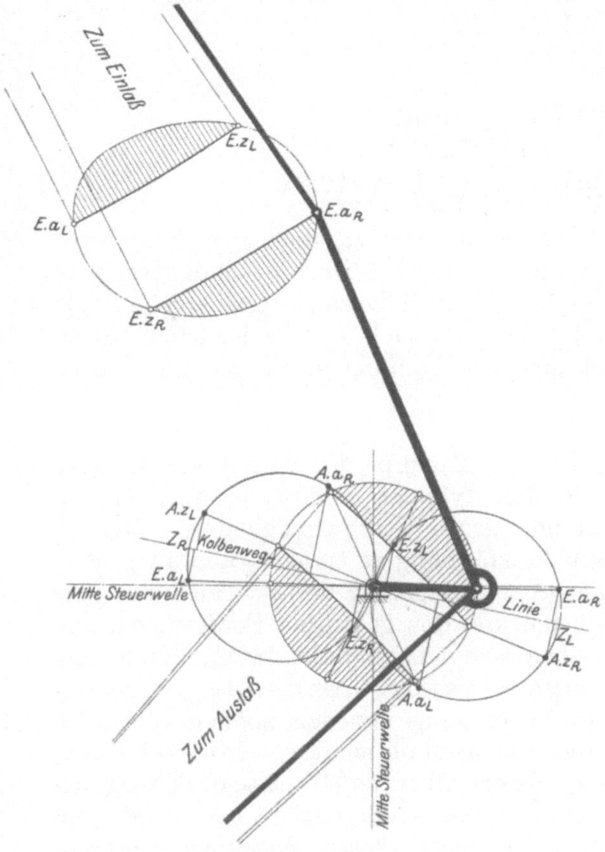

Da es nicht möglich ist, die Maschine wider die Verdichtung zu schalten, muß wie bei Verpuffungsmaschinen dafür gesorgt werden, daß während der Schaltbewegung keine Verdichtung eintritt. Bei stehenden Maschinen ist die hierfür übliche Vorrichtung aus Abb. 343[2]) zu ersehen. Soll die Maschine geschaltet werden, so wird der Hebel in die strichpunktiert gezeichnete Stellung gebracht, wobei durch Keilwirkung der Einlaßventilhebel mittels eines Fortsatzes am Zapfen der Einlaßrolle vom Nocken abgehoben und das Einlaßventil um den Betrag *s* nach abwärts gedrückt wird. Bei liegenden Maschinen wird in der Regel der auch

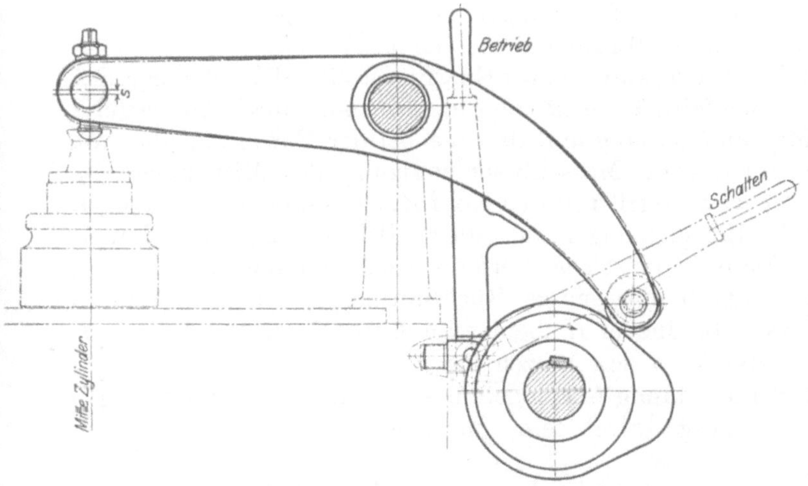

Abb. 342.

Abb. 343.

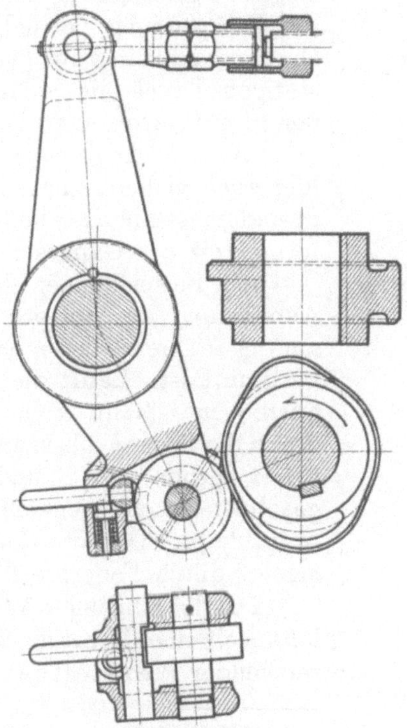

Abb. 344—46.

[1]) Maßstab 1 : 4.

[2]) Maßstab 1 : 12. Nach Ausführung der Grazer Waggon- und Maschinenfabriks-A.-G. in Graz.

für Verpuffungsmaschinen meistens verwendete Hilfsauslaß angewendet, wofür Abb. 344—46[1]) ein Beispiel gibt. Die den Auslaß betätigende Nockenscheibe trägt noch einen schmalen Hilfsnocken, wodurch bei entsprechender Stellung der Rolle das Auslaßventil im Zweitakt gesteuert und eine Verdichtung im Zylinder vermieden wird. Im Betrieb ist die durch einen Schnapper gesicherte Rolle außerhalb des Bereiches des Hilfsnockens gerückt.

E. Brennstoffpumpen.

1. Bauliche Ausgestaltung und Antrieb.

Da die an die Wirkungsweise der Brennstoffpumpen zu stellenden Ansprüche verschieden sind, je nachdem es sich um die Anwendung bei Niederdruckölmaschinen oder Gleichdruckmaschinen mit offener oder geschlossener Düse handelt, ergeben sich für die drei Gruppen sowohl verschiedene Bauarten als auch verschiedenartige Mittel zur Regelung, weshalb im folgenden auch eine Unterteilung in die genannten drei Gruppen vorgenommen ist.

Bei **Niederdruckölmaschinen** muß die Brennstoffpumpe das Öl in der Nähe des Zündungstotpunktes in sehr kurzer Zeit in den Zylinder einspritzen, wobei in den sehr engen Querschnitten des Düsenkopfes große Geschwindigkeiten auftreten müssen, um eine wenn auch unvollkommene Zerstäubung zu erzielen, und außerdem muß durch Veränderlichkeit der Fördermenge eine Regelung der Maschinenleistung erzielt werden können. Die baulich einfachsten und den gestellten Forderungen am meisten entsprechenden Anordnungen ergeben sich hierbei dann, wenn durch den Reglereingriff der Förderhub der Pumpe verändert wird. Die geringe für die Einspritzung verfügliche Zeit führt in Verbindung mit den notwendig hohen Geschwindigkeiten im Düsenkopf darauf, die Einspritzung nicht so sehr durch einen stetigen Druck als vielmehr durch eine gewissermaßen schlagartige Betätigung der Pumpe erfolgen zu lassen. Letzteres läßt sich insbesondere leicht bei Anordnung von Aussetzerreglervorrichtungen erreichen, weshalb dieses Regelungsverfahren hier auch vielfach zur Anwendung kommt, um so mehr, als ein Großteil der Niederdruckölmaschinen als billigere Marktware ausgeführt wird, an die bezüglich der Gleichförmigkeit des Ganges keine großen Anforderungen gestellt werden.

Als Beispiel einer derartigen Ausführung diene die in Abb. 347[2]) dargestellte Anordnung. Ein auf der Kurbelwelle aufgekeiltes Exzenter treibt die Schwinge *Sch* an, die an ihrem oberen Ende den Mitnehmer *M* trägt, dessen Bahn durch den Sattel *S* bestimmt ist. Läuft die Maschine so langsam, daß die bei der Bewegung über die ansteigende Bahn von *S* auftretende Massenbeschleunigung des Mitnehmers *M* durch die Feder *F* überwunden wird, so trifft *M* den Kopf *K*, der mit dem Tauchkolben *P* fest verbunden ist, und die Einspritzung findet statt. Bei zu großer Maschinengeschwindigkeit fliegt *M* hinaus, wodurch *K* verfehlt wird und die Einspritzung unterbleibt. Die für den Saughub notwendige Rückführung des Pumpenkolbens erfolgt durch Federkraft. Der Handhebel *H* dient zum Ausfüllen der Rohrleitung.

Da die einzelnen Widerstände in den Bolzen usw. nicht genau bekannt sind, läßt sich eine derartige Regleranordnung nur ungefähr entwerfen und muß mit hinreichender Verstellbarkeit ausgestattet sein, um eine probeweise Einstellung

---

[1]) Maßstab 1 : 5. Auslaßantrieb eines liegenden Rohölmotors, 300 ɸ, 580 Hub, von Gebr. Körting, Aktiengesellschaft in Körtingsdorf vor Hannover (s. auch Abb. 248, S. 257).

[2]) Maßstab 1 : 5. Zu einem Zweitaktniederdruckölmotor der Motorenfabrik J. Warchalowski in Wien III.

im Betrieb zu ermöglichen. Im vorliegenden Falle ist das Sattelbett durch Langlochschlitze verschiebbar gemacht. Die Feder *F* kann innerhalb weiterer Grenzen verstellt werden, sowie auch die Reibung, die der Mitnehmer in seinem Zapfen erfährt, durch Verstellung der Schraube *A* beliebig verändert werden kann.

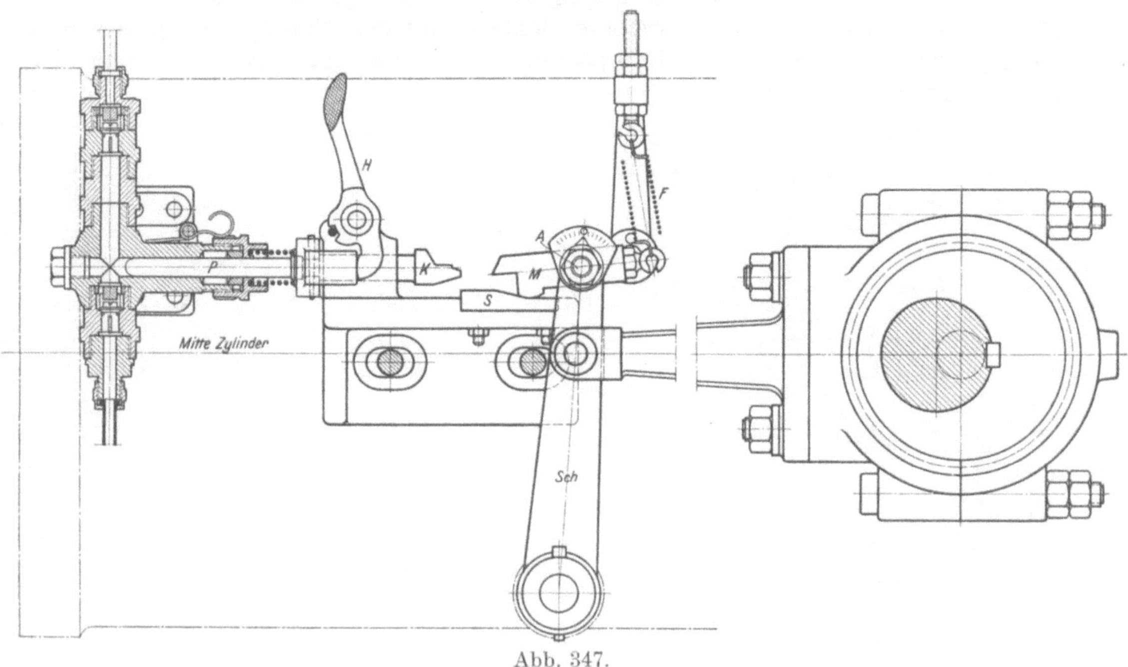

Abb. 347.

Abb. 348[1]) zeigt eine Ausführung, wobei die Pumpe durch einen Exzenter angetrieben wird, das von einem im Schwungrad gelagerten Achsenregler einfacher Bauart verstellt wird. Das Schwunggewicht *G* des Achsenreglers dreht sich um *A*

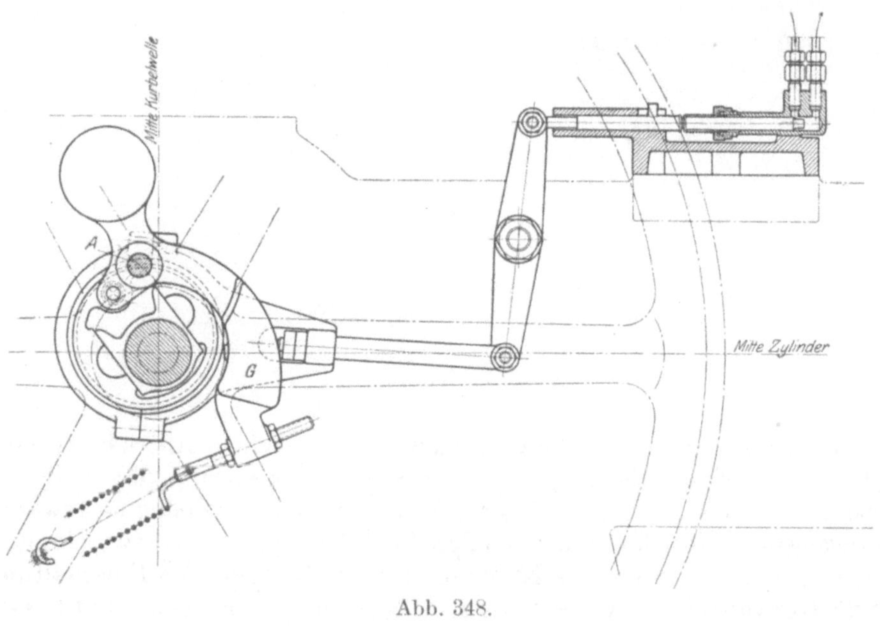

Abb. 348.

[1]) Maßstab 1 : 8. Zu einem 12pferdigen liegenden „Climax"-Niederdruckrohölmotor von Bachrich & Co., Kommanditges. in Wien XIX.

und verschiebt bei steigender Umdrehungszahl das Exzenter, wodurch dessen Exzentrizität verkleinert und die Förderung der Pumpe vermindert wird. Entsprechend der früher ausgesprochenen Forderung nach stoßartiger Wirkungsweise der Pumpe, wird diese vom Exzenter nicht durch einen Lenkermechanismus sondern unter Einschaltung eines geführten Bolzens angetrieben, so daß je nach der Stellung des Achsenreglers stärkere oder schwächere Schläge auf den Pumpenkolben ausgeübt werden. Die Rückführung des Pumpenkolbens für das Ansaugen geschieht hier ebenfalls durch eine Feder.

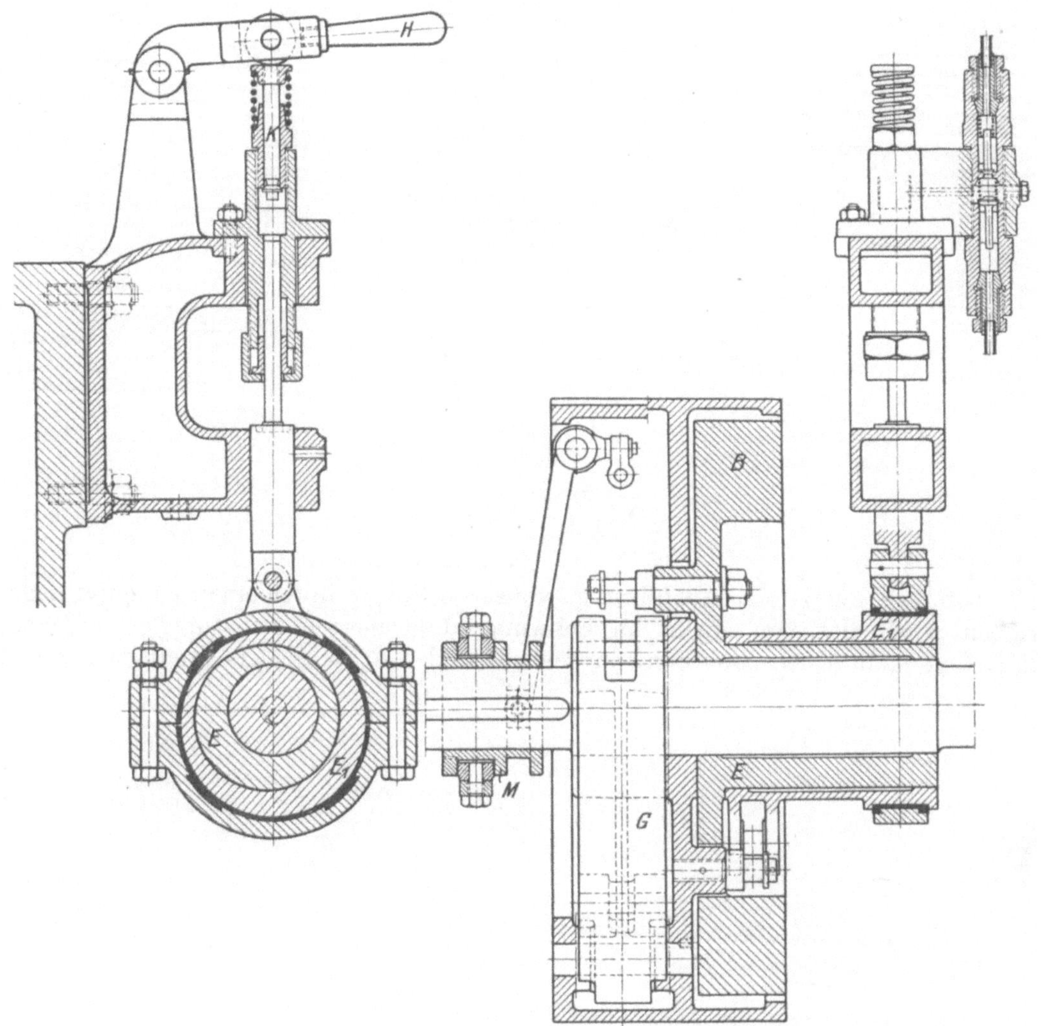

Abb. 349/50.

Eine andere für derartige Pumpen vielfach ausgeführte Antriebsart bildet die Verwendung von Nockenscheiben, wobei die Rückführung des Kolbens ebenfalls durch Federkraft erfolgt, die Nockenform jedoch zweckmäßig so gewählt wird, daß der eigentliche Druckhub mit großer Beschleunigung stoßartig einsetzt. Die Regelung kann hierbei durch verschiebbare unrunde Körper oder Einschaltung eines vom Regulator verstellten Keiles zwischen Nocken und Kolben (Swiderski) geschehen.

Die Wassereinspritzung erfolgt bei Viertaktglühkopfmaschinen in der Regel durch den Unterdruck während des Ansaugens, bei Zweitaktmaschinen meistens durch eine eigene mit der Brennstoffpumpe zusammengebaute Wasserpumpe, die in der Regel auch in ihrer Förderung vom Regulator beeinflußt wird, da die bei Volllast eingespritzte Wassermenge bei dauernder Niedrigbelastung der Maschine den Glühkopf zu sehr abkühlen und leicht ein Versagen der Zündung herbeiführen würde.

Von den Pumpen für Hochdruckölmaschinen bieten die **in offene Düsen** fördernden beträchtlich weniger Schwierigkeiten in Anordnung und Betrieb, da die Brennstoffvorlagerung während der Ansaugeperiode erfolgt und in der Regel nur wenig in die Verdichtungsperiode hineindauert, weshalb die Pumpen auch nur gegen niedrigen Druck zu fördern haben. Dadurch ergibt sich die Möglichkeit, die Regelung der Maschinenleistung in einfachster Weise dadurch zu erreichen, daß der Pumpenhub vom Regulator aus direkt beeinflußt wird.

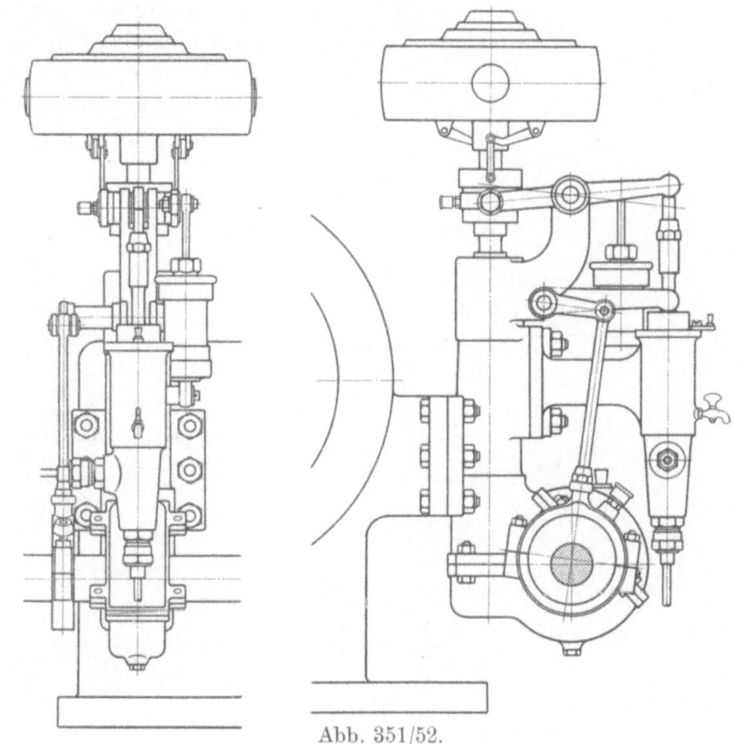

Abb. 351/52.

Bei der in Abb. 349/50[1]) dargestellten Anordnung wird dies durch einen auf der wagerechten Steuerwelle der Maschine sitzenden Achsenregler erzielt, der das den Pumpenkolben antreibende Exzenter verstellt. Durch die Bewegung des Schwunggewichtes *G* wird das lose auf der Welle sitzende mit der Beharrungsmasse *B* aus einem Stück gefertigte Verdrehexzenter *E* verstellt, auf dem das eigentliche Antriebsexzenter E_1 sitzt, das durch kurze Lenker an das Reglergehäuse angeschlossen ist, um bei einer Verdrehung von *E* folgen zu können. Die an der Pumpe zur Wirkung kommende Exzentrizität wird hierbei durch das Zusammenwirken beider Exzenter erzielt, wie aus dem Querriß ersichtlich, in dem die Stellung der Exzenter entsprechend größter Förderung eingezeichnet ist. Durch Verschiebung der Muffe *M* kann in bekannter Weise die Federspannung und damit die Umdrehungszahl der Maschine verändert werden. Der Hilfskolben *K*, der durch den Handhebel *H* betätigt werden kann, dient zum Aufpumpen der Verbindungsrohrleitung bei In-Betrieb-Setzung.

Die Bauart nach Abb. 351/52[2]) zeigt Antrieb des Kolbens durch Exzenter und Schwinge. Eine Veränderlichkeit der Pumpenförderung wird hier dadurch erreicht, daß der Saughub des durch eine Feder rückgeführten Pumpenkolbens durch den Regulatorhebel begrenzt wird, an den die die Fortsetzung des Pumpenkolbens

[1]) Maßstab 1 : 6. Zu einem liegenden Gleichdruckrohölmotor, 350 ϕ, 500 Hub, $n = 175$, der Lietzenmayerschen Gleichdruck-Motoren-Gesellschaft m. b. H. in München.

[2]) Maßstab 1 : 10. Zu einem liegenden Rohölmotor, 290 ϕ, 450 Hub, 25 PS bei $n = 210$, der Dinglerschen Maschinenfabrik A.-G. in Zweibrücken.

bildende Stange früher oder später anstößt. Die Einzelheiten der Pumpe sind aus der in größerem Maßstab gehaltenen **Abb. 353**[1]) zu erkennen. Die Anordnung erfordert genaue Bemessung der Rückführfeder, wenn nicht größere Rückdrücke auf den Regler auftreten sollen. Der Reglereingriff erfolgt verhältnismäßig sehr früh, da die beim Arbeitshub zur Verbrennung gelangende Brennstoffmenge bereits durch den Saughub der Pumpe bestimmt ist, da nach Beginn des Druckhubes (dessen Ende ungefähr mit Ende Saughub der Maschine zusammenfallen muß) ein Reglereingriff nicht mehr möglich ist. Der Reiber *R* dient zum Abstellen.

Bei der in Abb. 354/55[2]) dargestellten Anordnung erfolgt der Antrieb des Pumpenkolbens durch eine auf der Steuerwelle sitzende unrunde Scheibe, wobei durch eine starke Feder der Kraftschluß beim Saughub hergestellt wird. Die Regelung erfolgt hier ebenfalls durch Einstellung des Saughubes durch einen vom Regulator bewegten Keil, dessen Keilwinkel jedoch innerhalb der Selbstsperrungsgrenze gelegen ist, so daß der Regler rückdruckfrei arbeitet. Infolge der gewählten Anordnung ist es auch möglich, die Förderung weit in die Verdichtungsperiode der Maschine hinein dauern zu lassen (s. S. 315, **Abb. 378**).

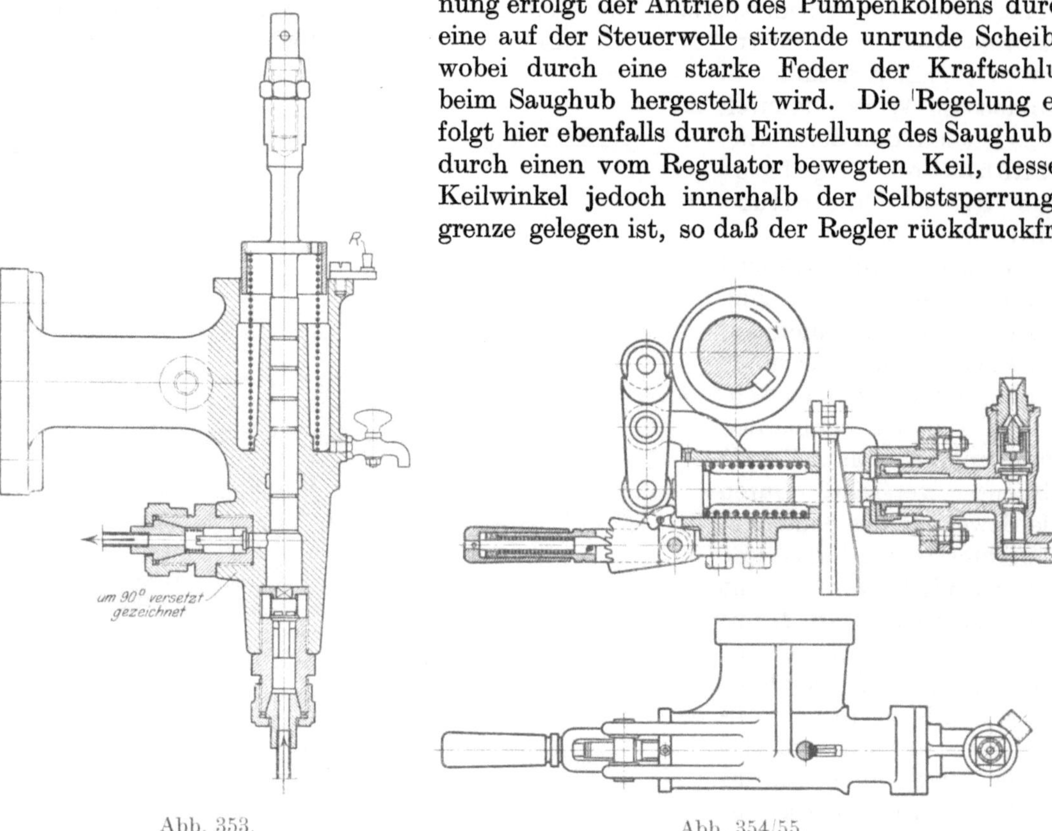

Abb. 353. Abb. 354/55.

Eine Weiterbildung der erwähnten Bauart bildet die in D. R. P. 237 172 beschriebene Ausführung für Teerölmaschinen, wobei die nebeneinander liegenden Pumpen für Teeröl und Rohöl durch einen gemeinschaftlichen, vom Regulator verstellten Keil geregelt werden, der nach links und rechts abgeschrägt ist, so daß bei abnehmender Belastung die Rohölförderung vergrößert, hingegen die Teerölförderung verkleinert wird, während bei Vollast, wo die Maschine auf höchster Temperatur ist, nur Teeröl gefördert wird. Um mit der erwähnten Vorrichtung gleichzeitig die Maschinenleistung regeln zu können, wird der Durchmesser der Zündölpumpe wohl wesentlich kleiner gewählt werden müssen als der der Teerölpumpe.

---

[1]) Maßstab 1 : 5.

[2]) Maßstab 1 : 6. Zu einem liegenden Ölmotor, 300 ϕ, 580 Hub, von Gebr. Körting, Aktiengesellschaft in Körtingsdorf vor Hannover.

Den schwierigsten Arbeitsbedingungen unterliegen die Brennstoffpumpen für Gleichdruckmaschinen mit **geschlossener Düse** (Dieselmotoren), da hier unter allen Umständen gegen den vollen Einblasedruck von 60 bis 70 atm gefördert werden muß, eine Spannung, die durch Ventil und Rohrleitungswiderstände unter Umständen

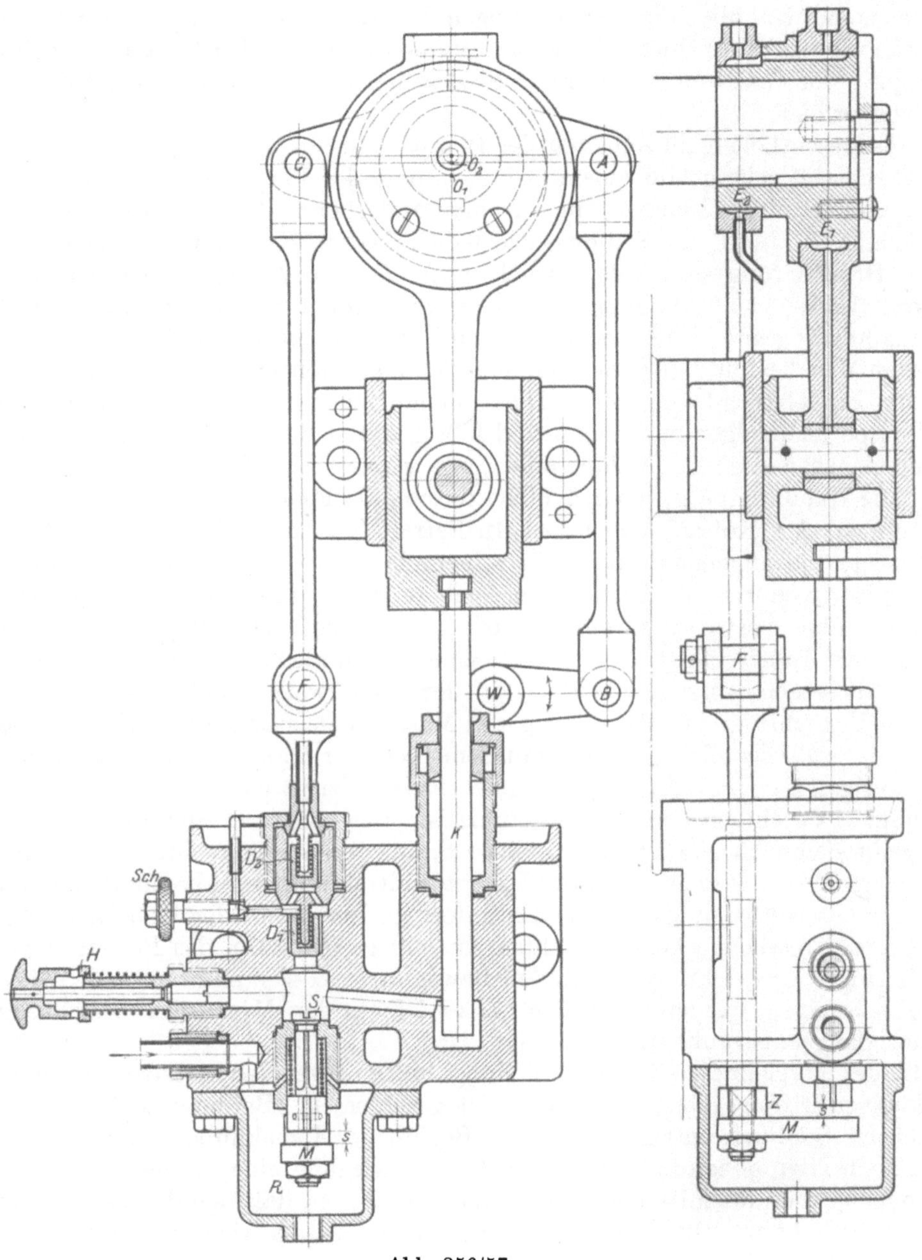

Abb. 356/57.

noch eine beträchtliche Erhöhung erfahren kann. Obschon nicht zu bezweifeln ist, daß auch Bauarten mit Regelung durch Veränderung des Pumpenhubes für den vorliegenden Zweck sicher allen Anforderungen des Betriebs entsprechend ausgebildet werden könnten, sofern nur durch Einschaltung selbstsperrender Mechanismen (wie etwa bei der soeben besprochenen Bauart) dafür gesorgt ist, daß während der Förderdauer ein Rückdruck auf den Regulator nicht auftreten kann, wird doch allgemein für Dieselmotoren an der historischen, wohl bewährten Bauart der Pumpen festgehalten, bei denen die wirksame Förderung nur einen Teil des Druckhubes der Pumpe umfaßt, während ein je nach der Belastung größerer oder geringerer Teil des angesaugten Öles durch das während eines Teiles des Druckhubes offen gehaltene Saugventil in den Saugraum zurücktritt. Grundsätzlich ist somit bei allen hierher gehörigen Bauarten von Pumpen derselbe Grundgedanke verwirklicht. Unterschiede sind nur dadurch gegeben, daß die Ableitung der Bewegung der Saugventile sowie der Reglereingriff bei den einzelnen Bauarten verschieden erfolgt.

Alle wesentlichen Einzelheiten der Pumpe sind aus Abb. 356/57[1]) zu entnehmen. Der Brennstoff gelangt aus einem Gefäß, in dem der Flüssigkeitsspiegel in der Regel durch eine Schwimmervorrichtung auf unveränderlicher Höhe gehalten wird, in den Saugkasten R, aus dem er durch das federbelastete Saugventil S angesaugt wird. In die Druckleitung sind zwei Druckventile D_1 und D_2 hintereinander geschaltet, was mit Rücksicht auf die hohe Spannung im Durckraum eine meist geübte Sicherheitsmaßregel gegen Undichtigkeit in den Druckventilen bildet. In den Raum zwischen den beiden Druckventilen mündet eine Bohrung, die durch die Probierschraube *Sch* abgeschlossen wird. Diese dient dazu, um sich vom richtigen Arbeiten der Pumpe überzeugen zu können und läßt geöffnet das Öl durch eine kleine Rohrleitung sichtbar in einen Trichter fallen, von wo es in den Saugraum nach R zurückfällt. Die Handpumpe H, deren Kolben durch eine Feder rückgeführt ist, dient zum Aufpumpen der Rohrleitungen bei In-Betrieb-Setzung. Der Kolben der Handpumpe ist, wie allgemein üblich, in seinem inneren Teil als Rückschlagventil ausgebildet, wodurch im Betrieb eine sichere Abdichtung des Druckraumes gegen außen hin ohne Verwendung einer Stopfbüchse erfolgt. Der durch eine Stopfbüchse abgedichtete Tauchkolben K der Pumpe ist an einen kleinen Kreuzkopf angeschlossen und erhält seinen Antrieb von dem auf der Steuerwelle aufgekeilten Exzenter E_1.

Die Vorrichtung zur Regelung der Maschinenleistung ist bei der vorliegenden Bauart derart ausgebildet, daß ein mit dem Exzenter E_1 aus einem Stück gefertigtes, gleichläufiges Exzenter E_2 mit geringerer Exzentrizität eine Schwinge antreibt, die im Punkt A durch den Lenker AB geführt ist. Der andere Endpunkt C der Schwinge beschreibt demnach eine ellipsenähnliche Bahn, deren wagerechte Ausschläge durch die wagerechten Ausweichungen des Exzentermittelpunktes O_2 bedingt sind, während die senkrechten Ausschläge die des Exzenters im Verhältnis der Hebelarme $AC : AO_2$ vergrößert darstellen. Die senkrechten Ausschläge der Bahn des Punktes C, die mit ganz geringen Abweichungen nach den Bewegungsgesetzen eines normalen Exzenterantriebes erfolgen, werden durch den Lenker CF auf den Mitnehmer M übertragen, der das Saugventil anhebt.

In der gezeichneten tiefsten Stellung beider Exzenter hat der Mitnehmer M das Saugventil freigegeben, und dieses ist geschlossen. Befinden sich die Exzenter in höchster Stellung, entsprechend dem Beginn des Druckhubes, so wird das Saugventil noch offen gehalten und erst nach Zurücklegung eines Teiles des Druckhubes freigegeben, wenn der Mitnehmer M so weit gesenkt ist, daß sich das Ventil auf seinen Sitz aufsetzen kann. Die Regelung der Maschinenleistung wird nun dadurch erreicht, daß der Punkt B selbst nicht festliegt, sondern durch den Endpunkt eines auf der vom Regulator verstellten Regulierwelle W aufgebrachten Hebels gegeben ist. Wird nun W z. B. im Sinne des Uhrzeigers verdreht, so wird B und damit auch A tiefer, die Bahn des Punktes C hingegen höher gelegt, wodurch erreicht ist, daß die Exzenter einen längeren Weg vom äußeren Totpunkt des Pumpenkolbens zurücklegen

[1]) Maßstab 1 : 5. Zu einem stehenden Dieselmotor, 455 ϕ, 650 Hub, $N = 100$ PS, der Maschinenfabrik und Mühlenbauanstalt G. Luther in Braunschweig.

müssen, ehe der Mitnehmer M das Saugventil freigibt. Da die Förderung der Pumpe jedoch erst dann beginnt, wenn sich das Saugventil auf seinen Sitz gesetzt hat, wird weniger gefördert, entpsrechend einer Entlastung der Maschine. Im umgekehrten Fall, Verstellung von W entgegen dem Sinn des Uhrzeigers, wird die Pumpenförderung vergrößert.

Eine etwas andere, übrigens der am meisten ausgeführten entsprechende Bauart zeigt Abb. 358/59[1]). Die Anordnung der Pumpe und ihrer Ventile ist der in der vorigen Figur dargestellten ähnlich, auch das Saugventil wird hier ebenfalls durch einen Mitnehmer M' während eines Teiles des Druckhubes der Pumpe offen gehalten, der Antrieb der Pumpe und des Mitnehmers erfolgt hier durch zwei kleine Kurbeltriebe[2]), entsprechend der Anordnung des zugehörigen Arbeitszylinders in einer Einzylinder- oder als letzter einer Mehrzylindermaschine vom Antriebsschraubenrad der Steuerwelle aus gerechnet. An Stelle des hier angegebenen Kurbeltriebes, dessen Einzelheiten aus dem Querriß ersichtlich sind, treten bei den übrigen Zylindern von Mehrzylinderanordnungen Exzentertriebe. Die beiden Kurbeltriebe sind hier um den Winkel β gegeneinander versetzt, und zwar derart, daß der Mitnehmerantrieb nacheilt[3]).

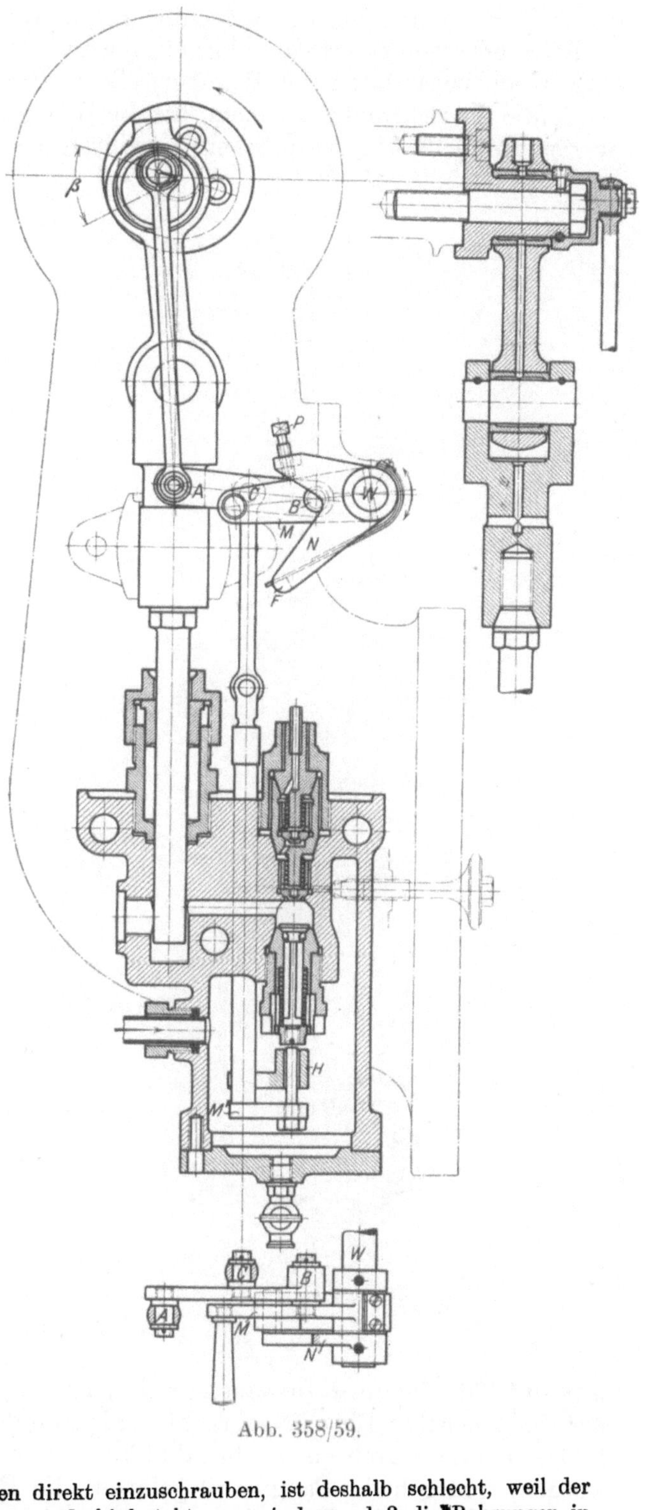

Abb. 358/59.

[1]) Maßstab 1 : 5. Zu einem stehenden Einzylinderdieselmotor, 350 ⌀, 500 Hub, der Gasmotorenfabrik Deutz in Köln-Deutz.

[2]) Man beachte die Art, wie durch Aufsetzen einer kappenartigen Flußeisenscheibe auf das freie Stirnende der Steuerwelle der exzentrisch liegende Kurbelzapfen gewonnen wurde. Die manchmal geübte Methode, die Steuerwelle am Ende einfach exzentrisch anzubohren und den Kurbelzapfen direkt einzuschrauben, ist deshalb schlecht, weil der Zapfen zur Mittellinie der Steuerwelle stets windschief steht, es sei denn, daß die Bohrungen in der Welle auf der Horizontal-Bohr- und Fräsmaschine hergestellt werden, was man aber besonders bei längeren Wellen lieber vermeiden wird. Bei der gewählten Bauart ist die mangelhafte Genauigkeit der auf der normalen Bohrmaschine hergestellten Gewinde unschädlich.

[3]) Das Nähere darüber siehe im folgenden Kapitel unter Förderdiagramm.

Der Mitnehmerantrieb arbeitet auf die Schwinge AB, von deren Zwischenpunkt C die Bewegung des Mitnehmers, die ebenfalls mit großer Annäherung nach dem Exzentergesetz erfolgt, abgeleitet wird. Der Regulatorangriff erfolgt hier so, daß durch Verdrehung der Regulierwelle W der Punkt B höher oder tiefer gelegt wird (die Zwischenmechanismen, die die Bewegung von W auf B übertragen, sind weiter unten, S. 314, besprochen), wodurch auch die Bahn des Punktes C verlegt

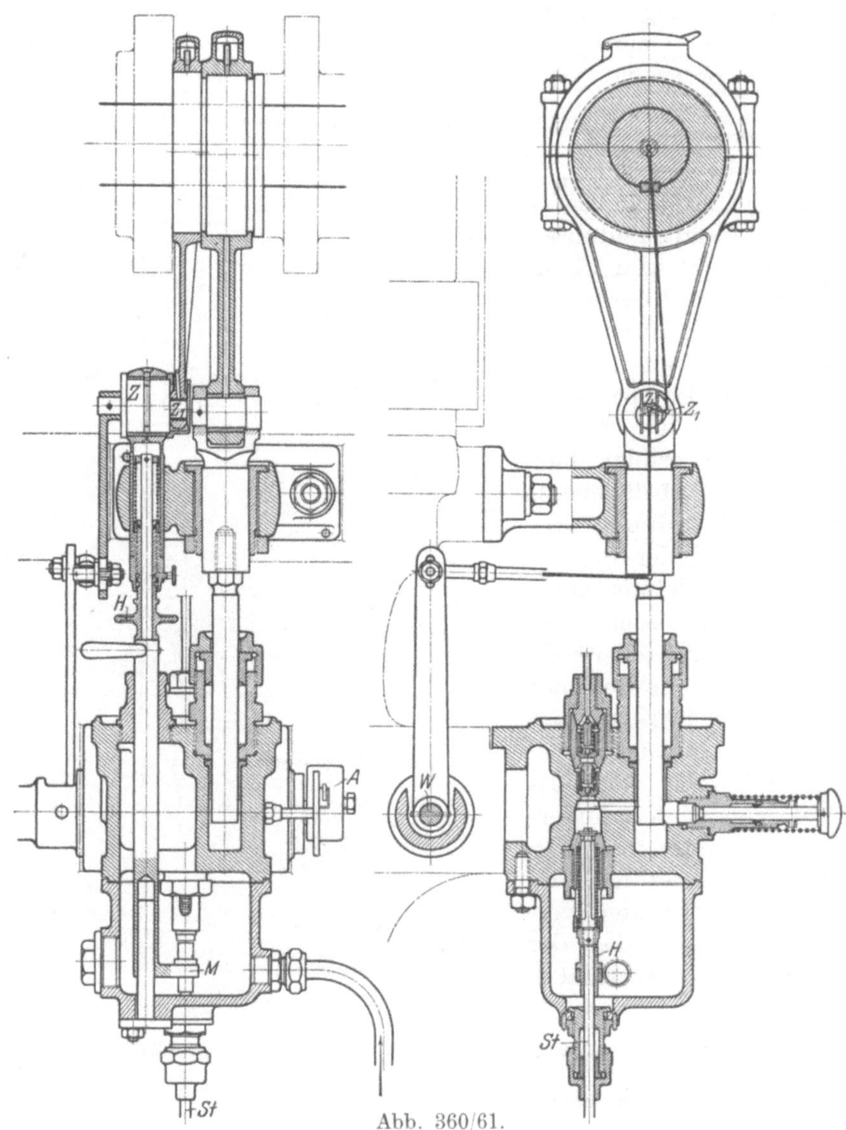

Abb. 360/61.

und der Mitnehmer M' für einen größeren oder geringeren Teil des Druckhubes mit dem Saugventil in Eingriff gebracht wird. Die den Stift des Mitnehmers umgebende Hülse H kann durch ein in die Abbildung nicht eingezeichnetes Gestänge gehoben werden, wodurch das Saugventil gelüftet, die Pumpenförderung unterbrochen und die Maschine abgestellt wird.

Bei der in Abb. 360/61[1]) dargestellten Anordnung sind ebenfalls zwei gleich-

[1]) Maßstab 1 : 7. Zu einem stehenden Dieselmotor, 70 PS pro Zylinder bei $n = 190$, von Benz & Co., Rheinische Automobil- und Motorenfabrik A.-G. in Mannheim.

läufige Exzenter für die Antriebe von Kolben und Mitnehmer vorgesehen. Der Reglereingriff erfolgt hier derart, daß durch Verdrehung der Regulierwelle W der Zapfen Z verdreht wird, der durch den Mitnehmer gerade geführt ist und den exzentrisch liegenden Zapfen Z_1 trägt, an dem die Stange des Antriebsexzenters angreift. Da die Höhenlage von Z_1 bei einer gegebenen Stellung des Antriebsexzenters gegeben ist, wird durch eine Reglerbewegung der Zapfen Z und damit der Mitnehmer höher oder tiefer gestellt und kommt dadurch für einen größeren oder geringeren Teil des Druckhubes der Pumpe mit dem Saugventil zum Eingriff. Die Verhältnisse sind deutlicher aus dem Querriß ersichtlich, wo der Mechanismus kinematisch aufgelöst im Schema eingetragen ist. A ist eine auf der Regulierwelle sitzende Zeigervorrichtung, die die jeweiligen Belastungen der Maschine erkennen läßt. Der Mitnehmer ist hier auf einem im Saugkasten angeordneten Stift gerade geführt und hebt das Saugventil mittels der Hülse H an, die die von unten zu betätigende Abstellstange St umschließt.

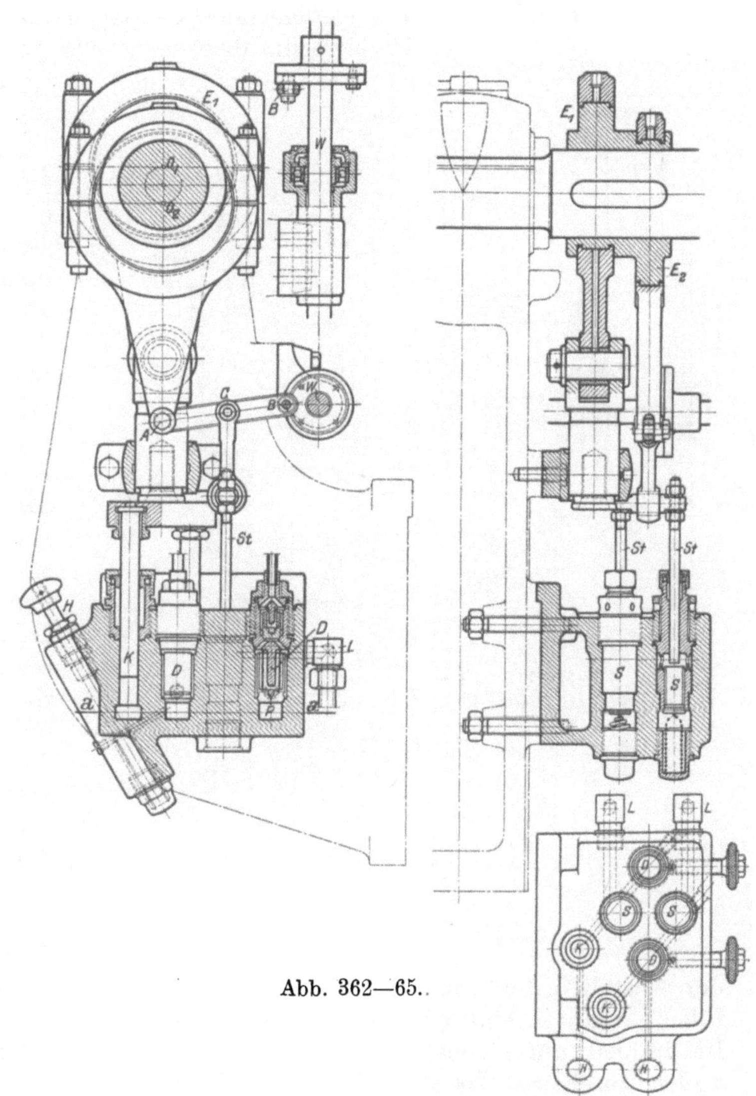

Abb. 362—65.

Abb. 362—65[1]) zeigt eine **Zwillingspumpe** für die Versorgung zweier Zylinder mit Brennstoff (s. darüber im nächsten Abschnitt, S. 316). Die beiden Tauchkolben K, deren Lage aus der Aufsicht auf den Pumpenkörper ersichtlich ist, sind durch Überwurfmuttern in einem gemeinschaftlichen Querhaupt festgehalten, das seinen Antrieb von dem Exzenter E_1 erhält. Die Saugventile S sind hier hängend angeordnet und werden durch Stößel St offen gehalten, die ebenfalls an einem gemeinschaftlichen Querhaupt hängen, das von dem bei C an die Schwinge AB angelenkten Lenker angetrieben wird. Die Schwinge AB erhält ihren Antrieb von einem gegen E_1 um 180° versetzten Exzenter[2]) E_2. Während des Druckhubes

[1]) Maßstab 1 : 8. Zu einem stehenden Vierzylinder-Dieselmotor, 500 ⌀, 125 PS pro Zylinder bei $n = 160$, der Grazer Waggon- und Maschinenfabriks-A.-G. in Graz.

[2]) Bei Vierzylindermaschinen, wo für je zwei Zylinder eine Pumpe mit gemeinschaftlichem Antrieb vorgesehen und die beiden Pumpen um 180° gegeneinander versetzt sind, kann auch eine

(Abwärtsbewegung von E_1 und K) geht St somit nach aufwärts und gibt S während des zweiten Teiles des Druckhubes frei. Der Regulator arbeitet auf die durchlaufende, in Kugellagern gelagerte Regulierwelle W, wodurch B und damit die Bahn von C höher oder tiefer gelegt, das Saugventil früher oder später freigegeben und mehr oder weniger gefördert wird. Die im Grundriß strichliert eingezeichneten Bohrungen, die die Räume unter den Saug- und Druckventilen mit dem Kolbenraum verbinden, liegen in der wagerechten Ebene aa, die Handpumpen H zum Auffüllen der Rohrleitung bis zum Zerstäuber liegen in seitlichen Angüssen des Pumpenkörpers und stehen durch schiefliegende Bohrungen mit dem Kolbenraum in Verbindung. Die Lage der Probierschrauben sowie der Brennstoffleitungsanschluß L ist durch Vergleich von Grund- und Aufriß gegeben.

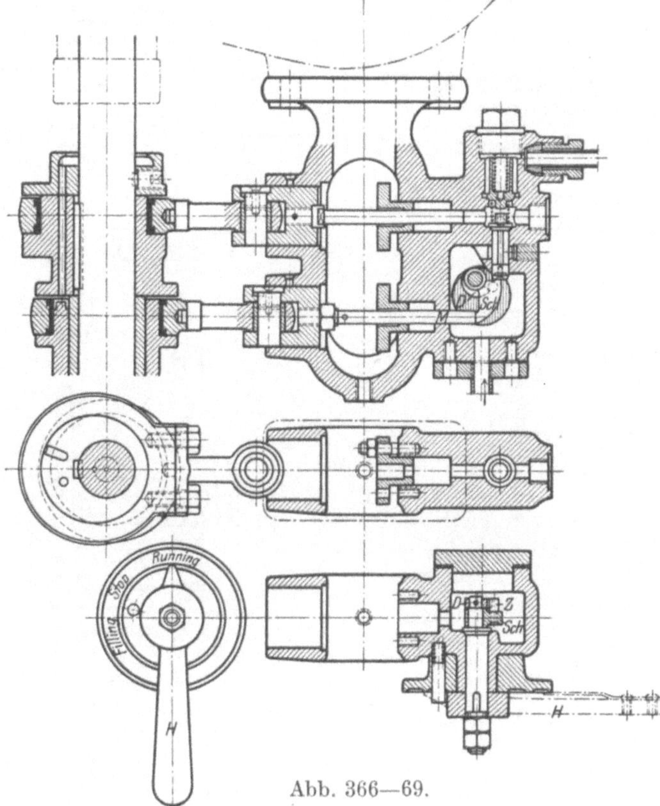

Abb. 366—69.

Eine von den vorigen Bauarten wesentlich abweichende ist in Abb. 366—69[1]) dargestellt. Pumpenkolben und Mitnehmer sind hier wagerecht angeordnet und erhalten ihren Antrieb von der senkrechten Steuerwelle durch Exzenter. Das Antriebsexzenter des Mitnehmers M wird durch einen Achsenregler verstellt und die dadurch je nach der Belastung veränderliche Bewegung des Mitnehmers überträgt sich durch eine kleine Schwinge Sch auf das Saugventil, dieses während eines größeren oder geringeren Teiles des Druckhubes offenhaltend und damit die Brennstofförderung regelnd. Eine bemerkenswerte Besonderheit dieser, in ähnlicher Weise übrigens auch von anderen Firmen (Carels Frères in Gent) ausgeführten Bauart bildet die Anordnung der Abstellvorrichtung, die hier auch gleich dazu dient, die Rohrleitung aufzufüllen, wodurch eine besondere Handpumpe entbehrlich wird. Die Schwinge Sch ist drehbar auf einem exzentrisch sitzenden Zapfen der Welle gelagert, die von außen durch den Handhebel H verdreht werden kann und an ihrem Ende einen Daumen D trägt, der durch einen Stift gegen Verdrehung gesichert ist. In die Schwinge Sch ist ein kleiner Zapfen Z eingeschraubt, gegen den sich der Daumen D legen kann. Die durch die einzelnen Stellungen des Handhebels H bedingten Verhältnisse lassen sich besser an Hand der in vierfach größerem Maßstab gehaltenen **Abb. 370** verfolgen. Steht der Hebel H auf Betrieb (Running, R), so ist der Daumen

---

bemerkenswerte Vereinfachung dadurch erreicht werden, daß alle Pumpen in einem Block vereinigt werden und der Saugventilantrieb jeder Pumpengruppe von dem Antriebsexzenter der anderen abgeleitet wird.

[1]) Maßstab 1 : 6. Zu einem stehenden Dieselmotor von Gebr. Sulzer in Winterthur.

außer Eingriff mit der Schwinge, die frei ausschwingend die Bewegung des Mitnehmers auf das Saugventil überträgt. Für diese Stellung sind in Abb. 370 Schwinge und Daumen vollausgezogen und durch je eine Strichlage gekennzeichnet. Bei der Ruhestellung des Handhebels (Stop, *St*), der die strichlierte Lage von Daumen und Schwinge in Abb. 370 zugehört, ist das Saugventil leicht angehoben, wodurch die Pumpenförderung unterbrochen und die Maschine zum Stillstand gebracht ist. Wird der Handhebel nach Hineindrücken des Sperrstiftes noch weiter nach links gedreht (Filling, *F*), wodurch Daumen und Schwinge in die strichpunktiert eingetragene Lage kommen, wird das Saugventil so weit angehoben, daß es an das darüber liegende Druckventil anstößt und auch dieses etwas lüftet. Dadurch ist es möglich, die Rohrleitung, die vor dem Zerstäuber mit einer Entlüftung versehen ist, von dem hochgelegenen Brennstoffgefäß aus ohne Handpumpe aufzufüllen. (Über die Einwirkung des Achsenreglers auf die Förderung s. im nächsten Abschnitt unter Förderdiagramm.)

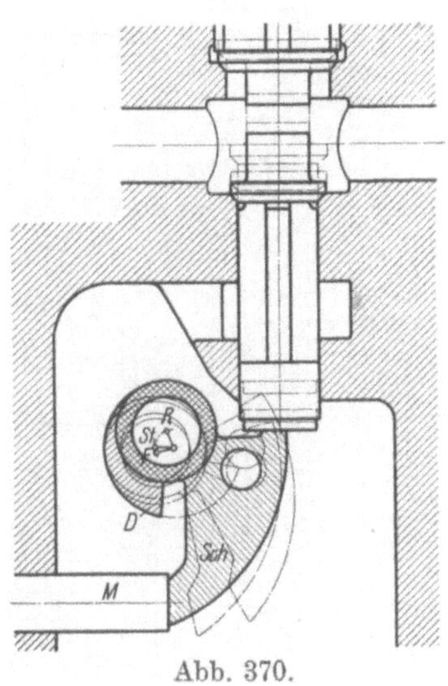

Abb. 370.

Die Brennstoffpumpe einer Junkers-Maschine ist in den Abb. 371—73[1]) und

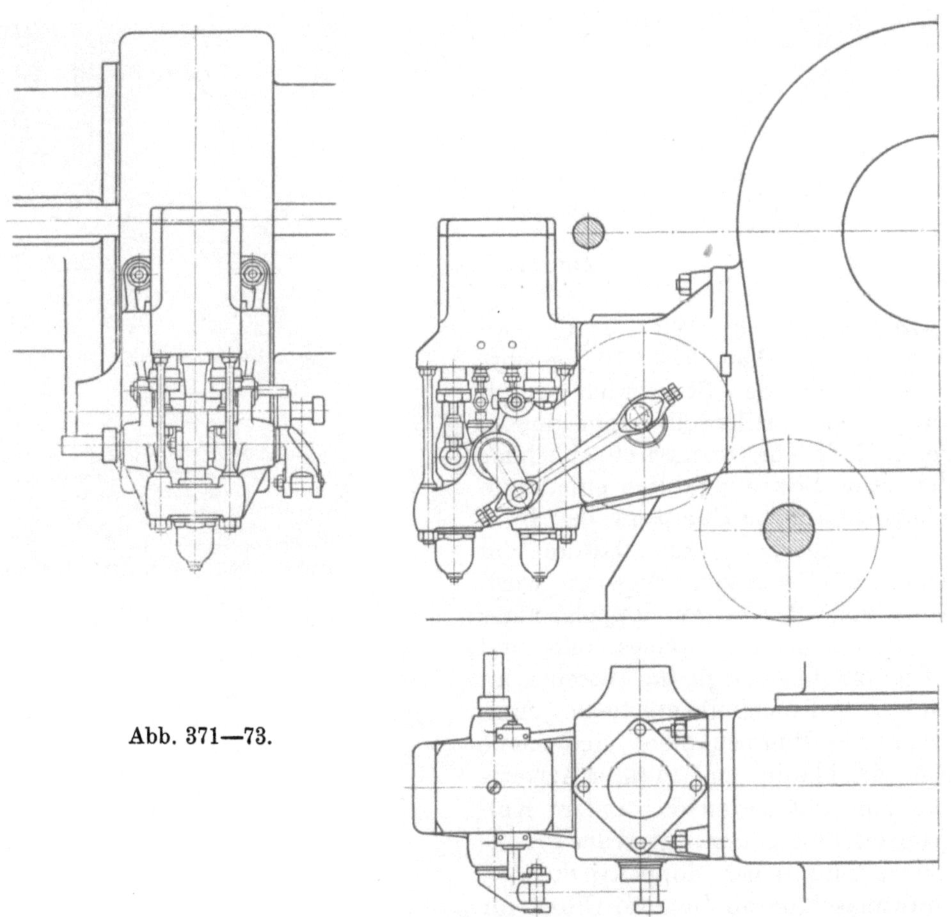
Abb. 371—73.

[1]) Maßstab 1 : 20. Zu einer liegenden Zweitaktmaschine (Tandemanordnung) System Junkers.

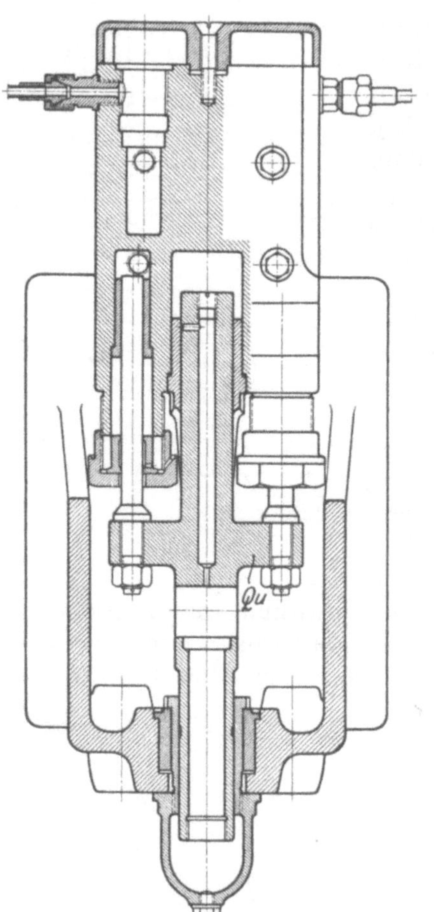

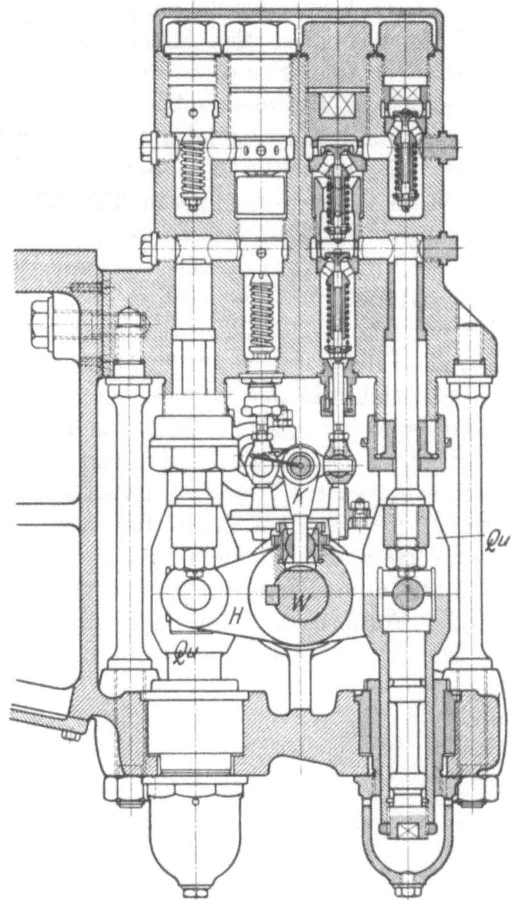

Abb. 374—76.

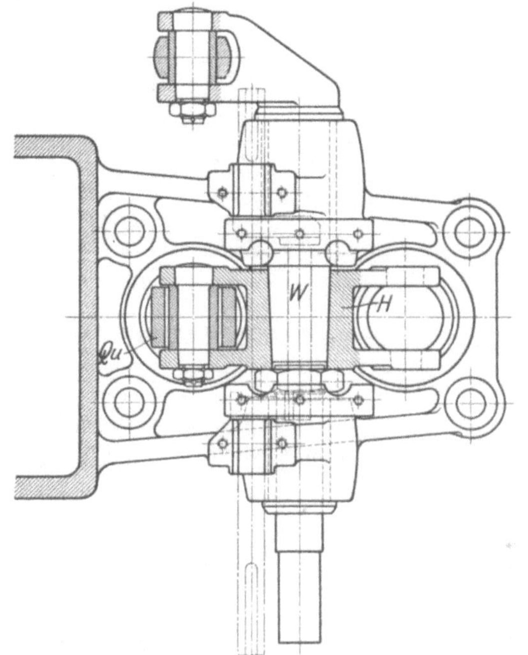

374—76[1]) dargestellt. Wie aus der Gesamtanordnung, Abb. 371—73, ersichtlich, wird von der Steuerwelle durch Stirnräder eine Hilfswelle angetrieben, an deren Ende ein exzentrisch sitzender Zapfen seine Bewegung durch eine kurze Schubstange auf die Pumpenwelle (W in Abb. 375) überträgt, die dadurch in schwingende Bewegung versetzt wird. Auf der Welle W sitzt ein doppelarmiger Hebel H, der mittels Steines links und rechts je ein Querhaupt Qu antreibt, an denen je zwei Tauchkolben befestigt sind. Von den vier Pumpenkolben sind somit je zwei gleichläufig und in ihrer Arbeitsperiode um 180° gegen das andere Kolbenpaar versetzt, entsprechend der Brennstoffversorgung einer doppeltwirkenden Zweitaktmaschine mit je zwei Düsen für

[1]) Maßstab 1 : 7.

einen Verbrennungsraum (s. S. 267). Jeder Pumpenkolben arbeitet zusammen mit einem eigenen Ventilsatz, bestehend aus einem Saug- und zwei hintereinander geschalteten Druckventilen. Die Regelung der Maschinenleistung wird hier ebenfalls durch längeres oder kürzeres Offenhalten des Saugventils während des Druckhubes erzielt. Das Anheben der Saugventile erfolgt durch Mitnehmer, die ihren gemeinschaftlichen Antrieb vom höchsten Punkt des Hebels H aus erhalten. Dreht sich W z. B. entgegengesetzt dem Sinne des Uhrzeigers, entsprechend dem Druckhub des rechten Kolbenpaares, so schlägt der Hebel K nach links aus und die Mitnehmer der zum rechten Kolbenpaar gehörigen Saugventile werden gesenkt und lassen diese sich auf ihren Sitzen aufsetzen, worauf die wirksame Förderung beginnt. Der Hebel K besitzt seinen Drehpunkt in einer Kröpfung der vom Regulator verstellten Welle, die im Grundriß strichpunktiert eingetragen ist. Je höher nun der Drehpunkt vom Regulator eingestellt wird, desto später werden die Saugventile freigegeben, desto geringer ist die Förderung der Pumpe. Im Aufriß ist die gekröpfte Reglerwelle weggelassen (ihr Lager ist zum Teil sichtbar) und die Stellung des Kurbelarmes der Reglerwelle nur schematisch für tiefste und höchste Reglerstellung eingetragen. Die Brennstoffzuleitungen, die in den Raum unterhalb der Saugventile münden, sowie die Handpumpen zum Aufpumpen der Rohrleitungen sind in der Abbildung fortgelassen; die Brennstoffableitung ist im Querriß angegeben. Alle übrigen Einzelheiten der außerordentlich sorgsam und reich durchkonstruierten Pumpe sind aus der Abbildung zu entnehmen.

Über die Anordnung, Ausgestaltung und Antrieb der Brennstoffpumpen für Gleichdruckmaschinen mit geschlossener Düse ist noch folgendes nachzutragen:

Als Baustoff für die Brennstoffpumpengehäuse wird meistens Gußeisen, seltener Schmiedeeisen oder Stahl verwendet. Gußeisen entspricht den Anforderungen dann, wenn es zäh und der Guß überall vollständig dicht ist, was mitunter schwer zu erreichen ist. Geschmiedetes Material bildet den naturgemäß gegebenen Baustoff für Hochdruckpumpen und empfiehlt sich besser, um so mehr als auch bei gußeisernen Pumpengehäusen alle Hochdruck führenden Kanäle gebohrt werden müssen und nicht eingegossen werden können. Bei der Formgebung ist ängstlich darauf zu achten, daß Luftsäcke vermieden bleiben, da ganz geringe Luftmengen im Druckraum schon hinreichen, um durch die beim Ansaugen auftretende Entspannung die Pumpenförderung aufzuheben. (Eine Luftblase von nur 3 mm Durchmesser unter dem Kolben vermindert die Förderung bereits um über 1 ccm!)

Für die Pumpenkolben wird als Baustoff gewöhnlich Stahl oder Nickelstahl, für die Ventileinsätze meistens Rotguß, für die Ventile selbst Phosphorbronze, für Teeröl wohl auch Stahl verwendet. Die Abmessungen der Ventile sind so klein zu halten, daß sich noch einfache Herstellungsmöglichkeit ohne Feinmechanikerarbeit ergibt. Die rechnungsmäßig zu ermittelnden Maße führen auf viel zu geringe Abmessungen.

Die Brennstoffpumpen werden ausschließlich von den Steuerwellen angetrieben, und zwar bei manchen Ausführungen von der senkrechten (s. Abb. 366—69), meistens aber von der wagerechten Steuerwelle aus. Die Befestigung der Pumpen erfolgt meistens an einem Steuerwellenlager bei Einzylindermaschinen, bei Mehrzylindermaschinen, wo in der Regel mehrere oder alle Pumpen in einem Gehäuse vereinigt werden und bei Maschinen mit Lagertrog an einem Anguß eines Zylinders.

Die Ölzuführung erfolgt meistens von einem Zwischengefäß, in das der Zufluß vom Brennstoffbehälter durch einen Schwimmer geregelt wird derart, daß der Flüssigkeitsspiegel darin, sowie dann auch im Pumpensaugkasten stets gleich hoch gehalten wird. In diesem Fall ist eine besondere Abdichtung des Mitnehmergestänges gegen außen überflüssig. Direkte Zuführung des Brennstoffes vom Hochbehälter aus erfordert Abdichtung des Mitnehmers durch eine Stopfbüchse, wobei ein allerdings nur kleiner Rückdruck auf den Regler infolge der Stopfbüchsenreibung meistens nicht zu vermeiden ist.

Als Zubehör zu den Pumpen sind noch die Abstellungsvorrichtungen zu erwähnen, wofür die Abb. 358/59 und 360/61 Beispiele geben. Die Abstellung wird nahezu stets durch Aufdrücken der Saugventile erzielt. Bei Vierzylindermaschinen für Drehstromparallelbetrieb werden die Abstellvorrichtungen wohl auch für zwei und zwei Zylinder getrennt ausgeführt, wobei dann beim Parallelschalten, wo feinste Leerlaufregulierung erforderlich ist, zwei Zylinder leer mitlaufen und die ganzen Eigenwiderstände der Maschine von den beiden anderen Zylindern durchgezogen werden müssen, die dadurch etwas höher belastet sind und keine Störungen durch Aussetzen der Zündung ergeben, wie dies bei vollständigem Leerlauf und nicht ganz genau beherrschtem Einblasedruck leicht auftritt (s. a. S. 21). Die Zuschaltung der restlichen Zylinder muß allerdings sorgfältig während des Belastung-Gebens erfolgen, da sonst die anderen Zylinder überlastet werden und die Maschine vom Netz fällt. Aus Sicherheitsgründen sind die Abstellgestänge leicht zugänglich und bei Maschinen mit hochliegender Bedienungsbrücke von oben sowie auch vom Maschinenhausflur erreichbar anzuordnen.

Jede Pumpe muß schließlich noch mit einer Einstellvorrichtung versehen sein, um die Brennstofförderung der Pumpe beim Probelauf entsprechend der Belastung (Muffenstellung) einstellen und bei Mehrzylindermaschinen die Belastung gleichmäßig auf die einzelnen Zylinder verteilen zu können. Am einfachsten wird dies dadurch erreicht, daß irgendein Teil im Reguliergestänge, z. B. der Mitnehmer, in seiner Länge verstellbar eingerichtet wird. In Abb. 356/57 dient das Zwischenstück Z zur Einstellung und wird befeilt, bis das erforderliche Spiel zwischen Mitnehmer M und Saugventil hergestellt ist. Bei der in Abb. 360/61 dargestellten Anordnung wird eine Verstellung des Mitnehmers durch Verdrehen des Handrades H erreicht und kann auch im Betrieb vorgenommen werden. Am meisten ausgeführt findet sich eine der in Abb. 358/59 dargestellten Anordnung ähnliche Ausführung. Der Hebel M, der den Drehpunkt B der vom Steuerexzenter aus angetriebenen Schwinge AB enthält, sitzt auf der Regulierwelle W nur lose; mit dieser ist hingegen ein Hebel N verstiftet, der oben mit einer Schraube P auf M drückt und unten einen Ansatz F trägt, gegen den sich eine auf M aufgeschraubte Blattfeder stützt. Hierdurch wird M gezwungen, alle Bewegungen von N und damit der Regulierwelle mitzumachen, hingegen ist durch Verdrehen der Druckschraube P bei einer gegebenen Stellung der Regulierwelle W eine Veränderung der Stellung von M und damit des Mitnehmers M' zu erreichen. An seinem vorderen Ende trägt M einen Handgriff und kann unter Überwindung der Federkraft nach abwärts gedrückt werden, wodurch der Mitnehmer außer den Bereich des Saugventiles kommt und die Maschine beim Anfahren unter größter überhaupt möglicher Pumpenförderung anspringt.

2. Förderdiagramm und Bemessung.

Die Bemessung der Brennstoffpumpen für Niederdruckölmaschinen hat auf Grund des erfahrungsmäßig für die einzelnen Bauarten und Größen ermittelten Brennstoffverbrauches zu erfolgen derart, daß die Pumpe für den um einen geringen Sicherheitszuschlag (etwa 10 bis 20 v. H.) vermehrten Brennstoffverbrauch für die Maschinenhöchstleistung bemessen wird, um bei etwaigen Zufälligkeiten (mangelhafte Schätzung des Brennstoffverbrauches, minderwertiger Brennstoff, eventuelle Verschlechterung des mechanischen Wirkungsgrades durch Auslaufen im Betrieb usw.) einen gewissen Rückhalt zu besitzen. Im übrigen sind die weiter unten gegebenen Gleichungen für die Berechnung der Pumpenabmessung zu benützen, wobei die

Vorzahl a entsprechend dem Gesagten mit $a = 1{,}1$ bis $1{,}2$ einzusetzen ist. Da bei derartigen Maschinen eine „Vorlagerung" des Brennstoffes nicht stattfindet, die Pumpenförderung vielmehr mit der Einspritzzeit zusammenfällt, ist der Antrieb der Pumpen derart zu wählen, daß die Förderung etwa 20 v. H. vor Zündungstotpunkt beginnt und knapp vor Totpunkt beendet ist. Antrieb der Pumpen durch Nockensteuerung ermöglicht in der Regel kürzere Einspritzdauer als Antrieb durch Exzenter und erweist sich daher in diesem Punkt als vorteilhafter.

Bei Gleichdrucktölmaschinen, sei es nun, daß sie mit offener oder geschlossener Düse ausgestattet sind, ist stets Vorlagerung des Brennstoffes erforderlich, was, wie weiter unten erörtert, bei Anordnung einer Pumpe oder mindestens nur eines Pumpenantriebes für mehrere Pumpen gemeinsam, auch von Einfluß auf die Bemessung der Pumpen ist.

Bei Maschinen mit offener Düse darf die Brennstoffförderung in die Düse erst nach Entladung des Zylinders durch den Auspuff, also frühestens mit Anfang des Ausschubhubes beginnen, um Sicherheit gegen Fehlzündungen zu erhalten. Zweckmäßig ist es, mit der Förderung so spät zu beginnen, als es die Bauart des Pumpenantriebes zuläßt. Das Ende der Förderung ist meistens dadurch bedingt,

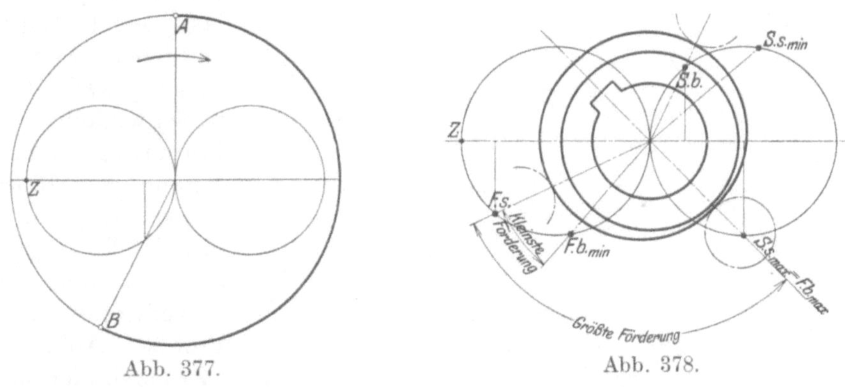

Abb. 377. Abb. 378.

daß die Brennstoffpumpe für Maschinen mit offener Düse in der Regel nur für Niederdruck gebaut ist, weshalb sich die Förderung nicht weit in die Verdichtungsperiode der Maschine hinein erstrecken darf. Wird, wie gebräuchlich, etwa 20 v. H. des Verdichtungshubes als äußerste Grenze der Förderung angesehen, so ergibt sich nach Abb. 377 der stark ausgezogene Bogen AB als Zeitraum, der für die Förderung verfüglich ist. Es steht demnach für den üblichen Fall, daß für die Beschickung jedes Zylinders eine besondere Brennstoffpumpe vorgesehen wird, ein Steuerwellenwinkelweg von über 180^0 für die Förderung zur Verfügung, so daß dem Konstrukteur auch bei Anordnung von Pumpen mit Exzenterantrieb genügend Freiheit der Wahl bleibt, den Förderungsbeginn A später zu legen. Sind die Pumpen auch für die Förderung gegen Hochdruck eingerichtet, so kann der Abschluß der Förderung noch später erfolgen und nahe bis zu Beginn der Einblasung gelegt werden. Hierfür gibt Abb. 378 ein Beispiel, daß das Förderdiagramm der in Abb. 354/55 dargestellten Pumpe zeigt. Die mit $S.b.$ und $S.s.$ bezeichneten Punkte entsprechen hierbei Beginn und Schluß des Ansaugens, $F.b.$ und $F.s.$ Beginn und Schluß der Förderung. Wie ersichtlich, ist das Ende der Förderung schon recht nahe an den Beginn der Einblasung herangerückt, was bei offenen Düsen zulässig ist, wo nach der Einlagerung des Brennstoffes sofort die Einblasung beginnen kann.

Bei Maschinen mit geschlossener Düse kann die Brennstoffförderung sofort nach Beendigung der Einblasung, im Mittel etwa 20 v. H. nach Zündungstotpunkt, beginnen, muß jedoch beträchtlich vor Beginn der Einblasung abgeschlossen sein, da der Brennstoff Zeit haben muß, sich gleichmäßig über den Zerstäuber zu verteilen. 50 v. H. des Verdichtungshubes wird hierfür so ziemlich als äußerste Grenze anzusehen sein, die nicht überschritten werden darf, wenn nicht unvollkommene Einblasung und Erhöhung des spezifischen Brennstoffverbrauches eintreten soll. Die sich somit für Viertaktmaschinen ergebenden Verhältnisse sind aus den Diagrammen Abb. 379—82 zu entnehmen, wo mit A stets der zulässige Beginn, mit B das zulässige Ende der Brennstoffförderung bezeichnet und die für die Brennstoffzuführung verfüglichen Winkelwege der Steuerwelle stark ausgezogen sind. Abb. 379 gilt für eine Einzylinder-, Abb. 380 für eine Zweizylindermaschine mit Kurbelversetzung von 360°, wie sie gewöhnlich vorgenommen wird. Die Förderung der für beide Zylinder gemeinschaftlichen Pumpe kann hier während der Zeitdauer $A_I\, B_{II}$ oder $A_{II}\, B_I$ erfolgen, wobei (unter Vernachlässigung des Einflusses der endlichen Schubstangenlänge) jeweils 105° Steuerwellenwinkelweg für die Förderung der Pumpe verfüglich ist. Günstiger gestalten sich die Verhältnisse bei Versorgung zweier Zylinder mit 180° Kurbelversetzung durch eine Pumpe: Abb. 381. Für Zweizylindermaschinen sind derartige Anordnungen wohl nur für sehr schnelllaufende Maschinen wegen des besseren Massenausgleiches am Platz, haben jedoch Bedeutung für Vierzylindermaschinen, wo üblicherweise die Zylinder I, II und II, IV je 180°, die Zylinder II und III aber 360° Kurbelversetzung aufweisen und I, II und III, IV durch je eine Pumpe (oder besser durch je zwei Pumpen mit gemeinschaftlichem Antrieb) beschickt werden. Hier beträgt der für die Pumpenförderung verfügliche Steuerwellenwinkelweg unter den erwähnten Annahmen 195°. Bei Dreizylindermaschinen mit gemeinschaftlicher Pumpe und der üblichen Kurbelversetzung von 240° ergibt sich nach Abb. 382 nur mehr ein Steuerwellenwinkelweg von 45° für die Förderung, der sich bei vier Zylindern auf 15°, entsprechend der Strecke $A_I\, B_{II}$ in Abb. 381 vermindern würde, was nicht mehr brauchbar ist. Meistens wird es auch schon vermieden, drei Zylinder von einer Pumpe speisen zu lassen, sondern mindestens ein Zylinder mit einer besonderen Pumpe ausgerüstet, wobei dann für die Beschickung der beiden anderen durch eine gemeinschaftliche Pumpe nach Abb. 382 ein Steuerwellenwinkelweg von 165°, entsprechend z. B. dem Bogen $A_I\, B_{III}$ verfüglich ist.

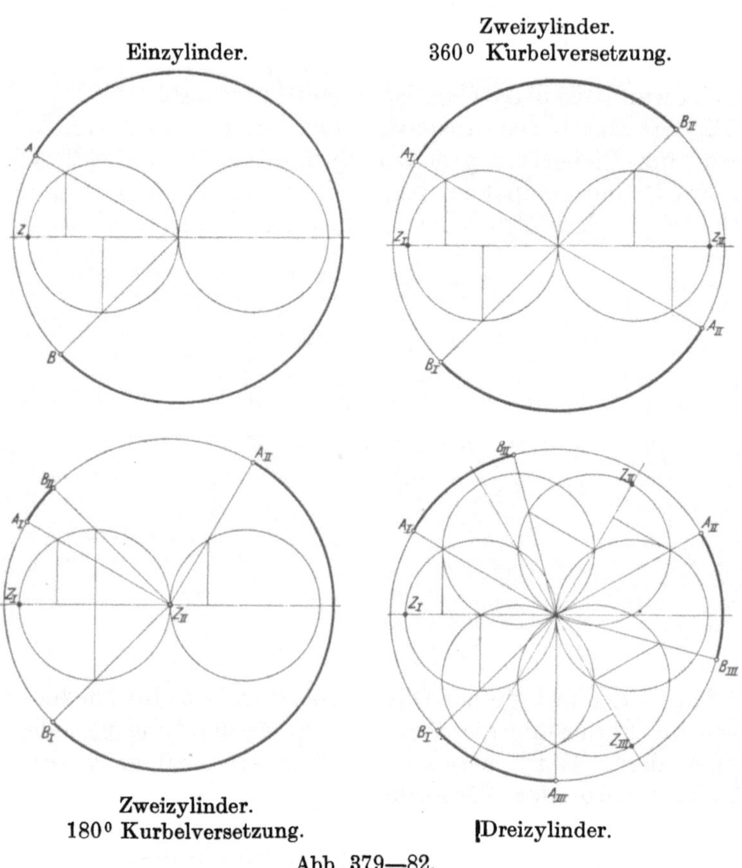

Einzylinder. Zweizylinder. 360° Kurbelversetzung. Zweizylinder. 180° Kurbelversetzung. Dreizylinder.

Abb. 379—82.

Wie ersichtlich, besteht in den meisten Fällen die Möglichkeit, die Zeitpunkte für Beginn und Schluß der Pumpenförderung innerhalb weiterer Grenzen zu wählen, um so mehr, wenn durch geeignete Ausbildung der Pumpen dafür gesorgt wird, daß die Brennstofförderung nicht schleichend, sondern nur während kurzer Zeit erfolgt. Allgemein ist zur Wahl des Zeitpunktes der Pumpenförderung folgendes zu bemerken: je früher die Brennstofförderung beendet ist, desto mehr Zeit hat der Brennstoff, sich über den Zerstäuber gleichmäßig zu verteilen und vorzuwärmen, desto geringer wird auch die Gefahr, daß die Einblaseluft Gelegenheit findet, dem Brennstoff voran in den Zylinder zu gelangen und dadurch Zündungsstörungen hervorzurufen. Der im Vorigen angegebene Wert von 50 v. H. vor Zündungstotpunkt für die Beendigung der Brennstofförderung gilt als äußerste Grenze; zweckmäßig wird man die Brennstofförderung schon bei Beginn des Verdichtungshubes beendet sein lassen, zumal bei Schnelläufern, wo für die einzelnen Vorgänge ohnedies weniger Zeit bleibt. Allzu frühe Zuführung des Brennstoffes hat andererseits den Nachteil, daß dadurch die Regulierung der Maschine verschlechtert wird, da ein Reglereingriff nach Beginn der Brennstofförderung nicht mehr möglich und die Stellung des Reglers in diesem Augenblick für die Leistung der Maschine beim nachfolgenden Arbeitsspiel bestimmend ist. Im allgemeinen braucht man indessen in diesem Punkte nicht übermäßig ängstlich zu sein, da die allererste Bedingung für das Zustandekommen einer guten Regulierung, d. i. ein schweres Schwungrad, bei Verbrennungskraftmaschinen in der Regel ohnedies vorhanden ist. Noch günstigere Verhältnisse ergeben sich hier bei Schnelläufern wegen der kürzeren Zeit, in der ein etwaiger Unterschied zwischen Antriebs- und Widerstandsarbeit als beschleunigend oder verzögernd zur Geltung kommen kann, so daß im allgemeinen bei Langsamläufern spätere, bei Schnelläufern frühere Brennstoffzuführung vorzuziehen sein wird (vgl. auch die Bemerkung zu Abb. 389).

Die für Niederdruckpumpen von Maschinen mit offener Düse gebräuchlichen Antriebsarten, wovon die nächstliegende Verstellung des Pumpenexzenters durch einen Achsenregler ist, wie auf S. 303 beschrieben, sind für Hochdruckpumpen deshalb nicht brauchbar, da wegen der Förderung gegen den Einblasedruck der Regulator durch die auftretenden Rückdrücke (bei 20 mm Kolbendurchmesser und Förderung gegen 80 atm Druck schon 250 kg) stets in die Endlagen gedrückt und ordentliche Regulierung unmöglich gemacht würde. Ausgenommen hiervon sind Bauarten, bei denen die Übertragung der Reglerbewegung auf die Pumpe durch selbstsperrende Mechanismen erfolgt, wie z. B. bei der in Abb. 354/55 dargestellten Anordnung, indessen haben derartige Bauarten bisher im Dieselmotorenbau noch keine weitergehende Anwendung erfahren. Ganz allgemein wird, wie aus der Besprechung der hierher gehörigen Bauarten im vorigen Abschnitt ersichtlich, der stets als einfachwirkender Tauchkolben ausgeführte Pumpenkolben durch einen normalen Exzenter- bzw. Kurbeltrieb betätigt und die Regelung der Pumpenförderung und damit der Maschinenleistung dadurch bewirkt, daß während des Druckhubes der Pumpe je nach der Stellung des Regulators ein größerer oder geringerer Teil des angesaugten Brennstoffes in den Saugraum zurückfließen gelassen und dadurch die nutzbare Förderung der Pumpe verändert wird. Hierzu kann ein besonderes, durch die Reglereinwirkung veränderlich gesteuertes Rücklaufventil Verwendung finden oder, einfacher, gleich das Saugventil der Pumpe selbst veränderlich gesteuert werden, was nahezu allgemein ausgeführt wird. Wird nun auch, wie allgemein gebräuchlich, die Pumpe so groß gebaut, daß auch die Förderung bei Vollast der Maschine nur einen Teil der gesamten Pumpenförderung ausmacht, so umgeht man die Schwierigkeiten machenden allzu kleinen Abmessungen der Tauchkolben und erzielt den Vorteil, daß die Förderung der Pumpe nicht schleichend während des ganzen Druckhubes, sondern nur während kurzer Zeit erfolgt, demnach mehrere Zylinder von einer Pumpe aus versorgt werden können und dennoch genügende Zeit für die erforderliche Verteilung des Brennstoffes auf dem Zerstäuber übrig bleibt.

Bauliche Anordnungen für die veränderliche Steuerung des Saugventils sind in dem vorigen Abschnitt gegeben. Wie ersichtlich, erfolgt in allen Fällen der Antrieb des Saugventils mit größter Annäherung nach den Gesetzen des normalen Exzenterantriebes, so daß diese der Erstellung des **Förderdiagramms**[1]) zugrunde gelegt werden können.

Im allgemeinen Fall liegen für Kolben- und Saugventilantrieb zwei getrennte Exzenterantriebe mit den Halbmessern r und ϱ[2]) und dem Versetzungswinkel β vor; Abb. 383. Da, wie weiter unten nachgewiesen wird, eine Versetzung zwischen Pumpen- und Saugventilantrieb wenn überhaupt, so derart vorgenommen werden muß, daß das Mitnehmerexzenter dem Pumpenexzenter nacheilt, so muß nach dem auf S. 218 Gesagten im Diagramm die Mitnehmerweglinie der Pumpenkolbenweglinie um β voraus sein. Im Pumpenkreis entspricht demnach der Bogen vom inneren zum äußeren Totpunkt, $T.p_i$ bis $T.p_a$ dem Saughub, der Weg vom äußeren zum inneren Totpunkt dem Druckhub. Bezeichnet ferner c den Abstand des Mitnehmers in seiner tiefsten Stellung von der Unterkante des Saugventils (in Abb. 356/57 mit s bezeichnet) so wird das Saugventil nach Zurücklegung des Weges c aus der tiefsten Stellung des Mitnehmers angehoben[3]) bzw. geschlossen, entsprechend den Punkten A („Anhub“) und S („Schluß“) in Abb. 383. Die wirksame Förderung der Pumpe beginnt demnach erst im Punkte S und erstreckt sich über das durch senkrechte Schraffur angedeutete Gebiet entsprechend dem stark ausgezogenen Kreisstück des Pumpenkurbelweges. Das Gebiet, während welches das Saugventil durch den Mitnehmer angehoben ist, entsprechend dem Bogen AS, ist ebenfalls durch Schraffur gekennzeichnet.

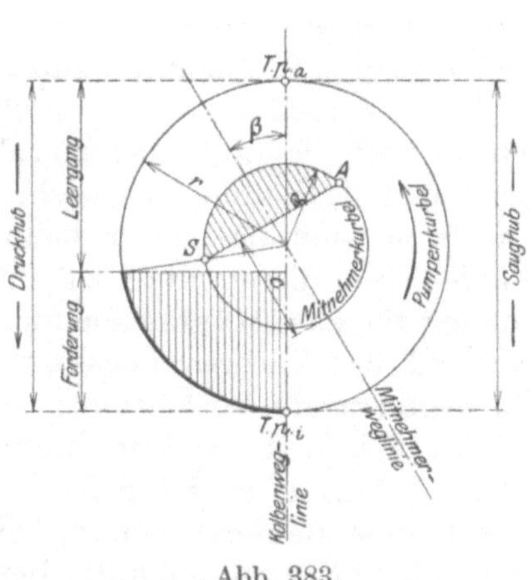

Abb. 383.

Ist die Versetzung der Antriebe von Kolben und Mitnehmer $\beta = 0$, in welchem Fall entweder getrennte, aber gleichläufige Exzenter in Anwendung kommen können, oder, einfacher, der Antrieb des Mitnehmers direkt von dem des Kolbens abgeleitet wird, so ergeben sich die Verhältnisse nach Abb. 384 mit zusammenfallenden Kolben- und Mitnehmerweglinien. Abb. 384 ist für dieselben Förderverhältnisse wie Abb. 383 entworfen. Wie ersichtlich, ergibt sich hier eine weit größere Dauer, während welcher der Mitnehmer mit dem Saugventil in Berührung steht.

Da nun der Punkt S für den Förderbeginn und daher für die Pumpenförderung und Maschinenleistung bestimmend ist, so ist es klar, daß durch Verlegung von S eine geeignete Regelung zu erzielen ist. Ehe indessen auf die hierzu verfüglichen Mittel eingegangen wird, sollen noch die Bedingungen, welchen die Winkel β und die verschiedenen Lagen von A und S entsprechen müssen, erörtert werden.

---

[1]) s. a. (60).

[2]) Unter ϱ ist selbstverständlich immer die am Mitnehmer tatsächlich zur Wirkung kommende Exzentrizität zu verstehen, also z. B. im Fall von Abb. 356/57 die Exzentrizität des Mitnehmerexzenters im Verhältnis $CA : O_2A$ vergrößert, im Fall von Abb. 358/59 im Verhältnis $AB : CB$ verkleinert usw.

[3]) Da das Saugventil während des Saughubes bereits angehoben ist, so entspricht Punkt A nicht dem Augenblick des tatsächlichen In-Berührung-kommens von Mitnehmer und Saugventil, sondern dem Moment, wo der Mitnehmer das geschlossen gedachte Saugventil erreichen würde.

Für den Punkt A, entsprechend dem Anhub des Saugventils, besteht unter allen Umständen die Bedingung, daß dieser während des Saughubes der Pumpe erfolgen muß, da das Saugventil während des Druckhubes durch den vollen Förderdruck belastet ist und der Regulator dem hier beim Anheben auftretenden Rückdruck nicht gewachsen wäre. Andererseits muß, wenn anders durch den Regler ein wirksamer Eingriff erfolgen soll, der Abschluß des Saugventils, entsprechend dem Punkt S, stets während des Druckhubes erfolgen. Hieraus ergibt sich ohne weiteres, daß der Mitnehmerantrieb dem Kolbenantrieb nacheilen muß oder ihm höchstens gleichlaufend angeordnet werden darf, da andererseits bei Regelung in der Nähe des Leerlaufes der Punkt A noch während des Druckhubes eintreten würde. Im Fall $\beta = 0$ fallen bei vollkommenem Leerlauf die Punkte S und A gerade zusammen.

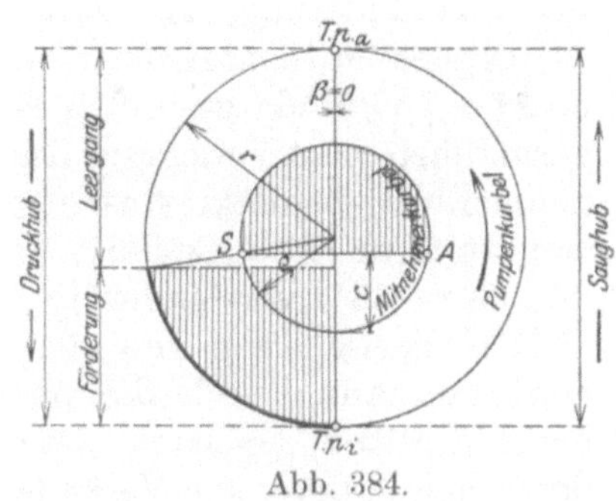

Abb. 384.

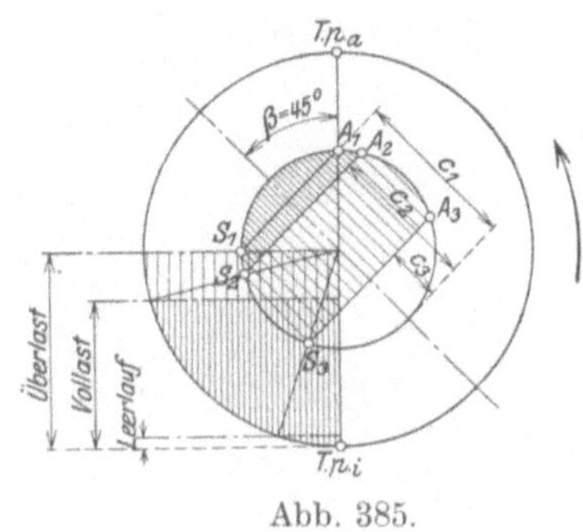

Abb. 385.

Andererseits darf β auch nicht zu groß gewählt werden. Ganz allgemein rechnet sich unter Benutzung der in Abb. 383 gegebenen Bezeichnungen der wirksame Förderhub mit

$$F = r\left[1 + \left(\frac{c}{\varrho} - 1\right)\cos\beta - \frac{c}{\varrho}\sqrt{\frac{2\varrho}{c} - 1}\,\sin\beta\right],$$

was für den Fall gemeinschaftlichen Antriebs von Kolben und Mitnehmer mit $\beta = 0$ in

$$F = c\,\frac{r}{\varrho}$$

übergeht. Da andererseits nach dem weiter oben Gesagten das Saugventil noch vor Beginn des Druckhubes angehoben werden muß, ist als äußerste Lage des Punktes A das Ende des Saughubes gegeben, wobei A auf die Kolbenweglinie unter $T.p._a$ zu liegen kommt. In diesem Fall besteht die Beziehung

$$c = \varrho\,(1 + \cos\beta),$$

was in die Gleichung für F eingesetzt

$$F = r\,(1 + \cos 2\beta)$$

ergibt.

F nimmt daher von $\beta = 0$, entsprechend $F = 2\,r$ rasch ab; es wird $F = r$ für $\beta = 45^0$ und $F = 0$ für $\beta = 90^0$. Praktisch wird deshalb mit nicht viel über 45^0 hinaus gegangen werden können, wenn die Abmessungen der Pumpe nicht zu groß werden sollen.

Um eine Veränderlichkeit des Punktes S und damit eine Regelung der Maschinenleistung zu erzielen, erweist sich bei Anwendung von Pendelreglern als einfachster, meist begangener Weg der der Veränderung von c. Die Wirkungsweise ist aus dem gesamten Regelungsdiagramm Abb. 385 ersichtlich. Angenommen wurde ein Nacheilen des Mitnehmerantriebes von 45^0 und die Verhältnisse derart gewählt, daß die größte nutzbare Förderung der Pumpe, entsprechend größter Überlastung der Maschine, gerade die Hälfte der Ansaugung erfordert. Hierbei fällt nach dem früher Gesagten der Anhub des Saugventils mit dem Ende des Saughubes zusammen. Die Verhältnisse für Vollast und Leerlauf sind ebenfalls aus dem Diagramm ersichtlich.

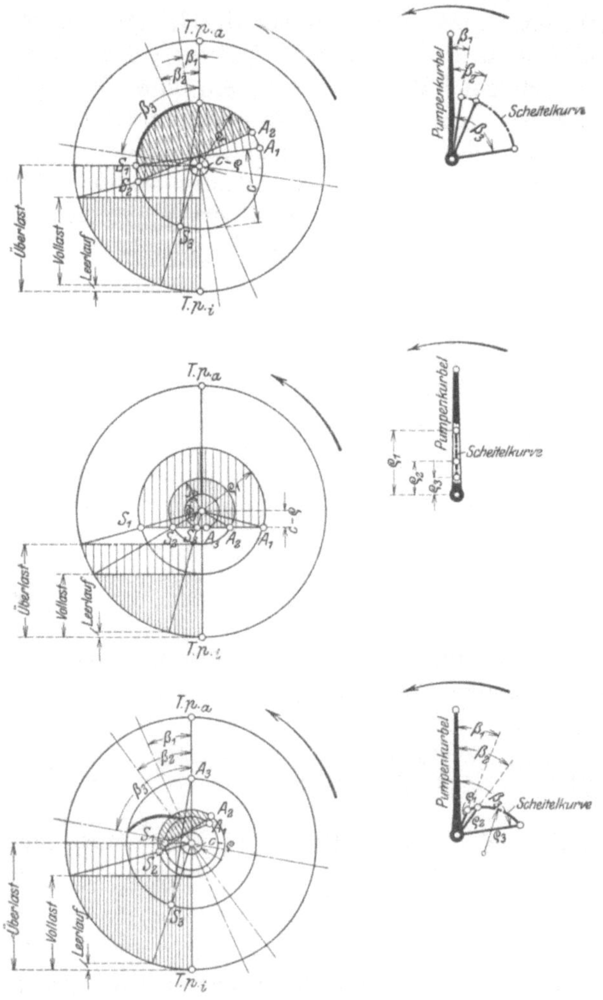

Baulich kann eine Veränderung von c, d. i. nach früher eine Veränderung des Spieles zwischen dem Mitnehmer in seiner tiefsten Stellung und dem Saugventil, durch den Regulator verschieden erreicht werden. Eine Veränderung der wirksamen Länge des Mitnehmers ist bei der in Abb. 360/61 dargestellten Bauart ausgeführt, eine Verlegung des Mitnehmerantriebspunktes ist bei den Bauarten in Abb. 356/57, 358/59 und 362—65[1]) verwendet[2]).

Bei Verwendung von Achsenreglern kann durch die verschiedensten Mittel, je nach der Wahl der Scheitelkurve eine Veränderlichkeit von S erreicht werden. Die Abb. 386—88 geben hierzu Beispiele. Die einfachste Lösung ergibt sich, wenn der Nacheilwinkel β des Mitnehmerantriebes verändert und der Halbmesser des Mitnehmerexzenters unverändert gelassen wird. Das zugehörige Diagramm, dem dieselben Verhältnisse wie Abb. 385 zugrunde gelegt sind, zeigt Abb. 386. Da sich hier c und ϱ nicht ändern, so müssen alle Verbindungslinien AS einen mit $c-\varrho$ beschriebenen Kreis berühren. Wesentlich ungünstiger gestalten sich die Verhältnisse, wenn β unveränderlich gehalten und ϱ verändert werden soll, Abb. 387. Praktisch brauchbare Verhältnisse ergeben sich überhaupt nur für $\beta = 0$ und hierbei muß die Pumpenförderung für größte Belastung der Maschine noch wesentlich kleiner gewählt werden als die halbe Ansaugung der Pumpe, da sich sonst zwischen

Abb. 386—88.

[1]) Dem abgeleiteten Steuerungsdiagramm ist stillschweigend die Voraussetzung zugrunde gelegt, daß der Anhub des Saugventils durch eine nach aufwärts, demnach mit dem Saughub des Pumpenkolbens gleichsinnig gerichtete Bewegung erfolge; die Verhältnisse der Bauart nach Abb. 362—65 sind gerade umgekehrt. Das Diagramm kann ohne weiteres Verwendung finden, wenn beachtet wird, daß das Antriebsexzenter des Mitnehmers um 180° zu dem aus dem Diagramm entwickelten versetzt aufgekeilt werden muß. Die dargestellte Anordnung zweier um 180° gegeneinander versetzter Exzenter für Kolben- und Mitnehmerantrieb entspricht demnach der Ableitung der Mitnehmerbewegung vom Kolbenantrieb direkt bei der sonst meistens verwendeten Anordnung des nach unten schließenden Saugventils.

[2]) Auch die Bauart nach Abb. 374—76 gehört hierher, indessen dürften hier die Abweichungen vom normalen Exzenterantrieb schon zu groß sein, um eine Anwendung des Förderdiagramms ohne weiteres zu gestatten und die genauere Untersuchung im Schema erforderlich werden.

Überlast und Vollast sehr große, zwischen Vollast und Leerlauf hingegen sehr kleine Verstellungen ergeben, die Leerlaufregulierung somit unruhig würde. Außerdem wird, wie ersichtlich, bei Leerlauf das Saugventil nur während einer sehr kurzen Zeitdauer (S_3 bis A_3) auf seinen Sitz fallen gelassen, ein wenn auch geringer Verschleiß würde sich demnach sehr stark geltend machen. Weiter ist bei dieser Anordnung auch nachteilig, daß die Exzenterhalbmesser von Vollast zum Leerlauf abnehmen müssen statt umgekehrt, der Achsenregler demnach schwerer gebaut werden muß als im umgekehrten Fall, da er bei Entlastung der Maschine die Exzenter entgegen der Wirkung der Fliehkraft hereinziehen muß[1]).

Ganz frei können die Verhältnisse bei Annahme einer allgemein gelegten Scheitelkurve des Achsenreglers gewählt werden; Abb. 388. Im vorliegenden Fall ist der baulich am leichtesten zu verwirklichende Fall eines Kreisbogens als Scheitelkurve angenommen, wobei sich Nacheilwinkel β und Exzentrizität ϱ von Fall zu Fall ändern. Die Annahmen sind derart getroffen, daß für Leerlauf der Anhub des Saugventils mit dem Beginn des Druckhubes zusammenfällt, wobei sich dann ein Nacheilwinkel β nahe an 90^0 ergibt; wie erwünscht wachsen die Exzentrizitäten gegen Leerlauf hin.

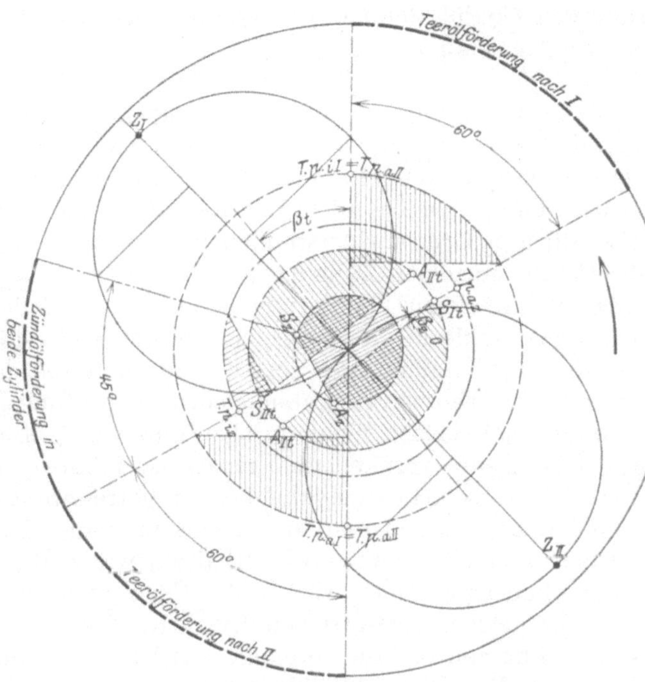

In allen untersuchten Fällen sind die wirklichen Lagen von Scheitelkurve und Pumpenkurbel für den Beginn des Druckhubes in einer Nebenabbildung beigegeben, in den Förderdiagrammen außerdem auch die Scheitelkurven eingezeichnet, die zwar in natürlicher Gestalt, gegenüber ihrer tatsächlichen Lage aber im Spiegelbild erscheinen. Am besten empfiehlt sich wohl die Anordnung nach Abb. 386, die mit den einfachsten baulichen Mitteln (Antriebsexzenter direkt auf einer zur Steuerwelle zentrisch sitzenden Büchse drehbar angeordnet) alle gewünschten Möglichkeiten zu erreichen gestattet.

Abb. 389.

Um nun noch das **Zusammenarbeiten von Pumpe und Maschine** kurz zu erörtern, wird es genügen, die Verhältnisse für einen verwickelten Fall der Betrachtung zu unterziehen, woraus sich die Behandlung eines einfachen Falles von selbst ableitet. In Abb. 389 sind die Förderdiagramme für Zünd- und Teerölpumpe eingetragen und durch Darüberlegen des normalen Viertaktdiagramms die Einordnung der Förderzeiten in die Arbeitszeiten der Maschine ersichtlich gemacht.

[1]) Die Diagrammkonstruktion ergibt sich aus der Überlegung, daß bei **Mittellage** des Mitnehmers dessen Abstand vom Anhubpunkt durch $c - \varrho$ gegeben und unabhängig von der Größe der augenblicklich vom Achsenregler eingestellten Exzentrizität ist, eine Überlegung, die übrigens auch für alle anderen Scheitelkurven von Achsenreglern gilt. (Dieser Abstand $c - \varrho$ spielt hier die Rolle der Größe, welche bei Schiebersteuerungen von Dampfmaschinen gemeiniglich mit „Einlaßüberdeckung" bezeichnet wird.)

Angenommen wurde hierbei eine Zweizylindermaschine mit Kurbelversetzung von 360^0 mit gemeinschaftlicher Pumpe für Zündöl für beide Zylinder und getrennten Teerölpumpen mit um 180^0 versetzten Antrieben. Von dem nach früher für die gemeinschaftliche Brennstoffzuführung verfüglichen Steuerwellenwinkelweg von 105^0 sind 45^0 der Zündöl- und 60^0 der Teerölförderung zugeordnet. Hierbei ist angenommen, daß es sich um einen Langsamläufer handelt, wobei die Teerölförderung in die Düse so spät als möglich stattfindet, um beste Regelungsverhältnisse zu erhalten. Bei Schnelläufern würde sich nach dem früher Gesagten wohl die umgekehrte Anordnung wesentlich besser empfehlen, wobei dann auch die Förderdauer für Teerölförderung beliebig ausgedehnt werden kann. Es ergeben sich übrigens, wie aus den Förderdiagrammen (strichliert für Teeröl, strichpunktiert für Zündöl) ersichtlich, auch bei einer Förderdauer von nur 60^0 Steuerwellenwinkelweg ganz annehmbare Verhältnisse und die Verteilung des Brennstoffes über den Zerstäuber ist bei Vorlagerung von Zündöl, die der Einblaseluft stets vorantritt, von geringerer Bedeutung als bei Rohölbetrieb allein.

Für die **Bemessung der Brennstoffpumpen** kann von der Annahme ausgegangen werden, daß jeder Zylinder von einer besonderen Pumpe versorgt werde. Die früher hin und wieder verwendete Anordnung, zwecks Ersparung mehrere Zylinder von nur einer Pumpe zu beschicken, erfordert die Anwendung besonderer Verteiler mit einstellbaren Drosselwiderständen bei der Abzweigung der einzelnen Leitungen, um die für die einzelnen Zylinder verschiedenen Leitungswiderstände auszugleichen und überall hin gleiche Förderung zu erhalten. Selbstverständlich sind derartige Vorrichtungen schlecht, da sich die Leitungswiderstände während des Betriebes ändern können (Unreinigkeiten im Öl) und auch von dem augenblicklichen Zustand des Brennstoffs (Temperatur) abhängen, eine prüfungsfähige Nachstellung des Verteilers im Betrieb jedoch nicht durchzuführen ist. Mit Recht werden diese Anordnungen daher heute vermieden. Ersparnisse können hingegen dadurch erzielt werden, daß für verschiedene Zylinder zwar getrennte Pumpen mit eigenen Kolben, Saug- und Druckventilen und Nebenarmatur vorgesehen werden, die Kolben jedoch gemeinschaftlichen Antrieb erhalten, wie z. B. aus Abb. 362—65 ersichtlich. Bei Mehrzylindermaschinen wird in der Regel auch die Anordnung derart getroffen, daß auch mit getrennten Antrieben versehene Pumpen in einem Guß- oder Schmiedekörper als Pumpengehäuse vereinigt werden, was nicht nur Ersparnisse erlaubt, sondern auch die Übersichtlichkeit erhöht und die Anordnung gemeinschaftlicher An- und Abstellvorrichtungen für alle Pumpen ermöglicht.

Wie aus der Erörterung der Förderdiagramme erhellt, wird der tatsächliche Hubraum der Pumpe v beträchtlich größer gemacht, als es mit Rücksicht auf die größte Förderung der Pumpe notwendig wäre, wesentlich deshalb, um nicht allzu kleine Abmessungen und schleichende Brennstoffzuführung zu erhalten. Wird der notwendige Hubraum mit v' bezeichnet, so kann

$$v = a v' \qquad \text{(I)}$$

gesetzt werden, wobei a eine erfahrungsmäßig zu wählende Vorzahl ist. Für normale Verhältnisse ist $a = 2$ bis 3,5, wenn v' die für Vollast (nicht Überlast) der Maschine erforderliche Förderung bedeutet. $a = 2{,}7$ kann als brauchbarer Mittelwert dienen. Da a aus dem Förderdiagramm als das Verhältnis der wirksamen Förderstrecke zum ganzen Pumpenhub zu entnehmen ist, so ist durch Wahl von a auch der Winkel festgelegt, während dessen die Förderung erfolgt und zwar beträgt dieser für die angegebenen Grenzwerte 90^0 bis 65^0, dem Mittelwert $a = 2{,}7$ entspricht ein Steuerwellenwinkelweg von 75^0. Bei gemeinschaftlichem Antrieb von zwei oder drei Pumpen ergibt sich der für die Förderung verfügliche Winkelweg nach Abb. 380—82. Hier wird, wie z. B. aus Abb. 389 ersichtlich, die Förderung auf einen kleineren Weg zusammengedrängt und a dementsprechend größer gewählt werden müssen.

Es bezeichne

B den Brennstoffverbrauch in g/PS-St.;

γ das spezifische Gewicht des Brennstoffes in kg/lit oder in g/ccm;

N die Normal- (Voll-) Leistung der Maschine in PS;

n die Umdrehungszahl in Uml./Min.;

v' die der Normallast der Maschine entsprechende Förderung der Pumpe in ccm;

V den Hubraum eines Zylinders in lit;

p_e den mittleren effektiven Druck in atm ($p_e = \eta_m \cdot p_i$!);

i die Anzahl der Umdrehungen, die für einen Arbeitshub erforderlich sind ($i = 1$ für Zweitakt, $i = 2$ für Viertakt).

Dann ergibt sich der gesamte stündliche Brennstoffverbrauch mit $N.B$, oder der für ein Arbeitsspiel zuzuführende Brennstoff, da $\frac{60n}{i}$ Arbeitsspiele in der Stunde geleistet werden und B in g, v' dagegen in ccm ausgedrückt ist:

$$v' = \frac{BiN}{60n\gamma} \qquad \text{(II)}$$

Andererseits kommt aus der Beziehung

$$N = \frac{1000\,V p_e \cdot 60n}{i \cdot 3600 \cdot 75 \cdot 100} = \frac{V p_e n}{450\,i}$$

durch Einsetzen von N in Gl. (II) die Gleichung

$$v' = \frac{B \cdot p_e}{27000\,\gamma} \cdot V, \qquad \text{(III)}$$

die eine Beziehung zwischen der Pumpenförderung (in ccm) und dem Hubraum des Zylinders (in lit!) herstellt.

Auf Grund dieser Gleichungen kann v' und nach Wahl der Vorzahl a auch v berechnet werden.

Einige Sonderformeln für Rohölmaschinen sind folgende:

Wird für Viertaktmaschinen größerer Leistung $B = 190$, für Maschinen kleinerer Leistung $B = 235$ g/PS-St. eingesetzt und nach früher $a = 2{,}7$ angenommen, so ergibt sich mit $i = 2$ und $\gamma = 0{,}85$

$$v = 20 \text{ bis } 25\frac{N}{n},$$

wobei der kleinere Wert für größere, der größere für kleine Maschinen gilt. Bei Zweitaktmaschinen ist der spezifische Brennstoffverbrauch erfahrungsgemäß etwas höher, so daß unter denselben Annahmen mit $i = 1$ hierfür

$$v = 10{,}5 \text{ bis } 13\frac{N}{n}$$

zu setzen ist.

Aus Gl. (III) ergibt sich, wenn entsprechend den tatsächlichen Verhältnissen $p_e \sim 5$ atm gesetzt wird, für dieselben Werte von a und B

$$v = \frac{1}{9} \text{ bis } \frac{1}{7}V,$$

wobei wieder die kleineren Werte für größere, die großen Werte für kleine Maschinen gültig sind.

In abweichenden Fällen (kleiner Wert von a, Schnelläufer mit schlechterem mechanischem Wirkungsgrad und daher kleinerem p usw.) wird auf die angegebenen Gln. (I), (II) und (III) zurückzugreifen sein.

Nachdem durch v der Hubraum der Brennstoffpumpe gegeben ist, ist noch eine Annahme über die Verhältnisse von Hub zu Kolbendurchmesser zu machen. Gewöhnlich wird der Hub etwas größer als Kolbendurchmesser gewählt. Allzugroße Hübe sind zu vermeiden, da sonst die Kolben zu dünn ausfallen (sehr kleine Stopfbüchse, eventuell Knicksicherheit!) und die Exzenter groß werden; zu kleine Hübe ergeben andererseits wieder große Kräfte am Exzenter. Im allgemeinen wird unter $d = 10$ und über $s = 45$ mm nicht gegangen. Meistens werden die Verhältnisse derart gewählt, daß für eine ganze Reihe von Zylinderleistungen nur eine Pumpentype vorgesehen und die erforderliche Förderung durch entsprechende Wahl des Kolbendurchmessers erreicht wird. Hierbei kann dann mit denselben Modellen für den Pumpenkörper und für die Antriebsteile für eine ganze Reihe von Maschinen das Auslangen gefunden werden.

F. Besonderheiten der Zweitaktsteuerungen.

Bei den Anlaß- und Brennstoffventilen sowie bei den Brennstoffpumpen ergeben sich keine oder nicht bemerkenswerte Unterschiede zwischen Vier- und Zweitaktmaschinen, außer daß bei Zweitaktmaschinen in der Regel jeder einzelne Zylinder eine besondere Brennstoffpumpe mit besonderem Antrieb erhält und die Sitze der Brennstoffnadeln mit Rücksicht auf größere spezifische Wärmeentwicklung beim Zweitaktverfahren mitunter gekühlt ausgeführt werden und daß Anlaß- und Brennstoffventile selbstverständlich von einer mit der Umdrehungszahl der Hauptwelle umlaufenden Steuerwelle aus betätigt sind.

Unterschiede von der Viertaktmaschine ergeben sich bei Ein- und Auslaßsteuerung. Der Auslaß wird nahezu ausschließlich durch den Kolben gesteuert aus denselben Gründen, die bereits bei Besprechung der Zweitaktsteuerungen von Verpuffungsmaschinen ausführlich erörtert sind (s. S. 224). Die Steuerung des Auslasses durch Ventile begegnet bei Zweitaktgleichdruckmaschinen noch erheblich größeren Schwierigkeiten als bei Zweitaktverpuffungsmaschinen, da Gleichdruckmaschinen in der Regel wesentlich höhere Umdrehungszahlen haben, die spezifische Wärmeentwicklung größer und der Druck, gegen den die Ventile angehoben werden müßten, höher ist, als bei gleich großen Verpuffungsmaschinen. Diese Verhältnisse lassen es nahezu aussichtslos erscheinen, Auslaßventile für Zweitaktmaschinen sicher zu bauen und dauernd in Betrieb zu erhalten, wenn auch der Vorteil bestünde, den sich gegen das entsprechend anzuordnende Auslaßventil hin verjüngenden Zylinderraum besser und gründlicher spülen zu können, als dies bei Verwendung von Auslaßschlitzen im allgemeinen möglich ist. Der Einlaß kann entweder auch durch den Kolben gesteuert oder auch durch besondere Spülventile gebildet werden.

Für Einkolbenmaschinen und Steuerung des Ein- und Auslasses durch Schlitze gibt Abb. 390[1]) ein Beispiel. Wenn der Kolben in der Nähe seines unteren Totpunktes angekommen ist, werden zuerst die Auslaß- und dann die gegenüberliegenden Spülluftschlitze eröffnet. Durch eine geeignete Ausbildung des Kolbenbodens wird die Spülluft nach oben abgelenkt und dadurch der Zylinderraum ausgespült. Derartige Anordnungen, die auch bei Glühkopfzweitaktmaschinen allgemein gebräuchlich sind, haben den großen Vorteil für sich, außer dem ohnedies nur selten

[1]) Maßstab 1 : 15. Zu einer direkt umsteuerbaren Schiffsmaschine, Patent Hesselmann, 120 PS in vier Zylindern bei $n = 300$, nach Ausführung von Benz & Cie., Rheinische Automobil- und Motorenfabrik A.-G. in Mannheim.

betätigten Anlaßventil[1]) und der Brennstoffdüse keinerlei Ventile aufzuweisen. Glühkopfmotoren kommen überhaupt ganz ohne Ventile aus, was eine bedeutende Vergrößerung der Betriebssicherheit bietet und besonders für Schiffsmaschinen von Wichtigkeit ist. Als Nachteile sind die sich notwendigerweise minder günstig ergebende Form des Verbrennungsraumes, die mangelhafte Spülung und die Beengtheit in der Wahl der Steuerpunkte zu erwähnen. Da der Auslaß vor dem Einlaß eröffnen muß, ergibt sich ohne besondere Vorrichtungen auch stets ein Abschluß des Auslasses erst nach dem Abschluß des Einlasses. Dadurch ist eine Verkürzung des für die Arbeitsleistung bestimmenden Kolbenhubes um nahezu die ganze Länge der Auslaßschlitze bedingt und eine Nachladung des Zylinders unmöglich gemacht, außer wenn zu dem Mittel gegriffen wird, durch Drosselung des Auslasses die Spülspannung künstlich zu erhöhen (s. S. 16). Insbesondere fällt aber die meistens ziemlich mangelhafte Zylinderspülung in das Gewicht, weshalb die spezifische Leistung derartiger Maschinen in der Regel auch unter der z. B. bei Viertaktmaschinen auftretenden bleibt. Meistens ergibt sich für Hochdruckmaschinen der mittlere effektive Druck ($\eta_m \cdot p_{im}$) nur wenig höher als $p_e = 4{,}0$ bis 4,2 atm.

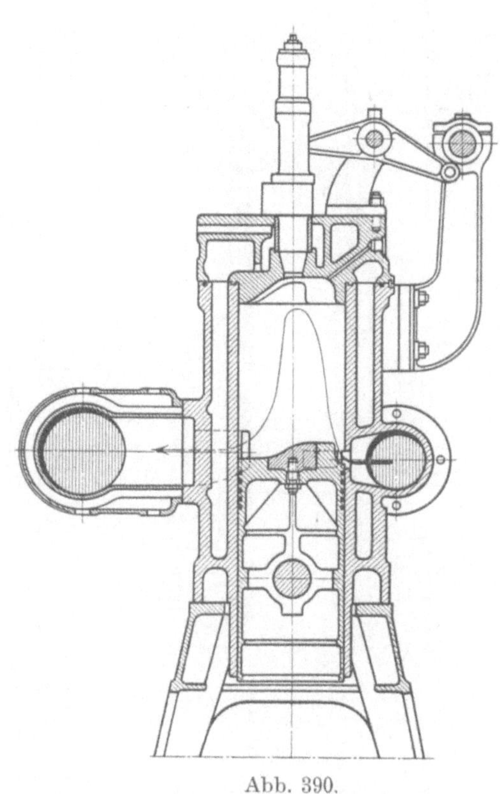
Abb. 390.

Abb. 391[2]) und Abb. 392[2]) zeigen die Anordnung von gegenläufigen Kolben (vgl. hierzu S. 219f.), deren einer nur den Auslaß, der andere den Einlaß steuert. Die Brennstoffeinspritzung erfolgt durch zwei einander gegenüberliegende Düsen D, deren Mittellinien jedoch bei der Zylinderachse vorbeigehen (s. S. 267), in den zwischen den Kolben verbleibenden linsenförmigen Raum. Die Spülung wird bei dieser Anordnung außerordentlich vollkommen und mit bemerkenswert geringer Spülpumpenarbeit erzielt (s. S. 231), da die Eintrittsquerschnitte für Spülluft sehr groß ausfallen und die darin auftretende Geschwindigkeit verhältnismäßig nicht groß zu werden braucht. Leistungserhöhung wird durch Drosselung des Auspuffes (s. S. 16) erzielt, wobei die Spülpumpen dann allerdings auf höheren Druck verdichten müssen.

Die erwähnten Nachteile der Schlitzspülung bei Einkolbenmaschinen, insbesondere die ungünstige Gestaltung des Verbrennungsraumes und die unerwünschte Starrheit in der Wahl der Steuerpunkte umgeht in außerordentlich sinnreicher Weise die in Abb. 393[3]) dargestellte Bauart dadurch, daß für den Einlaß eine doppelte

---

[1]) Die als Beispiel angeführte Bauart des Hesselmannmotors vermeidet auch die Anlaßventile, indem die als Manövermotor dienende Spülluftpumpe Druckluftfüllung erhält und die Maschine so in Gang bringt.

[2]) Maßstab 1 : 35. Zu einer direkt umsteuerbaren Vierzylinderschiffsdieselmaschine nach Junkers, 440 ∅, 2 × 520 Hub, von J. Frerichs & Co. Aktiengesellschaft in Osterholz-Scharmbeck. (In der Abbildung ist nur die Hälfte der Maschine dargestellt, links der Mittellinie AB schließen sich noch zwei Zylinder, rechts der Mittellinie CD noch eine zweite Spülpumpe an.)

[3]) Maßstab 1 : 20. Zu einem ortsfesten Zweitaktdieselmotor von Gebr. Sulzer in Winterthur.

Steuerung vorgesehen ist, die sich in ihrer Wirkung zeitlich übergreift derart, daß eine Steuerwirkung nur während der Eröffnungsdauer beider Steuerorgane zustande kommt. Die Auslaßöffnungen umfassen eine, die Einlaßöffnungen die andere Hälfte des Zylinderumfanges. Die Wirkungsweise der Steuerung ist am einfachsten aus

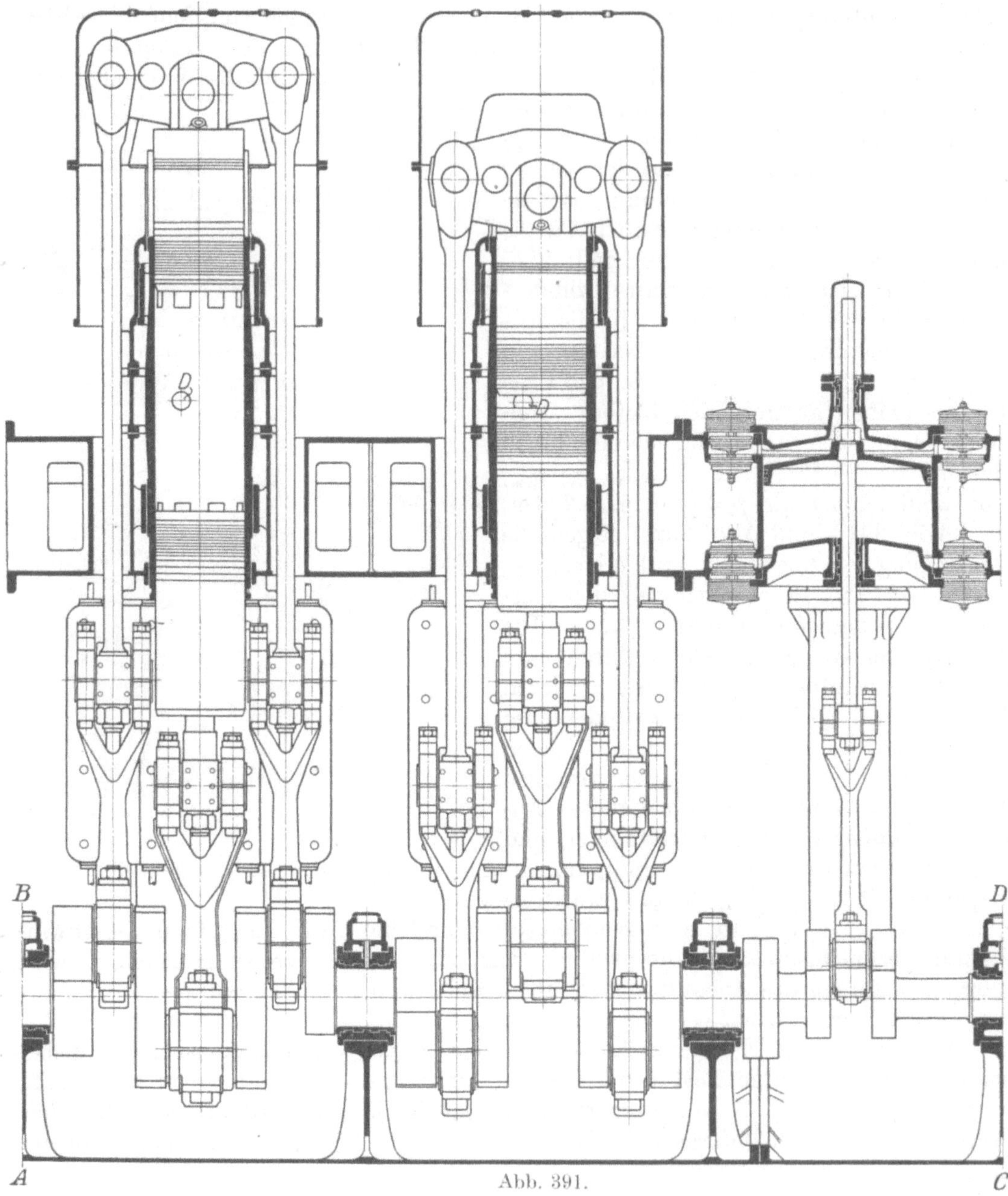

Abb. 391.

dem Steuerungsdiagramm Abb. 394[1]) zu entnehmen. Beim Abwärtsgang des Kolbens wird zunächst der obere Einlaßschlitz am Punkt (*E.'a.*) eröffnet, was indessen

[1]) Das Diagramm stellt nur das Wesentliche der Steuerwirkung dar, ohne die tatsächlichen Verhältnisse genau maßstäblich zum Audruck zu bringen. Die in ( ) gesetzten Bezeichnungen bedeuten Punkte, welche für die eigentliche Steuerwirkung nicht in Betracht kommen.

ohne Wirkung bleibt, da das Doppelsitzventil V noch nicht eröffnet ist und der Überdruck im Zylinder nur in den kleinen Raum bis zum Ventil hineinschlagen kann. Kurz darauf wird, entsprechend dem Punkt $A.a.$, der Auslaß und nach ererfolgtem Spannungsausgleich im Punkt $E.a.$ auch der Einlaß geöffnet, wodurch die Spülluft in den Zylinder tritt. Während der Spülung wird auch im Punkt $V.a.$ das Ventil angehoben, so daß nunmehr beide Einlaßschlitze zur Geltung kommen. Geht nun der Kolben wieder nach aufwärts, so wird zuerst der untere Einlaßschlitz im Punkt $(E.z.)$, dann der Auslaßschlitz im Punkt $A.z.$ geschlossen, worauf aber noch eine Nachladung durch den oberen Einlaßschlitz erfolgt, bis dieser im Punkt $E.'z.$ auch abgeschlossen wird. Dann erst schließt im Punkt $(V.z.)$ das Ventil. Hierdurch ist die erwähnte Beengtheit in der Wahl der Steuerpunkte aufgehoben und genau wie bei besonders gesteuerten Spülventilen eine Nachladung des Zylinders zur Erhöhung der spezifischen Zylinderleistung ermöglicht. Andererseits ergeben sich auch genügend große Einlaßquerschnitte, so daß die Einlaßschlitze schief nach aufwärts gerichtet angeordnet werden können, trotz der dadurch bedingten Minderung an tatsächlichem Durchgangsquerschnitt. (Bei Neigung unter 45^0 nach aufwärts ist der Durchgangsquerschnitt nunmehr $\frac{1}{2}\sqrt{2} \sim 0,7$ von dem, der sich bei derselben Eröffnungslänge und senkrecht auf die Zylinderachse gerichteten Schlitzen ergibt.) Durch die nach aufwärts gerichteten Schlitze wird aber die Spülluft durch den ganzen Zylinder getrieben gleich wie bei Anordnung eines Ablenkers am Kolbenboden, ohne daß indessen die dort auftretende Zerklüftung des Verbrennungsraumes notwendig wäre. Da für die Wahl des Punktes $V.a.$, wie ersichtlich, ein größerer Zeitraum zur Verfügung steht, der Punkt $V.z.$ überhaupt innerhalb weiter Grenzen beliebig gewählt werden kann, so ergeben sich auch bei hohen Umlaufzahlen für den Antrieb des Ventils V günstige Beschleunigungsverhältnisse, dieses kann daher auch schwerer und, da es den hohen Drücken und Temperaturen entzogen ist, als Doppelsitzventil mit hinreichend großen Querschnitten ausgebildet werden.

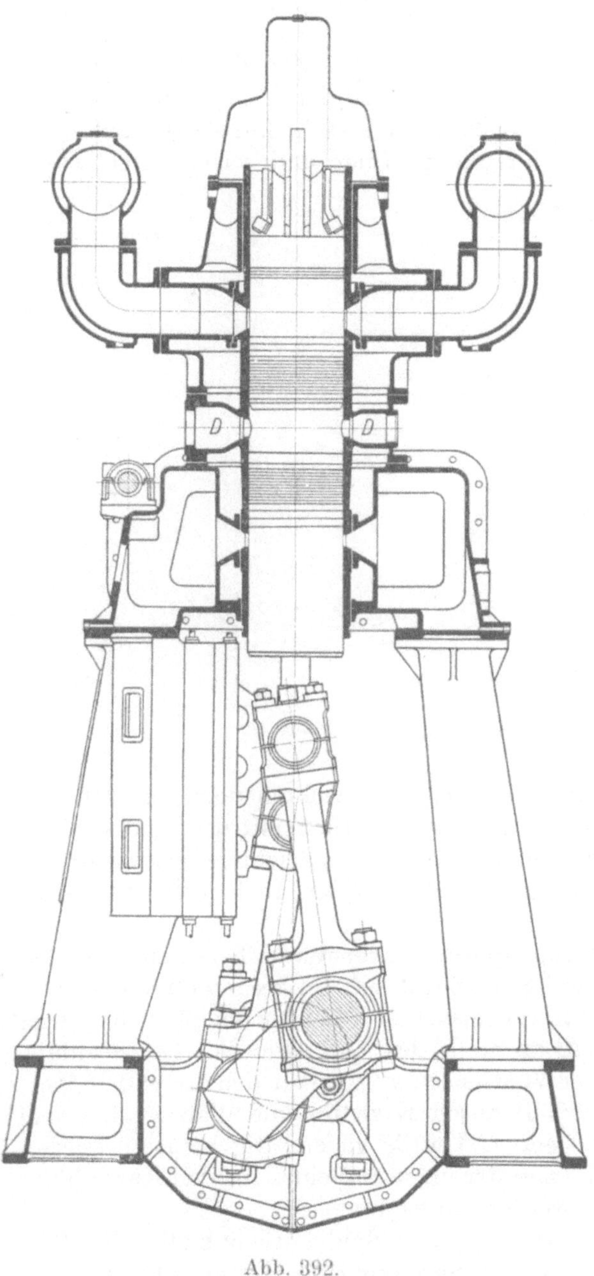

Abb. 392.

Bei der Anwendung von Spülventilen steht für die Anordnung der Auslaßschlitze der ganze Zylinderumfang zur Verfügung, wie die Abb. 395/96[1]) und 397[2]) zeigen. Zu beachten ist die meistens ausgeführte Durchbohrung der zwischen den Schlitzen verbleibenden Stege, um diese kräftig zu kühlen (reines Kühlwasser!). Der den Zylinder umgebende wulstförmige Auspuffraum ist von der Gegenseite bis zur Anschlußstelle für das Auspuffrohr allmählich zu erweitern, um ein stetiges Abströmen der auspuffenden Gase zu bewirken.

Die Spülventile, die ebenso wie die Einlaßventile der Verpuffungszweitaktmaschinen in sehr kurzer Zeit auf große Hübe geöffnet und wieder geschlossen werden müssen, werden, um bei möglichst geringen Gewichten doch hinreichende Festigkeit zu erhalten, stets aus Stahl und aus einem Stück mit der Ventilspindel geschmiedet. Um zentrische Lage der Brennstoffdüse und leichtere Ventilantriebe zu erhalten, werden meistens zwei, bei großen Maschinen auch drei oder vier Spülventile angeordnet.

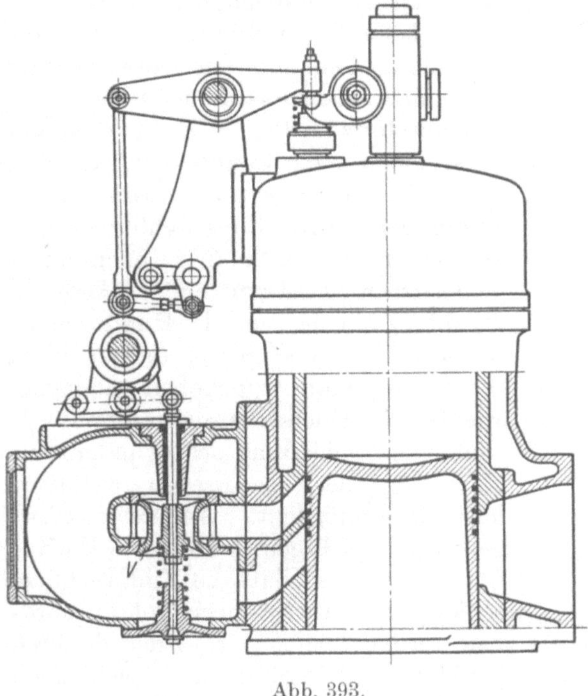

Abb. 393.

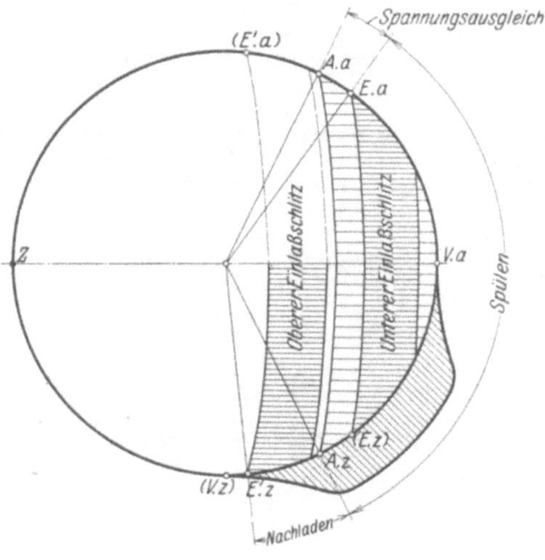

Abb. 394.

Die Maschinenfabrik Augsburg-Nürnberg A.-G. verwendet bei ihren liegenden einfachwirkenden Zweitaktmaschinen zwei Spülventile mit senkrechter Spindel, wodurch der Zylinderkopf eine der bei Viertaktmaschinen bewährten ähnliche Form bekommt, nur mit dem Unterschied, daß an Stelle des Auslaßventiles hier ebenfalls ein Spülluftventil tritt. Der Antrieb der Ventile erfolgt wie bei den liegenden Viertaktzwillingsmaschinen (s. Abb. 341, S. 298) durch Exzenter und Wälzhebel, wobei allerdings, da die einander gegenüberliegenden Ventile gleichzeitig betätigt werden müssen, zwei Exzenter, eines für den Antrieb der oben und eines für den Antrieb der unten liegenden Spülventile verwendet werden müssen.

Die Hauptschwierigkeit bei der Anordnung von Spülventilen bietet die Ausgestaltung des äußeren Antriebs. Wie aus dem Steuerungsdiagramm, Abb. 398, ersichtlich, beträgt das Voreröffnen ~ 10, das Nachschließen ~ 25 v. H., so daß für die Eröffnungsdauer der Spülventile ein Kurbelwinkel von etwa 100°, entsprechend

[1]) Maßstab 1 : 6. Zu einem direkt umsteuerbaren Vierzylinder-Schiffsdieselmotor, 190 ϕ, der Leobersdorfer Maschinenfabriks-Aktienges. in Leobersdorf bei Wien.

[2]) Maßstab 1 : 30. Zu einem Zweitakt-Dieselmotor, 500 ϕ, 600 Hub, von Gebr. Sulzer in Winterthur.

einer Zeitdauer von $\frac{100}{360} \cdot \frac{60}{n} = \frac{16,7}{n}$ sec zur Verfügung steht. Die Spülventile müssen also bei $n = 150$ (Großmaschinen) in 0,11, bei schnellaufenden Schiffsmaschinen

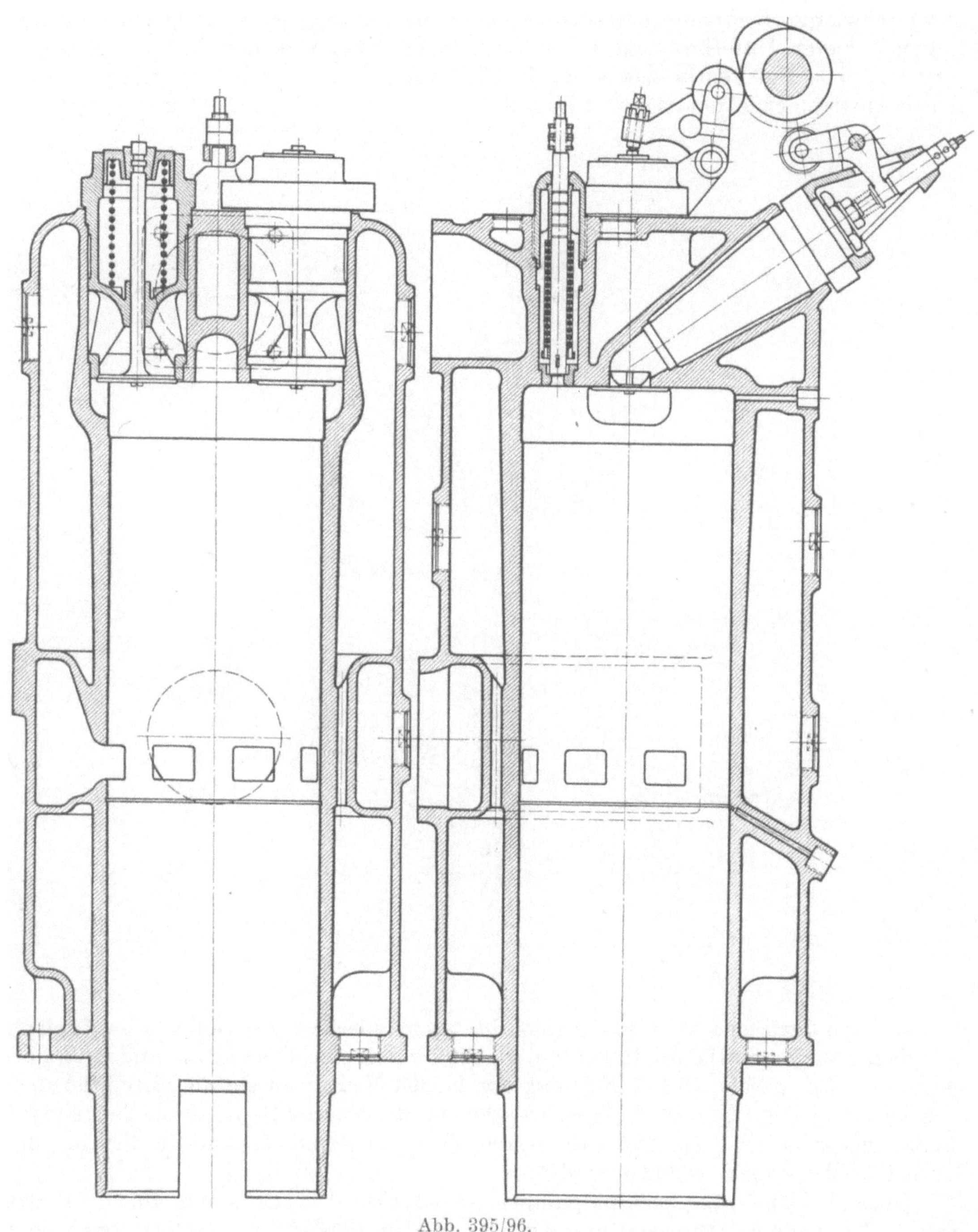

Abb. 395/96.

($n = 350$) sogar in nur 0,0475 sec geöffnet und geschlossen werden. Dadurch werden natürlich außerordentlich hohe Beschleunigungswerte bedingt und leichteste Antriebsvorrichtungen zur unerläßlichen Bedingung. Bei über dem Zylinder liegender

Steuerwelle (s. S. 288) läßt sich, wie aus Abb. 395/96 ersichtlich, mit einem sehr leichten, aus Stahl geschmiedeten Hebel das Auslangen finden. Bei neben dem Zylinder liegender Steuerwelle, einer Anordnung, die sich für Zweitaktschnelläufer aus den angegebenen Gründen wohl kaum durchführen läßt, wird die Beherrschung der im Gestänge auftretenden Beschleunigungskräfte auch bei Langsamläufern schon recht schwierig. Gewöhnlich werden, auch schon um weniger Antriebshebel zu bekommen, deren Unterbringung aus Raummangel Schwierigkeiten bereitet, je zwei oder auch alle drei Ventile durch eine Brücke verbunden und erhalten gemeinschaftlichen Antrieb. Eine derartige sehr hübsche Bauart bringt Abb. 399[1]) zur Darstellung.

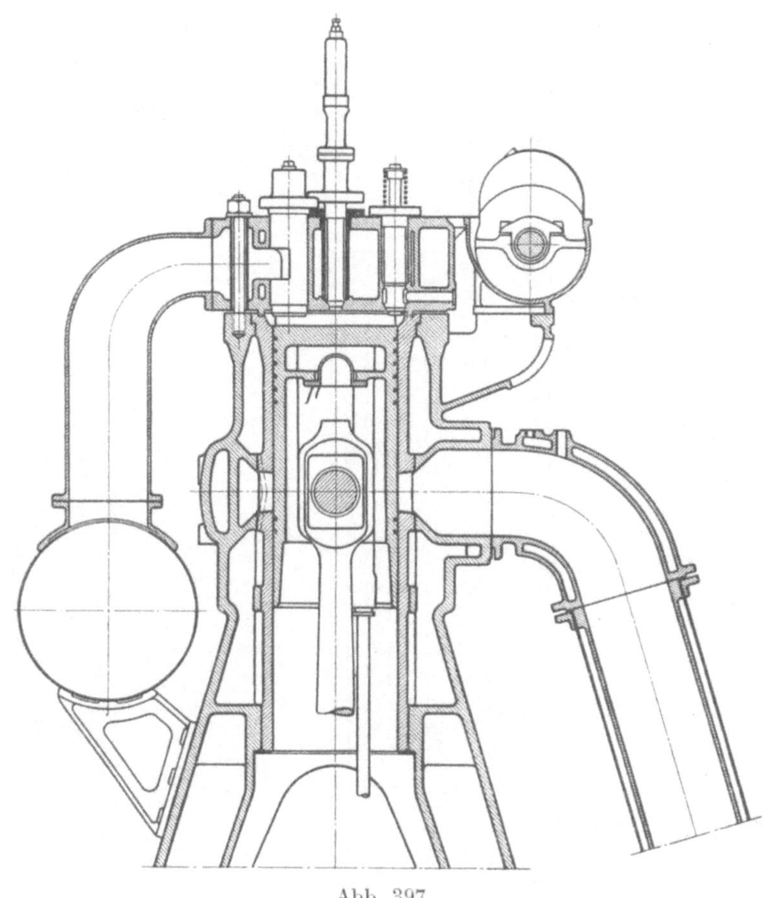

Abb. 397.

Je zwei, von der Steuerwelle aus gesehen hintereinanderliegende, Spülventile werden von dem gemeinschaftlichen Hebel und Nocken durch eine Brücke aus Stahlguß angetrieben. Um gleichmäßige Eröffnung der beiden Ventile zu gewährleisten, ist die Brücke durch einen Lenker AB geführt, der um die Unterstützungswelle B drehbar derart angeordnet ist, daß durch die beiden Hebel AB und CD und die Brücke ein Kurbelparallelogramm gebildet wird.

Über die Bemessung der Spülpumpen ist das Erforderliche bereits auf S. 243 ff. gesagt. Die bauliche Ausgestaltung der Spülpumpen entspricht im allgemeinen der von raschlaufenden Gebläsen. Ein Beispiel ist aus Abb. 391 ersichtlich. Zwischen

---

[1]) Maßstab 1:15. Zu einem Zweitaktdieselmotor, 600 ϕ, von Gebr. Sulzer in Winterthur vgl. auch Abb. 334, S. 296).

Spülpumpen und Zylinder wird meistens ein größerer Aufnehmer eingeschaltet, so daß während des Spülvorganges nur sehr geringer Spannungsabfall stattfindet.

Glühkopfmotoren erhalten, wie bereits erwähnt, meistens Kurbelkastenpumpen.

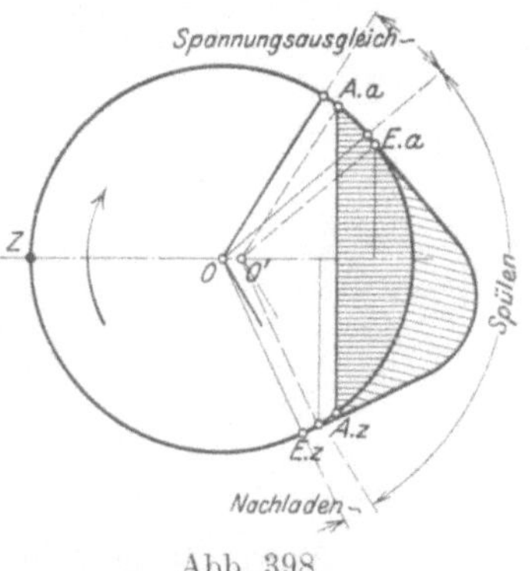

Abb. 398.

Für Gleichdruckmaschinen, an die schon mit Rücksicht auf die Anlagekosten weit höhere Ansprüche an die spezifische Zylinderleistung gestellt werden müssen, und deren Triebwerk infolge der hohen Belastung ohnedies schon unter wesentlich schwierigeren Betriebsbedingungen arbeitet, ist die Anordnung von Kurbelkastenpumpen ganz und gar unzulässig. Meistens werden die Spülpumpen von den Zylindern getrennt ausgeführt und von der gemeinschaftlichen Kurbelwelle aus direkt angetrieben. Bei Vierzylindermaschinen erweist sich eine Teilung der Spülpumpe als zweckmäßig, teils um der gleichmäßigen Luftbeförderung willen, hauptsächlich aber deshalb, weil dann bei Sechskurbelantrieb vollkommenerer Massenausgleich des Triebwerks zu erzielen ist. Einige Firmen verlegen die Spülpumpe, die dann für jeden Zylinder gesondert ausgeführt wird, direkt in den Antrieb des Kolbens, indem der Kreuzkopf nach historisch gewordenem Vorbild (Güldner) als Spülpumpenkolben ausgebildet wird. Es bleibt jedenfalls abzuwarten, ob diese Anordnung derart befriedigende Ergebnisse zeitigen wird, daß man nicht doch auf getrennte Spülpumpen zurückkommt.

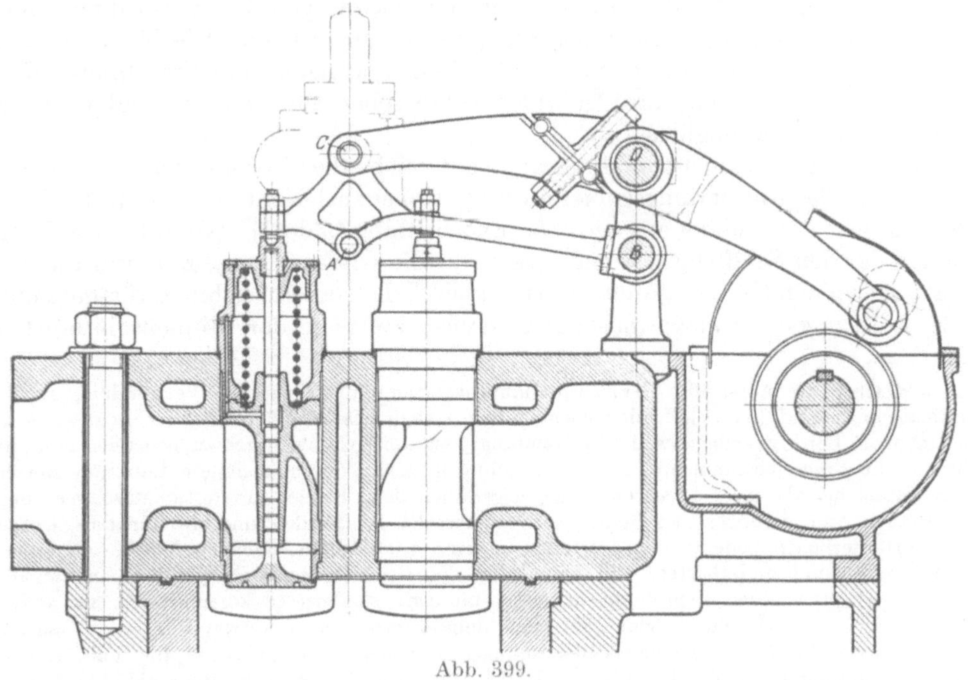

Abb. 399.

Als Einlaßorgan der Luftpumpen finden sich Schieber oder Ventile verwendet. Erstere ergeben meistens etwas geringere Ansaugewiderstände, sind aber nur für Anwendung bei nicht umsteuerbaren Maschinen zweckmäßig, da andernfalls ein besonderer Umsteuermechanismus vorgesehen werden muß. Als Auslaßorgan werden selbstverständlich stets nur selbsttätige Druckventile verwendet.

Fünfter Teil.

Umsteuerungen.

Das Anwendungsgebiet der direkt umsteuerbaren Verbrennungskraftmaschinen — und nur diese sollen in folgendem behandelt werden — ist ein verhältnismäßig enges. Von den Verwendungsgebieten der umsteuerbaren Dampfmaschinen: Lokomotiven, Schiffsmaschinen, Reversierwalzenzug- und Fördermaschinen dürften die beiden letzteren dem Eindringen der Verbrennungskraftmaschinen wohl dauernd verschlossen bleiben, um so mehr als die Einführung des elektrischen Antriebes in Verbindung mit dem Ilgner-Umformer die Möglichkeit bietet, die wirtschaftlichen Vorteile des Verbrennungskraftmaschinenbetriebes auszunützen und die Energieerzeugung in Großkraftwerken zusammenzuziehen. Ob es der Verbrennungskraftmaschine gelingen wird, den außerordentlich schwierigen Betriebsbedingungen des Eisenbahnfahrdienstes gerecht zu werden, bleibt abzuwarten. Die bis jetzt in dieser Richtung unternommenen Versuche (53) können je nach dem Standpunkt des Beurteilers zu einer Meinung für oder wider Anlaß geben, ohne ein begründetes abschließendes Urteil zu ermöglichen.

Im Schiffsmaschinenbau hingegen hat sich die Verbrennungskraftmaschine schon ein großes Anwendungsgebiet erobert, wobei zu beachten ist, daß das bis jetzt Geleistete erst den Anfang einer großen Entwicklung bildet[1]). Wesentlich in Betracht kommen für den Schiffsmaschinenbetrieb nur die Ölmaschinen, und zwar die Niederdruckölmaschinen (Glühkopfmotoren) für kleine, die Dieselmaschinen für mittlere und große Leistungen. Sauggasmaschinen haben zwar in der Binnenschiffahrt auch

---

[1]) Welches die Aussichten der Verbrennungskraftmaschinen für die Verwendung als Schiffshauptmaschinen sind (im Schiffshilfsmaschinenbau stehen schon außerordentlich zahlreiche Dieselmaschinen als Borddynamos usw. in Verwendung), ist um so schwieriger zu beurteilen, als hierfür nicht nur die Frage bestimmend ist, ob es gelingen wird, durch geeignete Bauarten sowohl der ganzen Maschine als ihrer Steuerung den gegenüber dem Betrieb ortsfester Maschinen ungleich schwierigeren Anforderungen des Schiffsbetriebs gerecht zu werden und die für den Großschiffsantrieb erforderlichen bedeutenden Leistungseinheiten zu schaffen, Schwierigkeiten, die heute erst teilweise gelöst sind in Bauarten, die zumal für den Großschiffsantrieb erst ihre Zweckmäßigkeit am Feuer der praktischen Erprobung erweisen müssen, sondern es kommt auch eine Reihe von anderen Fragen in Betracht, wovon die nach dem erforderlichen Aufwand für die Neuaufnahme des Verbrennungskraftmaschinenbaues bei so und so vielen Werften sowie die militärtechnische Seite der Angelegenheit vielleicht noch am leichtesten zu erledigen sind. Bei sachlicher Beurteilung der Verhältnisse (Enthusiasten, meistens für, manchmal wider sind zahlreicher denn je zu finden) scheinen sich für das augenblicklich aktuellste Problem der Großschiffsmaschinen die Aussichten insofern nicht ungünstig zu stellen, als ernstes Können und machtvolle Geldmittel zur Lösung der Aufgabe an der Arbeit sind. Allerdings ist damit, daß eine z. B. 12000 pferdige Maschine am Probestand zufriedenstellend läuft, erst ein kleiner Teil und nicht, wie oft zu lesen ist, schon alles geleistet. Jedenfalls ist, zumal im Kriegsschiffsbau, heute noch eher ein Zuviel denn ein Zuwenig an Zurückhaltung berechtigt.

einigemal Anwendung gefunden, indessen sind hier die Vorteile gegenüber dem Dampfbetrieb nur sehr gering (anstatt des Dampfkessels muß ein Generator an Bord Aufstellung finden, der nicht viel weniger Bedienung erfordert, aber einen wesentlich heikleren Betrieb ergibt, und insbesondere den Verhältnissen, die sich bei schwerem Seegang ergeben, durchaus nicht gewachsen ist), so daß eine weitere Verbreitung nicht zu erwarten ist. Da das Wesentliche des umsteuerbaren Vorganges bei Gas- und Ölmaschinen voneinander nicht allzusehr verschieden ist, sind in folgendem auch nur die Ölmaschinen der Betrachtung unterworfen. Es hat zwar nicht an Versuchen gefehlt, Leichtgewichtsmaschinen (Rennbootmotoren vom Automobiltyp usw.) und Maschinen ganz kleiner Leistung direkt umsteuerbar einzurichten, indessen dürften das wohl mehr oder minder Fehlschläge gewesen sein, da hier viel einfachere und weitaus leichter zu bedienende und weniger zu Betriebsstörungen Anlaß gebende Mittel (Reversier-Kupplungen, Umsteuerpropeller) zur Verfügung stehen.

Es genügt daher in folgendem, die Umsteuervorrichtungen der Schiffsölmaschinen in Betracht zu ziehen.

Zur Besprechung des baulichen Teiles der Frage ist zu bemerken, daß das behandelte Gebiet die jüngste und noch am wenigsten zur Vollendung gelangte Betätigungsfeld des Verbrennungskraftmaschinenbaues darstellt. Da sich somit noch das Meiste im Werden befindet und erst ein ganz geringer Teil des Geleisteten als für dauernd erworben anzusehen ist, kann es nicht Aufgabe des Nachfolgenden sein, Vollständigkeit zu bieten. Es ist dies um so mehr unmöglich, als sich die Firmen in der Preisgabe der noch nicht oder erst wenig erprobten Einzelheiten begreifliche Zurückhaltung auferlegen. Die angeführten Bauarten sollen daher im wesentlichen nur Ausführungsbeispiele darstellen für die einzelnen Wege, auf denen eine Lösung der Aufgabe gesucht wurde und zu finden ist. Hingegen soll versucht werden, die Aufgabe der Umsteuerung mit allen ihren Besonderheiten vollständig zu erfassen und die zu ihrer Lösung führenden Wege aufzudecken[1]).

Die Betriebsanforderungen, denen die Schiffsmaschinen gerecht werden müssen, lassen sich, soweit es für das Folgende von Interesse ist, durch die Worte „manövrieren" und „umsteuern" umschreiben, wobei das Umsteuern streng genommen nur einen Teil des Manövriervorganges bildet, zu dessen Durchführung die Möglichkeit weitgehender Veränderlichkeit der Umdrehungszahl und des Anspringens der Maschine mit vollem oder nahezu vollem Drehmoment in jeder Stellung nach vor- oder rückwärts gegeben sein muß.

Was zuvörderst die Möglichkeit weitgehender Veränderlichkeit der Umdrehungszahl anlangt, so machen sich bei der Verbrennungskraftmaschine die größten Schwierigkeiten dann geltend, wenn man in den Bereich der ganz niedrigen Umlaufzahlen gelangt. Ganz allgemein ist die untere Grenze der Umlaufzahl für Kolbenmaschinen dadurch gegeben, daß die Gleichförmigkeit des Ganges groß genug sein muß, um der Maschine ein sicheres Über-den-Totpunkt-Hinwegkommen zu ermöglichen. Bei Dampfmaschinen ist hier die für Kolbenmaschinen überhaupt erreichbare Möglichkeit im weitesten Ausmaß dadurch gegeben, daß nahezu mit Vollfüllung gearbeitet und der Dampf sehr stark gedrosselt werden kann, um die bei ge-

[1]) Von der bisher über das Problem der direkt umsteuerbaren Verbrennungskraftmaschinen erschienenen Literatur genügt die Erwähnung der in letzter Zeit erschienenen ausführlichen Monographie von Ch. Pöhlmann (43), die allerdings eine genügend kritische Unterscheidung in der Bewertung von nur Gewolltem und Erreichtem hin und wieder vermissen läßt. An deren Schluß ist ein fast vollständiger Literaturnachweis beigegeben. Da sich technischer und kaufmännischer Unternehmungsgeist auf das erwähnte Gebiet gerade jetzt von allen Seiten stürzt, ist ein Großteil der Zeitschriftenliteratur darüber, besonders, wenn jeweils nur die Bauart einer Firma darin geschildert wird, aus naheliegenden Gründen nur mit Vorsicht zu genießen.

ringer Umdrehungszahl erforderliche geringe Diagrammarbeit zu erzielen[1]). Verbrennungskraftmaschinen können auch bei schwacher Belastung nur stark wechselnden Kolbendruck geben; günstiger bestehen hier noch die Verpuffungsmaschinen, insbesondere die mit Füllungsregelung arbeitenden, wobei nahe am Leerlauf die Verdichtungsspannung niedriger bleibt und nicht allzusehr veränderliche Kolbendrücke dann erzielt werden können, wenn ein Nachbrennen absichtlich herbeigeführt und in Kauf genommen wird. Mit Selbstzündung arbeitende Hochdruckölmaschinen müssen, um die Zündungstemperatur zu erhalten, stets mit derselben hohen Verdichtungsendspannung betrieben werden und ergeben daher unter allen Umständen stark wechselnden Kolbendruck und große Ungleichförmigkeit im Tangentialdruckdiagramm. Diesem unerwünschten Umstand kann zwar durch Vergrößerung der bewegten Massen (Vielzylinderanordnung und Schwungrad) entgegengearbeitet werden, indessen ist der Anwendung dieser Mittel schon durch die Begrenzung des zulässigen Gewichts Beschränkung auferlegt.

Eine weitere Schwierigkeit, auf niedrige Umlaufzahlen zu kommen, ist im Arbeitsprozeß der Verbrennungsmaschinen gelegen und äußert sich bei Verpuffungsmaschinen, die im Viertakt arbeiten, in der bei geringer Umlaufzahl auftretenden Verschlechterung der Gemischbildungsverhältnisse, die bis zum Versagen der Zündung führt. Alles hierüber zu Sagende ist in den Abschnitt über die Regelungsverfahren für Verpuffungsmaschinen ausführlich besprochen (s. insbesondere S. 46ff. und 51f.), so daß hierauf verwiesen werden kann. Auf das einfachste und wirkungsvollste Hilfsmittel gegen schlechte Gemischbildung, das in der starken Drosselung der Eintrittsquerschnitte (bei Sauggasbetrieb der Luft, bei Druckgasbetrieb des Gases) besteht, sei nochmals nachdrücklichst hingewiesen. Verpuffungszweitaktmaschinen mit ganz oder nahezu vollständig zwangläufiger Gemischbildung ergeben wesentlich leichter beherrschbare Verhältnisse. Bei Gleichdruckmaschinen, die mit Selbstzündung arbeiten, besteht die Hauptschwierigkeit darin, daß die zur Erzielung sicherer Zündung erforderliche Temperatur stets erreicht werden muß trotz der Verluste durch Wärmeableitung, die natürlich um so größer ausfallen, je langsamer die Maschine läuft. Bei Dieselmotoren ist 0,7 bis 0,8 m/sec Kolbengeschwindigkeit im allgemeinen die unterste Grenze, wo noch sicher Zündung erreichbar ist, entsprechend einer Umlaufzahl von $n = \frac{21}{s}$ bis $\frac{24}{s}$[2]). Diese Grenze wesentlich zu unterschreiten, dürfte, sofern nicht besondere Zündungsvorrichtungen vorgesehen werden, deren Wirkung jedoch auch ziemlich zweifelhaft ist, kaum gelingen, auch nicht trotz aller theoretischen Untersuchungen über Wärmeverlust, sogenanntes „günstiges Hubverhältnis“ u. dgl. m.

Außerhalb der angegebenen Grenzen pflegt weitgehende Veränderung der Umlaufzahl durch entsprechende Beeinflussung der Brennstoffpumpenförderung von Hand aus keinerlei Schwierigkeiten zu bereiten.

---

[1]) Nach der Froudschen Gleichung ist die Propellerleistung der dritten, die Diagrammarbeit demnach der zweiten Potenz der Umlaufzahl direkt proportional.

[2]) Nach den Angaben eines Aufsatzes über die Thermolokomotive (53) sei ein sicherer Übergang auf Brennstoffbetrieb schon bei einer Fahrgeschwindigkeit von 10 km/St. entsprechend 0,556 m/sec Kolbengeschwindigkeit möglich gewesen. Es ist jedoch zu beachten, daß im Schiffsmaschinenbetrieb stets sicher vorgegangen werden muß und Aussetzer vermieden werden müssen, auch bei nicht vorgewärmter Maschine. Um bessere Zündungsverhältnisse zu erhalten, wird bei Mehrzylindermaschinen öfter bei Langsamgang die Hälfte der Zylinder ganz abgeschaltet, wodurch sich die von den Übrigbleibenden zu leistende Arbeit entsprechend vergrößert und deren mittlere Zylindertemperatur etwas erhöht wird.

A. Die steuerungstechnischen Grundlagen der Umsteuerungen.

Der Umsteuervorgang begegnet bei Verbrennungskraftmaschinen zunächst der grundsätzlichen Schwierigkeit, daß sich eine Verbrennungskraftmaschine nicht von selbst in Bewegung setzen kann, sondern angelassen werden muß. Bei Maschinen, die mit der Schraubenwelle direkt gekuppelt sind, steht hierfür, wie bei den ortsfesten Maschinen, nur Druckluft als brauchbares Kraftmittel zur Verfügung, ausgenommen Maschinen kleiner Leistung, bei denen durch hinreichende Vorzündung oder starke Brennstoffvoreinspritzung bei Glühkopfmaschinen ein Umwerfen der Maschine in die entgegengesetzte Drehungsrichtung erzielt werden kann, ein Verfahren, das der „Gemischanlassung" im wesentlichen gleichkommt. Immerhin bestehen gegen derartige Verfahren alle Bedenken, die gegen Gemischanlassung bei ortsfesten Maschinen einzuwenden sind, also insbesondere die Gefahr von explosionsartiger Verbrennung, in noch erhöhtem Maß, da im Fall, daß das Umsteuern nicht sofort gelingt und die Maschine durch die eigene Massenträgheit und infolge des auf den Propeller wirkenden Rückstromes in der ursprünglichen Drehungsrichtung weiterläuft, ganz brutale Beanspruchungen der Maschine auftreten, denen diese bei vielfacher Wiederholung auch nicht gewachsen zu sein pflegt. Am Platz ist dieses barbarische Umsteuerverfahren eigentlich nirgends; wird es dennoch wenigstens für Maschinen kleiner Leistung öfters angewendet, so geschieht dies deshalb, um die mit dem normalen Umsteuerverfahren durch Druckluft unvermeidlichen Weitläufigkeiten zu vermeiden und um eine billige Maschine auf den Markt bringen zu können, wobei allerdings billig und schlecht voneinander untrennbar wird.

Der Umsteuervorgang durch Druckluft unterscheidet sich von dem normalen Anlaßvorgang einer nicht umsteuerbaren Maschine nur dadurch, daß die Druckluft nicht nur den eigentlichen Anlaßvorgang zu leisten, sondern u. U. auch die noch in der ursprünglichen Drehrichtung weiterlaufende Maschine bis zum Stillstand abzubremsen hat, und daß nicht, wie bei nicht umsteuerbaren Maschinen die Brennstofförderung erst gegen Ende des Anlaßvorganges beginnt, sondern gegebenenfalls während des ganzen Umsteuervorganges fortdauert, obwohl eine Abschaltung der Brennstofförderung, die in der Regel mit einfachen Mitteln zu erreichen ist, während der Dauer des Umsteuervorganges nicht genug empfohlen werden kann.

Damit die Maschine in jeder Drehrichtung zu laufen vermag, muß die Steuerung für Vor- und Rückwärtsgang in derselben Weise wirken, d. h. die einzelnen Punkte der Steuerwirkung müssen für Vor- und Rückwärtsgang in gleicher Entfernung vom Zündungstotpunkt verwirklicht werden. Hierbei ergeben sich die Verhältnisse für Zwei- und Viertaktmaschinen etwas verschieden und sollen daher getrennt behandelt werden.

Die einfachsten Verhältnisse ergeben sich für Zweitaktmaschinen mit Spülung durch vom Kolben gesteuerte Schlitze, da die vom Kolben gesteuerten Eröffnungs- und Abschlußpunkte stets bei derselben Kolbenstellung eintreten und daher ihre Rolle für Hin- und Rückgang ohne weiteres vertauschen können. Die hier auftretenden Verhältnisse sind aus dem Diagramm Abb. 400[1]) zu entnehmen, in dem,

[1]) Bei der Angabe des Drehsinnes ist, um Mißverständlichkeiten zu vermeiden, angenommen, der Nocken stünde fest und die Rollenhebel bewegten sich relativ zur Steuerwelle. Hierdurch ist die in den Diagrammen bisher geübte Auffassung, wonach Drehung im Sinne des Uhrzeigers dem Vorwärtsgang der Maschine entspricht, beibehalten. Bei den Nocken vertauschen hierbei allerdings An- und Ablaufkurve ihre Rollen, was aber deshalb gleichgültig ist, da die Nocken, wie im Text auch erwähnt, ohnedies meistens symmetrisch ausgeführt werden, und es in der Darstellung wesentlich auf die Lage der einzelnen Steuerpunkte und nicht auf die Nockenform ankommt (s. auch S. 140f.).

wie in folgendem immer, Drehung im Sinne des Uhrzeigers als Vorwärtsgang, die entgegengesetzte als Rückwärtsgang angenommen ist. Wie man sieht, sind die durch Schlitze gesteuerten Ein- und Auslaßsteuerungen in gleicher Weise für Vorwärts- und Rückwärtsgang brauchbar, da die Eröffnungen symmetrisch zur Kolbenbeweglinie gelegen sind.

Für die Brennstoffeinblasung und die Betätigung des Anlaßventils hingegen liegen die Verhältnisse wie folgt:

Sind für die Betätigung der Brennstoffdüse und des Anlaßventils vollkommen getrennte Sätze von Antriebsorganen vorhanden, von denen je nach der Drehrichtung der Maschine der eine oder andere zur Wirkung kommt, so ist man natürlich in der Wahl der Steuerpunkte und der Formgebung der Antriebsorgane vollkommen frei und die Frage der Umsteuerung ist durch die Angabe der baulichen Mittel, die erforderlich sind, den einen oder anderen Satz Antriebsorgane zur Wirkung kommen zu lassen, gelöst. Von diesen Umsteuerungsbauarten wird jedoch aus den weiter unten zu erörternden Gründen weniger und weniger Gebrauch gemacht, und das Bestreben geht dahin, sich derselben Antriebsorgane für die Steuerung sowohl für Vorwärts- als auch für Rückwärtsgang zu bedienen. In diesem Falle ergibt sich zunächst für Nocken die Bedingung, daß diese symmetrisch gestaltet werden müssen, wenn anders die Steuerverhältnisse für Vorwärts- und Rückwärtsgang dieselben bleiben sollen, da An- und Ablaufkurve bei der Umsteuerung ihre Rolle vertauschen. Bei Exzenterantrieb ist diese Symmetrie naturgemäß gegeben. Um andererseits die Steuerpunkte für Vorwärts- und Rückwärtsgang im richtigen Augenblick zu erhalten, ist zur Erzielung des Umsteuervorganges eine Verdrehung der Steuerorgane relativ zur Kurbelwelle erforderlich, die sich bei Nockensteuerungen am sinnfälligsten durch die Verlegung der Nockensymmetrielinie ausdrückt. Für normalen Exzenterantrieb gilt das Gesagte unverändert, sei es nun, daß die Exzenterbewegung durch Wälzhebel oder Schwingdaumen auf das zu betätigende Ventil übertragen wird. Die Verhältnisse, die sich bei „Lenkerumsteuerungen“ ergeben und die grundsätzlich den hier besprochenen zwar gleich, jedoch durch kinematisch sich anders verhaltende Anordnungen bedingt sind, sind gegen Schluß dieses Abschnittes behandelt.

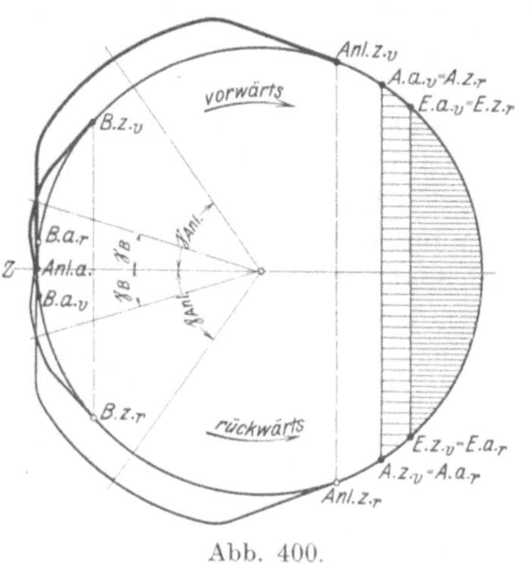

Abb. 400.

In Abb. 400 sind unter Annahme üblicher Werte für die Eröffnungs- und Abschlußpunkte die Nocken für Brennstoffzuführung und Anlassen eingetragen, und zwar stark gezeichnet für Vorwärts-, schwach gezeichnet für Rückwärtsgang. Wie ersichtlich, fällt der Umstellwinkel $2\gamma_B$, um den der Brennstoffnocken verdreht werden muß, beträchtlich kleiner aus als der Umstellwinkel $2\gamma_{Anl}$ des Anlaßnockens, so daß eine einfache Verdehung der Steuerwelle nicht hinreicht, um die Umsteuerung zu bewirken. Bei entsprechend kleiner Füllung des Anlaßnockens ließe es sich zwar erreichen (zumal wenn mit schlanker Nadel und spät gelegtem Punkt *B. z.* gearbeitet wird), daß die Symmetrielinien von Anlaß und Brennstoff zusammenfallen, indessen würde eine derartige Anordnung beim Anlassen Schwierigkeiten machen, da sich die Anlaßzeiten der einzelnen Zylinder dann nicht übergreifen und ein Anfahren aus jeder Stellung nicht möglich wäre. Vorausgesetzt ist hierbei eine Maschine von mindestens vier Zylindern; bei Sechszylinder-Zweitaktmaschinen ergeben sich günstigere Verhältnisse, da hier schon bei einer Anlaßstrecke von 60° Kurbelwinkel entsprechend 25 v. H. Kolbenweg stets ein Anlaßventil betätigt wird.

Die Verhältnisse für Zweitaktmaschinen mit Spülung durch Ventile werden aus Abb. 401 deutlich. Hier ergibt sich eine bemerkenswerte Besonderheit dadurch, daß es, wie ersichtlich, ohne den Steuerungsverhältnissen Zwang anzutun, möglich ist, für Brennstoff- und Spülventilnocken denselben Umstellwinkel $2\gamma_B$

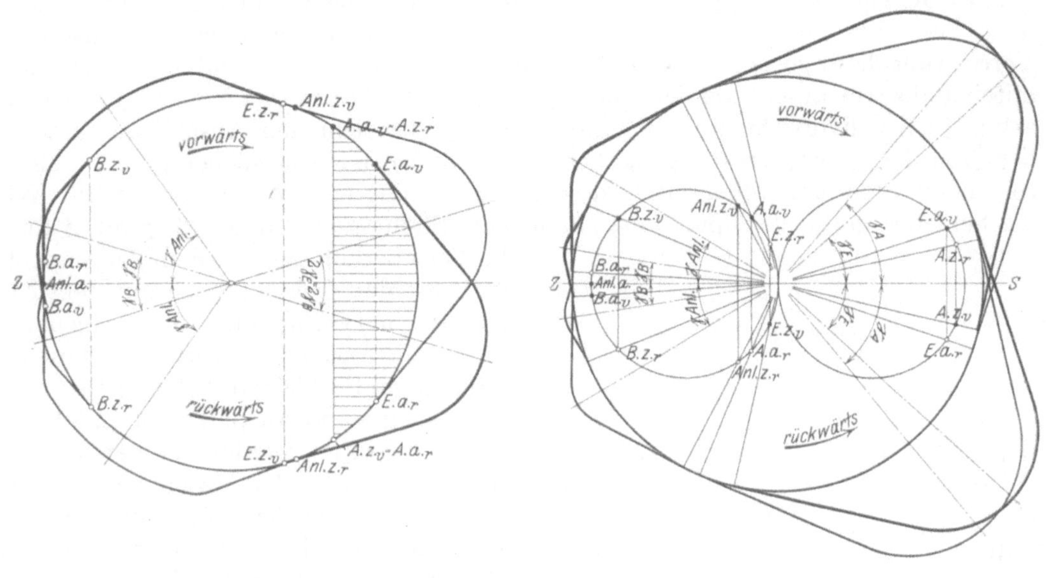

Abb. 401. Abb. 402.

zu verwenden, wodurch es ermöglicht ist, durch einfache Verdrehung der Steuerwelle Brennstoffeinblasung und Spülung umzusteuern. Für die Umsteuerung der Anlaßventile gilt das früher Gesagte hier unverändert.

In ähnlicher Weise sind die Verhältnisse bei Viertaktmaschinen zu beurteilen (Abb. 402). Da für die Erzielung richtiger Steuerwirkung der Abstand der einzelnen

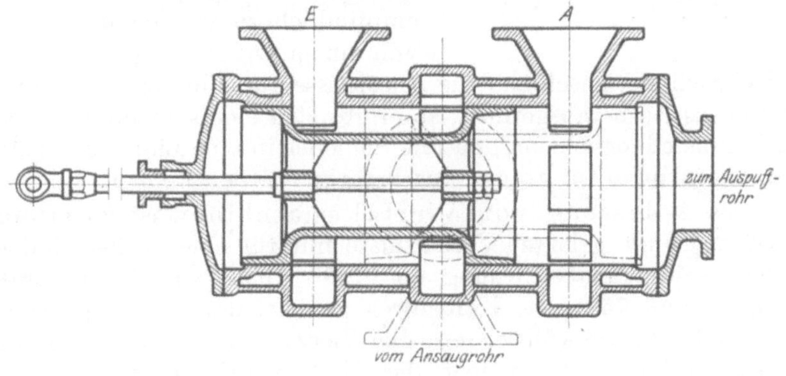

Abb. 403.

Steuerpunkte vom Zündungstotpunkt wesentlich ist, erscheinen im normalen Viertaktdiagramm die Steuerdiagramme für Vorwärts- und Rückwärtsgang symmetrisch zur Linie *Z S* gelegen. Wie ersichtlich, ergeben sich für alle Steuerorgane verschiedene Umstellwinkel, wobei jedoch zu folgenden Vereinfachungen Gelegenheit gegeben ist: Tritt der Moment *E. z.* frühzeitig, also etwa schon im Totpunkt ein, so kann bei starkem Voreröffnen des Einlasses der Winkel $\gamma_E = \gamma_{Anl}$ gemacht werden, wobei Ein- und Anlaß durch eine Verdrehung der Steuerwelle gemeinsam umgesteuert werden können und nur für Umsteuerung des Auslasses und der Brennstoffeinblasung besonders vorzusehen ist. Andererseits können die Verhältnisse auch so gewählt werden, daß die Punkte *A.a.* und *E.z.* einerseits, die Punkte *A.z.* und *E.a.* andererseits symmetrisch zur Linie *ZS* zu liegen kommen, was bei den Punkten *E.a.* und *A.z.* ohne weiteres, bei den Punkten *A.a.* und *E.z.* durch eine kleine Verzögerung der Auslaßeröffnung und etwas größere Verzögerung des Einlaßabschlusses leicht zu erreichen ist. In diesem Falle können Ein- und Auslaß ihre Rolle vertauschen und brauchen nicht besonders umgesteuert zu werden, wenn durch eine entsprechend umstellbare Vorrichtung dafür gesorgt wird, daß die Anschlüsse der Ansauge- und Auspuffleitungen miteinander vertauscht werden können. Abb. 403[1]) bringt den Vorschlag einer derartigen Umstellvorrichtung. Die mit *E* und *A* bezeichneten Anschlüsse führen zu den Ventilen. Bei Vorwärtsgang befindet sich der Kolbenschieber in der voll gezeichneten Stellung, wobei durch die Schieberhöhlung nach *E* angesaugt wird. Wird der Schieber in die strichpunktiert gezeichnete Stellung verschoben, kommt *A* durch die Schieberhöhlung mit dem Ansaugerohr, der Anschluß bei *E* jedoch mit dem Auspuffrohr in Verbindung. Empfehlenswert wäre nach Ansicht des Verfassers diese Anordnung nur für kleinere Zylinderleistungen, wo Ansauge- und Auspuffventil gleich oder ähnlich gestaltet werden können (s. Abb. 245/46 S. 256). Bei Maschinen größerer Leistung dürften die Folgen der verschiedenartigen Betriebsbedingungen zu verschieden sein, um einen Vertausch ohne weiteres zu ermöglichen; zum mindesten müßten beide Ventile wassergekühlte Einsätze und Rußfänger an den Spindeln erhalten. Die Umstellschieber müssen etwas Spiel in der Führung erhalten, um gegen die unvermeidliche Verschmutzung der Lauffläche und gegen Ausdehnung weniger empfindlich zu werden und ihren Antrieb von einem Druckluftzylinder aus erhalten.

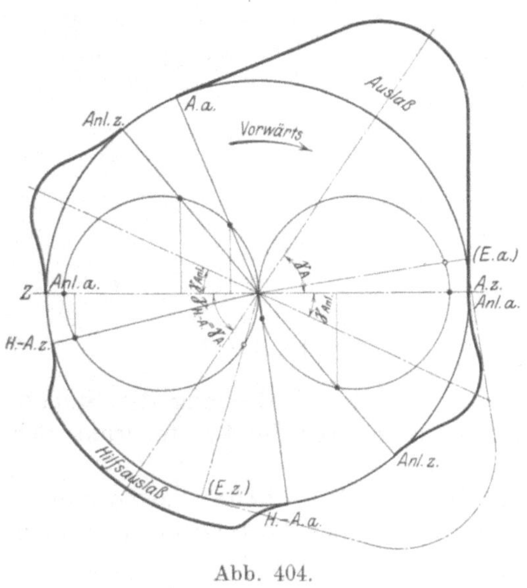

Abb. 404.

Werden bei Mehrzylindermaschinen die Anschlüsse für Ein- und Auslaß nebeneinander an der Gegenseite herausgeführt, so ergibt sich eine sehr einfache Anordnung der gesammten Umstellvorrichtung, da alle Schieber in eine Linie zu liegen kommen und von einer durchlaufenden Stange aus betätigt werden können.

Bezüglich des Anlassens von Viertaktmaschinen ist zu erwähnen, daß die in Abb. 402 zugrunde gelegten Verhältnisse nur für eine Sechszylindermaschine gelten, bei denen eine Anlaßeröffnung von 120° Kurbelwinkel, entsprechend 60° Steuerwellenwinkel und 75 v. H. Kolbenweg genügt, um ein Anspringen der Maschine in jeder Stellung zu gewährleisten. Bei Vierzylindermaschinen muß im Zweitakt angelassen werden, wobei jedoch das Einlaßventil geschlossen bleiben und der Auslaß durch einen Hilfsnocken auch wenigstens zu Beginn des Hubes geöffnet werden muß, der im normalen Betrieb dem Verdichtungshub entspricht, um Überverdichtungen zu vermeiden. In Abb. 404 ist das Steuerdiagramm für das Anlassen von Viertaktmaschinen im Zweitakt für Vorwärtsgang gezeichnet. Die beiden Anlaßnocken werden zweckmäßig für gleiche Anlaßdauer ausgeführt, um gemeinschaftliche Symmetrielinie und nur einen Umstellwinkel zu erhalten. Auch für Auslaß und

---

[1]) Maßstab 1:12.

Hilfsauslaß lassen sich, wie ersichtlich, ungezwungen gleiche Umstellwinkel erreichen. Die mit *H.-A. a.* und *H.-A. z.* bezeichneten Punkte gelten für Eröffnung und Schluß des Hilfsauslasses. Bei Anlassen im Zweitakt genügt Füllung von 50 v. H., um eine Vierzylindermaschine in jeder Stellung zum Anspringen bringen zu können. Zweckmäßig wird man etwas größere Werte wählen, um die Anlaßzeiten der einzelnen Zylinder etwas übergreifend zu erhalten. Zu beachten ist, daß, um Druckluftverlust zu vermeiden, die Zeiten der Auslaß- und Anlaßeröffnung einander nicht übergreifen dürfen, der Auslaß demnach bereits im Totpunkt abschließen muß.

Bei den bisher besprochenen Umsteuerungsanordnungen war stets als Antriebsorgan für einzelne Ventile der im Dieselmaschinenbau weitaus am meisten verwendete Nocken vorausgesetzt. Um bei demselben Antriebsorgan für Vorwärts- und Rückwärtsgang eine Umsteuerung zu erzielen, ergibt sich die Notwendigkeit einer Verstellung des Antriebsorganes relativ zur Kurbelwelle, wobei sich im allgemeinen, abgesehen von einigen möglichen Vereinfachungen, für die Antriebsorgane der einzelnen Ventile verschiedene Umstellwinkel ergeben. Es ist darauf hinzuweisen, daß jedoch außer den bereits erwähnten Möglichkeiten der Verdrehung der Steuerwelle als Ganzes und der Verdrehung der einzelnen Nocken relativ zur Steuerwelle, Mittel, die in der Regel gleichzeitig angewandt werden, um den erwähnten Verschiedenheiten der einzelnen Umstellwinkel gerecht zu werden, noch ein weiterer Weg zur Lösung der Aufgabe besteht, indem nämlich die Stellung des Ventilhebels relativ zum Nocken verändert wird. Die Anordnung wird hierbei in der Regel so getroffen, daß der Ventilhebel mit zwei Rollen versehen wird, von denen entweder die eine oder die andere mit dem Nocken zum Eingriff kommt, wodurch auch eine Veränderung in der Steuerwirkung erreicht wird, da ja für das Eintreten einer gewissen Steuerwirkung nicht nur die Stellung des Nockens relativ zur Steuer- bzw. Kurbelwelle, sondern auch die Stellung der Rolle relativ zum Nocken in Betracht kommt. Der Versetzungswinkel zwischen den Rollen muß hierbei stets dem im Fall einer Verdrehung des Nockens erforderlichen Umstellwinkel 2γ gleich gemacht werden, wie aus Abb. 405 hervorgeht, in der die Verhältnisse für das Beispiel einer Auslaßsteuerung einer Viertaktmaschine dargestellt sind. Kommt z. B. die stark gezeichnete Rolle für den Vorwärtsgang in Eingriff mit dem Nocken, so muß sich die Steuerwelle aus der gezeichneten Stellung um den Winkel β weiterdrehen, bis die Eröffnung des Auslasses eintritt. Da nun die Punkte *A.a.* für Vorwärts- und Rückwärtsgang um 2α voneinander entfernt liegen, muß sich die Steuerwelle um den Winkel $2\alpha-\beta$ aus der gezeichneten Stellung nach rückwärts drehen, um Auslaßeröffnung für den Rückwärtsgang zu geben. Damit ist die Lage der Rolle gegeben, die für Rückwärtsgang in Eingriff kommt. Bezeichnet ferner δ den während der Eröffnungsdauer zurückzulegenden Winkelweg der Steuerwelle und ξ die Rollenversetzung, so besteht aus der Abbildung die Beziehung

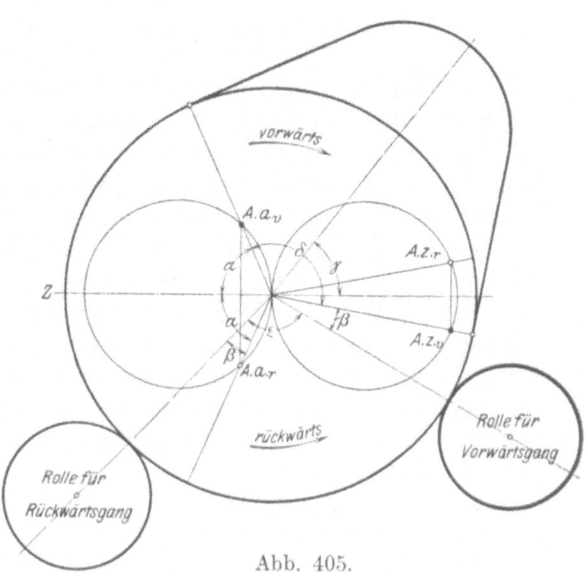

Abb. 405.

$$\alpha+\delta+\beta+\xi-\beta+\alpha=360^0,$$

woraus sich die Rollenversetzung mit

$$\xi = 360 - (2\alpha + \delta)$$

ergibt.

Da aber andererseits für den halben Umstellwinkel γ die Beziehung gilt

$$\alpha + \frac{\delta}{2} + \gamma = 180,$$

so ergibt sich

$$\xi = 2\left[180 - \left(\alpha + \frac{\delta}{2}\right)\right] = 2\gamma,$$

w. z. b. w.

Hiermit ist der Fall, daß ein Steuernocken abwechselnd mit verschiedenen Rollen in Eingriff kommt, auf den der Verdrehung des Nockens zurückgeführt.

Abweichend von den bisher besprochenen Bauarten, verhalten sich jene, die als „Lenkerumsteuerungen" bezeichnet werden können und im wesentlichen den im Dampfmaschinenbau vielfach verwendeten Bauarten (Brown, Klug, Joy, Marshall) entsprechen; als Antriebsorgan wird hierbei stets ein Exzenter verwendet. Ein Beispiel einer derartigen Bauart gibt Abb. 406[1]). Die Exzenterstange *ab* ist in einem Punkt *c* durch den Lenker *cd* geführt und überträgt die Bewegung ihres Endpunktes *b* durch die Stange *be* auf die im Punkt *f* fest gelagerte Schwinge *fg*, die an ihrem Ende bei *g* eine Rolle trägt, die auf dem am Ende der Ventilspindel befestigten Schubkurvenstück arbeitet. Die Verhältnisse des Zusammenarbeitens der Rolle mit der Schubkurve, die in entsprechender Weise zu beurteilen sind, wie dies bei Besprechung der Zvoničeksteuerung, S. 189f. angegeben ist, sind hier ohne weiteres Interesse. Das Antriebsgestänge der Steuerung entspricht vollkommen dem in Abb. 160/62 sowie im Schema in Abb. 163 (S. 187) dargestellten. Wie dort Füllungsänderung, so wird hier Umsteuerung dadurch erreicht, daß der Endpunkt *d* des Lenkers *ed* selbst nicht fest, sondern durch das Umsteuergestänge *hik* von der Umsteuerwelle aus beweglich gemacht ist. Wie ersichtlich, beschreibt der Endpunkt *b* der Exzenterstange je nach der Stellung der Lenkers *ed* verschiedene Bahnen, von denen die für Vorwärtsgang stark, die für Rückwärtsgang schwach und die für Mittelstellung strichliert eingetragen sind, Für das Arbeiten der Rolle bei *g* auf der Schubkurve und damit für die Eröffnung des Ventils ist jeweils das durch Schraffur angedeutete Stück der Bahnen des Punktes *b* nutzbar gemacht. In der Mittelstellung findet, wie ersichtlich, überhaupt keine Eröffnung des Ventils statt,

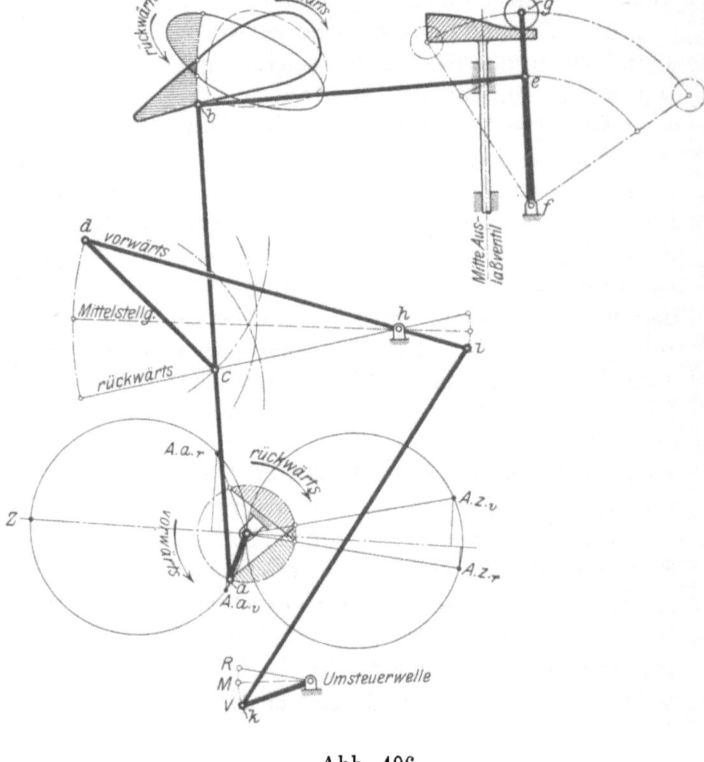

Abb. 406.

[1]) Auslaßsteuerung einer direkt umsteuerbaren Schiffsdieselmaschine der Maschinenfabrik Augsburg-Nürnberg A.-G.

da hierfür die Bahn des Punktes *b* ganz außerhalb des um *e* mit *be* als Halbmesser beschriebenen Bogens fällt. (Die Stellung von *e* entspricht hierbei dem Moment von Anhub oder Abschluß des Ventils.)

Die Verhältnisse des Antriebs sind derartig gewählt, daß die Punkte *A.a.* und *A.z.* je nach der Stellung des Umsteuergestänges in die für Vorwärts- und Rückwärtsgang erforderlichen richtigen Lagen kommen. Da für den Antrieb des Ventils wesentlich nur die wagerechten Ausschläge des Punktes *b* in Betracht kommen, die mit ziemlicher Annäherung nach dem Antriebsgesetz eines normalen Exzentertriebes (nach einer harmonischen Schwingung) erfolgen, so kann man sich den tatsächlichen Antrieb der Schwinge *fg* durch einen im Punkt *e* angreifenden normalen Exzentertrieb mit wagerechter Schubrichtung ersetzt denken. Die Wirkungsweise der Umsteuerung ist demnach der Verdrehung des „Ersatzexzenters" um den für den betreffenden Steuerungsantrieb kennzeichnenden Umstellwinkel gleichwertig. Praktisch wird allerdings meistens die Ausmittlung im Punktschema allein in Betracht kommen, da die Ausmittlung des Ersatzexzenters meistens erheblichen Schwierigkeiten begegnet[1]) und zudem die Abweichungen vom normalen Exzenterantrieb infolge des Einflusses der endlichen Stangenlängen zu groß sind, besonders bei im Verhältnis zur Exzentrizität nur kurzen Stangen, als daß dem Bild des Ersatzexzenters wesentlich größere Bedeutung als die einer Vorstellungshilfe zukäme.

Als kennzeichnend für alle derartigen Bauarten von Lenkerumsteuerungen ist zu bemerken, daß der Übergang von der Steuerwirkung für vorwärts in die für rückwärts stetig erfolgt und nicht wie bei Steuerungen mit Verstellung des Nockensystems unstetig[2]). Wird z. B. im behandelten Fall die Umsteuerwelle von der Stellung für Vorwärtsgang allmählich in die für Rückwärtsgang gebracht, so wird Eröffnungsdauer und Hub des Auslaßventils kleiner und kleiner, bis endlich von einer gewissen Stellung des Umsteuergestänges an überhaupt keine Eröffnung mehr stattfindet. Ist die Mittelstellung überschritten, so beginnt allmählich die Betätigung des Auslaßventils in der für Rückwärtsgang erforderlichen Weise, wobei die Ventilhübe und Eröffnungszeiten mehr und mehr wachsen, bis sie bei voller Auslage für Rückwärtsgang die normalen Werte erreicht haben[3]).

---

[1]) Zur Ausmittlung des Ersatzexzenters (28e).

[2]) Diese Unstetigkeit ist zwar tatsächlich den meisten mit Nocken arbeitenden Umsteuerungen eigen, bildet jedoch ein kennzeichnendes Merkmal dieser Umsteuerungen nur für den Fall, daß mit einer Veränderlichkeit von Nocken- oder Steuerhebelsatz für Vorwärts- oder Rückwärtsgang gearbeitet wird (unter Veränderlichkeit des Steuerhebelsatzes ist auch die Anordnung von verschiedenen Rollen für Vorwärts- und Rückwärtsgang mitzuverstehen). Bei Verdrehung der Steuerwelle mit dem Nockensatz oder Verdrehung der einzelnen Nocken auf der Steuerwelle, könnte durch allmählichen Übergang von der einen Stellung in die andere ebenfalls stetiger Übergang erreicht werden, wobei allerdings bei gleichbleibenden Eröffnungszeiten und Hüben nur die Zeiten, in denen die einzelnen Steuerpunkte eintreten, mehr und mehr von den für die richtige Durchführung des Arbeitsvorgangs erforderlichen abweichen würden. Eine andere Möglichkeit stetigen Überganges von der Steuerwirkung für Vorwärts- in die für Rückwärtsgang ist ohne weiteres durch die bei Umsteuerungen mit verschiebbaren Nockensätzen vielfach verwendeten unrunden Körper gegeben (ein Seitenstück zu den heute meistens verwendeten Umsteuervorrichtungen der Dampffördermaschinen), wobei in ähnlicher Weise wie bei den Lenkerumsteuerungen von der Eröffnung für vorwärts über eine Mittellage, bei der keine Eröffnung stattfindet, alle Stufen bis zur vollkommenen Eröffnung für Rückwärtsgang durchlaufen werden können. Es wird indessen von der Möglichkeit, alle Übergangsstufen in der einen oder anderen Weise durchlaufen zu können, mit Recht kein Gebrauch gemacht und die Steuerung aus den in der folgenden Fußnote erörterten Gründen nur in der einen oder anderen Stellung in Wirkung treten gelassen.

[3]) In diesem Verhalten der Lenkerumsteuerungen gegenüber der im allgemeinen unstetigen Wirkung der Nockenumsteuerungen wird vielfach ein Vorteil für den Umsteuervorgang gesehen, indessen handelt es sich hier um einen Trugschluß, der durch Übertragung einer falschen Analogie aus dem Dampfmaschinenbau entstanden ist. Bei der Dampfmaschine, der das treibende Kraftmittel mechanisch fertig zugeführt wird, ist es möglich, durch verschiedenartige Einstellung der Steuerung wechselnde Füllung und Leistung zu erzielen, kurz, zu manövrieren. Gleiches wäre für Verbren-

Die **Brennstoffpumpen** bedürfen keiner besonderen Umsteuerung, wenn der Winkel zwischen Mitnehmer- und Antriebsexzenter, $\beta = 0$ gewählt wird, wie aus Abb. 407 ersichtlich. (Bei einem von Null verschiedenen Wert von β würde sich nach der Umsteuerung ein Voreilen des Mitnehmerexzenters ergeben, was nach dem auf S. 319 Gesagten praktisch unbrauchbar ist.) Werden außerdem die Verhältnisse derart gewählt, daß, wie stets zu erreichen, das Ende der Pumpenförderung bei Zweitaktmaschinen mit dem äußeren Totpunkt des Arbeitskolbens, bei Viertaktmaschinen mit dem Totpunkt des Arbeitskolbens bei Beginn des Ansaugehubes zusammenfällt, so ergeben sich auch gleiche Verhältnisse der Brennstofförderung für Vor- und Rückwärtsgang.

Um die Wirkungsweise der Steuerung und die daran zu stellenden Anforderungen voll überblicken zu können, sollen nun noch die während des eigentlichen Umsteuervorganges **im Zylinder auftretenden Vorgänge** kurz der Betrachtung unterzogen werden.

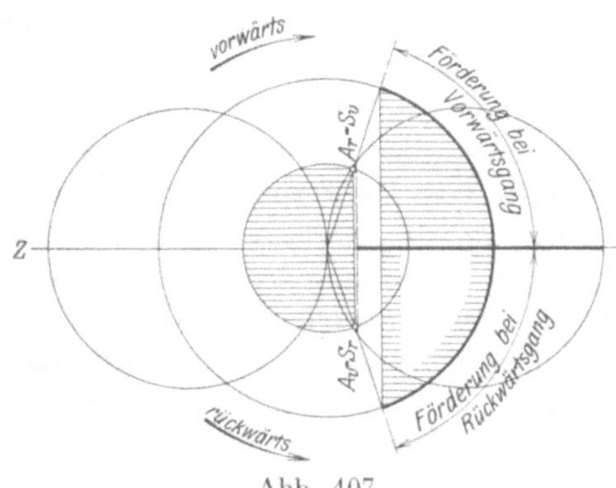

Abb. 407.

Der Umsteuervorgang vollzieht sich in der Regel so, daß zunächst die Brennstofförderung durch Abschalten der Pumpen unterbrochen wird (dies ist sehr empfehlenswert, obschon nicht immer durchgeführt)[1]) und die Einblasung ausgeschaltet wird. Dann wird entweder gleichzeitig oder hintereinander die Anlaß- und die übrige Steuerung auf Rückwärtsgang gestellt und, nachdem die Maschine in entgegengesetzter Drehrichtung auf Touren gekommen ist, die Anlaßsteuerung ab- und die Brennstofförderung zugestellt, worauf die Maschine den Betrieb mit der entgegengesetzten Drehvorrichtung aufnimmt. Wird die Maschine durch Druckluftbeaufschlagung der Zylinder selbst angelassen, so

nungskraftmaschinen nur durch Beeinflussung der Anlaßluftsteuerung möglich, was indessen wegen des unzulässig hohen Druckluftverbrauches für den normalen Manövriervorgang nicht in Betracht kommt. Dieser wird vielmehr durch Beeinflussung der Brennstoffpumpenförderung beherrscht und die Druckluft nur dazu herangezogen, das Anlassen der Maschine für die eine oder andere Bewegungsrichtung zu besorgen, bis die Zündungen eintreten. Eine stetige Veränderlichkeit der Steuerwirkung kann somit für den Verbrennungskraftmaschinenbetrieb überhaupt höchstens zur Erzielung einer Nadelhubregulierung in Betracht kommen, während für die Betätigung aller übrigen Steuerorgane nur ein Betrieb mit der nach der einen oder anderen Seite voll ausgelegten Steuerung praktisch möglich ist.

[1]) Wird die Brennstofförderung nicht unterbrochen, so wird während des ganzen Umsteuervorganges in die Düse gefördert und bei der ersten Einblasung gelangt sehr viel überschüssiges Öl in den Zylinder. Das ist nun zwar eine Erscheinung, die beim normalen Anlaßvorgang nicht umsteuerbarer ortsfester Maschinen auch auftritt und dort erträglich gefunden wird, obwohl Drücke bis gegen 70 atm bei solchen Erstzündungen auftreten (die ihren Grund übrigens nicht darin haben, daß zu viel Öl da ist — durch die vorhandene Luftmenge ist die größte Brennstoffmenge bedingt, die verbrennen kann — sondern darin, daß die Maschine noch viel langsamer läuft als im normalen Betrieb und der Kolben nicht entsprechend der Drucksteigerung zurückweicht. Zudem tritt bei langsamem Gang ein vielfach größeres Gewicht an Einblaseluft in den Zylinder!). Die Verhältnisse bei umsteuerbaren Maschinen liegen indessen doch praktisch etwas anders, da erstens die Maschine warm ist und eine Verbrennung des zu viel geförderten Öles unter starker Rußbildung im Auspuff möglich wird und da es insbesondere nie ganz sicher ist, ob nicht durch eine kaum vorherzusehende Unregelmäßigkeit während des Umsteuervorganges zufällig doch von einem höheren Anfangsdruck aus verdichtet wird (Nacheinströmen von Anlaßluft!), wobei dann explosionsartige Verbrennung mit sehr großer, die Maschine gefährdender Drucksteigerung eintritt. Es ist somit mindestens ein naheliegendes Gebot der Vorsicht, die Brennstofförderung während des Umsteuervorganges zu unterbrechen.

erfolgt die Abstellung der Anlaßluft und die Zustellung der Einblasung gleichzeitig, so wie bei den ortsfesten Dieselmaschinen, wobei die Umstellung bei allen Zylindern gleichzeitig oder in Gruppen hintereinander vorgenommen werden kann. Erfolgt das Anlassen jedoch durch Zuführung von Druckluft, in die als Manövermaschinen dienenden Spülluftpumpen bei Zweitaktmaschinen, oder, wie mitunter auch ausgeführt, in die zu diesem Zweck doppeltwirkend ausgeführte Niederdruckstufe des Einblasekompressors bei Viertaktmaschinen, so wird meistens Brennstofförderung und Einblasung in die Zylinder zuerst zu- und dann erst die Anlaßluft abgestellt. Dieser letztere Fall ist für die Erörterung der im Zylinder auftretenden Vorgänge ohne Interesse, da sich die hierbei im Zylinder ergebenden Verhältnisse von den bei nicht umsteuerbaren Maschinen auftretenden nicht unterscheiden.

Im Fall der direkten Beaufschlagung des Zylinders mit Druckluft ergibt sich folgendes:

Mit Rücksicht auf die für den Umsteuervorgang verfügliche, sehr geringe Zeit kann mit der Umstellung der Steuerung nicht so lange gewartet werden, bis die Maschine zum Stillstand gekommen ist, die Umsteuerung erfolgt vielmehr stets noch in einem Zeitpunkt, wo die Maschine noch durch die eigene Massenträgheit und infolge des auf den Propeller wirkenden Rückstromes in der alten Drehrichtung weiterläuft, wobei die Anlaßluft bis zum Stillstand bremsend wirkt. Die hierbei bei Zwei- und Viertaktmaschinen auftretenden Vorgänge müssen getrennt untersucht werden.

Bei Zweitaktmaschinen sei nach Abb. 408 das strichpunktiert gezeichnete Diagramm das normale Arbeitsdiagramm. Nach Abstellung der Brennstoffeinblasung wird zunächst ein reiner Verdichtungs-Ausdehnungsprozeß mit Luft vollzogen[1]). Wird nun die Steuerung um- und das Anlassen für Rückwärtsgang zugestellt, so findet im Moment der Spülventileröffnung (entsprechend dem Punkt *E. z.* für normalen Gang; das Steuerungsdiagramm Abb. 401 ist nun nach rückwärts zu lesen!) Spannungsausgleich mit dem Spülluftbehälter statt (Punkt 1 in Abb. 408), worauf die Spülluftspannung im Zylinder angenähert unverändert stehen bleibt, bis nach Überschreiten des Totpunktes die Auslaßschlitze wieder abgeschlossen werden (Punkt 2, entsprechend dem Punkt *A. a.* für normalen Gang). Die einsetzende Verdichtung wird durch die Eröffnung des Anlaßventils (Punkt 3, entsprechend *Anl. z.* bei normalem Gang) unterbrochen. Die Anlaßluft füllt den Zylinder auf und wird bei gleichzeitiger Bremswirkung in das Anlaßgefäß wieder hinausgeschoben. Nahe dem Totpunkt schließt das Anlaßventil (Punkt 4), worauf die im Verdichtungsraum zurückbleibende Anlaßluft sich beim Rückgang ausdehnt, bis ein Spannungsausgleich in die Spülleitung nach Eröffnung der Spülventile erfolgt. (Im angenommenen Fall ist bei Eröffnung der Spülventile die Spannung des Anlaßluftrestes bereits bis auf den Spüldruck gesunken.) Das Spiel wiederholt sich so lange, bis die Maschine abgebremst ist, was in der Regel nach wenigen Umdrehungen erreicht ist. Sowie die Maschine in die entgegengesetzte Drehungsrichtung kommt, was meistens

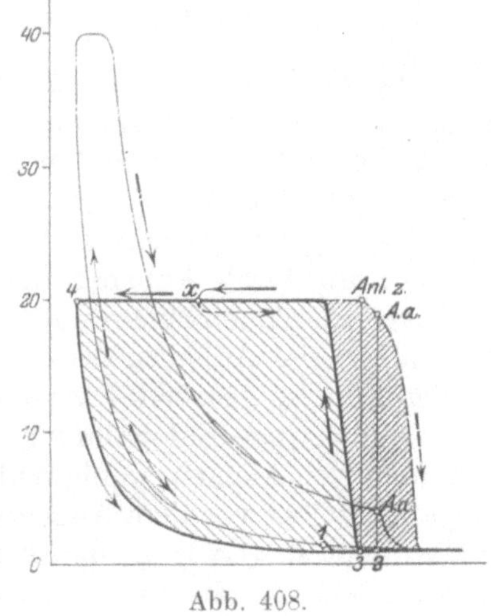

Abb. 408.

[1]) Infolge von Undichtigkeits- und Wärmeverlusten liegt praktisch die Ausdehnung stets etwas unter der Verdichtungslinie; die Abweichungen sind nur gering und wurden, da für das Weitere ohne Bedeutung, vernachlässigt.

während des Ausschiebens der Druckluft erfolgen wird (z. B. im Punkt x), werden die normalen Anlaßdiagramme geschrieben, wobei als erstes allerdings nur der engschraffierte Diagrammteil in Betracht kommt. Der weitere Anlaßvorgang und die Umstellung auf Betrieb vollzieht sich in bekannter Weise.

Für Viertaktmaschinen sind die Verhältnises an Hand von Abb. 409 zu überblicken. Das strichpunktiert gezeichnete Diagramm gilt für den letzten Arbeitsvorgang. Nach Abstellung der Einblasung werden zunächst wieder nur Arbeitsprozesse mit reiner Luft vollzogen. Für die nach Umstellung der Steuerung und Zustellung der Anlaßluft auftretenden Vorgänge muß das Steuerungsdiagramm Abb. 402 rückwärts gelesen werden. Die im Punkt 1 (entsprechend *A. a.*) beginnende Verdichtung wird wieder durch die Eröffnung des Anlaßventils unterbrochen (Punkt 2, entsprechend *Anl. z.* bei normalem Gang), worauf sich der Zylinder mit Anlaßluft füllt, die dann zurück durch das Ventil ausgeschoben wird. Nach Schluß des Anlaßventils in der Nähe des inneren Totpunktes (Punkt 3) expandiert die im Verdichtungsraum zurückbleibende Anlaßluft, bis bei Eröffnung des Einlaßventils (Punkt 4, entsprechend *E. z.* bei normalem Gang) Spannungsausgleich erfolgt und die beiden folgenden Hübe mit Ausschieben in den Einlaß und Ansaugen aus dem Auslaß unter Gegendruckspannung erfolgen. Die beginnende Verdichtung der aus dem Auspuff zurückgesaugten Gase wird durch den Eintritt der Anlaßluft (Punkt 2) wieder unterbrochen, worauf sich das Spiel wiederholt. Nach der Bewegungsumkehr der Maschine, die z. B. im Punkt x erfolgen möge, wird das normale Anlaßdiagramm in derselben Weise, wie bei den Zweitaktmaschinen besprochen, geschrieben.

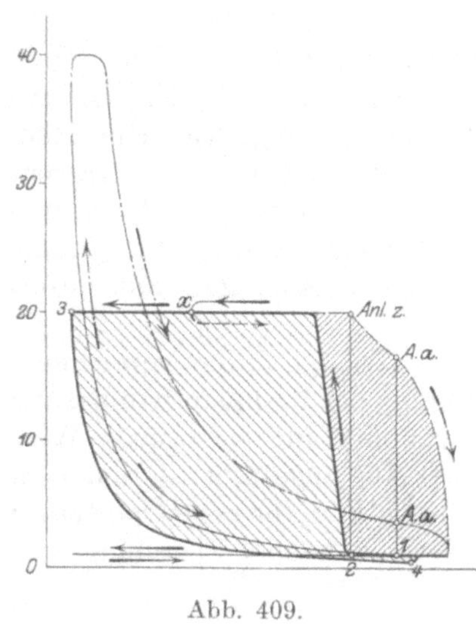

Abb. 409.

Für die bauliche Ausgestaltung der Umsteuerungsvorrichtung und für die Bemessung der einzelnen Teile ist zu beachten, daß im Augenblick der Umsteuerung sehr große Kräfte in den Antriebsmechanismus dadurch kommen können, daß die Ventile unter Umständen gegen sehr hohen Druck angehoben werden müssen. Dies ist bei allen jenen Bauarten der Fall, wo die Ventile in den Zylinder hineingedrückt werden, um durch Abheben der Steuerungshebel den für Verschiebung der Steuerwelle erforderlichen Spielraum zu gewinnen, kommt aber auch bei anderen Bauarten vor, z. B. beim Anheben der Auslaßventile während des Anlassens, wo meistens mit großer Füllung gearbeitet wird und die Anlaßluft zwischen den Punkten *A. z.* und *A. a.* nur geringe Entspannung erfährt. Als zweckmäßig erweist sich hier die Anwendung von kleinen, wenig Widerstand bietenden Druckminderungsventilen, die unmittelbar vor dem Augenblick des Umsteuerns geöffnet werden und dem Zylinderinhalt den Weg in den Auspuff (nicht in den Maschinenraum!) ermöglichen. Unter allen Umständen sollte die Anordnung von reichlich großen und auf ihren Betriebszustand stets nachzuprüfenden Sicherheitsventilen bei umsteuerbaren Maschinen nicht versäumt werden, da infolge von nicht vorherzusehenden Zufälligkeiten (Federbruch und dadurch Offenbleiben von Ventilen, Schmierölzündungen usw.) hier noch viel leichter als beim Betrieb nicht umsteuerbarer Maschinen Drucksteigerungen auftreten können, denen die Maschine nicht mehr gewachsen ist.

Bemerkung. Für die Schnelligkeit des Umsteuervorganges ist wesentlich die Größe der Verzögerung von Bedeutung, mit der die Maschine abgebremst wird.

Diese Verzögerung ist durch den mittleren indizierten Druck des in den Abb. 408 und 409 breit schraffierten „Bremsdiagramms" bedingt, wofür nach Wissen des Verfassers bisher rechnungsmäßige Grundlagen noch nicht veröffentlicht sind. Unter Vernachlässigung aller Nebeneinflüsse (Drosselung in den Ventilen, Spannungsänderung im Druckluftgefäß usw.) ergibt sich auf Grund des theoretischen Diagramms Abb. 410 mit Benutzung der darein eingetragenen Bezeichnungen für den mittleren indizierten Druck p_m folgende Ableitung:

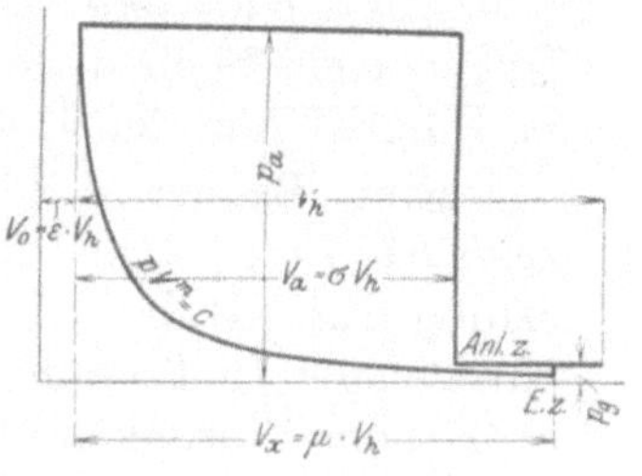

Abb. 410.

Die Diagrammfläche rechnet sich unter Voraussetzung polytropischer Expansion mit

$$F = V_a p_a + (V_x - V_a)\, p_g - \frac{p_a V_0}{m-1}\left[1 - \left(\frac{V_0}{V_x}\right)^{m-1}\right],$$

woraus sich der mittlere indizierte Druck $\frac{F}{V_h}$ mit

$$p_m = p_a \left\{\sigma + (\mu - \sigma)\frac{p_g}{p_a} - \frac{\varepsilon}{m-1}\left[1 - \left(\frac{\varepsilon}{\mu}\right)^{m-1}\right]\right\}$$

rechnet.

Für Viertaktmaschinen ist mit $\mu \sim 0{,}90$, $p_g = 1$, $\varepsilon = 0{,}07$, $m = 1{,}35$

$$p_m = p_a\left[\sigma + (0{,}9 - \sigma)\frac{1}{p_a} - 0{,}118\right].$$

Ist etwa $p_a = 20$ atm der Anlaßdruck und $\sigma = 0{,}75$ entsprechend 75 v. H. Anlaßfüllung, so wird $p_m = 12{,}8$ atm.

Für Zweitaktmaschinen ist mit $\mu = 0{,}65$ (verspätet schließende Spülventile), $p_g = 1{,}2$, $\varepsilon = 0{,}08$, $m = 1{,}35$

$$p_m = p_a\left[\sigma + (0{,}65 - \sigma)\frac{1{,}2}{p_a} - 0{,}119\right].$$

Bei $p_a = 20$ atm und $\sigma = 0{,}70$ (Anlaßfüllung kleiner, wegen größerer Voreröffnung des Auslasses!) wird $p_m = 11{,}6$ atm.

Infolge der erwähnten Vereinfachungen dürfte der tatsächliche Bremswiderstand etwas geringer ausfallen als hier berechnet. Die Gleichungen bieten vorderhand aus theoretischen Überlegungen gewonnene Zahlen; eine Bestätigung durch die Praxis steht noch aus.

B. Bauarten.

Wie bereits im vorhergehenden Abschnitt erwähnt, ergeben sich die, wenn auch nicht baulich, so doch steuerungstechnisch einfachsten Verhältnisse für die Umsteuerung dann, wenn vollkommen **getrennte Antriebsorgane für Vorwärts- und Rückwärtsgang** verwendet werden. Derartige Bauarten finden daher besonders bei Viertaktmaschinen Verwendung, wo bei Verwendung nur eines Nockensatzes für Vorwärts- und Rückwärtsgang nach Abb. 402 im allgemeinen vier verschiedene Umstellwinkel auftreten, wovon die Umstellung des Einlaßnockens außerdem noch im entgegengesetzten Sinn erfolgen muß, wie die der übrigen Nocken. Der hier zunächst liegende Weg, nicht nur den Nocken- sondern auch den Steuerhebelsatz für Vorwärts- und Rückwärtsgang zu verdoppeln und den jeweils nicht verwendeten Hebelsatz abzuschalten, erweist sich in der Regel aus Raummangel nicht gangbar. Die Steuerhebel werden demnach nur einfach ausgeführt, und die Umsteuerwirkung dadurch erzielt, daß entweder die Steuerhebel nicht direkt auf den Nocken arbeiten, sondern daß ein Zwischenglied eingeschaltet wird, das den Hub entweder des Vorwärts- oder des Rückwärtsnockens auf den Steuerhebel und damit auf das Ventil überträgt, oder daß — und dies ist die gebräuchlichste Bauart — die Steuerwelle längsverschieblich angeordnet wird, wobei dann der eine oder andere Nockensatz in Eingriff mit der Rolle des Steuerhebels gelangt.

Eine Bauart der ersten Anordnung mit verstellbarem Zwischenorgan zeigt Abb. 411/12[1]). Die Übertragung der Bewegung vom Nocken auf den Ventilhebel erfolgt durch Rollen, die durch eine Verdrehung der an den Steuerwellenlagern drehbar gelagerten Trommel wechselweise unter den Ventilhebel gerückt werden. Um Stöße beim Einrücken zu vermeiden, ist der Ventilhebel mit Anlaufflächen ausgerüstet, gegen die die Rollen bei einer Verdrehung der Trommel nahezu tangential geführt werden. Die Verdrehung der Trommel er- ʒt durch Kurbel und Stange von einer ı Hand oder durch Druckluft zu betäti- ıden, längs der ganzen Maschine durch- fenden Umsteuerwelle. Da man, wie er- hnt, bei der Anwendung von getrennten ɔkensätzen für Vorwärts- und Rückwärts- ıg in der Wahl der Steuerpunkte ganz . ist, macht es keinerlei Schwierigkeiten, alle Nocken mit demselben Verdrehungs- ıkel der Trommel auszukommen. Um Schlagen der leer gehenden Zwischen- e zu vermeiden, werden die Lenker ·ch Blattfedern nach außen gedrängt, daß die jeweils nicht benötigten Rollen Umfang der Trommel anliegen und ht in Bereich der Nocken kommen. Als chteil der — übrigens nicht mehr aus- ührten — Anordnung ist zu erwähnen, 3 das Umsteuern bei noch laufender schine nicht stoßfrei erfolgen kann, nn die Rolle während des Umsteuer- ·gangs vom Nocken getroffen wird, ɔ die Trommel noch in die Endstellung ɔommen ist.

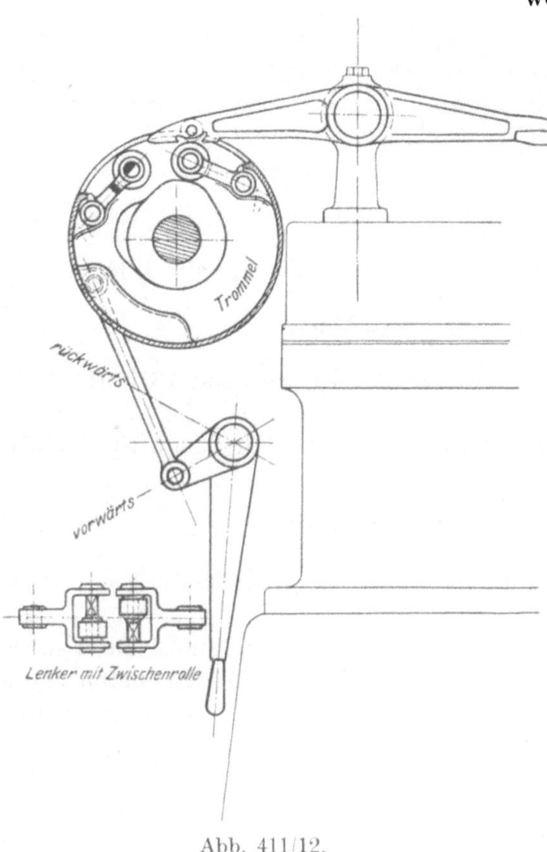

Abb. 411/12.

Wird die Umsteuerung dadurch be- ·kt, daß durch Verschiebung des Nockenbündels auf der Steuerwelle oder der gesamten Steuerwelle mit den Nockenbündeln entweder die Vorwärts- oder die Rückwärtsnocken mit den Steuerhebeln in Eingriff gebracht werden — die, wie erwähnt, heute gebräuchlichste Bauart —, so wird im allgemeinen das eine oder andere Ventil, das vor dem Moment des Umsteuerns geschlossen ist, bei der im Moment des Umsteuerns herrschenden Kolbenstellung für die Erzielung verkehrter Drehrichtung geöffnet sein müssen, und umgekehrt. Eine Verschiebung des Nockenbündels bei Verwendung normaler als Scheiben ausgebildeter Nocken ist demnach im allgemeinen nicht möglich, da der Nocken des Ventils, das für die neue Drehrichtung im Augenblick des Umsteuerns gerade geöffnet sein muß, mit der Rolle des zugehörigen Steuerhebels zusammenstoßen würde. Diese Schwierigkeit kann entweder dadurch umgangen

[1]) Nach Romberg (47b).

werden, daß die Nocken als unrunde Körper ausgebildet werden, wobei dann bei der Verschiebung die betreffenden Ventile unter Keilwirkung angehoben werden, oder indem alle Ventilhebel im Augenblick des Umsteuerns abgehoben und nach der Verschiebung wieder aufgesetzt werden.

Für Bauarten der ersten Gruppe, Verwendung unrunder Körper, gibt Abb. 413[1]) ein Beispiel, das das Nockenbündel einer Zweitaktmaschine mit zwei getrennten Spülventilantrieben für jeden Zylinder zeigt (s. auch Abb. 395/96). Das Nockenbündel ist in der Mittelstellung dargestellt; die Nocken für Vorwärts- und Rückwärtsgang sind mit *V* und *R* bezeichnet. Wie ersichtlich, ist zur Umstellung von der Betriebsstellung für Vorwärts- auf die Betriebsstellung für Rückwärtsgang volle Verschiebung erforderlich. Eine kleine Verschiebung aus der Mittelstellung bringt die Anlaßrolle zum Eingriff mit ihrem Nocken, während die Einblaserolle noch außerhalb des Bereiches ihres Nockens steht. Um umzusteuern, darf somit die Steuerwelle zuerst nicht ganz verschoben werden, wodurch von Betrieb vorwärts auf Anlassen rückwärts gesteuert wird, und der Rest der Umstellung auf Betrieb rückwärts erst dann eingerückt werden, wenn die Maschine in ihrer neuen Drehrichtung soweit auf Touren gekommen ist, daß sichere Zündung eintritt. Da bei der

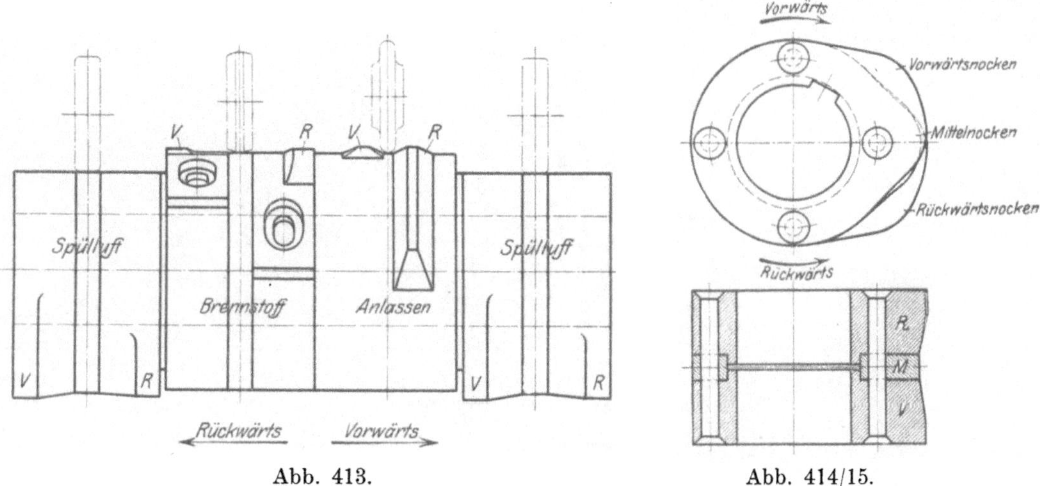

Abb. 413. Abb. 414/15.

ersten Verschiebung auch der Anlaßnocken für die alte Drehrichtung überschritten wird, würde die Maschine noch einen unerwünschten Anlaßimpuls für die alte Drehrichtung erhalten. Es muß daher in der Anlaßleitung eine besondere Absperrvorrichtung vorgesehen werden, die erst öffnet, wenn die Verschiebung bis in die Mittelstellung stattgefunden hat. Eine Besonderheit ergibt sich nach Abb. 414/15[1]) bei der Ausbildung der Spülluftnocken insofern, als hier die erforderliche Nockenerhebung zu groß wird, um bei mäßiger Anlaufsteigerung bei dem verfüglichen Verschiebweg vom Ruhekreise aus bewältigt zu werden. Mäßige Steigungen werden durch Einschaltung eines Mittelnockens *M* erzielt, der entsprechend dem stetigen Übergang von der Form des Vorwärts- zu der des Rückwärtsnockens zur Totpunktlage symmetrische Eröffnung der Spülluft ergibt.

Derartige Anordnung mit unrunden Körpern ergeben im allgemeinen einfache und betriebssichere Anordnungen, haben jedoch den Nachteil verhältnismäßig große Baubreite zu beanspruchen und kommen daher für Viertaktmaschinen weniger in Betracht als für Zweitaktmaschinen, wo sie öfter auch von anderen Firmen (Germaniawerft, Hesselmann-Motoren, ein weiteres Beispiel s. im Anhang bei Be-

[1]) Maßstab 1 : 3. Zu einem Vierzylinder-Schiffsdieselmotor, 190 ϕ, der Leobersdorfer Maschinenfabrik-Aktienges. in Leobersdorf bei Wien.

sprechung der Öldrucksteuerungen) ausgeführt werden. Die Stetigkeit des Überganges von der Steuerwirkung für Vorwärts in die für Rückwärts wird im allgemeinen nicht ausgenützt (s. Fußnoten z. S. 341), indessen bestehen auch Ausnahmen wie z. B. beim Hesselmann-Motor, wo der unrunde Körper zum Antrieb des Einblaseventils gleichzeitig dazu verwendet wird, um bei Langsamgang geringere Einblasedauer und Nadelhubregelung zu erzielen und nicht allzu großen Verbrauch an Einblaseluft und zu starke Abkühlung des Zylinders zu bekommen[1]). Als Nachteil der Steuerungen mit unrunden Körpern wurde bereits früher (s. S. 153) erwähnt, daß derartige Antriebe nur für Übertragung kleiner Kräfte geeignet sind, da andernfalls bei der Punktberührung zwischen Rolle und Nocken sehr hohe Beanspruchungen im Berührungspunkt unvermeidlich werden. Diese Nachteile kommen allerdings weniger in Betracht, wenn die unrunden Körper nur während des Umsteuerns benützt und die Ventile nicht gegen hohe Drücke angehoben werden.

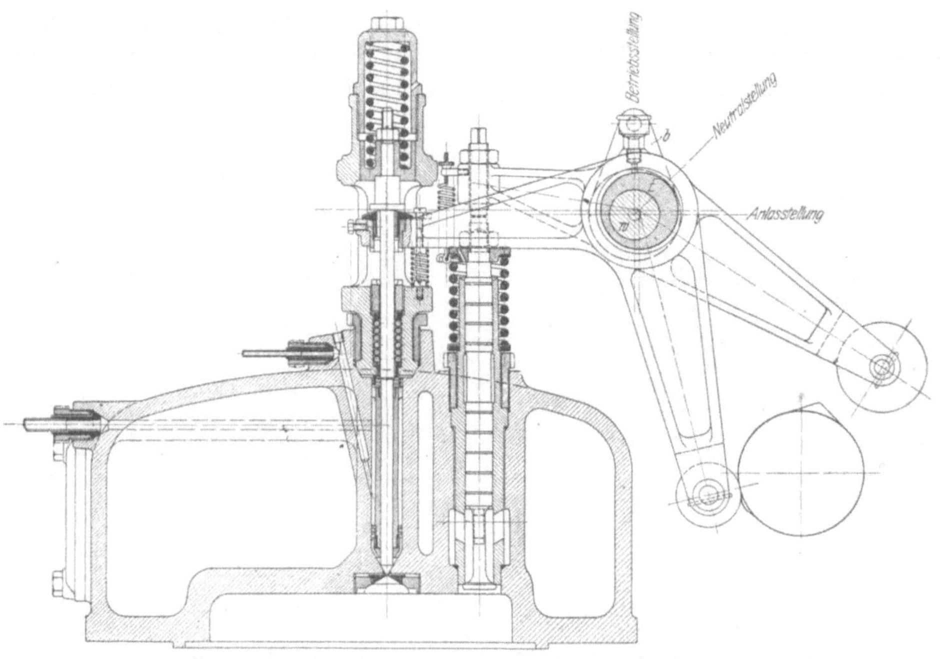

Abb. 416.

Soll mit Verschiebung der Steuerwelle abgeleitet werden, ohne daß die einzelnen Nocken für Vorwärts- und Rückwärtsgang die raumsperrigen Anlaufflächen erhalten, müssen, wie erwähnt, die Steuerhebel im Augenblick des Umsteuerns abgehoben werden, um eine freie Verschiebung des Nockenbündels zu ermöglichen. Die Durchführung dieses Vorganges verlangt die Ausbildung von meistens recht verwickelten Umsteuermechanismen, von denen als Beispiel zunächst die Bauart Frerichs beschrieben sei:

Abb. 416[2]) zeigt den Zylinderdeckel mit Brennstoff- und Anlaßventil, deren Antrieb und die Umstellvorrichtung, die sich nicht wesentlich von der auch für ortsfeste Maschinen üblichen Anordnung (s. z. B. Abb. 335/37 S. 297) unterscheiden. Der Umstellmechanismus ist mit der Umsteuervorrichtung derart gekuppelt, daß

[1]) Das Gewicht der durchtretenden Einblaseluft ist proportional dem Zeitintegral der Eröffnung und daher der Umlaufzahl der Maschine verkehrt proportional!

[2]) Maßstab 1 : 7,5. Zu einem Viertakt-Schiffsdieselmotor, 300 ⌀, 320 Hub, 200 PS in vier Zylindern bei $n = 360$, von J. Frerichs & Co. in Osterholz-Scharmbeck; nach Saiuberlich (51).

ein Umsteuern nur in der Ruhe- (Neutral-) Stellung möglich ist, in der weder Anlaß- noch Brennstoffhebel mit den zugehörigen Nocken in Eingriff stehen. Die eigentliche Umsteuervorrichtung zeigen die Abb. 417/20[1]). Die Welle *a*, die über die ganze Maschine durchläuft und in jedem Zylinder in zwei Stützen gelagert ist, trägt für jedes Ein- und Auslaßventil je einen Daumen *c*, der das Ventil bei einer Verdrehung der Welle *a* nach rechts niederdrückt, und ist außerdem durch das Hebelwerk *d e f* mit dem Triebwerk des durch Druckluft betätigten Umsteuerzylinders *Z* verbunden. Der Kolben des Umsteuerzylinders ist mit einer Glyzerinbremse *Br* gekuppelt, deren Bremswirkung durch ein von Hand aus einstellbares Überströmventil geregelt werden kann.

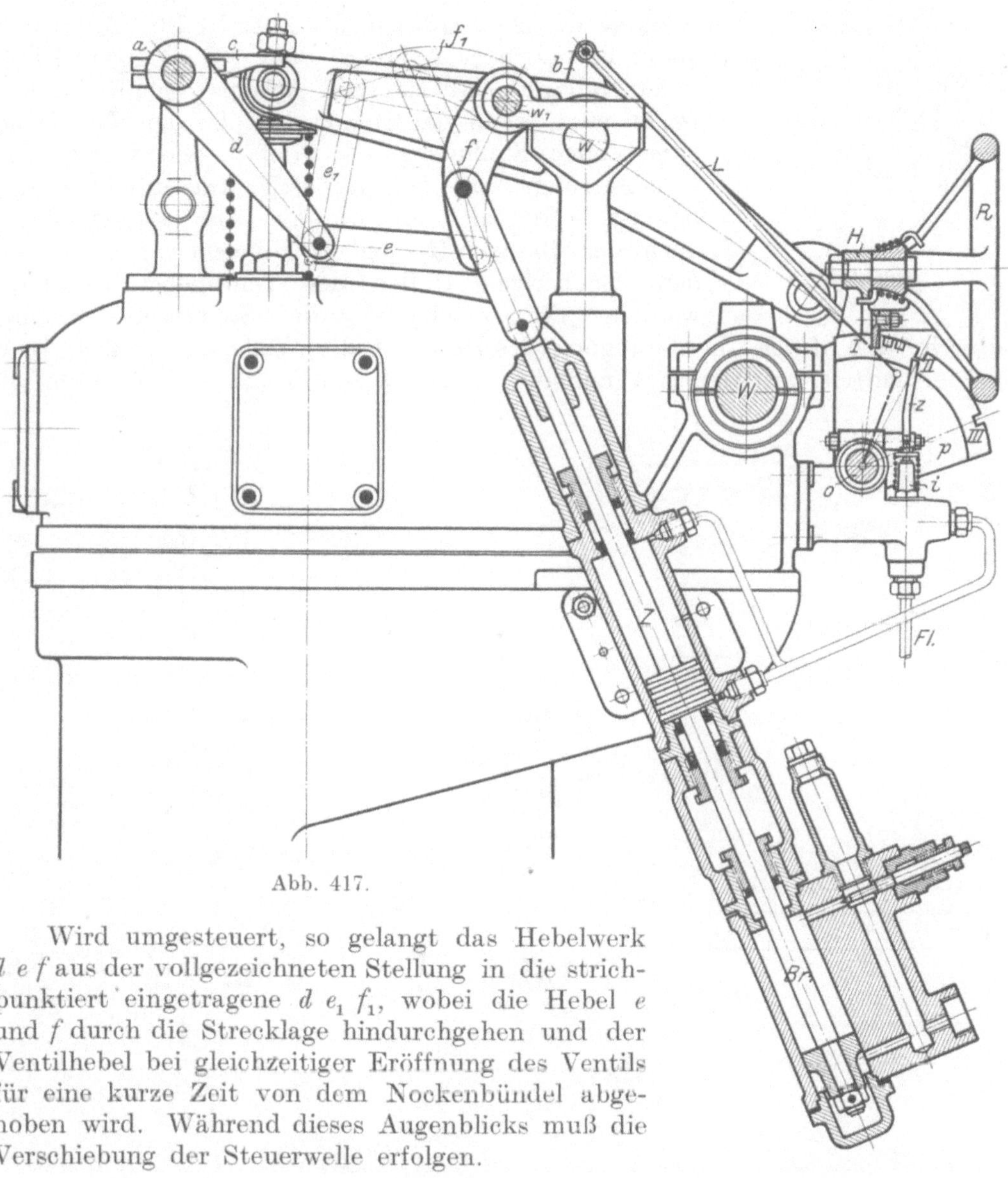

Abb. 417.

Wird umgesteuert, so gelangt das Hebelwerk *d e f* aus der vollgezeichneten Stellung in die strichpunktiert eingetragene *d* e_1 f_1, wobei die Hebel *e* und *f* durch die Strecklage hindurchgehen und der Ventilhebel bei gleichzeitiger Eröffnung des Ventils für eine kurze Zeit von dem Nockenbündel abgehoben wird. Während dieses Augenblicks muß die Verschiebung der Steuerwelle erfolgen.

Die Betätigung des Druckluftzylinders *Z* erfolgt durch Steuerung der kleinen Ventile i_1 und i_2 (Abb. 418), die wechselweise durch einen mit der Zunge *z* verbundenen doppelarmigen Hebel *h* betätigt werden können, und die bei *Fl* von der Einblaseflasche kommende Druckluft unter oder über den Kolben des Druckluftzylinders *Z* gelangen lassen. Der Steuerhebel *h* der Ventile i_1 und i_2 wird mittels der Zunge *z* von dem Anschlag *m* betätigt, der mit der Nabe des Handrades *R* fest verbunden ist, das in dem mit der Welle *O* drehbaren Hebel *H* seine Lagerung findet. Von dieser Welle *O* wird durch eine strichpunktiert angedeutete Kurbel und die Zugstange *L* der Hebel *b* und damit die Welle *w* (Abb. 416) verstellt, wodurch die Umstellung auf Betrieb, Anlaß und Ruhe gleichzeitig mit der Verstellung des Handrades erreicht ist derart, daß, wenn der Anschlag *m* durch die mit II bezeichnete Rast des Bogens *p* treten kann, die Stellung der Welle *w* der Ruhe entspricht, während bei Stellung des Handrades in der Rast I oder III die Welle *w* auf Betrieb oder Anlassen steht. Die Zunge *z* ist nun derart gebogen, daß sie vom Anschlag *m* nur dann erreicht wird, wenn das Handrad in der der Rast II entsprechenden Stellung steht, so daß, wie verlangt, die Umsteuerung nur bei Ruhe-(Neutral-)Stellung möglich ist. Hierbei kann, wie aus Abb. 416 ersichtlich, auch der Brennstoff- und Anlaßnocken frei zwischen den zugehörigen Rollen der Ventilhebel verschoben werden. Die Verschiebung der Steuerwelle geschieht dadurch, daß durch die Bewegung des Hebels *f* die Welle w_1 verdreht wird, von der mittels des Hebels *k* und der Stange *l* eine Trommel *T* verdreht wird

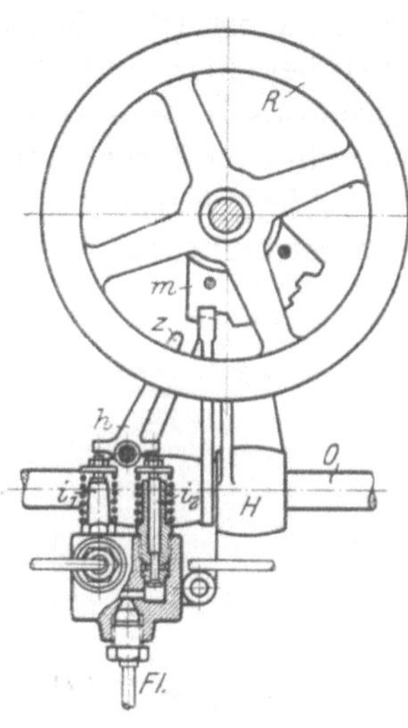

Abb. 418.

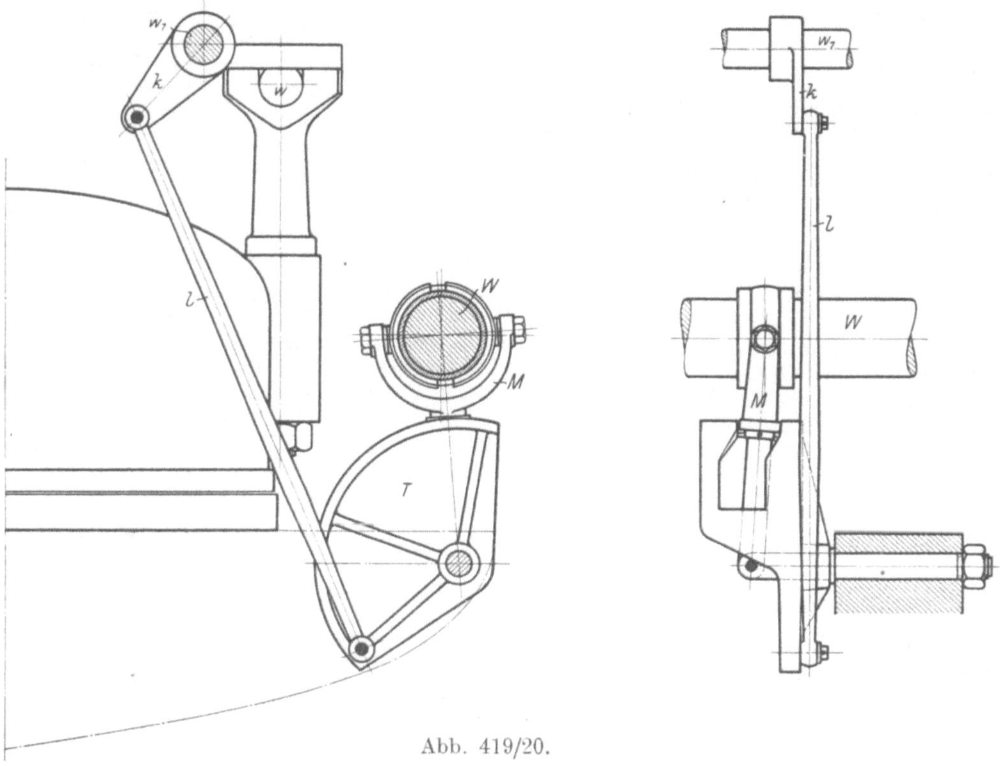

Abb. 419/20.

(Abb. 419/20), in deren schiefen Schlitz ein Mitnehmer *M* gleitet, der die Steuerwelle *W* verschiebt. Durch die Verzahnung der Anschlagscheibe *m* wird eine Verblockung der einzelnen Vorgänge gegeneinander erreicht, so daß ein unbeabsichtigtes Gegeneinanderarbeiten der einzelnen Teile des Umsteuermechanismus nicht möglich ist. Die zwei an der Scheibe p zwischen I und II noch sichtbaren Rasten dienen dazu, die Maschine auf Langsamgang zu stellen. Zu diesem Zweck ist auch noch die Regulierwelle durch ein geschränktes Kurbelparallelogramm mit der Welle O verbunden, so daß bei einer geringen Verdrehung kleinere Pumpenfüllung gegeben

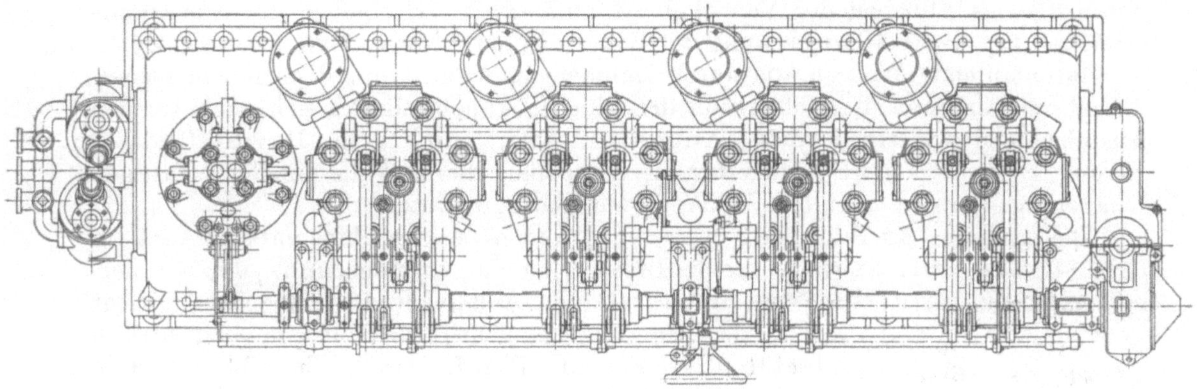

Abb. 421.

wird. Gleichzeitig wird zwar auch die Welle w etwas verdreht, indessen zu wenig, um unzulässige Änderungen in der Betätigung des Brennstoffventils zu ergeben. Bei Weiterdrehung des Handrades in die Rast II oder III ist die Pumpenförderung ganz abgestellt.

Die gesamte Anordnung der Steuerung ist aus dem Grundriß der Maschine, Abb. 421[1]) ersichtlich.

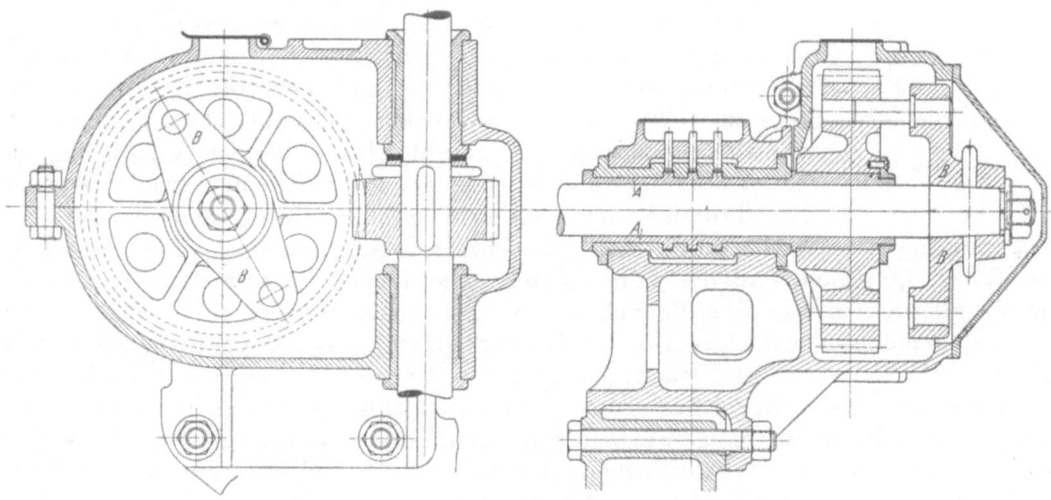

Abb. 422/23.

Abb. 422/23[2]) zeigt den Antrieb der verschiebbaren Steuerwelle, die durch die Brille B vom Schraubenrad mitgenommen wird. Diese ist mit der Büchse A verkeilt, die durch drei Ringe den Seitenschub der Schraubenräderübersetzung aufnimmt.

Um ein sicheres Anspringen der Maschine in jeder Stellung zu gewährleisten, ist die Niederdruckstufe des Kompressors doppeltwirkend ausgeführt und wird

[1]) Maßstab 1 : 25.
[2]) Maßstab 1 : 7,5.

durch kleine Anlaßventile mit Druckluft beaufschlagt, wenn die Steuerung auf Anlassen steht. Da die Kompressorkurbel gegenüber denen der Maschine um 90^0 versetzt ist, ist erreicht, daß bei jeder Stellung der Maschine irgendein Anlaßventil geöffnet ist.

Die zahlreichen Bauarten von Umsteuerungen mit verschiebbaren Nockenbündeln unterscheiden sich wesentlich nur durch die Wahl der baulichen Mittel, durch die das Abheben der Ventilhebel für das freie Verschieben der Steuerwelle erreicht wird. Die bei Besprechung der Bauart Frerichs erwähnte, über alle Zylinder durchlaufende Welle a, die durch Daumen die Ventile mit den Hebeln niederdrückt und dadurch die Rollen von den Nocken abhebt, findet sich auch bei den Ausführungen anderer Firmen (Augustin Normand in Le Havre, Ludwig Nobel in St. Petersburg), wobei für die Kuppelung dieser Welle mit dem sonstigen Umsteuermechanismus zahlreiche Wege zur Verfügung stehen.

Bei anderen Ausführungen (Grazer Waggon- u. Maschinenfabriks-A.-G. in Graz, Linke-Hoffmann-Werke in Breslau) ist der Grundgedanke, der der normalen Umstellvorrichtung von Brennstoff- und Anlaßventilantrieb zugrunde liegt und in der Lagerung der Ventilhebel auf einer exzentrisch gebohrten Büchse auf der Stützwelle besteht, für alle Ventilantriebe durchgeführt und das Abheben der Ventilhebel durch eine teilweise oder vollkommene Umdrehung der Stützwelle erreicht.

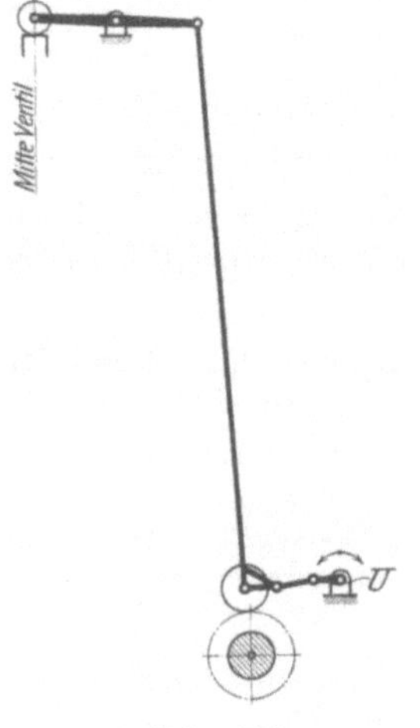

Abb. 424.

Besonders einfache Verhältnisse ergeben sich bei tiefliegender Steuerwelle und Antrieb der Ventile durch Stoßstangen, wofür Abb. 424 ein Beispiel gibt, das den Umsteuermechanismus nach Ausführung von Burmester & Wain in Kopenhagen im Schema (nicht maßstäblich) zeigt. Durch Verdrehung der Umsteuerwelle U, die für jede Ventilstoßstange mit einer kleinen Kurbel versehen ist, die mit dieser durch einen kurzen Lenker in Verbindung steht, werden während des Umsteuervorganges die Rollen aus dem Bereich der Nocken gebracht. Die Verschiebung der Steuerwelle erfolgt ähnlich wie bei der Ausführung von Frerichs durch eine auf der Umsteuerwelle sitzende Trommel mit schiefem Schlitz, durch den bei der Verdrehung die Steuerwelle durch einen Mitnehmer verschoben wird. Die Anordnung ist derart getroffen, daß die Verschiebung der Steuerwelle erst dann stattfindet, wenn alle Rollen aus dem Bereich der Nocken gekommen sind.

Als gemeinsamer Nachteil aller Bauarten mit zwei getrennten Nockensätzen für Vorwärts- und Rückwärtsgang ist zu erwähnen, daß die Nocken wegen Raummangel in der Regel nur recht schmal ausgeführt werden können und daher unter hohen Beanspruchungen arbeiten müssen. Insbesondere gilt dies für Nocken mit schrägen An- und Ablaufflächen, die daher auch meistens nur für Zweitaktmaschinen, wo weniger Ventile zu steuern sind, in Betracht kommen. Bei Anwendung gewöhnlicher Nocken werden die Abhebvorrichtungen in der Regel ziemlich vielgliederig und dürften in der Regel bei oftmaligem Gebrauch bald toten Gang ergeben. Ein abschließendes Urteil ist nach den bisher vorliegenden Erfahrungen noch nicht möglich.

Zu den Bauarten mit getrennten Antriebsorganen für Vorwärts- und Rückwärtsgang lassen sich auch jene zählen, bei denen als Antriebsorgan ein Exzenter statt eines Nockens ausgeführt ist. Eine derartige Bauart zeigt Abb. 425/26[1]).

[1]) Maßstab 1 : 25. Zu einer Schiffsmaschine System Junkers, 400 ϕ, 2×400 Hub, 800 WPS bei $n = 120$ in drei Tandemaggregaten, nach Ausführung der Aktiengesellschaft „Weser" in Bremen.

Da Ein- und Auslaß durch Schlitze vom Kolben gesteuert werden und daher für beide Drehrichtungen in gleicher Weise arbeiten, bleibt der äußeren Steuerung nur die Betätigung der Brennstoffventile *B*, wovon jeder Zylinder zwei besitzt, sowie der

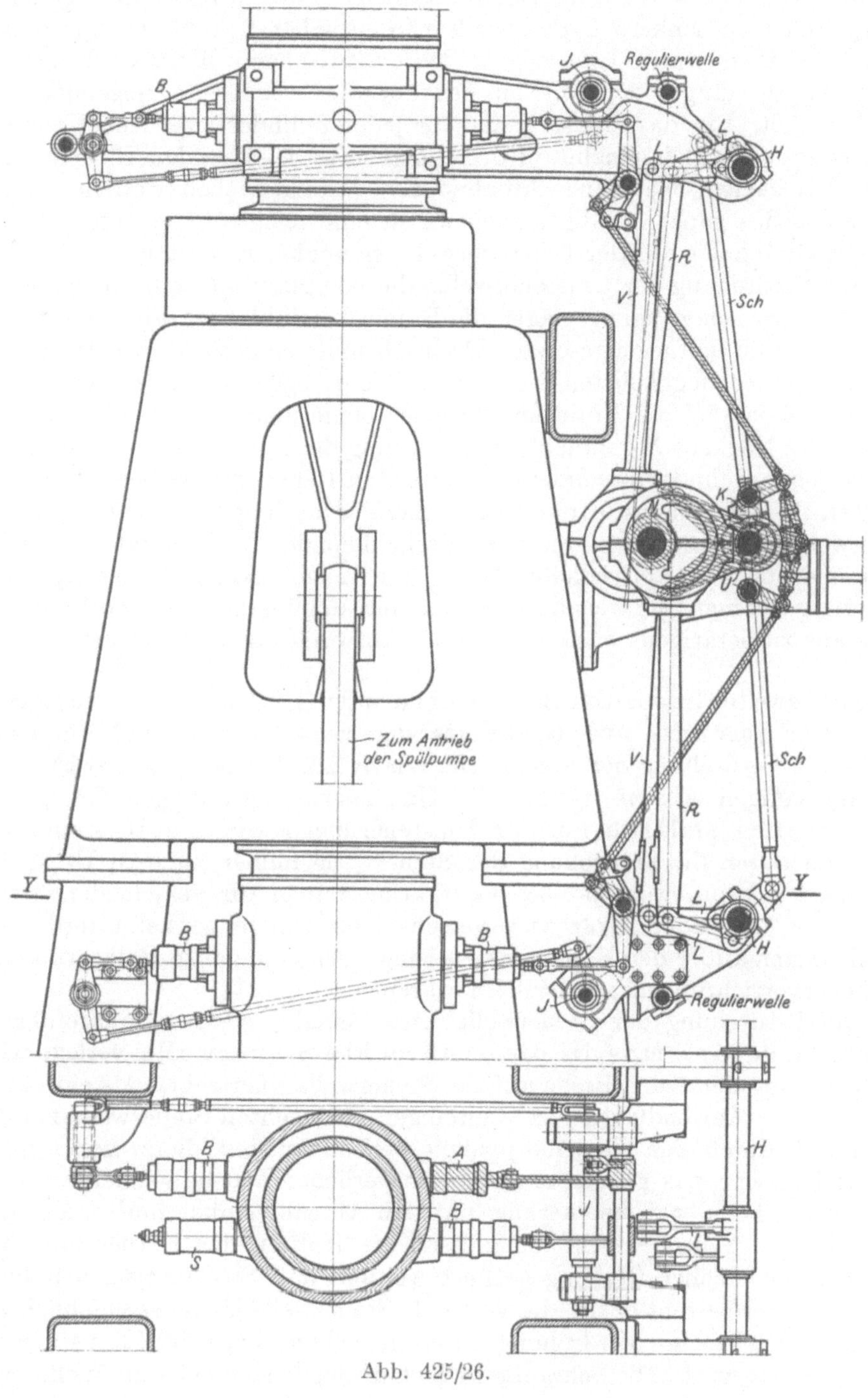

Abb. 425/26.

Anlaßventile *A* überlassen. Außerdem ist jeder Zylinder mit einem Sicherheitsventil *S* versehen. Für Vorwärts- und Rückwärtsgang sind für jeden Zylinder zwei Exzenter vorgesehen, deren Stangen in der Figur mit *V* und *R* bezeichnet sind und kleine, aus gehärtetem Stahl ausgeführte Schubkurvenstücke tragen, die für die Dauer der Ventileröffnung mit den entsprechenden Rollen in Eingriff kommen. Die Umsteuerwelle *U* ist mit einer Kröpfung versehen, an deren Zapfen *K* die Schubstangen *Sch* angreifen, durch die für jeden Zylinder besonders ausgeführten Hilfswellen *H* verstellt werden, die mit Hebeln und kurzen, die Führung der Exzenterstange bildenden Lenkern *L* die jeweils erforderlichen Schubkurven in den Eingriffsbereich der Brennstoffrollen bringen. Durch Zwischenwellen *J* wird vermittels eines Umführungsgestänges der Antrieb des auf der Gegenseite liegenden Brennstoffventils erzielt. Für das Anlassen sind für jeden Zylinder zwei Hebel vorgesehen, die ihren Drehpunkt in je einem auf der Umsteuerwelle sitzenden Exzenter finden und durch den gemeinschaftlichen Anlaßnocken *N* angetrieben werden. Zur Verdeutlichung ist das ganze Anlaßgestänge durch eine leichte Strichlage gekennzeichnet. Die Anordnung der auf der Umsteuerwelle sitzenden Exzenter ist so getroffen, daß bei einer Verdrehung der Umsteuerwelle, die von Hand aus oder durch einen Druckluftmotor geschehen kann, zuerst die Brennstoffeinblasung aus und dann das Anlassen für die entgegengesetzte Drehrichtung eingerückt wird. Nachdem die Maschine in der umgekehrten Richtung auf Touren gekommen ist, wird durch weitere Verdrehung von *U* die Einblasung wieder eingerückt und die Anlaßrolle aus dem Bereich des Nockens *N* gebracht. Die Leistung der Maschine wird durch Verdrehung der für jeden Zylinder besonders ausgeführten Regulierwelle beeinflußt, die auf die Saugventile der Brennstoffpumpen wirken. Durch geringe Verdrehung der Umsteuerwellen *U* kann auch eine Veränderlichkeit der Einblasedauer erreicht werden. Die immerhin recht verwickelte Bauart der vielgelenkigen Steuerung ist durch die Förderung bedingt, die weit auseinander und ungünstig liegenden Ventile von einer Welle aus zu betätigen, was einen großen Aufwand an Gestänge erforderlich macht.

Eine zweite Gruppe von Bauarten bilden jene, bei denen nur **ein Satz Antriebsorgane für Vorwärts- und Rückwärtsgang** verwendet ist und die Umsteuerung durch eine Verdrehung der Steuerwelle relativ zur Kurbelwelle bewirkt wird. Nach dem im vorigen Abschnitt über die Umsteuerungsgrundlagen Gesagten kommen diese Bauarten praktisch nur für Umsteuerungen von Zweitaktmaschinen in Frage, da durch die Verdrehung der Steuerwelle immer nur ein Umstellwinkel erzielt werden kann, während bei Viertaktmaschinen für verschiedene Steuerorgane mindestens drei oder sogar vier verschiedene Umstellwinkel erforderlich werden und demnach außer der Hauptumsteuerung noch eine ganze Reihe von zusätzlichen Umsteuervorrichtungen auszuführen wären.

Die Verdrehung der Steuerwelle wird beinahe stets so ausgeführt, daß der Umstellmechanismus in die senkrechte Steuerwelle verlegt wird, welche die Bewegung der Kurbelwelle auf die Steuerwelle überträgt. Als einfachstes Mittel steht hier die Anwendung einer zweiteiligen senkrechten Steuerwelle zur Verfügung, deren Teile durch eine Klauenkuppelung verbunden sind, die zwischen ihren Zähnen ein Spiel haben, das gleich ist dem erforderlichen Umstellwinkel, wobei dann die Steuerwelle bei der Umsteuerung um den Umstellwinkel hinter der Kurbelwelle zurückbleibt. Selbstverständlich müssen die Hälften der Klauenkuppelung gegeneinander mit solcher Reibung geführt werden, daß Stöße vermieden bleiben. Ein anderes Mittel besteht darin, die vertikale Steuerwelle längsverschieblich zu machen, wobei die gewünschte Verdrehung durch die schiefe Lage der Zähne der Schraubenräder erreicht wird. Die Schraubenräder auf der verschiebbaren Welle müssen hierbei so breit gewählt werden, daß ein ordentliches Kämmen auch nach der Verschiebung noch stattfindet. Eine aus demselben Grundgedanken entwickelte Bauart findet sich bei den Zweitaktmaschinen von Gebr. Körting A.-G., wobei zwischen die senkrechte Übertragungswelle und die Steuerwelle noch eine wagerecht liegende

Zwischenwelle eingeschaltet ist, die verschoben wird, wobei sich bequemere bauliche Anordnung der Bedienungsmechanismen ergibt. Eine dritte Anordnung, Kuppelung der zweiteiligen Steuerwelle durch eine verschiebbare Muffe mit schiefen Schlitzen, ist bei der im nachfolgenden beschriebenen Umsteuerungsbauart von Gebr. Sulzer angewendet.

Eine zusätzliche Umstellbewegung wird meistens auch bei Zweitaktmaschinen erforderlich, sofern das Anlassen nicht durch die Spülluftpumpen erfolgt, da zwar Brennstoff- und Spülluftventil nach dem auf S. 337 Gesagten ohne Zwang mit dem-

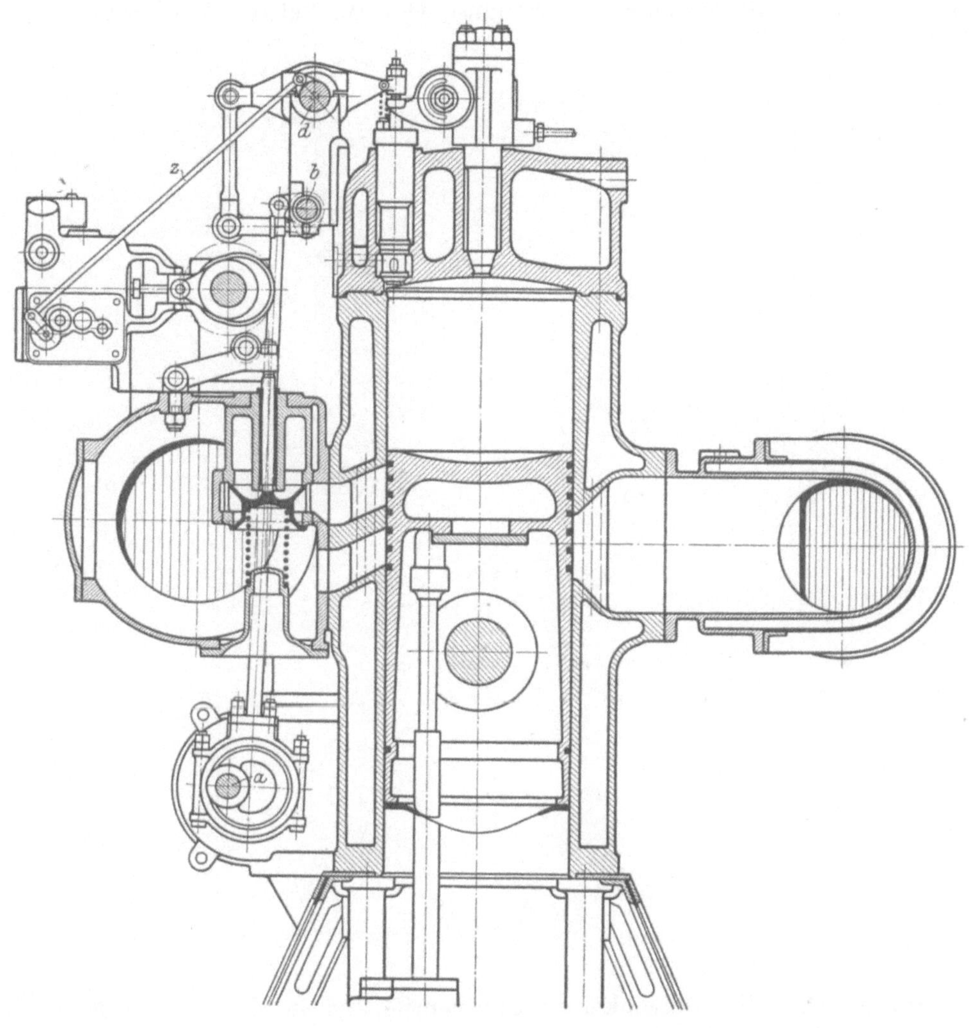

Abb. 427.

selben Umstellwinkel umzusteuern sind, die Anlaßnocken aber einen größeren Umstellwinkel erfordern, wenn nicht die Anlaßfüllungen so klein werden sollen, daß ein Anspringen der Maschine in jeder Stellung nicht mehr zu erreichen ist. Gebr. Körting A.-G., welche für die Brennstoff-, Spülluft und Anlaßnocken denselben Umstellwinkel verwenden, sehen daher noch für den Fall, daß die Maschine in einer Stellung stehen bleibt, in der das Anlassen nicht möglich ist, eine zusätzliche Verdrehung der Steuerwelle vor, wobei die Anlaßdauer gegen die Hubmitte rückt. Ist die Maschine in Bewegung gesetzt, so wird um diese zusätzliche Verdrehung rückgedreht.

Als Beispiel einer Bauart mit Verdrehung des Nockensatzes sei die Ausführung der neuesten Schiffsmaschinen von Gebr. Sulzer besprochen. Abb. 427[1]) zeigt einen Querschnitt durch den Zylinder und die Steuerung, die der in Abb. 393, S. 328 auch für ortsfeste Maschinen ausgeführten Anordnung mit getrennten Spülschlitzen und Nachladung entspricht. Das Wesentliche des Umsteuermechanismus ist aus Abb. 428[2]) und 429[2]) ersichtlich. Die Umsteuerung geschieht durch Verstellung der Welle a mittels eines Handhebels, wodurch die mit dem unteren Teile der senkrechten Steuerwelle verkeilte Muffe M gehoben oder gesenkt wird und mittels schiefer Schlitze durch Bolzen den oberen, als Rohr ausgebildeten Teil der senkrechten Übertragungswelle und damit die Steuerwelle verdreht. Der Winkel der Verdrehung ist durch

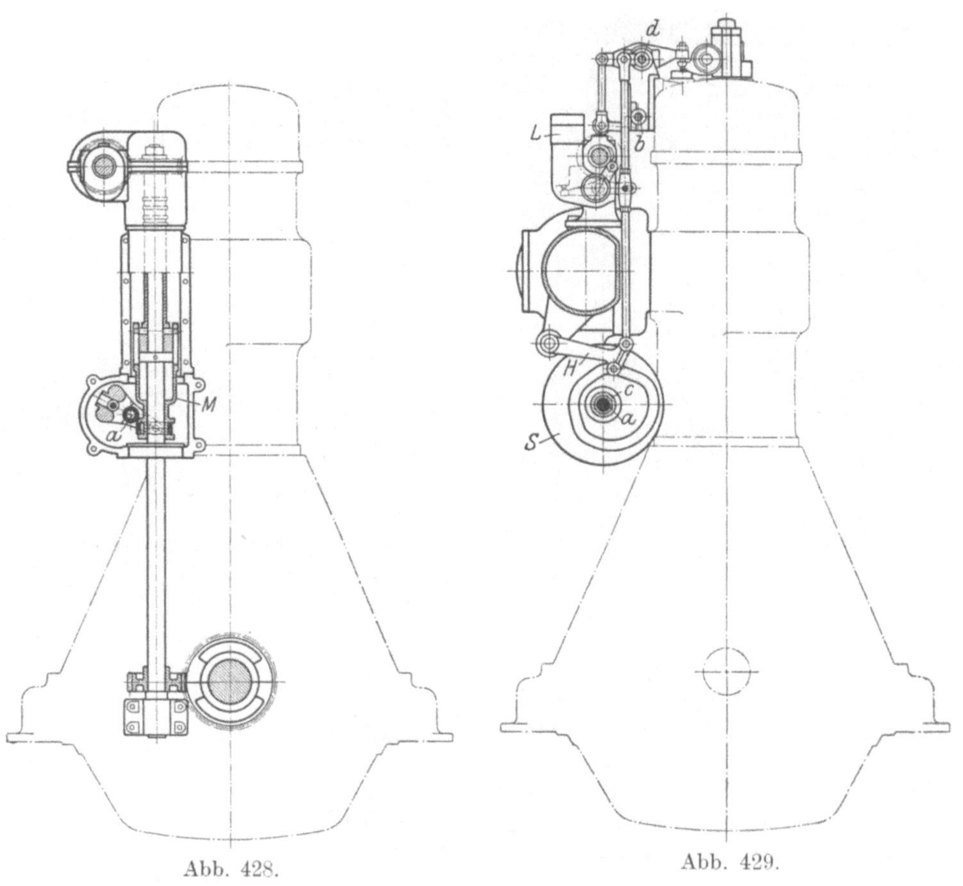

Abb. 428. Abb. 429.

den erforderlichen Umstellwinkel der Spülventile, $2\gamma_V$ in Abb. 430, gegeben, ist jedoch für den Brennstoffnocken, der nur $2\gamma_B$ erfordert, zu groß, weshalb noch eine zusätzliche Verschiebung der Brennstoffrolle um $2\gamma_R$ vorgesehen ist, die sich von der Nockenverschiebung abzieht. Die Werte sind aus dem Diagramm Abb. 430 zu entnehmen, in dem, wie früher, das auf den Vorwärtsgang Bezügliche stark, das auf den Rückwärtsgang Bezügliche schwach angezogen ist. Die zusätzliche Rollenverschiebung ist dadurch erreicht, daß auf der Umsteuerwelle ein Exzenter (s. Abb. 427) sitzt, durch dessen Stange bei einer Verdrehung von a die Hilfswelle b mit verdreht wird,

[1]) Maßstab 1 : 12,5. Zu einer direkt umsteuerbaren Zweitaktmaschine, 310 ϕ, 460 Hub, 380 WPS bei $n = 250$ in vier Zylindern, von Gebr. Sulzer in Winterthur.

[2]) Maßstab 1 : 25.

von der aus durch kurze Kurbeln und Verbindungsstangen die Brennstoffrollen verstellt werden. Das Anlassen der Maschine geschieht durch einen Luftverteiler L, in dem für die vier Zylinder vier von Nocken gesteuerte Anlaßventile liegen, die durch Verschieben der Antriebswelle umgesteuert werden. Um die verschiedenen Handgriffe für das Ausrücken der Brennstoffeinblasung, Abstellen der Pumpen und Einrücken der Anlaßventile sowie für den umgekehrten Vorgang, nachdem die Maschine in der verkehrten Drehrichtung in Gang gekommen ist, nicht einzeln vornehmen zu müssen, wodurch durch eine falsche Betätigung Gefahr für die Maschine entstehen könnte, ist für die Einschaltung aller dieser Vorgänge nach Patent Nager (D. R. P. 260602) eine Kurvenscheibe S vorgesehen, in deren Nut eine durch den Hebel H geführte Rolle läuft, durch die die Umstellwelle d verdreht wird, die in der üblichen Weise den Brennstoffhebel exzentrisch gelagert trägt und durch die außerdem mit der in Abb. 427 mit z bezeichneten Zugstange das Saugventil der Brennstoffpumpe angehoben werden kann. Von der Stellung der Scheibe S ist auch in der aus Abb. 429

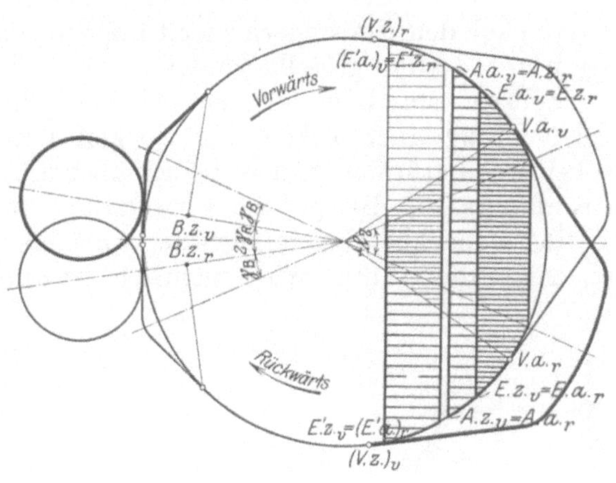

Abb. 430.

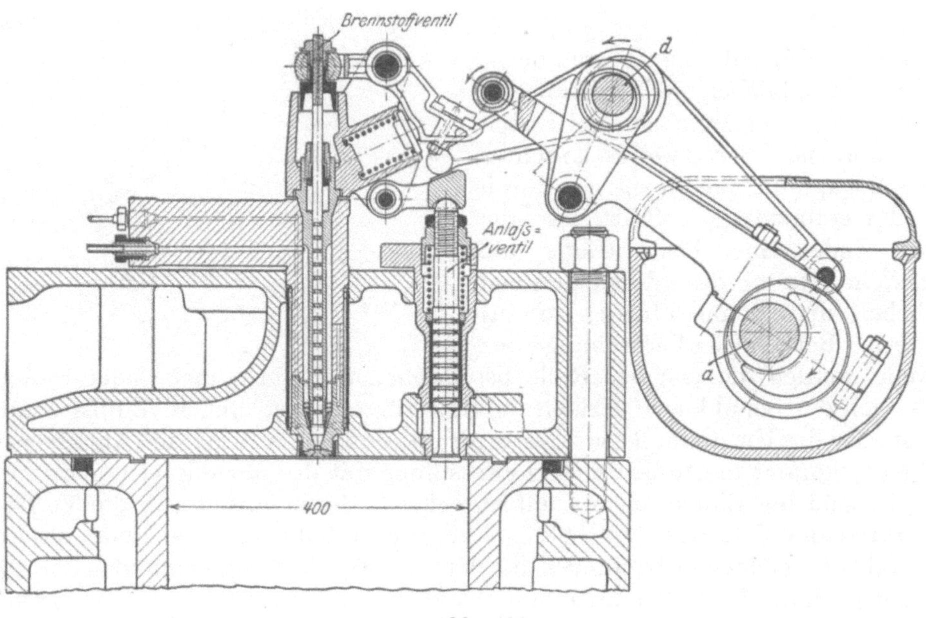

Abb. 431.

ersichtlichen Weise die Betätigung der Anlaßventile abhängig gemacht, so daß durch eine allmähliche Verdrehung der Hohlwelle c, auf der die Scheibe S sitzt, zuerst die Brennstoffförderung und -einblasung aus- und dann die Anlaßventile für die Drehung im entgegengesetzten Sinn eingerückt werden. Bei Weiterdrehung erfolgt Ausrückung der Anlaßventile und Zuschaltung der Brennstoffförderung und -einblasung. Die

Scheibe S, die in der Mitte der Maschine angeordnet ist und ihren Antrieb durch ein mit Räderübersetzung auf die Hohlwelle c arbeitendes Steuerrad erhält, ist auf beiden Seiten genutet, und zwar bedient der auf der vorderen Seite laufende Antrieb die zwei vorderen, der auf der rückwärtigen Seite laufende die beiden rückwärtigen Zylinder. Die Nuten auf beiden Seiten der Scheibe sind nicht ganz gleich ausgeführt, so daß nach dem Umsteuern zuerst nur zwei und dann erst alle vier Zylinder von Anlassen auf Betrieb gestellt werden.

Selbstverständlich können bei Verdrehung der Nockenwelle zum Zweck der Umsteuerung auch neben den Nocken Exzenterantriebe Verwendung finden, wobei sich natürlich an dem früher über die Umstellwinkel Gesagten nichts ändert. Ein interessantes Beispiel der Verwendung von Exzenter zum Antrieb des Brennstoffventils, wobei als Übertragungsmechanismus eine Schubkurvenanordnung verwendet ist, zeigt Abb. 431[1]). Wie ersichtlich, ist außer der Steuerwelle a wie bei ortsfesten

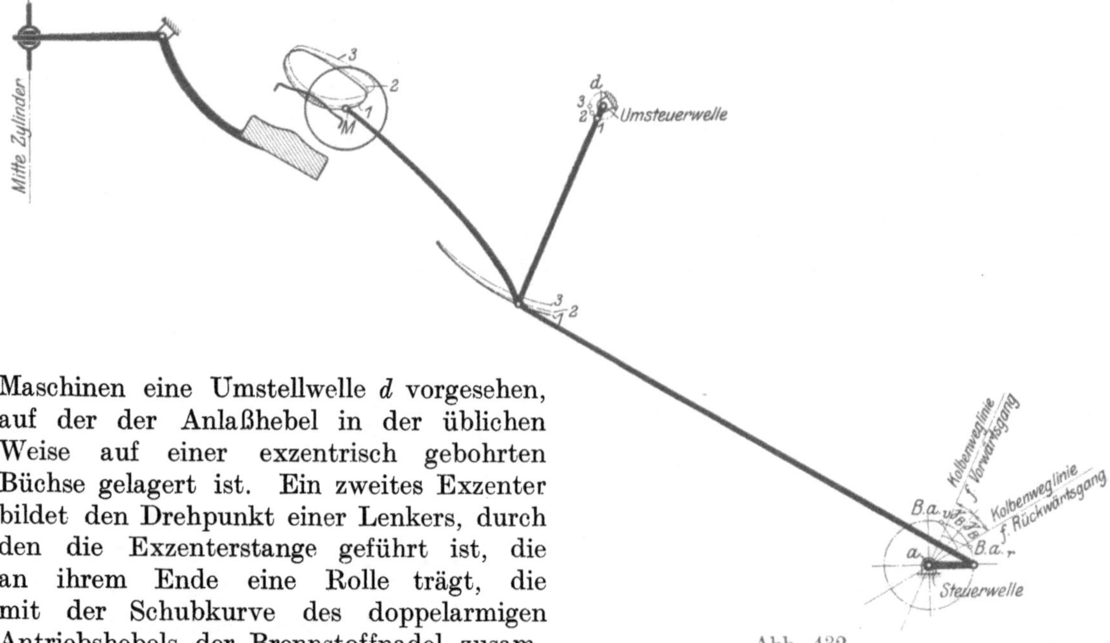

Abb. 432.

Maschinen eine Umstellwelle d vorgesehen, auf der der Anlaßhebel in der üblichen Weise auf einer exzentrisch gebohrten Büchse gelagert ist. Ein zweites Exzenter bildet den Drehpunkt einer Lenkers, durch den die Exzenterstange geführt ist, die an ihrem Ende eine Rolle trägt, die mit der Schubkurve des doppelarmigen Antriebshebels der Brennstoffnadel zusammenarbeitet. Bei einer Verdrehung der Umstellwelle werden die von der Rolle beschriebenen Bahnen mehr oder weniger in den Bereich der Schubkurve gerückt, so daß kürzere oder längere Einblasedauer erreicht ist. Ist die Umstellwelle so weit verdreht, daß der Antrieb des Anlaßventils eingerückt ist, kommt die Rolle der Exzenterstange mit der Schubkurve nicht mehr zum Eingriff und die Einblasung ist unterbrochen. Besser lassen sich die Verhältnisse an Hand des Schemas Abb. 432[2]) verfolgen, wo die Untersuchung für drei mit 1, 2 und 3 bezeichneten Stellungen der Umsteuerwelle d vorgenommen ist. Die vollausgezogene Bahn des Rollenmittelpunktes M entspricht voller Maschinenleistung, die strichliert gezeichnete Bahn Langsamgang, während bei Stellung 3 die strichpunktiert gezeichnete Bahn durchlaufen wird und keine Einblasung mehr stattfindet. Zweckmäßig wird bei der Untersuchung von Schubkurven getrieben statt mit der

[1]) Maßstab 1 : 10. Antrieb von Anlaß- und Brennstoffventil einer Zweitaktmaschine, 400 ϕ, 650 Hub, 500 WPS bei $n = 170$ in vier Zylindern, von Franco Tosi in Legnano. Nach Kaemmerer (27).

[2]) Maßstab 1 : 5.

Schubkurve selbst mit ihrer um den Rollenhalbmesser Äquidistanten gearbeitet[1]), wie dies auch in der Abbildung durchgeführt ist. Die Verdrehung der Steuerwelle für die Umsteuerung erfolgt durch Verdrehung der senkrechten Steuerwelle und drückt sich im Diagramm durch die entsprechende Verlegung der Kolbenweglinie aus. Die bezeichneten Punkte der Eröffnung und des Abschlusses der Einblasung, die nach der Umsteuerung ihre Rolle vertauschen, gelten für Vollast, entsprechend Stellung 1. Die Punkte rücken bei Verdrehung der Umsteuerwelle näher und näher aneinander.

Umsteuerungsbauarten einer dritten Gruppe, die unter dem Namen **„Lenkerumsteuerungen"** zusammengefaßt werden können, wurden in ihrem Wesen bereits im vorigen Abschnitt (s. S. 340f.) besprochen. Eine weitere Verbreitung haben derartige Bauarten bisher noch nicht gefunden.

[1]) Siehe hierzu S. 190, Fußnote.

Anhang.

Öldrucksteuerungen.

Der Grundgedanke der hydraulischen oder, wie sie nach dem meist verwendeten Übertragungsmittel genannt werden, Öldrucksteuerungen ist derselbe, der der Energieübertragung durch Pumpen, Rohrleitung und Flüssigkeitsmotor zugrunde liegt. An Stelle der Pumpen tritt hier der von dem auf der Steuerwelle sitzenden Antriebsorgan bewegte „aktive Stempel", durch den die Übertragungsflüssigkeit (meistens Öl) durch eine Rohrleitung fortgepreßt wird, die auf den die Stelle des Flüssigkeitsmotors vertretenden „passiven Stempel" wirkt, der seine Bewegung dem Steuerorgan mitteilt. Sofern nun die Verbindungsleitung zwischen aktivem und passivem Stempel ein vollkommen geschlossenes und vollständig mit unveränderlicher Flüssigkeit erfülltes System darstellt, ist es klar, daß der passive Stempel die Bewegung des aktiven genau gleichzeitig, höchstens bei Wahl verschiedener Stempeldurchmesser ins Größere oder Kleinere übersetzt, mitmachen wird. Es liegt somit nahe, an Stelle des starren ein hydraulisches Gestänge zur Betätigung der Steuerung zu verwenden, wobei sich vor allem der große Vorteil ergibt, allen räumlichen Schwierigkeiten zu entgehen, da Rohrleitungen in nahezu beliebiger Länge überallhin verlegt werden können, und auch die anderen Nachteile starrer Gestänge, insbesondere die großen Massen und die Abnützung in den Gelenken in Fortfall kommen.

Die oben ausgesprochene Bedingung jedoch, daß die Verbindungsleitung zwischen aktivem und passivem Stempel ein vollkommen geschlossenes und vollständig mit unveränderlicher Flüssigkeit erfülltes System bilde, ist nicht ohne weiteres erfüllt. Die Zusammendrückbarkeit der Flüssigkeit und die Elastizität der Rohrleitung können zwar ohne weiteres vernachlässigt werden, auch die vollständige Erfüllung der Verbindungsleitung mit Flüssigkeit kann durch Anordnung von Entlüftungshähnen an den höchsten Stellen der Rohrleitungen leicht erreicht werden, indessen ist es praktisch unmöglich, ein vollkommen geschlossenes System auf die Dauer im Betrieb zu behalten, da, wenn auch ganz geringe, Undichtigkeiten in den beweglichen Teilen nicht vermieden werden können. Auch die zu fordernde Unveränderlichkeit der Übertragungsflüssigkeit ist nicht zu erreichen, da die Flüssigkeit mit wechselnder Temperatur ihren Rauminhalt ändert. (Für Öl beträgt die Zunahme des Rauminhaltes etwa 0,8 bis 0,9 v. H. für 10° Temperatursteigerung.) Beide Umstände würden bei Anordnung einer einfachen Verbindungsrohrleitung die Genauigkeit der Bewegungsübertragung derart beeinträchtigen, daß sie für Antrieb einer Maschinensteuerung nicht brauchbar wäre. Wird z. B. auch zunächst auf die Temperaturänderung keine Rücksicht genommen, so würde eine hydraulische Steuerung ohne besondere Vorkehrungen doch in kürzester Zeit versagen, da durch die Undichtigkeitsverluste eine teilweise Entleerung der

Verbindungsrohrleitung unvermeidlich wäre, wobei sich dann beim Rückgang des aktiven Stempels ein mit Öldunst erfüllter Raum bilden würde, der beim Vorgang wieder verschwände, und eine Bewegung des passiven Stempels nicht mehr einträte. Andererseits würde bei vollkommen dichtem Mechanismus jede Temperaturabnahme eine Verminderung des Ventilhubes bewirken, während bei Temperaturzunahme das Ventil nicht mehr schließen würde.

Alle diese Zustandsänderungen der Übertragungsflüssigkeit vollziehen sich jedoch langsam und sind — sofern nicht große Undichtigkeiten vorhanden sind — während eines Arbeitsspieles ganz unbedeutend. Um eine hydraulische Steuerung dauernd betriebsfähig zu erhalten, muß demnach dafür gesorgt werden, daß für jedes Arbeitsspiel die gleiche Menge Übertragungsflüssigkeit vorhanden ist und die auftretenden Raumänderungen ausgeglichen werden. Dies kann dadurch geschehen, daß ein besonderes „Ausgleichsgefäß" vorgesehen wird, das beim Rückgang des aktiven Stempels mit der Überströmleitung in Verbindung gebracht wird und aus dem die Raumänderungen der Übertragungsflüssigkeit infolge von Undichtigkeiten und Temperaturänderungen nach jedem Hub wieder ersetzt werden.

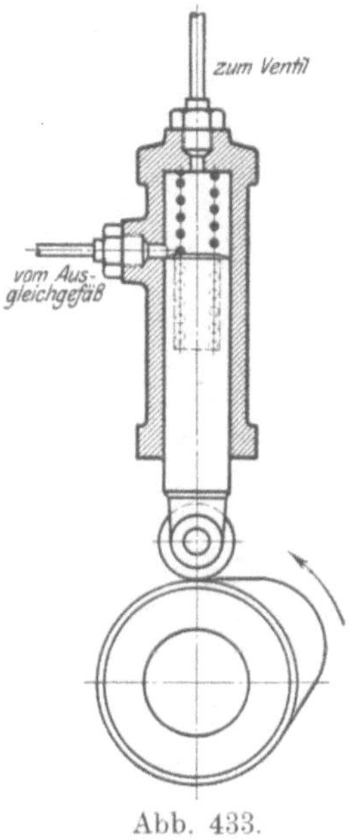

Zweckmäßig wird hierbei so vorgegangen, daß die Verbindung des Ausgleichgefäßes mit der Verbindungsleitung durch den aktiven Stempel, der gleichzeitig als Kolbenschieber wirkt, selbst gesteuert wird. Es ergibt sich hiernach die schematisch in Abb. 433 dargestellte Anordnung. Die Förderung durch den aktiven Stempel und damit die Bewegung des Ventils beginnt erst, nachdem die zum Ausgleichsgefäß führende Öffnung abgeschlossen ist. Es ist somit in einfacher Weise auch die Möglichkeit, die Bewegung des Ventils zu regeln, dadurch gegeben, daß durch geeignete Vorrichtungen für eine Veränderlichkeit des Abschlußmomentes der zum Ausgleichsgefäß führenden Öffnung gesorgt wird. In einfachster Weise kann durch eine Abschrägung des aktiven Stempels an seinem oberen Ende erfolgen, wobei dann durch eine Verdrehung des Stempels früherer oder späterer Abschluß erzielt werden kann.

Abb. 433.

Es sind demnach durch die beschriebene Anordnung alle an den Ventilantrieb zu stellenden Anforderungen erfüllt. Für die bauliche Ausgestaltung stehen selbstverständlich zahlreiche Möglichkeiten offen. Eine konstruktiv sehr hübsch durchgeführte Anordnung ist in folgendem beschrieben.

Abb. 434/35[1]) stellen eine mit Öldrucksteuerung versehene Maschine dar. Abb. 434 zeigt einen Schnitt durch Spülluftpumpe, Einblasekompressor, Ölpumpe und die aktive Steuerung, deren Antrieb von der Kurbelwelle durch einen für alle Zylinder gemeinschaftlichen Nocken mit getrennten Höckern V und R für Vorwärts- und Rückwärtsgang erfolgt. Da die Kurbeln der vier Arbeitszylinder jeweils um 90° gegeneinander versetzt sind, kann für die Steuerung aller vier Zylinder mit einem Nocken das Auslangen gefunden werden, der die in einem Kreis jeweils um 90° versetzten aktiven Stempel antreibt. Abb. 435 zeigt den Querschnitt durch einen Arbeitszylinder, der mit Schlitzspülung versehen und daher nur mit Anlaßventil A und Brennstoffventil B ausgerüstet ist. (Über dessen Verbindung mit der Brennstoff-

[1]) Maßstab 1 : 15. Direkt umsteuerbarer Zweitakt-Dieselmotor (Barkassenmotor der k. u. k. Kriegsmarine), 225 ϕ, 290 Hub, 150 PS in vier Zylindern bei n : 375, von Bachrich & Co., Kommanditgesellschaft in Wien XIX.

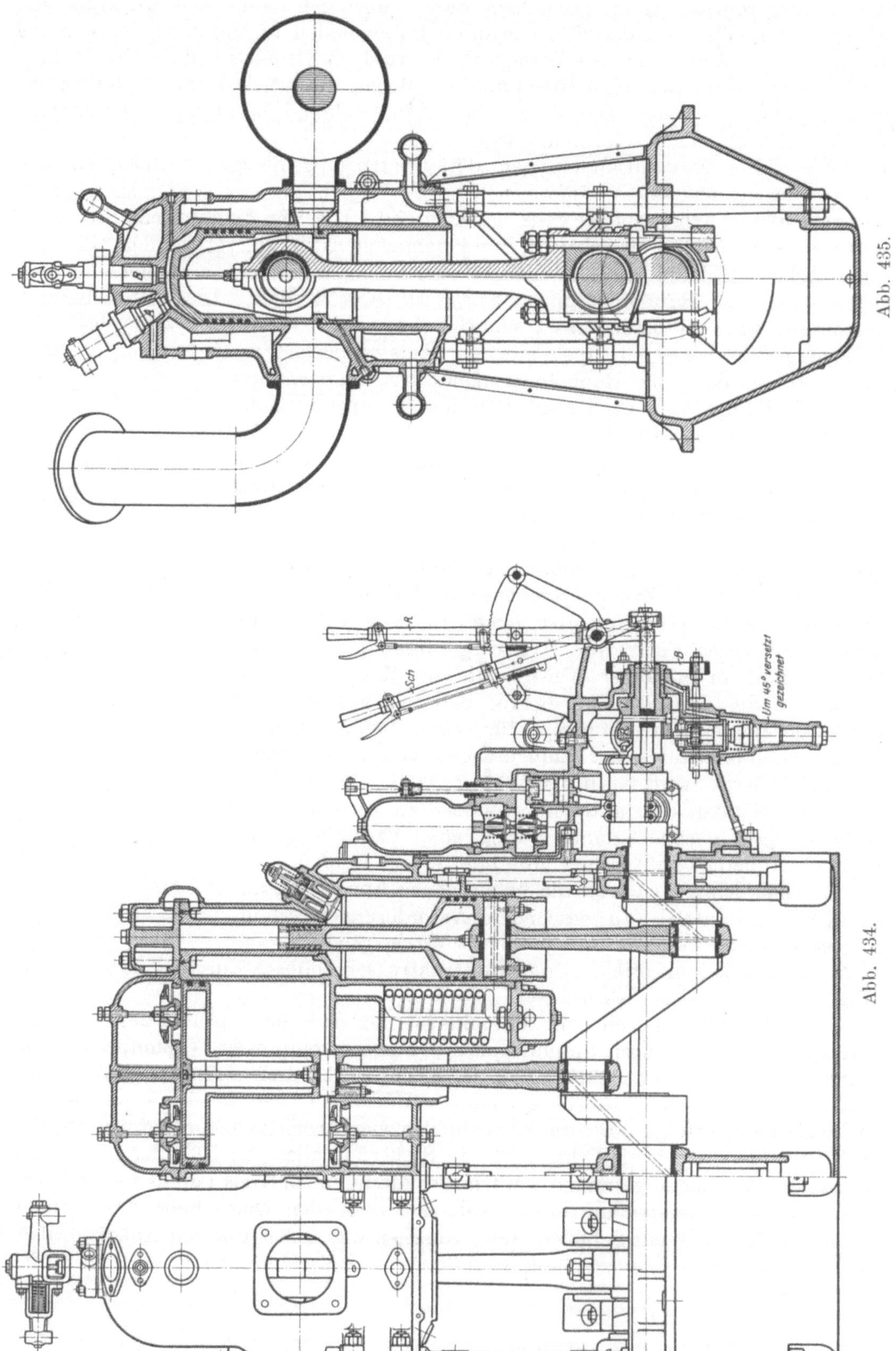

Abb. 435.

Abb. 434.

pumpe s. weiter unten.) Für die Bedienung der Maschine sind zwei Handhebel vorgesehen, wovon der mit *Sch* bezeichnete die Schaltung der Maschine auf Vorwärts- oder Rückwärtsgang durch Verschiebung des Nockens in der aus der Abbildung ersichtlichen Weise besorgt, während der mit *R* bezeichnete Regulierhebel den Bügel *B* verschiebt, an den die zur Verstellung der aktiven Stempel dienenden Zahnstangen angeschraubt sind, wodurch die Regelung der Maschinenleistung und die Umstellung auf Anlassen oder Betrieb erreicht wird.

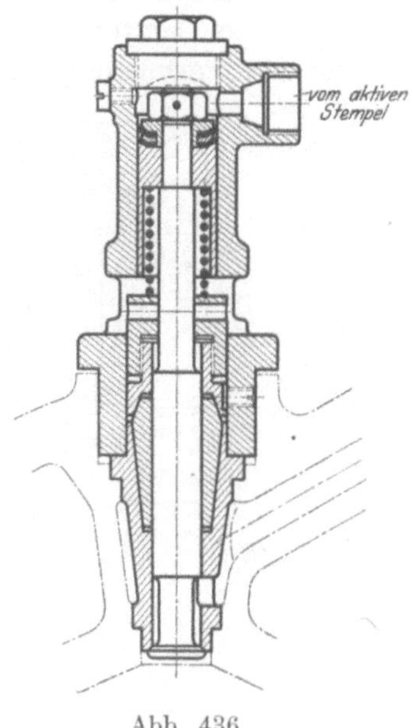

Abb. 436.

Abb. 436[1]) stellt das Anlaßventil dar, das mit dem passiven Stempel direkt gekuppelt ist. Die Rückführung des Ventils wird durch eine Schlußfeder besorgt. Die Brennstoffdüse ist in Abb. 437/40[1]) dargestellt. Der Antrieb der Nadel erfolgt jedoch nicht wie der des Anlaßventils durch den passiven Stempel direkt, sondern durch Vermittlung einer Schubkurve. Das vom aktiven Stempel kommende Drucköl schiebt die Stange *St*, deren Rückgang durch eine Feder bewirkt wird, nach rechts. Diese Stange bildet in ihrer Verlängerung gleichzeitig den Kolben *K* der Brennstoffpumpe, deren Ventile in der Zeichnung weggelassen sind. Je nach der Stellung des aktiven Stempels macht die Stange *St* größeren oder geringeren Hub, wodurch die Brennstofförderung geregelt ist. Die Betätigung

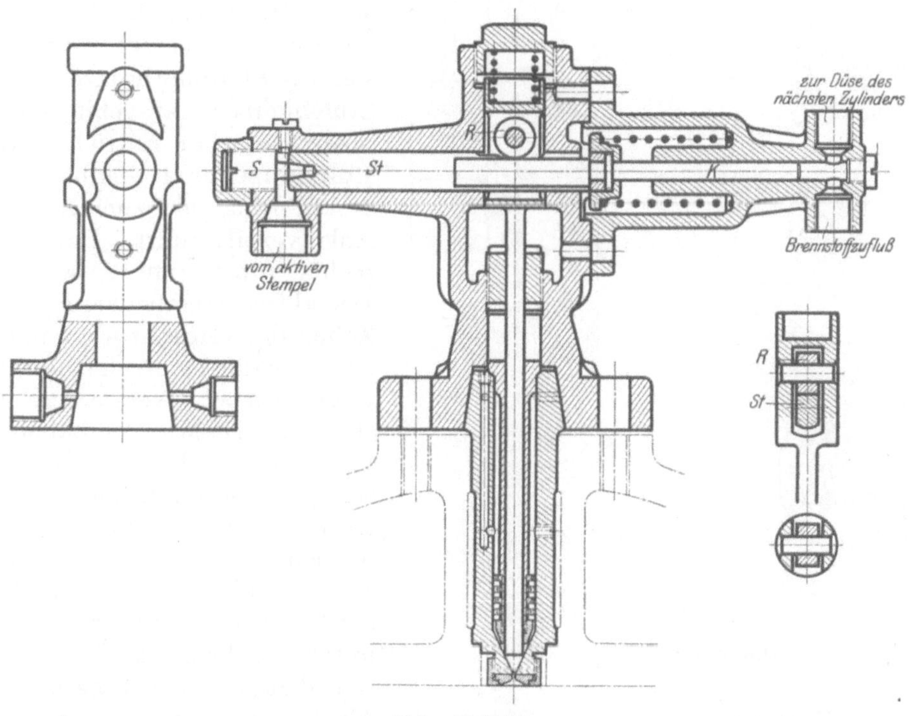

Abb. 437/40.

der Brennstoffnadel erfolgt durch die auf *St* sitzende Schubkurve, durch die die in einem Schlitten gelagerte Rolle *R* und dadurch die Brennstoff-

[1]) Maßstab 1 : 4.

nadel gehoben wird. Der Rückgang der Stange *St* ist durch eine mit Überwurfmutter gesicherte Schraube *S* nachstellbar begrenzt, die vorn einen kegeligen Dorn trägt, der in ein passendes Loch der Stange *St* eintritt, wodurch sich im letzten Augenblick des Rückganges von *St* eine Dämpfung ergibt und Stöße vermieden bleiben. Durch Einstellung der Schraube *S* wird die Totstrecke bedingt, die zurückgelegt werden muß, ehe die Schubkurve mit der Rolle *R* zum Eingriff kommt und die Einblasung beginnt. Ein gewisser toter Gang ist hier erwünscht, da dann der Nocken zum Antrieb des aktiven Stempels länger ausgeführt werden kann und auch die Brennstoffpumpe nicht stoßartig arbeitet. Da die Brennstoffeinführung nicht während der Einblasung erfolgen darf, fördert jeweils die Brennstoffpumpe eines Zylinders in die Düse des übernächsten, dessen Kurbel um 180° versetzt ist, so daß genügende Zeit für den vorgelagerten Brennstoff bleibt, um sich über den Zerstäuber zu verteilen.

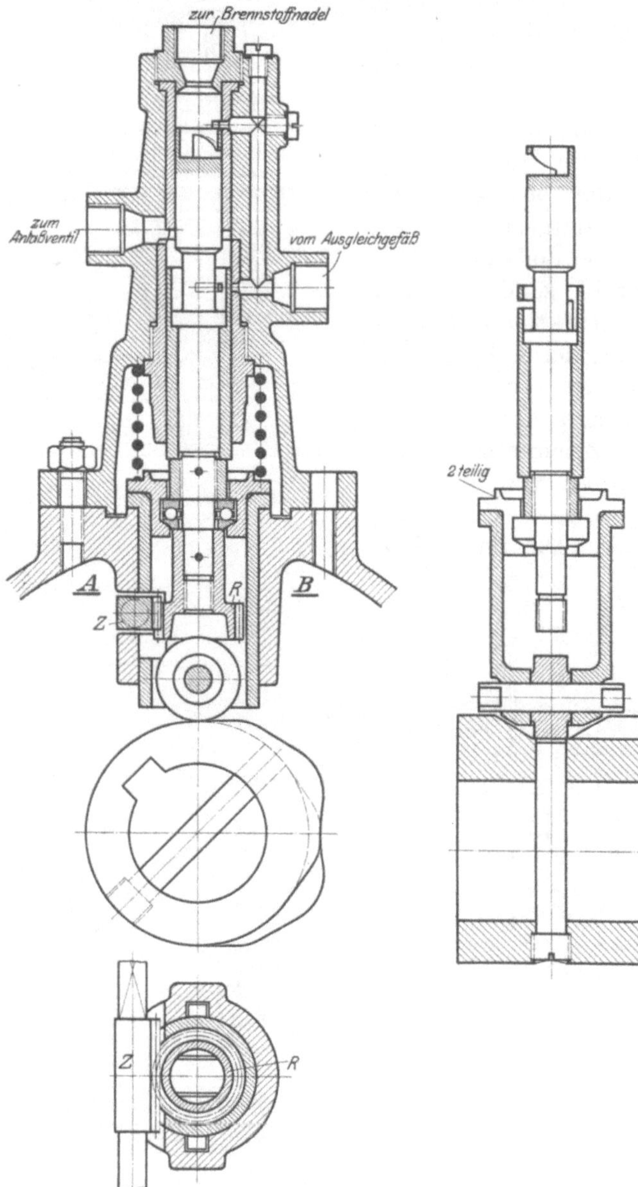

Abb. 441/43.

Der aktive Stempel ist in Abb. 441/43[1]) dargestellt. Der aus Stahl hergestellte Stempel läuft in Büchsen aus Phosphorbronze und ist als Stufenkolben ausgebildet, dessen obere Stufe zum Antrieb der Brennstoffpumpe und -einblasung und dessen Ringstufe zum Antrieb des Anlaßventils führt. Der Anschluß rechts führt zum Ausgleichgefäß. Der aktive Stempel kann durch das Zahnrad *R* verdreht werden, das seinen Antrieb von der durch den Regulierhebel verstellten Zahnstange *Z* erhält. Die Zähne von *R* und *Z* sind so breit ausgeführt, um trotz der Längsverschiebung des aktiven Stempels stets in Eingriff zu bleiben. Um den Verstellwiderstand zu vermindern, stützt sich *R* gegen ein Kugellager. In den Kolben und in ihren Führungsbüchsen sind verschiedene Fenster ausgespart, deren Form und Wirkungsweise sich besser aus der Abwicklung, Abb. 444/47[2]) entnehmen läßt. Die Abbildungen stellen die zusammengehörigen Stellungen von Kolben und Büchse für verschiedene Betriebszustände, entsprechend Vollast, Langsamfahrt,

---

[1]) Maßstab 1 : 4.

[2]) Maßstab 1 : 2,5.

absolutem Leerlauf und Anlassen dar, und zwar bezieht sich jeweils die obere mit B bezeichnete Hälfte der Abbildungen auf den zum Antrieb der Brennstoffpumpe und -nadel und die untere, mit A bezeichnete Hälfte auf den zum Antrieb des Anlaßventils dienenden Teil des aktiven Stempels. In den Büchsen beider Stempel sind gleich hohe rechteckige Fenster ausgespart, die, wie aus Abb. 441/43 ersichtlich, die zum Ausgleichsgefäß führenden Öffnungen darstellen. Der Brennstoffstempel B besitzt eine trapezförmige Öffnung, deren obere Kante schräg liegt; der Anlaßstempel A besitzt zwei rechteckige Fenster, deren eines gleich hoch ist, wie das Fenster in der Büchse, während das andere wesentlich höher ist.

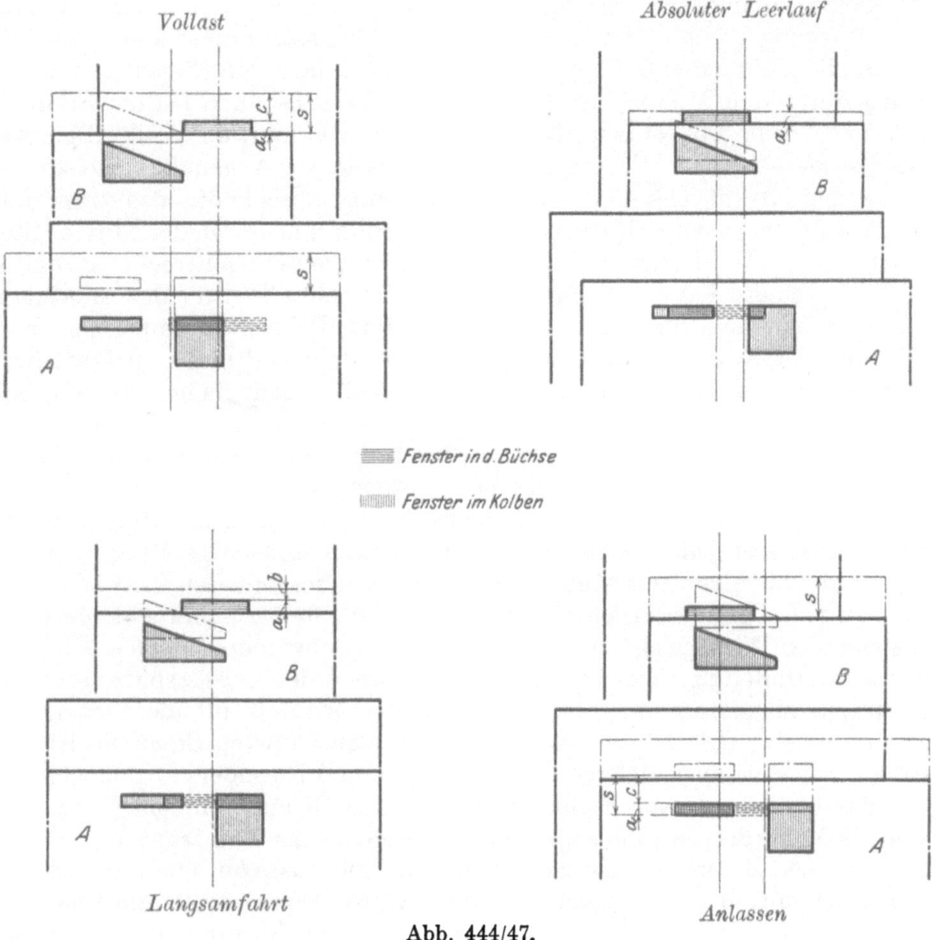

Abb. 444/47.

Nach dem früher Gesagten findet Förderung durch den aktiven Stempel nur dann statt, wenn die zum Ausgleichgefäß führende Öffnung verschlossen ist, da sonst das Öl einfach in die zum Ausgleichsgefäß führende Leitung zurückgeschoben wird. Es muß daher stets die Höhe a der in den Büchsen eingeschnittenen Fenster erst zurückgelegt werden, ehe die Förderung des aktiven Stempels und damit die Eröffnung der Ventile beginnt. Bei der Stellung des Stempels nach Abb. 444, entsprechend Vollast, beginnt die Förderung des aktiven Stempels nach Zurücklegung der Strecke a und dauert während der ganzen Strecke c bis zum Ende des Stempelhubes s an, da das trapezförmige Fenster so weit links steht, daß keine Wiedereröffnung während des Stempelhubes stattfindet. Bei dieser Stellung ist der Schlitz in der Büchse des Anlaßstempels dauernd von dem hohen Fenster des Anlaßstempels überdeckt, so daß während der ganzen Dauer der Stempelbewegung das Öl zum und vom Ausgleichgefäß kommen kann. Eine Eröffnung des Anlaßventils findet demnach nicht statt. Bei der Stellung nach Abb. 445, entsprechend Langsamfahrt, kommt das trapezförmige Fenster im Brennstoffstempel mit dem Fenster in der Büchse schon zur Deckung, ehe noch der Hub des Stempels beendet ist. Die Förderung des aktiven Stempels ist demnach früher unterbrochen und dauert nur über den Hub *b* an. Dadurch ist die Regelung der Maschinenleistung erreicht, da auch die Hübe der Brennstoffpumpe um so geringer ausfallen, je kürzer der aktive Stempel fördert. Außerdem ist auch von einem gewissen Punkt ab eine Regelung des Nadelhubes erreicht, da bei genügend kleinem Hub der Stange *St* (Abb. 437/40) nicht mehr die ganze, sondern nur ein Teil der Schubkurve für das Anheben der Brennstoffnadel zur Wirkung kommt. Das hohe Fenster des Anlaßstempels steht mit der zum Ausgleichsgefäß führenden Öffnung der Büchse noch immer in Eingriff, so daß keine Förderung durch den Anlaßstempel stattfindet. Dies ist auch bei der Stellung des Stempels nach Abb. 446, entsprechend absolutem Leerlauf, der Fall. Der Stempel ist hierbei so weit nach rechts verdreht, daß in demselben Augenblick, wo seine obere Kante die zum Ausgleichsgefäß führende Öffnung abschließt, das trapezförmige Fenster diese schon wieder eröffnet, so daß keine Förderung durch den aktiven Stempel mehr stattfindet. Wird endlich der Stempel noch weiter nach rechts in die durch Abb. 447 dargestellte Lage verdreht, so kommt das hohe Fenster des Anlaßstempels außer Eingriff mit dem Stempel in der Büchse und der Anlaßstempel beginnt nach Zurücklegung der Strecke *a* über den ganzen Rest *c* des Hubes *s* zu fördern. Eine Förderung durch den Brennstoffstempel findet hierbei nicht mehr statt, da die zum Ausgleichsgefäß führende Öffnung durch das trapezförmige Fenster im Stempel schon früher wieder eröffnet wird, ehe sie noch durch die obere Kante abgeschlossen ist.

Wie ersichtlich, ist demnach, ehe eine Förderung durch den aktiven Stempel erfolgen kann, stets der tote Hub *a* zurückzulegen, wodurch die Räume über dem aktiven Stempel bei jedem Arbeitsspiel mit dem Ausgleichsgefäß in Verbindung gebracht sind und eine Nachfüllung des durch Undichtigkeiten entwichenen Öles erfolgt. Auf vollkommenes Dichthalten des aktiven Stempels braucht hierbei nicht einmal sonderlich Wert gelegt zu werden, und es genügt ein einfaches Einschleifen ohne besondere Liderungsvorrichtung, da die während des Arbeitsspieles entweichenden Ölmengen zu gering sind, um nennenswerten Einfluß auf die Betätigung des Ventils auszuüben. (Die bessere Abdichtung bei den passiven Stempeln ist deshalb vorgesehen, weil dort austretendes Öl lästig würde und besonders abgefangen werden müßte. Das bei den aktiven Stempeln austretende Öl läuft einfach in die Kurbelbilge und wird von dort mit dem übrigen Schmieröl wieder abgezogen.)

Die einzelnen Zeitpunkte der Steuerwirkung sind aus Abb. 448[1]) zu entnehmen, deren Bezeichnungen mit denen in Abb. 444/47 verwendeten übereinstimmen. Da die Brennstofförderung, wie erwähnt, von der Pumpe des mit um 180° versetzter Kurbel arbeitenden Zylinders erfolgt, sind Beginn und Ende der Brennstofförderung (das Ende ist nur bei Vollast durch den Scheitelpunkt der Nockenkurve gegeben) an den im Durchmesser gegenüberliegenden Punkten des Kurbelkreises angemerkt. Beginn und Ende der Einblasung sind nach dem früher Gesagten von der Stellung der Schubkurve *St* in Abb. 441/43 abhängig.

Zu bemerken ist, daß die Verhältnisse nach Abb. 448 den sich theoretisch ergebenden entsprechen. Praktisch dürften hiervon insofern gewisse Abweichungen auftreten, als kurz vor Abschluß der zum Ausgleichgefäß führenden Öffnungen stets schon stärkere Drosselung und damit Drucksteigerung eintritt, so daß aus diesen Gründen die Eröffnung der Ventile schon etwas früher erfolgen kann, als theoretisch entwickelt. Andererseits kann durch eine größere Elastizität der Rohrleitung auch

---

[1]) Maßstab 1 : 2,5.

wieder eine gewisse Verzögerung eintreten, indessen sind bei sachgemäßer Ausführung beide Umstände ohne nennenswerte Bedeutung und können auch durch geringes Nacharbeiten an den steuernden Kanten bei Erprobung der Steuerung leicht beseitigt werden.

Die im vorhergehenden beschriebene Anordnung bildet natürlich nicht die einzige Ausführungsmöglichkeit dieses konstruktiv außerordentlich entwicklungsfähigen Steuerungsverfahrens. Durch geeignete Zusammensetzung der Verschiebungs- und Verdrehungsbewegung des aktiven Stempels (Antrieb von unrunden Körpern), entsprechende Formgebung der Schlitze oder durch Vorrichtungen, bei denen auch die Führungsbüchse des Stempels nicht fest, sondern beweglich angeordnet ist, lassen sich alle erdenklichen Möglichkeiten erzielen. Da auch das Übersetzungsverhältnis durch entsprechende Wahl des Durchmessers des aktiven und passiven Stempels in einfachster Weise verändert werden kann und bei entsprechend großem Werte der toten Strecke a auch für ganz kurz dauernde Bewegungen Antriebsorgane mit günstigen Beschleunigungs- und Verzögerungsverhältnissen ausgeführt werden können, so erweist sich die Anwendung dieser Steuerung insbesondere für jene Fälle als vorteilhaft, wo bei Antrieb durch starres Gestänge Schwierigkeiten auftreten, also besonders für den Antrieb von Einlaß- oder Spülventilen von Zweitaktmaschinen.

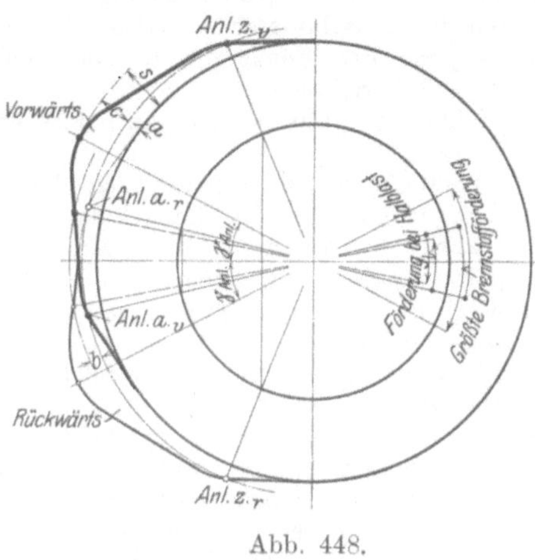

Abb. 448.

Als weitere Vorteile der Öldrucksteuerungen sind zu erwähnen: Der Fortfall einer großen Anzahl von bewegten Teilen, insbesondere bei Zweitaktmaschinen der ganzen Steuerwelle samt Antrieb, wodurch sich trotz der erhöhten Kosten der Antriebsvorrichtung des einzelnen Steuerorgans noch Ersparnisse erzielen lassen; durch das In-Wegfall-Kommen aller Gelenke, Wälzhebel usw. ergibt sich auch geräuschloser Gang, wobei sich außerdem bei Verwendung von Öl als Übertragungsflüssigkeit alle bewegten Teile selbst schmieren. Den Hauptvorteil bildet aber entschieden die vollkommene Unabhängigkeit, mit der die Lage der einzelnen Steuerorgane am Zylinder ohne Rücksicht auf den äußeren Antrieb gewählt werden kann, während sich bei Anwendung starren Antriebsgestänges öfters Schwierigkeiten dadurch ergeben, daß ein Ventil nur durch sehr verwickelte Übertragungsgestänge anzutreiben ist, was in Ausmittlung und Betrieb der Steuerung mit Schwierigkeiten verbunden ist und nach kurzer Zeit toten Gang in den Gelenken und unzulässige Abweichungen von der gewünschten Steuerwirkung ergibt. Wird außerdem als Ausgleichsgefäß der Schmierölbehälter verwendet, so ergibt sich eine nicht zu unterschätzende Vermehrung der Betriebssicherheit dadurch, daß im Falle die Schmierung abgestellt oder das Öl ausgegangen ist, die Maschine durch Versagen der Steuerung selbsttätig stehen bleibt.

Es steht demnach zu erwarten, daß die Öldrucksteuerungen sich noch ein großes Anwendungsgebiet zu erobern imstande sein werden, insbesondere im Großmaschinenbau, wo die an die Steuerung zu stellenden Anforderungen mit der weiter fortschreitenden Verfeinerung der Arbeitsprozesse stetig schwieriger werden, andererseits aber die unter Umständen etwas erhöhten Kosten für die Ausführung des Steuerungsantriebes nicht von Bedeutung sind.

Literaturnachweis.

1. Teilweise nach Auchincloss-Müller: „Die praktische Anwendung der Schieber- und Kulissen steuerungen". Berlin, 1886.

2. Vgl. W. Borth: „Untersuchungen über den Verbrennungsvorgang in der Gasmaschine". Mitteil. üb. Forschungsarb., Heft 55, Berlin 1908.

3. — „Zur Berechnung der Ladepumpen der Körting-Zweitaktgasmaschine". Z. d. Ver. deutsch. Ing. 1912, S. 1496 ff.

4. F. A. Brix: „Das bizentrische polare Exzenterschieberdiagramm". Z. d. Ver. deutsch. Ing. 1897, S. 431 ff.

5. Christmann-Baer: „Grundzüge der Kinematik". Berlin 1910, S. 100 ff.

6. Rudolf Diesel: „Die Entstehung des Dieselmotors". Berlin 1913.

7. Harald B. Dixon: „On the Movementes of the Flame in the Explosion of Gases". Philosophical Transactions of the Royal Society of London. Series A. Vol. 200. London 1903, S. 315 ff.

8. K. Doehne: „Die Bewegungsverhältnisse von Steuergetrieben mit Schwingdaumen". Dissertation, Berlin 1908.

9. R. Drawe: „Ausbildung und vergleichende Bewertung der Regelung großer Viertaktgasmaschinen". Dissertation. Saarbrücken.

10. F. Drexler: „Zur Frage der Schweröl- (Teer-, Teeröl-) Ausnutzung in Verbrennungsmotoren". Der Ölmotor, II. Jahrg. 1913/14, S. 125 ff.

11. H. Dubbel: „Großgasmaschinen". Berlin 1910. **a)** S. 47 f., **b)** S. 66 ff., **c)** S. 94.

12. E. Essich: „Über Steuerungsgetriebe mit Wälzhebeln". Verh. d. Vereines z. Beförderung des Gewerbefleißes, 1909. S. 353 ff.

13. Eine nach etwas anderen Grundsätzen aufgestellte Federtafel wurde angegeben von W. Fischer: „Logarithmisch zeichnerische Tafel zur Federberechnung". Z. d. Ver. deutsch. Ing. 1909, S. 1075 ff.

14. A. Föppl: „Vorlesungen über technische Mechanik". 3. Bd., 3. Aufl. Leipzig 1905, S. 402 ff. u. 5. Bd., 1. Aufl. Leipzig 1907, S. 311 ff.

15. Vgl. hierzu: Fr. Freytag: „Die Gasmaschine, Bauart Mees, mit vereinigter Mischungs- und Füllungsregelung". Z. d. Ver. deutsch. Ing. 1905, S. 994 ff.

16. E. Graefe: „Über den Einfluß des Schwefels in flüssigen Brennstoffen beim Motorenbetrieb". Der Ölmotor. I. Jahrg. 1912/13, S. 83 ff.

17. R. Grassmann: „Anleitung zur Berechnung einer Dampfmaschine". 3. Aufl. Karlsruhe 1912, S. 221 ff.

18. Güldner: „Das Entwerfen und Berechnen der Verbrennungsmotoren". 2. Aufl. Berlin 1905. **a)** S. 329, **b)** das Wesentliche der Anordnung ist auf Konstruktionstafel XXI (nach S. 460) ersichtlich, **c)** S. 537 ff., wo sich ältere und neuere Ansichten für und wider ausführlichst zusammengestellt finden.

19. S. u. a. Güldner-Nägel: Schriftwechsel zu „Die neuere Entwicklung der ortsfesten Ölmaschine". Z. d. Ver. deutsch. Ing. 1911. S. 1909 ff.

20. W. Hartmann: „Die Bewegungsverhältnisse von Steuergetrieben mit unrunden Scheiben". Z. d. Ver. deutsch. Ing. 1905, S. 1581 ff.

21. W. Heilmann: „Steigerung der spezifischen Leistung von Viertaktgasmaschinen mit Druckspülung. Z. d. Ver. deutsch. Ing. 1911, S. 1238 ff.

22. G. Hellenschmidt: „Die Gemischbildungen der Gasmaschinen". Dissertation. Berlin 1911.

23. E. Heller: „Über die Formgebung von Steuernocken". Ölmotor, I. Jahrg. 1912/13, S. 225 ff.

24. H. Holzer: „Wälzhebel". Z. d. Ver. deutsch. Ing. 1908, S. 2043 ff.

25. E. Hurlbrink: „Berechnung zylindrischer Druckfedern auf Sicherheit gegen seitliches Ausknicken". Z. d. Ver. deutsch. Ing. 1910, S. 133 ff. u. S. 181 ff.

26. A. v. Ihering: „Die Gebläse". 2. Aufl. Berlin 1903. 12. Kapitel, S. 708 ff. Daselbst weitere Literaturangaben.

27. W. Kaemmerer: „Die Verwendung von Dieselmaschinen zum Antrieb von größeren Seeschiffen". Z. d. Ver. deutsch. Ing. 1912, S. 81 ff.

28. C. Leist: „Die Steuerungen der Dampfmaschinen". 2. Aufl. Berlin 1905. **a)** S. 79 ff., **b)** S. 485 ff., **c)** S. 506 ff., **d)** S. 539 ff., **e)** S. 579 ff., **f)** S. 790 ff., **g)** S. 805, **h)** S. 873 ff.

29. J. Magg: „Steuerungsdiagramm für Viertaktmaschinen". Z. d. Ver. deutsch. Ing. 1913, S. 263 ff.
30. — „Beiträge zur Theorie des Reguliervorganges bei direkt wirkenden Regulatoren". Dinglers polyt. Journal, Bd. 325, Jahrg. 1910, S. 120 ff.
31. — „Zeichnerische Untersuchung der Gemischbildung in Gasmaschinen". Z. d. Ver. deutsch. Ing. 1913, S. 698 ff.
32. — „Schwingungserscheinungen in zylindrischen Schraubenfedern und die Gesetze des Schlagens von Ventilsteuerungen". Verh. d. Ver. z. Bef. d. Gewerbefleißes. 1912, S. 480 ff.
33. O. Malms: „Die wichtigsten deutschen Patente über Brennstoffeinspritzvorrichtungen für Ölmaschinen". Der Ölmotor. II. Jahrg. 1913/14, S. 373 ff.
34. G. Mees: „Der Einfluß des Mischungsverhältnisses auf die Wärmeausnutzung in der Gasmaschine". Z. d. Ver. deutsch. Ing. 1907, S. 1586 ff.
35. W. Mentz: „Schiffsölmaschinen". Schiffbau, XIV. Jahrg. 1912/13. a) S. 570, b) S. 617.
36. Vgl. u. a. E. Meyer: „Untersuchungen am Gasmotor". Z. d. Ver. deutsch. Ing. 1902 (s. a. Mitteil. üb. Forschungsarb. Heft 8, Berlin 1902).
37. Vgl. hierzu E. Meyer: „Bericht über Leistungsversuche an einer 500 pferdigen Koksofengasmaschine". Z. d. Ver. deutsch. Ing. 1905, S. 324 ff.
38. A. Nägel: „Die neuere Entwicklung der ortsfesten Ölmaschine". Z. d. Ver. deutsch. Ing. 1911. S. 1318 ff.
39. Ein Versuch einer analytischen Theorie der beschriebenen Vorgänge ist gegeben von A. Nägel: „Versuche über die Zündgeschwindigkeit explosibler Gasgemische". Mitteil. üb. Forschungsarb., Heft 54, Berlin 1908.
40. — „Versuche an der Gasmaschine über den Einfluß des Mischungsverhältnisses". Mitteil. üb. Forschungsarb., Heft 54, Berlin 1908.
41. Vgl. besonders W. Nernst: „Physikalisch-chemische Betrachtungen über den Verbrennungsprozeß in den Gasmotoren". Z. d. Ver. deutsch. Ing. 1905, S. 1426 ff., woselbst auch weitere Literaturangaben.
42. P. Ostertag: „Theorie und Konstruktion der Kolben- und Turbo-Kompressoren. Berlin 1911.
43. Ch. Pöhlmann: „Die unmittelbare Umsteuerung der Verbrennungskraftmaschinen". Verh. d. Ver. z. Bef. d. Gewerbefleißes. 1913, S. 309 ff. Auch als Sonderdruck. Berlin 1914.
44. Th. Pöschl: „Über eine einfache Darstellung der Beschleunigung bei der Bewegung von Steuergetrieben mit unrunden Scheiben". Zeitschr. d. österr. Ing.- u. Arch.-Vereins. 1912, S. 296 ff.
45. R. Pröll: „Rechentafel für Federberechnungen". Z. d. Ver. deutsch. Ing. 1906, S. 1076 f.
46. P. Rieppel: „Versuche über die Verwendung von Teerölen zum Betrieb des Dieselmotors". Mitteil. üb. Forschungsarb., Heft 55. Berlin 1908.
47. F. Romberg: „Über Schiffsgasmaschinen". Jahrb. d. schiffbautechn. Ges. 1910. a) S. 523, b) S. 613.
48. Th. Saiuberlich: „Über Dieselmotoren". Jahrb. d. schiffsbautechn. Gesellsch. 1911, S. 171 ff.
49. R. Schöttler: „Die Gasmaschine". 5. Aufl. Berlin 1909. a) S. 154, b) S. 189 f., c) S. 192 ff.
50. Vgl. u. a. W. Schüle: „Technische Wärmemechanik". Berlin 1909, S. 179 ff.; 2. Aufl. Bd. I, Berlin 1912, S. 284 ff.
51. — „Zur Dynamik der Dampfströmung in der Kolbendampfmaschine". Z. d. Ver. deutsch. Ing. 1906, S. 1900 ff. und 1907, S. 228 f.
52. G. Stauber: „Regulierung von Gasmaschinen". Dissertation. Berlin 1904.
53. F. Sternenberg: „Die erste Thermo-Lokomotive". Z. d. Ver. deutsch. Ing. 1913, S. 1325 ff.
54. Zur Frage des Dichthaltens von Doppelsitzventilen vgl. die interessanten Untersuchungen von J. Stumpf: „Die Gleichstrom-Dampfmaschine". München und Berlin, 1911, S. 24 ff.
55. Über die Frage des „Reglertanzens" vgl. die Ausführungen in Tolle: „Die Regelung der Kraftmaschinen". 2. Aufl. Berlin 1909, S. 546 ff.
56. Vgl. hierzu E. Tuckermann: „Regelungen von Zweitakt-Großgasmaschinen". Dissertation. Berlin 1908.
57. P. Voissel: „Resonanzerscheinungen in der Saugleitung von Kompressoren und Gasmotoren". Mitteil. üb. Forschungsarb. Heft 106, Berlin 1911.
58. C. Weidmann: „Zwangläufige Regelung der Verbrennung bei Verbrennungsmaschinen". Berlin 1905.
59. Zacharias: „Untersuchungen an zylindrischen Schraubenfedern mit kreisförmigem Querschnitt". Mitteil. üb. Forschungsarb., Heft 106. Berlin 1911. S. auch Z. d. Ver. deutsch. Ing. 1911, S. 1801 ff.
60. Supino-Zeman: „Dieselmotoren". München und Berlin 1913; S. 153 ff.
61. A. Kreglewski: „Die Spül- und Auspuffvorgänge bei Zweitakt-Verbrennungs-Kraftmaschinen mit besonderer Berücksichtigung der schnellaufenden Ölmotoren". Der Ölmotor. II. Jahrg. 1913/14, S, 553 ff.
62. O. Föppl: „Berechnung der Kanallängen von Zweitakt-Ölmaschinen mit Schlitzsteuerung". Z. d. Ver. deutsch. Ing. 1913, S. 1939 ff.

Namenverzeichnis.

(Die eingeklammerten Zahlen beziehen sich auf den Literaturnachweis auf S. 368 f.)

Sachverzeichnis.

Das Entwerfen und Berechnen der Verbrennungskraftmaschinen und Kraftgas-Anlagen. Von **Hugo Güldner,** Maschinenbaudirektor, Vorstand der Güldner-Motoren-Gesellschaft in Aschaffenburg. Dritte, neubearbeitete und bedeutend erweiterte Auflage. 810 Seiten mit 1285 Textfiguren, 35 Konstruktionstafeln und 200 Zahlentafeln. In Leinwand gebunden Preis M. 32,—.

Die Gasmaschine. Ihre Entwicklung, ihre heutige Bauart und ihr Kreisprozeß. Von **R. Schöttler,** Geh. Hofrat, o. Professor an der Herzoglichen Technischen Hochschule zu Braunschweig. Fünfte, umgearbeitete Auflage. Mit 622 Figuren im Text und auf 12 Tafeln. In Leinwand gebunden Preis M. 20,—.

Die Entstehung des Dieselmotors. Von **Rudolf Diesel,** Dr.-Ing. h. c. der Technischen Hochschule München. Mit 83 Textfiguren und 3 Tafeln.
Preis M. 5,—; in Leinwand gebunden M. 6,—.

Beiträge zur Geschichte des Dieselmotors. Von **P. Meyer,** Professor an der Technischen Hochschule in Delft. Mit einer Tafel. Preis M. 2,—.

Dieselmaschinen für Land- und Schiffsbetrieb. Von **A. P. Chalkley,** B. Sc. (Lond.), A. M. Inst. C. E., A. I. E. E. Mit einer Einleitung von Dr.-Ing. Rudolf Diesel in München, ins Deutsche übertragen von Dr. phil. Ernst Müller, Dipl.-Ing. in Gent. Zweiter, unveränderter Abdruck. Mit 90 Figuren. In Leinwand gebunden Preis M. 8,—.

Flüssige Brennstoffe für Kraftbetrieb: Das Vorkommen, die Beschaffenheit und die wirtschaftliche Bedeutung des Erdöles. Von Geh. Hofrat Professor Dr. **Oebbeke,** München. — Die neuere Entwicklung der ortsfesten Ölmaschine. Von **A. Nägel,** Dresden. Mit 92 Textfiguren. — Überblick über den heutigen Stand des Dieselmotorbaues und die Versorgung mit flüssigen Brennstoffen. Diskussionsrede, gehalten von **R. Diesel** am 13. Juni 1911 in Breslau, nach den Vorträgen der Herren Dr. Oebbeke und Professor A. Nägel. Preis M. 2,50.

Die Dieselmaschine in der Großschiffahrt. Von Ingenieur **W. Kaemmerer** in Berlin. (Sonderabdruck aus der Zeitschrift des Vereins deutscher Ingenieure 1912.)
Preis M. 3,—.

Die Entropie-Diagramme der Verbrennungsmotoren einschließlich der Gasturbine. Von Dipl.-Ing. **P. Ostertag,** Professor am Kantonalen Technikum Winterthur. Mit 17 Textfiguren. Preis M. 1,60.

Zwangläufige Regelung der Verbrennung bei Verbrennungsmaschinen. Von Dipl.-Ing. **Karl Weidmann,** Assistent an der Technischen Hochschule zu Aachen. Mit 35 Textfiguren und 5 Tafeln. Preis M. 4,—.

Die flüssigen Brennstoffe. Ihre Gewinnung, Eigenschaften und Untersuchung von Dr. **L. Schmitz,** Chemiker. Mit 56 Textfiguren. In Leinwand gebunden Preis M. 5,60.